服装高等教育“十二五”部委级规划教材（本科）

女装纸样设计原理与应用训练教程

刘瑞璞　编著

中国纺织出版社

内 容 提 要

本书是“十二五”普通高等教育本科国家级规划教材《女装纸样设计原理与应用》的配套训练教程，既可与主干教材配套使用，成为主教材系列款式与纸样设计拓展训练的实训教材，也可作为自学训练教程单独使用。全书分为上、下两篇，品类涵盖裙子、裙裤、裤子、西装、外套、衬衫、户外服和连衣裙。上篇主要阐述根据TPO知识系统和规则的女装款式与纸样设计的基本原理和方法，包括款式系列设计原理、基本纸样的确认以及系列款式在纸样系列设计中的实现；下篇着重实际操作训练，分门别类、分部位要素特点讲解由基本款拓展开来的款式系列设计和一板多款、一款多板、多款多板与不同造型焦点的纸样系列设计。本书中女装款式和纸样系列类型完整、分类详细、脉络清晰，为读者提供了一个女装款式与纸样系列设计训练的系统平台，对进一步产品开发具有理论和实践的指导作用。

本书既可作为高等院校服装专业学生学习用书，亦适合作为女装设计、板型设计、技术、工艺和产品开发人士的学习与培训参考书。

图书在版编目（CIP）数据

女装纸样设计原理与应用训练教程 / 刘瑞璞编著 . -- 北京：中国纺织出版社，2017.3（2022.5重印）
服装高等教育“十二五”部委级规划教材 . 本科
ISBN 978-7-5180-2276-2

Ⅰ. ①女… Ⅱ. ①刘… Ⅲ. ①女服—纸样设计—高等学校—教材 Ⅳ. ① TS941.717

中国版本图书馆CIP数据核字（2016）第015692号

责任编辑：张晓芳　　责任校对：王花妮
责任设计：何　建　　责任印制：何　建

中国纺织出版社出版发行
地址：北京市朝阳区百子湾东里A407号楼　邮政编码：100124
销售电话：010—67004422　传真：010—87155801
http：//www.c-textilep.com
中国纺织出版社天猫旗舰店
官方微博 http：//weibo.com / 2119887771
北京华联印刷有限公司印刷　各地新华书店经销
2017年3月第1版　2022年5月第3次印刷
开本：889 × 1194　1/16　印张：24.5
字数：392千字　定价：49.80元

出版者的话

《国家中长期教育改革和发展规划纲要》中提出“全面提高高等教育质量”，“提高人才培养质量”。教高［2007］1号文件“关于实施高等学校本科教学质量与教学改革工程的意见”中，明确了“继续推进国家精品课程建设”，“积极推进网络教育资源开发和共享平台建设，建设面向全国高校的精品课程和立体化教材的数字化资源中心”，对高等教育教材的质量和立体化模式都提出了更高、更具体的要求。

“着力培养信念执著、品德优良、知识丰富、本领过硬的高素质专业人才和拔尖创新人才”，已成为当今本科教育的主题。教材建设作为教学的重要组成部分，如何适应新形势下我国教学改革要求，配合教育部“卓越工程师教育培养计划”的实施，满足应用型人才培养的需要，在人才培养中发挥作用，成为院校和出版人共同努力的目标。中国纺织服装教育协会协同中国纺织出版社，认真组织制订“十二五”部委级教材规划，组织专家对各院校上报的“十二五”规划教材选题进行认真评选，力求使教材出版与教学改革和课程建设发展相适应，充分体现教材的适用性、科学性、系统性和新颖性，使教材内容具有以下三个特点：

（1）围绕一个核心——育人目标。根据教育规律和课程设置特点，从提高学生分析问题、解决问题的能力入手，教材附有课程设置指导，并于章首介绍本章知识点、重点、难点及专业技能，增加相关学科的最新研究理论、研究热点或历史背景，章后附形式多样的思考题等，提高教材的可读性，增加学生学习兴趣和自学能力，提升学生科技素养和人文素养。

（2）突出一个环节——实践环节。教材出版突出应用性学科的特点，注重理论与生产实践的结合，有针对性地设置教材内容，增加实践、实验内容，并通过多媒体等形式，直观反映生产实践的最新成果。

（3）实现一个立体——开发立体化教材体系。充分利用现代教育技术手段，构建数字教育资源平台，开发教学课件、音像制品、素材库、试题库等多种立体化的配套教材，以直观的形式和丰富的表达充分展现教学内容。

教材出版是教育发展中的重要组成部分，为出版高质量的教材，出版社严格甄选作者，组织专家评审，并对出版全过程进行跟踪，及时了解教材编写进度、编写质量，力求做到作者权威、编辑专业、审读严格、精品出版。我们愿与院校一起，共同探讨、完善教材出版，不断推出精品教材，以适应我国高等教育的发展要求。

中国纺织出版社

教材出版中心

序

通过《男装纸样设计原理与应用》《女装纸样设计原理与应用》主教材的学习，解决了纸样设计原理和应用规律的问题，但由于篇幅和课时所限，读者仍然得不到系统的训练，这将对纸样设计原理与应用规律的掌握大打折扣，更多的实践知识和实践经验的积累也在此终结。更重要的是对服装“外观设计与纸样技术紧密关系的认识和学习”，如果没有一定量的实务分析和案例训练，也很难理解和掌握国际上先进服装设计教学“以纸样规律介入服装造型设计”的理论体系。《男装纸样设计原理与应用》《男装纸样设计原理与应用训练教程》和《女装纸样设计原理与应用》《女装纸样设计原理与应用训练教程》（后简称“训练教程”）捆绑作为“十二五”规划教材出版，在这些方面将是个重大突破，具有本教材体系化建设里程碑式的意义。《男女装纸样设计原理与应用》主教材和训练教程关系紧密且自成体系。对于企业的技术高手和服装专业高年级学生，“训练教程”具有很强的工具书自学功能，重要的是整个教材体系成功导入 TPO 知识系统，以国际服装规则（The Dress Code）为指导，用国际品牌的专业化视角总结出了“服装语言流动”的设计理论，即高一级元素向低一级流动；同类型元素间相互流动；礼服相同穿用时间元素间的相互流动；男装元素向女装流动的设计原则。在此基础上构建了“款式与纸样系列设计”的方法体系和训练流程指引，即一款多板、一板多款、多板多款的系统训练方法，从根本上解决了服装造型设计与板型技术脱节的单一训练模式和服装作坊式的教材结构。这对提振服装人才适应数字化产品研发、生产和网络化商业运营的现代产业模式具有积极意义和推动作用。

值得一提的是，将科学手段和训练方法相结合的思想在“训练教程”中得到完全的贯彻和执行。这是与同类传统教材完全不同的全新面貌展现。所谓训练方法与科学手段结合，就是借鉴“文字结构机制”诠释服装语言的创作过程。服装造型元素相当于汉字偏旁部首的基本要素，服装元素结构规律相当于汉字元素结构规则，例如“服装”是由元素“月、艮”“丬、士、衣”构成的，要想成功组成这个词组，必须掌握和遵守文字元素的构成规律与法则，当然这个规律与法则的形成是复杂漫长的，这其中有语言学、历史学、美学、民族学、宗教等知识，但最后的“法规”我们必须接受和遵守，否则这个词组就会成为天马行空的臆造之物，如“艮、月”“衣、士、丬”的无规则组合，它们虽然是“服装”构成的基本元素，但我们谁都不认识，这是因为它们没有按照汉字元素构成的规律和法则去组织。这样的文字病笃在现实生活中不可能被容忍，因为它违反了人们对文字的基本认知。而在服装中无论是制造者还是接受者对这样的低级错误司空见惯，而我们为什么见怪不怪，这是因为我们既不知道“现代服装语言”也不懂得“现代服装规则”……

事实上，现代服装国际规则（The Dress Code）有着非常完备的语言系统和制度规则体系，只是它的执行方式是靠修养和博雅教育实现的，即不靠法规制度而靠社交伦理修炼的。我国服装旧的秩序被打破，新的秩序又未建立，使人们产生困惑，因此建立“现代服装国际规则”是首要的，首先应从认识“现代服装的基本语言”开始。虽然这或许是一场“蒙学”运动，但不能逾越，例如服装领型系统就是靠社交惯例维系着它的造型秩序设计者和社交规范使用者，在外衣中戗驳领的级别最高所以多用在礼服；平驳领的级别次之多用在常服西装；巴尔玛领更低所以用在休闲装上；拿破仑领排在最后故有运动装的暗示。这样的服装语言系统充盈在服装的方方面面，且男女装语言流程有序不紊，这几乎成为国际奢侈品牌的门槛，只是我们没有解读。本训练教程的训练方法与科学手段，试图全方位地解读这些语言系统和规则，并有效地运用它们，当我们像认识汉字一样认识服装的语言与规则的时候，将是我们创造出世界级服装品牌的时候。

由此表现出本套教材鲜明的特色：

第一，在款式和纸样系列设计中首次导入 TPO 知识系统和规则。以有效地学习和掌握国际化的服装语言，使设计在国际化、市场化、产品化、专业化的要求下变得更加理性、有规律性和可预期性。

第二，在 TPO 知识系统和规则的指导下，建立了从男装到女装的学习流程和方法的训练模式。从根本上解决了设计的情绪化、随意性问题，取而代之的是传承性和逻辑性，这对设计的系统把握和纸样技术控制的理性表达提供了行之有效的方法。

第三，教材体系化建设提高本教材的国际水平。国内服装高等教材建设始终停留在“百家争鸣”的状态，整体行业人员文化偏低，形不成完整的、相对统一的理论体系。同类教材都是以单一图书面貌出现，形成款式设计、纸样设计和技术各思其道、各谋其路，表现出原始积累的竞争格局，普遍缺乏系统理论与实践的紧密性、纸样与款式设计的统筹性，特别在实践类教材上缺少系列设计与开发成功案例的实务分析和设计流程范式的逻辑推导。因此，本套教材试图在服装款式与纸样设计的理论教学、实践教学和实务案例教学相结合的体系化教材建设上有所突破。

《男装纸样设计原理与应用训练教程》和《女装纸样设计原理与应用训练教程》的出版，凝结了太多人的心血。事实上，它亦是主教材《男装纸样设计原理与应用》《女装纸样设计原理与应用》从 1991 年出版以来，在纸样设计理论与实践积累至今的经验总结及取得的又一次重大成果。在这个过程中，特别对 TPO 知识系统的研究和成功导入，不仅使款式设计与纸样更加紧密，更重要的是使整个款式与纸样设计根植在一个强有力的国际化专业平台上，并通过大量成功案例的分析研究，使本教材知识系统更加可靠、权威且操作技术路线实用有效。研究生刁杰、魏莉、刘钱州、谢芳、常卫民、马淑燕、王永刚、陈果、赵立、于汶可、薛艳慧、刘畅、周长华、万小妹、张婵等为此做了大量的基础性工作。

在纸样系列设计知识体系建设中，要解决两个难题，一是 TPO 知识系统的导入和建立它的指导原则和方法，这就需要这个团队成员具备 TPO 知识和纸样设计知识的专门人才；二是款式与纸样系列设计的统筹与体系化建设，这项工作细致、繁复、技术性强，但又要保持足够的创新意识。通过二十多年的理论教学、产品开发、实践教学与课题的研究，建立了在 TPO 知识系统原则指导下，以男装款式与纸样系列设计到女装款式与纸样系列设计的流程方法和技术路线。这套书充分表达了这种思想。在这个过程中，通过产品开发、课题研究，研究生魏佳儒、李静、王丽琄、詹昕怡、尹芳丽、黎晶晶、张金梅、李兆龙、胡苹、赵晓玲、万岚、李洪蕊、陈静洁等做了很有价值的技术理论与课题研究，为建立市场化系列款式与纸样紧密结合的系统化训练方法奠定了基础。特别要指出的是，王俊霞和张宁研究生将 TPO 知识系统与男装纸样设计、女装纸样设计知识加以整合完成了她们的学位论文，使本“训练教程”提升了科学性和理论价值。

刘瑞璞

2015年3月

于北京服装学院

目录

上篇

女装款式和纸样系列设计方法

将TPO(时间、地点、场合)知识系统全面有效地导入女装产品开发和指导“女装款式与纸样系列设计训练”不是权宜之计，它是一百多年来形成的国际主流社交规则(The Dress Code)。日本明治维新之后对此成功地构建催生了第二次世界大战后1963年(东京奥运会的前一年)“TPO全民计划”(树立全民优雅形象计划)，这一计划在东京奥运会中大获成功，促使东京成为世界四大时装中心之一，“TPO计划”从此确立了它国际主流社交的“范式”地位，史称“TPO原则”(系统理论参阅主教材《男装纸样设计原理与应用》)。这种优雅生活方式的心路历程和普世准则，发端英国，发迹美国，系统化于日本，特别得到亚洲新兴国家的关注，韩国、新加坡、我国的香港和台湾的四小龙效应，其中“TPO”是一个重要的指标。

一个成熟和成功的市场不是拥有多少品牌，而是拥有懂得这些品牌的社会、生活方式和人群，这是培养品牌的先决条件和基础，因此“TPO全民计划”的成功就在于此。那么具体的技术问题，就不能脱离这一基本原则，它的技术路线也是由此确立的；善用高级别元素向低流动；善用相邻元素相互流动；善用相同时间(指礼服)元素相互流动；善用男装元素向女装流动，相反却要慎用。这些原则都是依据“TPO知识系统”总结的，所谓“一款多板、一板多款和多板多款”只是这种设计原则指导下的有效方法。在女装中学习这种方法最好的切入点，就是从最简单的裙子类型开始。

第 1 章　裙子和裙裤款式及纸样系列设计

按照 TPO 的社交级别划分，下装由高至低依次为裙子、裤子和裙裤。然而从技术上看，三者的内部结构规律保持着一定的客观联系，如腰省设计的通用性，腰、臀部结构设计的一致性。在系列纸样的技术处理上裙子和裙裤更加接近。所以从裙子的简单结构开始到裙裤纸样系列设计的深度训练，对于裤子品种展开款式与纸样设计的训练具有举一反三的示范作用。

§1–1　裙子款式系列设计

裙子作为女性最常穿着的服装品种，虽然它的结构简单，却变化丰富。作为配服，通过与不同礼仪级别的上衣搭配，可以细分为礼服类、职业服类与休闲服类。

用于制作裙子使用的面料范围广泛，可根据设计的款式、用途和季节等因素进行选择。夏季多采用轻薄、柔软的面料；冬季多选择较为保暖的织物。另外，根据穿着场合和廓型的差异，面料的应用也不同。例如紧身裙，由于本身没有多余的松量，稍有运动裙子就容易变形，所以要选择紧密结实、耐磨而有弹性的面料。当裙子的下摆设计比较宽阔时，多采用轻薄飘逸的柔软面料，如设计褶型裙时，要综合考虑褶的构成形式来确定面料，比如普力特褶裙类需经热定型处理，则必须选择不易变形的人造和天然混纺织物。

裙子的款式设计都是在其廓型的基础上展开的。裙子的廓型变化依据裙摆的宽度进行划分，其基本形态分为 H 型、A 型、斜裙、半圆裙和整圆裙（图 1–1）。根据确定基本款式、保持主体结构稳定、局部元素打散重构到综合元素设计的款式系列设计流程方法，H 型裙被确定为基本款。

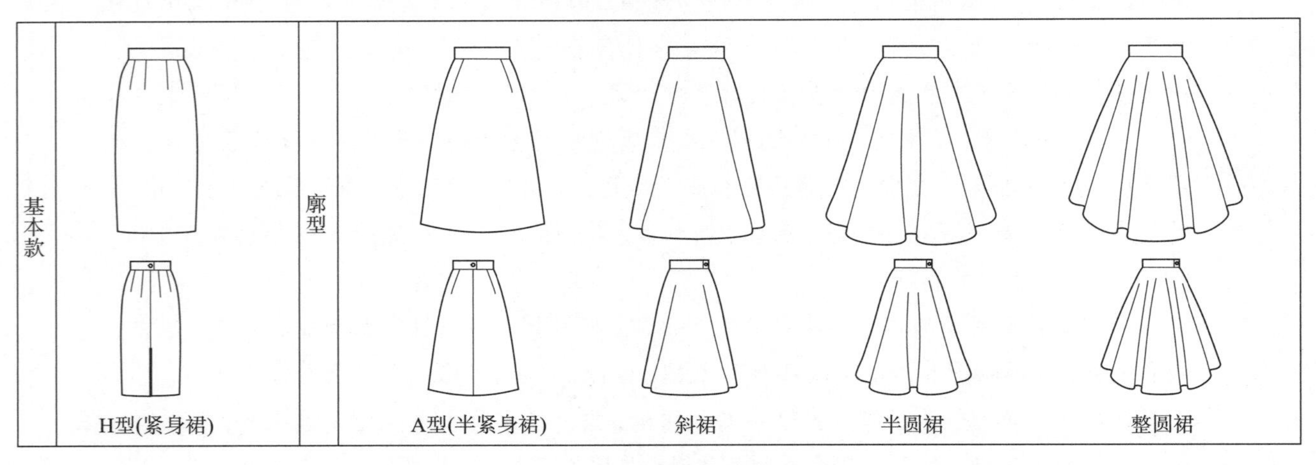

图 1–1　裙子基本廓型

那么，要首先找出构成裙子的元素，且分解的元素越细越多，意味着这个产品未来设计的空间就越大。裙子可变元素主要有腰位、裙长、下摆、分割线和褶五个元素（图 1–2），通过对各构成元素的分解重构，可以得到数量可观的主题系列设计。

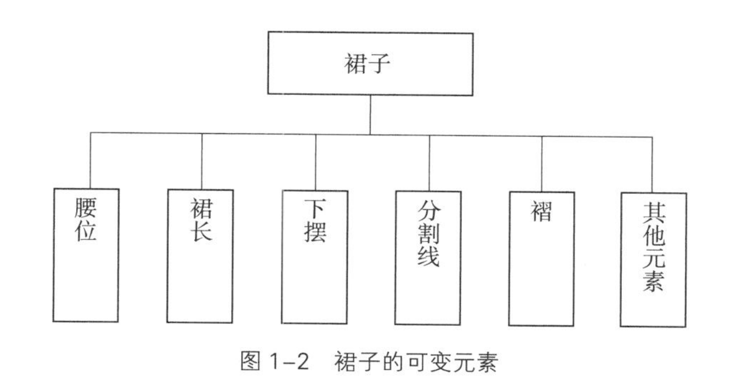

图 1–2　裙子的可变元素

1　腰位主题设计

裙子的腰位是指以裙子（包括裤子、裙裤）的正常腰线位置为准上下浮动的腰线设计。按结构可细分为连腰型和绱腰型，在此基础上又可以有高腰裙、低腰裙、背心裙等不同形式。如果腰位的变化结合育克等相关元素进行设计，那么增加一个元素系列款式数量就会乘一个系数。

2　裙长主题设计

裙长一度被认为是时代经济的晴雨表，事实上裙长是受 TPO 规则影响最大的，长裙一般用于礼服，中长裙用于常服和职业装，短裙用于专业化设计。裙子的下摆亦受 TPO 的制约，并随着流行趋势的不同，呈现由宽到窄，由窄到宽，时长时短，周而复始的变化。

3　分割线主题设计

裙子的分割线分为竖分割线和横分割线以及横竖分割线相结合。竖线分割裙其实就是从纵向剪开并缝合的多片裙，依设计可分为五片、六片、七片、八片等单数或者双数的拼接，由于分片裙结构零散，适用于皮革材料。育克是横线分割的特殊形式，是指在腰臀部做断缝结构所形成的中介部分。通过将育克设计为上弯、下弯等不同曲度的变化，体现女性臀腰的曲线特点。如果和竖线分割相结合，则会极大丰富它的表现力。在进行分割线的设计时要遵循合体、实用和形式美的综合造型原则，要避免单一的装饰目的。另外要注意采用较为挺括的素色面料，避免柔软飘逸的花色面料破坏拼接后的线条效果。

4　褶主题设计

分割线和褶是裙子款式变化的主要因素，也是裙子纸样系列设计表现力最强的元素。褶在结构上与省、分割线具有相同功能，即塑造形体。但褶较省、分割线更具有装饰作用，是裙子设计中最具特色而成为裙子重点开发的元素。

褶大体分为两类，即自然褶和规律褶。自然褶又可细分为波形褶和缩褶，自然褶具有随意性强的特点，会产生华丽、跃动的韵律美感；规律褶分为普力特褶和塔克褶，规律褶强调秩序感，有稳定、严整的庄重感和规整性。

以褶为主题展开的款式系列，就是针对不同褶的特点进行的变化。在裙子主体结构不变的情况下，在裙子适合表现褶的位置通过不同分割线的设计，结合波形褶就会得到利于行走的波形褶系列。缩褶对分割线的依赖性强，在高腰，前门襟元素不变的状态下，缩褶通过与育克的不同分割结合设计可以得到不同的视觉效果。普力特褶对工艺要求严格，特别要有纸样设计与技术的支持。塔克褶裙又称活褶、褶裥裙，这种褶仅从腰部固定，其余部分呈现自然状态，褶裥根据设计可以向中线倒伏，或向两侧倒伏。选择塔克褶与口袋元素结合的设计，随着褶的弧度变化以及追加量的增加，形成巧妙的立体造型，也表现出它完全由纸样设计呈现的款式外观。

褶的位置、大小、数量以及折倒的方向都是褶设计需要考虑的，重要的是要有配套的工艺和最适合表现褶的面料。这样当褶随着人体运动，结合不同面料的风格特性，在视觉上会产生意想不到的伸缩感和多变性，从而让人产生丰富的联想，这就是褶在裙子中的魅力所在（图 1–3）。

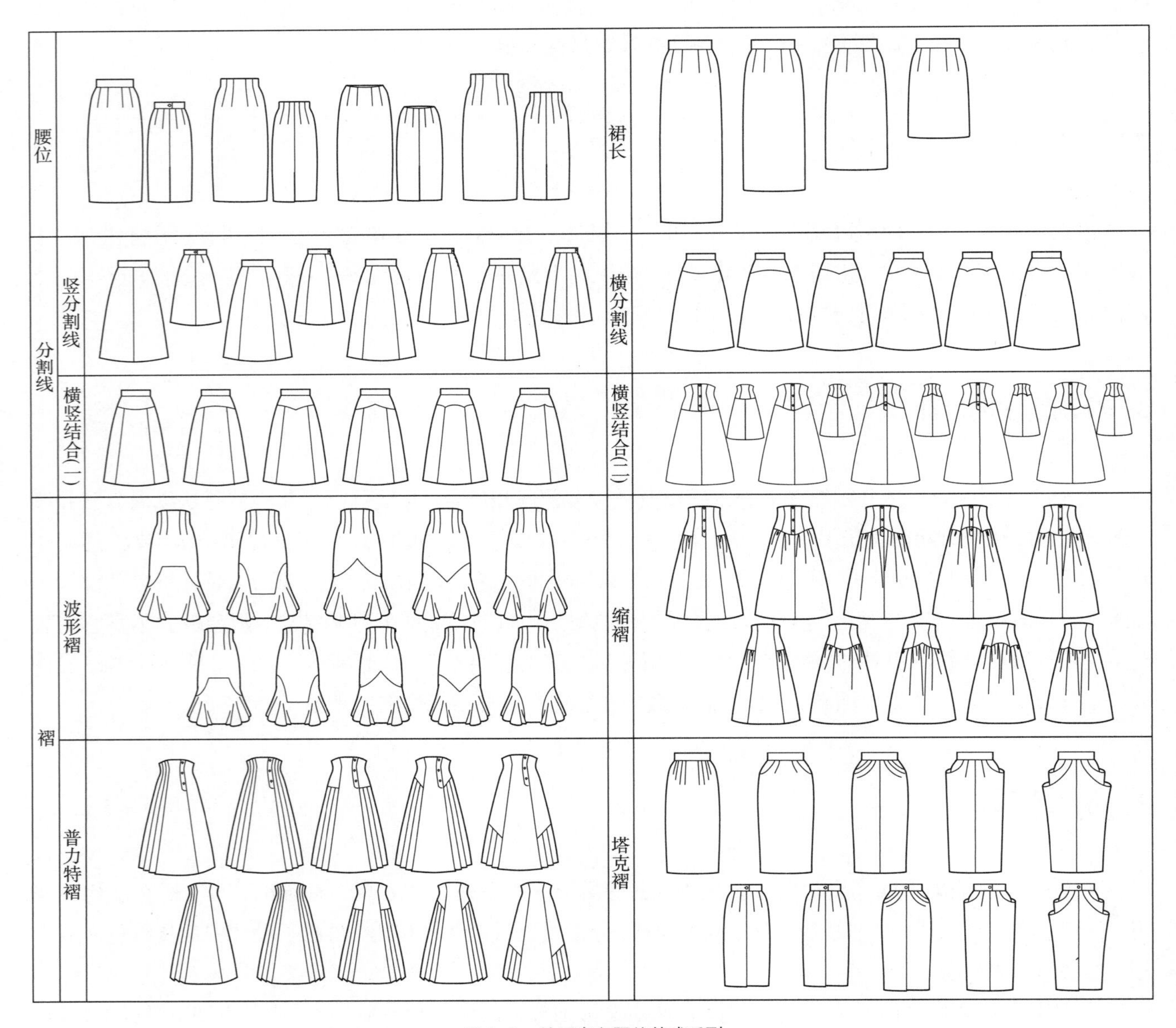

图 1–3　单元素主题的款式系列

5　综合元素主题设计

裙子的设计除了以上相对单一元素的变化外，还可以将单元素综合起来即各元素结合展开设计但要强调设计焦点，即“设计眼”。如鱼尾裙、加衩裙，结合带、襻以及平面图案元素的综合设计，样式系列会无穷无尽，但它们都有各自的设计主题（见图 1-4）。

通过裙子可变元素的主题系列设计，可以看出款式系列设计的变化呈现自我增值的趋势通过实证的演示已非常明显。在此状态下，再加入新元素，系列款式就会呈现枝繁叶茂的效果。

在遵循造型焦点的设计原则下，以 A 型裙作为主体结构，以育克与褶的设计作为设计眼，通过褶的类型、数量以及分割线的变化呈现出有序演化的状态，各款式环环相扣的递进路线显而易见，“自我增值”的设计优势明显。如果以 H 型紧身裙作为不变因素，围绕口袋与不同曲度的育克结合的造型焦点设计，表现出极具个性风格面貌的款式系列（图 1-4）。

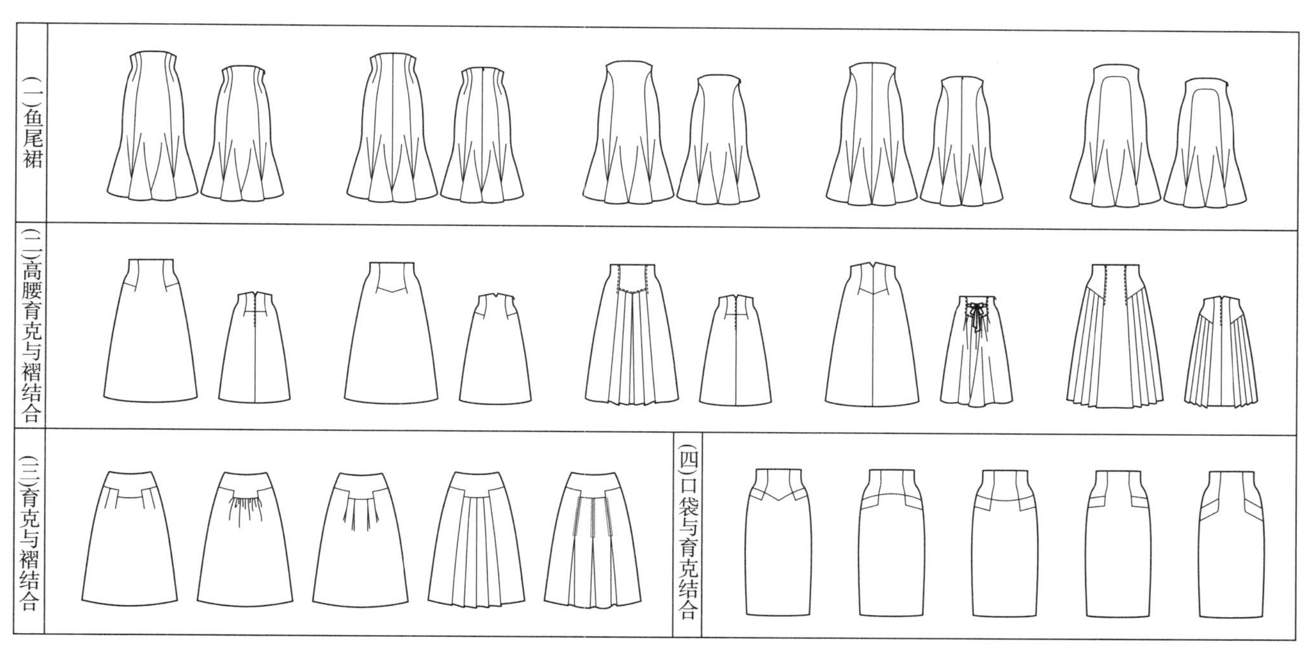

图 1-4　综合元素主题的款式系列

§1-2　裙子纸样系列设计

接下来就可以进入纸样设计环节。裙子纸样系列设计的技术路线和款式设计的思维很相似，在庞大的裙子纸样系统中会无从下手，如果梳理出裙子的基本纸样、亚基本纸样、类基本纸样到系列设计，可操作性和可持续性就变得很强，那么先确定裙子的基本纸样就成为关键，这也是所有纸样系列设计的普通规律和方法。

1 裙子基本纸样

裙子纸样系列设计是通过一板多款、一款多板和多板多款的方法实现的，而这一切都是建立在基本纸样系统上的，因此获得裙子基本纸样是这一切的开始。

裙子的基本纸样是根据H廓型设计的。一半制图为二分之臀围加2cm的松量，裙长到膝线位置，裙摆为直线，前、后身各有两个省。结构虽简单，但它是展开裙子纸样系列设计的廓型和局部结构设计的基础（图1–5）。

根据《女装纸样设计原理与应用》表3–15：
腰围(*W*)：72cm
臀围(*H*)：94cm
腰长：21cm
裙长：自行设计(55cm)

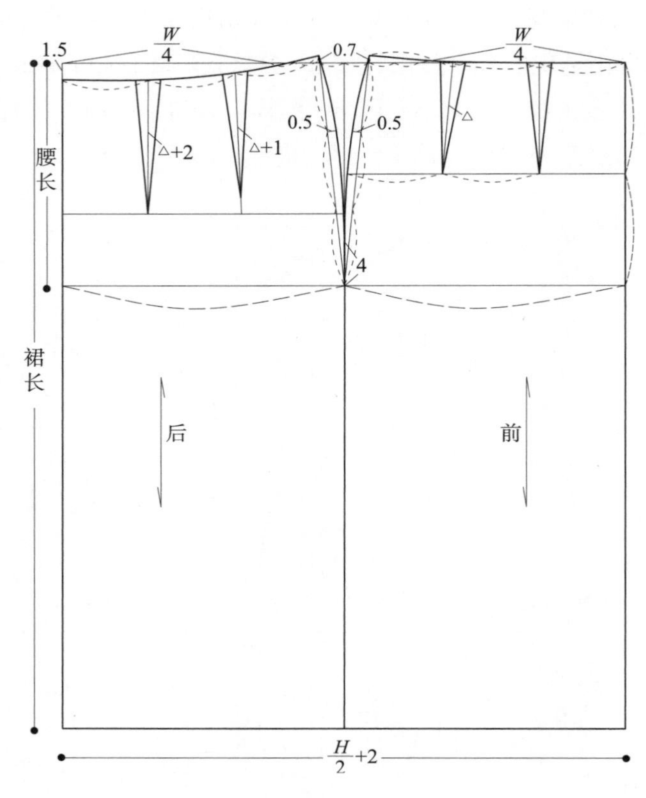

图1–5 裙子基本纸样

2 基于廓型的一款多板裙子纸样系列设计

一款多板裙子纸样系列设计是将款式相对固定，通过省变摆和切展增摆技术实现裙子不同廓型的系列设计，裙子的廓型变化有自身的规律性和秩序感，从表面上看，影响裙子外形的是裙摆，其实制约裙摆的关键在于裙腰线的构成形态，即腰线的曲度。从紧身裙到整圆裙的结构演变，实际上就是腰线从偏直到偏弯曲的变化结果（图1–6）。

H型紧身裙在基本纸样的基础上，根据腰臀差量大于腰腹差量的特点，在省总量不变的情况下，将前片靠近前中的省减去0.6cm给后片靠近后中的省。整体为后片断开、前片归整的三片裙结构，后中缝上端装拉链，下端因为紧身裙处于贴身的极限，裙摆宽度不利于活动，故设计开衩增加活动量以便于行走（图1–6①）。

A型裙即半紧身裙，是在基本纸样基础上将前、后片两省中靠近前后中一个省合并转移至下摆，并在侧缝增加转移省至下摆打开量的二分之一。前、后片各保留一个省，并将位置移至各裙片的二分之一处（图1–6②）。

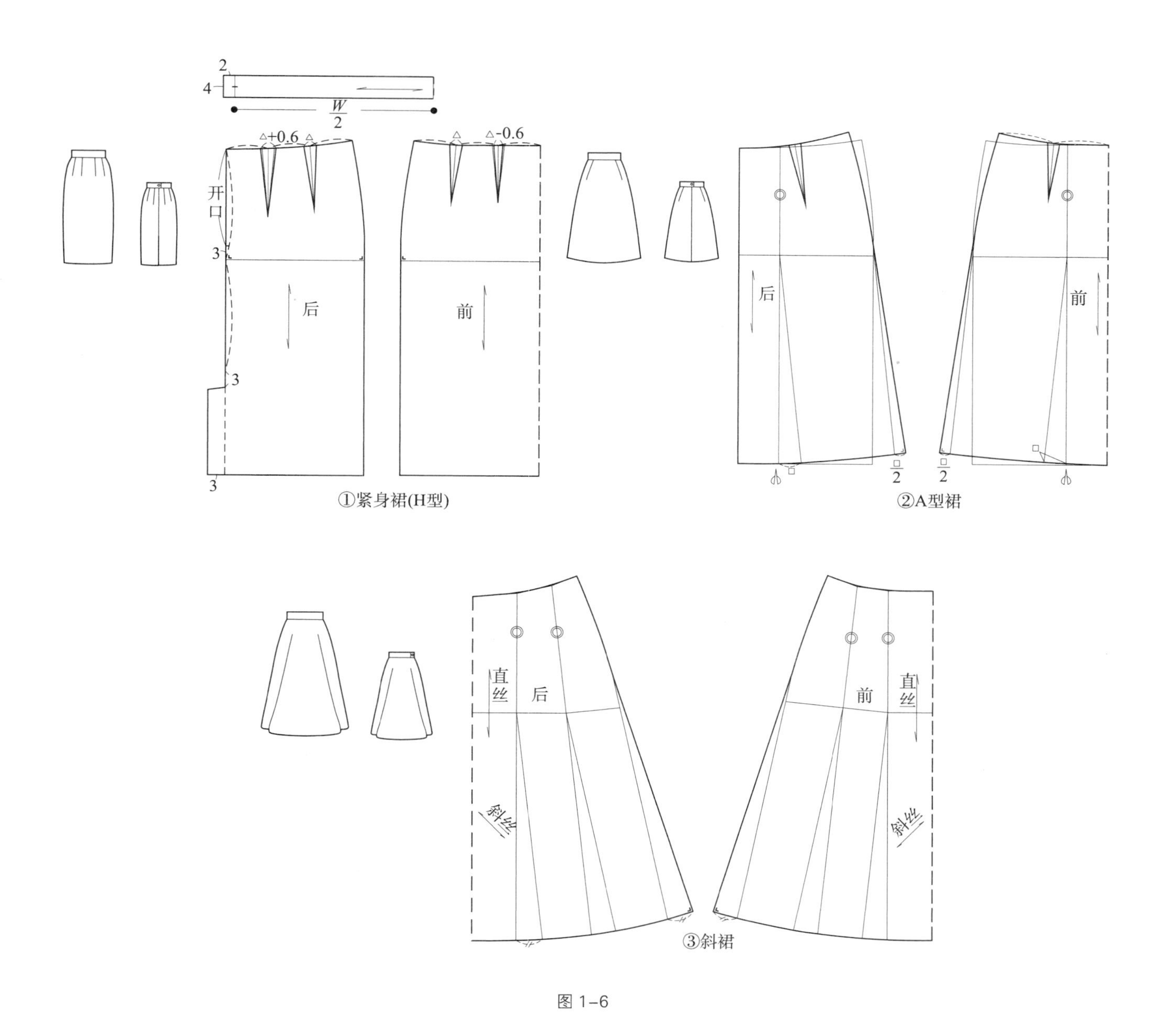

图 1-6

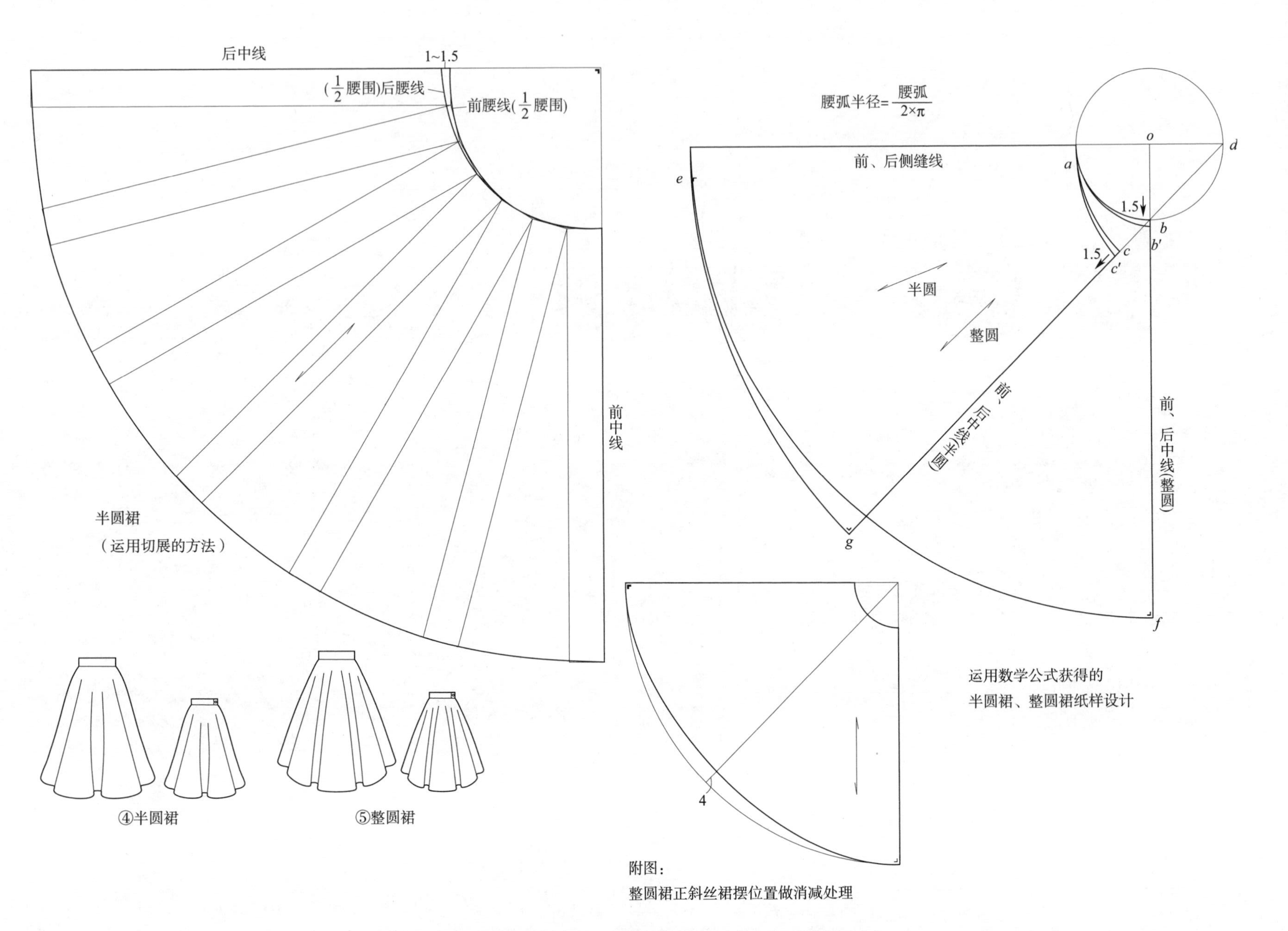

图 1-6　基于廓型一款多板裙子纸样系列设计（更多信息见下篇相关内容）

斜裙的设计是将腰臀省延长至臀围线，然后将所有省合并转移至下摆，同时平衡补充侧摆，从而达到腰臀部合体，下摆加大的目的。从 H 型紧身裙到 A 型裙再到斜裙的演变完全是依据省转移的原理完成的，随着腰臀省从多到少、从有到无，下摆随之呈现由窄变宽的有序变化 (图 1–6 ③)。

半圆裙与整圆裙的纸样设计有三种方法，前两种方法类似：一是可在斜裙的基础上通过切展的方法完成，只要均匀的增加裙摆，依据需要增加的幅度达到半圆裙与整圆裙的设计；二是可以设计一个以一定裙长为长，宽为二分之一腰围的矩形，通过切展的方法，改变腰线曲度，加大裙摆来完成半圆裙与整圆裙；三是通过求圆弧的半径数学公式来获得，即确定腰围半径求裙腰线的弧度。不过无论采用哪种方法，在前、后片的处理上，都要将后中线降低 1~1.5cm，从而取得裙摆成型后的水平状态 (图 1–6 ④、⑤)。

3　一板多款裙子纸样系列设计

在确定基本纸样的基础上，遵循造型焦点的设计方法，通过改变局部元素的设计即可开展一板多款的设计。一般来讲，某种元素适宜于 H 型，却不一定适宜于其他廓型的设计。每种廓型都有自己相应的结构，当处于 H 型和 A 型状态下，腰臀部合体的结构性决定了造型焦点的设计集中于此。而当 H 型转化为斜裙、半圆裙及整圆裙时，随着腰臀省转移至下摆，其腰臀部为非合体状态，也就没有过多的设计空间，裙子的造型焦点设计也相应转移至裙摆，可以进行分割缩褶、多层设计等装饰手法。依据这样的分析，进行系列纸样设计的客观规律性显而易见，因而要根据各自的特点展开一板多款的纸样系列设计。

一板多款裙子纸样系列设计是固定廓型改变局部。局部元素通过裙子基本款的元素拆解获得，如腰位、育克、分割线、裙摆等。

裙子腰位的设计就是以标准腰线为基础，上下浮动从而实现了高腰位和低腰位的变化，这种原理适用于所有的下装品种，如裤子和裙裤。腰位设计直接从基本纸样中获取 (图 1–7)。

在裙子纸样设计中，采用分割线设计是为了达到适体和造型的目的。为了使分割线的视觉效果得以充分体现，选用无开衩的 A 型结构展开系列设计最合适。

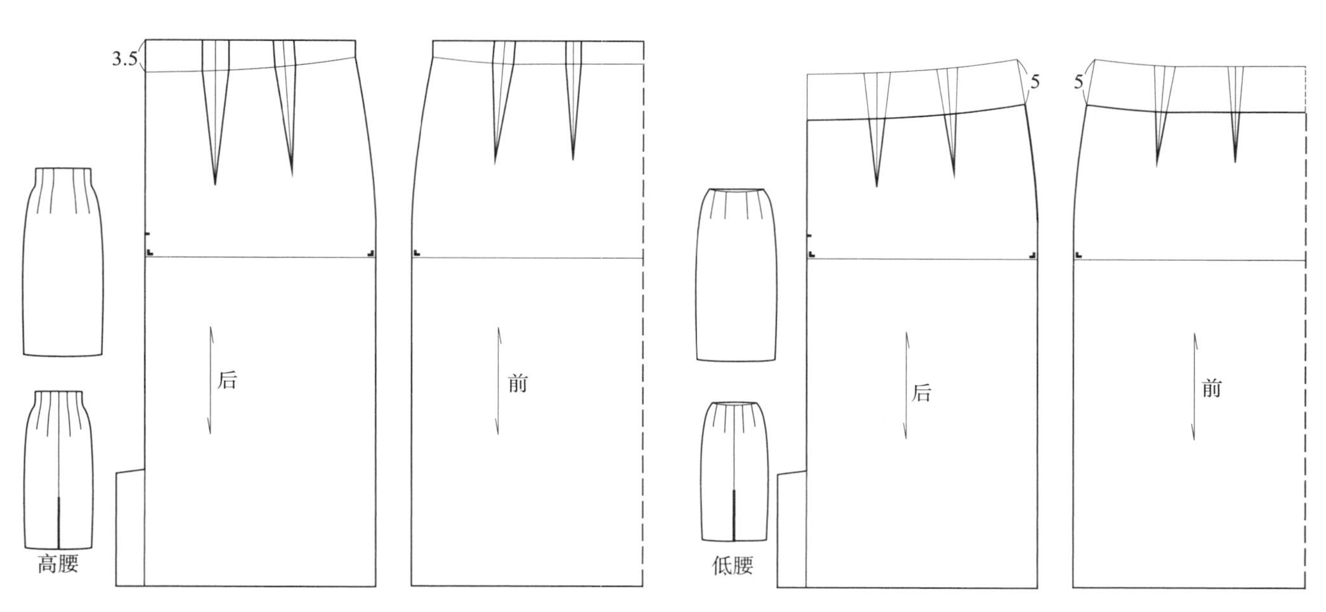

图 1–7　高腰和低腰裙纸样处理

竖线分割有单数和双数的变化，在设计时，要遵循分片均衡的原则，将腰臀差量合理地分配于分割线中。如四片裙的设计，分割线在前中、后中和两侧缝，采用基本纸样将前、后各片的其中一省转移至下摆，另一省平均分解到裙的两侧和前、后中分割线处，注意如果强调后腰臀差的造型（收腹挺臀），前中缝的省量可以分解在其他断缝中。侧缝的翘量是腰省转移至下摆量的二分之一，这样的摆量满足了腿部的活动量而不用开衩。六片裙可直接利用基本纸样，以两侧缝为界，将前、后片分别分为三份，前、后片的两条分割线处于各片靠近中线的三分之一处，从而达到平衡的造型要求。在省量设计上，将其中半个省移至侧缝，另一个半省归于分割线中，裙片的分割线上增加的摆量为侧缝摆量的二分之一。八片裙分割以侧缝为界限，前、后各分四片，省的处理方法为一个省量保留在分割线处，另一个省则平均分配于侧缝与中线的分割线处，翘量的处理与六片裙的设计相同（图 1–8）。

为使得腰臀部合身又有形式感，最基本的处理方法就是在 A 型裙纸样的基础上，通过令省转移实现育克的设计。形式感通过育克线设计的走势形成不同的款式产生系列（图 1–9 ①）。

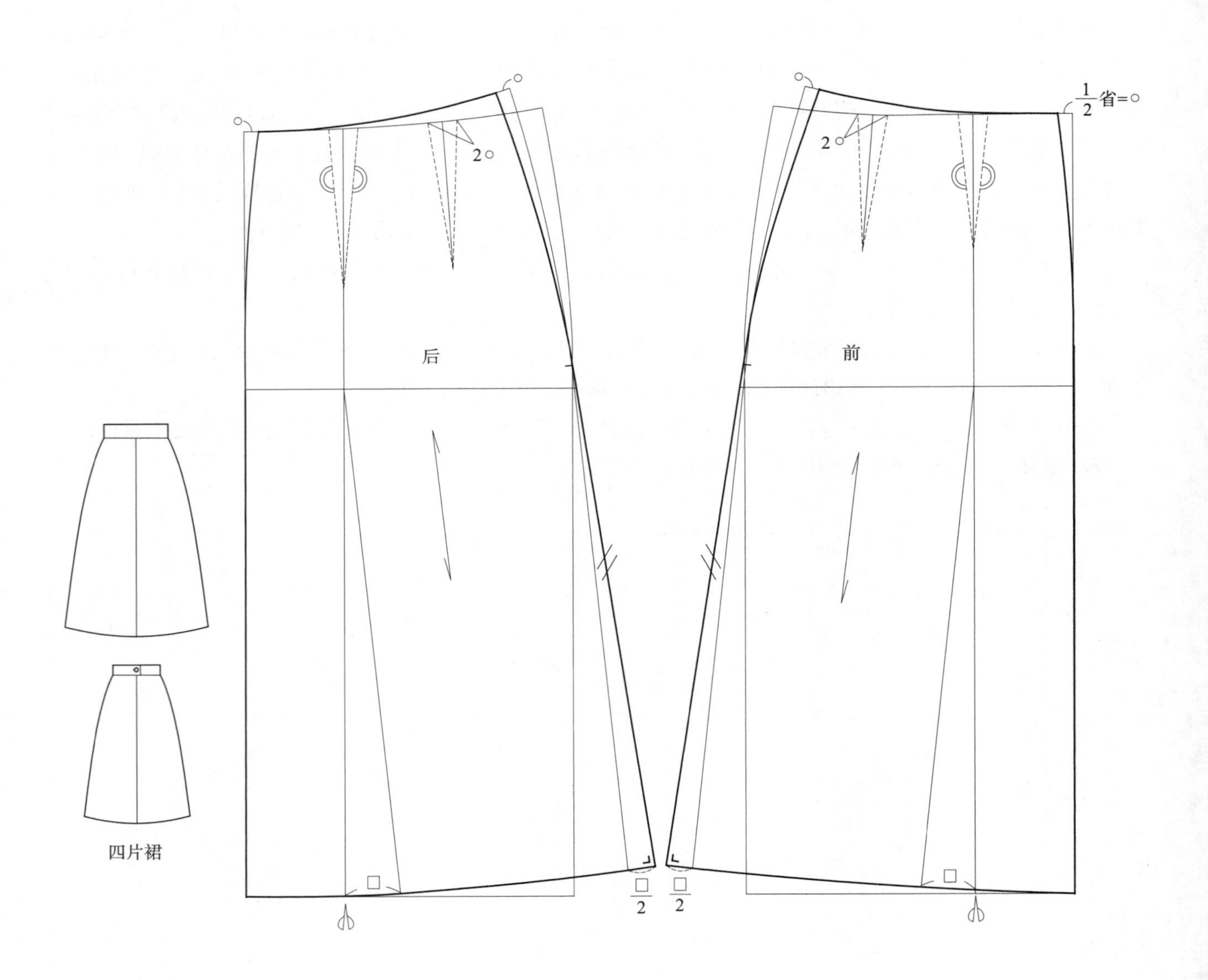

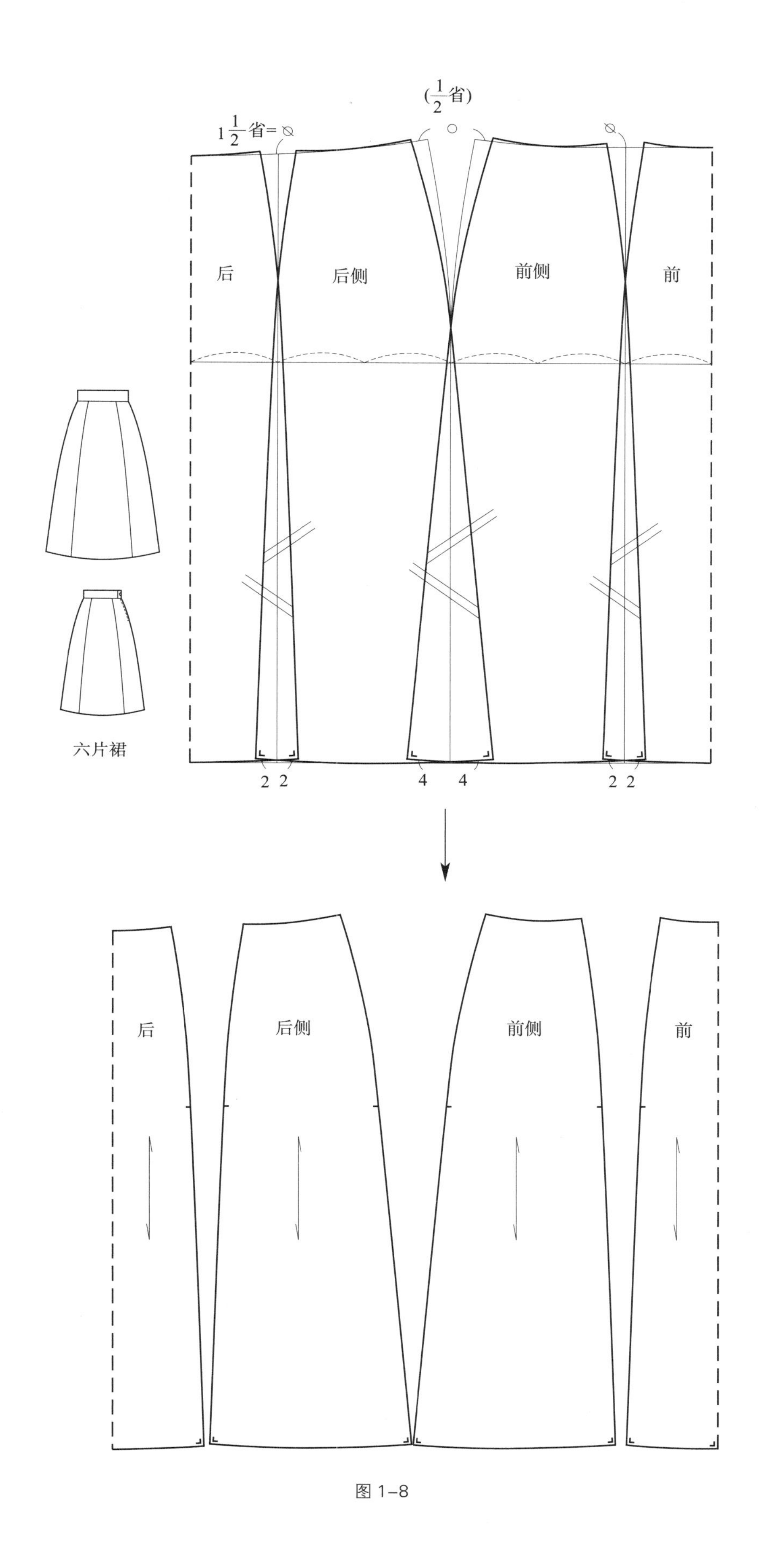

图 1–8

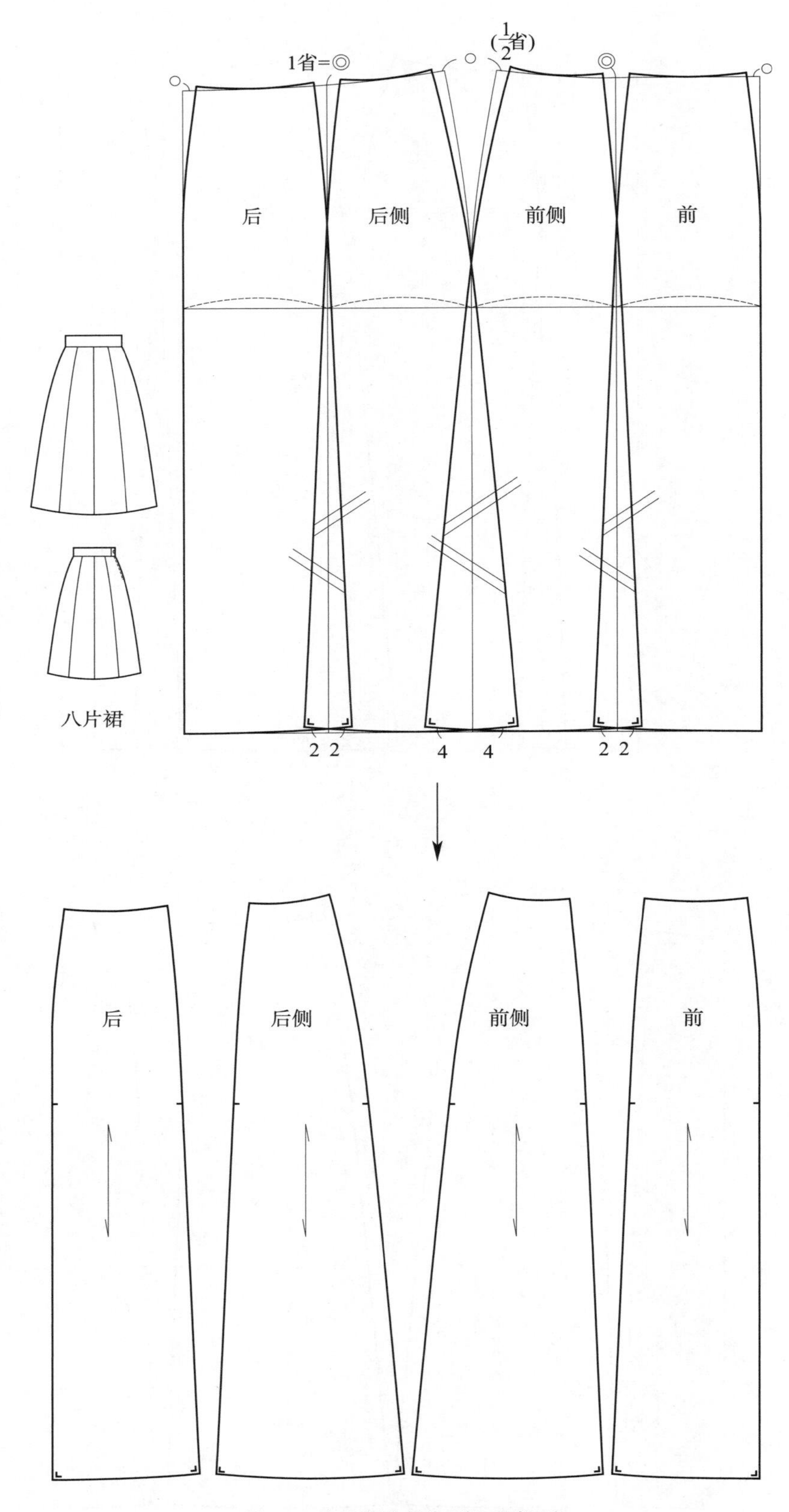

图 1-8 裙子竖分割线纸样系列设计

单从结构而言，横竖分割线设计只要采用其中一种就可以达到塑形的目的，不过遇到特殊材料，如皮革时，考虑其材料局限性和有效利用的目的，可以采用横竖分割线结合的设计。在基本纸样的基础上，采用六片裙的纸样结构，通过前省尖的位置作弧线分割变化，经过两次移省后修正腰线和育克线，得到一组兼备功能性与装饰性的分割款式系列（图 1-9 ②）。

从理论而言，分割线的设计可以无穷无尽，但是实际应用时，要针对生产与材料的具体要求，以合理、经济、美观作为完美表现分割线设计的基本准则。

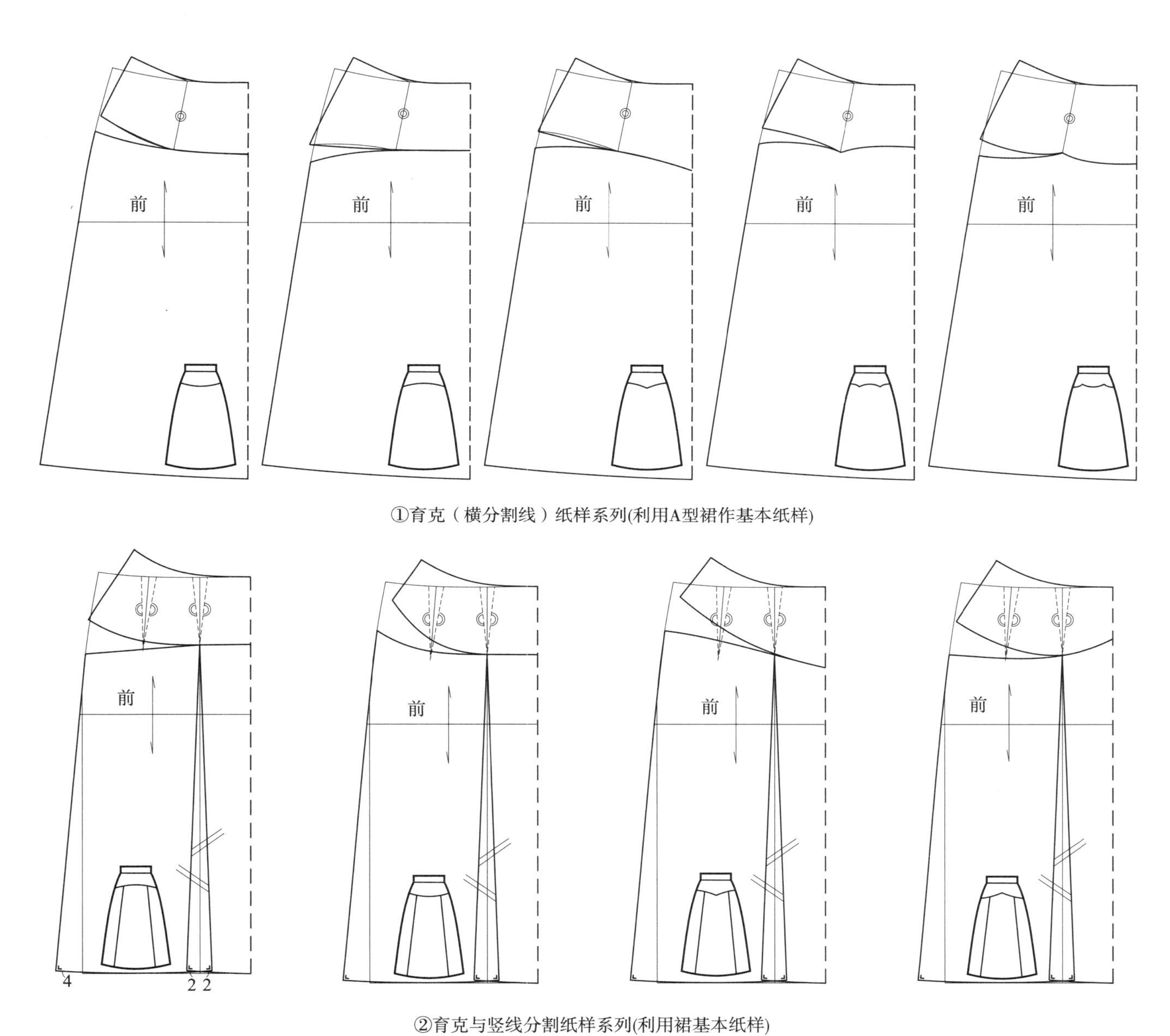

①育克（横分割线）纸样系列(利用A型裙作基本纸样)

②育克与竖线分割纸样系列(利用裙基本纸样)

图 1-9　裙子横竖分割线结合纸样系列设计

4　多板多款裙子纸样系列设计

在裙子纸样系列设计中，综合元素的运用就进入了多板多款的设计方法。综合高腰、育克和褶元素进行裙子的纸样系列设计。通过局部可变元素，如不同曲度的育克、不同形式的褶元素结合的深化设计推衍开来，会使主板和局部都发生改变（图 1–10）。

在保持高腰和育克设计为造型焦点的稳定状态，款式一是以 A 型裙作为基本纸样（见图 1–6 ②），通过对育克、腰位的局部分割设计来完成的；款式二采用逆向思维的方法，在款式一相反的方向做分割处理，通过换位派生出新的款式，在侧面装拉链，较款式一的设计更为简洁（图 1–10 款式一、款式二）。

款式三后片直接采用款式一的后片，前片在款式二前片的基础上将育克结合普力特褶做深化设计，设定好褶的数量和宽度，按照暗褶量为明褶量的两倍设计，通过切开平移的方法完成褶的结构设计。另外，将前片的余省量分解，均匀地加入暗褶之中，通过在缝合时的叠褶工艺处理掉（图 1–10 款式三）。

款式四的前片采用款式二的前片，后片在款式一后育克与裙片断开处设计缩褶，均匀的将褶量分为三份，通过上端加 3cm、下端加 6cm 的均匀切展，使得下摆散褶大于育克缩褶，余省也归入褶中处理掉。另外，在腰部设计蝴蝶结用于调节腰部尺寸和覆盖结构线作用（图 1–10 款式四）。

款式五是在款式二的基础上，将前、后裙片在侧缝水平对接，去掉翘量，根据设普力特褶的区域，均匀的设计八等分的褶量，依据暗褶是明褶的 2 倍，在纸样上平移出褶量，余省的处理同款式三（图 1–10 款式五）。

通过以上纸样系列设计的实证，充分表明了系列纸样设计方法的优势与便捷性，如果将以上元素结合其他廓型，便会实现多板多款的全方位拓展设计。例如将这些成果直接搬到裙裤纸样系列设计中，就有效地开发了另外一个品种。

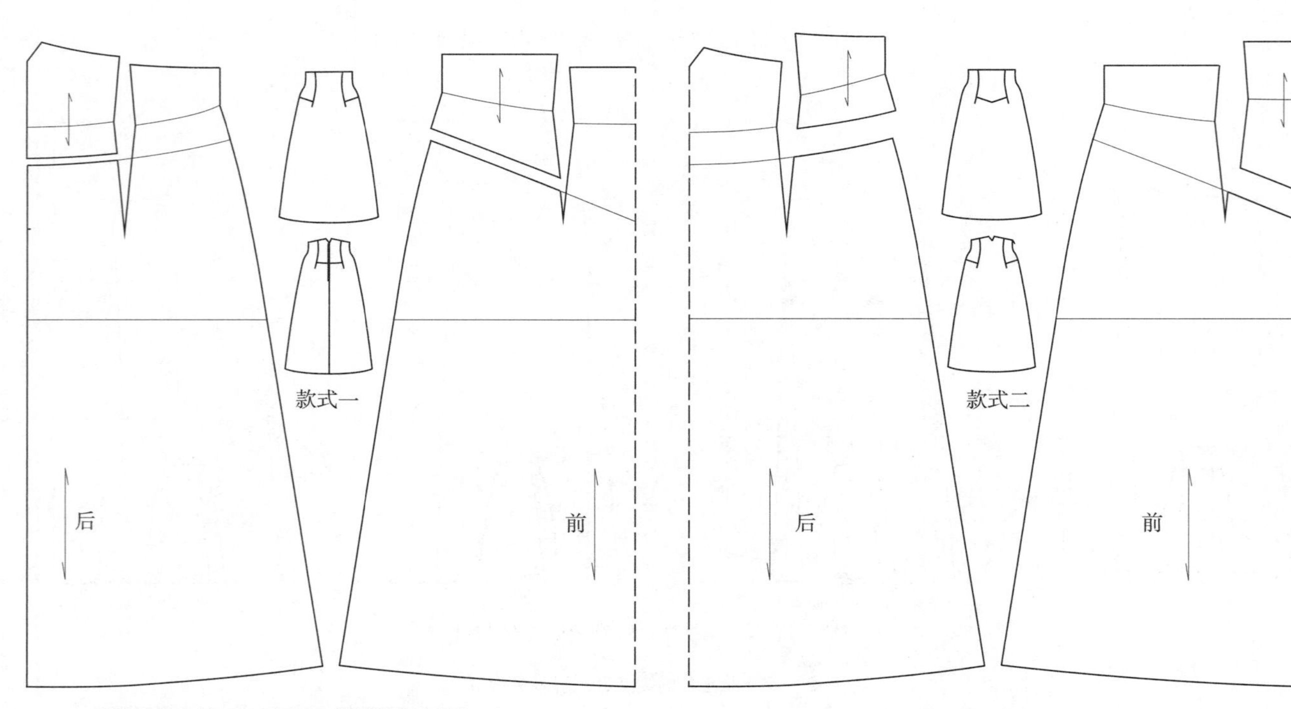

* 基础纸样参见 144 页“6.1 高腰侧育克裙”

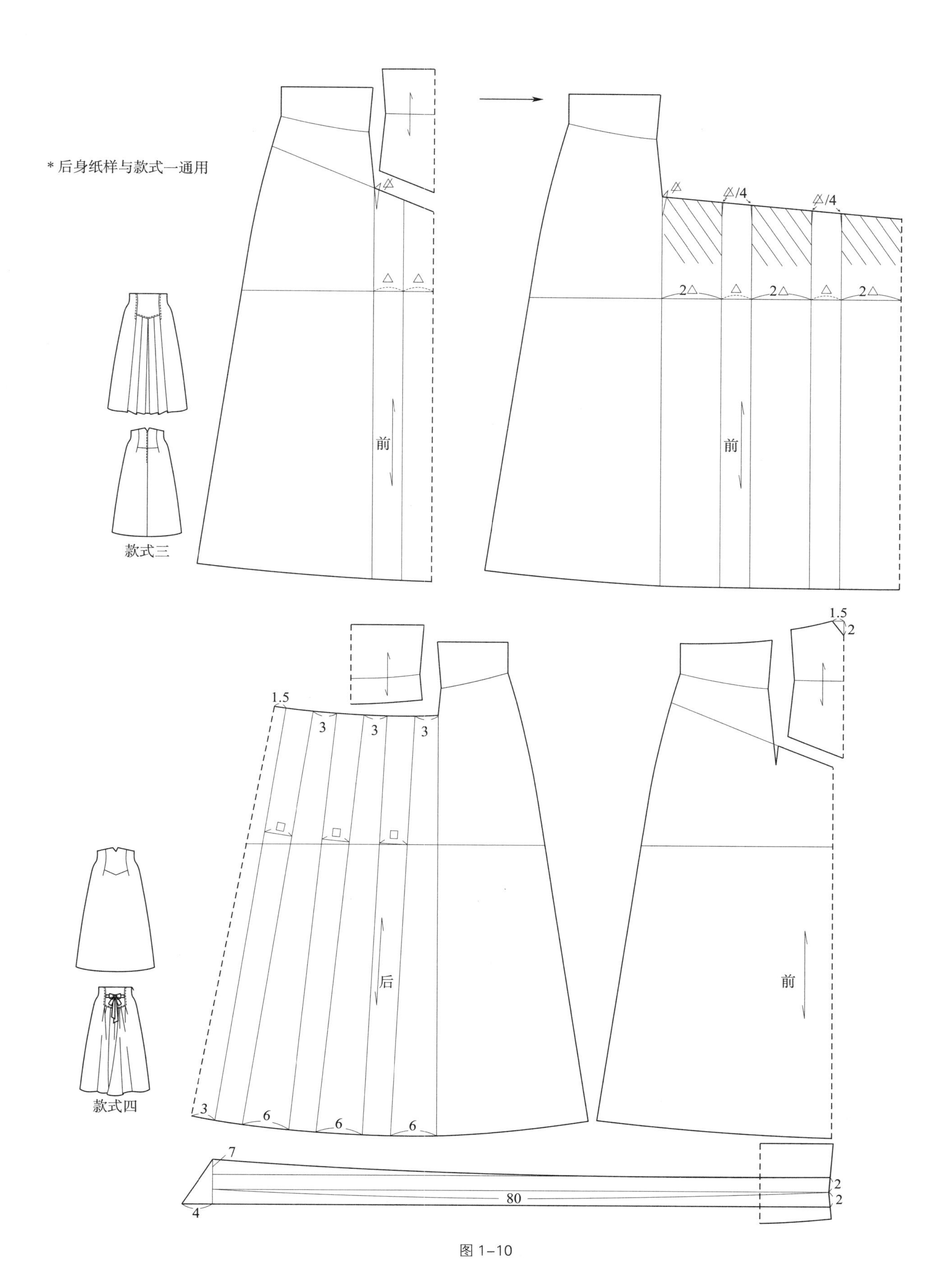

图 1–10

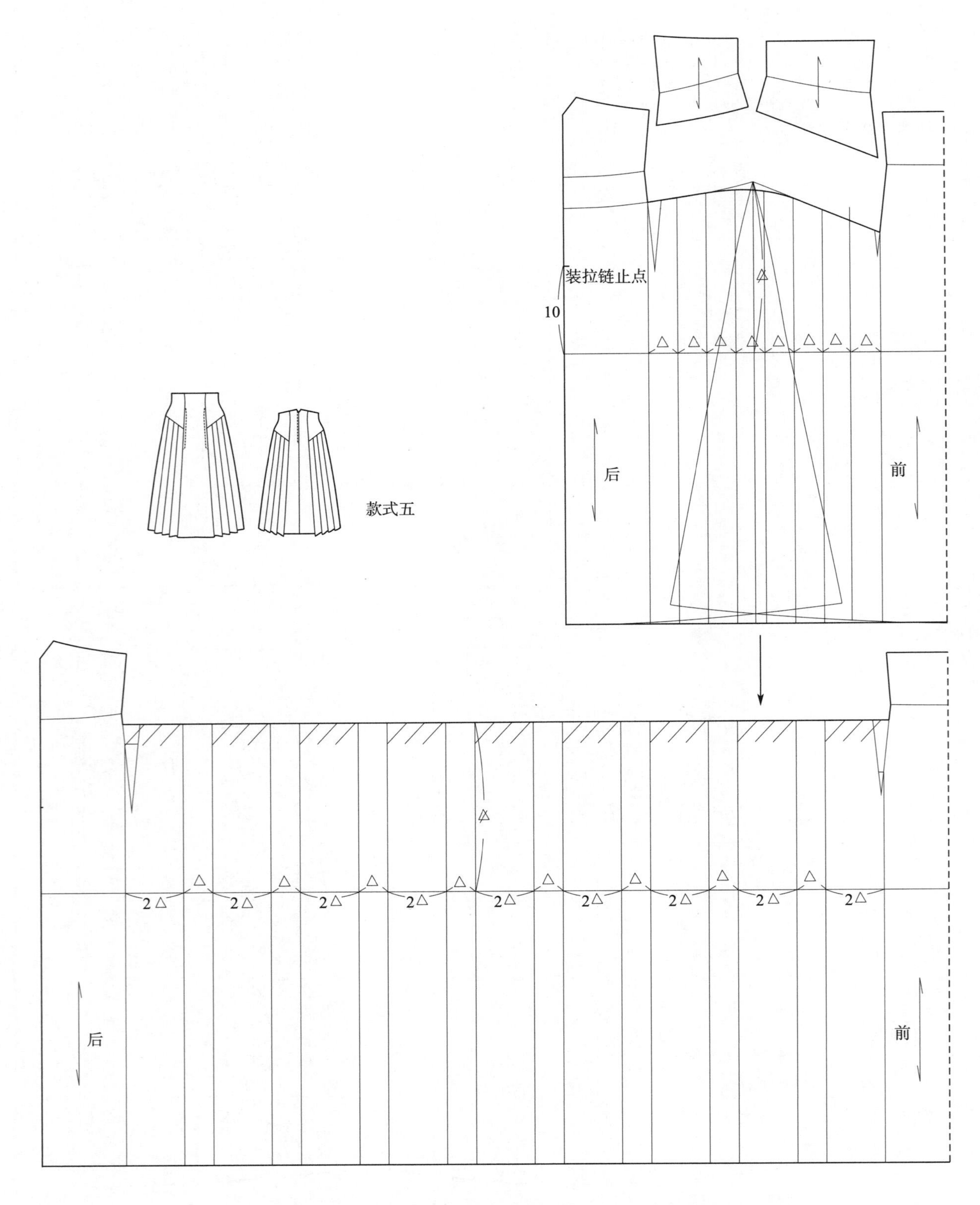

图 1-10　裙子多板多款纸样系列设计（利用 A 型裙作基本纸样）

§1–3　裙裤纸样系列设计

裙裤是裙子结构的复杂形式，裤子结构的简单表达。在纸样系列设计中，裙裤是建立在裙子基本纸样体系中的，它们的廓型系统完全相同，因此裙裤基本纸样只需要在裙子基本纸样基础上加上横裆结构，可以认为裙裤基本纸样就是在裙子基本纸样基础上派生出的“类基本纸样”。

从造型而言，由于裙裤保持了裙子的外观效果，因而一切适合于裙子的款式设计都适合在裙裤中运用。纸样处理在已完成的裙子纸样基础上仅需要加入横裆部分就可以进入到裙裤系列设计中，形成 H 型裙裤、A 型裙裤、斜裙裤、半圆裙裤和整圆裙裤的一款多板系列（图 1–11）。在这个类型的设计中，充分体现了系列设计方法“系统理论”的优势，依照裙子各个元素展开的一板多款主题系列设计以及控制造型焦点变化的设计经验，在裙裤纸样设计中会有更好地表现（图 1–12）。

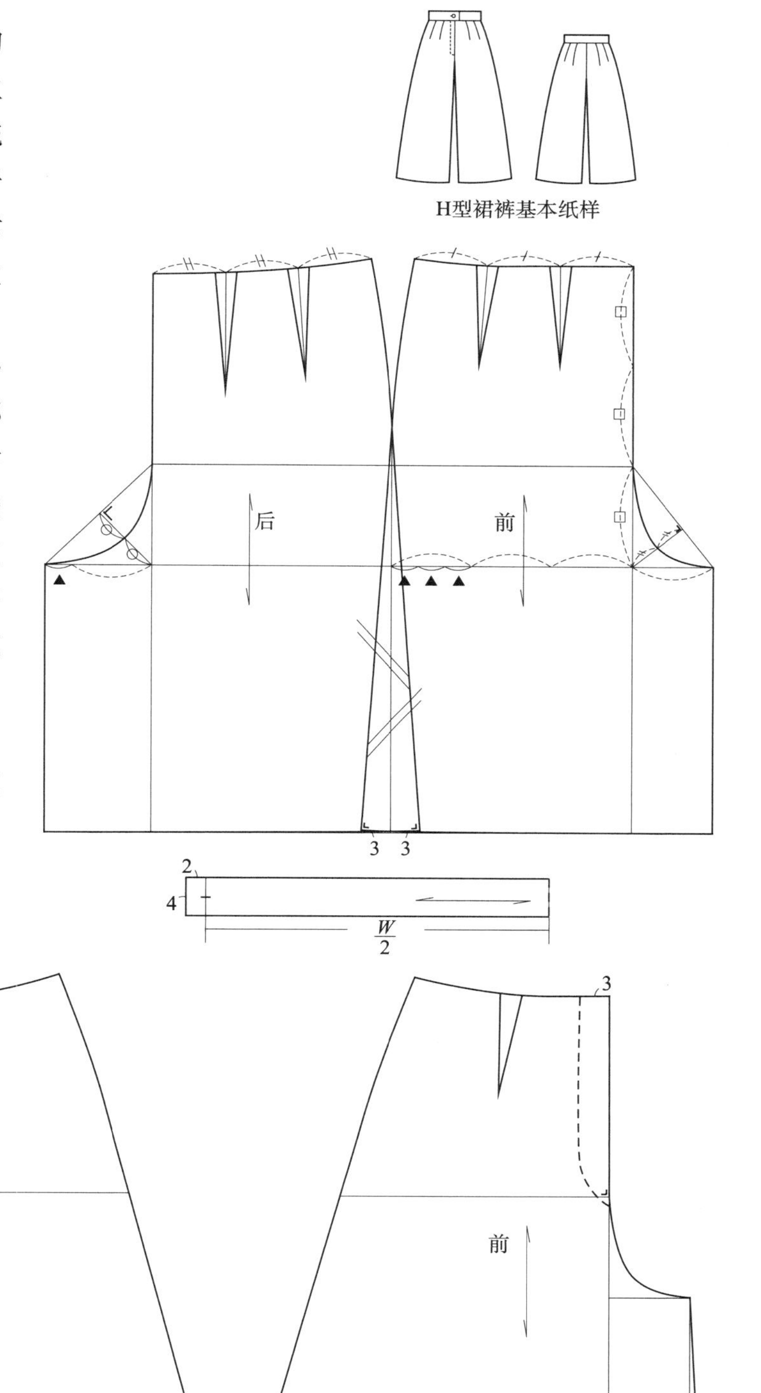

图 1–11

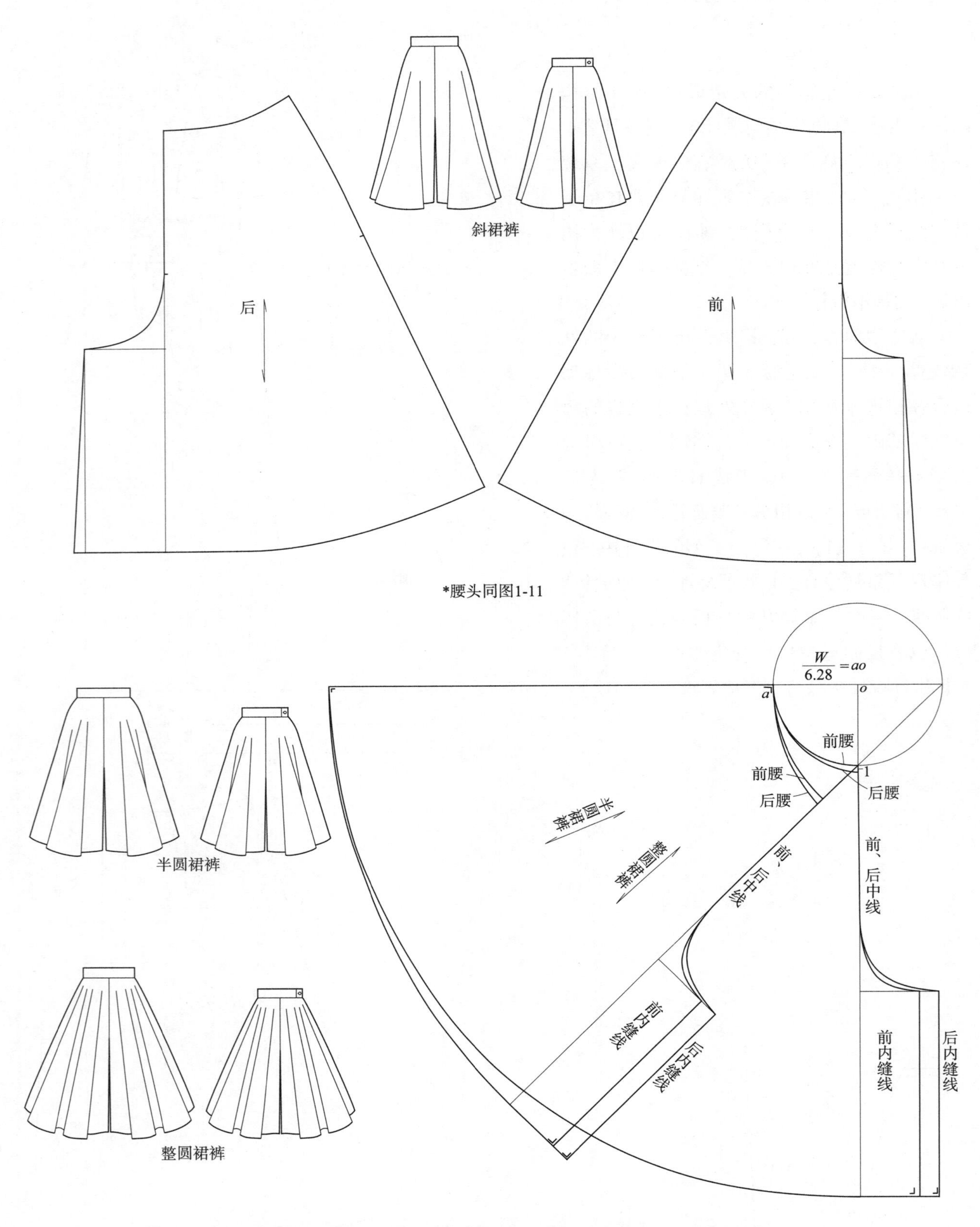

图 1–11　基于廓型的一款多板裙裤纸样系列设计（在前一节裙子廓型系列纸样基础上加上横裆）

腰位纸样系列设计（利用 H 型裙裤）

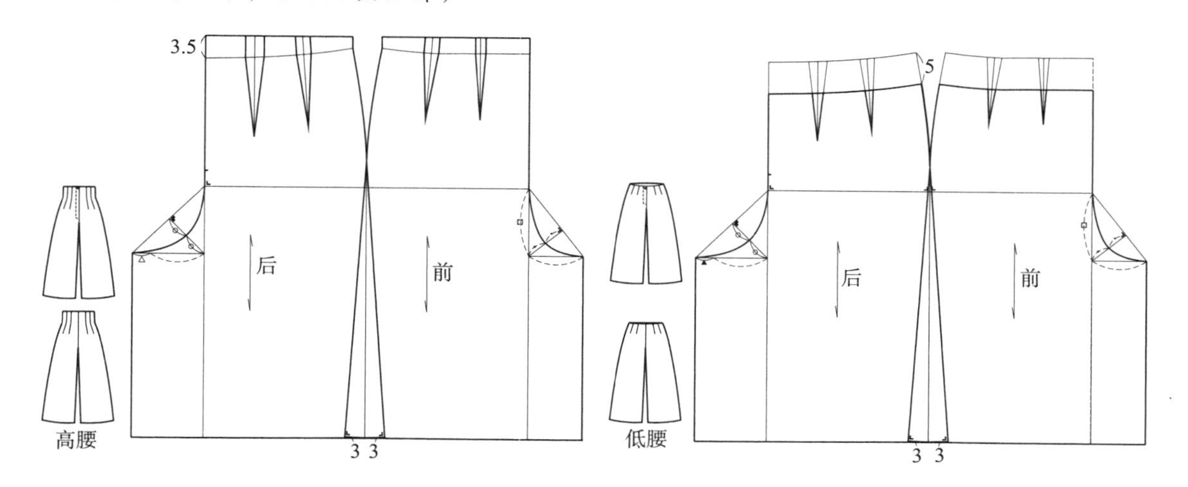

育克线纸样系列设计（利用 A 型裙裤）

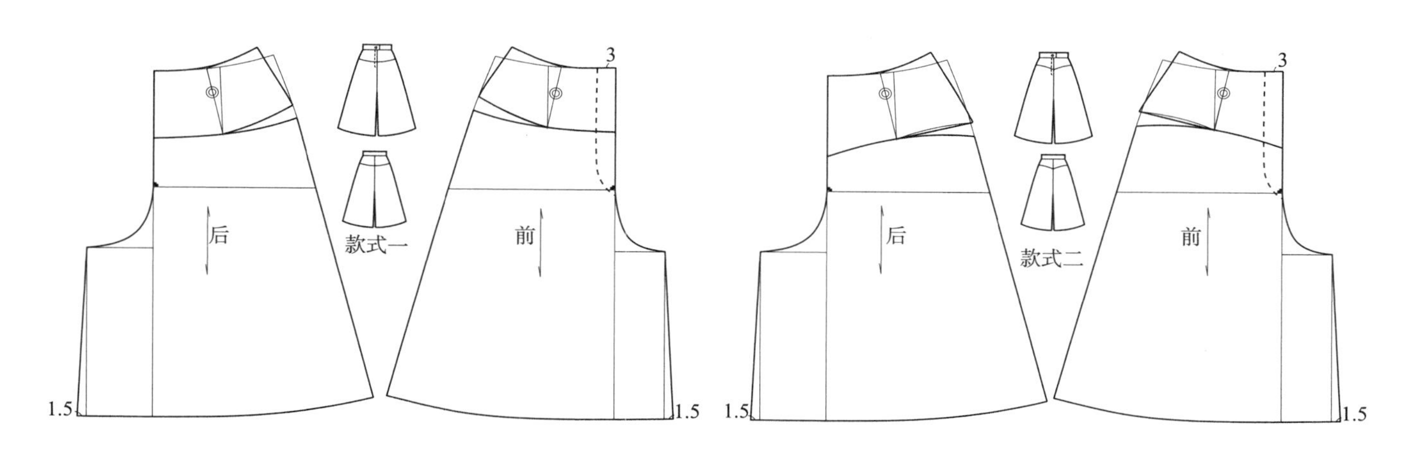

图 1–12

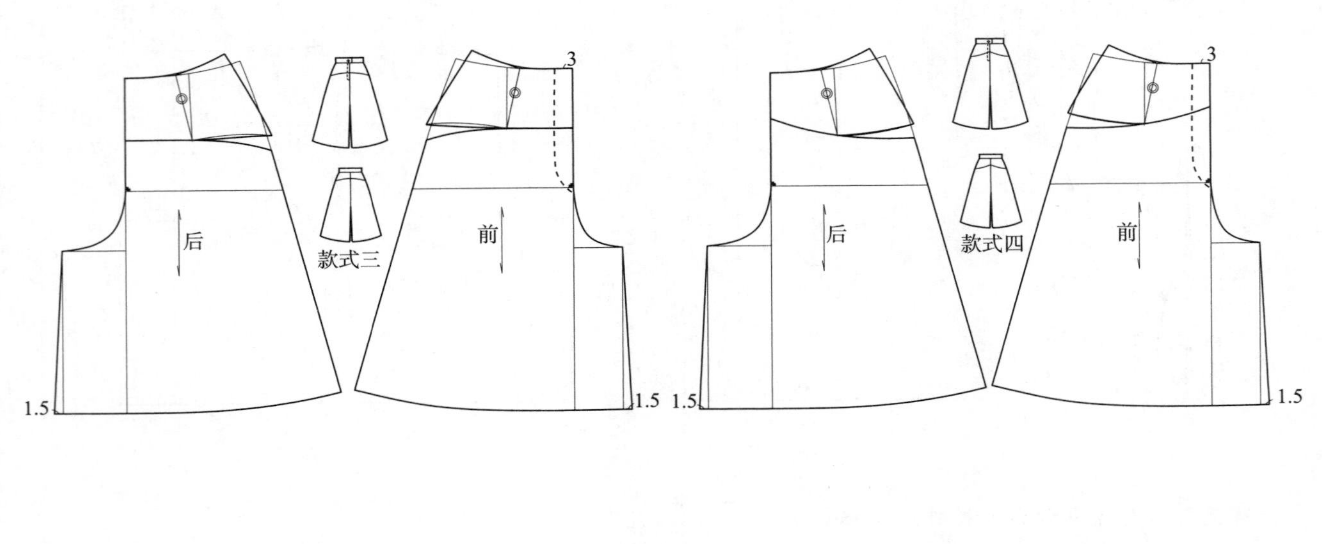

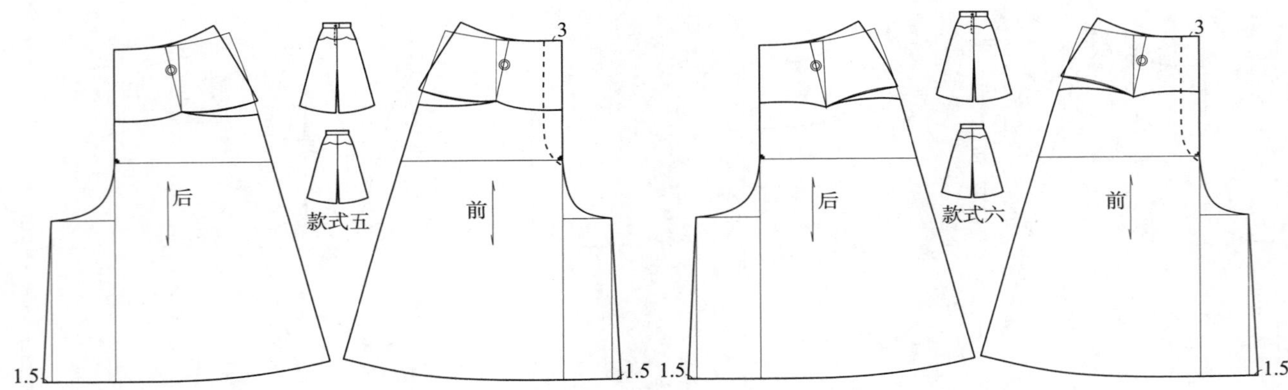

图 1-12　一板多款裙裤纸样系列设计（在前一节一板多款裙子纸样基础上加上横裆）

用多板多款的方法在已完成的裙子多板多款纸样系列设计的基础上，通过加入横裆结构完成裙裤综合元素纸样系列设计，呈现出系列设计最大化，风格表现比裙子具有更大的优势（图 1–13）。

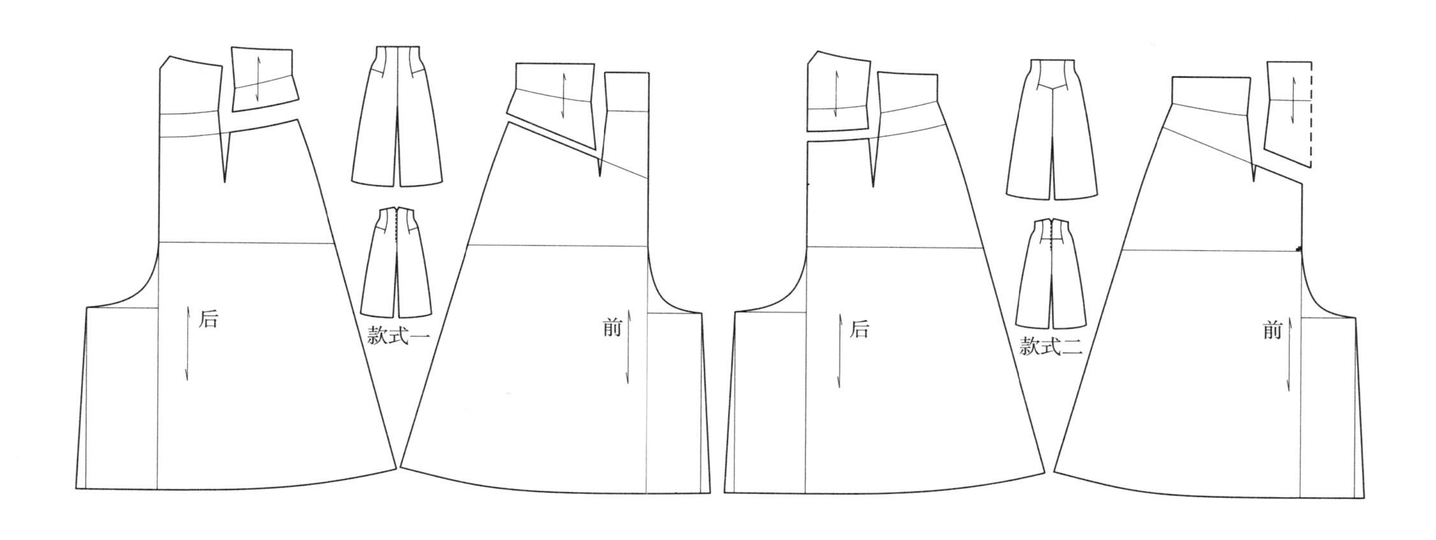

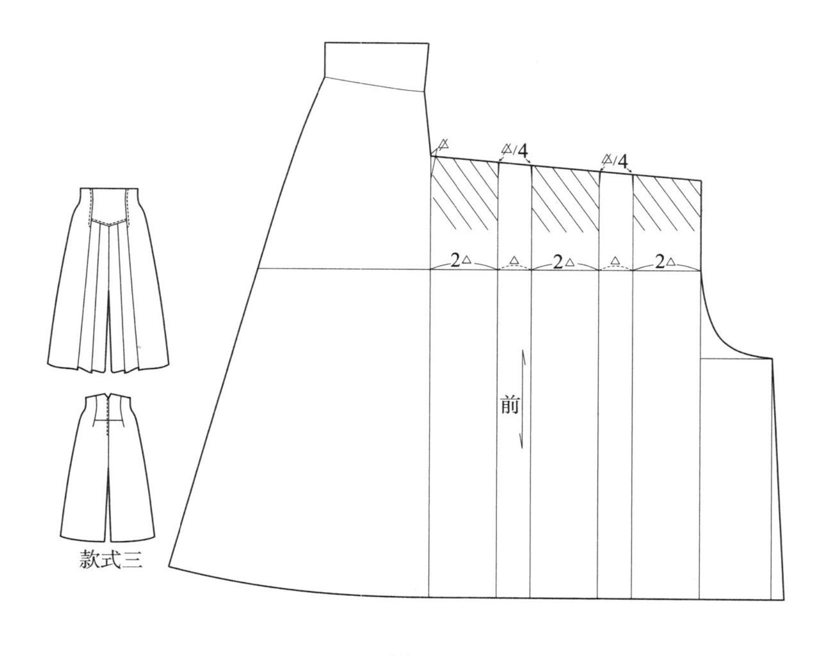

图 1–13

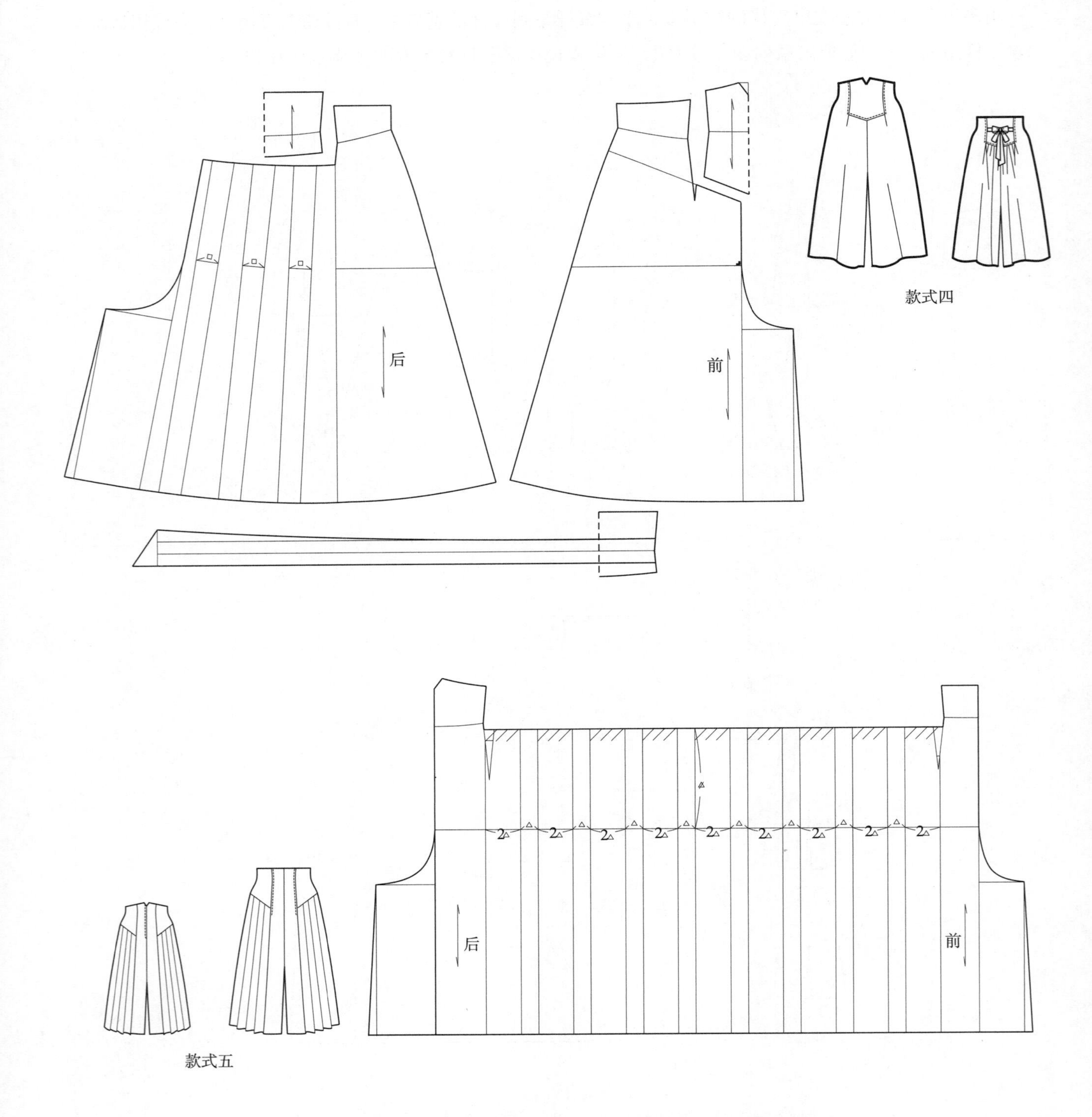

图 1-13　综合元素裙裤纸样系列设计（在前一节多板多款裙子纸样基础上加上横裆）

第 2 章　裤子款式和纸样系列设计

裤子最初起源于游牧民族，经历了一个由内衣到外衣化、由男性专有到女性通用的发展历程。女裤的设计传承了男裤的一切元素和造型规律，根据 TPO 原则和女装特点，裤子在女装系统中不作为正式礼服特别是晚礼服，这一点要有足够的认识，因而对男裤设计的众多禁忌影响有限，元素流通相对自由，这更需要系统方法规范设计。

§2-1　裤子款式系列设计

由于女性正式场合裤装是被排除在外的，因而按照裤子与上装搭配的级别而言，女裤可以细分为常服裤（以职业装为主）、休闲裤和运动裤，款式设计也从廓型到局部元素展开系列设计。值得注意的是裤子的廓型（整体）与局部关系更加紧密，这是其他类型服装不具备的。

作为中间状态的H型裤，通过腰臀部和裤脚的变化实现Y型和A型。而且H型裤具有可兼容性强的特点，Y型和A型的设计要素都可以在H型裤中应用。因此，以H型裤作为基本款展开女裤系列设计是顺理成章的。

裤子按照廓型可以划分为 H 型、A 型、Y 型和菱型（马裤）。在女裤设计中，除了菱型裤作为骑马的专用服，造型夸张，可作为个性化款式，其他三种廓型都可适用于常服到休闲场合的裤装设计（图 2-1）。

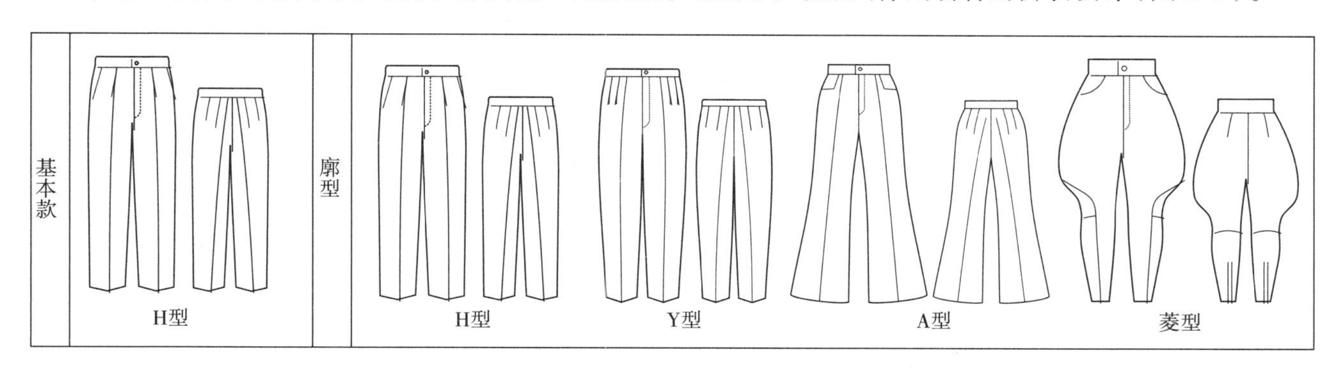

图 2-1　裤子基本廓型

裤子结构比裙子复杂，它的构成元素也相对比裙子多。将裤子的可变元素进行拆解可以得到以下主要元素，即腰位、裤长、分割线、褶、门襟、口袋、裤口等（图 2-2），其设计规律与裙子相同，可以互为借鉴。

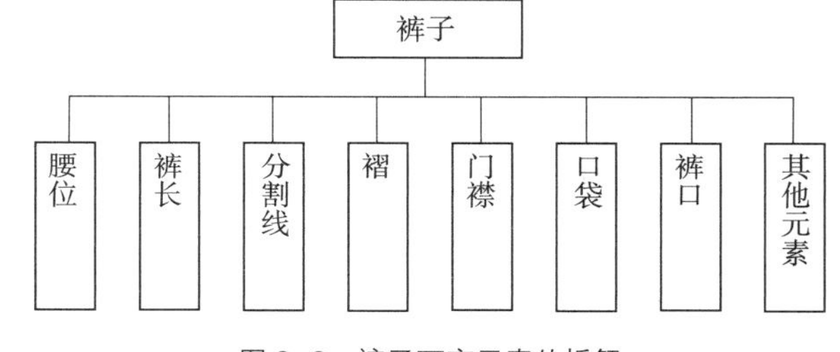

图 2-2　裤子可变元素的拆解

1　腰位主题设计

裤子的腰位设计多与廓型产生必然的联系。中腰作为中性结构，可以适用于各种廓型和褶式的变化。而低腰和高腰作为两极形式，除了中性元素可适用外，自身廓型有相应的局部元素，如Y型总是与高腰对应，而A型与低腰对应，这都是结构自身的合理性所决定的，不能过度自由组合（图2–3①）。

2 裤长主题设计

基于裤长的主题设计，可以纳入由短到长，有各自的经典设计系列，如牙买加短裤、百慕大短裤、步行短裤、骑车中长裤、卡普里裤等，但从样式分类基本上就是九分裤、七分裤、齐膝裤、短裤、超短裤等，在长度的变化基础上如果加入裤口和腰臀间的设计元素，可以进入固定裤长的多元素款式系列（图2–3②）。

3 分割线主题设计

裤子的腰臀结构变化规律与裙子几乎相同，因此腰臀间的变化可依据裙子的设计规律进行。可以划分为横分割线款式系列、竖分割线款式系列和横竖分割线相结合的款式系列。当横竖分割线结合时，需要相应的腰位和裤口的结合，低腰、宽裤口的A型裤结构最适合展开此类设计（图2–3③）。

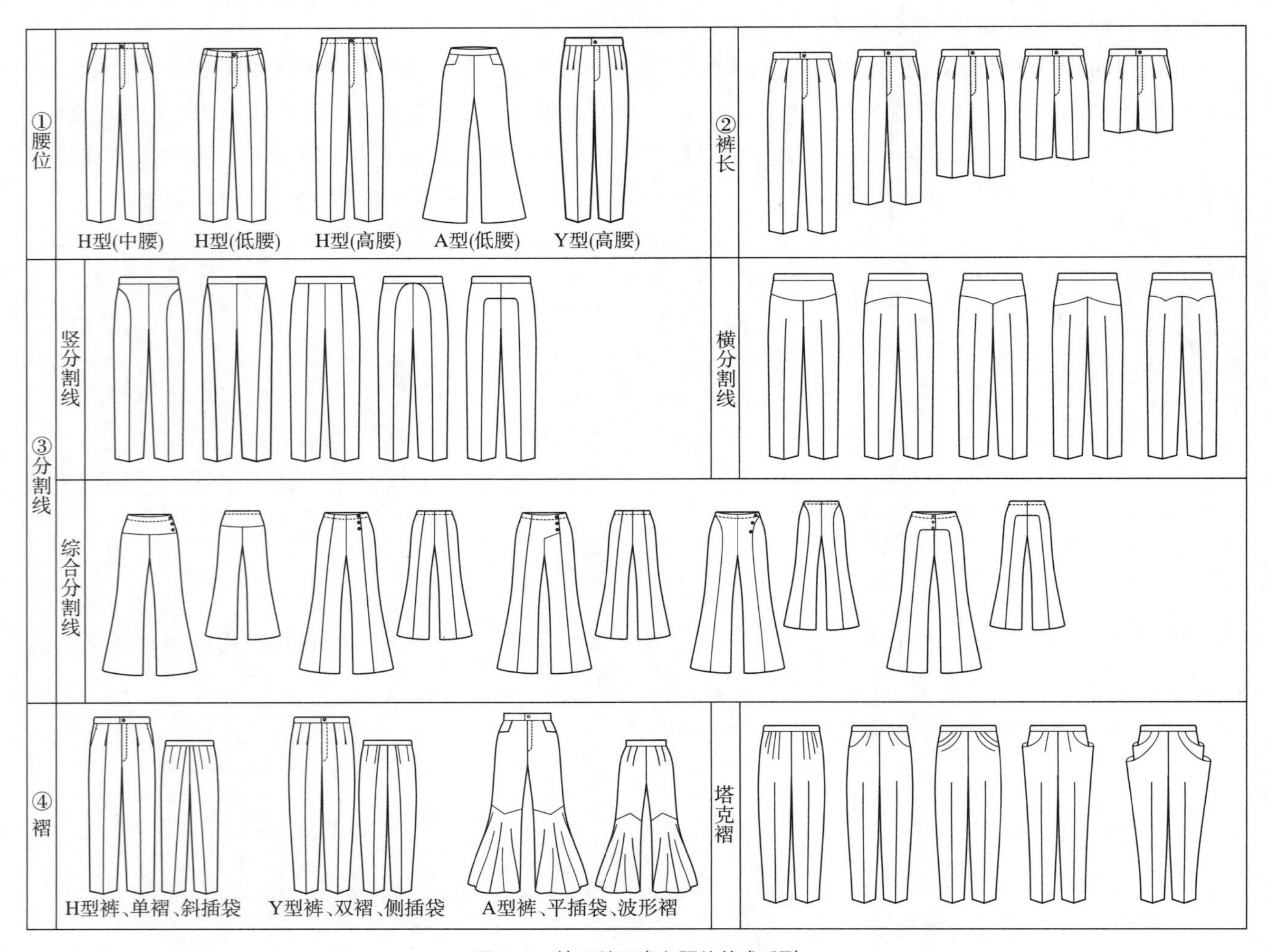

图2–3 裤子单元素主题的款式系列

4 褶主题设计

从整体到局部，裤子的廓型（包含腰位）、口袋和裤褶三者是紧密联系、相互牵制的。从总体而言，具有与裤子廓型（包含腰位）的对应性；从局部来讲，褶要与相应的口袋元素相组合。裤褶有无褶、单褶、双褶和多褶形式。单褶处于中性状态，适用于 Y 型、A 型、H 型裤，搭配斜插袋；双褶为休闲结构，适用于 Y 型裤，口袋形式为侧直插袋；无褶属于牛仔裤结构，适宜于 A 型裤，采用低腰平插袋形式。H 型裤作为中性结构，适应性强，所有褶的形式都可以在此结构中实现。

对于女装而言，造型丰富的立体褶设计，使得裤子的变化异彩纷呈，不过在设计中要考虑到不同的褶要与不同的廓型相配合。例如普力特褶不适合在所有裤子类型中使用，波形褶适合于 A 型裤，因为其造型特点有利于表现飘逸的下摆，与 A 型裤突出腰臀曲线形成反差而更加凸显个性。塔克褶、缩褶则适宜 Y 型裤，因为这两种褶都需要在腰部固定，恰好与 Y 型裤的倒梯形结构相适应。塔克褶元素还可以结合口袋的设计形成丰富变化。褶具有适用于下装所有类型的普遍性，如果结合其他元素的设计，款式的面貌会呈现令人“眼花缭乱”的效果（图 2–3 ④）。

5 门襟主题设计

裤子门襟主题设计往往被忽视，其实它是裤子设计最值得培养的元素，重要的是要按追求功能和简约的风貌出发。裤子门襟的设计有直门襟、斜门襟、明门襟、暗门襟以及前门襟、侧门襟等形式，在男装设计中除了直门襟最为常用外，其他的设计甚至成为禁忌，但是在女装中则没有这种限制，往往被视为一种概念，只要结合合适的廓型变化和有利于功能的释放，更能表现女装特色，通常门襟总是结合腰臀部元素进行综合设计（参见图 2–3 ③综合元素的主题设计内容和图 2–4）。

6 口袋主题设计

在裤子品种中，口袋有前身口袋和后身口袋之分。前身的口袋形式有斜插袋、直插袋和平插袋。后身口袋有单嵌线、双嵌线、加袋盖的嵌线袋和各种贴袋形式。这些口袋形式都适合于女裤的设计。根据 TPO 原则，从嵌线口袋到贴袋含有从正式到休闲的暗示，若是休闲裤的设计，这些口袋元素和样式都适用。作为女士职场正装裤的后身不设口袋，这样有助于强调臀部的曲线和完整性，若设口袋要采用双嵌线形式，忌用贴袋。

裤子除了以上主要的局部元素外，各种襻、腰带、工艺明线和其他多种装饰元素，在裤子设计过程中，要慎重使用，它需要考虑具有功用时才使用，这样才会起到画龙点睛的作用（更多信息见本书下篇相关内容）。

7 基于廓型综合元素的主题设计

单一元素的系列设计是有针对性的主题变化，不过可变化的空间有限，如果在此基础上，再根据各自廓型的特点，以两个或者两个以上元素结合进行有序设计，就可以得到具有不同风格面貌的款式系列，也更容易产生有创意的“设计眼”。

在 A 型裤基础上拓展分割元素的系列设计。A 型的造型特点决定了设计应侧重于综合低腰、育克和分割线的结合，使得腰臀与裤口的对比加大，强调 A 型的轮廓特征。在这样的设计思路指导下，以 A 型裤的简单基本款作为起点开始延伸设计，通过前、后片的横、竖分割线的设计结合口袋进行变化得到初始款式，然后通过横竖分割线改变走势，采用逆向思维做两极方向演化的设计，分割线位置从向内弯曲演化为向外弯曲，同时结合步步推进的思路，设计由 A 型裤的腰臀部开始，包括育克、门襟、口袋、分割，向裤摆方向延伸，最终演化到裤摆结合波形褶变化丰富的款式系列，从而完成款式设计的"自我增值"过程（图 2–4）。

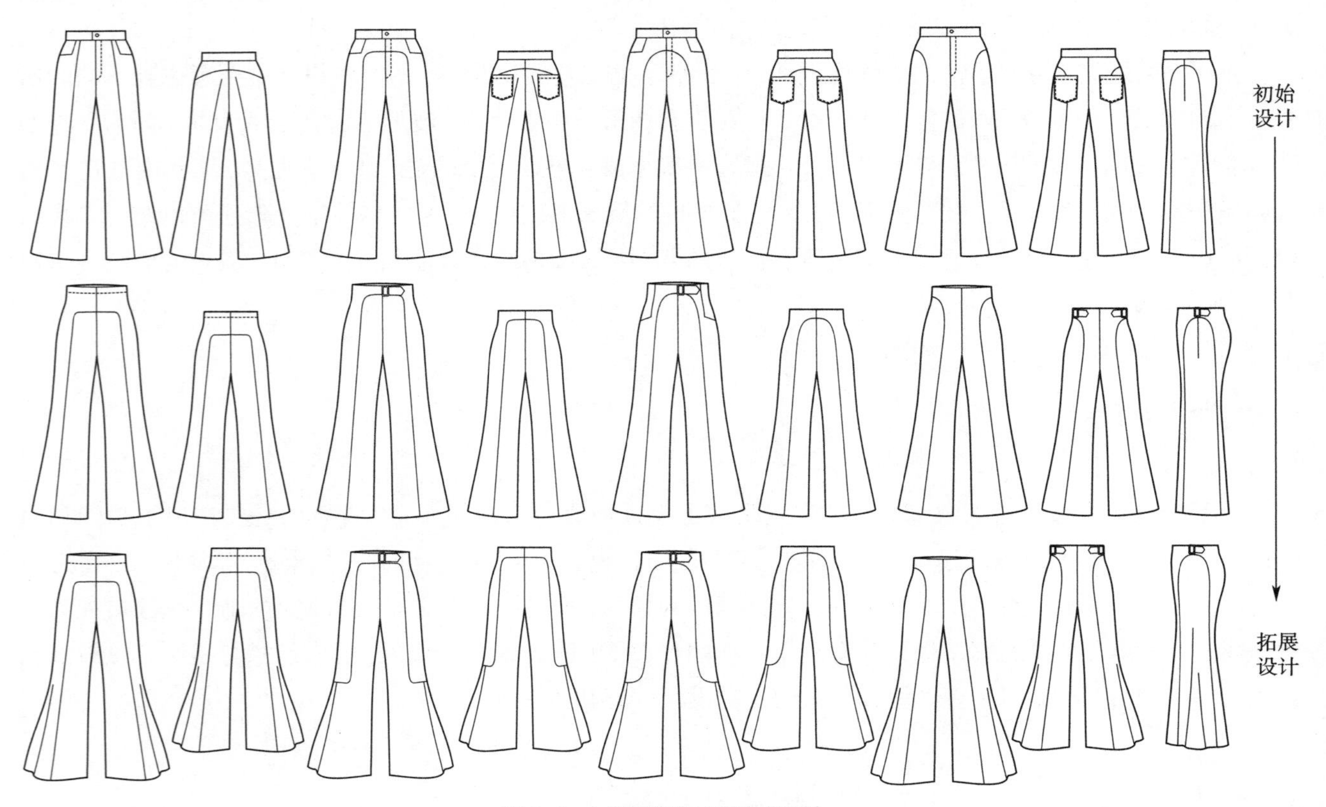

图 2–4　A 型裤综合元素款式系列

这个方法同样可以用在牛仔裤的设计中，以经典的五袋式 Levi's（李维斯：牛仔裤创始品牌）牛仔裤作为基本款，它的特征是上紧下松，低腰、平插袋、后育克，在此基础上通过以分割线作为造型焦点结合口袋元素的设计，完成分割线由横到竖再到横竖结合演化为曲线分割的有序过程，口袋的变化与之配合，但贴袋的标志性样式不能改变。如果在此基础上再结合如补片、撞色线迹、刺绣、蕾丝镶边等元素设计，通过后期"洗、漂、染"等特殊工艺的处理，会使此系列的面貌呈现锦上添花的效果（图 2–5）。

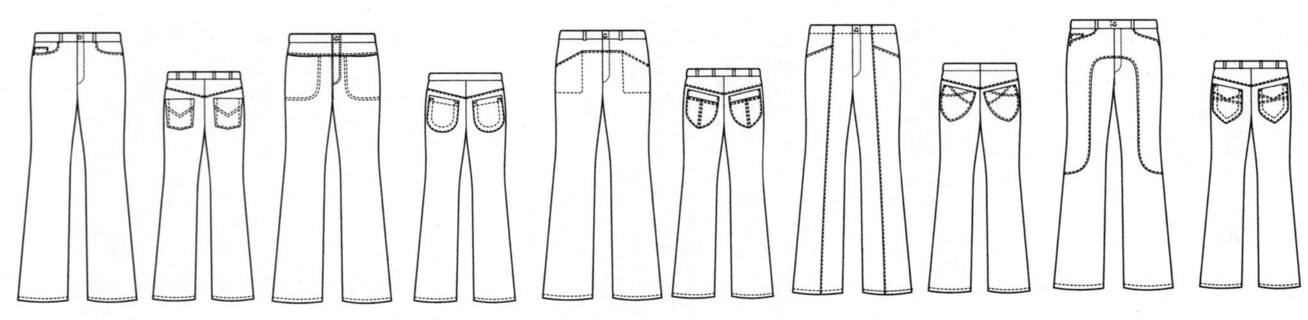

图 2–5　A 型牛仔裤综合元素款式系列

Y 型裤和 A 型裤的造型截然相反，属于倒梯形，虽然设计的焦点也是在腰臀部，但运用元素多采用高腰、育克、多褶和收缩裤口的手法来强调其廓型特征。Y 型裤系列由于在选择元素和纸样处理方面与 A 型裤相反，故个性风格鲜明，如高腰主题的综合设计（图 2-6）。

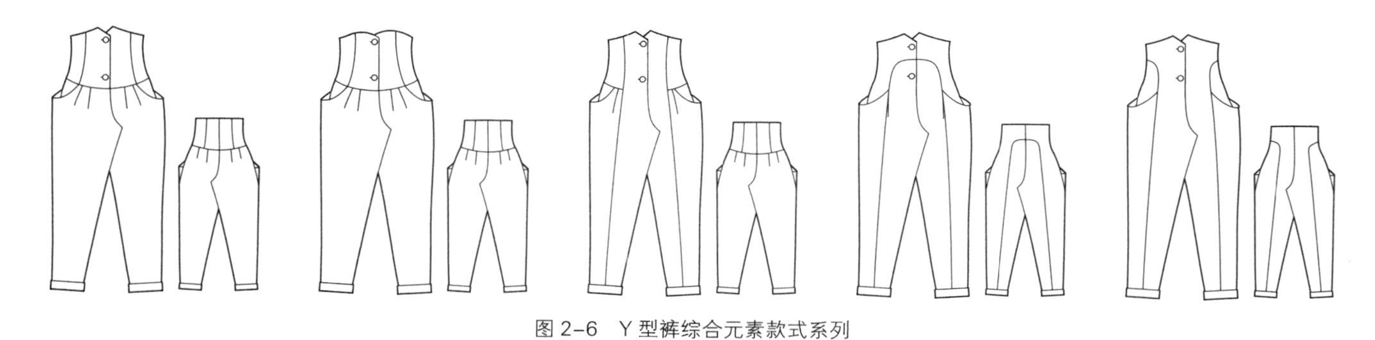

图 2-6　Y 型裤综合元素款式系列

休闲裤和运动裤都是以功能设计作为基本出发点，但是二者侧重点有所不同。休闲裤的设计，往往从已经定型的西裤、牛仔裤的元素中渗入休闲元素拓展实现的。运动裤则是依据具体的运动项目要求进行有针对性的设计，有相对具体的功能性和目的性要求，设计必须做到有的放矢。适宜设计运动裤的廓型以 H 型和 O 型为主，在设计中需秉承功能第一的理念，充分考虑腰臀部、膝盖部位活动的舒适性。依据以上考虑以 H 型裤展开设计，通过腰部设可调节松量的抽带功能、增加裤管肥大的空间、口袋的实用简约设计等来满足以运动需求为主题的款式系列（图 2-7）。

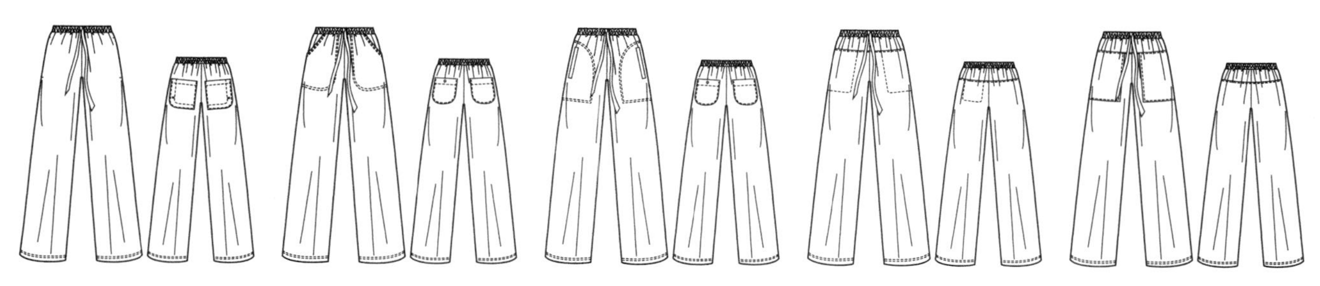

图 2-7　H 型裤综合运动元素的款式系列

§2-2　裤子纸样系列设计

裤子纸样系列设计虽然与裙子有很大的相似之处，但裤子的基本纸样系统与裙子有所差异，裤子的 H 型基本纸样本身就构成了成衣纸样，而裙子的基本纸样更纯粹。

1　裤子基本纸样

女裤纸样系列设计在规律上与裙子的设计流程相同，首先应确定 H 型裤子的基本型作为基本纸样。基本型制图的必要尺寸从主教材中获得，前腰线采用 $W/4+1$cm，后腰线采用 $W/4-1$cm 的设计，在保持腰围总量不变的状态下满足人体前腰腹差量小、后腰臀差量大的特点。省量的分配遵循前身施省量小于后身的原则，并后片的省根据位置的不同，靠近后中的省大于靠近侧缝的省。在裤子的侧面设计直插袋，袋口为13cm，由此完成的即是H型裤，也是裤子纸样系列设计的基本纸样（图2–8）。

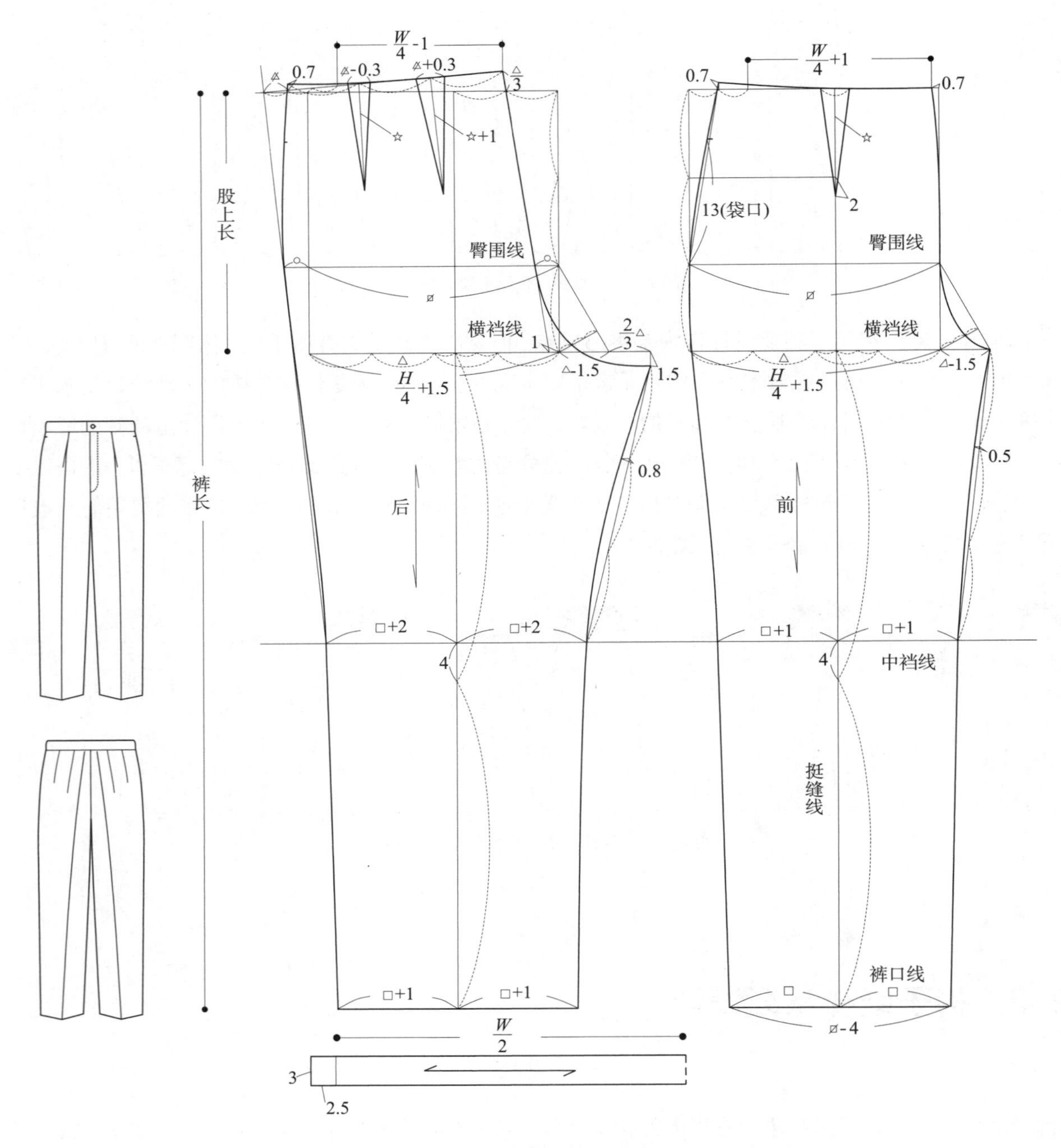

图2–8　H型裤及裤子基本纸样

2　基于廓型的一款多板裤子纸样系列设计

裤子的基本廓型分别为H型（筒型裤）、Y型（锥型裤）、A型（喇叭型裤）和菱型（马裤）。廓型的变化主要是通过臀部的宽松与收紧以及裤口宽度变化来完成的，依据不同的造型特点各个主体结构互为转化形成不同廓型的板型即多板，一款实际上是指相对不变的局部款式，客观上会随着主板的改变，局部款式会有所调整，这只是适应性改变。所以，绝对的“一款”或“一板”是不存在的（图 2–9）。

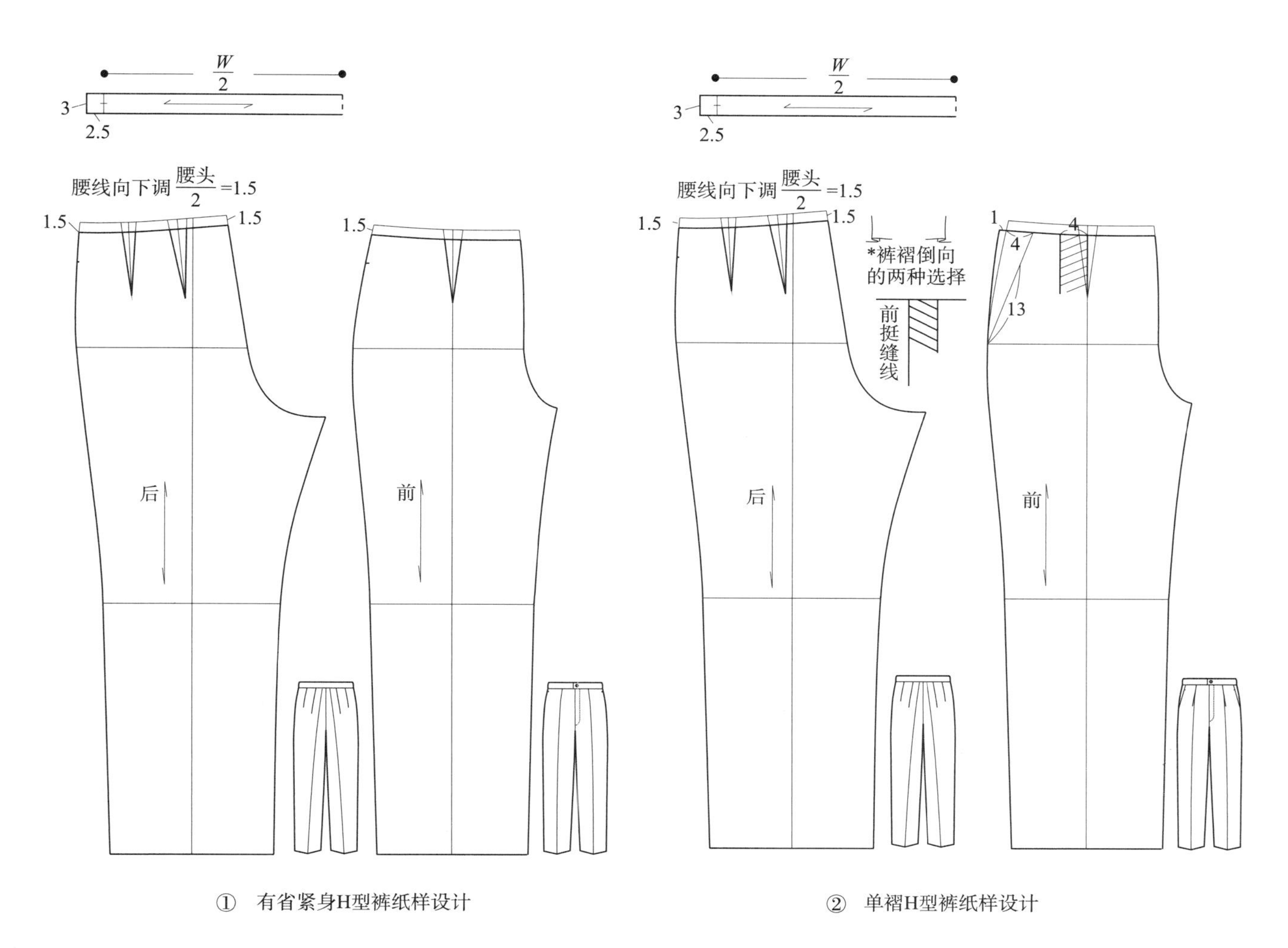

图 2–9

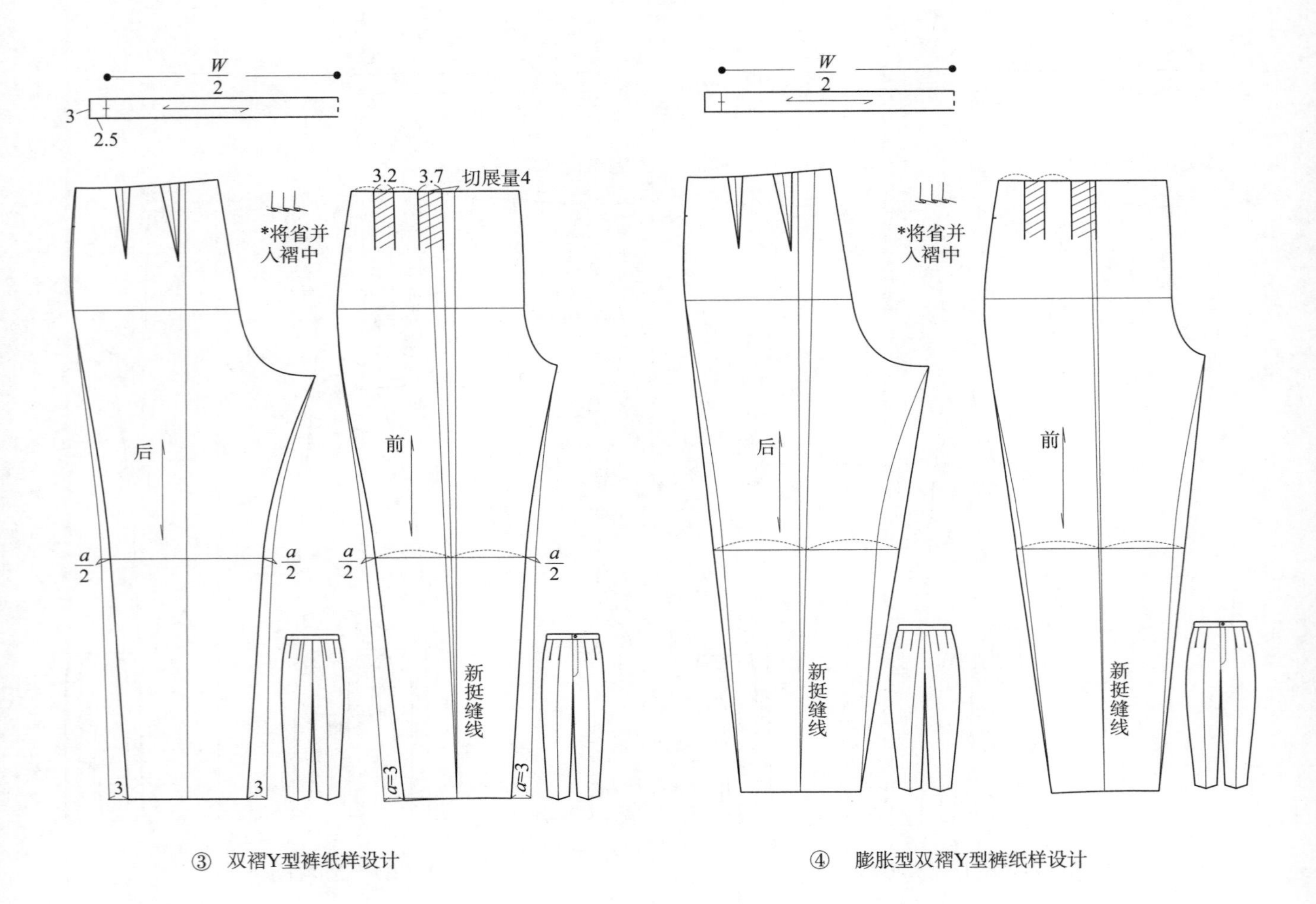

③ 双褶Y型裤纸样设计

④ 膨胀型双褶Y型裤纸样设计

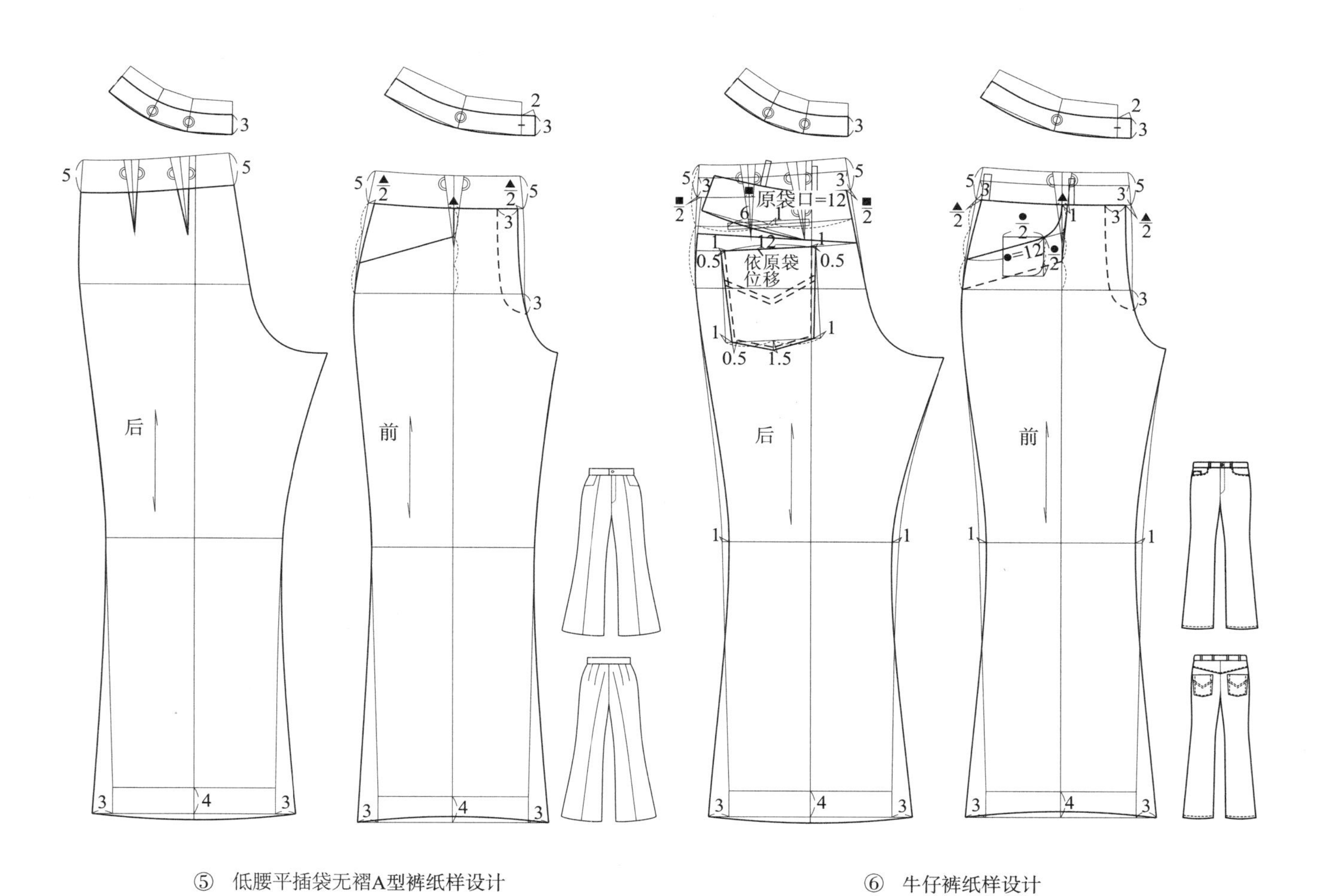

⑤　低腰平插袋无褶A型裤纸样设计　　　　⑥　牛仔裤纸样设计

图 2-9

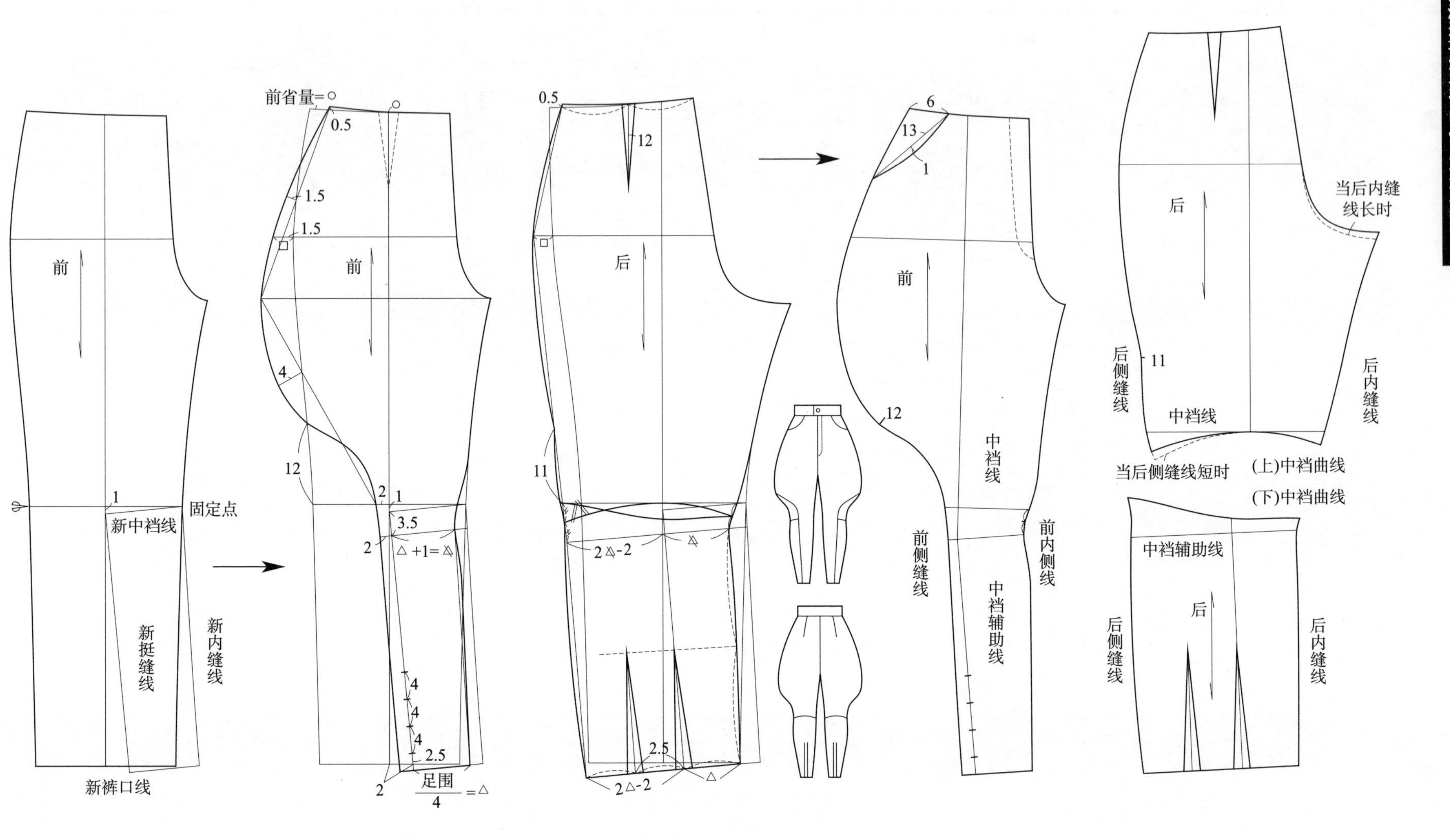

⑦ 菱型裤(马裤)纸样设计和分解图

图2-9 一款多板裤子纸样系列设计

H 型裤是直接应用基本纸样完成的，腰线向下调腰头宽的 1/2 后，所有省给予保留，从而形成有省紧身裤。若要实现有褶紧身裤的设计，则仅在前片侧缝处向外延长 1cm 后，在原前片省处按照设定的量将省转为褶。由于前片做褶后，口袋的容量相应增加，可以改为斜插袋，强化其功能（图 2–9 ①、②）。

Y 型裤的纸样设计可以在基本纸样的基础上展开，因为 Y 型裤多为高腰设计，所以在保持原腰线基础上加腰头设计。为了塑造 Y 型结构，将前片从挺缝线纵向剪开，依据要做褶的数量和造型特点在此处横向切展，然后收裤摆线，后片不用切展，仅收摆，此处要谨记收摆后裤口的总量不能小于足围，然后订正挺缝线，做褶和口袋的结构设计。在 Y 型裤的基础上，将侧缝和内缝线作直线或者内弧线的调整就可以完成两种 Y 型裤的纸样（图 2–9 ③、④）。

利用基本纸样设计 A 型裤纸样，在结构上腰臀部要做收缩处理，裤长比标准裤延长 4cm，依据裤摆的造型设计，以中裆线为基准上下浮动至裤口做逐渐放大的处理，形成不同喇叭状的裤口设计。裤腰设计是直接在合并前臀松量后在原裤腰部分作低腰处理，向下截取合适的腰宽，前片可将余下的省量分别在裤侧缝和裤前中去掉，形成前片无省设计。A 型裤无褶、低腰，形式简洁，又巧妙地利用腹股沟配合平插袋设计，满足了口袋容量的要求，因而成为牛仔裤的经典元素。从 A 型裤到牛仔裤的纸样演变处理，需要作后省的一省分解，令省变育克的纸样处理，这也是牛仔裤标志性结构（图 2–9 ⑤、⑥）。

菱型裤有马裤的标志特征，其纸样设计需要完成的第一步就是先在基本纸样的基础上，在中裆线与前内缝线交点做切展，追加中裆处的凸量，然后重新订正中裆线、挺缝线、裤摆线和内缝线。最后开始绘制前片，将前片去掉的部分在相应的后裤筒结构中补偿。马裤元素的构成很独特，作为高品质个性化的女裤开发很有潜力，也是很具挑战性的板型设计（图 2–9 ⑦）。

在基本纸样基础上拓展 Y 型、A 型、O 型的主板设计，局部结构必须进行适当的调整使造型在理想状态下完成多种廓型的系列设计，这正是裤子系列纸样技术的关键所在。

3　一板多款裤子纸样系列设计

固定主板改变局部元素如省、腰位、分割线和褶的主题设计与裙子的一板多款纸样系列设计有异曲同工之妙。以育克设计为例，都是通过省道转移来实现育克设计，通过改变育克线走势产生系列。采用裤子基本纸样，通过分割线不同曲度和方向的变化，产生育克主题的纸样系列。需要注意的是在此系列中，分割线的设计要考虑前、后裤片对接的准确性，通过前片省合并转移至分割线中，后片两省移至分割线后，如果分割线使裤片出现余省，要在后中缝和侧缝处去掉，完成腰臀部育克的合体设计（图 2–10）。以此举一反三运用所有局部元素，就会设计出不同风格一板多款的裤子纸样系列。

4　多板多款裤子纸样系列设计

在裤子纸样系列设计中，局部元素随主板改变更为普遍。以牛仔裤为类基本纸样，以腰臀部为造型焦点，结合分割线和口袋元素展开系列设计。通过前片有序的结构变化，后片相对稳定，仅改变贴口袋实现一板多款设计（图 2–11）。

款式一，通过腰部育克的改变，将省道转移至分割部位，与口袋设计巧妙结合。款式二，在前片将育克在横线的基础上，变为折线，口袋相应做调整。款式三，为连腰设计，在牛仔裤原腰线基础上，向上延

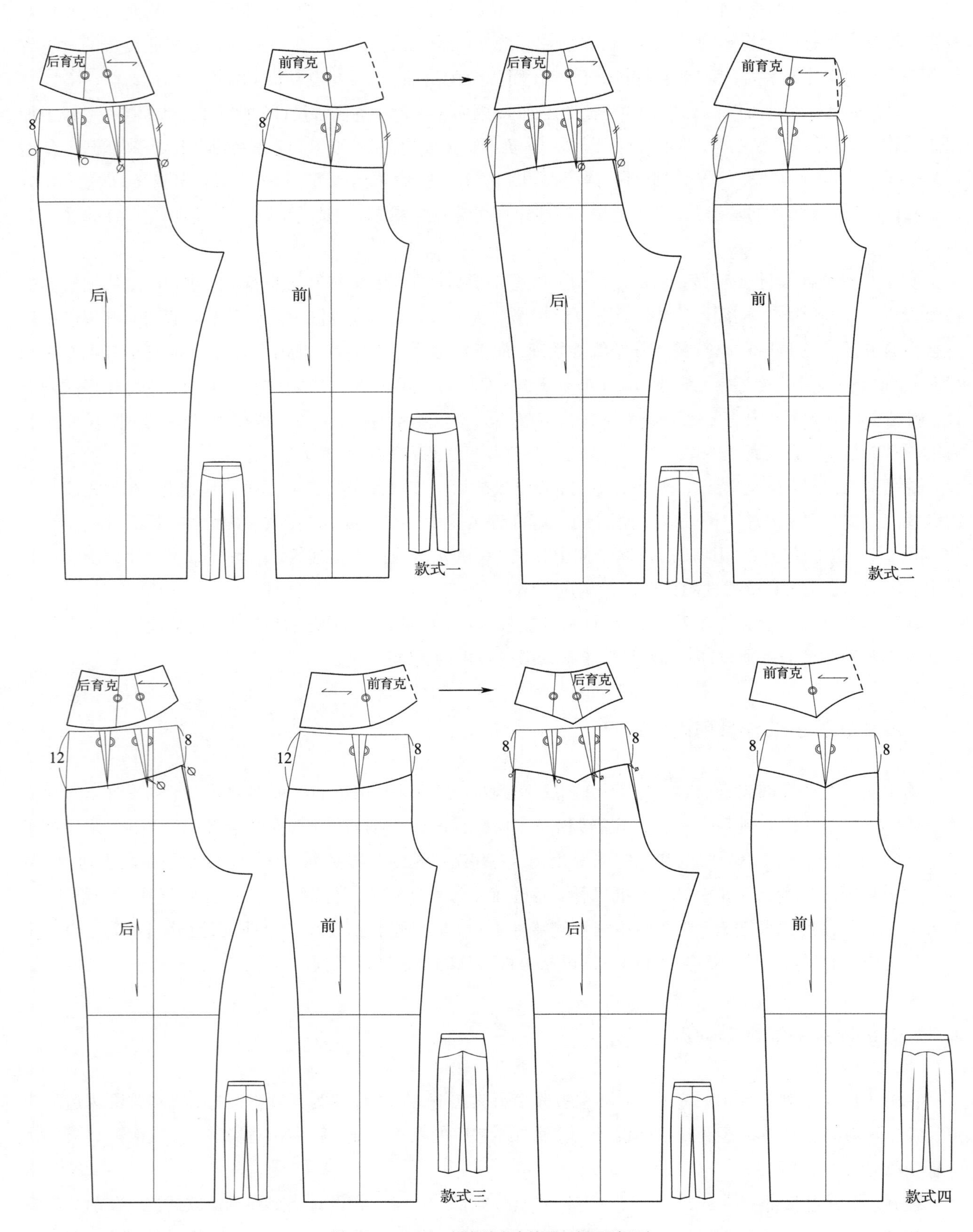

图 2-10 H 型一板多款育克裤子纸样系列设计

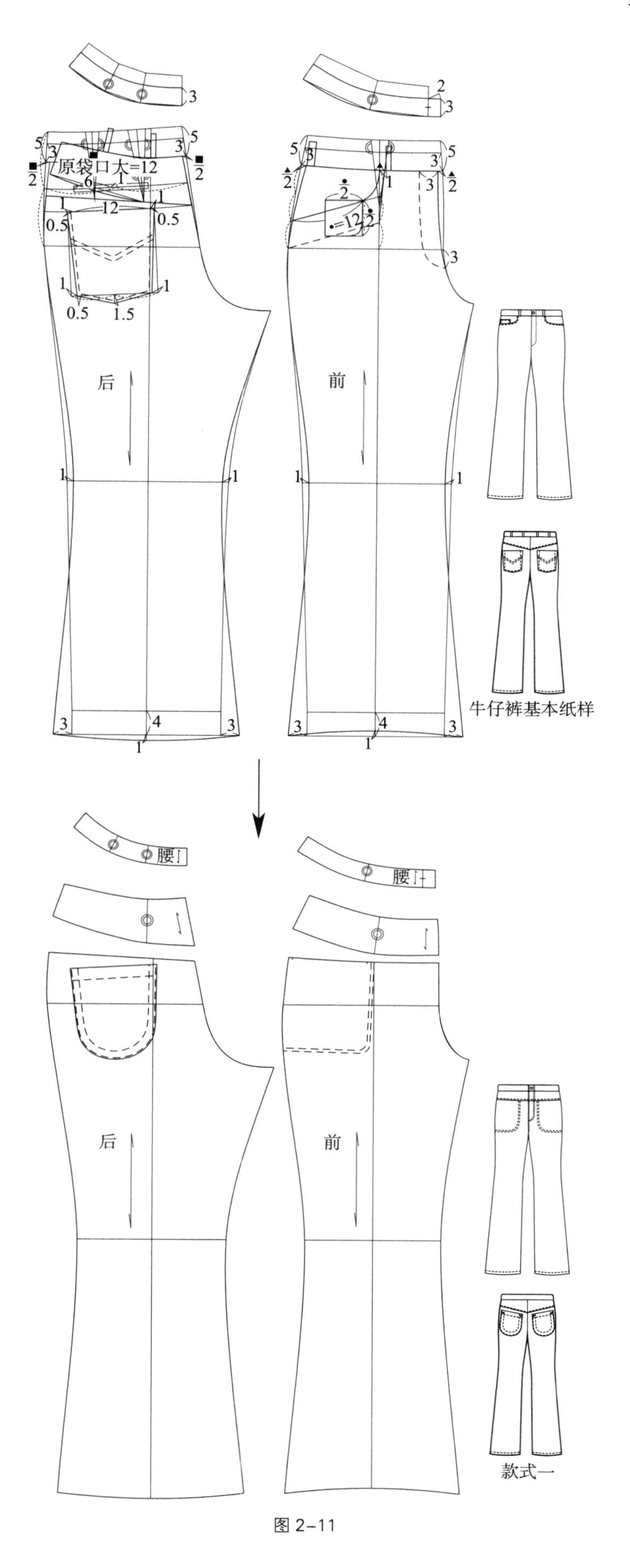

图 2-11

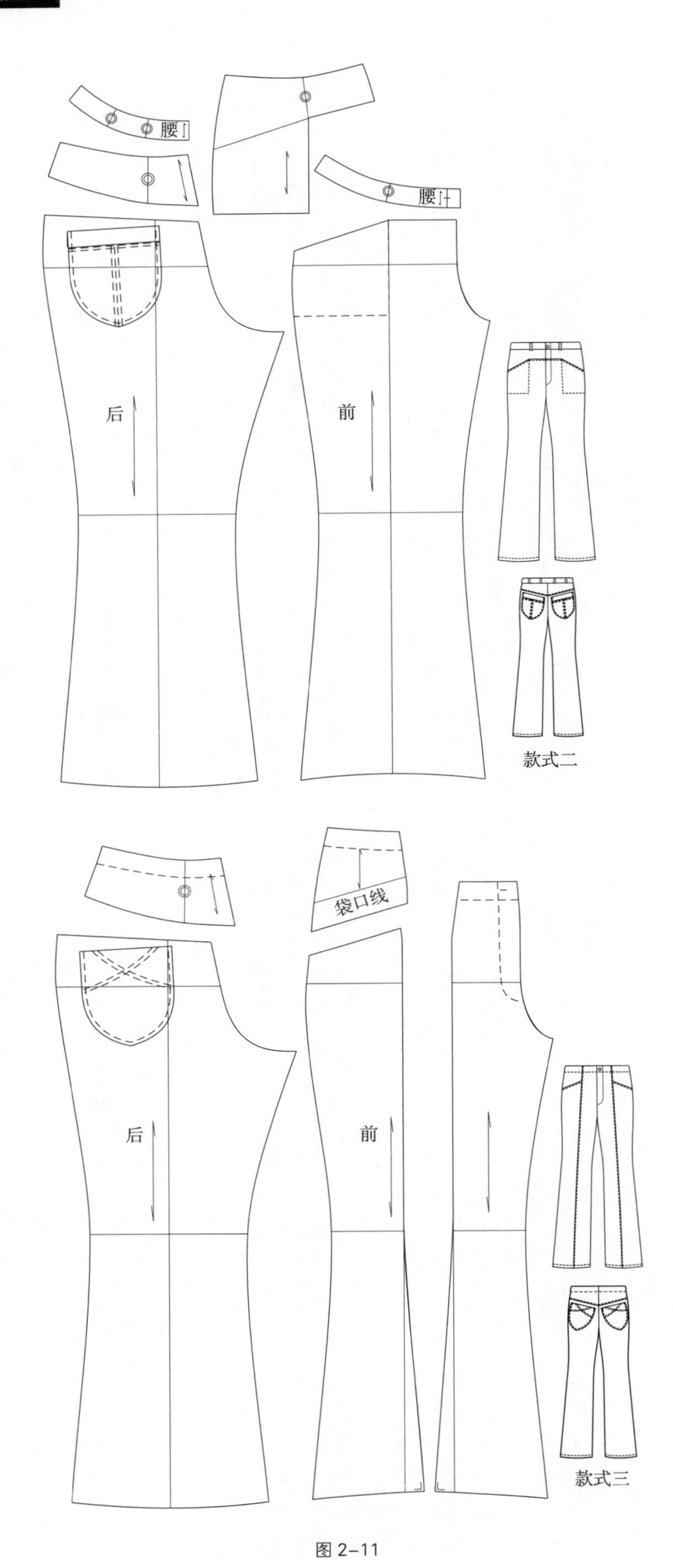

图 2-11

伸一定腰头量，利用省道做竖分割线，并在裤摆处增加相应的翘量，形成大喇叭口。款式四，通过省的转移，完成前片 S 型分割曲线的设计。如果将这四款变换裤筒的廓型结构，就实现了其他廓型的多板多款系列设计。

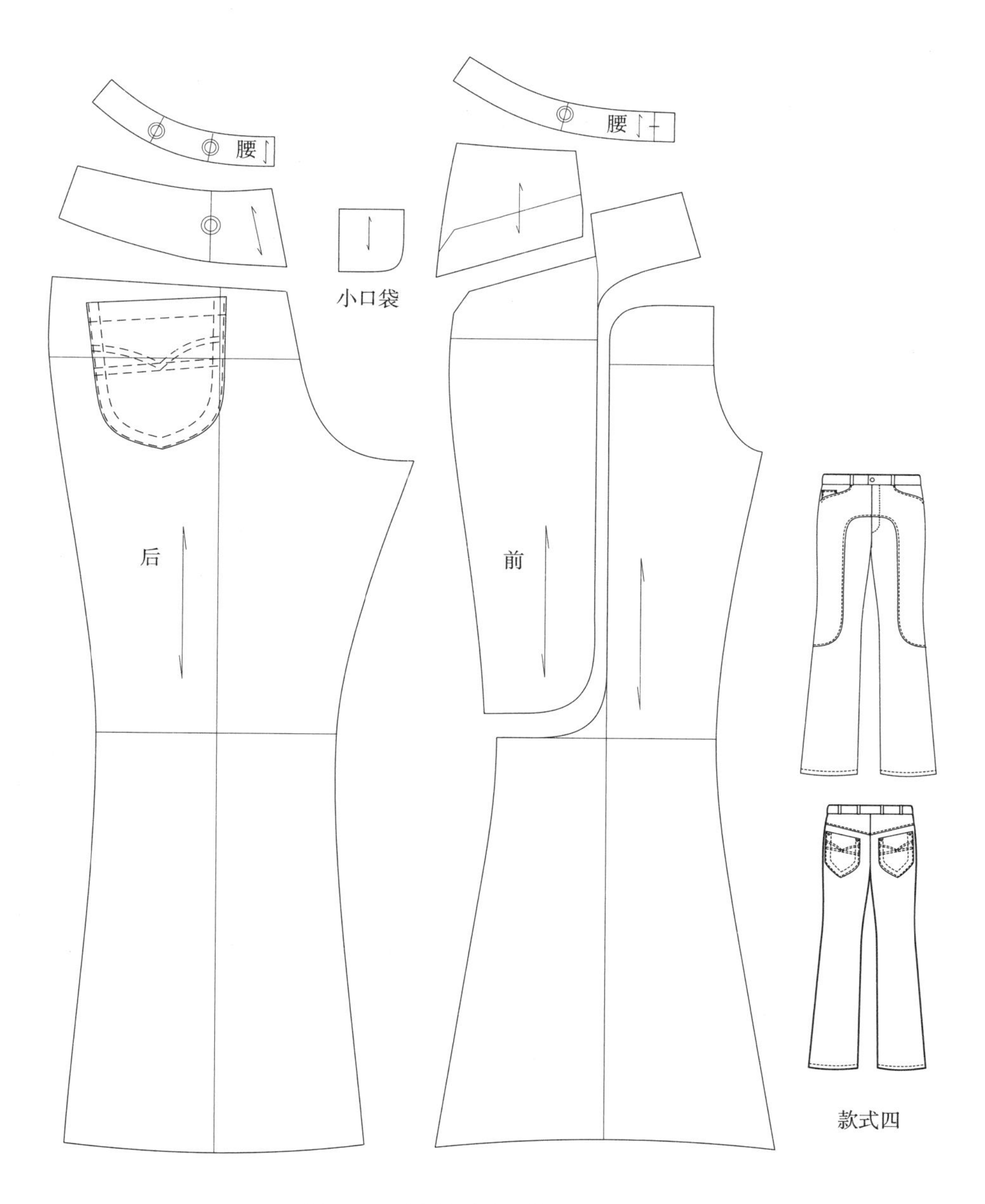

图 2-11　多板多款牛仔裤纸样系列设计

第3章 西装款式和纸样系列设计

女西装由男西装演变而来。最初，男装三件套西装被女士采用作为骑马服、运动服而流行，但是仍沿用男装的裁剪和缝制方法。直到第二次世界大战结束，法国设计师推出了H型和X型的女西装。随着突出女性曲线廓型和具有柔美特性面料的应用，女西装的结构设计和制作工艺逐渐形成了其独立的体系。

在生活方式日益个性化、多样化的今天，西装作为女装中的主要品种广泛应用于正式和非正式的职业场合。依据TPO原则和女装特点，可以普遍运用包括男装礼服梅斯、塔士多礼服、董事套装和黑色套装、西服套装、布雷泽（Blazer）西装和夹克西装的所有元素，而男西装设计原则上是不使用礼服元素的。

在设计之初，需要从廓型和具体细节入手，将男西装造型做适合女性化的转换。在造型上，将突出女性腰臀曲线的六开身X型作为基本款向两端发展，实现一款多板，如H型、Y型、X型以及A型等，从而形成板型系列。还要注意具体的细节处理，门襟要从男装的左搭右变为女装的右搭左，衣长、下摆、袖长度、后身开衩、手巾袋等元素有所调整后变为女装元素（图3-1）。完成这一步之后，就可以选择其中一个类型进行款式系列设计。

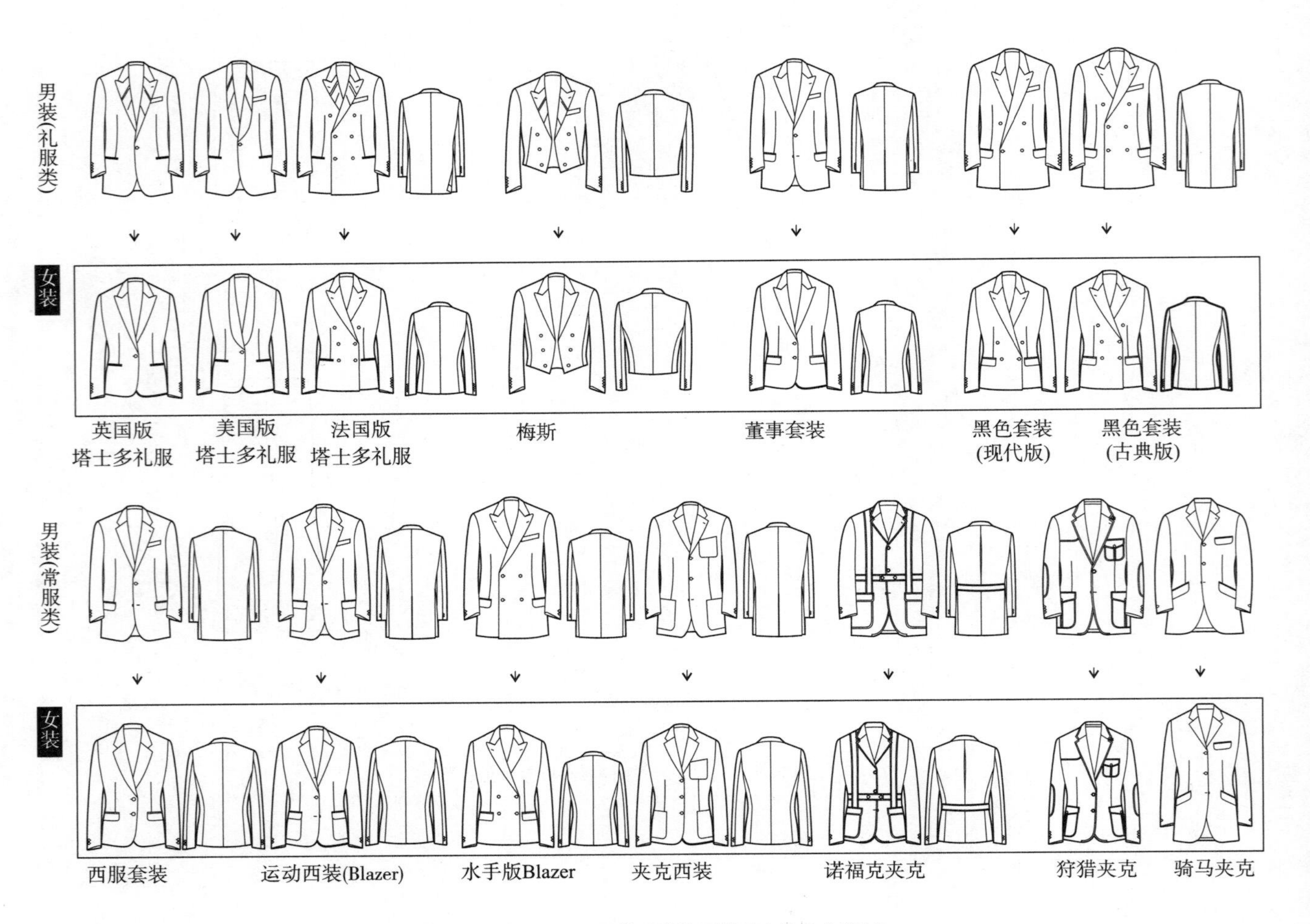

图3-1 基于TPO西装系统的男装到女装变化机制

§3–1　西装款式系列设计

将男士西服套装（Suit）作为标准款式，在整体上做女装化调整后，确定为女西装标准款式（图 3–2 ①）。由于“Suit”适合于职场各种正式与非正式场合，在西装中应用范围最广，所以以此作为女西装基本款展开系列款式设计，对于其他同类型西装品种的设计具有示范和指导作用。

六开身 X 型结构为西装基本廓型，在此基础上运用纸样设计原理，可以实现八开身大 X 型、四开身小 X 型、三开身 H 型、Y 型和 A 型等设计（图 3–2 ②）。

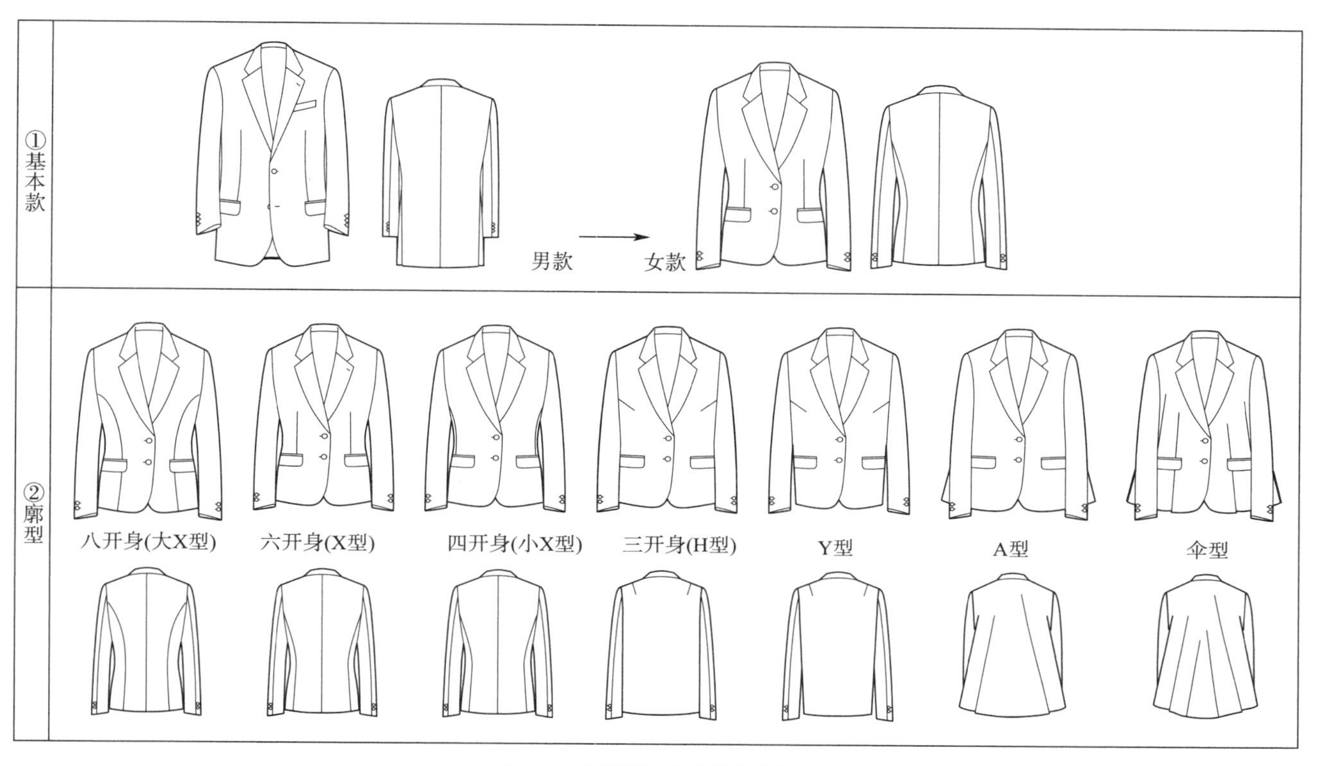

图 3–2　西装基本款式的廓型系列

将西装按照元素的重要关系依次排列为领型、门襟、下摆、袖型、口袋、分割线、其他元素等（图 3–3）。通过对各个元素的主题款式设计，形成西装款式主题元素的系列设计。

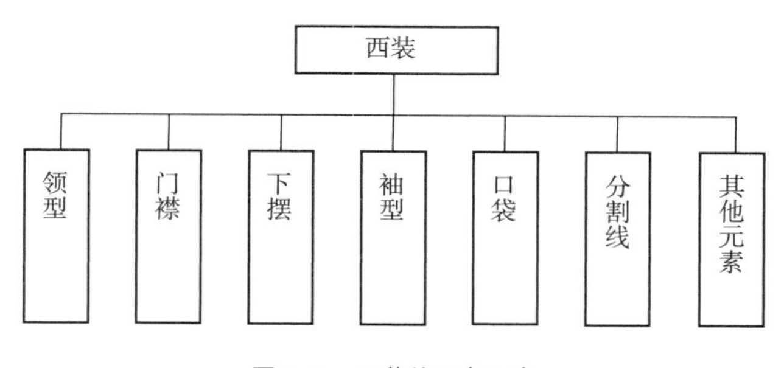

图 3–3　西装的可变元素

1 领型与门襟主题设计

西装领型属于驳领系统（开领系统），结构规律明显，通过改变领角大小、串口线状态、驳领宽度、驳点高低展开设计。分类时据此区别，如平驳领、锐角领、折角领、戗驳领、青果领等。位置及角度在保持主体不变的情况下，只变化领型，就可以得到一组新的系列。而在新领型的基础上还可以继续做深化设计，如以戗驳领为例，通过对领角角度的改变，可以得到阿尔斯特领、半戗驳领、倒冠领等。任何一种驳领型，只要通过改变领子的宽度、串口线的升降和倾斜度就可以得到更为细腻的系列设计，如扛领型的宽领或垂领式的窄领等（图 3–4 ①）。

西装的门襟形式有单排扣、双排扣、明门襟、暗门襟、偏门襟等，在男装中门襟通常与领型、下摆一体化设计，彼此牵制。在女装中它们的组合方式非常灵活，三者只要变化其中一个，就会形成排列组合的系列裂变趋势，例如，将图 3–4 单排扣门襟换成双排扣门襟，就形成翻一倍的款式系列。因此，它的灵魂是与其他元素组合构成西装款式设计中最具代表性也是变化最为丰富的主题设计（图 3–4、图 3–5）。

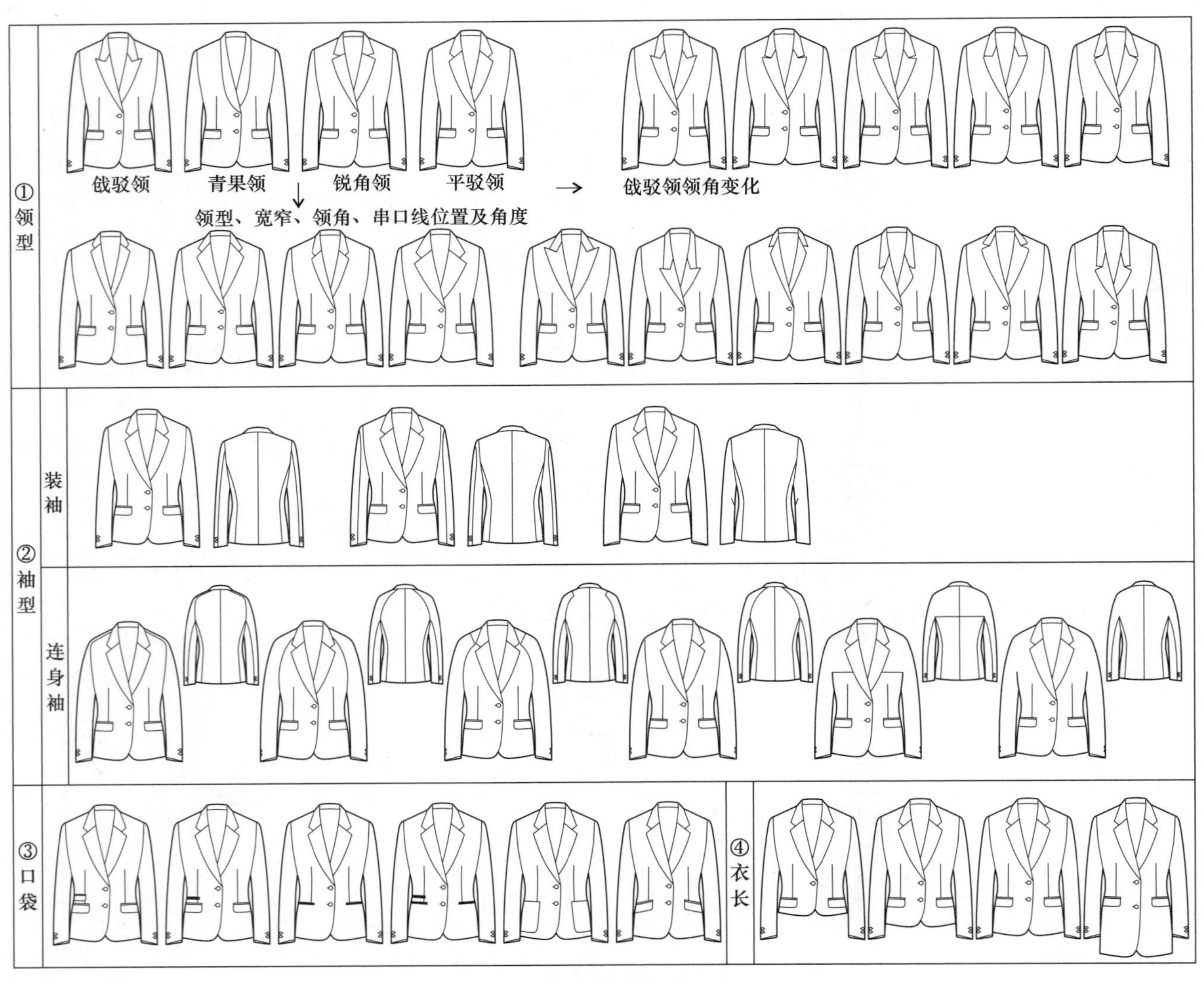

图 3–4　单排扣西装单元素主题的款式系列

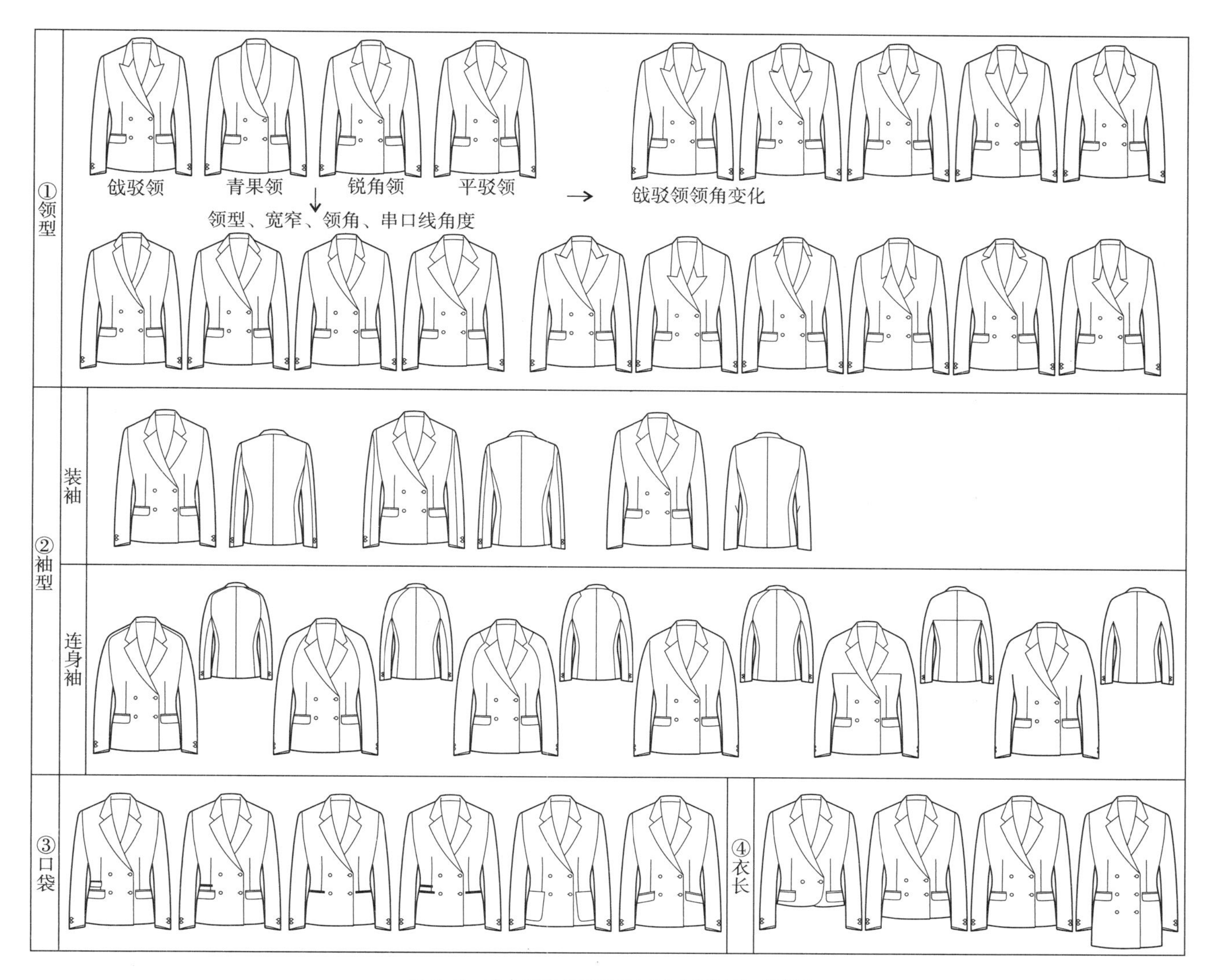

图 3-5　结合双排扣西装单元素主题的款式系列

2　袖型主题设计

西装的袖型多以装袖为主，这是继承男装的结果。但是连身袖也常为女西装所用，它体现了女装多元化、丰富性的一面，如插肩袖、肩章袖、包袖、落肩袖以及连身袖状态下的装袖造型等都可在女西装中使用。值得注意的是，在 TPO 原则下，袖型款式就职场的选择越接近装袖越保险（图 3-4 ②、图 3-5 ②）。

袖型与袖口、袖扣、袖衩元素组合，形成局部元素的深化设计。如通过袖扣的数量、材质以及大小的变化来体现礼仪级别的高低；还可以通过袖开衩的直角、圆角的细微变化，袖口嵌边、装饰等产生不同的社交取向的暗示，如在西装中装袖总是高于插肩袖社交级别（更多信息见本书下篇相关内容）。

3　口袋与下摆主题设计

作为中性状态的西装，各品种口袋元素的流动相对自由。适合于“Suit”的口袋形式，既可以是双嵌线、单嵌线、有袋盖的嵌线口袋形式，还可以与具有“崇英”特质的小钱袋相互组合，形成具有传统气息的英伦风格。另外，也可以采用骑马夹克的斜袋盖设计，或者结合夹克西装不同形式的明贴袋设计，从而使得西装更趋于休闲的味道。需要注意的是，依据 TPO 原则从嵌线、袋盖加嵌线形式到不同的贴袋形式，礼仪级别是逐渐降低的，例如设计正式的办公室西装不宜使用贴袋（图 3–4 ③、图 3–5 ③）。

口袋通常要结合下摆综合考虑。西装的下摆设计从三方面入手。首先从长度考虑，可以有长款、标准款和短款的设计。其次从形式考虑，前片下摆可以设计为直摆、圆摆、斜摆。第三从后片下摆设计考虑，有侧开衩、后中开衩和无开衩三种形式可以选择。上述下摆设计都需以保证口袋设计的基本功能为前提，如下摆太短是否能保证口袋的容量，口袋和下摆设计发生矛盾时，下摆要让位于口袋，特别是短款设计（图 3–4 ④、图 3–5 ④）。

除去以上元素外，线迹、绣花和各种装饰手法都可以极大地扩充西装的设计内容，不过这些都属于表面形式的附加设计，在高端设计中要慎用。

4　综合元素主题设计

综合元素主题款式系列设计主要通过两个渠道实现。第一，固定一个相对稳定的主题如单排扣，通过在西装范围内的横向拓展，仅变化领型、口袋等局部元素就可以实现一组以六开身 X 型作为主体结构的款式系列。如果变成双排扣主题做深化设计，领型随着驳点变化形成不同的组合形式，就实现了双排扣主题多元素的款式系列（图 3–6）。第二，以分割线为主导纵向拓展变化局部元素的综合设计。分割形态、位置以及数量的不同组合，形成了上衣不同的造型和合身状态的变化。分割线有横、竖、直、曲、斜、弧等形态，通过起伏、转折从而产生不同的感觉，同时省也可以转换为随意性或者秩序感的褶，具有独特的立体感。例如在八开身的衣身结构中，由省形成的分割线，使得公主线的设计具有无穷无尽的变化。通过综合元素系列设计，使得原本具有男性化的西装脱离了呆板、传统的风格，彰显女性特色（图 3–6 系列三）。

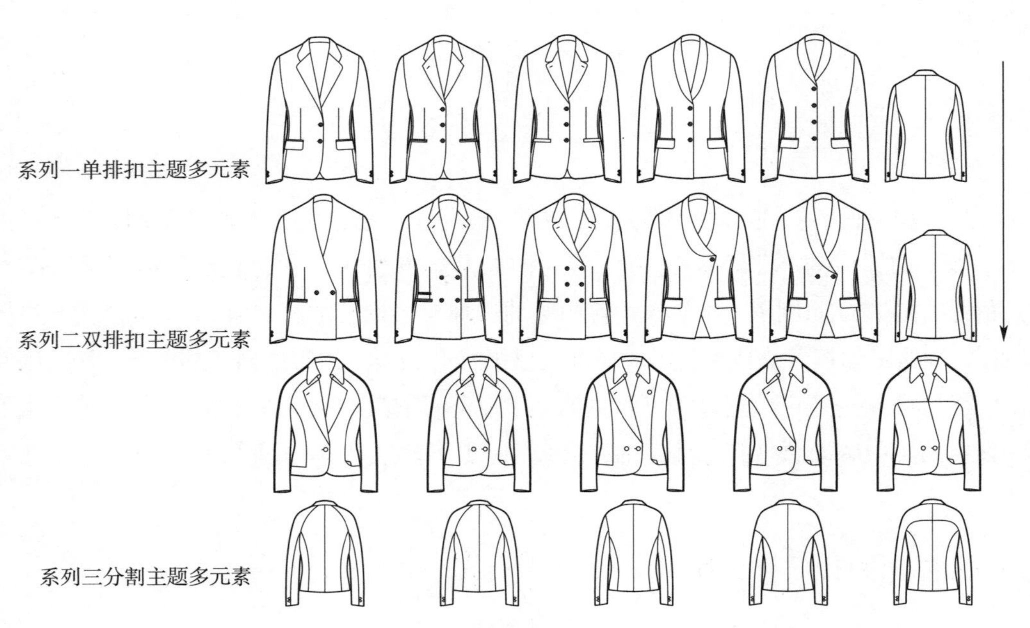

图 3–6　西装综合元素主题的款式系列

西装款式系列设计具有典型性和示范性，同类型其他品种的设计可以如法炮制。重要的是，要强化女装设计和造型特点以及女装设计应用 TPO 元素流动的可塑性。西装各品种元素可以无界限的流动，只要将此方法推广应用，就可以实现各种风格系列设计，如休闲西装风格、Blazer 风格、塔士多风格、梅斯风格，等等。

§3–2　西装纸样系列设计

西装纸样系列设计，严格遵守一款多板、一板多款和多板多款设计的方法是积极有效的，但这一切都要从西装基本纸样开始，它的款式标准就是西服套装（Suit）。

1　西装基本纸样

由于女装基本纸样采用的松量为 12cm，结构上处于中间状态，决定了它在纸样设计中具有普遍意义和辐射作用的基础地位，西装的松量亦处在此位置，换言之，基本纸样的设计就是以西装为蓝本进行的。因此，可以直接以此为基础完成西装类基本纸样的绘制（图 3–7 ①）。这里将六开身标准款式视为西装基本纸样。

六开身纸样设计步骤是：先转移侧省的三分之一作为撇胸量。扣位以腰部为基点上下浮动，扣距为 8cm，搭门控制为 1.5cm。腋下片的分割线设计，前片以袖窿深线上前胸宽线到侧缝线的距离为半径画弧，与前袖窿弧线的交点为前片分割线的顶点，后片以背宽线到侧缝线的袖窿深线平分为两份，以三份为半径截取至后袖窿线确定后分割线顶点。肩胛省的消除可以通过肩线的部分省量做前加后减（0.3cm），余量（0.9cm）做归拔来实现。在设计时要注重纸样的复核，这时胸围松量实际为 9cm 左右，是在作六开身时消耗了约 3cm，即保证胸围松量（9cm）≤腰围松量，臀围松量≥ 8cm，从而使得纸样的实施具有合理的松量保证（图 3–7 ②）。

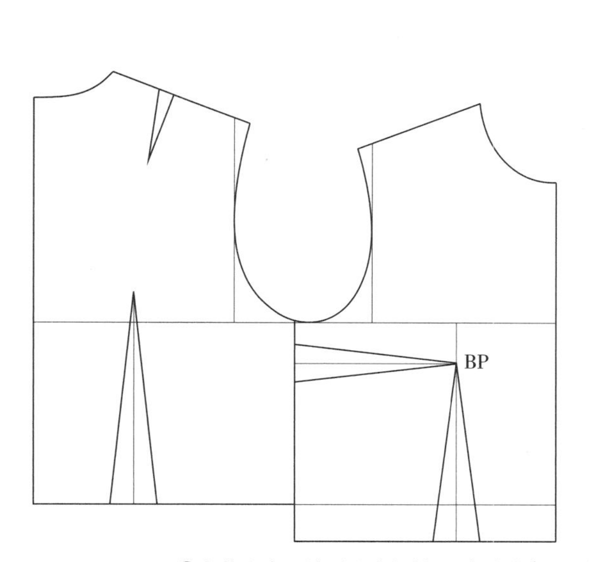

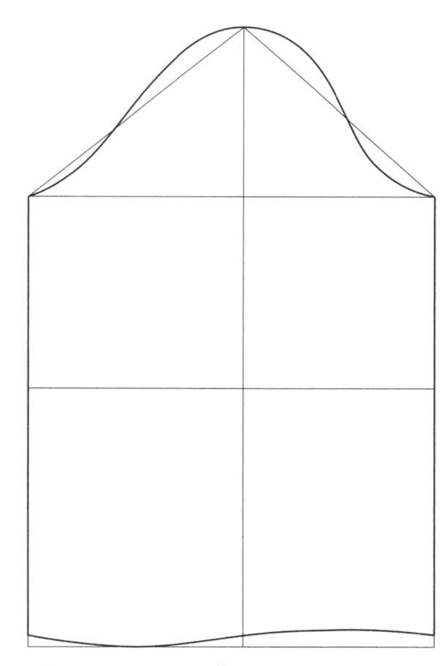

①女装衣身、袖子基本纸样[尺寸设计参见下篇(200页“二、西装纸样系列设计”)]

图 3–7

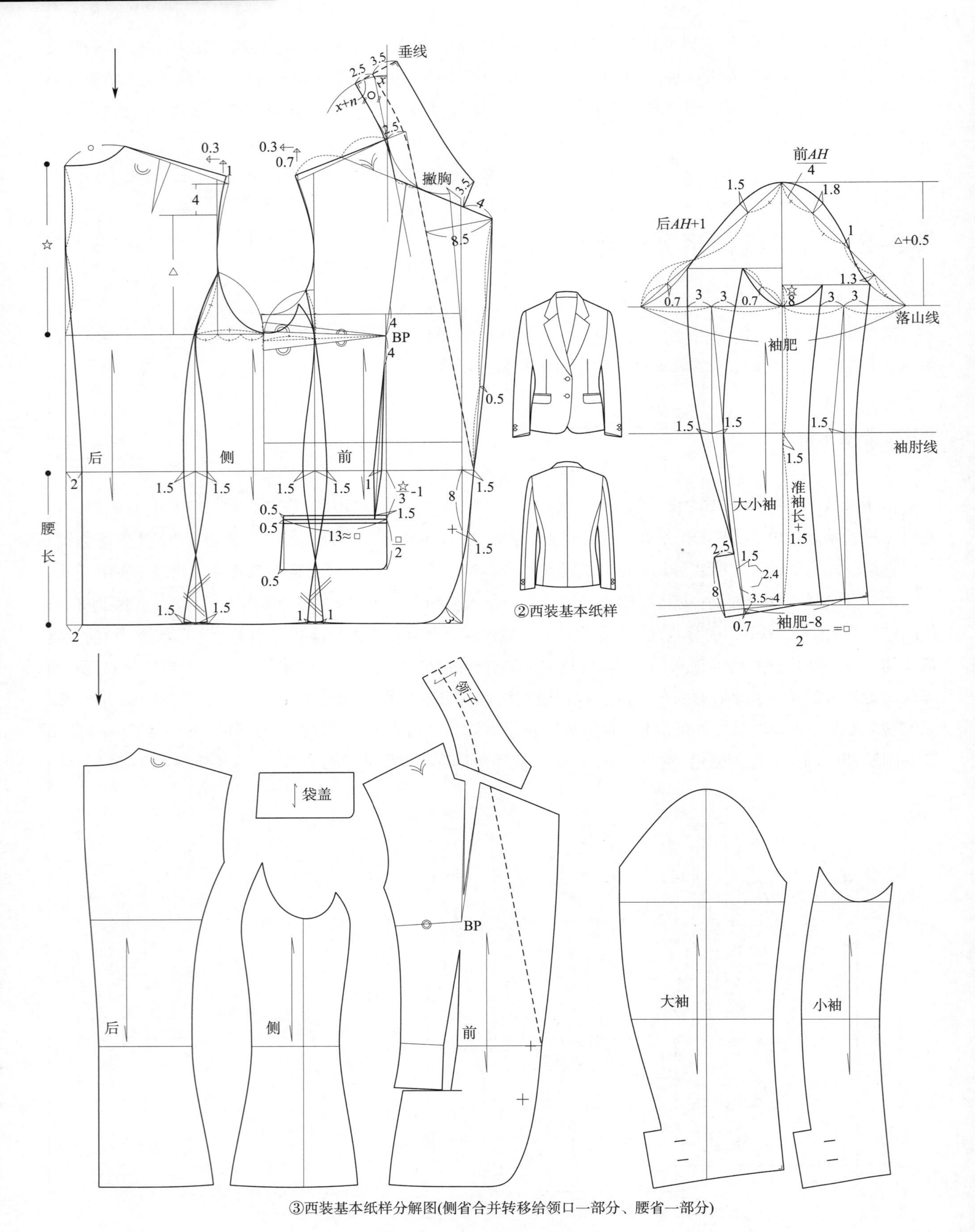

③西装基本纸样分解图(侧省合并转移给领口一部分、腰省一部分)

图 3–7 西装类基本纸样生成过程

前片通过隐形省的处理实现衣身的简洁，技术实施方案有四种。第一种是侧省并入腰省，即化零为整的方法，但这仅适合粗纺面料，而且这种方法一旦工艺处理不到位很容易出问题；第二种是侧省移至领口，这种方法的缺点是容易造成局部省量过大；第三种是将侧省采用归的工艺处理掉，但这种方法仅适合粗纺、弹性大的面料，若为精纺面料，还需要通过加大撇胸量去掉一部分省量，再将剩余的省量归掉；第四种是综合方法，将侧省一部分移到领口，另一部分移到腰部，这是成衣效果最完美的方案，本设计采用的是这种方案（图 3–7 ③）。

西装袖为合体两片袖，袖山高为后片原肩点向下 4cm 点与袖窿深线的垂直距离。袖长为准袖长加 1.5cm，袖扣为两粒（图 3–7）。以此为基本型通过袖扣数量的增减结合衣身主体结构的变化，可以实现不同社交暗示的西装袖系列设计。

2　基于廓型的一款多板西装纸样系列设计

西装的一款多板主要体现在固定局部款式改变主体结构上，局部款式主要指领型、门襟、口袋、袖子等；主体结构主要指影响廓型的分割线，它们之间关系紧密，故也称廓型设计。下面以标准款式西装为例，看看它是如何改变板型的。

以西装六开身 X 型基本纸样为基础，省与分割线的数量随着衣身由紧身、合体到宽松逐渐减少，省也由大变小，由曲变直，形成衣身设计的八开身、六开身、四开身、三开身的结构走势，实现由“有省设计”的合体结构进入到“无省设计”的宽松结构。一般主体结构确定了，其分割线的状态数量也相对稳定。

分割线因形态、位置以及数量的改变而影响整体造型风格，在设计时要根据规格要求（特别是胸腰差程度）确定分割线数量，按照人体体型特点在衣身上相应位置合理分配，不可凭主观臆想随意设计，如胸腰差很小就不适合用八开身甚至六开身结构。

八开身结构显现的造型为大 X 型。前片，先以距离 BP 点 2.5cm 处为起点，再以起点至前侧缝的距离为半径画弧，与前袖窿弧线的交点为前分割线顶点，后片以其二分之一点至后侧缝为半径画弧，与后袖窿弧线的交点为后分割线的顶点，从而确定了前片、前侧片、后侧片、后片相对均衡的分配比例完成八片分割。在多片分割情况下，下摆翘量的设计要满足基本的活动机能，根据人体活动的实际情况，活动量分配次序为：侧缝 > 后侧缝 > 前侧缝 > 后中缝（图 3–8 款式一）。

四开身结构适用于小 X 型，在六开身 X 型纸样基础上完成分割线，只是将前片与腋下片合二为一，减少了收腰量，因此较六开身稍宽松些（图 3–8 款式二）。

H 型即箱型西装，它保留了六开身的后侧缝线并做直线处理，肩胛省保留，侧省移至袖窿。而纸样分解后，前片袖窿造成顶端过于尖锐，因而从前片平行侧缝截取 2cm 补给后片，使得两片结构更加合理（图 3–8 款式三）。

在 H 型基础上通过收缩下摆完成 Y 型结构雏形，然后通过切展前、后片塑造出上宽下窄的倒梯形结构（图 3–8 款式四）。

A 型和伞型与 Y 型处理方法相反，造型表现上窄下宽。A 型是在 H 型基础上通过胸省转移至下摆，后片将肩胛省转移至下摆从而完成底摆的宽阔造型，注意侧摆也要按比例追加（图 3–8 款式五）。伞型是在 A 型基础上完成的，分别在前、后片通过三次等量切展实现比 A 型底摆量更大的伞型结构（图 3–8 款式六）。

以上基于廓型的一款多板西装纸样系列设计，不仅完成了八开身、六开身、四开身到三开身的不同廓型，也完成了西装全部开身的结构设计。因为合体的八开身西装完全可以满足要求，过多开身会造成浪费

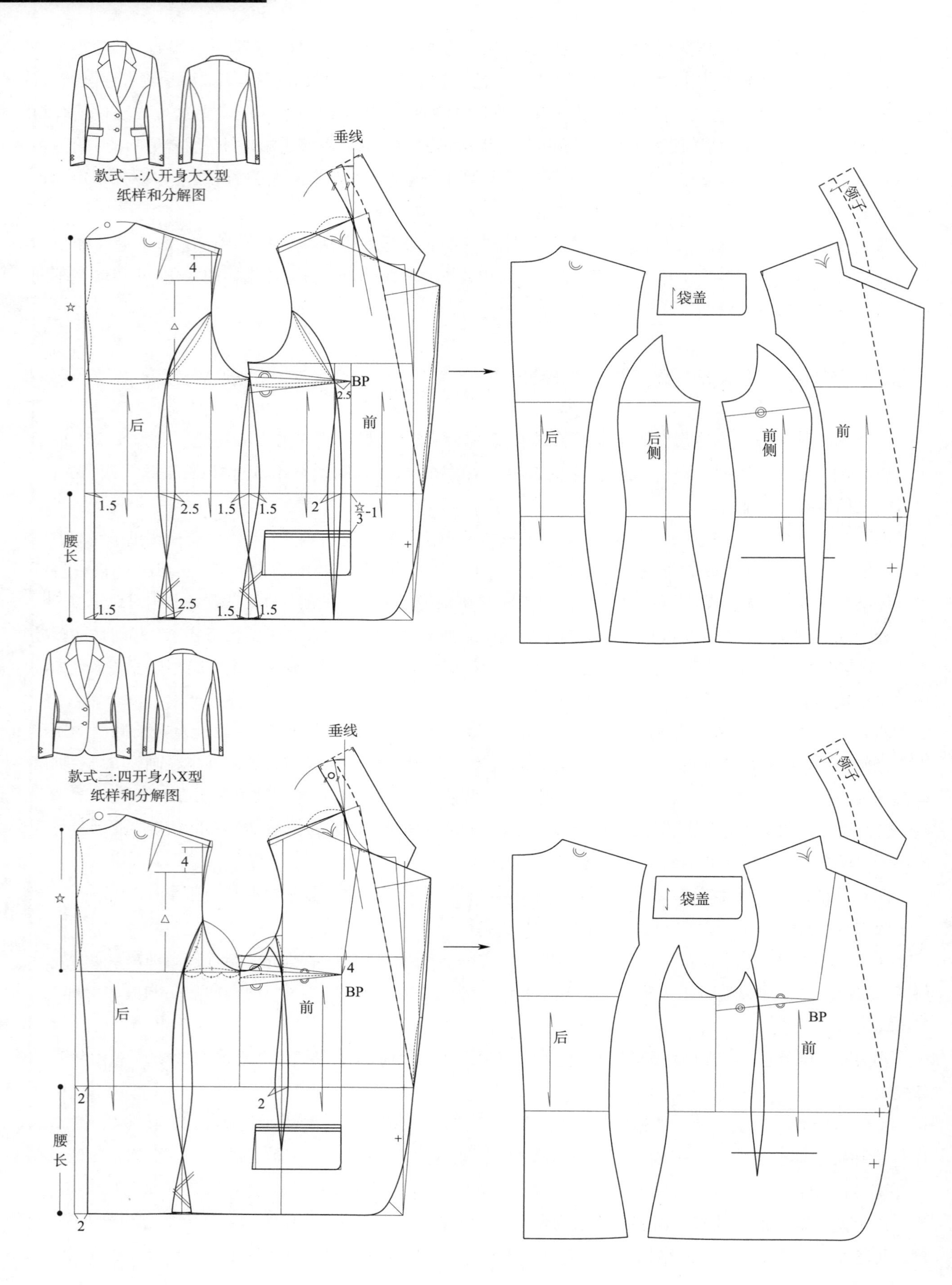
款式一:八开身大X型
纸样和分解图
垂线
4
☆
△
BP
2.5
后
前
1.5
2.5
1.5
1.5
2
☆/3-1
腰长
1.5
2.5
1.5
1.5
领子
袋盖
后
后侧
前侧
前
款式二:四开身小X型
纸样和分解图
垂线
4
☆
△
4
BP
后
前
2
2
腰长
2
领子
袋盖
后
BP
前

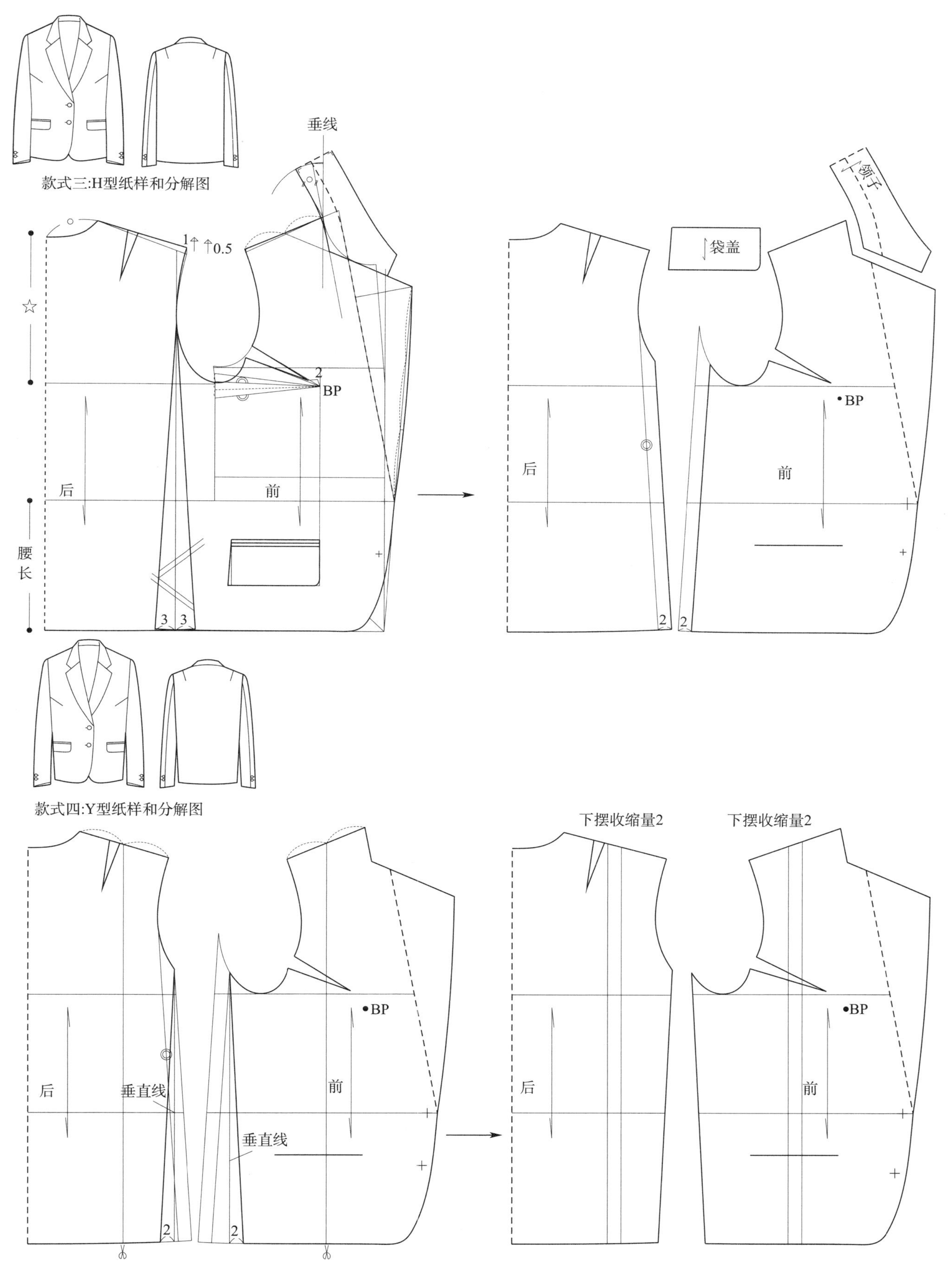
款式三:H型纸样和分解图
垂线
1
0.5
☆
2
BP
后
前
腰长
3
3
袋盖
领子
BP
后
前
2
2
款式四:Y型纸样和分解图
下摆收缩量2
下摆收缩量2
BP
后
垂直线
前
垂直线
2
2
BP
后
前

图 3-8

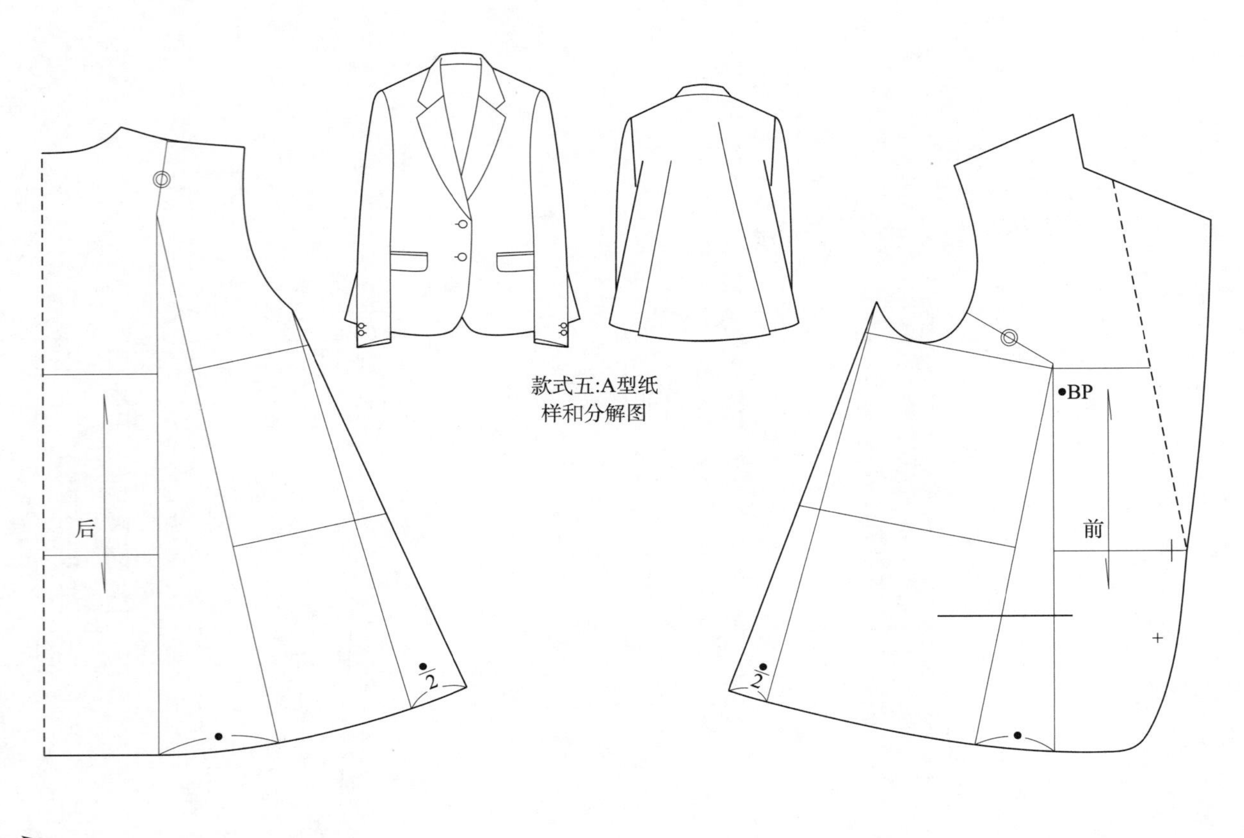

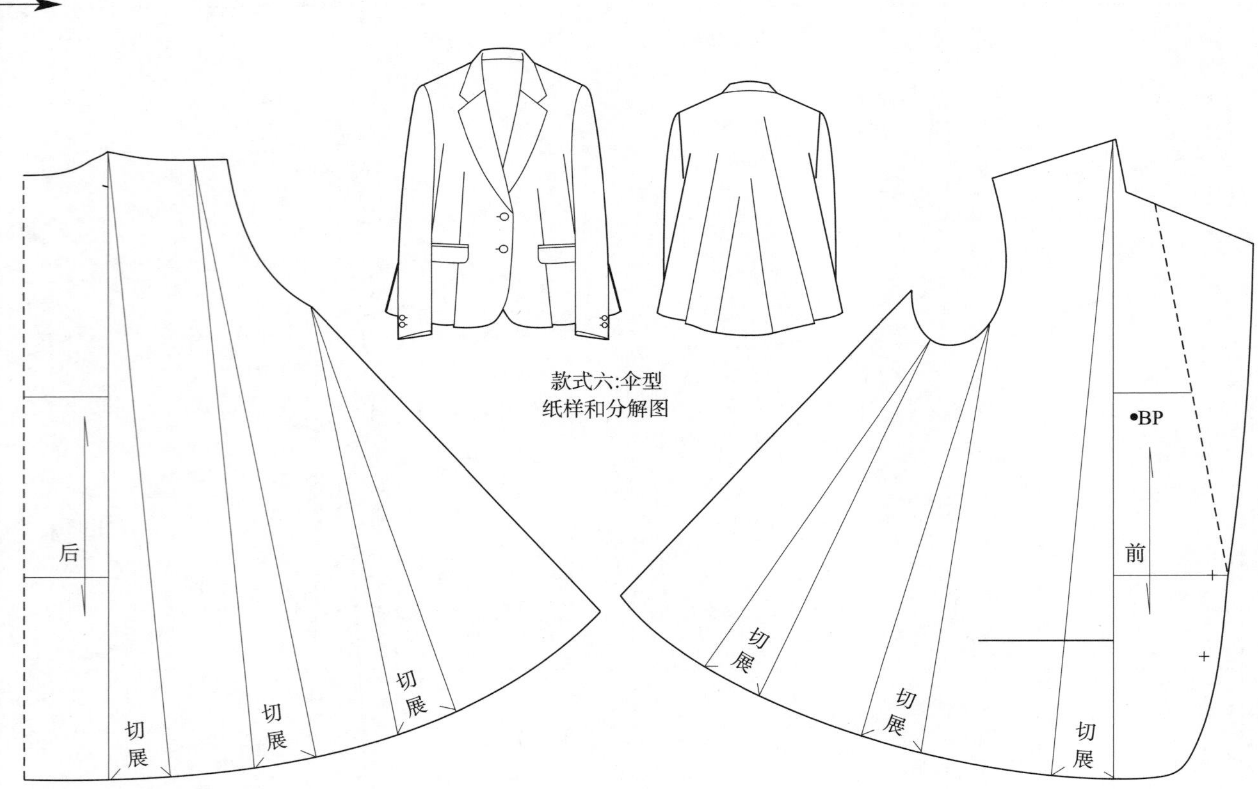

图 3-8　一款多板西装纸样系列设计（六款）

和无为增加成本。相反三开身就是西装的最少开身，完全可以满足最大宽松量设计需求。值得注意的是，根据 TPO 原则，六开身最适合西装的合体度结构要求，极端合体（如八开身）更适用礼服；宽松（如四开身、三开身）更适用休闲服。在结构规律上，这个过程的逻辑性明显，每个环节都有承上启下的作用，呈现递进式的步骤演化。这个规律很具典型性和示范性，对各上衣品种设计具有指导意义。

3　一板多款西装纸样系列设计

固定一个主板结构如六开身，改变它的局部款式，如领型、门襟、口袋、袖型等，注意根据 TPO 知识内涵将局部元素纳入其中是明智的设计，如平驳领配贴袋走的是休闲路线；戗驳领配挖袋形式有“崇英”暗示；青果领配双嵌线袋提示有美国的风格，等等（图 3–9）。

（1）局部元素领型、门襟、衣长主题的纸样系列设计

西装虽然品种多样，不过都可以在六开身结构稳定的状态下，仅通过前片领型与门襟的变化得以实现，具体就是通过串口线、驳点和扣位等元素的结构设计来完成。

例如，通过串口线的倾斜角度变化，在肩线的二分之一处做斜线与领口相切，适合做平驳领的设计；在肩线的三分之一处做斜线与领口相切，适合于戗驳领的设计；在此基础上通过串口线位置的上下浮动即可实现扛领和垂领设计。在领型变化的同时，结合门襟、驳点的变化即可实现同类型其他品种的多个纸样。例如，同为平驳领的布雷泽西装和夹克西装，只要变化驳点、口袋即可实现。若领型变化为戗驳领，仅通过局部微调即可实现两粒扣的董事套装；一粒扣戗驳领或者青果领的塔士多风格，结合双排扣的结构，即可完成法国板塔士多造型、黑色套装、水手板布雷泽、海军制服等设计。而且这些品种一旦确定，又可以继续展开具体品种的系列设计，如塔士多系列、黑色套装系列、夹克西装系列等。而且所有的款式都可以缩短衣长变化为短款，也可以结合门襟、口袋等元素深化设计（图 3–9~ 图 3–11）。

（2）分割线主题纸样系列设计

公主线是最具女性化的结构，八开身为收身造型的表现形式。以 BP 点为原点，呈现辐射状态的分割线设计，可以成就无数款式。在八开身板型的基础上，通过分割线的形态变化可以得到多个不同款式（图 3–10）。这仅是以 Suit 为例的示范，其他品种也都可据此原理完成系列设计。

若在八开身基础上做深化设计，如缩短衣长、结合连身袖型、双排扣门襟、口袋等结构变化，就可以完成多个主题的一板多款纸样系列（图 3–11）。这个规律也完全适用于外套。

4　多板多款西装纸样系列设计

多板多款就是主板结构和局部款式有机结合并同时改变的西装纸样系列设计。以六开身的连身袖西装作为系列设计的起点，将衣长缩短、驳点降低的戗驳领双排两粒扣门襟、直摆作为相对稳定的局部元素，通过插肩线的曲势、位置的变化，可以轻松实现从款式一到款式五的多板多款的演变（图 3–12）。在此基础上再结合廓型（如八开身大 X 型、H 型、A 型和伞型），进行变化就产生了基于廓型的多板多款的纸样系列设计（图 3–13、图 3–14）。

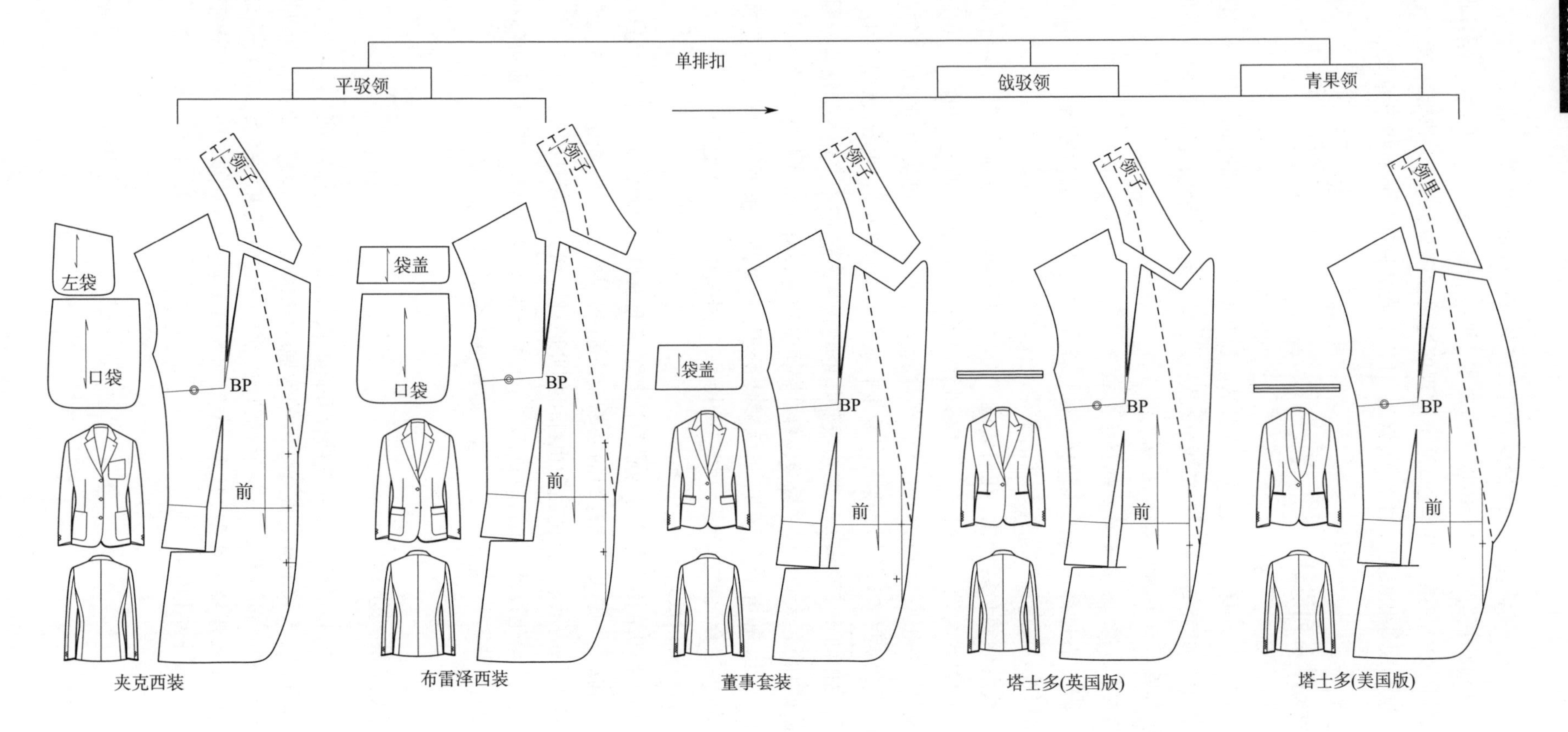

单排扣
平驳领
戗驳领
青果领
左袋
口袋
领子
BP
前
袋盖
领里
夹克西装
布雷泽西装
董事套装
塔士多(英国版)
塔士多(美国版)

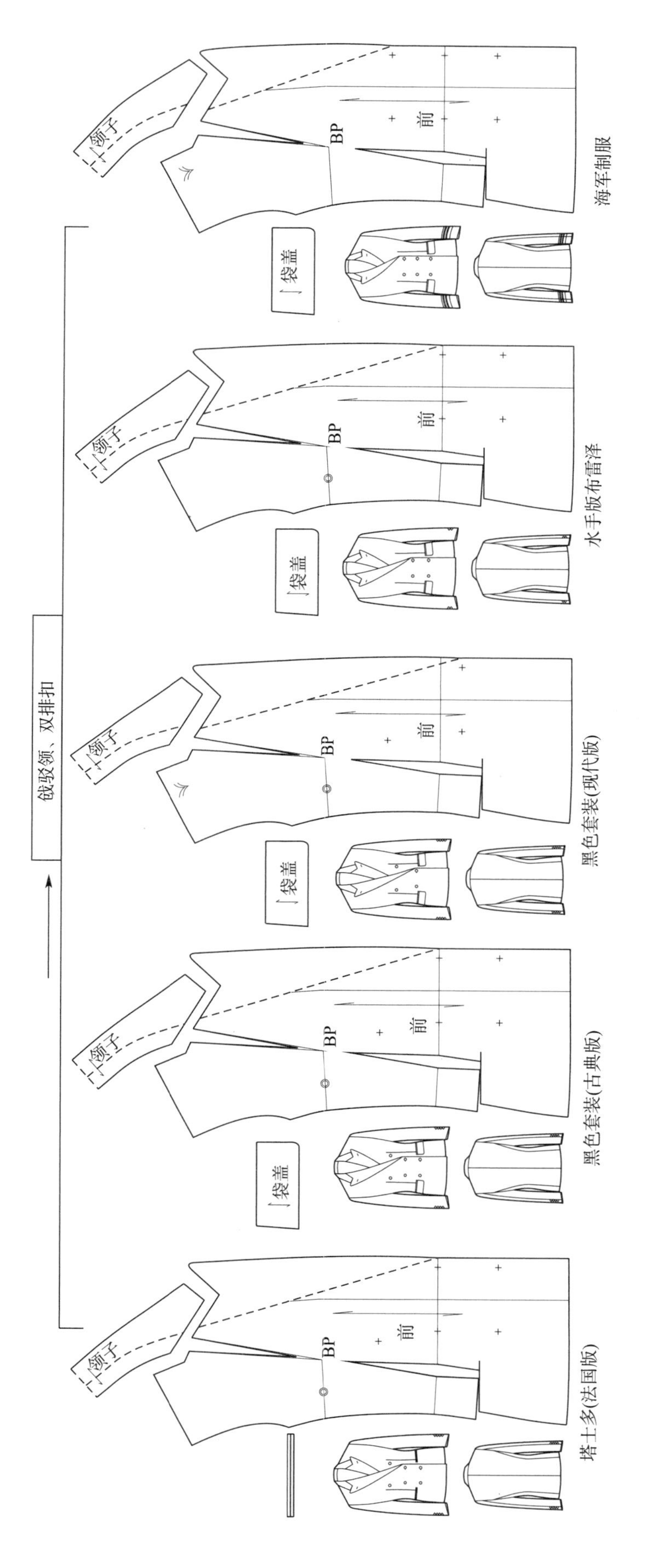

图 3-9　一板多款单排扣和双排扣西装纸样系列设计（更多信息见下篇相关内容）

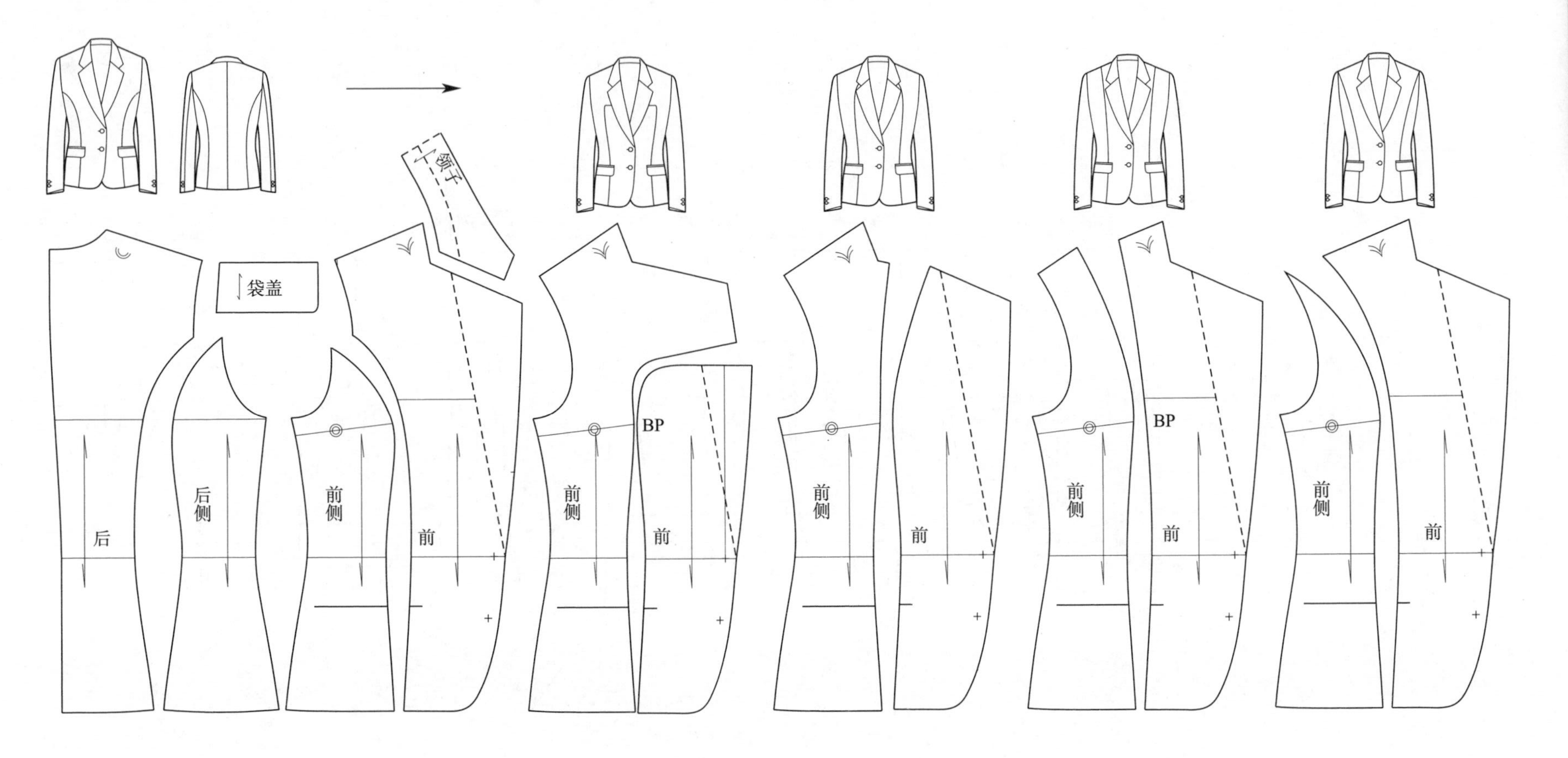

图 3-10　分割线主题一板多款西装纸样系列设计（更多信息见下篇相关内容）

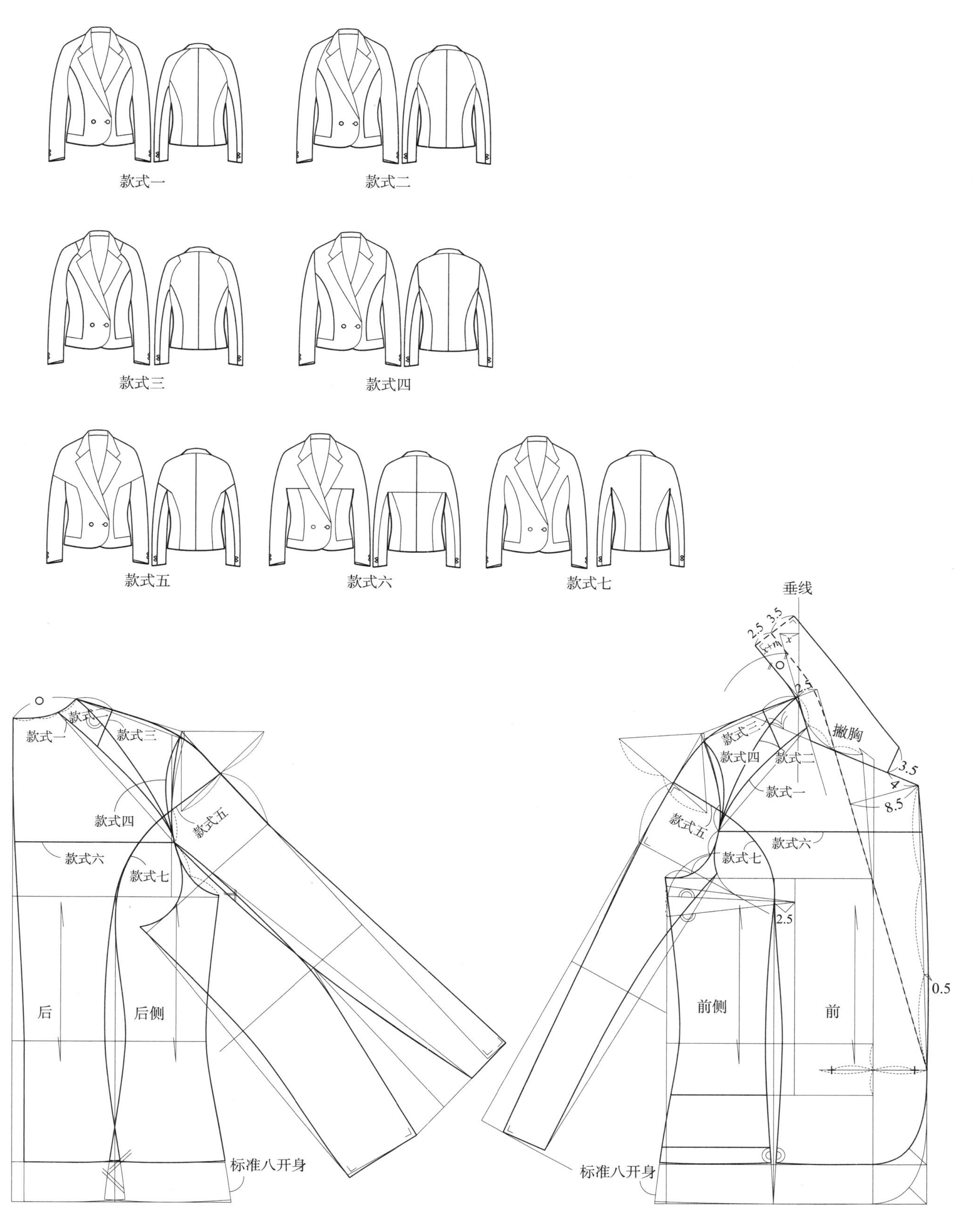

图 3-11　拓展连身袖主题的一板多款纸样系列设计（更多信息见下篇相关内容）

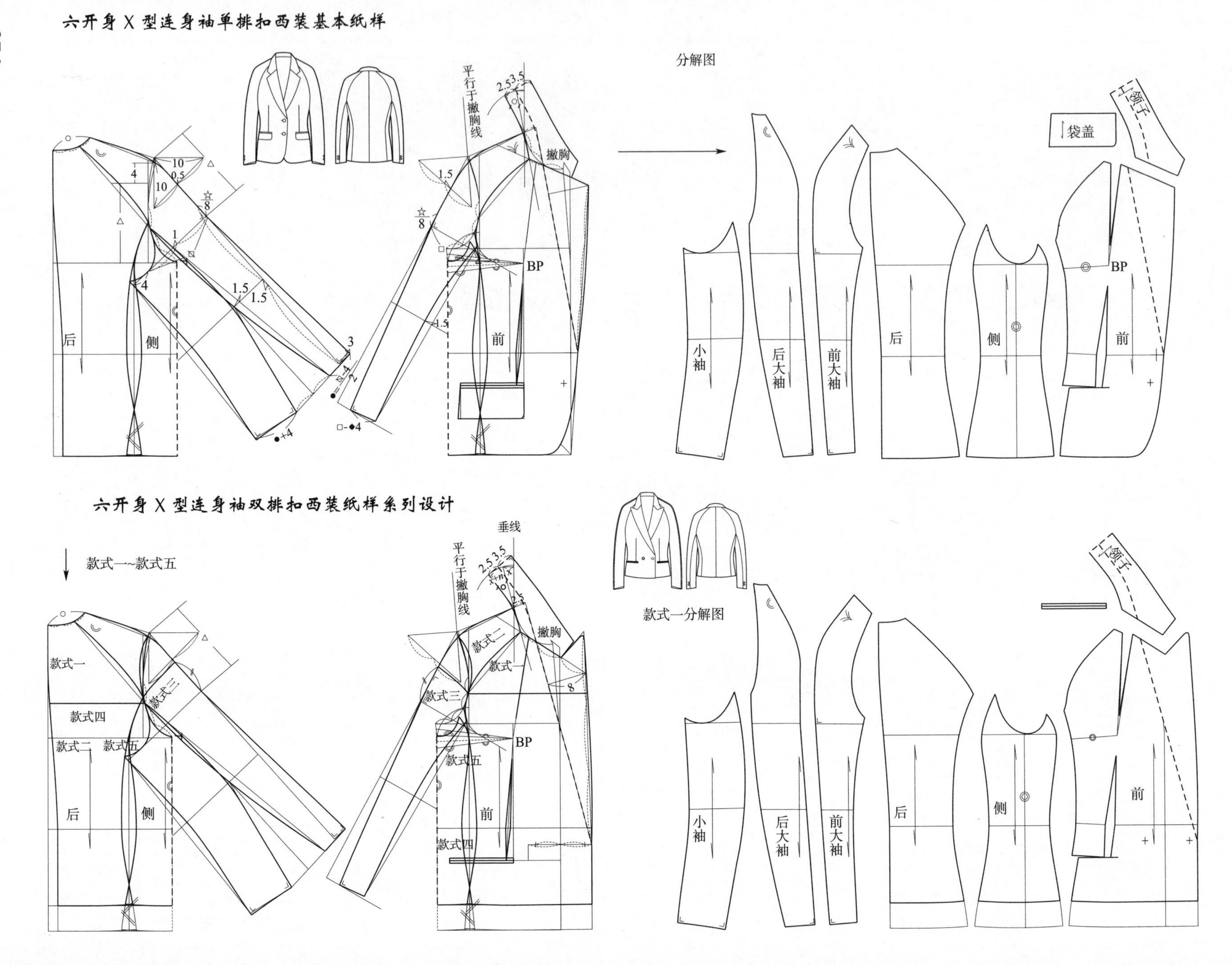
六开身X型连身袖单排扣西装基本纸样
分解图
平行于撇胸线
撇胸
BP
后
侧
前
小袖
后大袖
前大袖
领子
袋盖
六开身X型连身袖双排扣西装纸样系列设计
款式一～款式五
垂线
款式一分解图
款式一
款式二
款式三
款式四
款式五

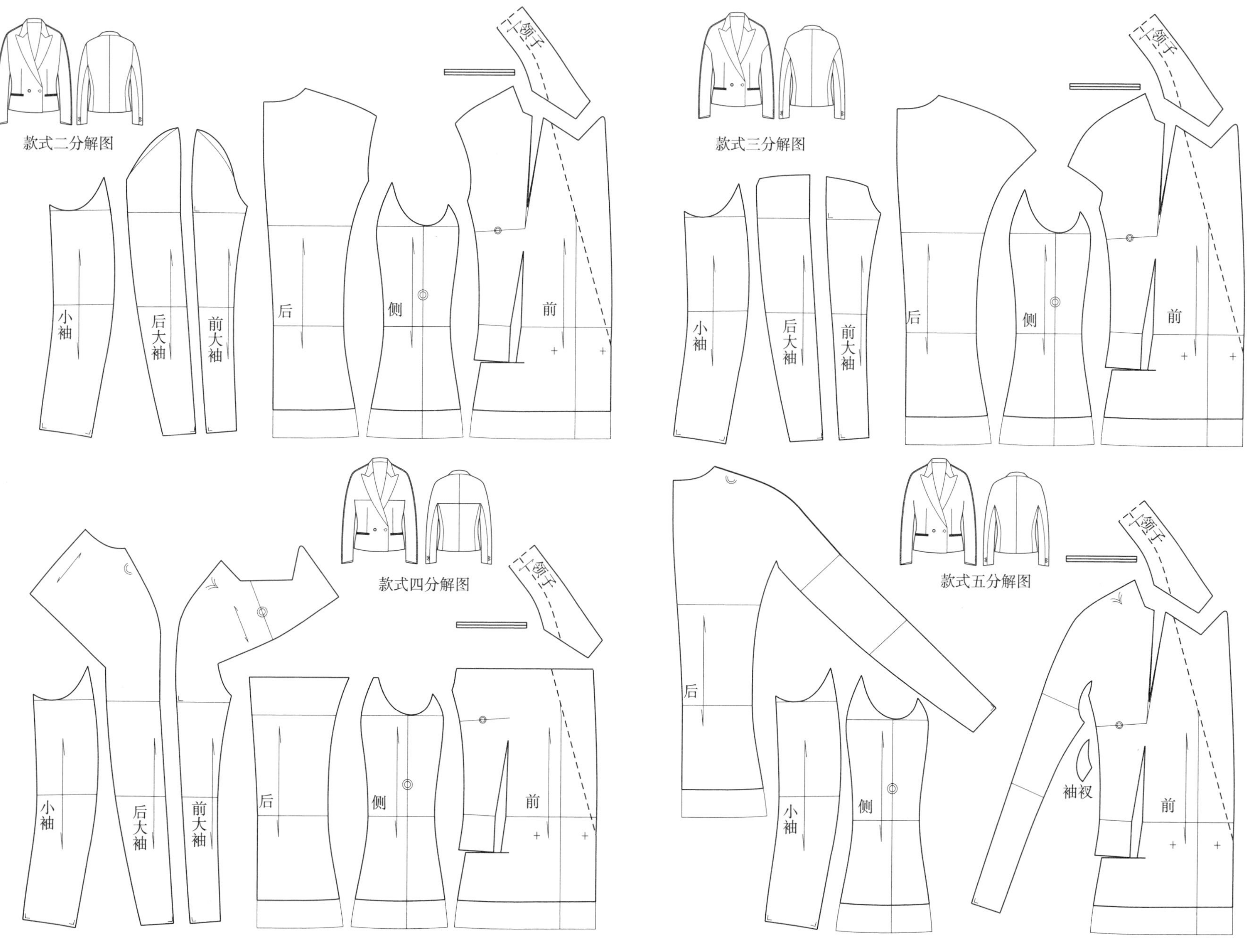

图 3-12　多板多款六开身 X 型连身袖双排扣西装纸样系列设计（五款）

八开身大X型连身袖双排扣西装纸样系列设计

款式一（半戗驳领）

款式一分解图

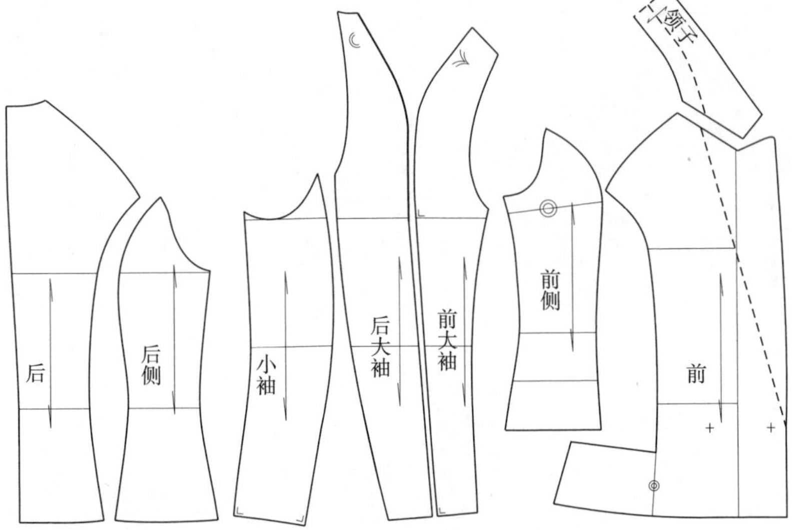

款式二(平驳领)

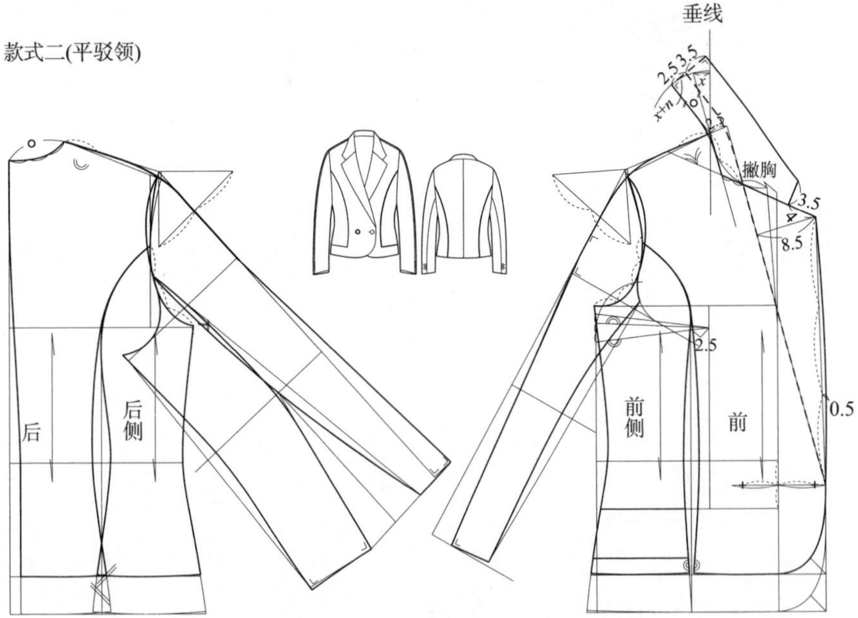

款式二分解图

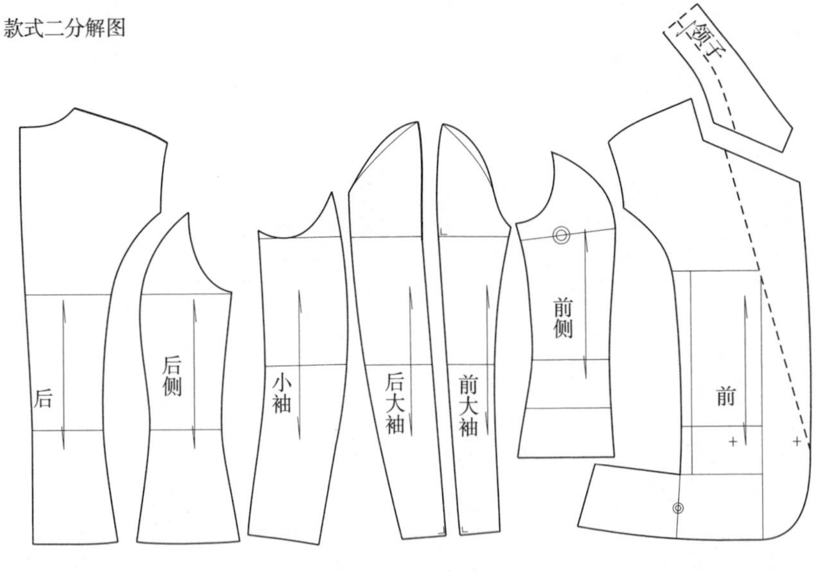

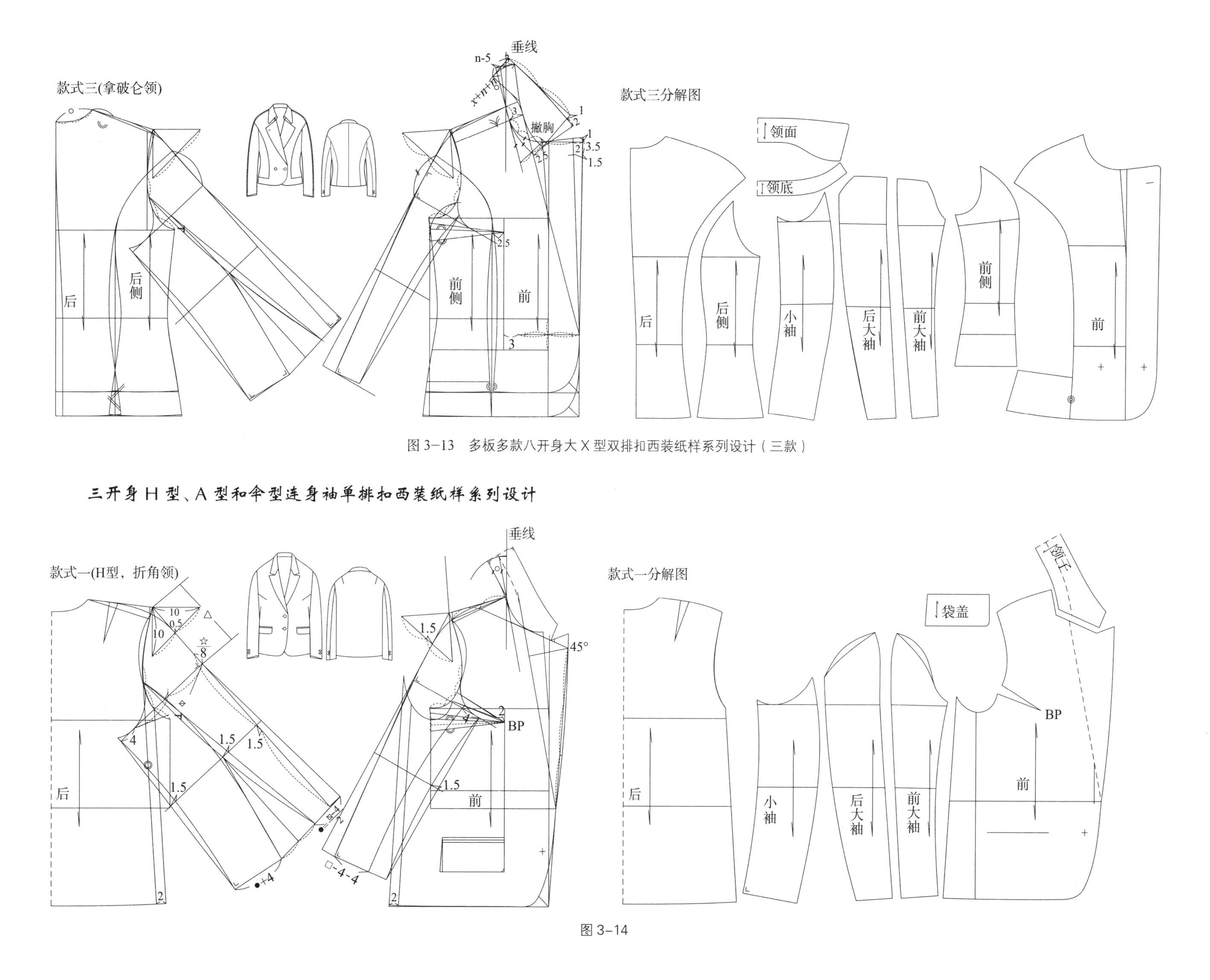

图 3-13　多板多款八开身大 X 型双排扣西装纸样系列设计（三款）

三开身 H 型、A 型和伞型连身袖单排扣西装纸样系列设计

图 3-14

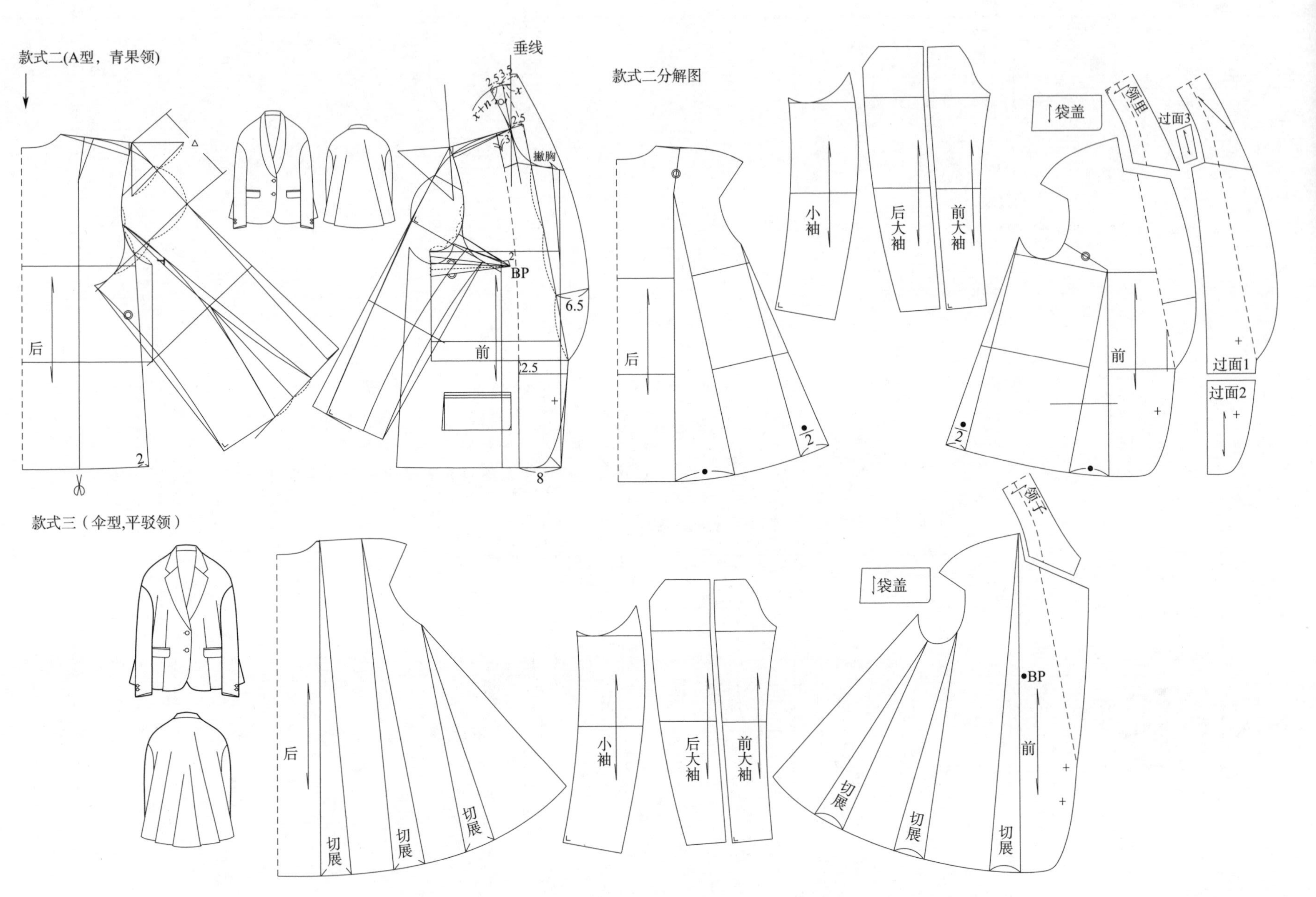

图3-14 多板多款三开身H型、A型和伞型连身袖单排扣西装纸样系列设计（三款）

第 4 章　外套款式和纸样系列设计

现代意义的女装外套是由男装外套借鉴而来，外套按级别分为礼服外套、常服外套和休闲外套。按照 TPO 钦定的经典外套由高到低依次排列为：柴斯特菲尔德（简称柴斯特）外套，Polo（波罗）外套、巴尔玛肯（简称巴尔玛）外套、泰利肯外套、堑壕外套、达夫尔外套等。男装外套设计受到的礼仪程式化因素制约明显，对于女装设计而言，原汁原味地继承传统是明智的，也可以打破界限进行创新，特别在廓型上。

女装外套体系的款式系列设计，需重点把握两项内容，一是继承外套 TPO 的传统，才能保持品质的独特性；二是寻找内在共性，遵循规律组织设计。这种共性体现在：首先，外套的设计与西装的设计一脉相承，要在男装外套平台上实现女装外套标准款的转换，廓型由男装的四开身 H 型转化为六开身 X 型，门襟由左搭右转为右搭左，衣长保持标准长度，具体到细节部分要根据具体的品种做调整（图 4–1）；其次，所有外套的廓型变化不受男装限制都可细分为合体型、宽松型、斗篷型。其可变元素拆解后分为领型、门襟、衣长、袖型、口袋等几大主要元素，其衣长有短外套、半长外套、中长外套和长外套等形式；袖型从装袖到连身袖的全程变化。以上从整体到局部在女装外套设计中通用无忌，元素流动的自由度远远大于男装。

每个品种的元素是固定的，但依据元素流动的 TPO 规律，其组合形式却是无限的，不过在具体的款式设计中，元素运用要因品种而有所选择。在此仅以最具典型的柴斯特外套和巴尔玛肯外套为例，进行外套款式系列设计分析。

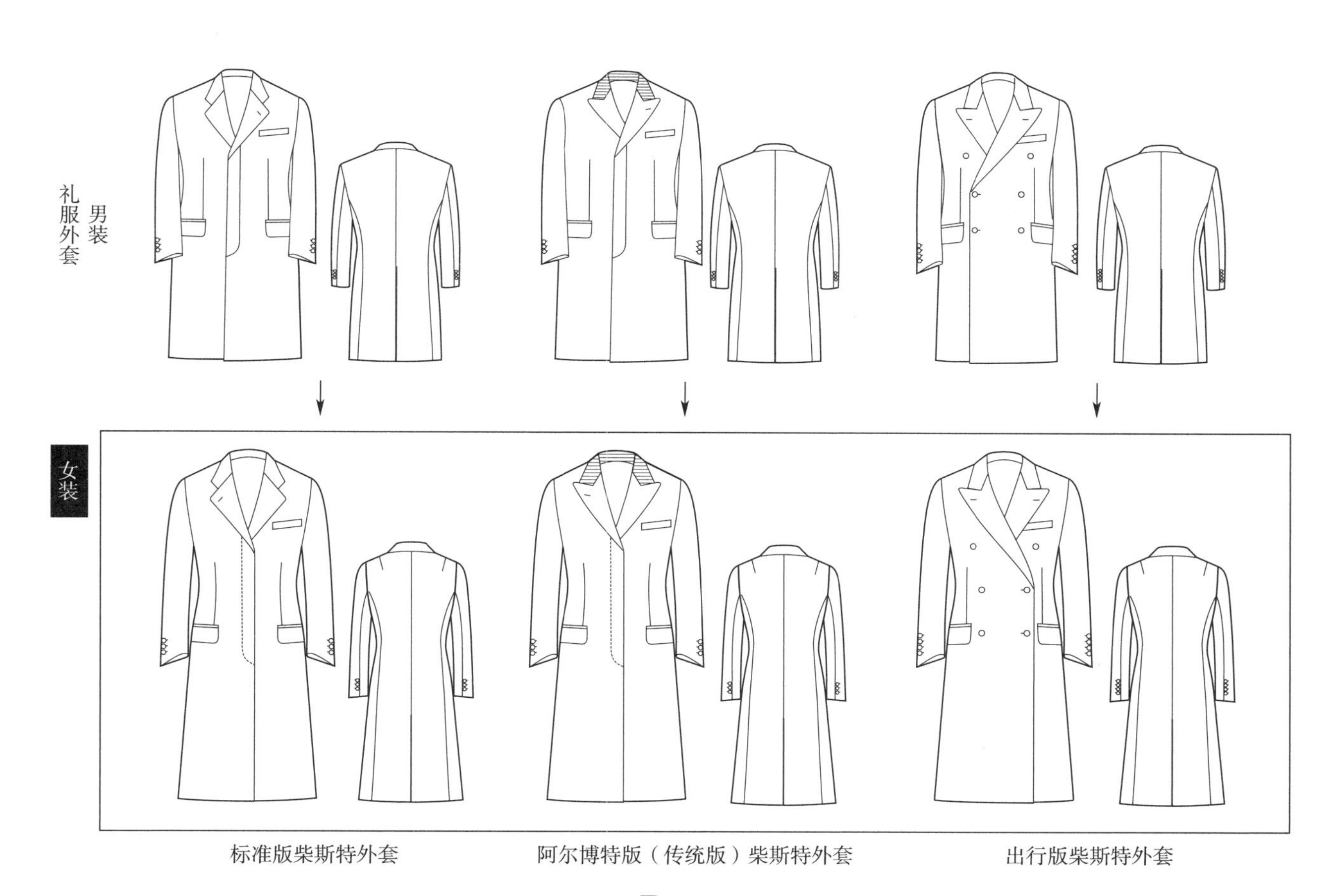

图 4–1

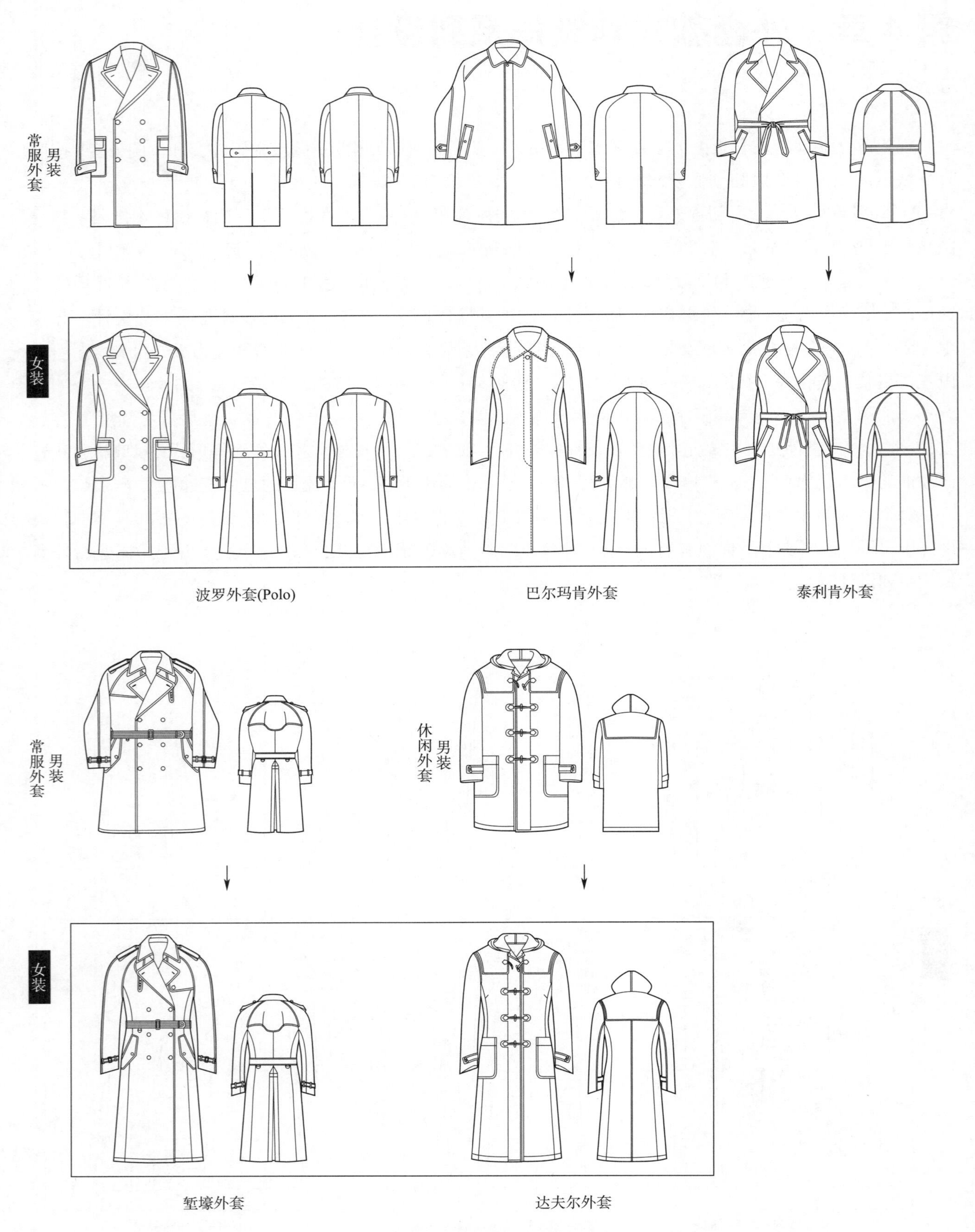

图 4–1　基于 TPO 外套系统的男装到女装变化机制

§4–1　礼服外套款式系列设计——柴斯特菲尔德外套（Chesterfield Coat）

柴斯特菲尔德外套是以 19 世纪中叶的英国名绅柴斯特·菲尔德伯爵的名字命名。按照款式特征可以细分为标准版、阿尔博特版和出行版。这三种款式分别为单排扣平驳领、单排扣戗驳领和双排扣戗驳领型，另外阿尔博特版翻领部分采用天鹅绒面料制作。柴斯特菲尔德外套属于正式场合穿着的礼服外套，多采用开司米、海力斯、骆绒等高档面料制作，主色调为黑色、深蓝和驼色。

女装柴斯特菲尔德外套以六开身 X 型作为标准款式展开系列设计，其廓型可以细分为合体型和宽松型。合体型如四开身 S 型、六开身 X 型、八开身大 X 型，此类型能完美突出女性曲线，属于传统造型，适合于正式场合穿着。宽松型有 H 型、Y 型、A 型和伞型，此类型无论正式与非正式场合都可以穿着，但是非正式场合更为适合。在变化廓型的同时，基于内部元素与整体廓型的相关性，领型部分要做适当调整，如阿尔博特版将天鹅绒领换为与衣身同质地的面料，同时将戗驳领变为半戗驳领，以降低其礼仪级别，从而与廓型的休闲感协调统一（图 4–2）。

将柴斯特菲尔德外套的构成元素逐个拆分，可分别对领型、门襟、袖型、袖口、口袋等元素进行单元素主题的款式系列设计（图 4–3）。

1　单元素主题设计

（1）领型主题设计

适合于礼服类的领型有典型的戗驳领、青果领，也可借鉴常服领型如平驳领、折角领等。同时，可以依据串口线的倾斜角度，以及领子宽窄、驳点高低的变化形成不同形式的领型深化设计。在以阿尔博特版展开领型设计时，无论哪种领型，还是要保留其翻领部分的天鹅绒材质，这是其标志性元素（图 4–3 ①）。

（2）门襟主题设计

门襟部分的设计有单排扣、双排扣、明门襟、暗门襟、偏门襟的形式，下摆随之产生变化，一般下摆只做长短变化（图 4–3 ②）。

（3）袖型主题设计

袖型可以设计为装袖、连身袖，也可以有袖口的不同变化，或者设计为具有传统气息的披肩袖。袖口部分可以借鉴常服外套如波罗外套、泰利肯外套的元素，也可在袖扣的数量上变化，如四粒扣更古典，三粒扣为中性，两粒扣、一粒扣较为随意，这也体现出穿着者的社交取向和风格归属性（图 4–3 ③、④）。

（4）口袋主题设计

基于 TPO 礼仪级别和外套功能的限制，在口袋的形式上可供选择的就只有嵌线口袋和加袋盖的嵌线口袋，也可以选择具有“崇英”暗示的小钱袋或斜袋进行组合设计（图 4–3 ⑤）。根据高级别向低级别流动容易，低级别向高级别流动困难的原则，柴斯特外套如果使用自身级别以下的外套品种的口袋元素就有休闲化的趋势，如柴斯特外套使用 Polo 外套的复合贴口袋或巴尔玛肯外套的斜插袋通常会降级使用。

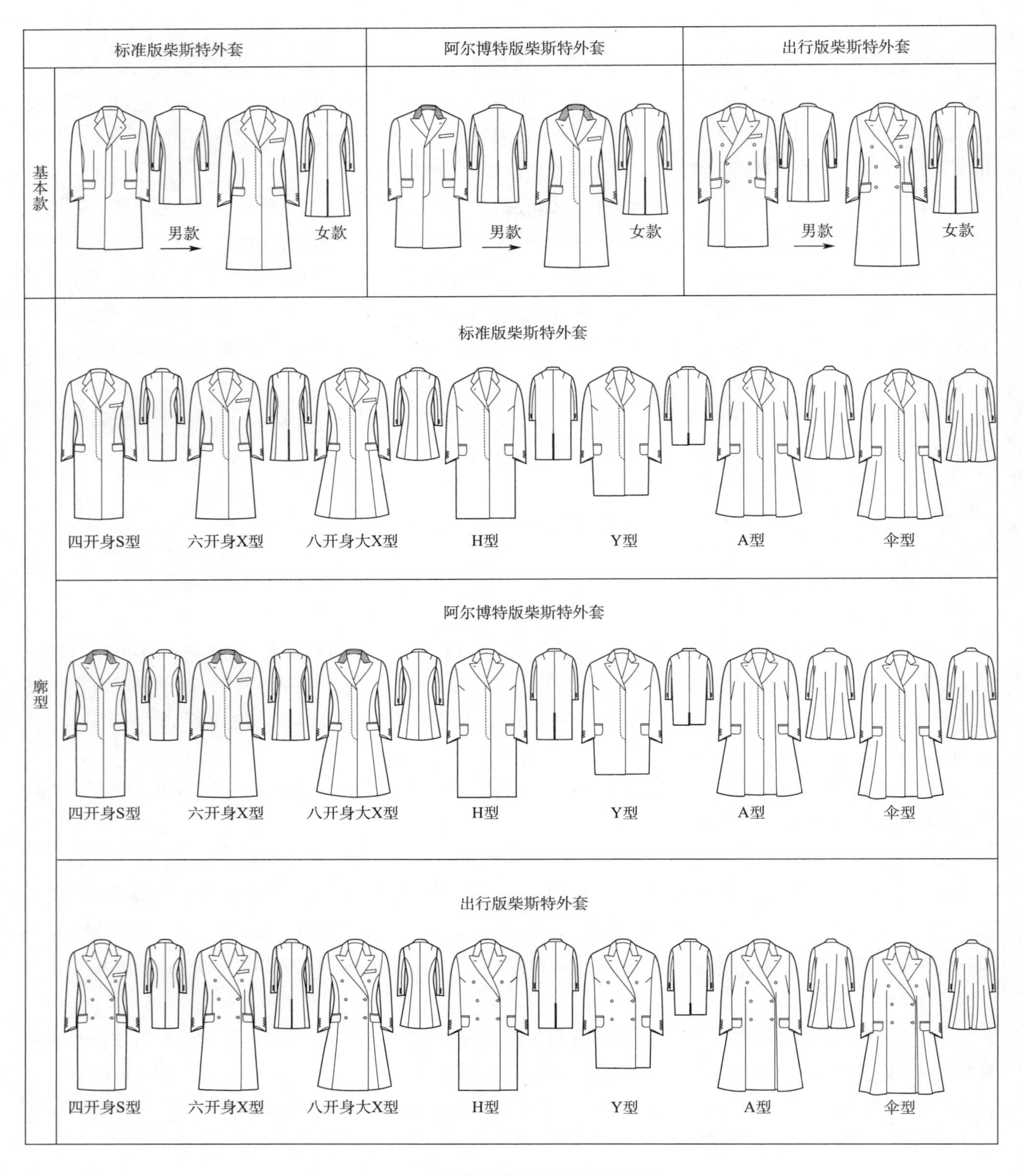

图 4-2　柴斯特菲尔德外套基本廓型系列

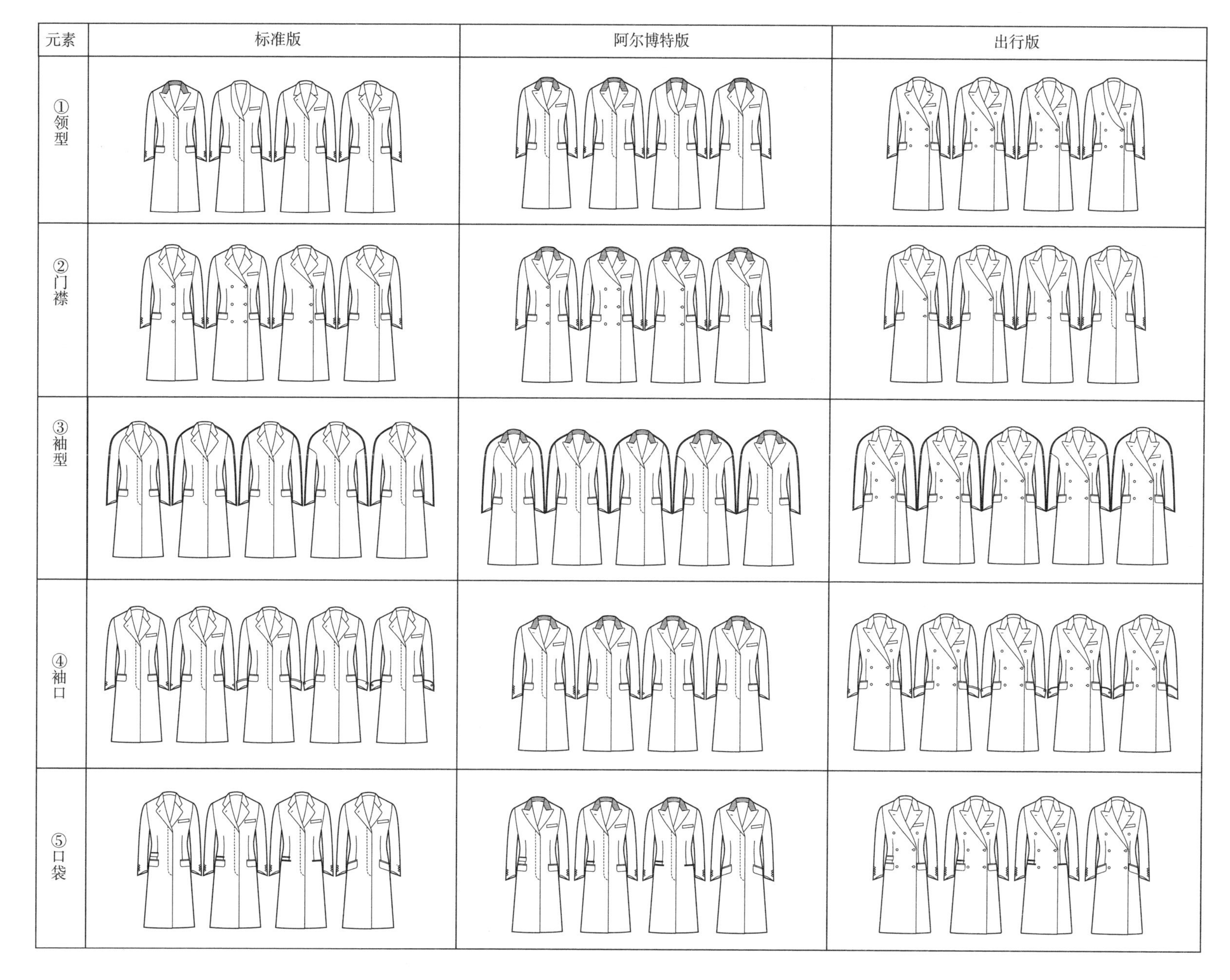

图 4-3　柴斯特外套单一元素主题的款式系列

2　综合元素主题设计

综合元素主题设计分为整合运用不同外套的元素为纵向设计，整合运用自身元素为横向设计。

纵向设计将同类型的不同品种在基于柴斯特外套礼仪性的基础上进行元素的整合设计，如标准版柴斯特外套与巴尔玛肯外套的结合，其口袋的简洁与柴斯特的款式非常协调，通过插肩袖的变化，形成脱离传统，具有现代气息的外套。出行版柴斯特外套可以与同为双排扣的波罗外套和泰利肯外套进行元素的结合，形成具有两者杂糅风格的新颖款式（图 4–4）。

横向柴斯特外套元素的设计，既可以在各自的版本内展开，也可以将不同版本进行结合，如阿尔博特版与出行版相结合，还可以结合纵向其他品种的元素。图 4–5 中的三个版本都是以领型、门襟、口袋为造型焦点展开的设计，却形成了各自不同的风格，接着通过版本间的组合，形成形式多变的柴斯特创意性款式系列，当可以天马行空的时候，这便是体验“从必然王国到自由王国”境界的时候。

§4–2　全天候外套款式系列设计——巴尔玛肯外套（Balmacaan Coat）

巴尔玛肯外套是最具国际化的品种，有“全天候外套”之称，最受白领推崇，无论是在趋势发布会还是在日常商务、公务、国事交往中，都可以频频看到它的身影。

巴尔玛肯外套在整个外套体系中处于中间位置，对于不同礼仪、不同时间、不同季节都适用，但它的标准形态是雨衣外套，其标准色为土黄色。在面料的选择上，春秋季节为棉华达呢、水洗布、防雨布，冬季则可选择保暖性好的厚实面料（如羊绒），这种对季节的跨越性在同类型外套中是不多见的。

由于女装具有多元设计的特点，女装巴尔玛肯外套的设计呈现颜色丰富、面料新颖和款式多变的丰富性，在每一季的 Burberry 品牌成衣发布会上，这种传统的品种总是焕发着新鲜的气息，而成为外套品牌的经典。

由男装巴尔玛肯外套转化为女装巴尔玛肯外套，廓型由宽摆箱式的外观变为收身 X 造型，衣长有所延长，口袋由复合型斜插口袋变为口袋与结构线融为一体的简洁设计。其他元素如插肩袖、箭形袖襻、巴尔玛领、暗门襟、后开衩隐形搭扣等均有所保留。

由于巴尔玛肯的款式简洁，柴斯特菲尔德外套的廓型也同样适用于巴尔玛肯，而且 H 型、Y 型和 A 型的设计同样适宜出席正式场合（图 4–6）。

1　单元素主题设计

将巴尔玛肯的元素进行拆解，可以得到单个元素“用尽”的可变元素款式系列。“用尽”是指每项单个元素要尽量发挥到极致，效果才更好。适合巴尔玛肯的领型既可以是关门领，也可以是开门领。驳点设计根据外套的功能不宜太低。门襟可以在暗门襟形式下，设计为偏门襟，或者有单排扣、双排扣的明暗变化。袖口设计可以借鉴同类型达夫尔的袖襻或者泰利肯、波罗外套的袖头元素。口袋的变化最为丰富，既可以是斜插袋，也可以是平或斜的有袋盖的嵌线口袋，还可以是贴袋形式，几乎涵盖了外套口袋由高到低的所有级别的形式，不过运动化的风琴袋要慎用（图 4–7）。

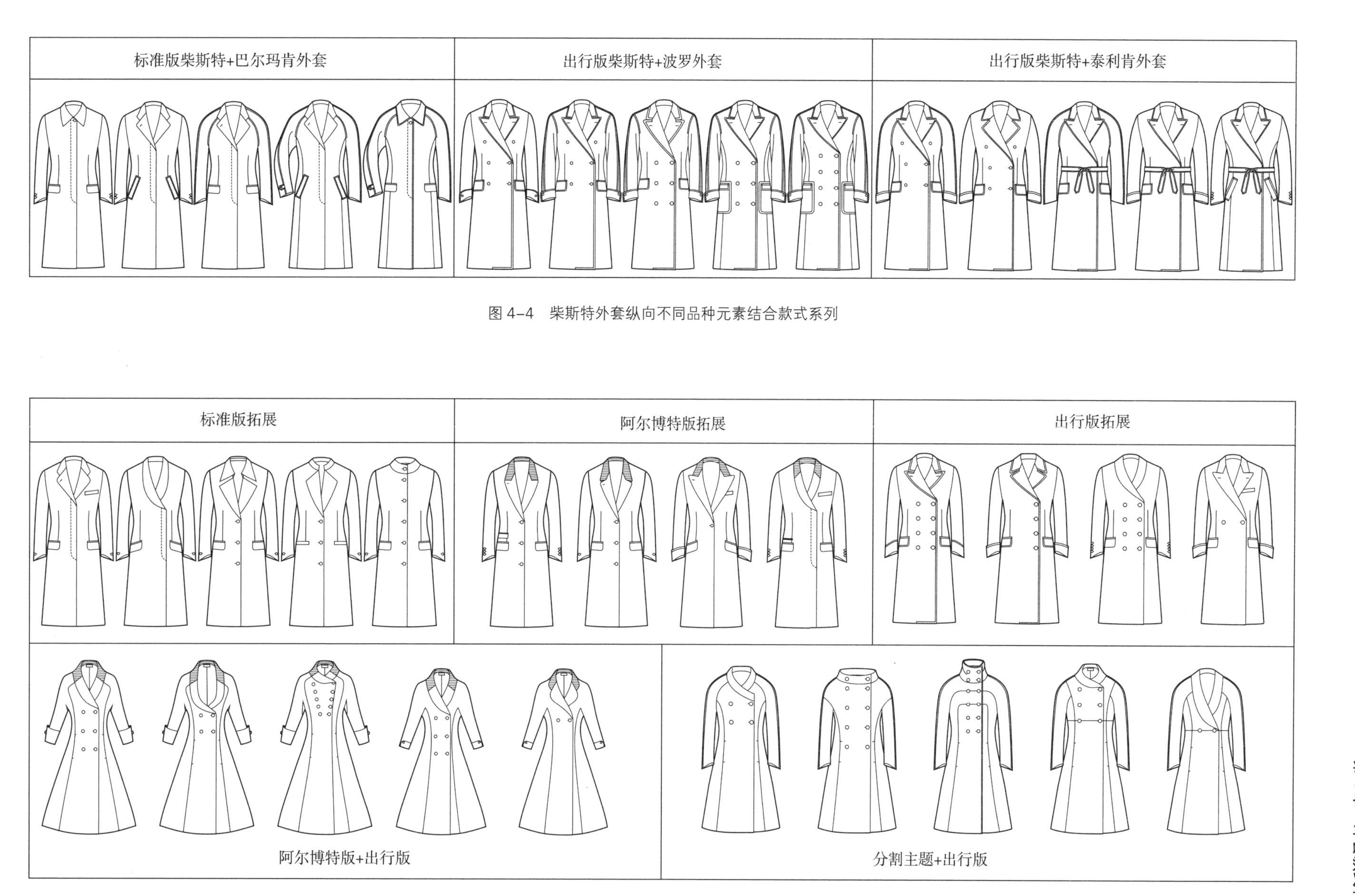

图 4-4　柴斯特外套纵向不同品种元素结合款式系列

图 4-5　柴斯特外套横向元素主题的款式系列

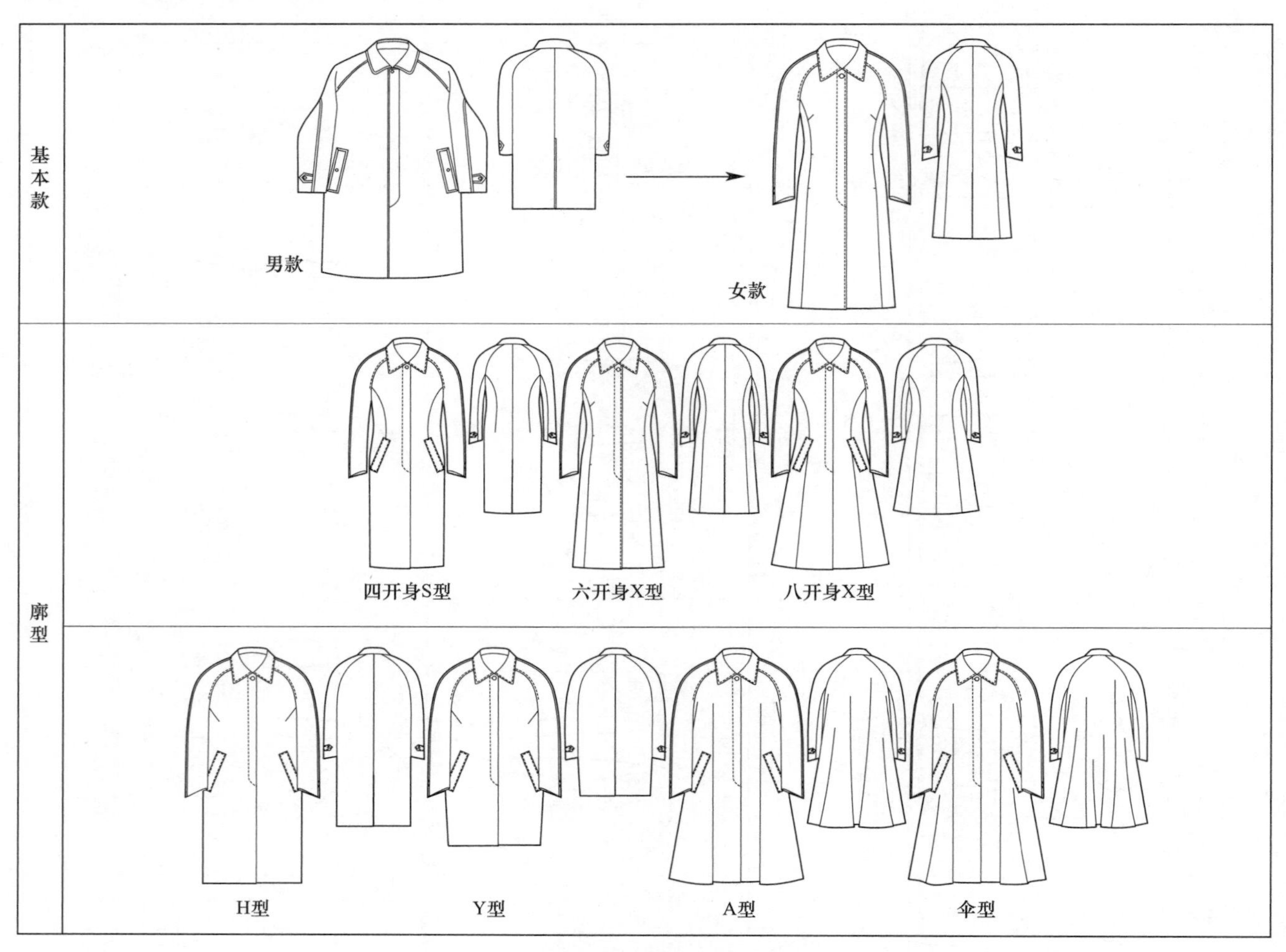

图 4-6　巴尔玛肯外套基本廓型系列

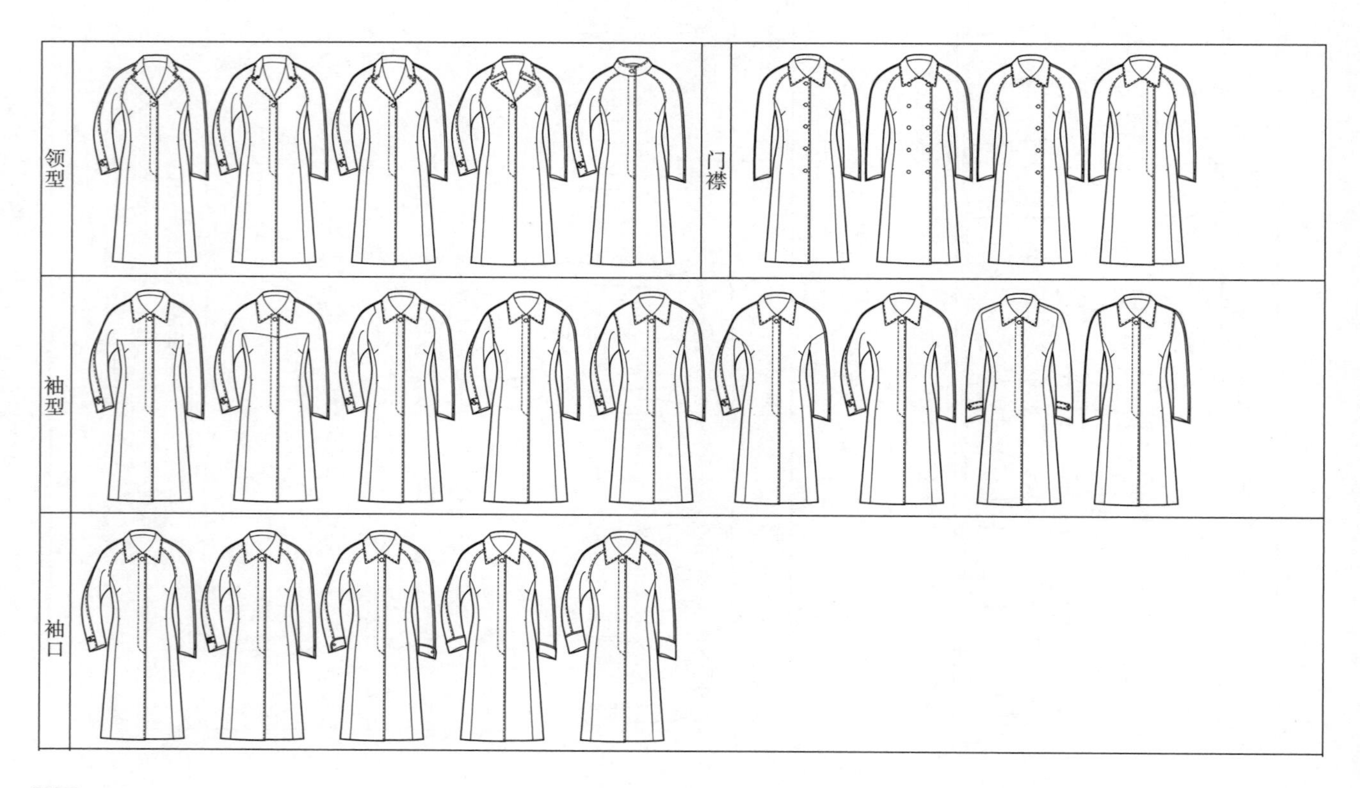

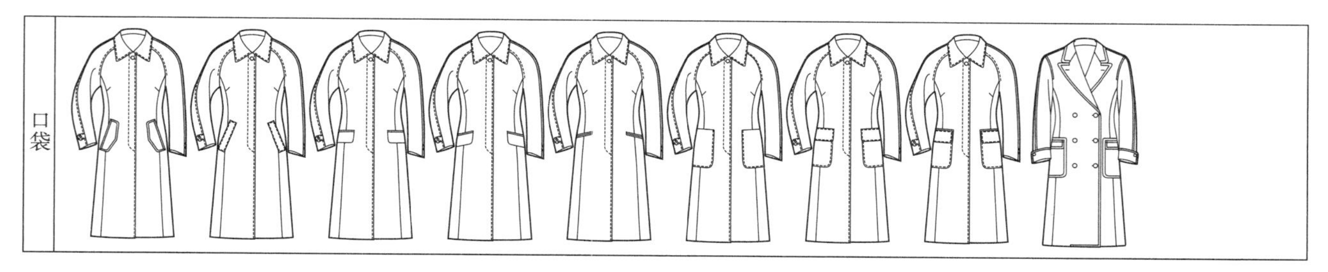

图 4–7　巴尔玛肯外套单元素主题的款式系列

2　综合元素主题设计

中性的特质使巴尔玛肯外套的系列设计具有广阔的发展空间，随着面料厚薄的变化呈现不同的风格趣味。从纵向而言，它既可结合同类型的堑壕外套，也可以与纯毛面料的波罗外套元素结合，通过保留两者典型元素的方式形成系列。将巴尔玛肯外套的元素通过与波罗外套的典型元素如阿尔斯特领、双排扣门襟、复合式贴口袋和半截式袖头、后腰带等的置换设计，从而形成具有休闲风格的外套系列（图 4–8）。

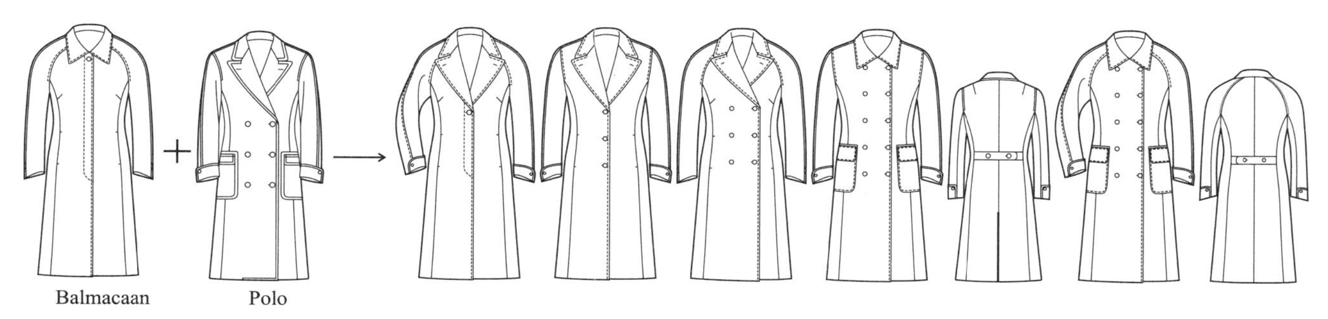

图 4–8　巴尔玛肯外套纵向不同品种元素结合款式系列

女装外套品种多样，横向同类型的所有元素都可以相互流动。系列一以局部元素如领型、门襟、袖型、袖口作为造型焦点展开设计，接着从系列一到系列二保持了款式的稳定性，仅将六开身 X 型变化为 A 型，就形成了统一款式中却有着严谨与飘逸风格的两组款式系列，设计的连贯性显而易见。其实，每一个单独的廓型都是一个横向变化的主题系列，结合廓型变化就成为经纬交织的款式系列，最终形成一个系列款式设计的网络系统（图 4–9）。

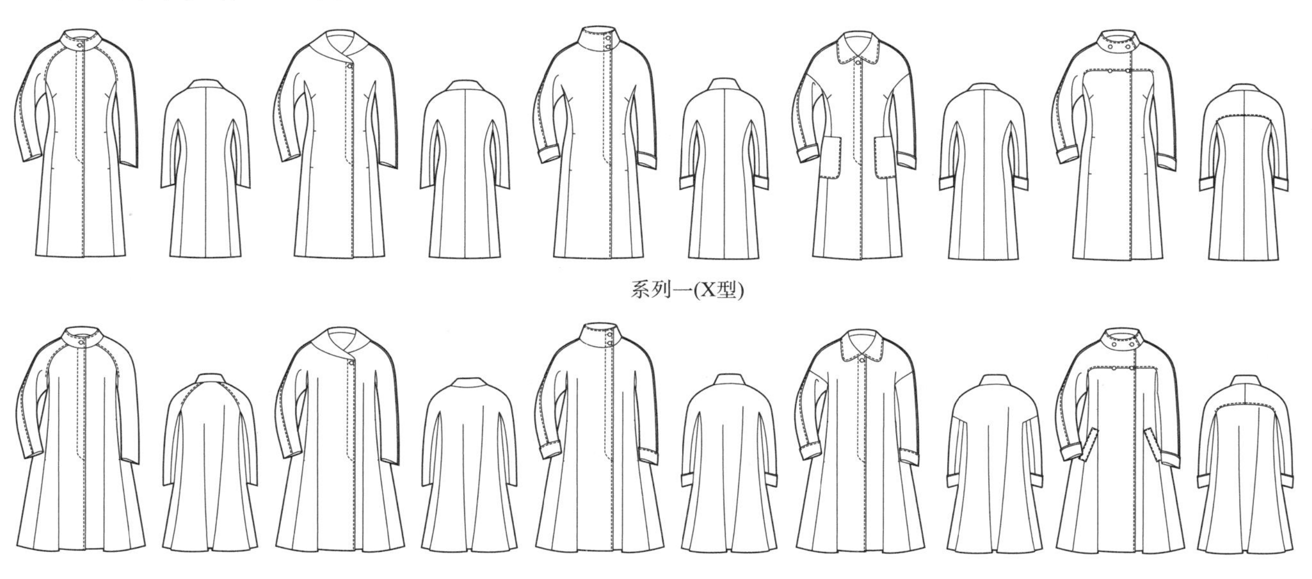

图 4–9　巴尔玛肯外套综合廓型主题和单一元素的款式系列

§4–3 综合外套类型系列设计——外套其他品种

通过柴斯特菲尔德外套和巴尔玛肯外套款式系列设计实例，可以看出系列设计的流程：首先导入 TPO 知识系统对具体品种进行分析，确定其款式、穿用场合、面料、色彩和禁忌；然后确定不变因素，拆解可变元素进行主题设计；接着再发展到综合元素的款式系列，从而进入到“自我增值”的“无限繁殖”状态。这种设计并不是凭空想象，都是基于经典款式基础上的衍生，因此具有很强的可靠性和传承性，这种基于“类型系列设计”的创新更加理性，市场可信度高。将这种方法推而广之，外套其他品种如波罗外套、泰利肯外套、堑壕外套、达夫尔外套的设计都可依此流程创造它们庞大的款式帝国。

在综合元素设计阶段，虽然是将外套的元素打散重组，但是每个系列的主体相对稳定，细节特征也都很明显，当某个品种的元素成为主导时，主题风格会发生转变。例如，波罗外套的设计始终都保持了其双排扣、半截式袖头的特点；泰利肯外套主题的设计以门襟的简洁和系扎腰带作为相对稳定的元素贯穿始终；堑壕外套主题设计中小披肩、肩襻元素相对稳定；达夫尔外套主题的设计始终以保留其绳结式系扣和帽子的独特性展开。每个品种在经典元素的适当保留以及与其他外套元素流动的基础上展开造型焦点的设计，从而形成了很好的互动，最终完成了既有“整体感”又有“独特性”的系列设计（图 4–10）。

§4–4 外套纸样系列设计

外套纸样系列设计所表现的系统性最强，它是通过基本纸样、亚基本纸样、类基本纸样进入一板多款、一款多板和多板多款系列设计的。

1 相似形亚基本纸样

按照男装习惯，外套是套在西装外面的，因此在结构上与西装纸样呈相似形状态。这就是用于外套的亚基本纸样放量依据。制图步骤在基本纸样基础上首先要采用侧省量的 1/3 做撇胸，然后将基本纸样做相似形放量处理，将追加放量胸围 10cm 按照几何级数的方式进行分配，在具体的操作中依照微调设计的方法，即强调、不可分性和可操作性综合运用，从而得到相似形基本纸样（图 4–11 尺寸比例及设计方法见下篇“训练五，二、外套纸样系列设计——外套相似形基本纸样”），然后再进入到外套类基本纸样的绘制。外套类基本纸样分为两种，一个是以标准柴斯特菲尔德外套为基本纸样的装袖结构，另一个是以巴尔玛肯外套为基本纸样的连身袖结构。

2 装袖类外套基本纸样——标准版柴斯特菲尔德外套纸样系列设计

以六开身 X 型标准版柴斯特菲尔德外套作为装袖类外套基本纸样。在基本纸样 12cm 松量基础上追

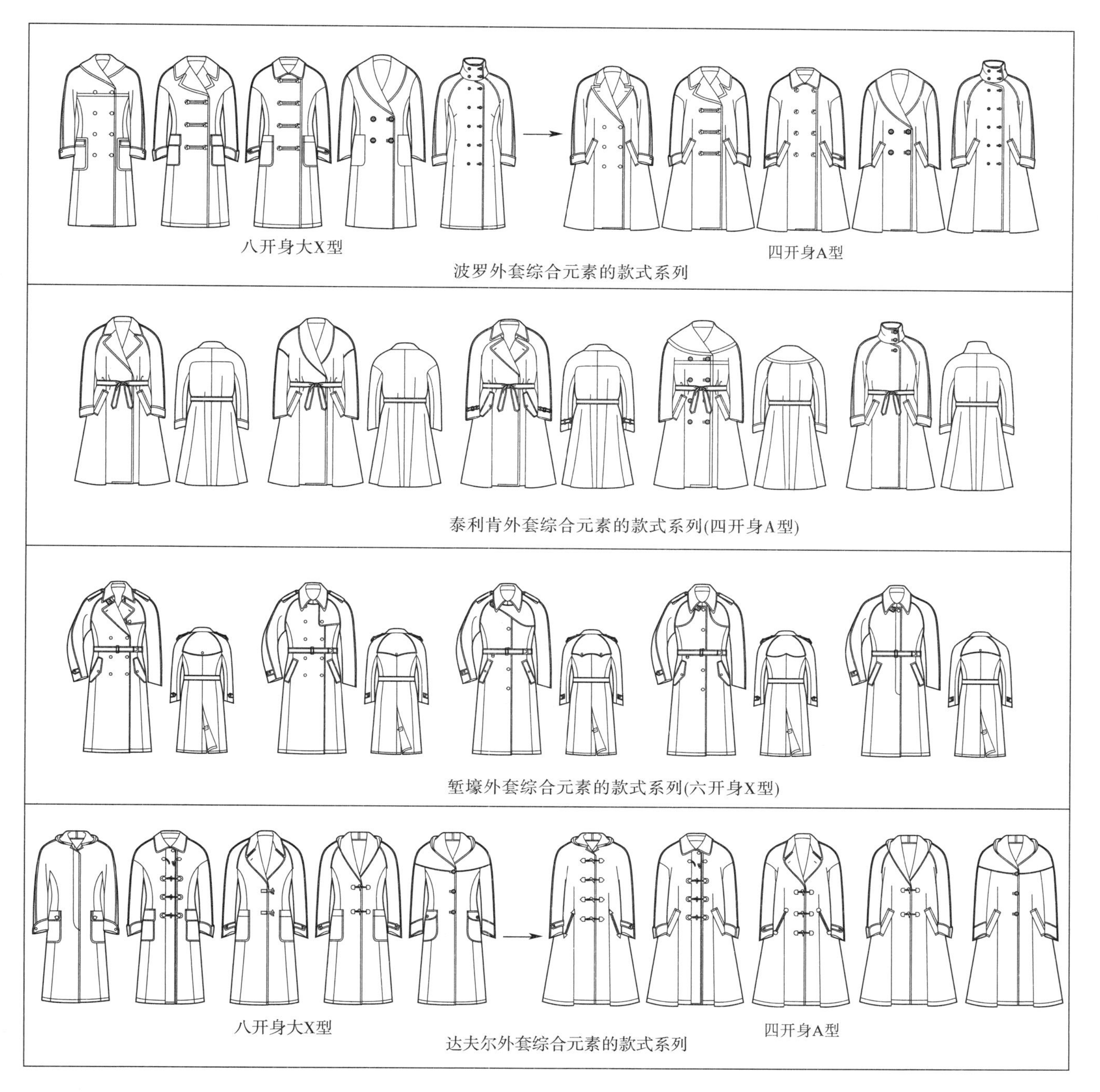

图 4-10　外套各品种综合元素主题的款式系列

加 10cm，按一半作图 5cm 计算，从大到小依次为后侧、前侧、后中和前中分配为 2、1.5、1 和 0.5（参见图 4-11）。局部尺寸要根据柴斯特外套款式特点进行设计，如门襟单排扣明门襟搭门设定为 2cm，暗门襟则为 2.5cm，衣长在背长的基础上追加 1.5 背长 -10cm 等。六开身的结构设计原理与西装完全相同，包括隐形省的处理以及分割线位置的确定。袖型为合体两片袖，袖长为西装袖长 +3cm，袖山高采用基本袖山加上袖窿开深量（△ +x），按照西装方法完成大小袖装袖设计（图 4-12）。一旦完成了标准版柴斯特外套基本纸样的绘制，仅通过前片门襟和领型的局部变化，就可以实现一板多款的阿尔博特版、出行版柴斯特菲尔德的纸样系列设计（图 4-13）。

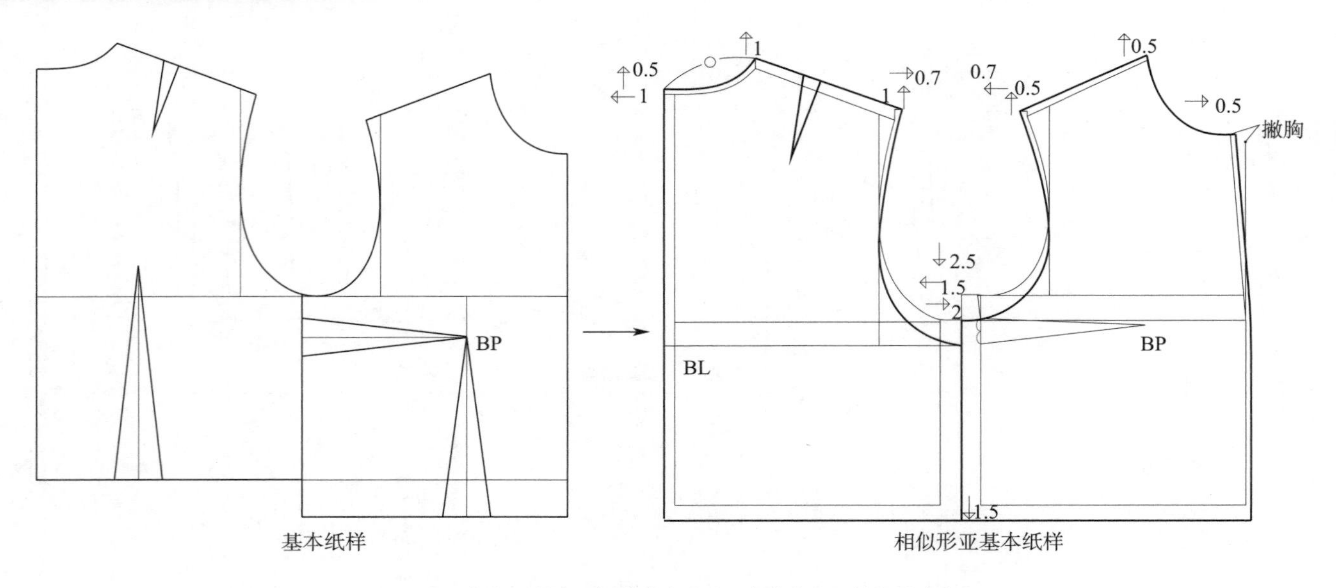

图 4-11 相似形基本纸样生成方法（更多信息见下篇相关内容）

女装柴斯特菲尔德外套的廓型变化和西装一样，也有八开身大 X 型、四开身 S 型、四开身 H 型、四开身 Y 型、三开身 A 型和三开身伞型的变化，此系列可视为一款多板的柴斯特菲尔德外套纸样系列设计（图 4-14)。同类型其他品种也可以在这几种廓型基础上，完成一板多款和多板多款的外套纸样系列设计。

3 插肩袖类外套基本纸样——巴尔玛肯外套纸样系列设计

巴尔玛肯外套与柴斯特菲尔德外套最明显的差异就是插肩袖结构和可开关式的巴尔玛领，以及前片胸省的处理不同。此纸样可视为插肩袖类外套基本纸样，在此基础上进行适合于波罗外套、泰利肯外套、堑壕外套等偏休闲外套的纸样系列设计（图 4-15）。

外套的所有元素都可以在巴尔玛肯外套中互相流动，没有界限，如果将巴尔玛肯外套与柴斯特菲尔德外套的廓型平台相互融合，并不需要重新制板就可以完成装袖巴尔玛肯外套一款多板的系列设计。图 4-16 所示为在柴斯特菲尔德外套装袖结构平台上，实现一款多板巴尔玛肯外套的装袖六开身 X 型、八开身大 X 型、四开身 S 型、H 型、Y 型、三开身 A 型和伞型的纸样系列设计（更多信息见下篇相关内容）。

4 多板多款外套纸样系列设计

以巴尔玛肯插肩袖基本纸样为基础，综合两种外套的构成元素就完成了多板多款的外套纸样系列设计，这时外套风格呈现出全新的面貌但又不失其传承性。图 4-17 中款式一、款式二分别为柴斯特菲尔德外套的平驳领、戗驳领型和有袋盖的嵌线口袋；款式三在领型变为青果领的基础上，加入了隐蔽简约的口袋设计；款式四将领型变化为巴尔玛领型、将口袋设计与通肩分割线巧妙结合；款式五则是在款式四的基础上，重新设计了分割线的走向呈落肩公主线设计。这个系列以单排扣、暗门襟、连身袖作为相对稳定的因素，通过以领型、分割线、口袋形式的变化作为造型焦点设计，从而形成了一组稳中有变、循序渐进的纸样系列风格。

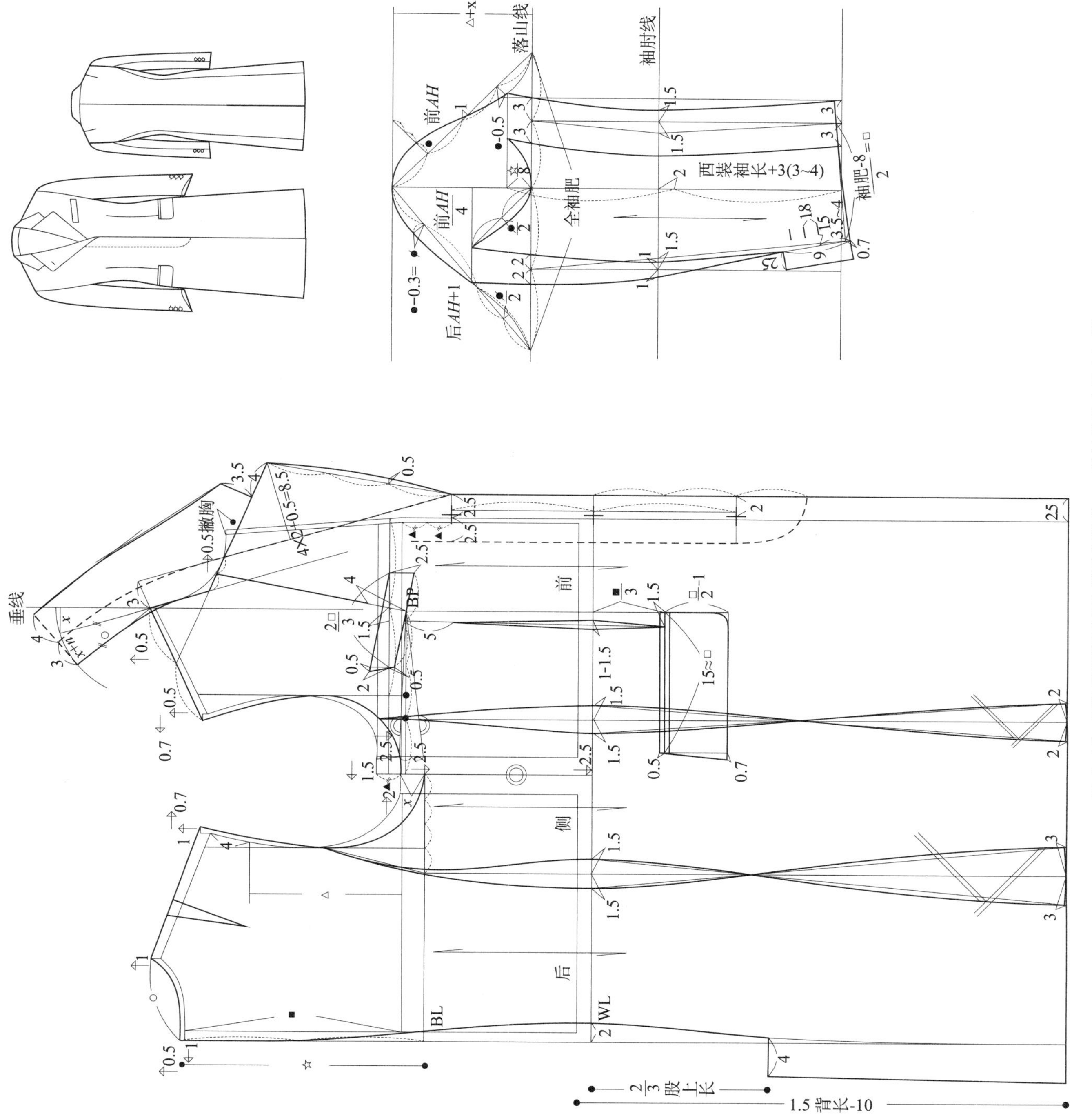

图 4-12　标准版柴斯特菲尔德外套纸样——装袖类外套基本纸样

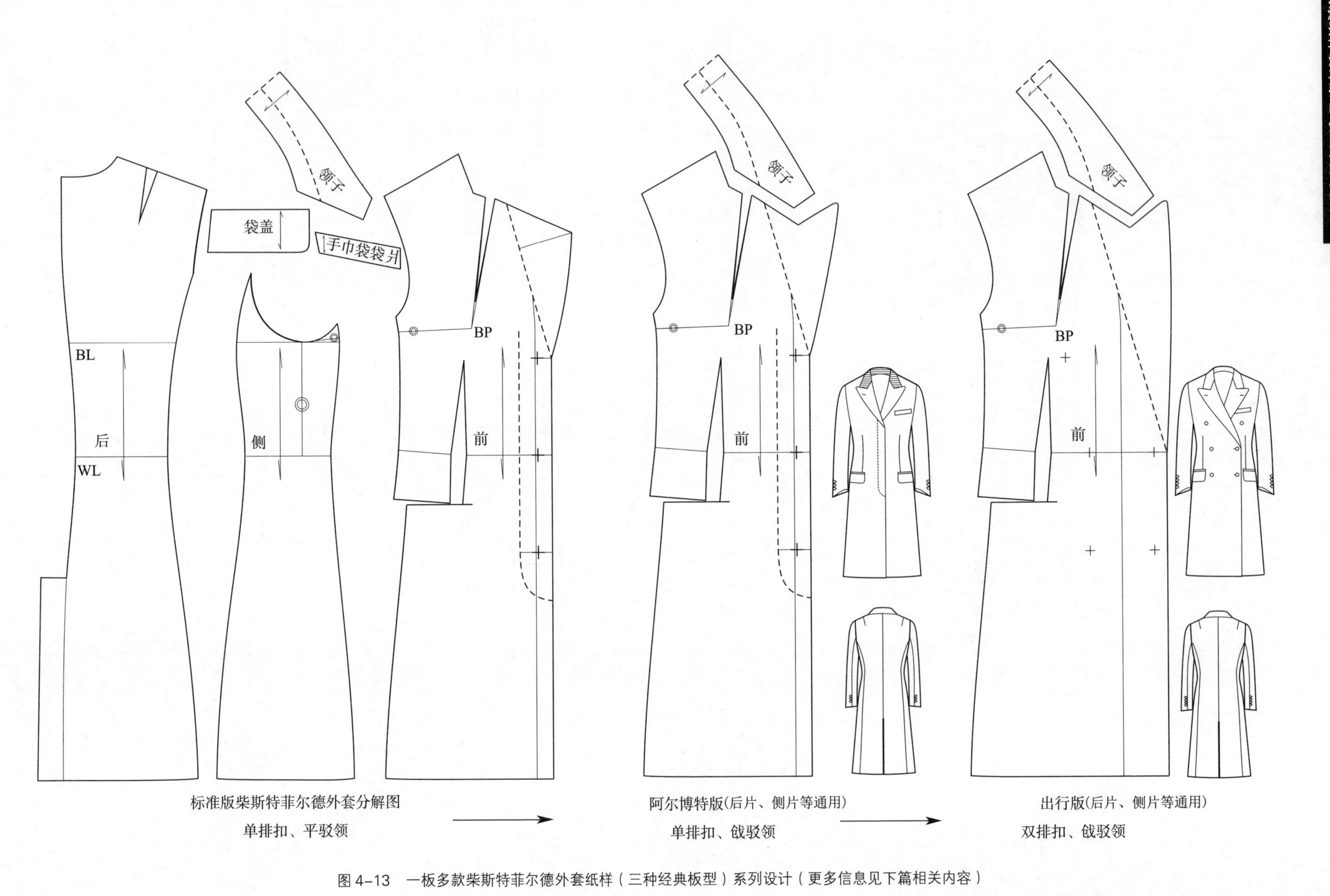

图 4-13　一板多款柴斯特菲尔德外套纸样（三种经典板型）系列设计（更多信息见下篇相关内容）

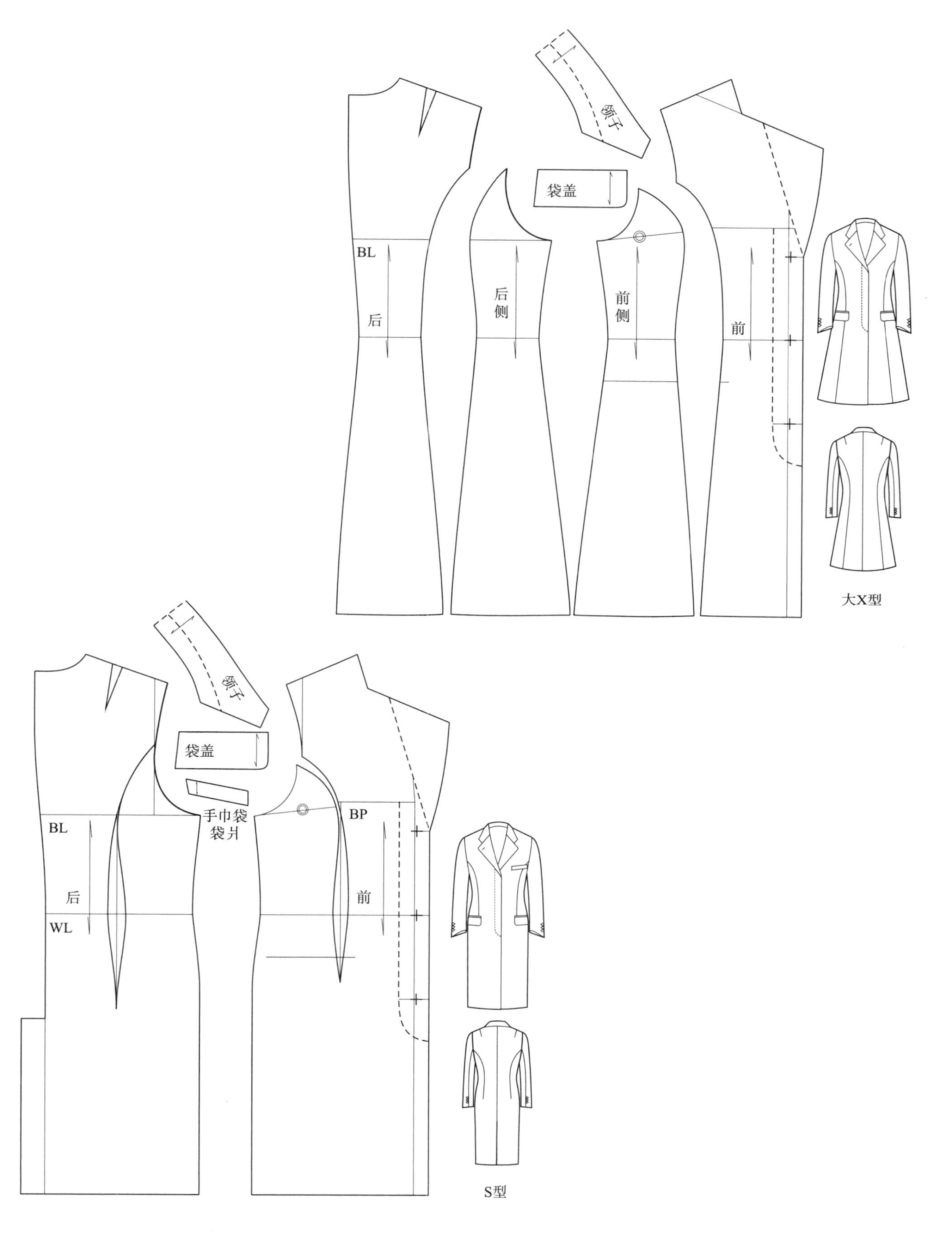

图 4-14

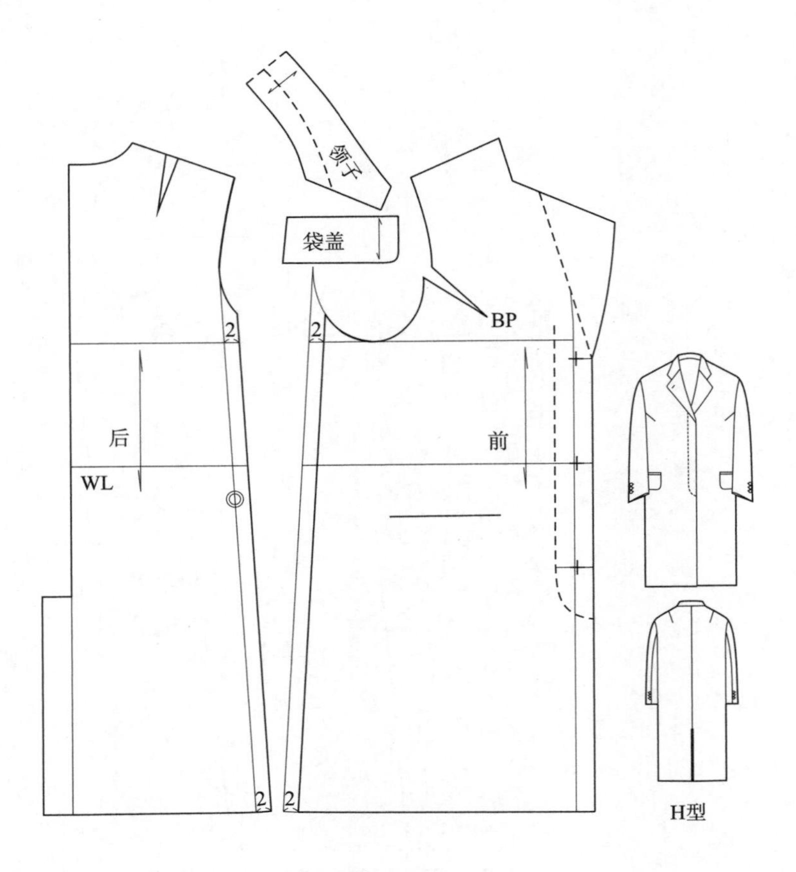

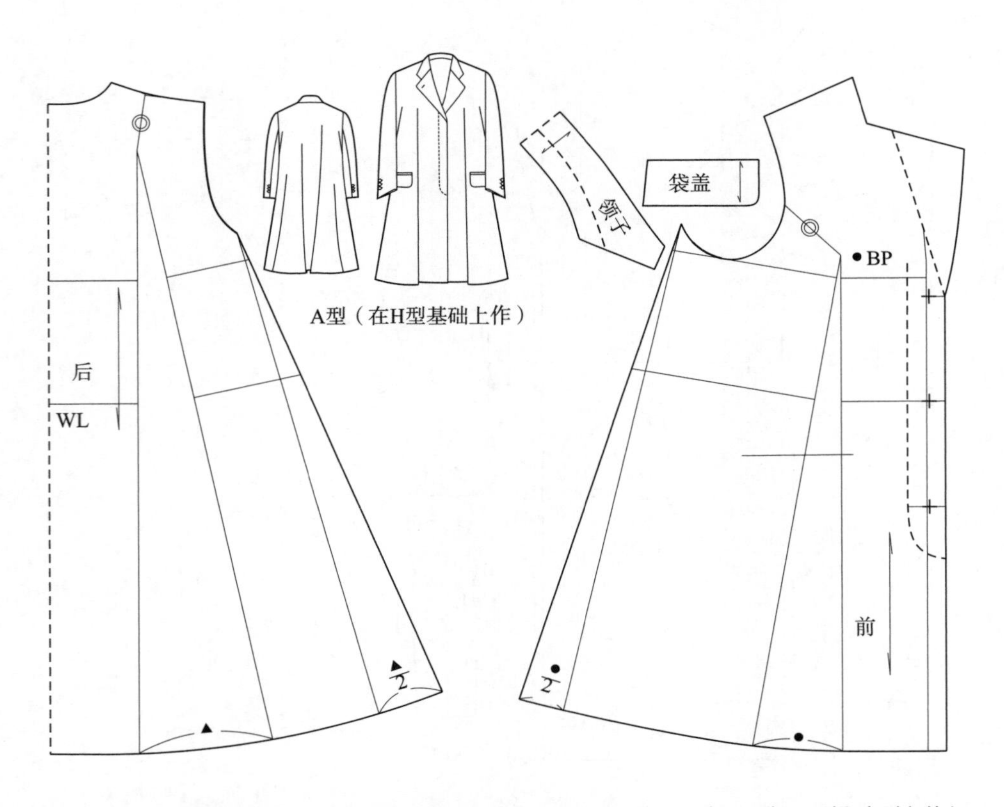

图4–14　一款多板柴斯特菲尔德外套纸样系列设计（X型、S型、H型、A型、Y型和伞型六款）

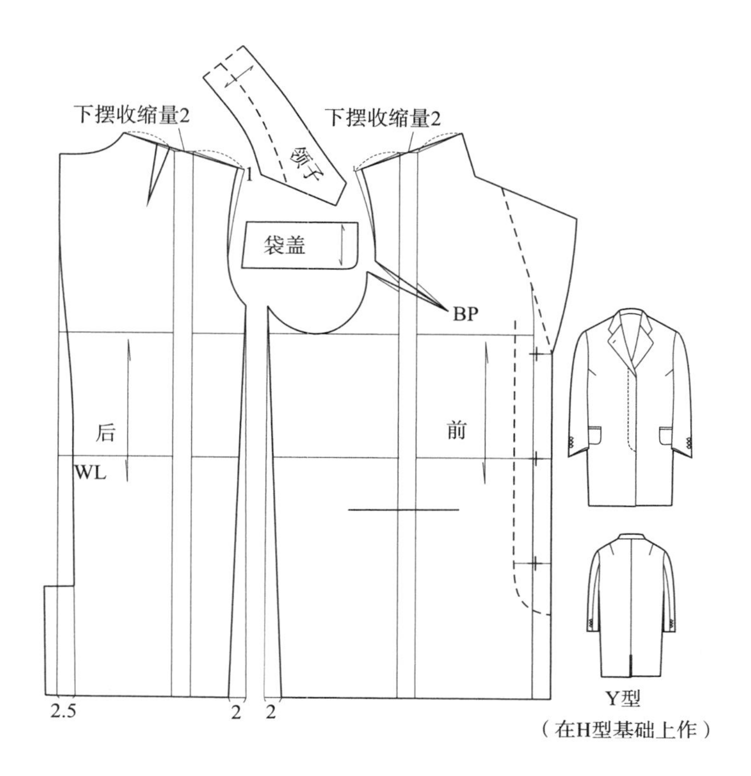

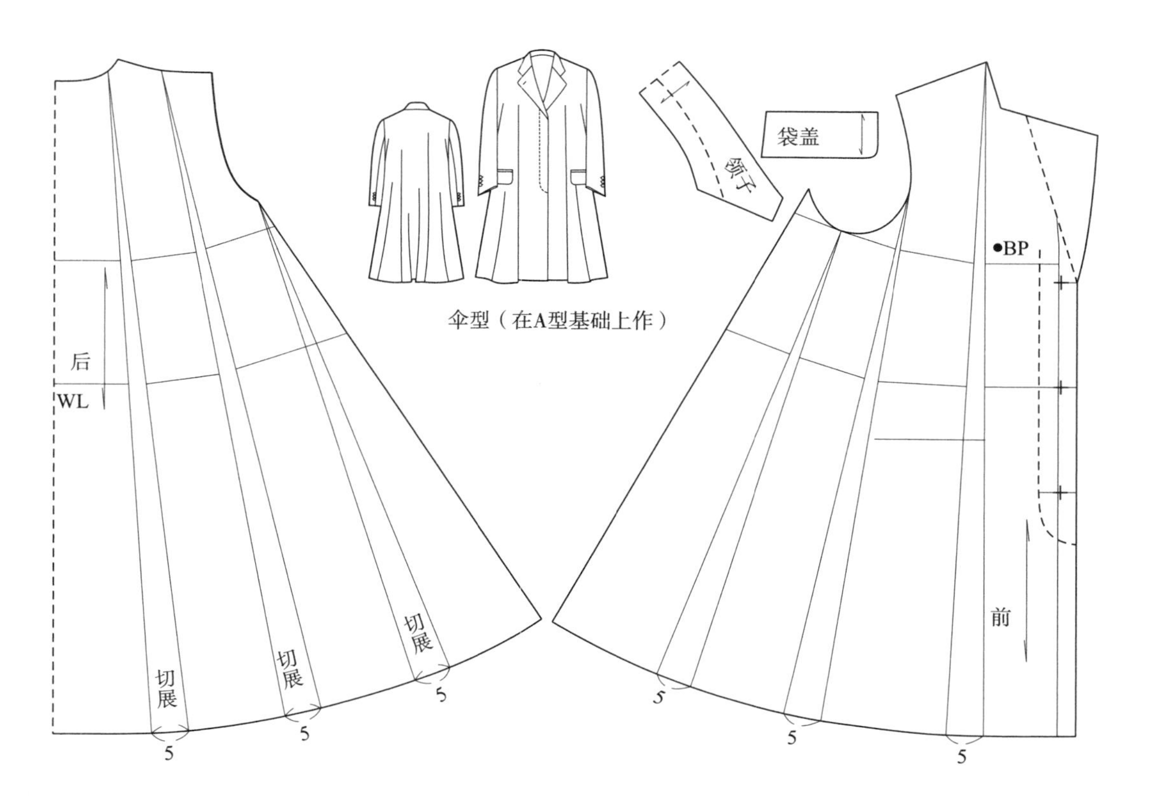

图 4-14　一款多板柴斯特菲尔德外套纸样系列设计（X 型、S 型、H 型、A 型、Y 型和伞型六款）

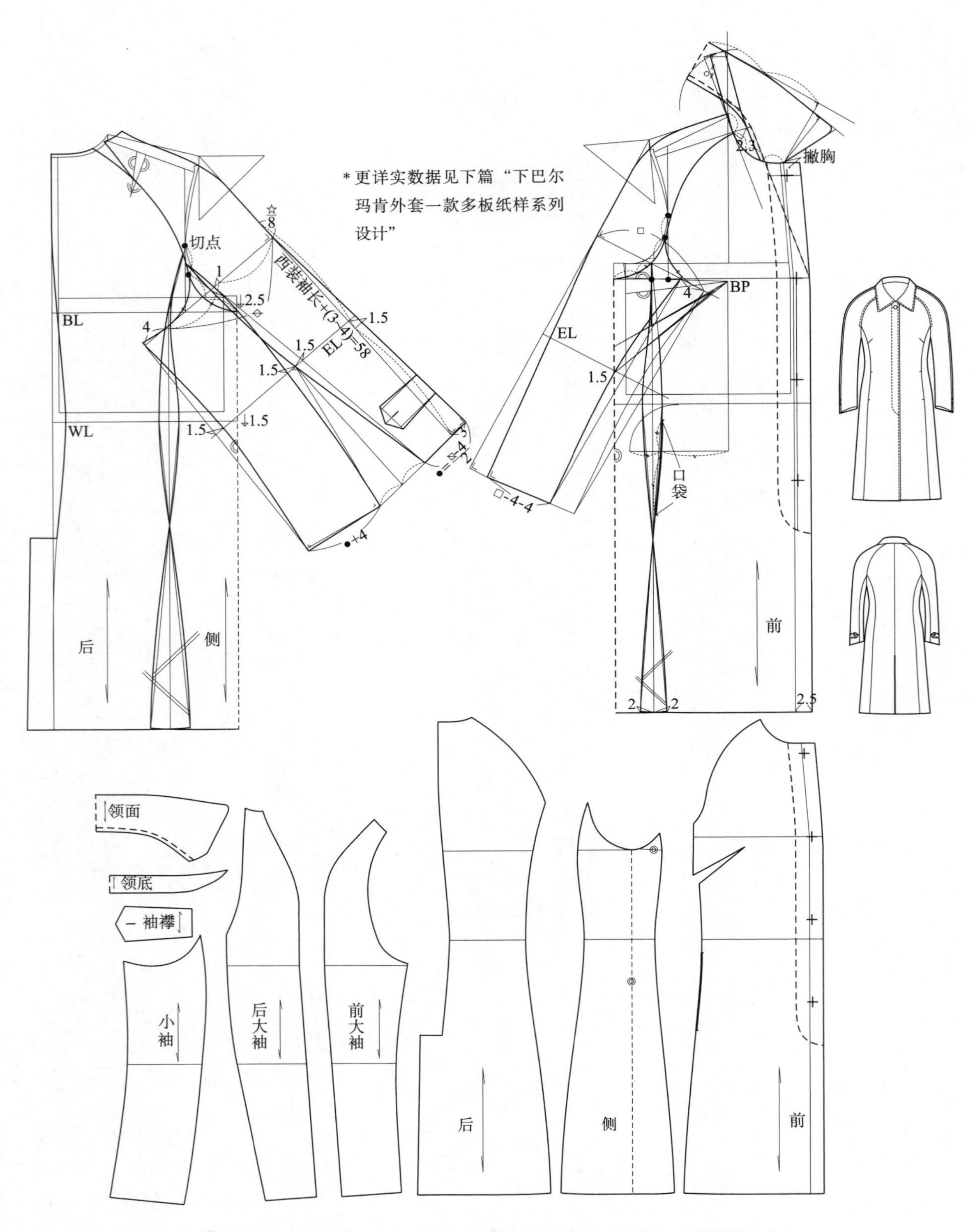

图 4-15　巴尔玛肯外套纸样——插肩类外套基本纸样（更多信息见下篇相关内容）

这种结构设计具有较强的灵活性，各种元素的流动非常自由，如果保持这种趋势拓展，再结合泰利肯或波罗外套的领型、口袋等形式进行变化，将会实现更多类型的外套纸样系列。

以上实例仅是通过外套中的两种结构展开的设计实践，其实将这种方法推而广之，每个外套品种都可以在这种方法的指导下形成各自的类型设计系统，因此系列设计的系统方法在整个纸样设计中具有普遍性且非常可靠。

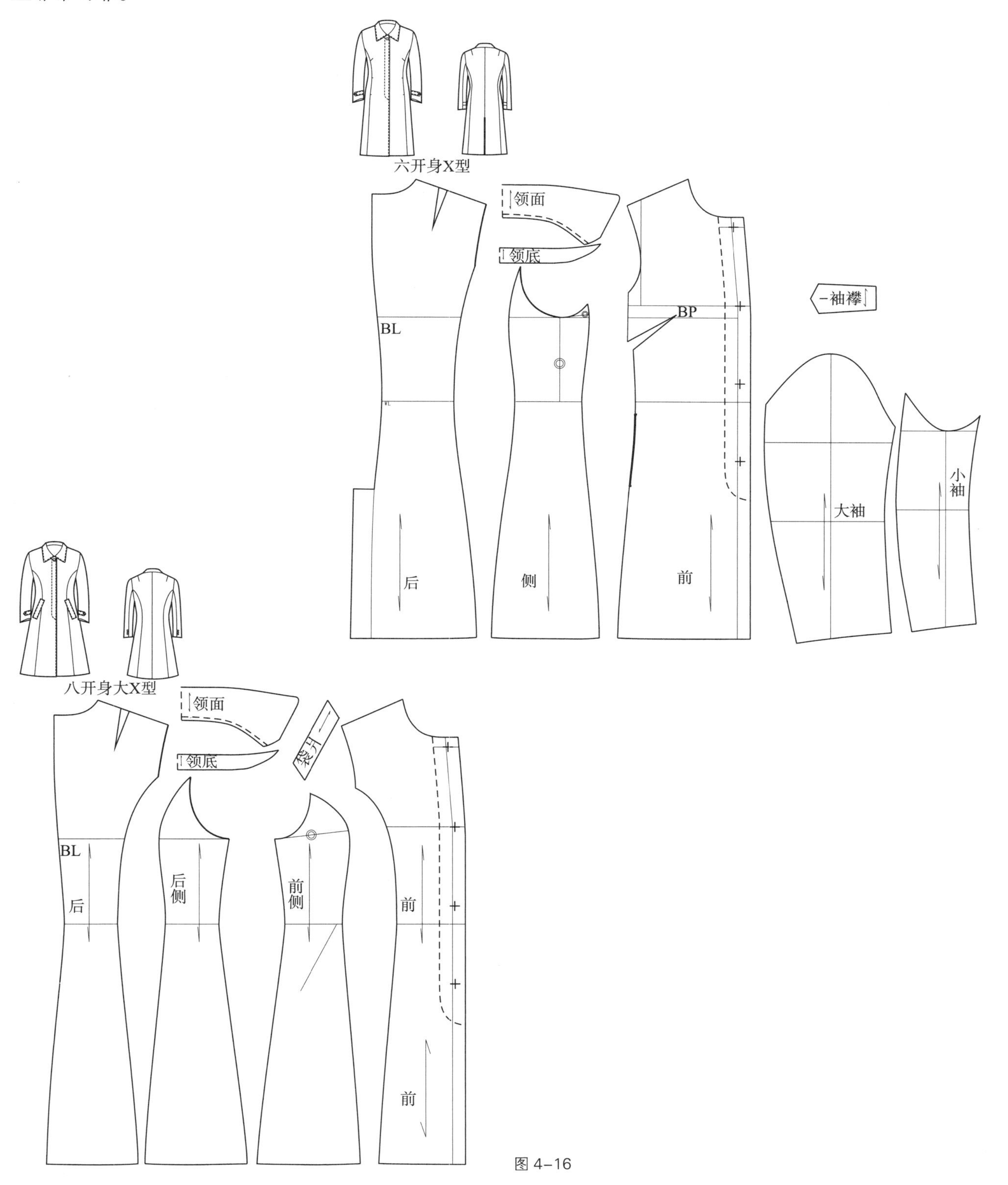

图 4-16

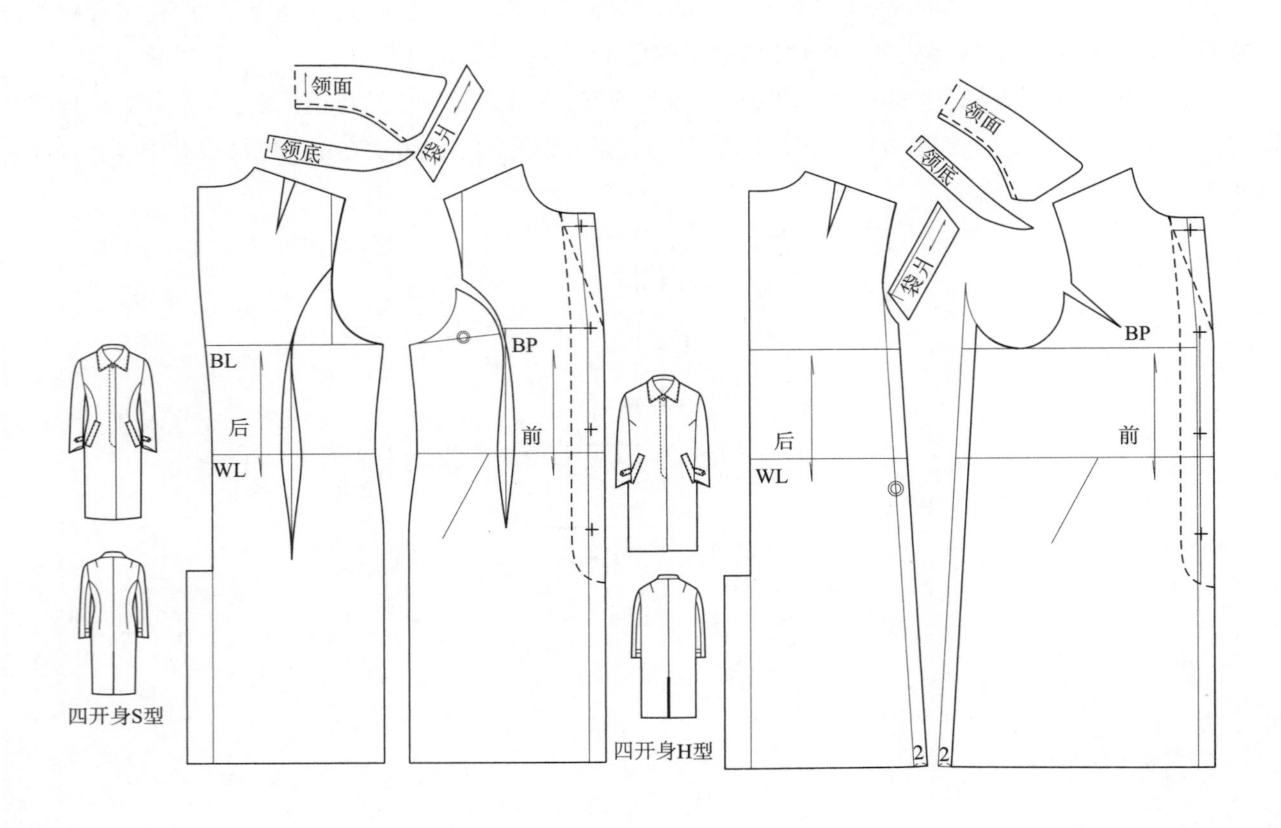

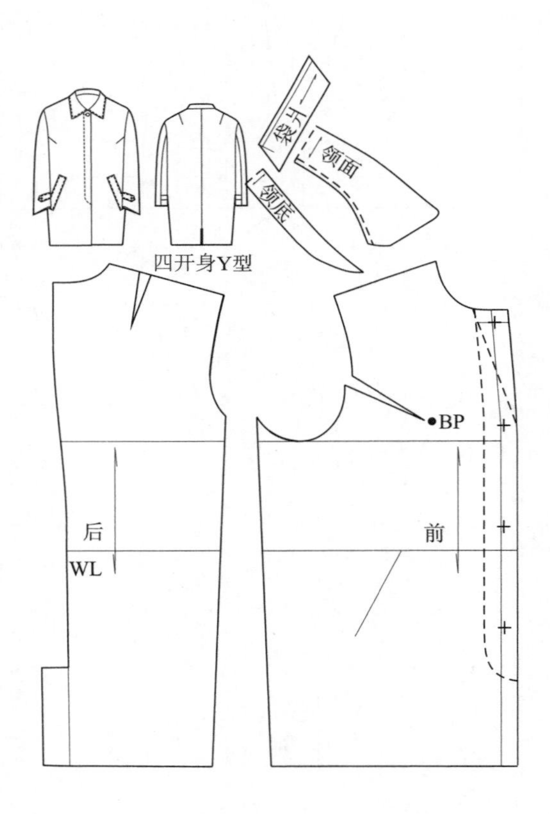

图 4-16　一款多板装袖风格巴尔玛肯外套纸样系列设计（更多信息见下篇相关内容）

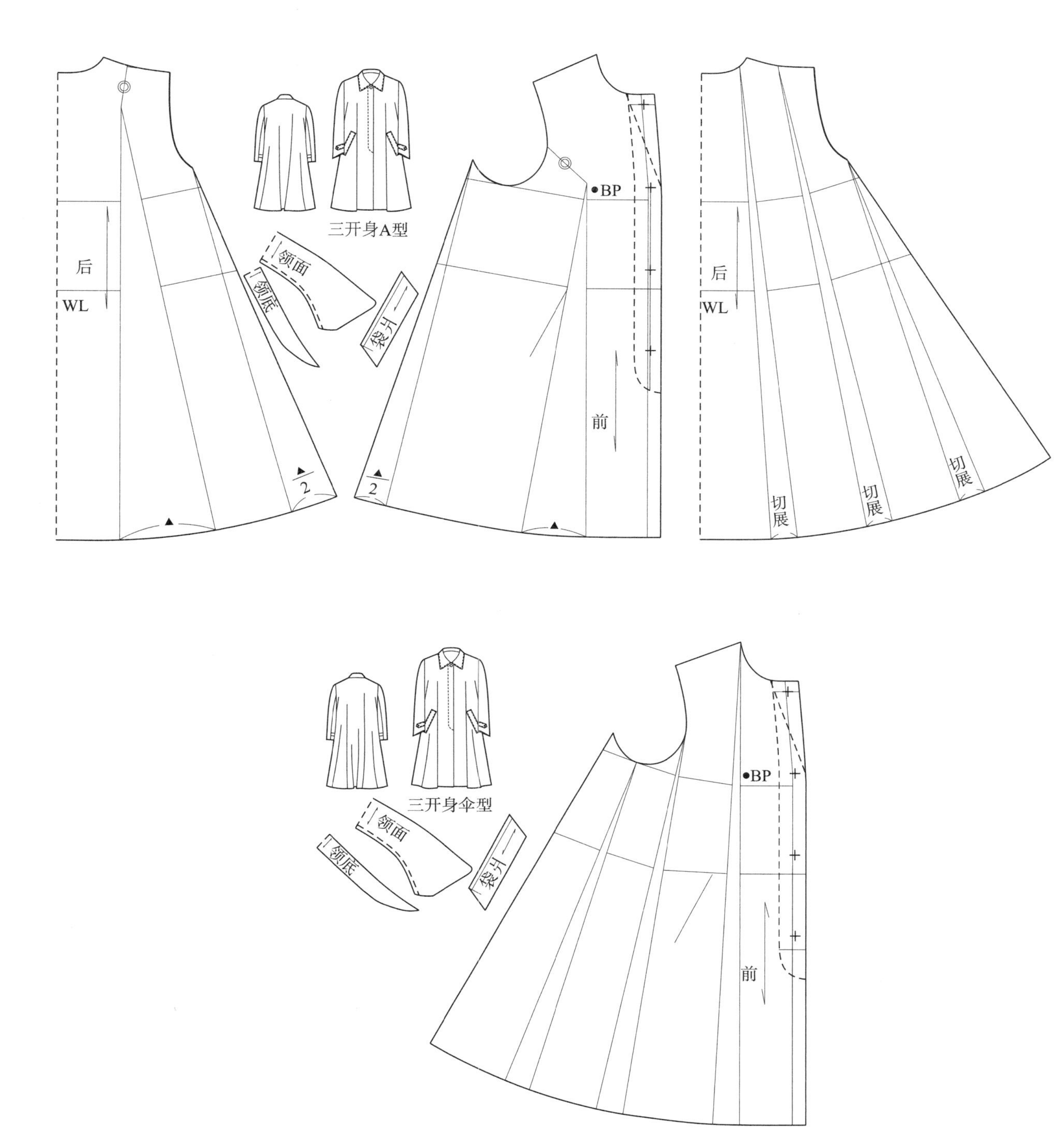

图 4–16　一款多板装袖风格巴尔玛肯外套纸样系列设计（更多信息见下篇相关内容）

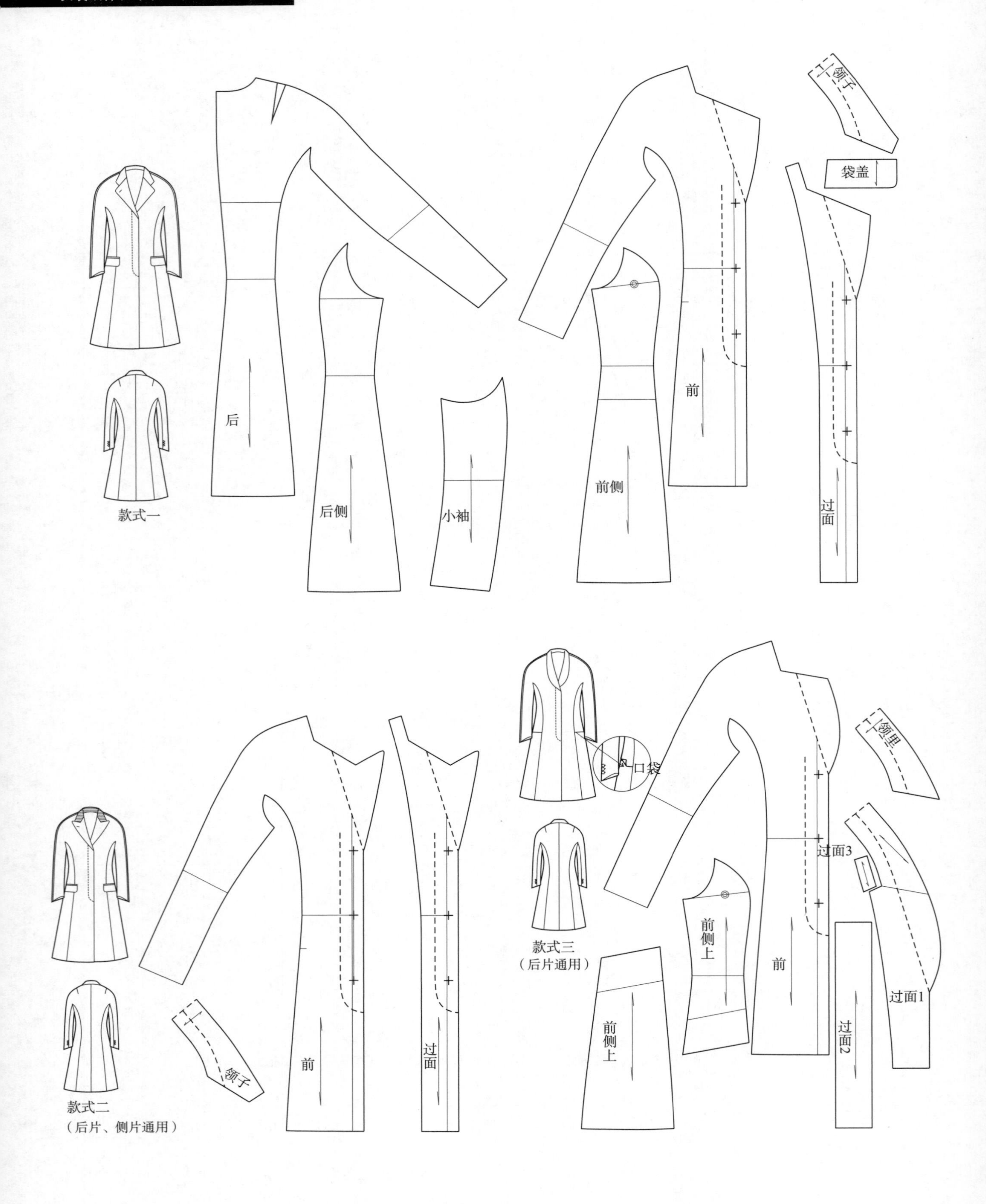

款式一
后
后侧
小袖
前
前侧
领子
袋盖
过面
款式二
（后片、侧片通用）
前
过面
领子
款式三
（后片通用）
口袋
领里
过面3
前侧上
前
前侧上
过面1
过面2

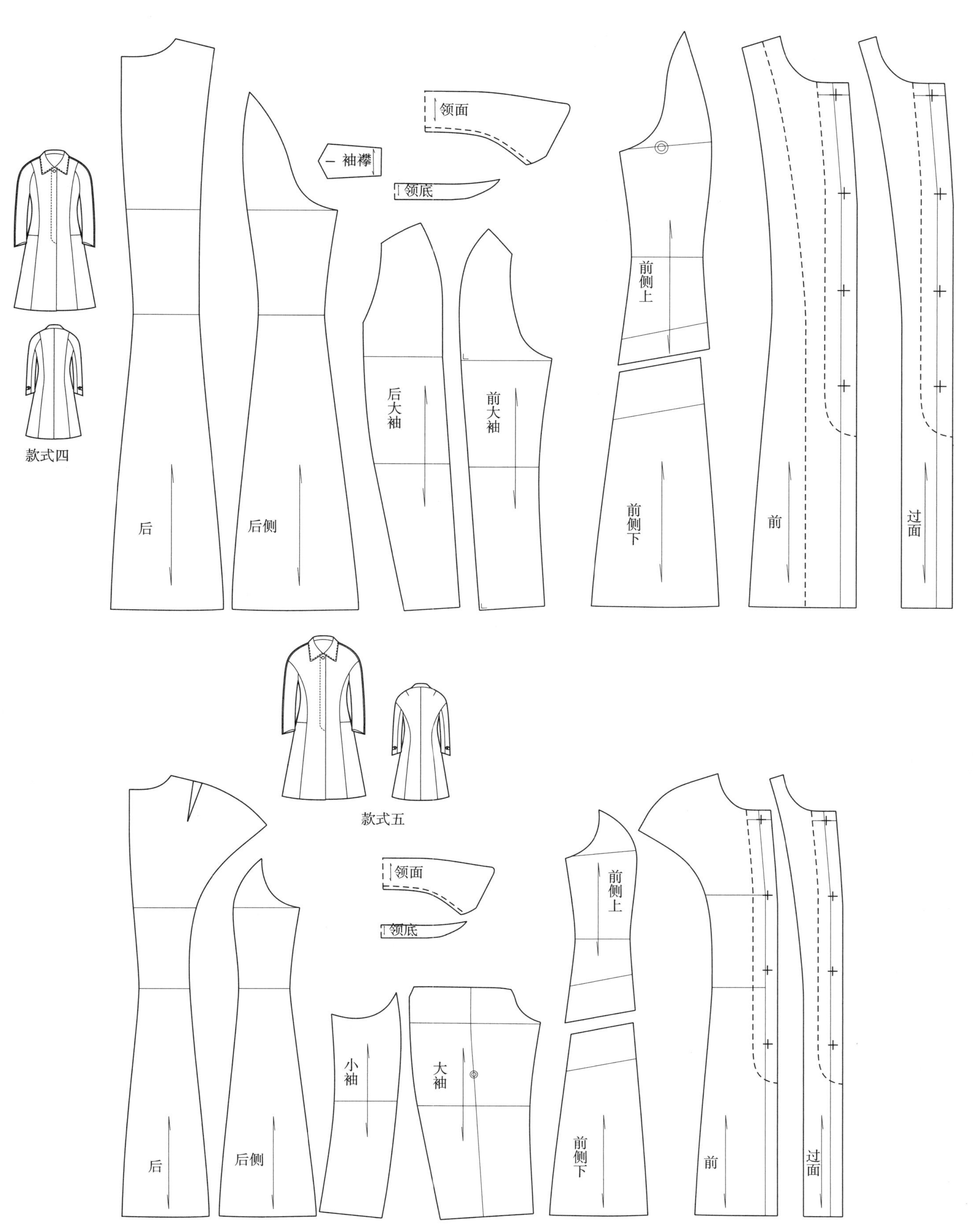

图 4-17　在柴斯特和巴尔玛肯外套之间多板多款外套纸样系列设计（更多信息见下篇相关内容）

第5章　衬衫款式和纸样系列设计

衬衫作为女装的重要配服，从形式上可以分为内束式和外穿式。一般内束式贴合身体，又可以理解为合体衬衫，这种衬衫既可以独立穿着也可与套装组合穿用，设计风格侧重于简约素雅。外穿式衬衫因为衣摆露在裙子或裤子外面，表现为外衣化，造型上具有明显的独立性，设计富于变化，宽松休闲的特点明显，功能性强，具有男性化风格。

在衬衫面料的选择上，要根据TPO的级别而定。一般日常穿着的内穿衬衫因为多是束进裙子或裤子与套装组合搭配，为避免下摆束入后显得臃肿，所以多选择轻薄柔软的面料，吸湿防皱的棉布与化纤混纺织物最为常用。礼服衬衫，宜选择轻柔、有光感的丝绸类织物。外穿休闲衬衫，其面料多为自然粗犷、肌理感丰富的材质，秋冬季适合选用薄毛织物或细条灯芯绒，春夏季适合选择棉、麻等天然纤维的织物。

内穿衬衫和休闲衬衫的颜色有着不同的选择标准。内穿合体衬衫，依照TPO的规则白色级别最高，越深级别越低；在花色方面，净色级别最高，其次为竖条纹（越暗越高，越亮越低），再次为格子（小格子级别高于大格子），最后为印花。不过，基于女装的多彩和多样化，在穿着搭配上相对男装具有极大的自由度。休闲衬衫对于色彩的要求相对宽泛，没有更多的限制，一切颜色和花色个性风格大于规矩。在搭配上，既可以单独穿着，也可以与众多的户外服进行组合。

§5–1　合体衬衫款式和纸样系列设计

合体衬衫更具有女装特点，它可以组合也可以单独使用，在设计上它可以全方位运用男装衬衫元素，而男装衬衫的语言要各行其道。

1　合体衬衫款式系列设计

男士内穿衬衫按级别划分为礼服衬衫和常服衬衫。常服企领衬衫是应用范围最广的类型，由此款过渡到女衬衫基本款，对于满足系列设计空间拓展具有一定的基础意义。

依据女性体型的特点，将男士内穿衬衫基本款进行合理的调整，设计必要的省道来塑型，去掉男士衬衫特有的育克，克夫设计成窄袖头，将剑形明袖衩改为滚边式开衩设计，下摆为直摆，前门襟为单排七粒扣，领型保持标准企领形式。

女装衬衫的廓型可以细分为三开身小X型、七开身大X型、三开身H型以及三开身A型。其中，小X型和大X型均为合体状态可以内、外两用，而H型和A型状态相对宽松，适合于单独穿着（图5–1）。下面以三开身小X型结构为例，进行衬衫基本款展开设计。

将基本款衬衫的构成元素进行拆解，按照元素的重要性依次排列为领型、袖头、袖型、门襟、下摆、胸前装饰及其他元素（图5–2）。按照各主题依次展开设计，可以获得不同的款式系列（图5–3）。

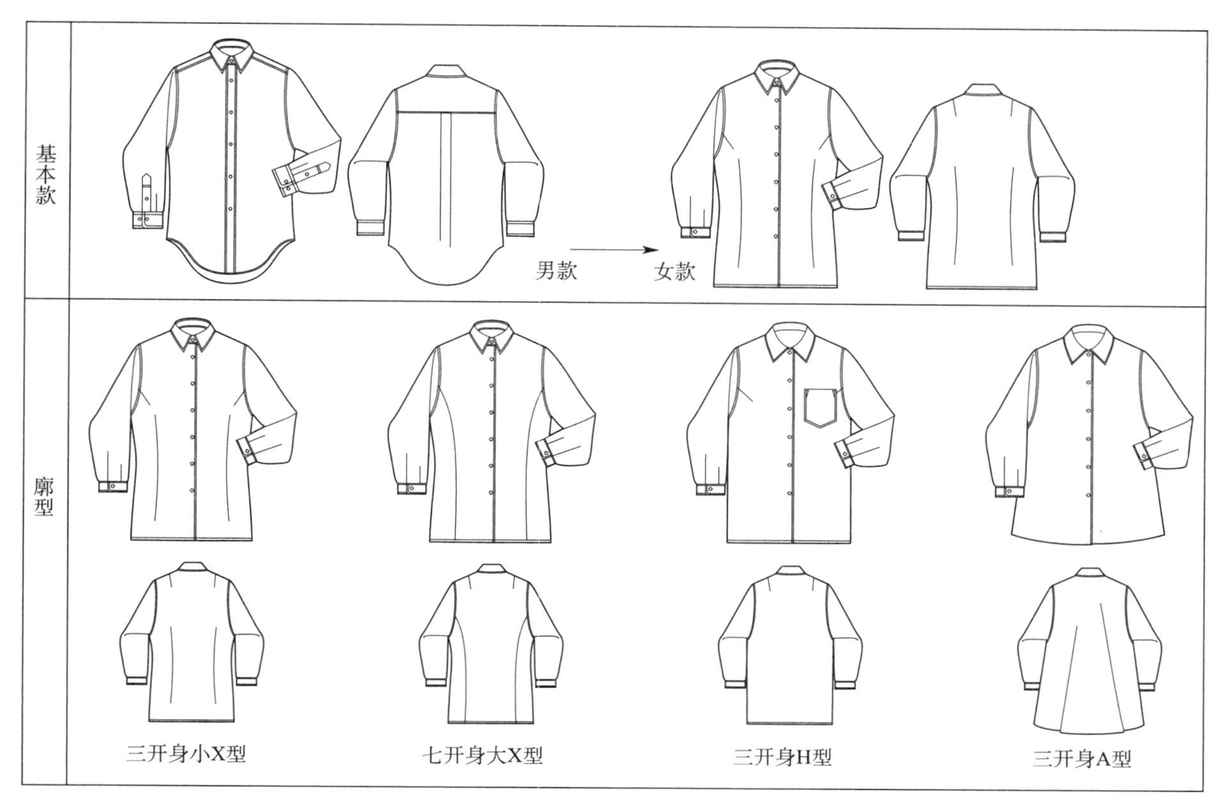

图 5-1　衬衫的基本廓型

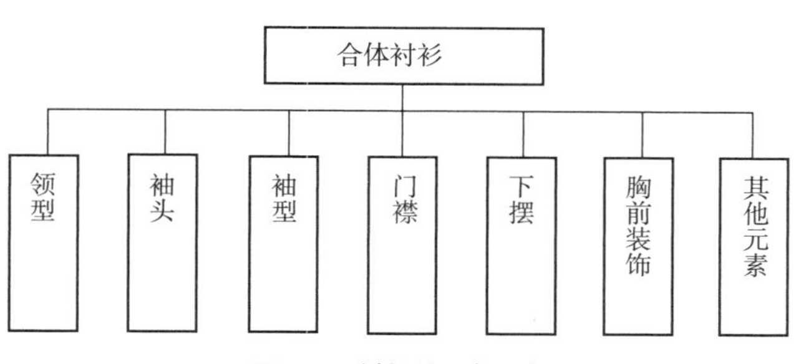

图 5-2　衬衫的可变元素

（1）**领型主题设计**

衬衫领型可变化的形式有立领、翼领、企领、扁领、小翻驳领和蝴蝶结领等。立领是翼领的前身，其风格较为传统，基于现代生活的休闲化和舒适性的需求，立领设计要遵循宁低勿高的原则。翼领属于古典风格，在 TPO 规则中，赋予翼领搭配领结的专属性，所以在女装设计中较企领更具概念化。现代衬衫的领子以企领作为基本标志，企领的基本类型有标准领、锐角领、直角领、钝角领、圆角领和领角加固定扣等领型。越接近标准领越传统，越接近钝角领越现代，对于领型选择的不同也可以体现出穿着者对时尚理解的不同，这些造型规律仍没有脱离男装传统。不过，突破这个传统对于女装设计是没有禁忌的（图 5-3 ①）。

（2）**袖头主题设计**

衬衫袖头有单层与双层两种形式。在男衬衫中双层袖头配袖扣与礼服搭配；在女衬衫设计中，双层袖头也仅是某种考究的元素，可以不考虑场合的暗示。单层袖头的应用范围最为广泛，无论是合体和休闲衬衫都普遍使用。袖头角式有直、方、圆、抹角。袖头的宽窄、扣子的多少结合袖型进行设计，可以有多种组合。需要注意的是对于女衬衫而言，袖头设计可以超宽或者超窄，比较忌讳中庸的风格，这样可以避免“男衣女穿”的倾向，可见男装元素不要生搬硬套在女装上（图 5-3 ②）。

图 5-3　合体衬衫单元素主题的款式系列

（3）袖型主题设计

合体衬衫的袖型多为装袖，既可以是简洁的设计形态，也可以有灯笼袖、泡泡袖、打褶等装饰性的袖型变化。还可以有连身袖的设计。袖子由长至短可有长袖、七分袖、短袖等不同长度的设计。随着袖型形式的丰富，衬衫内、外穿的界限变得模糊不清（图 5–3 ③）。

（4）门襟主题设计

衬衫的门襟分为暗门襟、明门襟，形式上可以有单排扣、双排扣、偏门襟以及套头式的设计（图 5–3 ④）。

（5）前胸装饰主题设计

基于女衬衫内衣外穿的趋势，男装礼服衬衫的胸饰元素被广泛使用，这样无论组合或单独使用都会提升视觉美感。在此既可以采用男士礼服衬衫的 U 型结构，也可以利用荷叶边进行变化，还可以结合蕾丝、肌理面料的拼接或是缎带蝴蝶结等。装饰元素种类繁多，省缝、断缝与不同形式的褶和工艺明线设计结合，会使女衬衫更具华丽感和装饰性（图 5–3 ⑤）。

除了以上主要元素的设计变化外，下摆的直摆、圆摆变化，口袋的设计等都可以成为设计焦点。衬衫口袋设计更适合外穿衬衫，这里要恰到好处，不是必要时可以不设袋，这样更能突出女性前胸线条的简洁和完整性。

（6）综合元素主题设计

当综合多个元素展开系列设计时，必须使其中元素结合成为焦点设计，形成“设计眼”，如采用小 X 基本廓型和领子、袖子、分割线和褶元素，其中分割线和褶结合最具特色而成为焦点设计。领型、袖型等可视为衬托元素而形成一组整体感强且变化丰富的衬衫款式系列（图 5–4）。

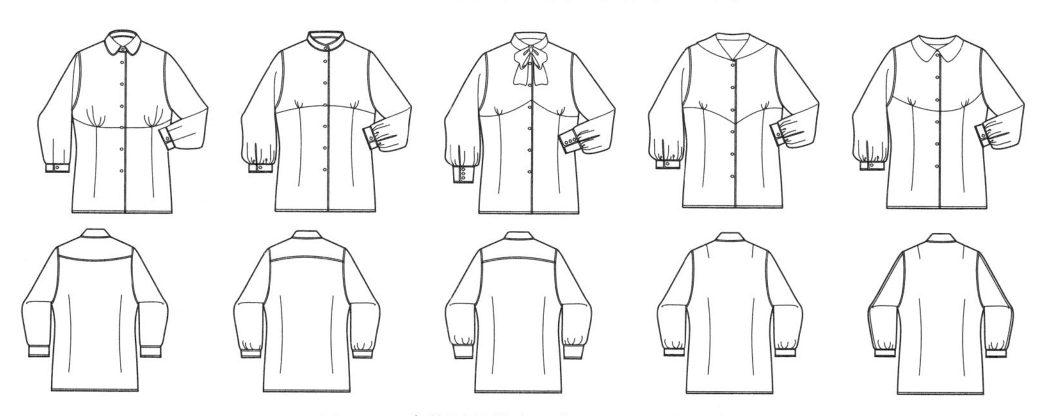

图 5–4　合体衬衫综合元素主题的款式系列

2　合体衬衫纸样系列设计

合体衬衫纸样系列设计可以直接从基本纸样中获得类基本纸样展开一款多板、一板多款和多板多款的设计。

（1）合体衬衫基本纸样

由基本纸样到合体衬衫基本纸样，需要进行减量设计。基本纸样的松量为 12cm，合体衬衫的松量约为 7cm，减量为 5cm，一半制图为 2.5cm，根据前减量大于后减量设计原则，分配为 1.5 : 1。下摆最少松量为 6cm。衣长设计为腰围线向下截取一个腰长（20cm 左右）作为标准衣长，如果做短款设计，可以采用 3/4 腰长。腰省按照后大于前的原则，后片收省量为 2.5cm，前片为 2cm。搭门宽为 1.5cm，扣位设定以腰位作为基本点，从领口线下降 6cm，确定第一粒扣子，之后平分为四份，然后取其中一份确定腰线以下的扣位（图 5–5）。

领型按一般企领设计。袖型为一片袖，采用减量设计后的前 AH 和后 AH+0.5 绘制袖子纸样，袖头宽度为 3cm、长度为腕围 +10cm。袖口宽与袖头长的关系，袖口多于袖头的余量作为褶量（图 5–5）。用完成的标准衬衫基本纸样展开系列设计。

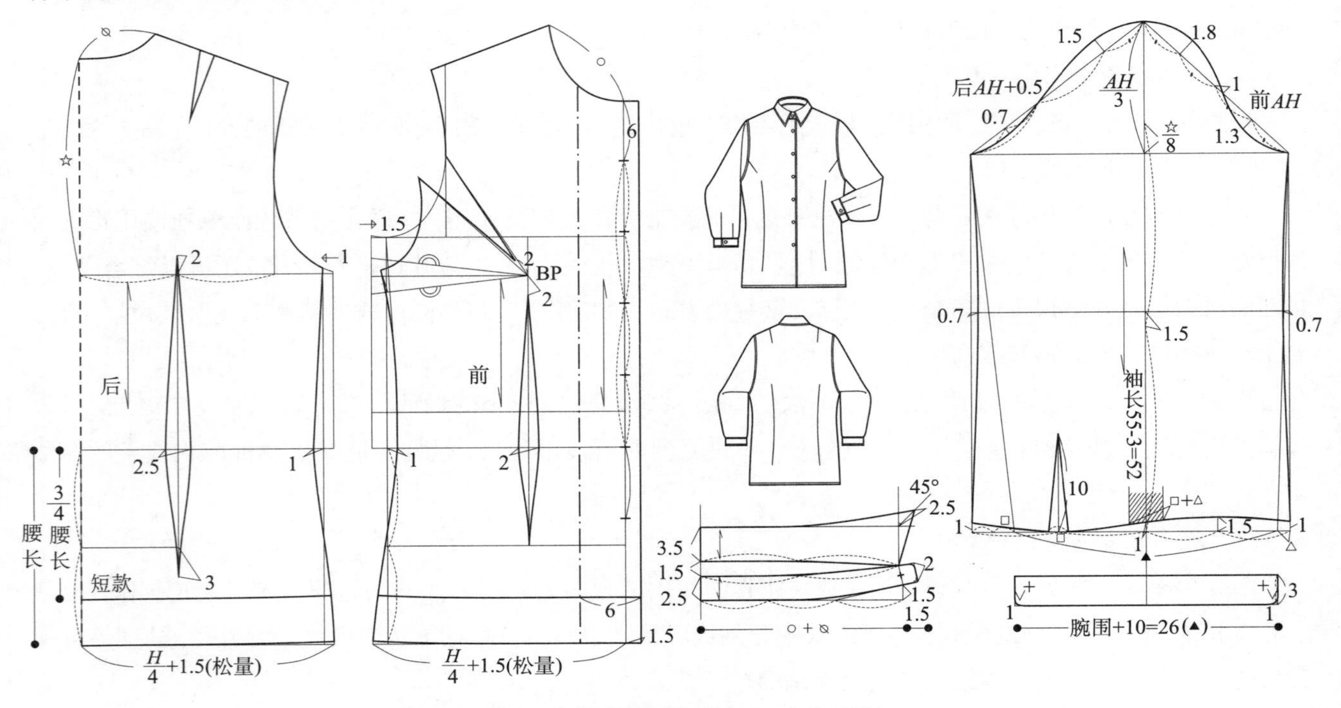

图 5–5　合体衬衫基本纸样（三开身小 X 型）

（2）基于廓型的一款多板衬衫纸样系列设计

以三开身小 X 型作为衬衫类基本纸样，保持领、袖等局部款式不变，通过省缝分割、直开身、切展等手段实现大 X 型、H 型和 A 型的一款多板系列（参见图 5–6）。所有后片不做破缝设计，这主要考虑到合体衬衫的面料较为轻薄柔软，保持衣片的简洁和完整性是必要的。

七开身大 X 型的纸样设计完全在小 X 型基本纸样的基础上展开，领型、扣位、门襟保持不变。仅改变分割线的状态，即由省变为分割线，分割线的位置综合考虑各片的比例平衡进行设定，与西装八开身的分割线确定方法相同。

H 型纸样在三开身小 X 型基本纸样基础上，做无省直线开身处理。因为衣身是相对宽松状态，配套领型变为翻领，左胸设计一个明贴袋。

A 型是在 H 型基础上展开的，领型和扣位不变，下摆展开量通过切展省道转移的原理实现。具体方法是前片通过胸省转移到下摆，并取前下摆打开量的 1/2 追加在前侧缝，后片将肩胛省转移至后下摆，同样取后下摆打开量的 1/2 放在后侧缝，完成上窄下宽的梯形结构（图 5–6）。

（3）综合元素衬衫纸样系列设计

在小 X 型基本纸样基础上，运用两个以上元素展开衬衫一板多款或多板多款的深化设计，系列设计中的五个款式都是在主体结构稳定的平台上，展开局部元素变化实现的，围绕褶、分割线和领型元素的结合作为造型焦点有序的展开纸样系列设计（图 5–7）。

款式一的前片分割线为上弯，注意分割线要设在有利于塑胸围褶的位置，余省结合侧省的转移量用来做褶，领型在企领的基础上变化尖角为圆角。后片通过肩胛省的转移完成分割线的上弯曲设计。袖型不变。

款式二的前分割线为款式一的逆向弯曲，褶的处理方法同款式一。领型设计成立领。后片曲线采用款式一后片育克的逆向弯曲。袖子通过袖中线和距离袖中线左右各 2.5cm 的位置均匀切展获得袖口的收褶量。

款式三～款式五的前片分割线曲向都有所改变，款式三的领型为系带打结的形式，款式四的领型为扁领，款式五为翻领造型。这三款袖型都延续了款式二的设计。

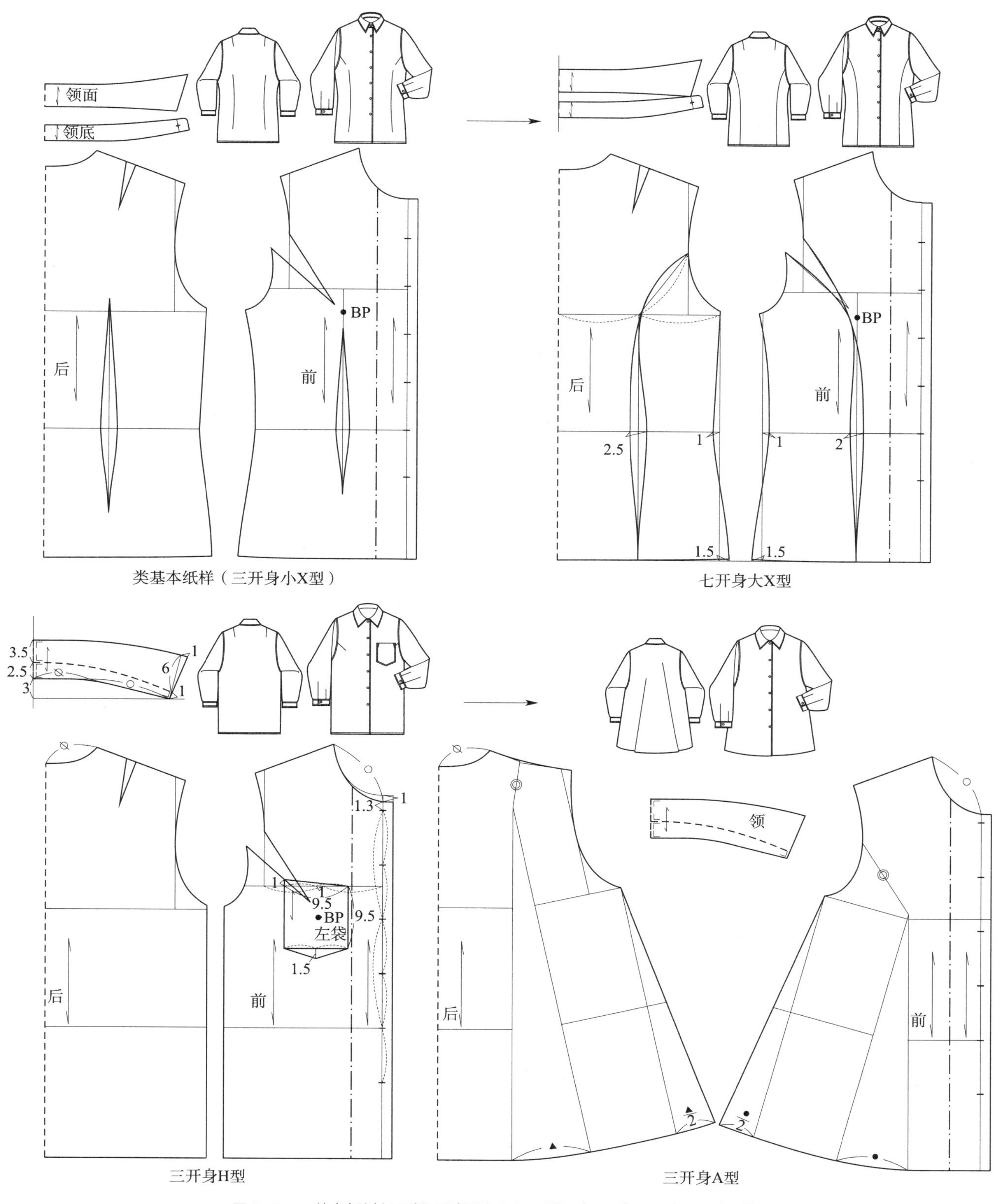

图 5-6　一款多板衬衫纸样系列设计（小 X 型、大 X 型、H 型、A 型四款）

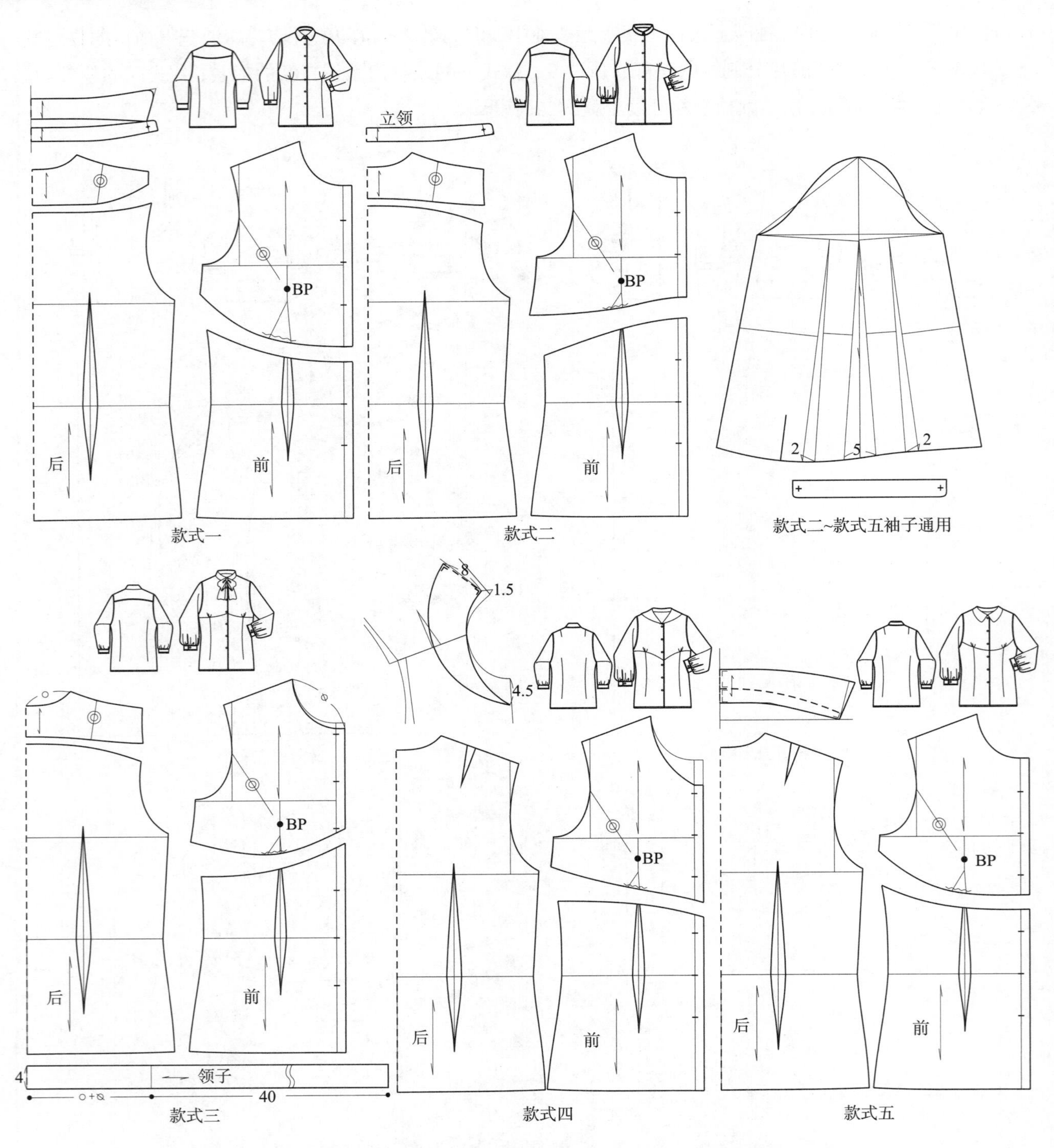

图 5-7　综合元素衬衫纸样系列设计（五款，更多信息见下篇相关内容）

§5-2　休闲衬衫款式和纸样系列设计

休闲衬衫与合体衬衫最大的不同是它要通过“变形亚基本纸样”增加放量，再进入类基本纸样进行系列设计。它的款式系统是在这种技术支配下形成的。因此无论是款式还是板型它的男性化特征明显。

1 休闲衬衫款式系列设计

首先确定休闲衬衫的标准款式，由男士外穿衬衫转化为女士休闲衬衫，只需将门襟位置由左搭右变为右搭左，袖子去掉剑型袖衩改为一般的开衩。因为外穿衬衫宽松、随意，男性化风格明显，所以口袋、育克、圆弧形下摆的"原生态"设计形式均可保留(图 5-8)。

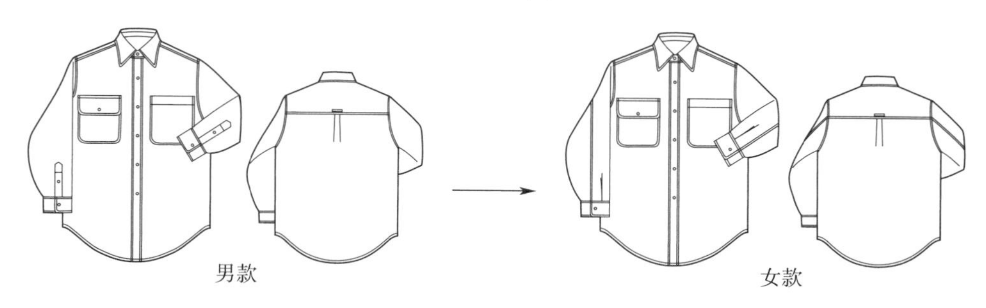

图 5-8 由男士外穿衬衫转化为女士休闲衬衫基本款

休闲衬衫是由内穿衬衫演化而来，因此在款式设计规律上具有相通性，如袖头和袖型的变化，只设胸袋，腰线以下不设口袋等，但是在领型、袋型、门襟以及下摆等方面，女装的设计空间要大得多。更为重要的是，休闲衬衫从面料到工艺以及纸样设计，都已经由内而外的发生了本质的变化，总之强调舒适耐穿、朴实无华、自然随意是它的风格主旨。

通过对休闲衬衫元素进行拆解，可以获得领型、育克、袖型、门襟、下摆、口袋及其他细节元素(图 5-9)。这些元素的变化规律与内穿衬衫的系列设计规律相同。不过，在休闲衬衫的系列设计中要注意遵循以功能决定形式的原则，不能过多追求装饰性，根据其休闲化的特点，开展元素主题设计时要以功能作为基本出发点(图 5-10)。

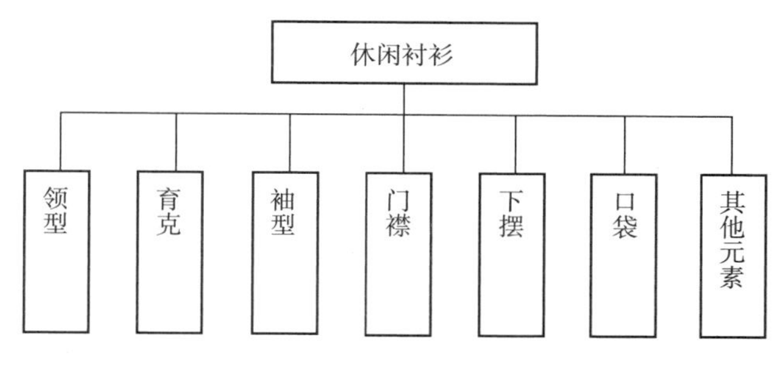

图 5-9 休闲衬衫的可变元素

(1)领型主题设计

休闲衬衫宽松、舒适，强调机能性，决定了其面料与工艺特点，它与内穿衬衫最大的差异就是领子工艺的不同。休闲衬衫的领子柔软，不限制颈部活动，只需要一般黏合衬在加工时定型。领型设计几乎所有内穿衬衫的领型都可以在外穿衬衫的设计中应用。领扣的设计可以保证洗涤后免去熨烫而依然平整，有时前领扣和后领扣配合设计，这是休闲衬衫所特有的设计(图 5-10 ①)。

(2)门襟主题设计

休闲衬衫由于面料粗犷朴素不易烫平，因而必须通过工艺外化的明线来固定，不同曲度的线迹变化也形成休闲衬衫独特的装饰性风格，特别在门襟的设计上通过弧形或直线形贴边车缝明线，还有明襟、暗襟、套头式门襟等完全不同于内穿衬衫而形成趣味的变化(图 5-10 ②)。

(3)下摆主题设计

休闲衬衫的外穿化使下摆也成为视觉要素。下摆设计既可以是前、后一样长的直摆、圆摆形式，也可以有前圆后直，或者前短后长的变化。另外，具有女性化风格的前摆打结设计也是休闲概念设计不错的选择，多种形式的变化较男装外穿衬衫丰富而灵动(图 5-10 ③)。

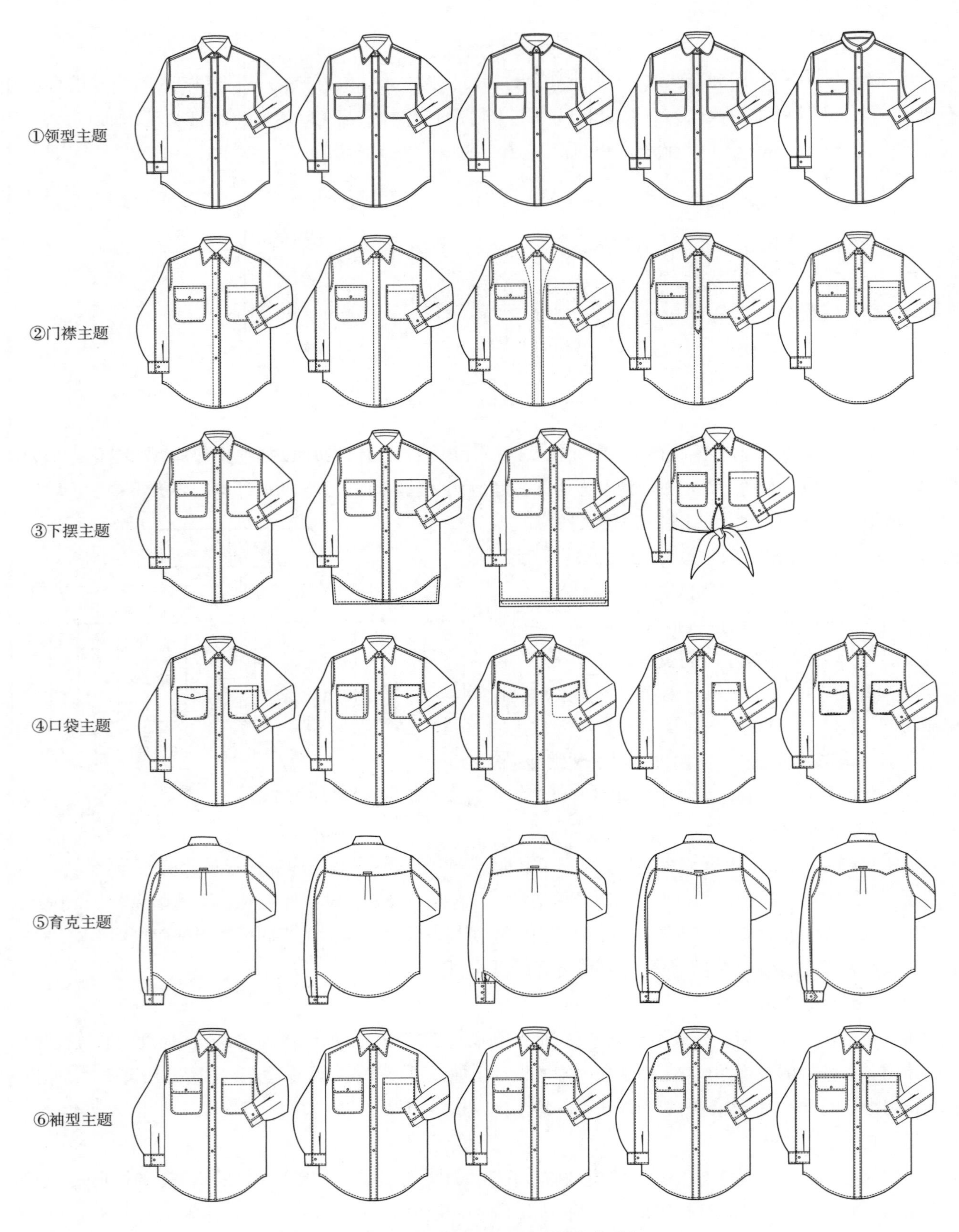

图 5-10 休闲衬衫单元素主题的款式系列

（4）口袋主题设计

形式是功能设计外化的表现，休闲衬衫的口袋设计要特别坚守这个原则。在休闲衬衫的前胸设计了两个不对称的口袋，左襟的口袋由于应用频繁可以不设计袋盖和袋扣，右襟的口袋由于应用频率低于左袋，亦保证较好的私密性，可以设计有扣子的袋盖。根据"相近元素流动容易"的 TPO 设计法则，几乎所有户外服的口袋元素都可以应用于休闲衬衫的设计中，如挖袋、贴袋、立体袋、复合袋等，不过在设计中还要考虑到某些细节的处理，如明贴袋的袋角必须设计为圆角或钝角（便于清理）；袋盖的形式除了直角设计外，还可以有圆角、山形等（图 5-10 ④）。

（5）育克主题设计

育克又名过肩，是男装衬衫设计中的必要元素，但对于女装设计则可有可无。当设计女装合体衬衫时，为强调女性化特点，采用无育克的设计。当设计休闲衬衫时，为了突出男性化粗犷的风格，可利用育克的元素作为概念主题展开设计。育克变化主要表现在结构的线性特征上，如曲、直、上弧、下弧等。由育克线固定的活褶是必要的，它是为手臂运动设计的，不过形式可以多样。（图 5-10 ⑤）。

（6）袖型主题设计

女装休闲衬衫的袖型设计与男装相似，没有过多的禁忌，几乎所有其他服装类型可用的袖型都能使用，如装袖和连身袖系列，也因此表现出女装衬衫活泼、灵动的一面（图 5-10 ⑥）。

（7）综合元素主题设计

图 5-11 是根据造型焦点的原则，综合单一元素展开的系列设计。在形式上加入了领型、袖头、门襟、育克、口袋单一元素，焦点设计通过前摆打结强化系列的"设计眼"，突出女装动态变化的生动性。后身缩短与育克元素相结合展开设计，后片的设计主要从机能性的需要出发，如褶、吊襻和领扣设计等（更多信息见下篇相关内容）。

图 5-11　休闲衬衫综合元素主题的款式系列

2　休闲衬衫纸样系列设计

休闲衬衫先要通过"变形亚基本纸样"完成追加放量的设计，从合体结构进入宽松结构，这是进入休闲类衬衫纸样系列设计的前提。

（1）变形结构衬衫基本纸样

休闲衬衫的内在结构和户外服休闲装属于同一体系，设计方法相同。如果成衣设松量为 26cm，在基本纸样基础上（固有松量 12cm），就要设追加量为 14cm，一半制图为 7cm，按照变形结构的放量原则与方法完成休闲衬衫的亚基本纸样。与户外服不同的是，即使是休闲衬衫，其领口也要还原为最初的领口且与颈围尺寸保持高度的合适度，而不是按照胸围放量的增加而增加（图 5–12）。

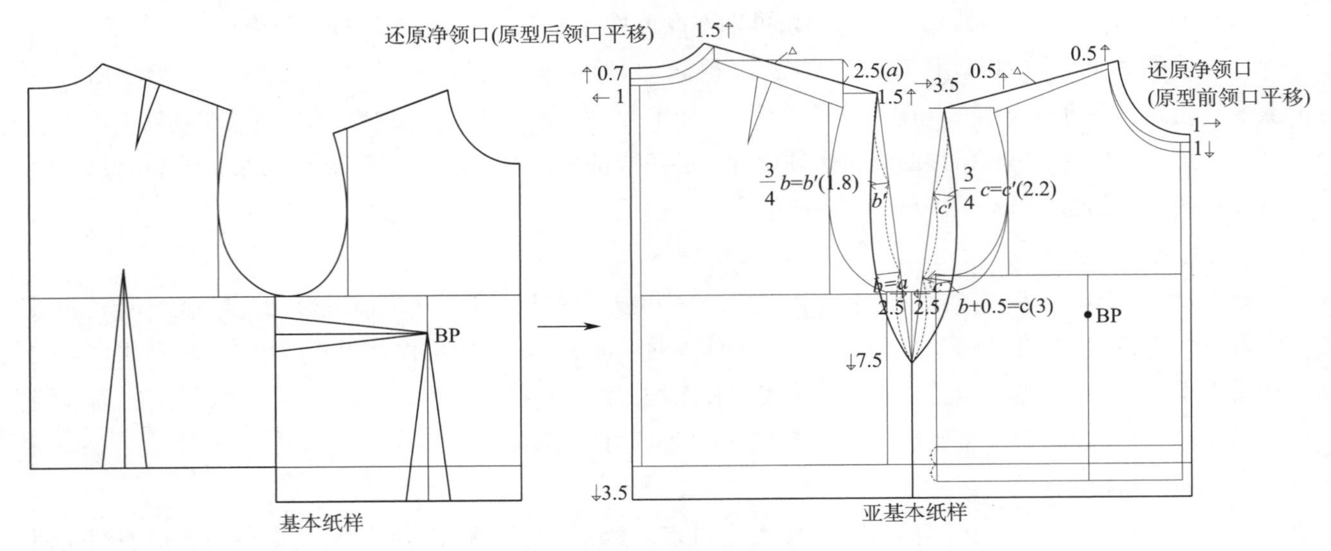

图 5–12　亚基本纸样——休闲衬衫基本型（更多信息见下篇相关内容）

（2）休闲衬衫基本纸样

在亚基本纸样基础上进入休闲衬衫的类基本纸样设计。休闲衬衫前胸口袋左右为不对称设计，根据功能的要求比例变大。领子为企领结构。衣长追加背长 –4cm，考虑到人体运动特点，将下摆处理成前短后长，前长短于后长 4cm，育克设计延续着男装的习惯比例，这亦保持了男士外穿衬衫的审美习惯（图 5–13）。

每一种上衣类型的主体结构，都有与其相适应的袖子结构。休闲衬衫由于主体结构是宽松造型，与其相适应，袖窿加深后宽度变窄，呈现剑型，因而休闲衬衫的袖子采用的袖山高为原肩点下 3~4cm 至原袖窿深的垂直距离（基本袖山高）减去袖窿开深量，袖山偏低，袖肥变大，袖山曲线变平缓，为缓解袖肥和袖头反差过大，袖片采用在袖衩位置分片结构，这也是宽松上衣结构常用的“分袖片”手段。袖长为准袖长 +3cm– 袖头宽 – 后肩加宽量。从袖山高和袖长的结构设定就可以看出休闲衬衫与合体衬衫在美学和机能的追求上是截然相反的，两者在纸样系列设计风格上也就有所不同（参见图 5–13）。

（3）一板多款休闲衬衫纸样系列设计

以休闲衬衫类基本纸样为基础，整合单一元素展开纸样系列设计，通过改变门襟、下摆、后片、口袋等局部元素，并与前摆打结式的结构设计相协调，完成一板多款纸样系列设计（图 5–14）。

款式一到款式三的门襟设计相同，区别在于领型、口袋形式和后片褶的位置设计。袖子在基本纸样的基础上将袖头的转角做圆、直及折角的变化。款式四和款式五的门襟设计相同，采用暗贴边缉明线的形式。口袋的设计和门襟的形式相呼应，明袋盖、暗口袋缉明线固定。款式四沿用企领结构圆角设计，款式五为立领。款式四的后片将褶量加大设计为缩褶形式，沿用基本纸样后片的位置，依然在后中追加缩褶量，款式五延用缩褶形式，位置在后片的二分之一处。款式四的袖子在基本纸样基础上变为宽袖头，袖口用缩褶的形式，款式五将袖头变窄，袖头去掉的量加在袖身中并保留褶量（参见图 5–14）。

一款多板和多板多款休闲衬衫纸样系列设计，在一板多款纸样系列设计平台上，选择单一款式变化主板和单一款式和主板同时变化，就可以实现休闲衬衫全方位的纸样系列设计。

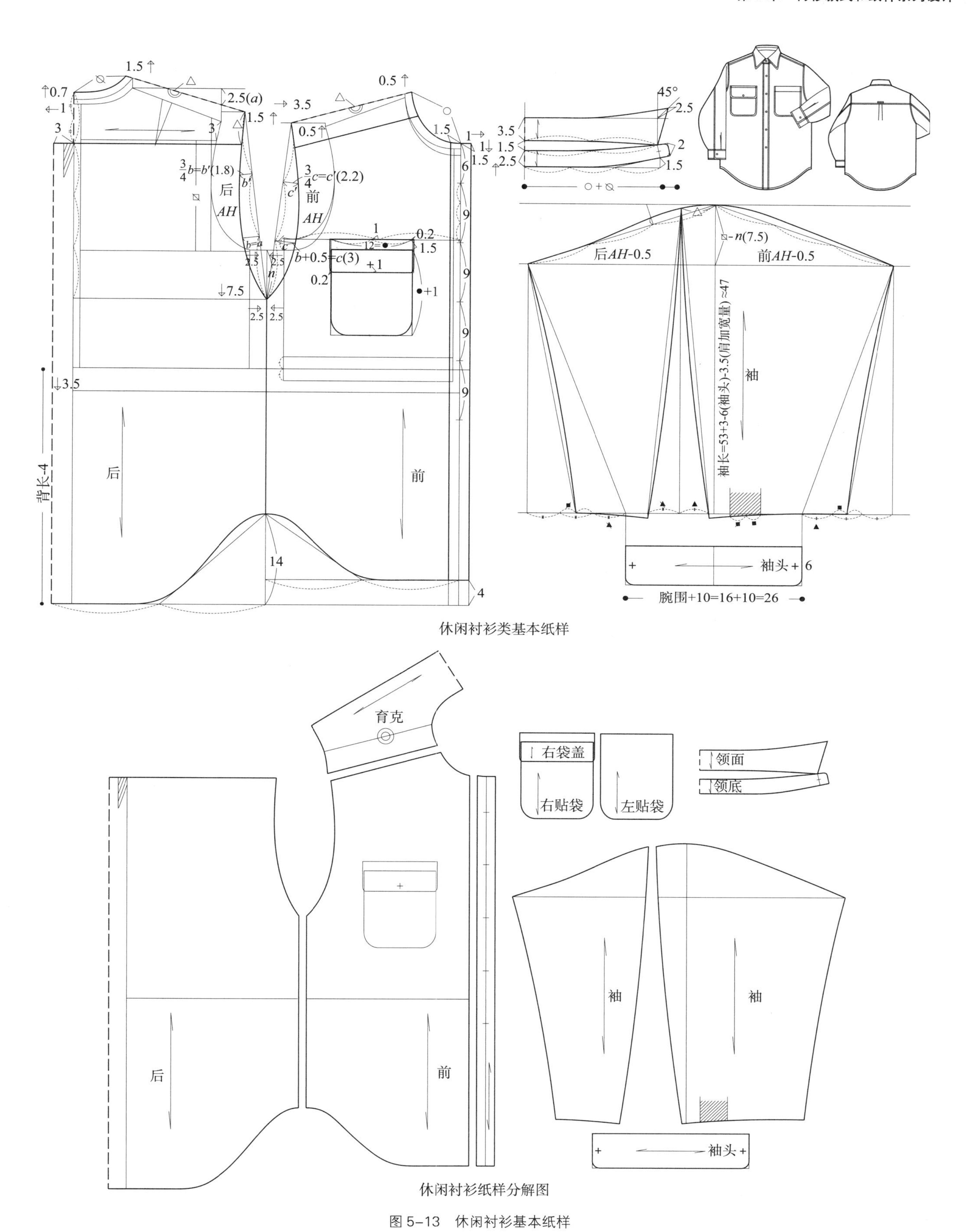

休闲衬衫类基本纸样

休闲衬衫纸样分解图

图 5-13　休闲衬衫基本纸样

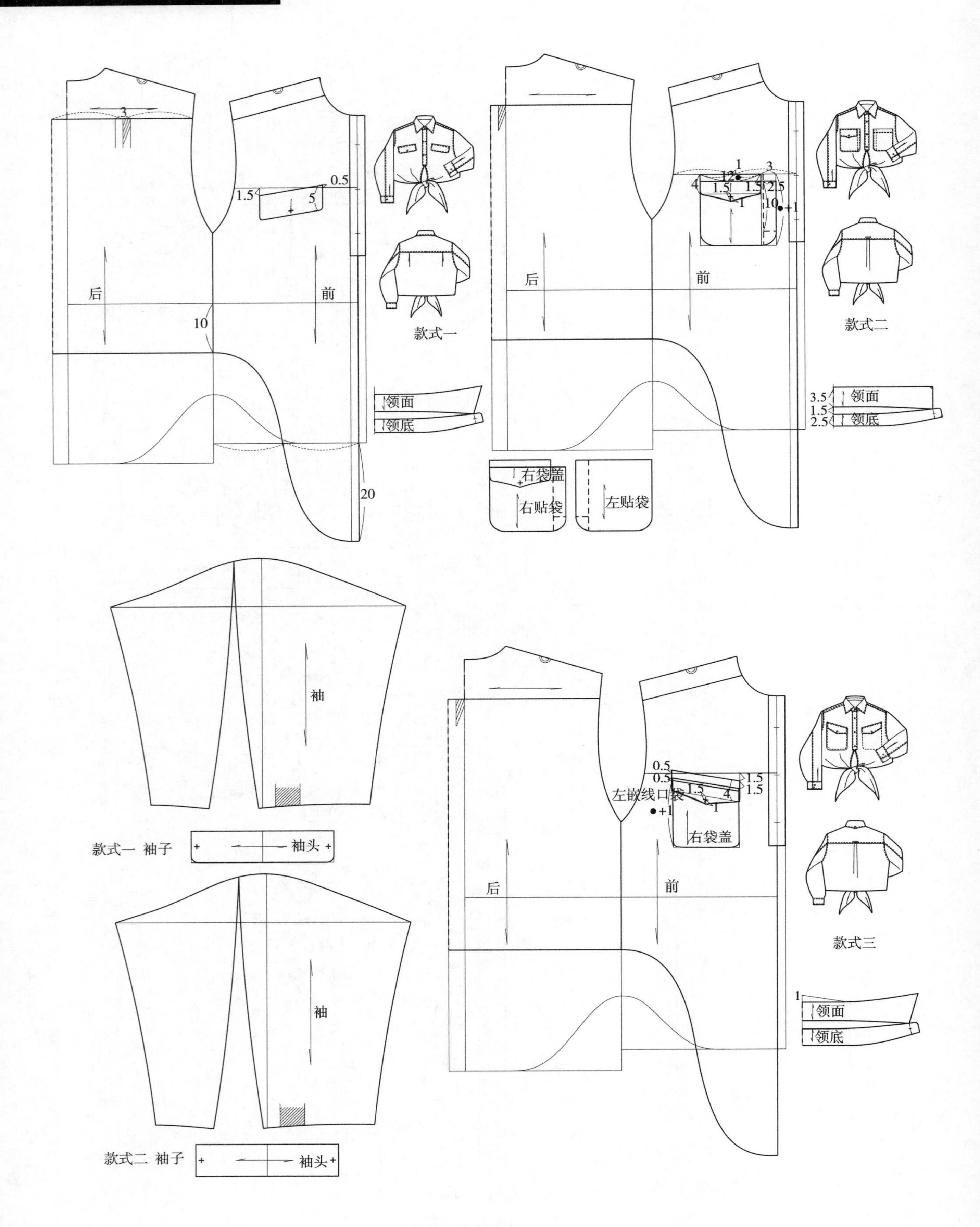

3
1.5
5
0.5
后
前
10
20
款式一
领面
领底
1
12
3
4
1.5
1.5
2.5
1
10
+1
后
前
款式二
3.5
领面
1.5
领底
2.5
右袋盖
右贴袋
左贴袋
袖
款式一 袖子
袖头
0.5
0.5
1.5
1.5
左嵌线口袋
1.5
4
1
+1
右袋盖
后
前
款式三
1
领面
领底
袖
款式二 袖子
袖头

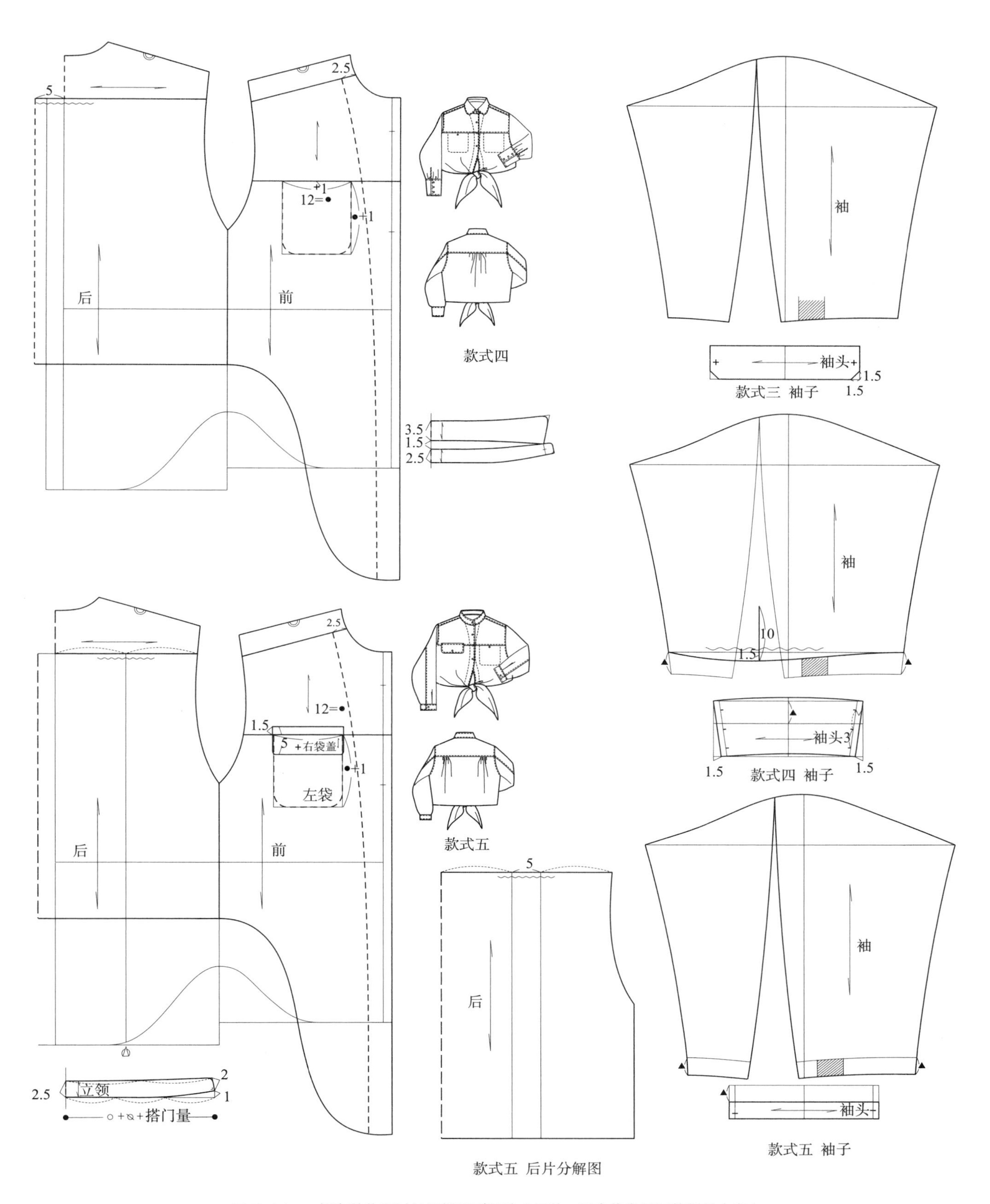

图 5-14　一板多款休闲衬衫纸样系列设计（五款，更多信息见下篇相关内容）

第6章　户外服款式和纸样系列设计

户外服（Outdoor）是国际服装界针对休闲类服装通用的提法，在TPO知识系统中指用于户外非礼仪性的劳作、园艺、外出、郊游、采风、体育运动等场合穿用的服装，也作为日常生活中的便装使用。由于其起源于欧洲贵族户外生活的传统，因而散发着绅士的气息而日异成为白领社会追求的生活方式。户外服具有良好的机能性和实用性，在当今社会迎合了崇尚体育运动的主流休闲生活方式，使其更加大众化而深入民间，成为非正式社交中休闲文化的标志。

户外服沿用了男装的分类习惯，分为休闲服和运动服。休闲服的经典包括集"合理主义"于一身的防寒服、巴布尔夹克、钓鱼背心、外穿衬衫、牛仔夹克等；运动服的经典有T恤、摩托夹克、斯特嘉姆夹克等。这些品种不仅具有深厚的绅士文化（英国贵族文明）积淀和常春藤精神（美国校园文明）层面的追求，而且更为重要的是其"原生态"的设计处处渗透着"合理主义"思想。功能性设计是户外服类型主要的造型语言，根据品种的差异其功能设计呈现不同的形式，形成各品种特有的风格和趣味，造就了一个个无法超越的经典样式。

在女装户外服类型的设计中，通过结合女装的造型特点，以能明显反映女性特色进行款式系列设计。

§6-1　户外服款式系列设计

户外服类型中牛仔夹克和摩托夹克很经典也最适合开发女装户外服，其纸样具有户外服的通用性，故以此作为户外服款式与纸样系列设计方法、应用与训练的典型案例具有示范性和代表性。

1　牛仔夹克款式系列设计

牛仔装来源于生活、服务于生活，是现代版常春藤的经典之一。从最初利维·斯特劳斯为美国"淘金热"的矿工开发的工装裤到后来的军服再到今天的时装，牛仔装是牛仔文化的最直接表达，渗透着美国民族文化精神和功能性为主导的实用主义思想集大成者。

牛仔夹克是牛仔王国中举足轻重的品种，其面料成分为全棉材质，吸湿透气，符合卫生学要求，且具有良好的耐磨、耐脏性；外观因工艺需要而形成独特的观赏性；可机洗、免熨烫，穿着搭配随意，性别、年龄无差异，是普及率最高的服装品种之一，从平民百姓到贵族富豪，牛仔夹克成为衣橱中的必备单品。

牛仔夹克的基本形态为传统的H型结构，可开关门领，前片胸前有一道横分割线、两道竖分割线、两个有袋盖缉明线的暗袋，前片有明门襟单排五粒金属扣，后片有育克，两条纵分割线。装袖，袖口为开衩式结构。因为牛仔夹克质地厚实，为了造型服帖，所有接缝处均采用双明线固定，形成独特的本色风格。

女式牛仔夹克保持了男式标准牛仔夹克的"原生态"元素，只是将门襟改为右搭左，衣长缩短至腰臀间，以突出女性小巧、精干的趣味，超短设计可以至腰间甚至更短（图6-1）。

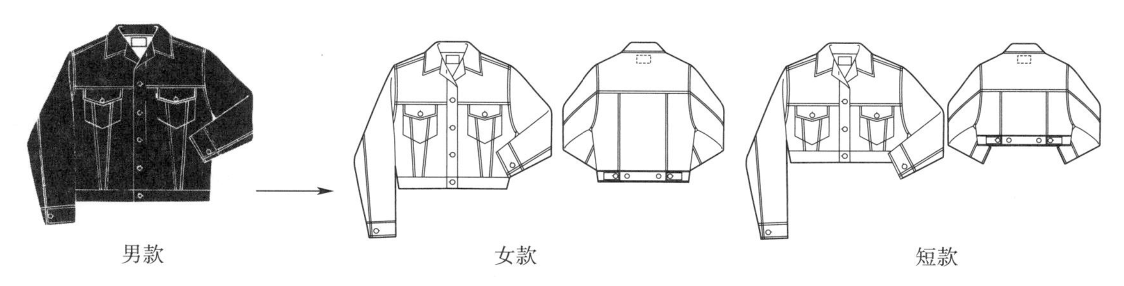

图 6–1　由男式牛仔夹克演变为女式牛仔夹克基本款

牛仔夹克与女装类型中的很多品种都有着密切的亲缘关系，这种关系都是基于以功能设计为主导的造型特点决定的，所以在做系列设计时这些元素互通容易。例如，横向的同类型巴布尔夹克、摩托夹克，纵向的外套品种如巴尔玛肯外套、堑壕外套、达夫尔外套等的元素皆可结合设计。

牛仔夹克的可变元素分别有领型、门襟、袖型、袖口、下摆等。在开展可变元素的系列设计时，需充分考虑该品种面料的特点，牛仔夹克和摩托夹克虽前者是牛仔布后者是皮革，但质地都较厚、较硬，这类材质适合平整的平面处理手法，如分割线、明贴袋等工艺外化处理，不适合立体造型效果的结构，如过多省、褶设计不适合出现在此类服装中。因面料的厚重而产生的堆积，不但令穿着者不舒适，还会产生臃肿、繁复感，所以袖口、下摆采用松紧带的设计是不适合的。图 6–2 为牛仔夹克各可变元素的主题设计。

（1）领型主题设计

牛仔夹克的标准领型为开关领（连体巴尔玛领），其自身的角度变化极为丰富，如钝角、直角、锐角等，领角的直、圆，领子的宽、窄变化等都可以继续做深化设计。其他类型的领型也可采用，如立领、拿破仑领等，还可以通过驳点的升降，领面与领底不同比例的配比形成了各种高低、大小不同形态的领型（图 6–2 ①）。

（2）门襟主题设计

牛仔夹克的门襟基本形态为缉明线固定的单排扣明门襟，与这种结构相似形态的其他品种（如外穿衬衫系列门襟设计）可与之互通，如偏门襟单排扣、明门襟双排扣，还可以借鉴同类型摩托夹克的元素形成斜门襟的设计。采用巴布尔夹克装拉链复合门襟会提升功能设计（图 6–2 ②）。

（3）袖型主题设计

牛仔夹克的标准袖型为装袖，采用具有良好运动机能的连身袖系列同时能丰富它的表现力。在袖口的设计上可以借鉴同类型的外穿衬衫和摩托夹克的设计，形式上可以采用不同宽窄的袖头，也可以是具有调节功能的拉链设计。但是，在设计方法上要注重形式美的协调，袖口和门襟的变化要保持一致性，如都采用纽扣的设计，或都采用金属拉链、金属扣等，总之要形成呼应关系（图 6–2 ③、④）。

（4）口袋和分割线主题设计

关于口袋的设计，只要是户外服类的口袋元素皆可以借鉴，像堑壕外套、巴布尔夹克、钓鱼背心等口袋形式变化，如明贴袋、有袋盖的暗袋、复合口袋等都无限制。但是，礼服级别的口袋元素，如较窄的单嵌线、双嵌线口袋则需要慎重，这主要是因为礼仪级别的面料质地柔软、细密，易于实现嵌线口袋的平整服帖，而牛仔面料质地厚实、朴素，传统的牛仔面料由至少 373g/m^2(11oz/yd^2) 的斜纹布制作，因而很难使嵌线口袋达到理想的外观效果，而且嵌线越窄越难以实现，若是较宽的单嵌线口袋则可以在相对较软的牛仔面料上实现，但是考虑到双嵌线口袋的礼仪性符号过于明显，功能性差，所以在牛仔装设计中一般不用。

就牛仔夹克的款式特点而言，口袋与分割线处在共置区域，它们的结合也是这个品种最富有变化的标志性元素，通过两者的结合，巧妙的通过各自的位置、口袋的形状、大小以及不同形式的袋型转换会形成众多变化，其个性的概念化会增强设计感（图 6–2 ⑤）。

（5）下摆主题设计

牛仔夹克的下摆，既可以与衣身连为一体的暗贴边，采用明线固定暗贴边的方式，也可以采用单独拼接贴边的形式。在搭门的选择上可以变换为宝剑头的设计，或者为可调节松紧的腰带扣的形式（图6-2⑥）。

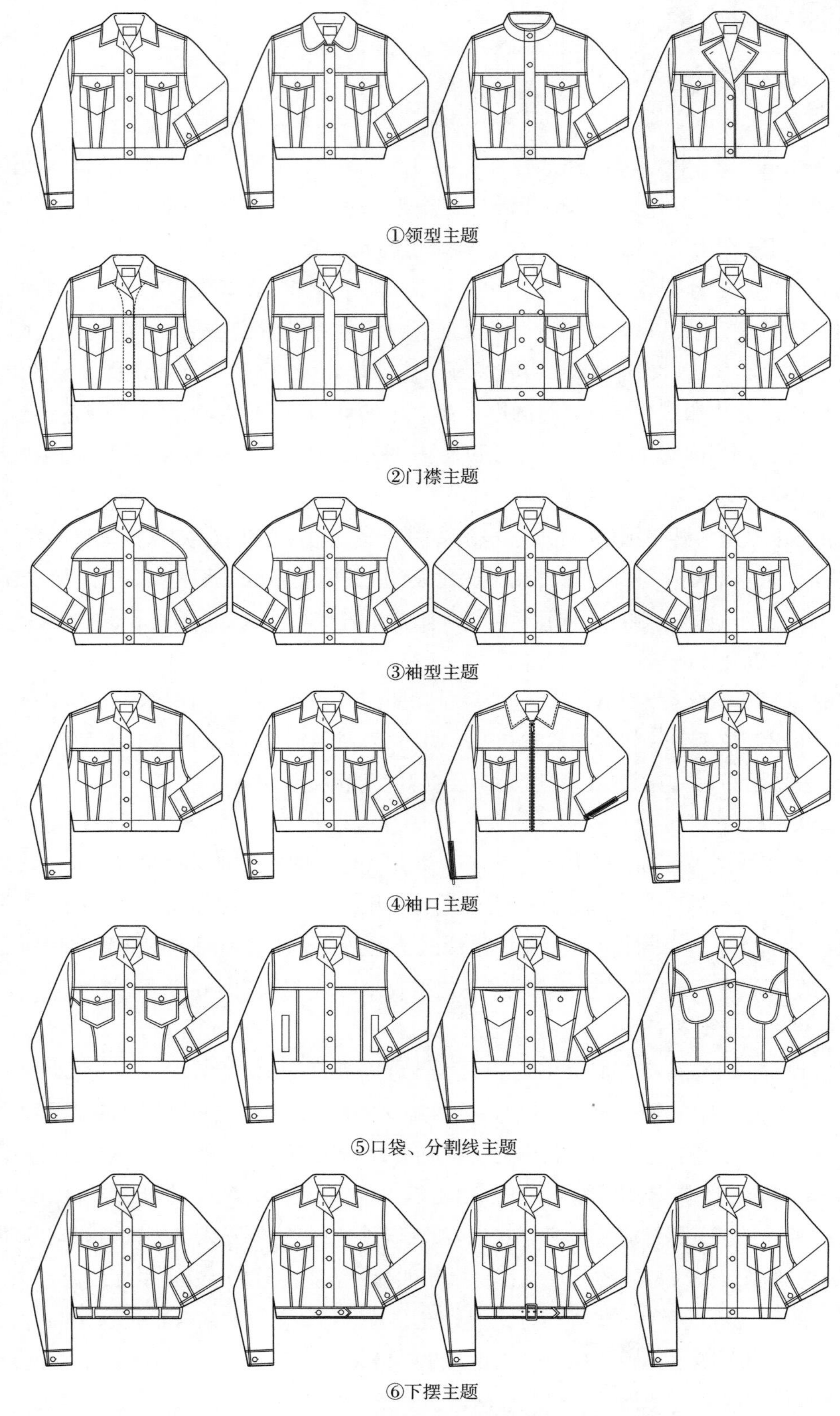

①领型主题

②门襟主题

③袖型主题

④袖口主题

⑤口袋、分割线主题

⑥下摆主题

图6-2　牛仔夹克单元素主题的款式系列

（6）综合元素主题设计

牛仔夹克的设计形式多样，从面料、色彩、款式等方面都可以推陈出新。善于调动综合元素展开设计是明智的，通过整合门襟、口袋、分割线等构成元素的变化会极大丰富系列设计。在这个系列里，整体统一的元素为 H 型主体结构，衣长至腰间，关门领型以及装袖状态都相对稳定。仅通过前片口袋由暗袋到明袋的形式变化，结合育克的直、曲、斜和分割线的位置改变，运用对称与均衡的方法，实现各个元素之间协调有序的系列演化（图 6–3）。

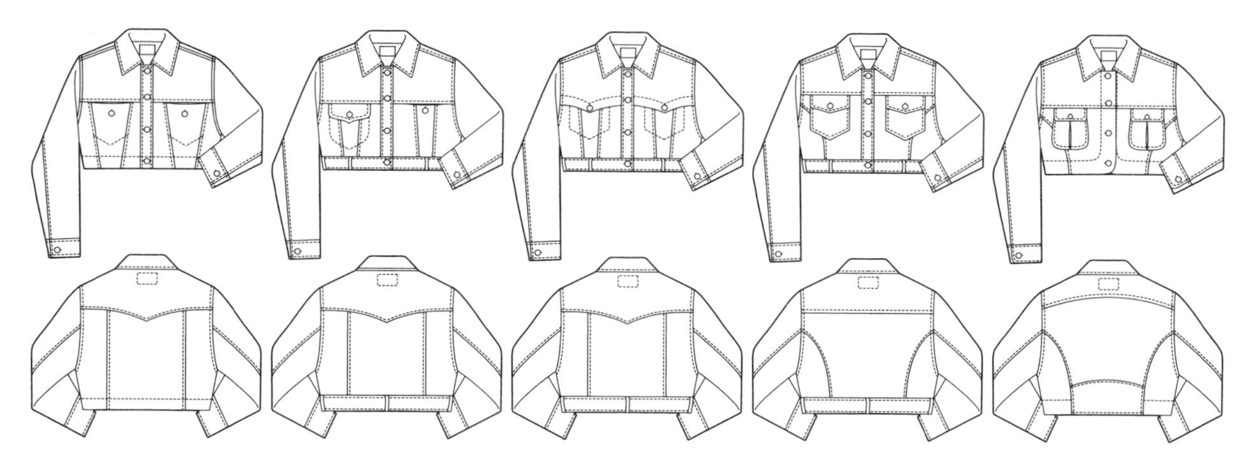

图 6–3　短款牛仔夹克综合元素主题的款式系列（更多信息见下篇相关内容）

在综合元素变化的基础上，再结合前期和后期的工艺处理，其设计变化将更具专业性。对于这个品种来说，前期处理主要是款式的设计、变化，当然也包括一些装饰手法，如印花、绣花、植绒或明装饰线等；后期处理主要是指通过洗、漂、染的手段，如水洗、砂洗或者是加上酵素喷上硫酸等方法来达到洗旧、做烂、磨损的目的，或添加荧光剂使面料有光泽感，或通过扎染、漂染形成具有个性的色彩，其手法多种多样，这些处理赋予了牛仔夹克独特的风格，使之或沧桑粗犷，或青春四射，焕发出千姿百态的风貌。

2　摩托夹克款式系列设计

摩托夹克有着浓厚的叛逆时尚和亚文化表征，它是“摩托文化”的产物。摩托夹克原名为哈雷 V 戴维森机车冠军夹克（Cycle Champ），最早是由哈雷—戴维森机车公司（Harley–Davidson Motor Company）于 1947 年作为哈雷摩托延伸的服饰产品开发的，后成为马龙·白兰度主演摩托党电影的行头，故又称白兰度夹克。继机车冠军夹克的成功之后，哈雷—戴维森推出了首款女装夹克即机车女皇夹克（Cycle Queen），其形式短小精致，迅速成为 20 世纪 60 年代最受欢迎的标志款式（图 6–4）。

为了使得驾乘者在各种条件下都能实现摩托车的驾驶体验，摩托夹克的防风耐寒、防磨耐损的功能性设计非常完备，而且它具有混搭的随意性，通过与牛仔裤、皮靴、眼镜、头盔、黑色皮手套等配饰的组合，形成既实用又新潮的独特风格，因而流行至今仍备受推崇，每一季流行趋势发布会中都会看到它的身影，因此成为户外夹克的经典（图 6–5）。

图 6–4　机车冠军夹克和机车女皇夹克

图 6–5　设计师对摩托夹克的演绎

摩托夹克诞生之时，就是白兰度夹克经典元素确定之日，即翻领、斜门襟、银色镍金属拉链、形态各异的四个口袋、直摆、调节松紧可拆卸的腰带，当时还有单独出售的皮带可供搭配选择。后又加入育克和中缝设计（与皮革材料合理使用有关），整体上强调前身、淡化后身的设计形成了鲜明的对比，装袖，袖口开衩装有与门襟质地相同的拉链设计，以上这些都是摩托夹克的"原生态"品质。女式摩托夹克与男式的不同，门襟呈相反状态，衣长变短，其他元素保持不变（图 6–6）。

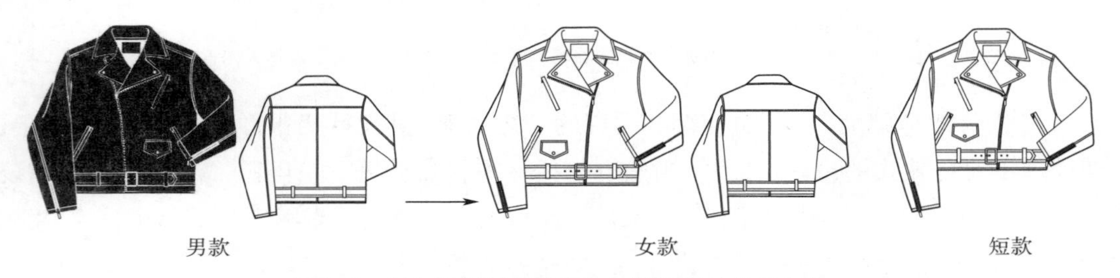

图 6–6　由男式摩托夹克演变为女式摩托夹克的基本款

将摩托夹克的元素进行拆解，按照重要性依次排列为领型、门襟、袖型、袖口、口袋、分割线、下摆、腰带等，依次逐一进行单一元素的主题设计（图 6–7）。

（1）领型主题设计

适合于摩托夹克的领型广泛，不过防风、保暖是其首要考虑的因素。以仿生功能设计著称的巴尔玛肯外套、堑壕外套、巴布尔夹克的领型、门襟用到摩托夹克上是恰如其分的。立领由于其本身具有良好的封闭性，也可以采用。

适合于牛仔夹克的单一元素同样适用于摩托夹克，如连身袖、风衣袖口、育克、调节搭扣、领襻等（图 6–7 ①～④）。

（2）口袋和分割主题设计

口袋设计是其一大特色，既可以秉承摩托夹克原生态的不对称设计，即三对一，其形式可以将原来的三种口袋形式，即有袋盖的嵌线口袋、无袋盖的嵌线口袋、拉链口袋做位置的变化组合。也可以采用复制的手法，达到整齐划一的效果，还可以逆向思维采用对称设计。口袋的设计风格既可以简约，也可以采用明贴袋缉明线的装饰手法，从而形成不同的视觉感。口袋还可以和分割线结合形成主题焦点，通过口袋与分割线的结合进行位置、形状的变化，为款式的延伸增添了形式感和趣味性（图 6–7 ⑤）。

（3）腰带和下摆主题设计

腰带是摩托夹克的一大亮点，这是其他品种不具备的。其形式可以采用有腰带的基本款，也可以采用腰带襻设计、改变腰带位置、不对称开衩等手法丰富下摆的款式变化（图 6-7 ⑥）。

（4）综合元素主题设计

通过对可变元素横向拓展设计之后，可以通过与纵向其他类别的品种形成交叉设计，借鉴其合理性元素与摩托夹克的元素进行重组，图 6-8 系列一就是在保持摩托夹克主体结构的基础上，加入堑壕外套的元

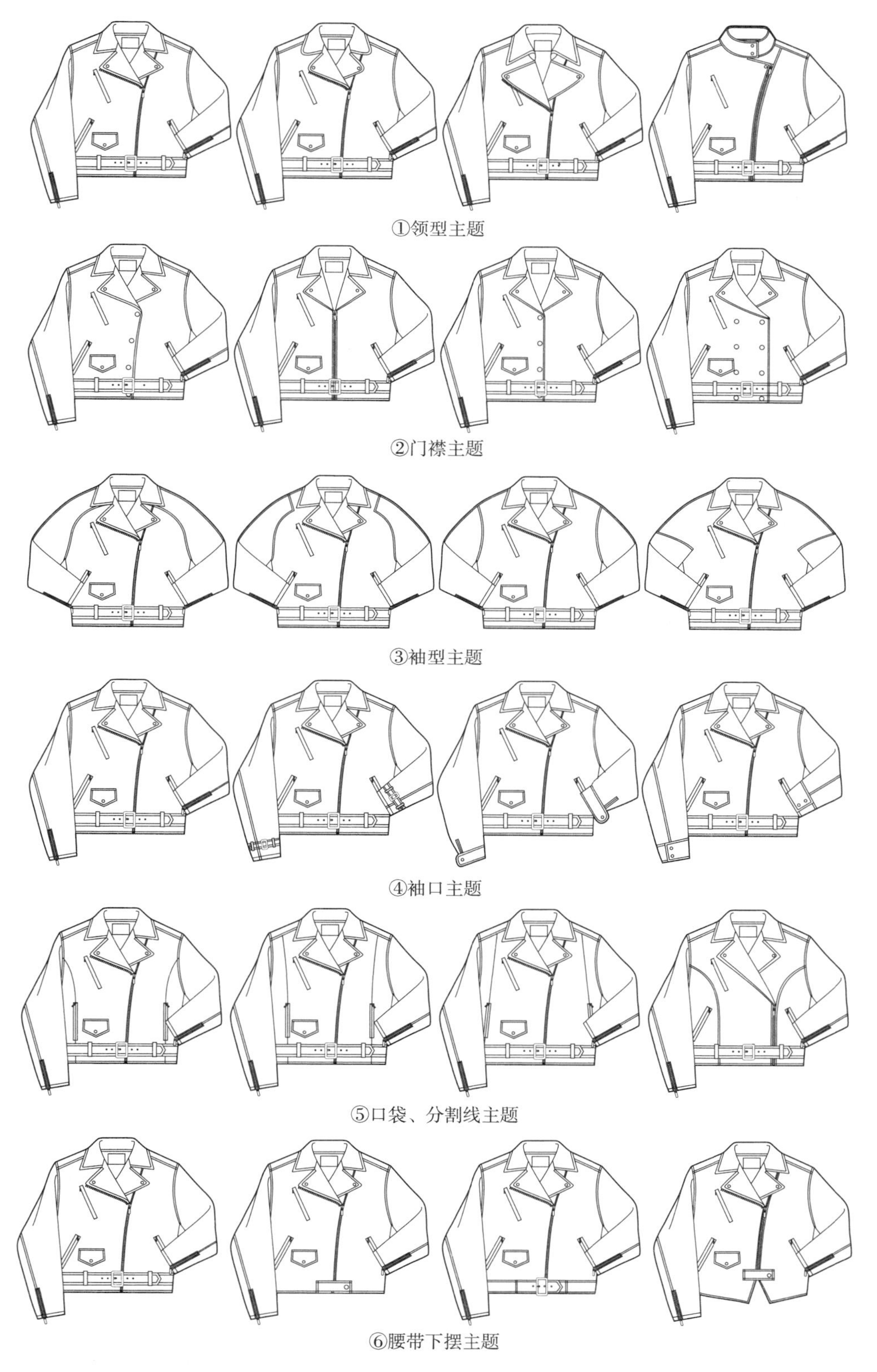

图 6-7　摩托夹克单元素主题的款式系列

素，前片以领襻、袖襻、肩襻和口袋的变化有序推进，后片则是通过育克线的直曲演变形成递进关系。

系列二是在综合了摩托夹克和同类型相关品种元素的情况下，以摩托夹克的 H 型作为基础造型，以装袖作为相对稳定的元素展开系列设计。遵循强调前身、淡化后身的设计原则，将造型焦点主要集中在前身的领型、门襟和口袋的变化，通过比例、均衡、重复等设计方法，使得元素的组合产生多种形式，同时辅以肩部、袖口、下摆元素的变化，如肩部加入了耐磨设计和堑壕外套的肩襻元素、衣长缩短、下摆的腰带变化等，形成了可持续性的款式系列（更多信息见下篇相关内容）。

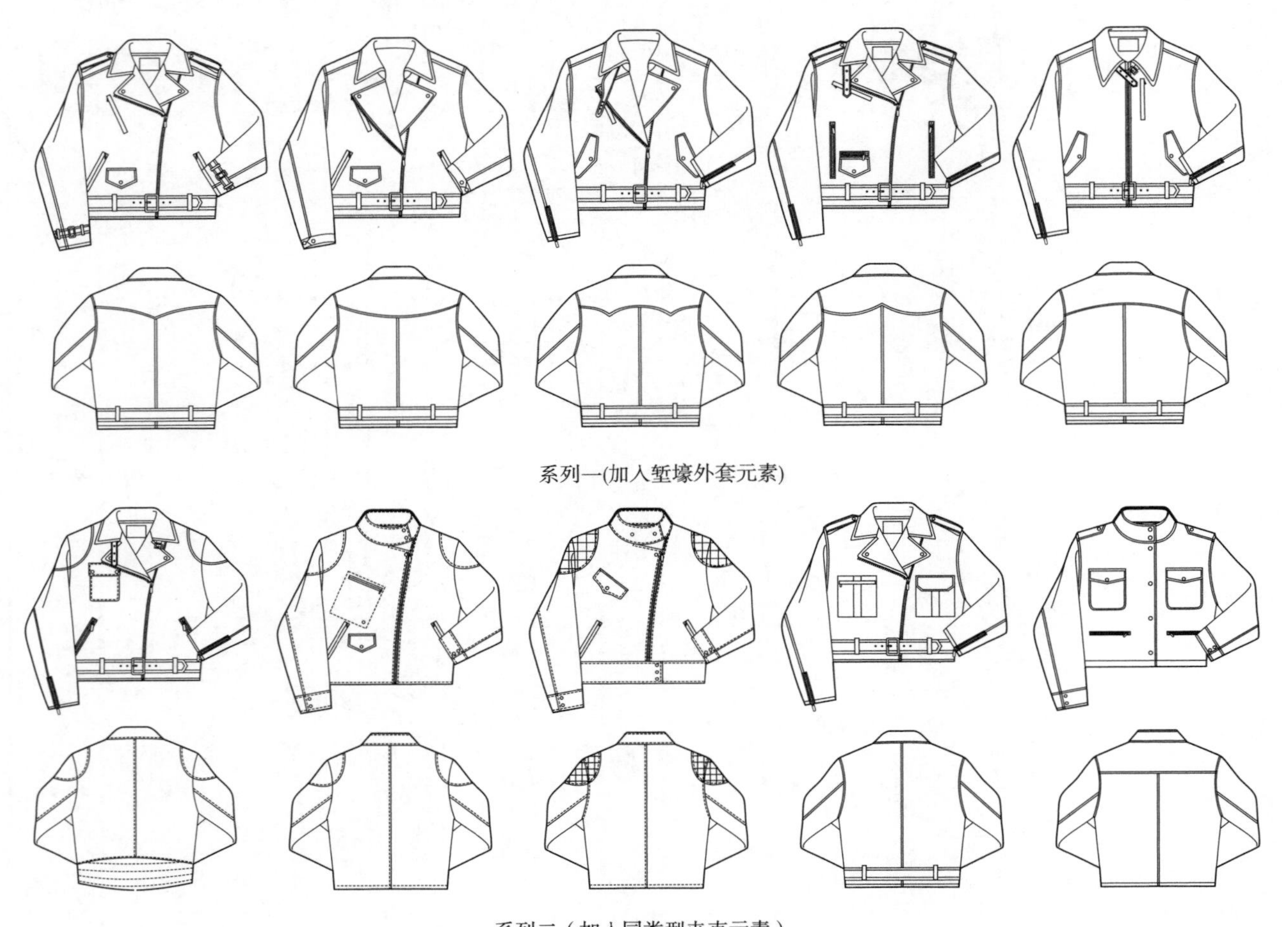

系列一(加入堑壕外套元素)

系列二（加入同类型夹克元素）

图 6-8　摩托夹克综合元素主题的款式系列

注意在款式变化上，要结合面料、色彩的变化，将形成立体化的系列规模。随着新材料、新工艺的不断出现，水牛皮、羊皮等动物毛皮的选用已无法满足现代人们求新求异的心理需求，各种具有未来气息的新型材料开始广泛应用于该产品的开发中，或粗犷或摩登，不断演绎全新的摩托夹克时代风尚。

§6-2　户外服纸样系列设计

户外服纸样系列设计与休闲衬衫相同，即通过基本纸样、亚基本纸样和类基本纸样的流程，不同的是户外服亚基本纸样不需要做基本领口的回归处理。

1　变形结构亚基本纸样

户外服的变形结构亚基本型，与休闲衬衫的相似，与外套相似形结构有着本质不同，它属于无省结构亚基本纸样，其袖窿形状为“剑形”而相似形结构亚基本纸样为“手套形”。在此设计成衣松量为 26cm，追加量应为 14cm，一半制图为 7cm，在设计中遵循整齐划一的分配原则和微调的方法对追加量进行合理的分配。在制图时，首先需要做的就是去掉侧省，这是从有省板型到无省板型的关键技术，方法是将前片乳凸量的 1/2 点对齐后片腰线，肩线、袖窿、腰线等的处理方法与休闲衬衫相同。只是领口随放量设计的增加而增加，无须做原领口回归处理（图 6–9）。户外服亚基本纸样的袖子可以直接借用休闲衬衫的进行设计。

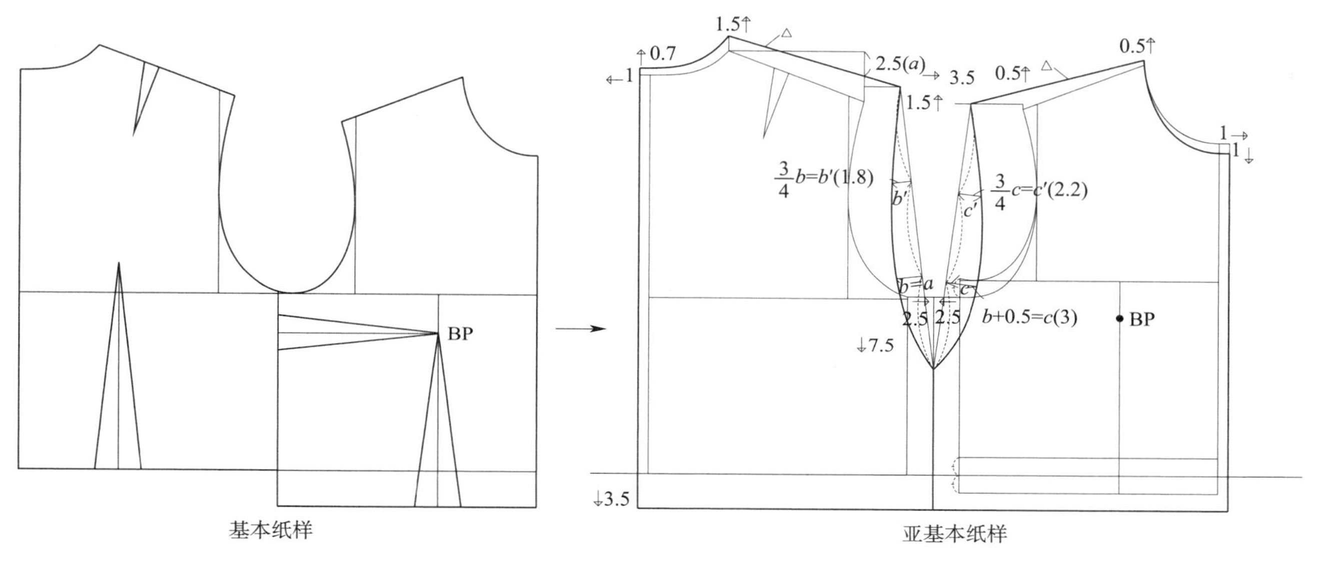

图 6–9　户外服（外衣类）变形结构基本纸样

2　户外服基本纸样与系列设计

以变形结构亚基本纸样开展户外服的纸样系列设计，根据不同的品种可以获得各自的类基本纸样，如牛仔夹克和摩托夹克的标准纸样都可以作为各自的基本纸样。

牛仔夹克的领型为连体巴尔玛领，单排五粒扣，搭门为 2cm，先确定第一粒和最后一粒扣，取它们的 1/2 处定第三粒扣，然后再等分确定其余两个扣位，门襟用内贴边缉明线固定；前片为四片，横分割线位置设在第二粒扣处。前胸有一个有袋盖缉明线的暗口袋，口袋位置的确定可以直接采用分割线位置。后片为三片，并通过分割线配合前分割线收摆，使整体造型为 Y 型，育克线位置沿用休闲衬衫的位置。底摆为明贴边。袖子纸样与休闲衬衫通用，将衬衫袖头圆角变为直角（图 6–10）。

摩托夹克的育克位置同休闲衬衫，领型同牛仔夹克，只是驳点较低。门襟为偏襟，口袋位置沿用女西装的口袋方法来确定，定在腰线以下袖窿深的三分之一减 3cm，口袋宽度不变，有袋盖的小袋为大袋宽的二分之一加 0.5cm，口袋所有的尺寸尽量避免主观而形成相关尺寸的比例关系更理想。袖长为准袖长 +3cm– 后肩加宽量，拉链止点距离袖口 12cm，其他与休闲衬衫无异（图 6–11）。

对于户外服品种纸样系列设计规律普遍性，已经可以从休闲衬衫类基本纸样的系列设计中得到验证，更详细的外衣类品种的纸样系列设计训练参见下篇相关内容。

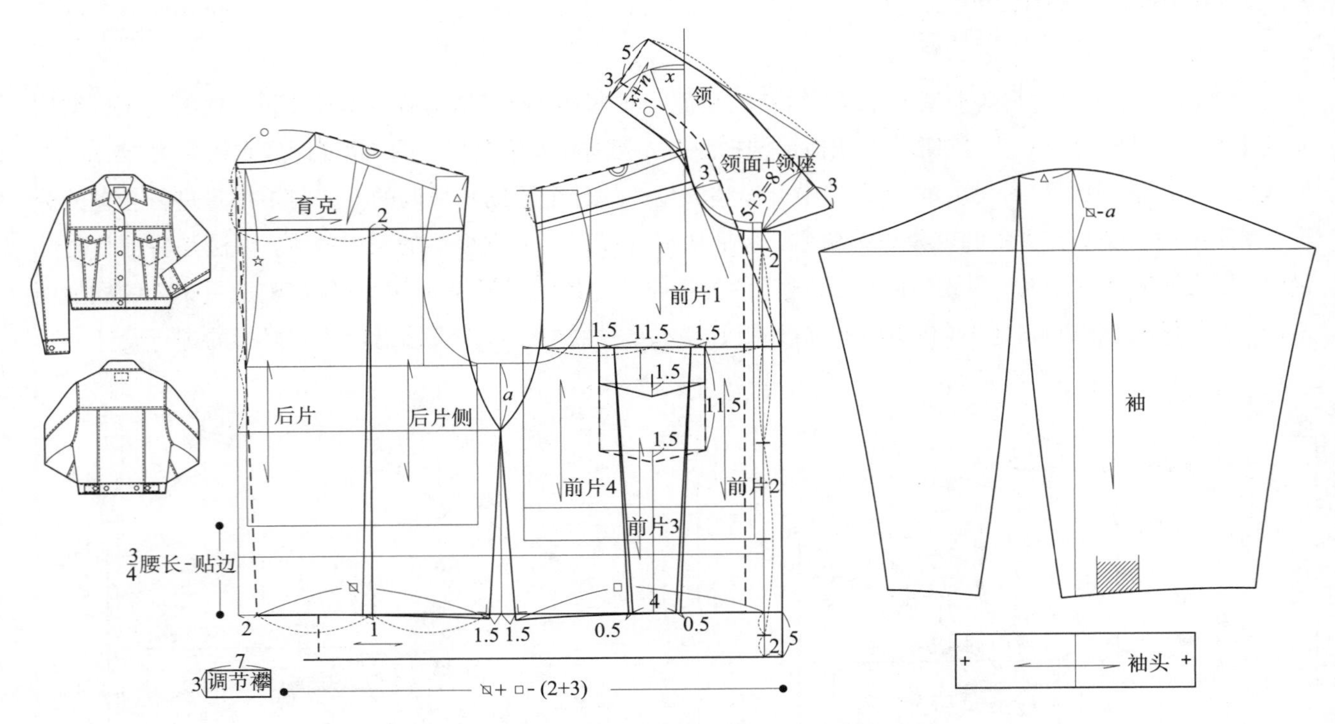

图 6-10　牛仔夹克类基本纸样（更多信息见下篇相关内容）

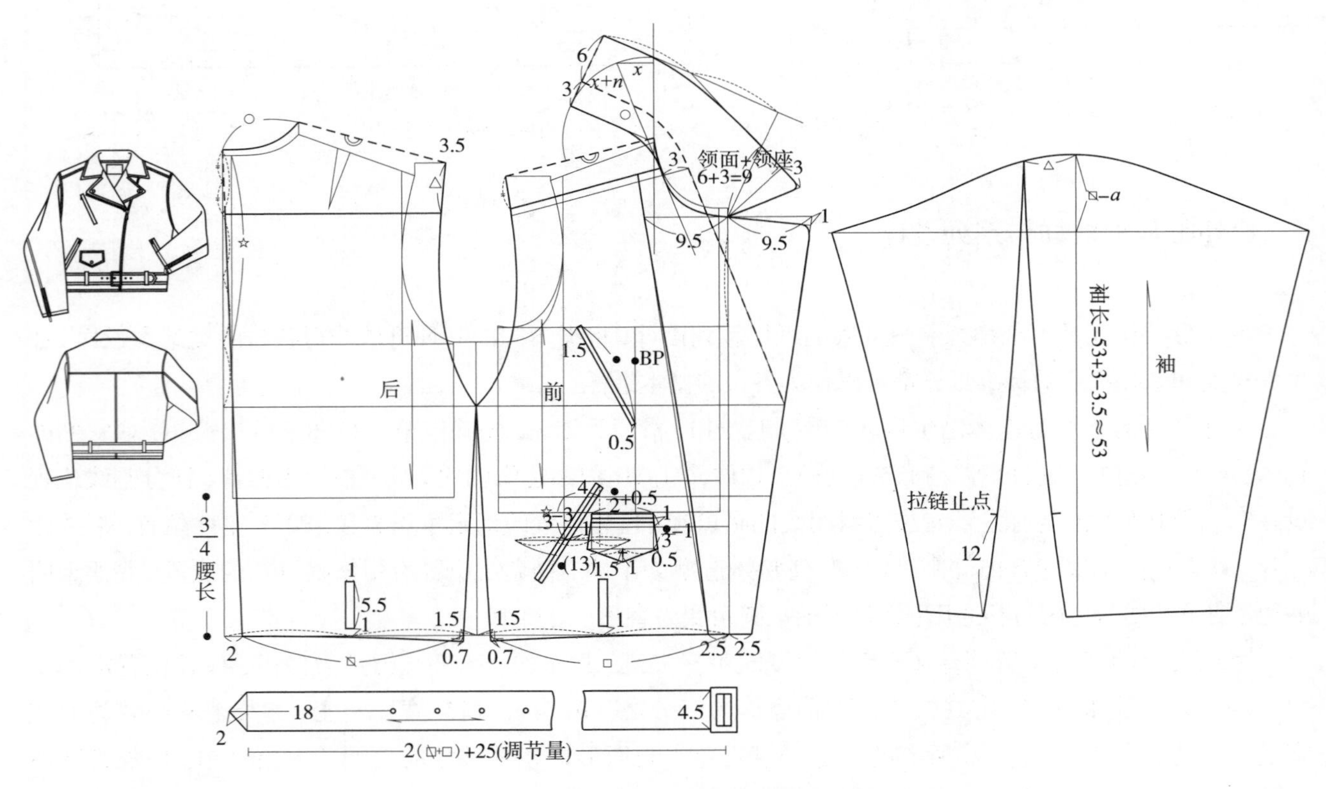

图 6-11　摩托夹克类基本纸样（更多信息见下篇相关内容）

第 7 章　连衣裙款式和纸样系列设计

连衣裙的传统定义，是遮盖住躯干上下连体的裙子。连衣裙是传统意义上女性所特有的服装。按照TPO 既定级别由高到低对连衣裙进行划分，依次为礼服连衣裙、常服连衣裙、休闲连衣裙和运动连衣裙。

连衣裙的面料需依据分类的具体情况而定，一般而言，常服连衣裙，结构简洁、格调朴素实用，面料根据季节、场合的不同选择范围广泛，如棉、麻、毛、化纤织物为朴素的风格。柔软的丝绸织物为华丽讲究的品质是礼服连衣裙面料的主流。休闲连衣裙包括家庭便装、日常便装，结构多以 A 型、H 型为主，面料因季节而异，多以吸湿、透气的天然织物为主。运动连衣裙基于运动项目的差异，又可细分，面料多选择弹性大的针织类织物。

§7-1　常服连衣裙款式和纸样系列设计

无论是常服、礼服还是运动连衣裙，在结构上它们属同一系统，常服连衣裙更具通用性和普遍性，弄清楚它的款式和纸样设计规律对所有连衣裙具有示范作用和指导意义。

1　常服连衣裙款式系列设计

基于分割线的数量和腰臀部收缩量的差异，划分连衣裙的廓型有 S 型、小 X 型、大 X 型、H 型、A 型和伞型，可见，它有与上衣基本相同的廓型系统（图 7-1）。无论哪种类型，廓型的规律是相同的，显然以 S 型连衣裙作为基本款展开设计是合乎情理的。

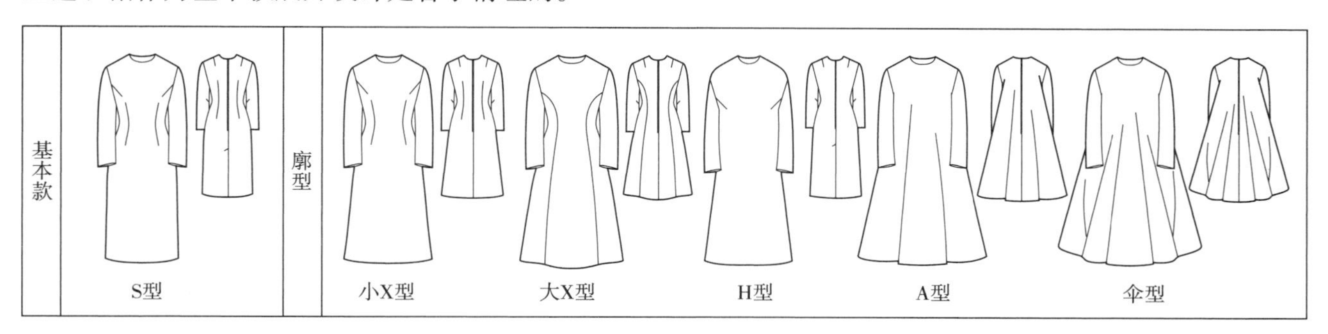

图 7-1　连衣裙基本廓型

将连衣裙元素进行拆解，得到的元素有腰位、裙长、领口采形、领型、门襟、袖型、分割线、褶及其他元素（图 7-2），这些元素的变化规律与上衣和裙子的元素相重叠，可以互为借鉴。依次对这些元素进行分析并展开主题设计，可以得到单一元素的款式系列（图 7-3）。这种变化规律同样适用于

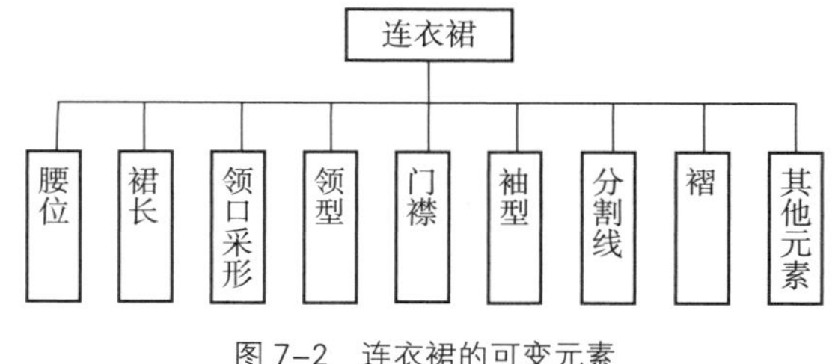

图 7-2　连衣裙的可变元素

礼服连衣裙的款式系列设计。

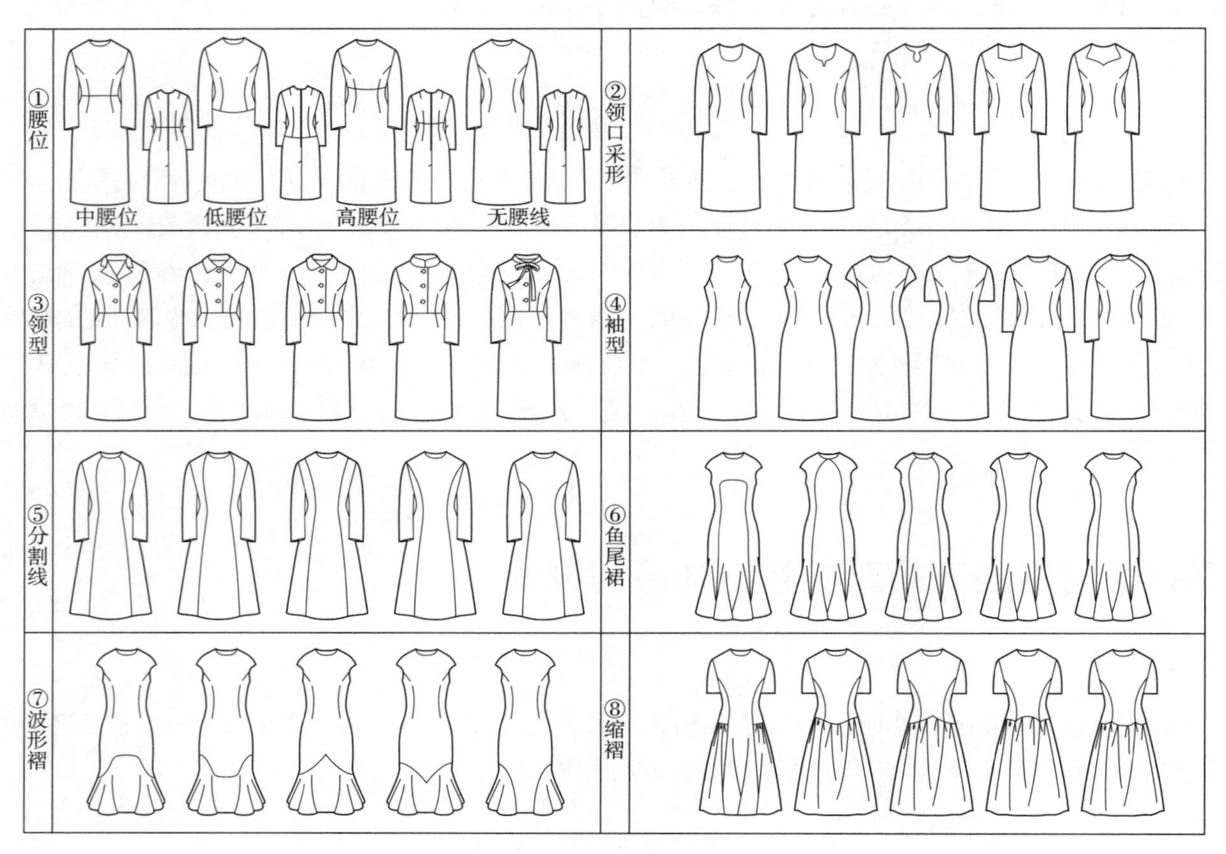

图 7-3 常服连衣裙单元素主题的款式系列

（1）腰位主题设计

以腰位为元素的设计按结构可分为两种，即有腰线型和无腰线型。有腰线型是指上身与裙片分别裁剪，在腰部缝合。腰线设计在中腰线位置上下浮动，上限至胸围线以下，下限至臀围线以上。由此可划分为普通腰位、高腰位、低腰位连衣裙。普通腰位是最基本、最常用的类型，处于人体正常的腰围线附近。高腰线的设计适合于亚洲人的体型。按照以腰线为界的 3:5 的配比关系（接近黄金比），对于欧洲人八头身的人体比例更为适合，中国人的比例为七头身（上下比为 3:4），通过高腰线设计可以改善视觉比例关系。腰位设计有改变裙长的效果，在设计时需要注意服装的整体比例平衡，不然就会得到适得其反的效果。以腰位作为造型焦点的设计多与育克、褶等元素结合，从而产生丰富的变化（图 7-3 ①）。

（2）领口采形、领型主题设计

连衣裙的领口部分多与门襟产生连带关系，几乎一切适合于女上衣的领型、门襟都可以应用到连衣裙领型的设计中。过多地使用无领结构是因为连衣裙很多情况用在夏季，设计重点在于采形的变化，可以细分为以曲线为主题的领口采形；以直线为主题的领口采形以及综合直线和曲线主题的领口采形。以曲线为主题的领口采形又可有很多的变化，如 U 形、船形、卵形、勺形、扇贝形等；以直线为主题的领口采形也可细分为 V 字型、钻石型、方型、钥匙孔型、一字型等；以综合直线和曲线主题的领口采形有鸡心领、切口式领等。领型基本沿袭着衬衫和休闲服的领型系统，但都以低领口为主导（图 7-3 ②、③）。

（3）分割线主题设计

在连衣裙的设计中，最常用的就是公主线设计，它能使穿着者显得比例修长，但对体型要求很高。采用不同的材质和造型的公主线连衣裙，几乎可以适合于各种场合和季节。其形式可饰以嵌边，下摆变为鱼尾形，搭配各种领型、袖型、褶或者结合从颈部到肩部做不同采形分割的无袖设计，从而形成丰富的款式。不过在运用分割线设计时，要避免采用格条以及大图案的面料，其他柔软的棉、麻、丝织物以及适合的化纤织物都可采用。分割线常常结合各种褶的设计，使连衣裙整体设计更加丰满、有灵动感，也凸显了装饰效果，故常用在礼服连衣裙中（图 7–3 ④ ~ ⑧）。

（4）综合元素主题设计

图 7–4 中系列一采用小 X 型的主体结构，综合领型、门襟、袖型、口袋造型焦点展开的系列设计，在后两款中还加入了褶的元素，下摆由平整演变为立体，同时仍保持简洁、规整的风格。形成了设计由上至下、由简至繁综合元素的常服连衣裙系列演变。

系列二采用八开身大 X 型作为主体廓型，稳定的元素有蓬蓬袖和腰带，设计焦点是公主线的走势，造型变化集中在领型与前门襟设计，从单排扣到双排扣，从明门襟到暗门襟，形成了稳定有序的款式演变。这两组综合元素的系列设计，风格简约、大方，适合较为中性的面料，可选择棉、厚丝、薄毛织物，也可以采用高品质的化纤织物。

系列三为 H 形休闲连衣裙款式系列，此系列在主体结构稳定的状态下，通过领型、袖型、门襟、口袋元素的综合变化，以腰带系扎收腰作为相对稳定的元素，结合半前襟构成设计焦点，形成了统一中有变化且实用性强的休闲连衣裙系列。

系列四为运动类网球短连衣裙系列设计，自由、方便的机能性是该设计的主题风格。采用无袖、低腰、普力特褶增摆的设计，领型结合门襟做细微的变化，将设计焦点集中在腰线以下，通过与不同加工形式的普力特褶结合，如排列褶、褶裥以及褶的位置、数量、大小的变化，形成动中有静的运动风格连衣裙系列设计。

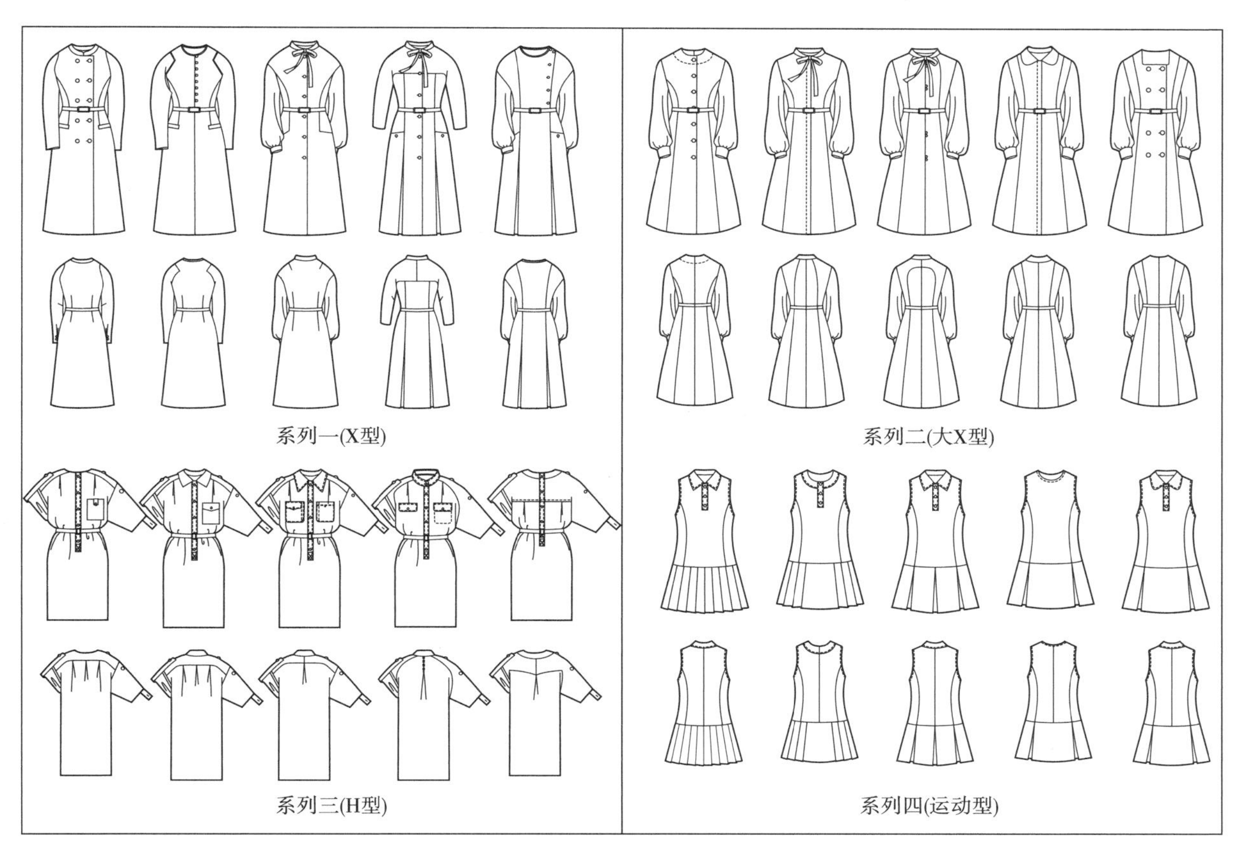

图 7–4　常服连衣裙综合元素主题的款式系列

2　常服连衣裙纸样系列设计

连衣裙结构是以上衣为主导，实现其纸样系列设计，就要通过上衣基本纸样获得连衣裙类基本纸样展开设计。

（1）连衣裙基本纸样

运用女装基本纸样设计 S 型装袖连衣裙，以此视为连衣裙类基本纸样。设计流程，首先需要将基本纸样进行减量设计。连衣裙的松量为 4cm（或 6cm），根据基本纸样松量为 12cm 计算，在一半基本纸样制图 6cm 松量基础上 –4cm。根据前减量大于后减量的设计原则，分配比例为前侧缝：后侧缝等于 3：1。S 型廓型属于纤细型的紧身连衣裙，腰部、臀部也保留 4cm 左右的松量，通过胸省、腰省以及侧缝的收腰处理，使得胸、腰、臀的曲线尽显。另外，为了肩部的合体，还需要将前、后肩点同时下落 0.7cm，袖子纸样设计也要作相应处理。衣长和袖长的系列设计可以直接在基本纸样上完成（图 7–5）。

在连衣裙基本纸样设计中，有两点需要特别注意：一是后领口要加宽 0.5cm 左右，通过后领口大于前领口的设计，形成后领对前领的牵制，从而减轻前领口因无撇胸导致不贴伏的问题，达到成衣前胸平服的目的；二是侧缝的长度要保持相等，前片大于后片的差量通过在前片侧省做转移袖窿省处理。为了保证行走的机能性，由臀围线以下 10cm 设计开衩。在裙长的尺寸设计上，尽量避免定寸的设计，依据背长为基准结合定寸设计形成三款长度的变化，取腰线以下一个背长 +6cm 得到短款，腰下 1.5cm 背长得到中款，两个背长 +6cm 得到长款（见图 7–5）。袖型为有省一片袖。标准款纸样完成之后，从肩点向侧颈点方向截取 4cm 就可以得到无袖连衣裙的基本型，通过领口采形设计完成无袖一板多款系列。

（2）基于廓型、裙长的一款多板连衣裙纸样系列设计

连衣裙的廓型有小 X 型、大 X 型、H 型、A 型和伞型等，以 S 型标准款为基础，通过扩充侧缝位置的裙摆量（约 3cm）即可形成小 X 型结构。大 X 型是在小 X 型的基础上运用八开身结构原理，依据侧缝 > 后侧缝 > 前侧缝 > 后中缝的翘量分配原则，完成裙摆设计。如果在 S 型连衣裙纸样基础上去掉前、后腰省，只保留袖窿省（侧省），在后中缝设计开衩就完成了 H 型连衣裙纸样。接着从 H 型到 A 型和伞型的连衣裙纸样设计与西装的一款多板纸样系列设计中从 H 型到 A 型和伞型的变化规律相同（图 7–6）。在完成一款多板的纸样系列设计之后，每个廓型都可以进行一板多款的纸样系列设计，具体的局部元素如裙长、袖型、领口采形、领型、褶、分割线等的变化，可以依次实现一板多款的系列设计（更多信息见下篇相关内容）。

（3）多板多款连衣裙纸样系列设计

通过综合分割、袖型、领型等多个单元素，同时结合主体板型的变化展开设计，就可以实现多板多款连衣裙纸样系列设计。首先以一板多款的系列设计作为起点，如以八开身大 X 型为主体结构，以领型、门襟、分割线的设计作为造型焦点，领型由无领变化为蝴蝶结领、翻领，门襟由款式一的单排扣明门襟到款式二至款式四的暗门襟，再变化为款式五的双排扣明门襟，公主线采用自上而下不同曲势的纵向分割。装袖结构保持不变，从而形成主体结构稳定，局部变化有序的系列设计（图 7–7）。纸样系列设计的路线清晰明了，每变动一个元素就会产生一组新的系列，再结合廓型就完成了多板多款系列设计。图 7–7 中运用 S 型连衣裙基本纸样通过省移和切展技术实现了 A 型和伞型连衣裙款式六至款式十的系列设计，局部由装袖状态到无袖设计的多板多款的变化。

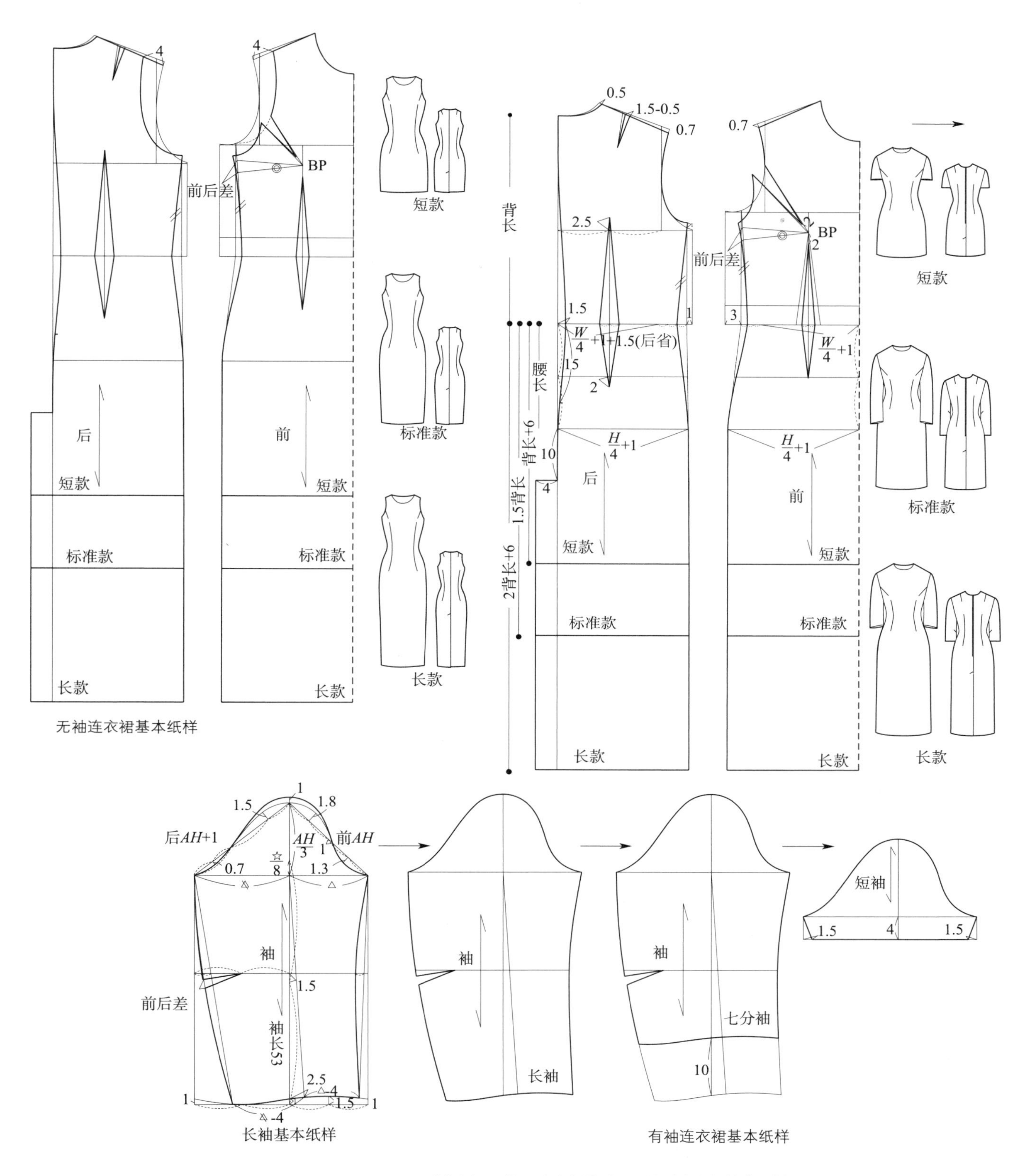

图 7-5　S 型连衣裙纸样设计（有袖型和无袖型连衣裙基本纸样）

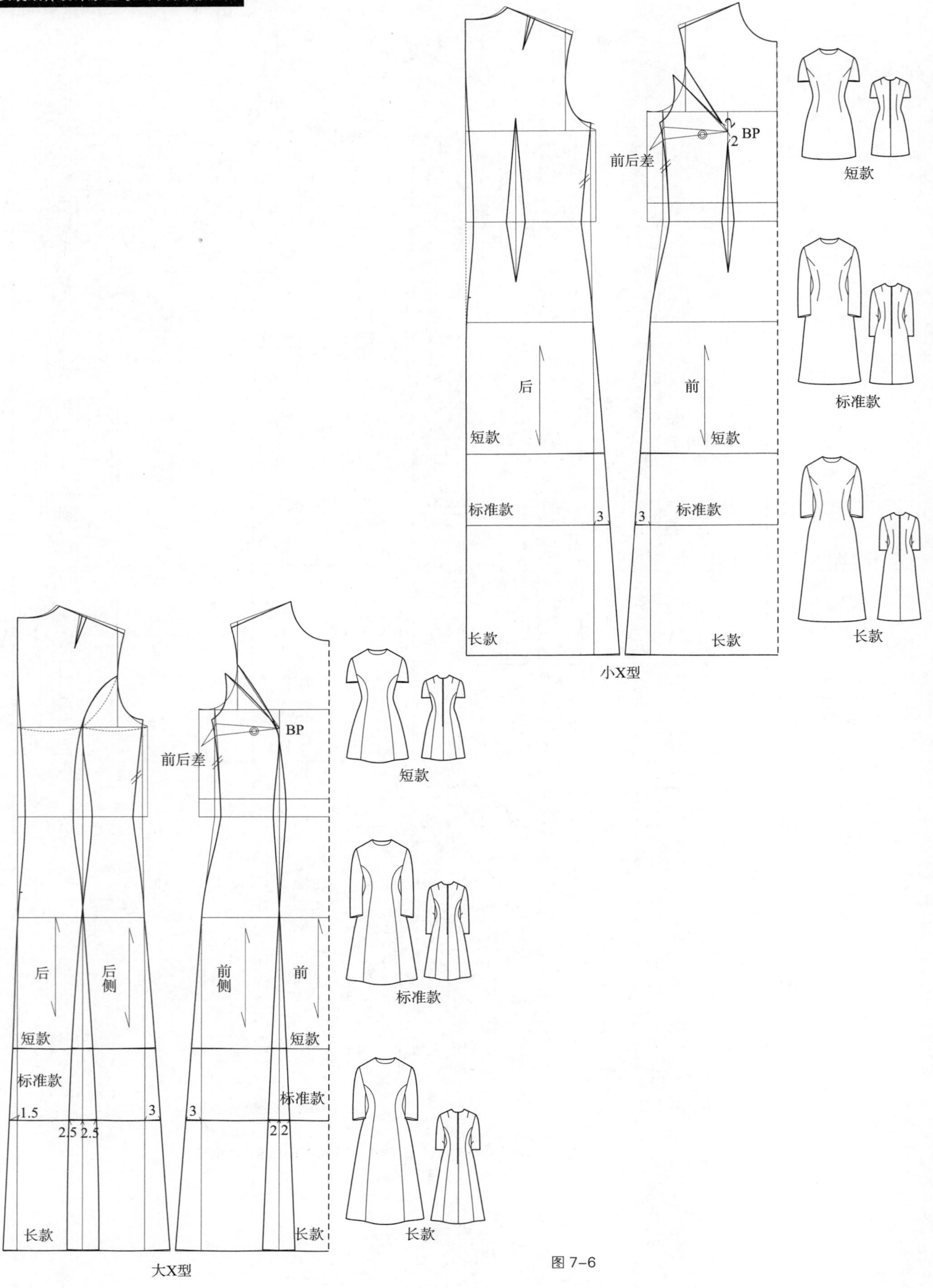

BP
2
前后差
后
前
短款
标准款
3
3
长款
小X型
BP
前后差
后
后侧
前侧
前
短款
标准款
1.5
2.5
2.5
3
3
2
2
长款
大X型

图 7-6

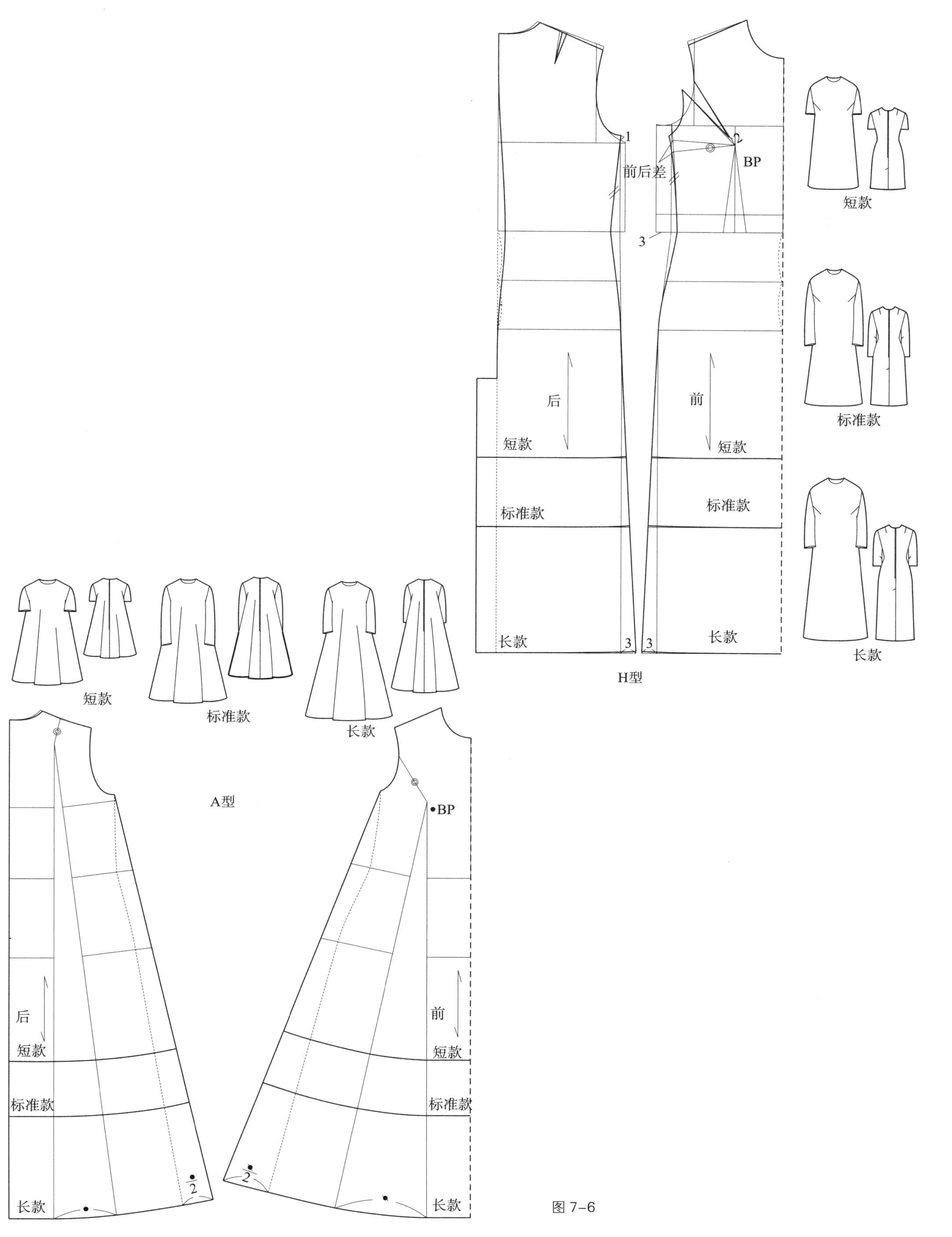

1
前后差
BP
3
后
前
短款
标准款
长款
3
3
H型
短款
标准款
长款
A型
BP
后
前
短款
标准款
长款
2
2

图 7-6

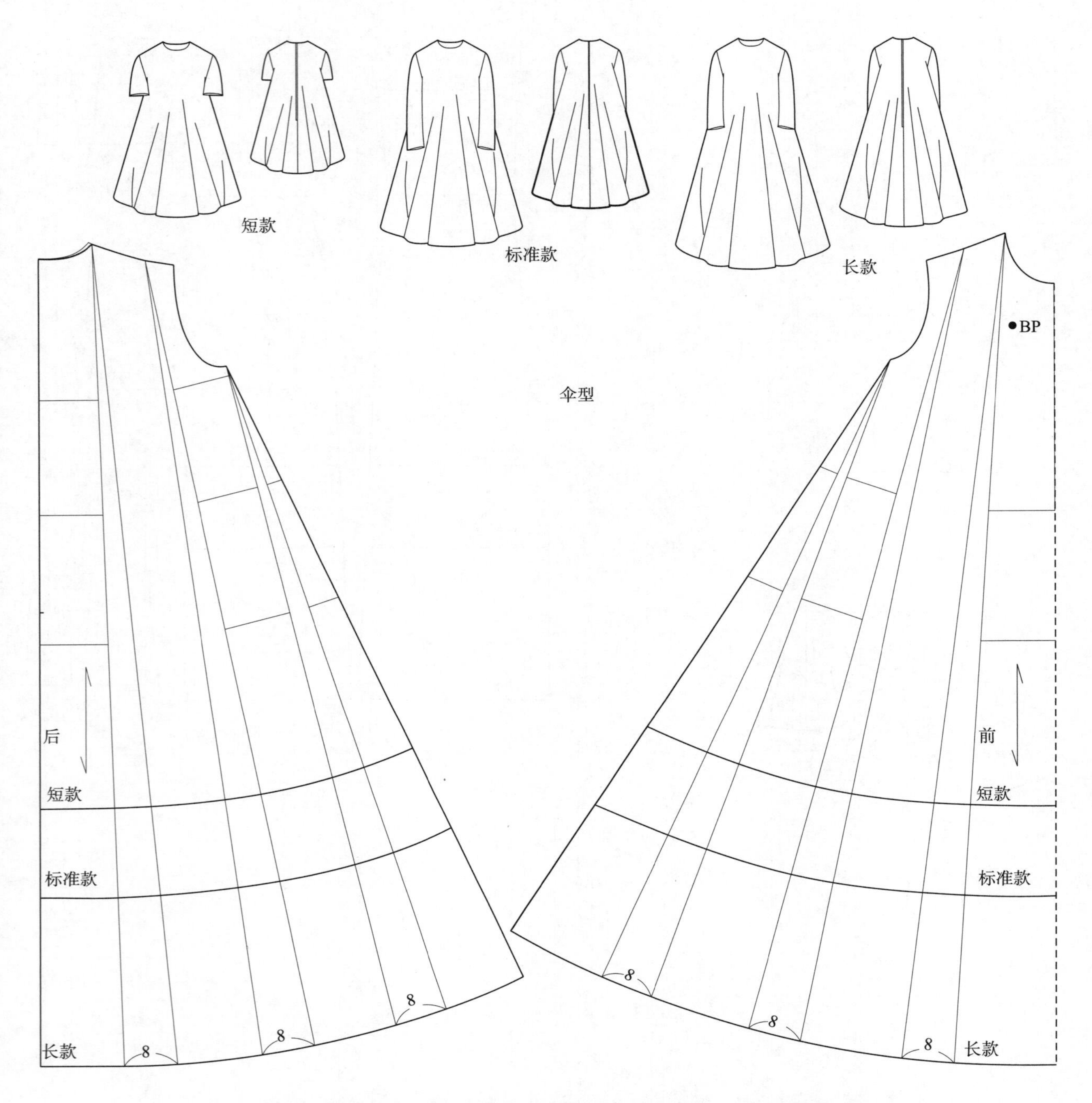

图 7-6　基于廓型和裙长的一款多板连衣裙纸样系列设计（以 S 型连衣裙作为基本纸样展开设计）

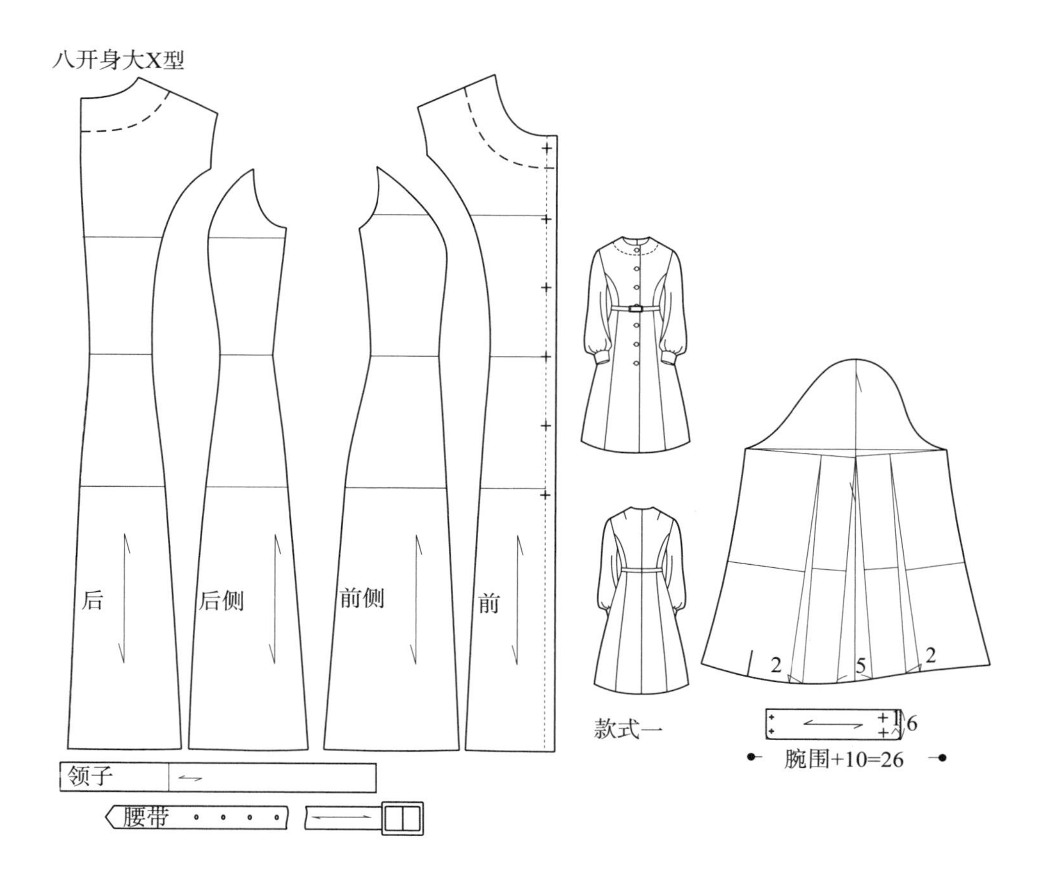
八开身大X型
后
后侧
前侧
前
款式一
2
5
2
6
腕围+10=26
领子
腰带

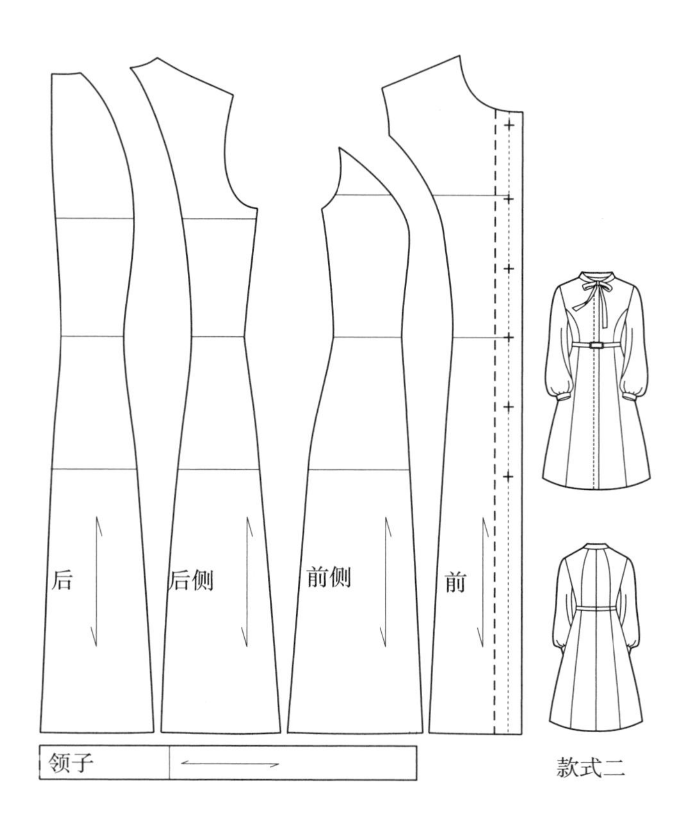
后
后侧
前侧
前
领子
款式二

图 7-7

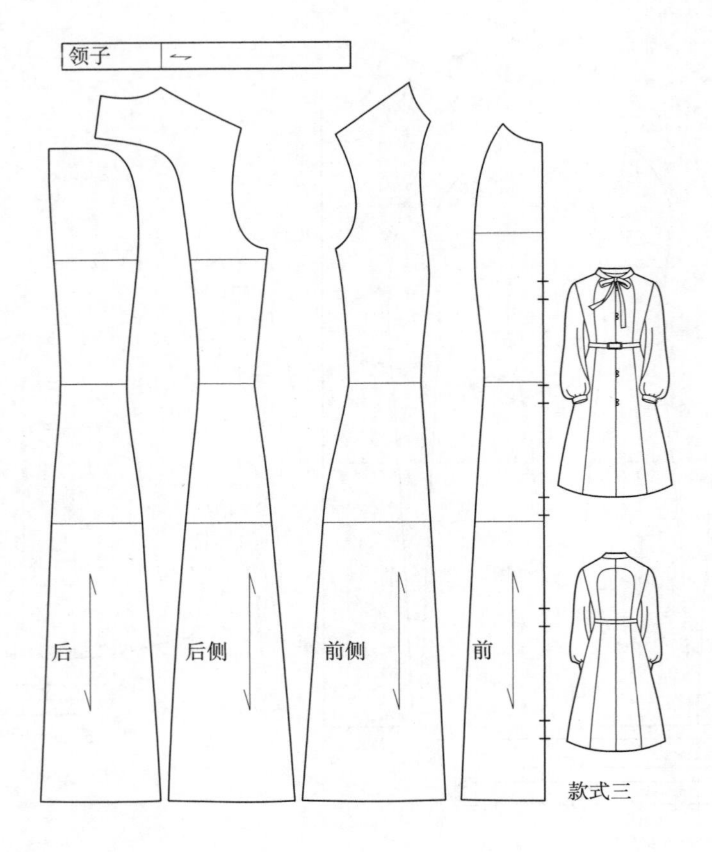
领子
后
后侧
前侧
前
款式三

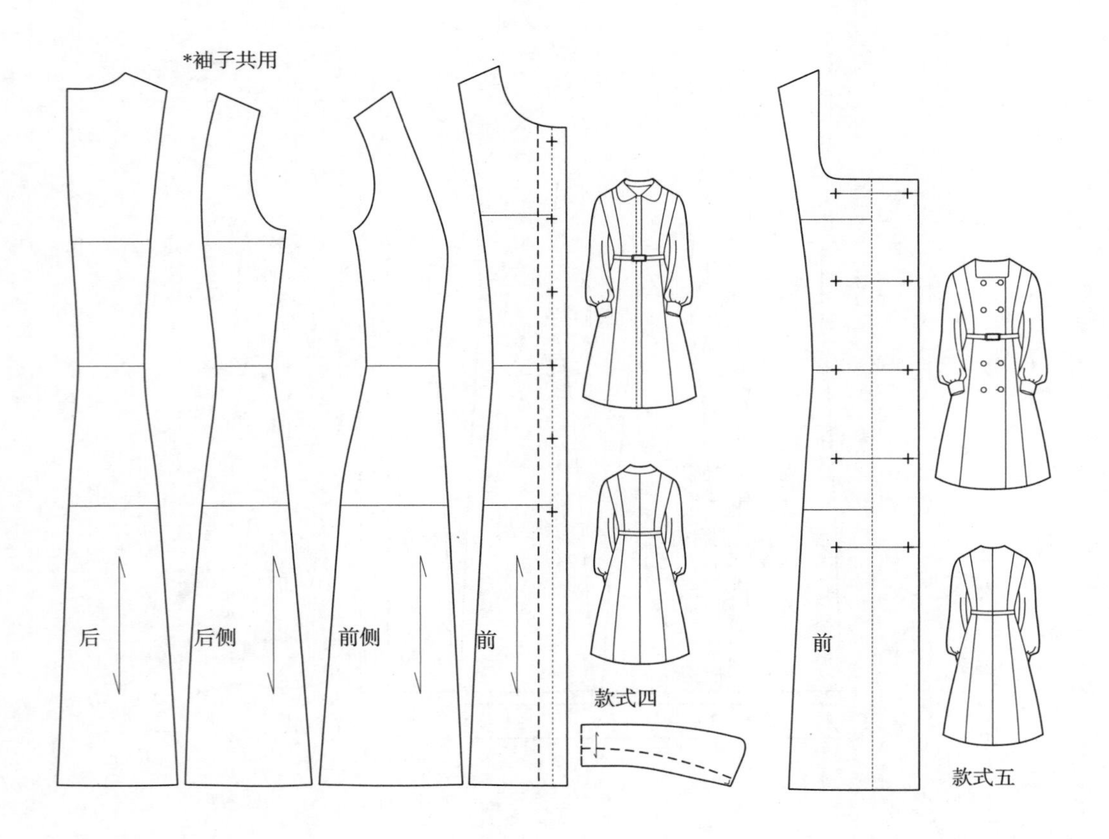
*袖子共用
后
后侧
前侧
前
款式四
前
款式五

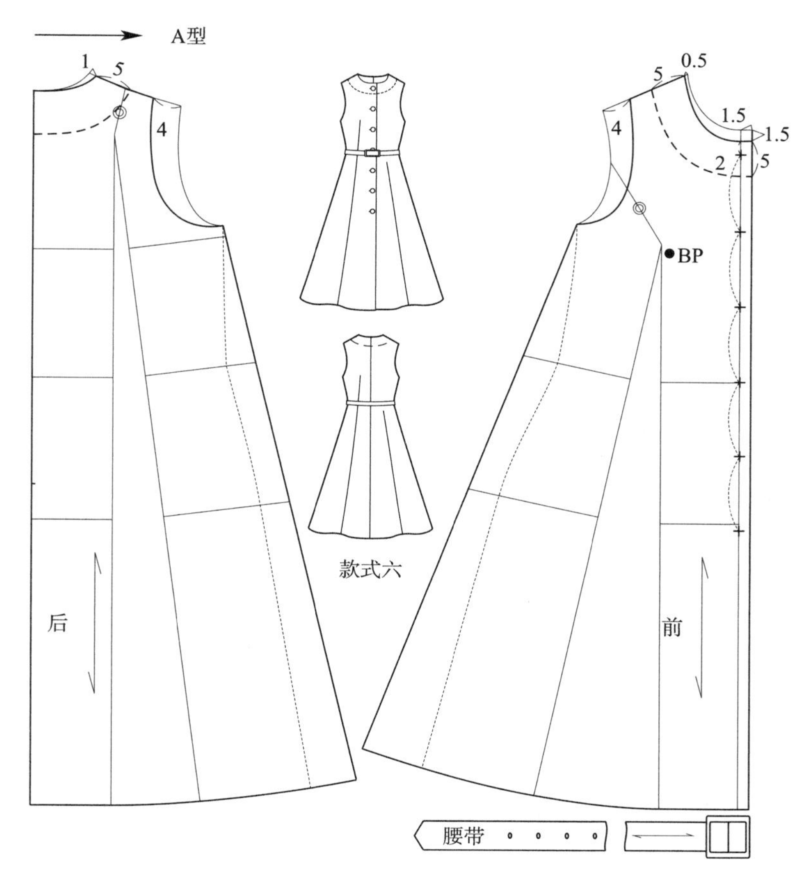

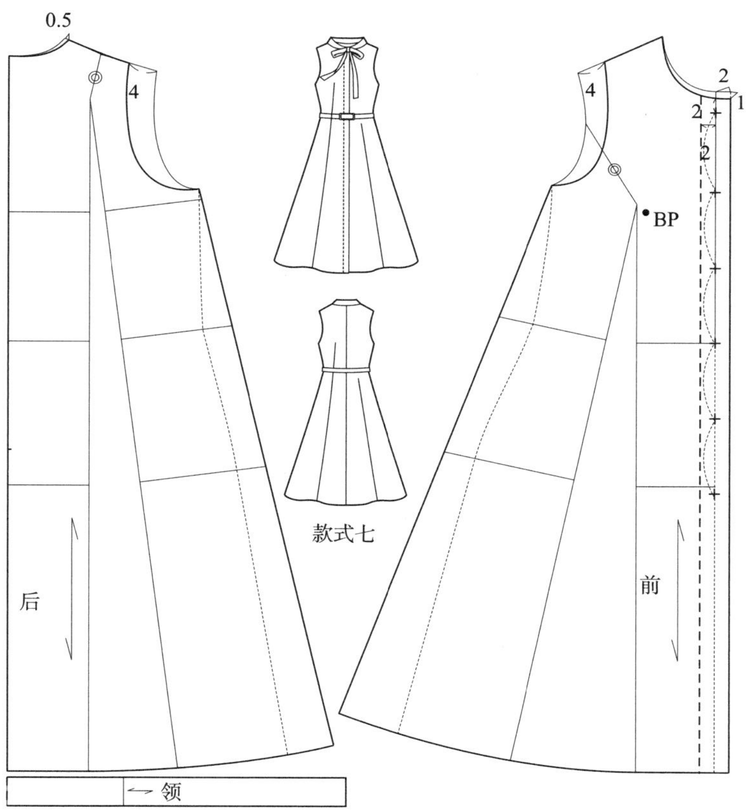

图 7-7

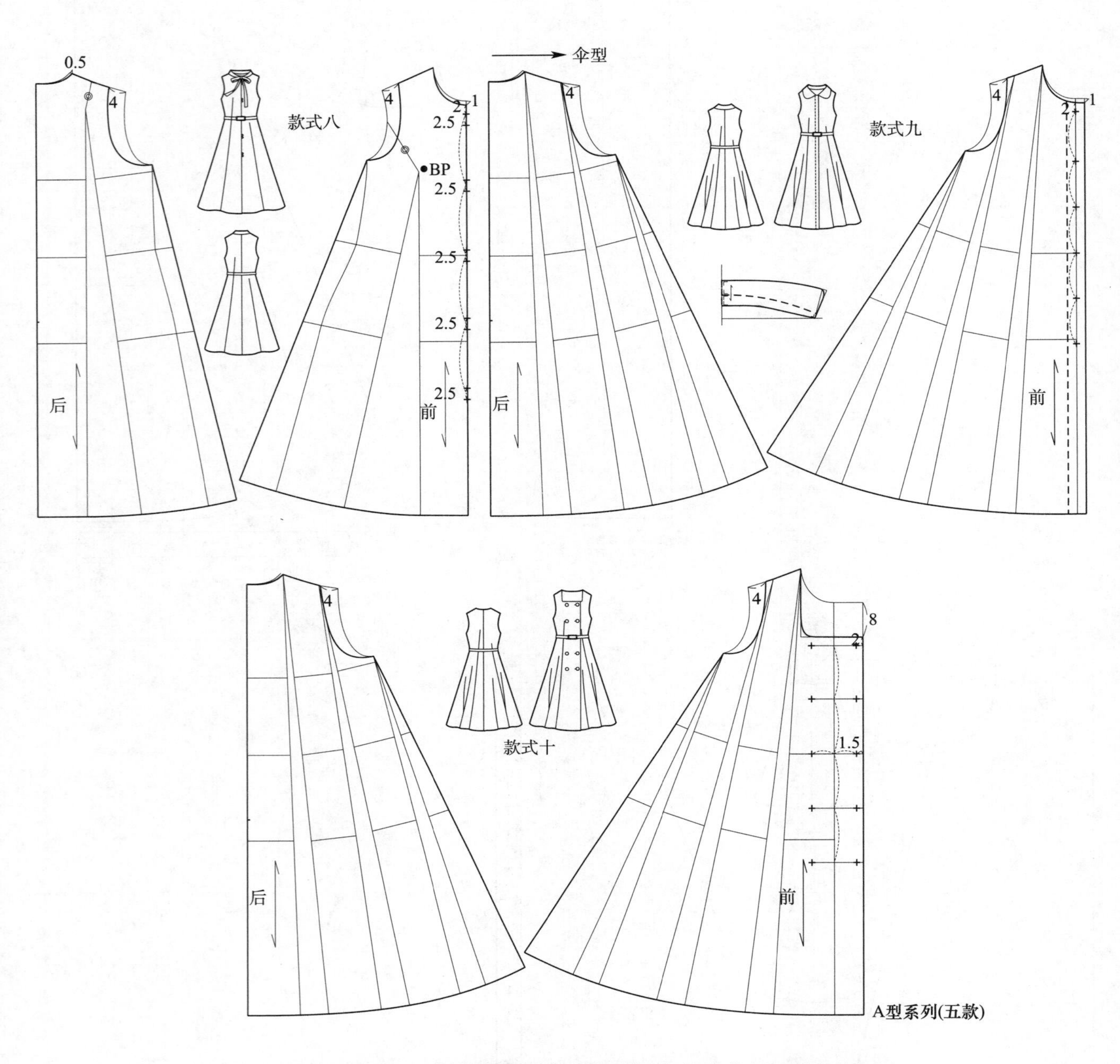

图 7-7 基于 X 型和 A 型多板多款连衣裙纸样系列设计（更多信息见下篇相关内容）

§7-2　旗袍连衣裙款式和纸样系列设计

依据 TPO 规则，旗袍作为华服可以应对国际社交几乎所有的礼服场合，故被视为全天候礼服，但在结构形态上与常服连衣裙相同。作为经典的中国传统服饰，其比例、结构具有典型的东方特点，既相对封闭（大襟立领）和适度（比晚礼服松量大）展示东方女性的人体，又体现出传统华服节约型的设计理念，渗透着天人合一、崇尚中庸的哲学思想，它的经典形制也被凝固了。其实，以经典旗袍作为基础，运用拆解元素，进行排列组合、推衍造型焦点的设计方法，旗袍也会像多米诺骨牌一样产生庞大的旗袍造型帝国。

1　旗袍连衣裙款式系列设计

旗袍的典型款式，廓型（S 型）是相对稳定的，立领、右衽大襟、全省、后中无缝、两侧高位开衩是其款式的基本特征（图 7-8）。根据内容决定形式、结构决定款式的原则，旗袍的款式设计也应在 S 廓型的范围中展开，这是款式设计的基础。

可变元素是旗袍廓型内的构成元素，将这些元素进行拆解，包括：领型、门襟、袖型、分割线、下摆、开衩、褶、装饰工艺（滚边、如意、嵌线和盘扣）、装饰图案以及其他元素（图 7-9）。拆解的元素越细越多，未来的设计空间就越大。在系列设计的过程中，根据旗袍的特点，按照元素的重要性依次排列，针对某个元素做针对性的依次设计，再遵循造型焦点的设计原则做主要局部（两个或三个元素的结合）的二次设计（图 7-10）。

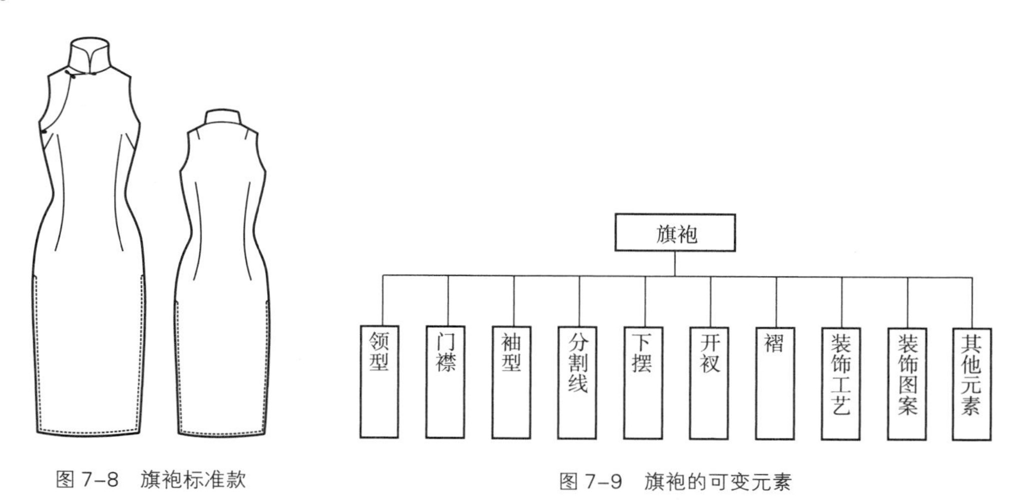

图 7-8　旗袍标准款

图 7-9　旗袍的可变元素

（1）领型主题设计

领子和领口是旗袍的重要元素，也是整体的视觉焦点，以此作为设计的切入点是明智的。领子的类型可分为无领、立领、扁领、企领、翻领等，但立领的相关领型最适合在旗袍中表现。两种以上领子和领口的组合设计，就可产生多种组合形式，即一种领型多种领口或一种领口多种领型。值得注意的是，当不采用衽式设计时领口不单是款式变化，还要有便于穿脱功能的考虑（图 7-10 ①）。

（2）衽式主题设计

旗袍的门襟标准是右衽，通过门襟的直、曲、直曲结合，不对称与对称，一字襟、前开门襟、左门襟、肩开襟等设计会产生衽式主题的旗袍系列。如果加入最初的领型和领口的排列组合几乎就成为无限延伸的旗袍家族(图 7–10②)。

（3）袖型主题设计

袖子按结构可分为无袖、装袖和抹袖三种基本变化。装袖分短袖和七分袖，由于旗袍合体度高，不适合采用长袖。无袖从肩到领根之间有多种变化。抹袖分装袖式和连袖式两种，由此形成以袖型为主题的旗袍系列。在此基础上如果加入前述领型和衽式系列元素，就会派生出抹袖的领型与衽式系列、短袖的领型与衽式系列、七分袖的领型与衽式系列。这时仅用了三个元素，旗袍的款式就有了无穷无尽的变化(图 7–10③、④)。

（4）下摆主题设计

旗袍基本型的下摆是长款窄摆侧衩的形式，这是由礼服所决定的，当降低它的礼服级别时，可以设计为中摆和短摆。两侧与高位开衩结合并加入装饰性元素滚边，以强化旗袍作为礼服的华服语言。当然，若使用排列组合的方法，旗袍系列也会像滚雪球一样进一步壮大(图 7–10⑤)。

（5）装饰工艺主题设计

旗袍具有独特的装饰手法，在系列设计中可以视为一个独立的元素加以培养，包括：滚边、如意纹、嵌线、盘扣、刺绣等。需要注意的是，这些装饰手段通常用在礼服旗袍中，用在常服旗袍中便有画蛇添足之嫌。

滚边、如意纹、嵌线的设计变化主要用在领口、领缘、袖口、袖窿、下摆等部位，可一处或多处同时使

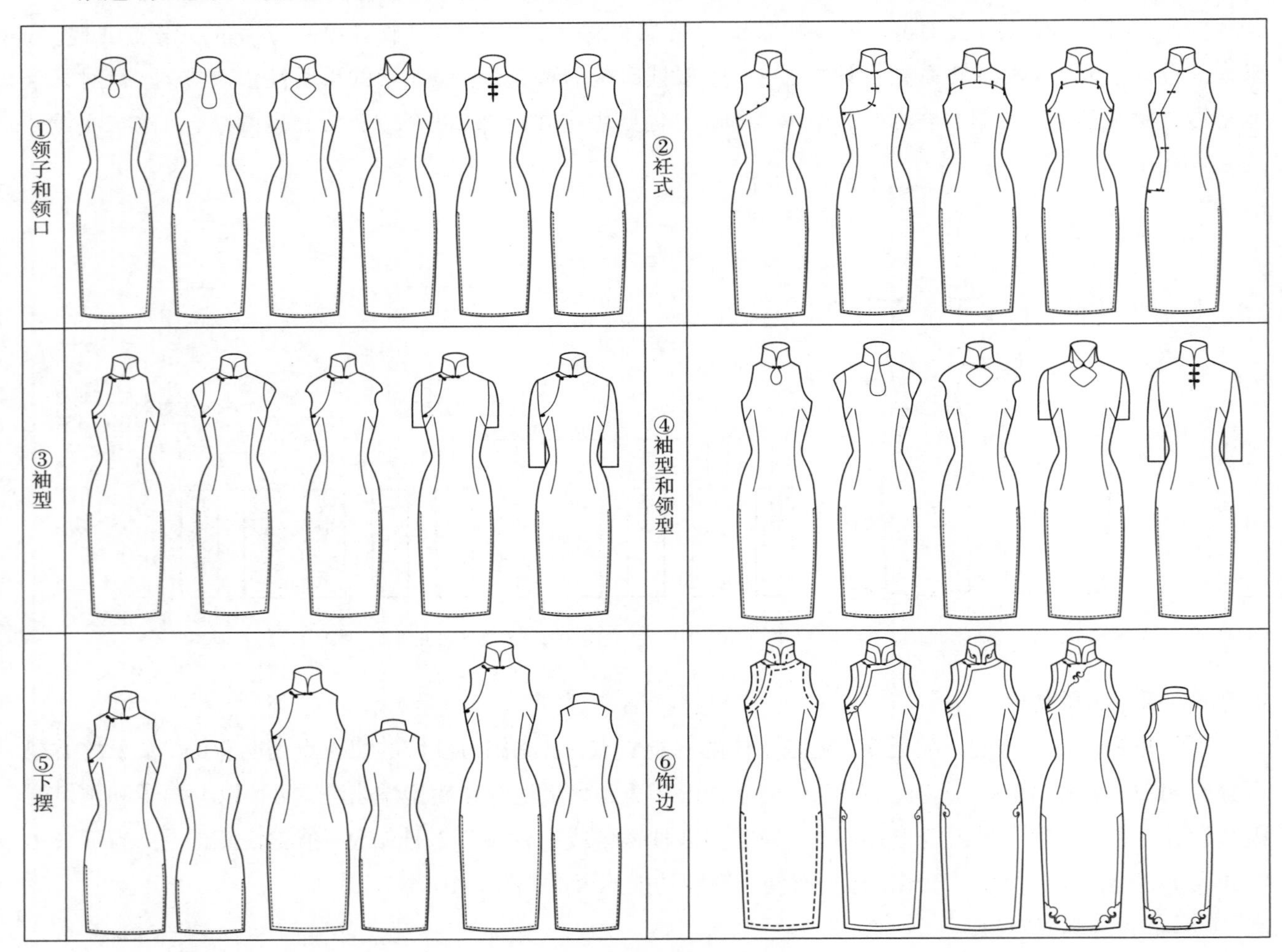

图 7–10　旗袍单元素主题的款式系列

用。可以单滚边、单嵌线，或多滚边、双嵌线，也可以滚边与挡条、如意纹结合设计。依款式特点和造型风格而定。

盘扣分为直扣和花扣两种，通过对盘扣的材质、色彩以及相关元素的排列组合来提升形式美和装饰美，为旗袍增添别样的韵味（图 7–10 ⑥）。

刺绣图案品种繁多，既可采用传统纹样，表达祥瑞吉庆之意，也可古今结合，采用抽象或几何图案，但宜画龙点睛、力求简约。根据需要装饰部位采用适合纹样，边角均衡或者对称分布，赋予旗袍深刻的文化内涵。

（6）综合元素主题设计

理论上，运用一个元素设计时，尽量使这个元素作用发挥到最大化，再运用第二个元素，即二次设计的展开，这时需要确定一个主题元素，当然在发展过程中，元素与元素之间是会转换的。如两个以上元素的组合设计，就要确定一个表现主题，即“设计焦点”（图 7–11 系列一）。多个元素的组合，在发展过程中会发生结构性的风格转换，主要是旗袍的基本元素特征发生质变，这时，就会变成旗袍以外的个性风格（图 7–11 系列二）。由此可见，根据系列设计方法所创造的旗袍帝国，已经超出了它自身的意义，而向其他类型无限延伸。

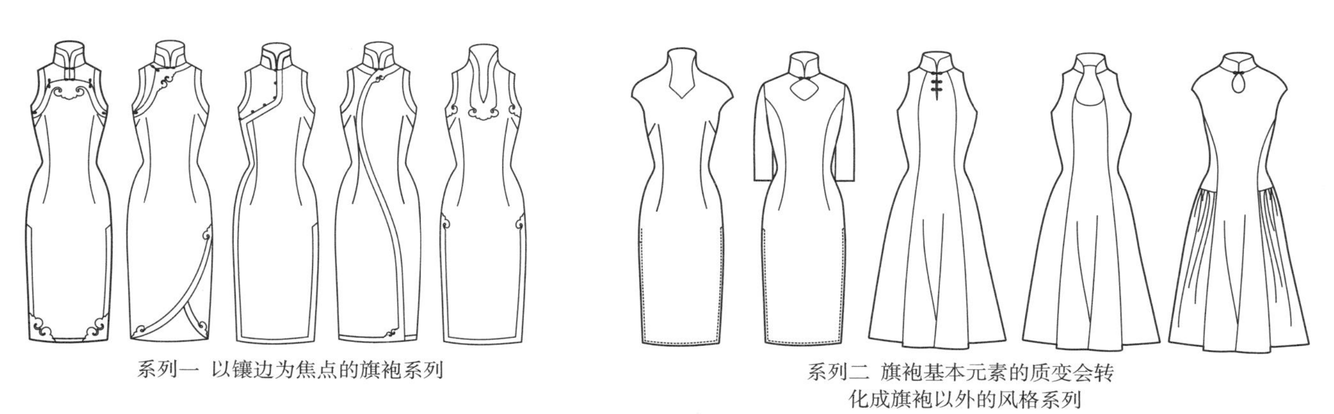

系列一　以镶边为焦点的旗袍系列

系列二　旗袍基本元素的质变会转化成旗袍以外的风格系列

图 7–11　旗袍综合元素主题的款式系列

2　旗袍连衣裙纸样系列设计

旗袍连衣裙纸样系列设计与常服连衣裙没有本质上的区别，只是在造型习惯上旗袍连衣裙使用的设计语更中国化、更民族化、更程式化。

（1）旗袍连衣裙基本纸样

根据旗袍内在结构的变化规律，选择系列款式中最具典型的 S 型无袖旗袍进行纸样设计，所完成的板型为旗袍基本纸样，这是旗袍纸样系列设计的基础。

旗袍的基本纸样根据上衣基本纸样收缩量的设计方法，在上衣基本纸样基础上，按照前侧缝大于后测缝的比例缩减。设定旗袍松量在 4cm 左右，较欧式无松量晚礼服宽松，采用无袖两开身、立领结构，通过胸省、腰省、肩胛省和侧缝来塑造旗袍的 S 造型，之所以采用两开身的结构，除了基于保留旗袍本身的原生态节约意识的考虑外，还因为旗袍多采用织锦缎面料，不适合设计过多的分割缝而破坏丝织品的完整性。结构上因为旗袍的前偏襟无法加入撇胸，所以通过后领口开大约 0.5cm，使得立领成型后前胸平服。旗袍的长度为两个背长 +6cm，侧开衩在臀围线以下 10cm 处，满足窄摆的基本行走功能（图 7–12）。

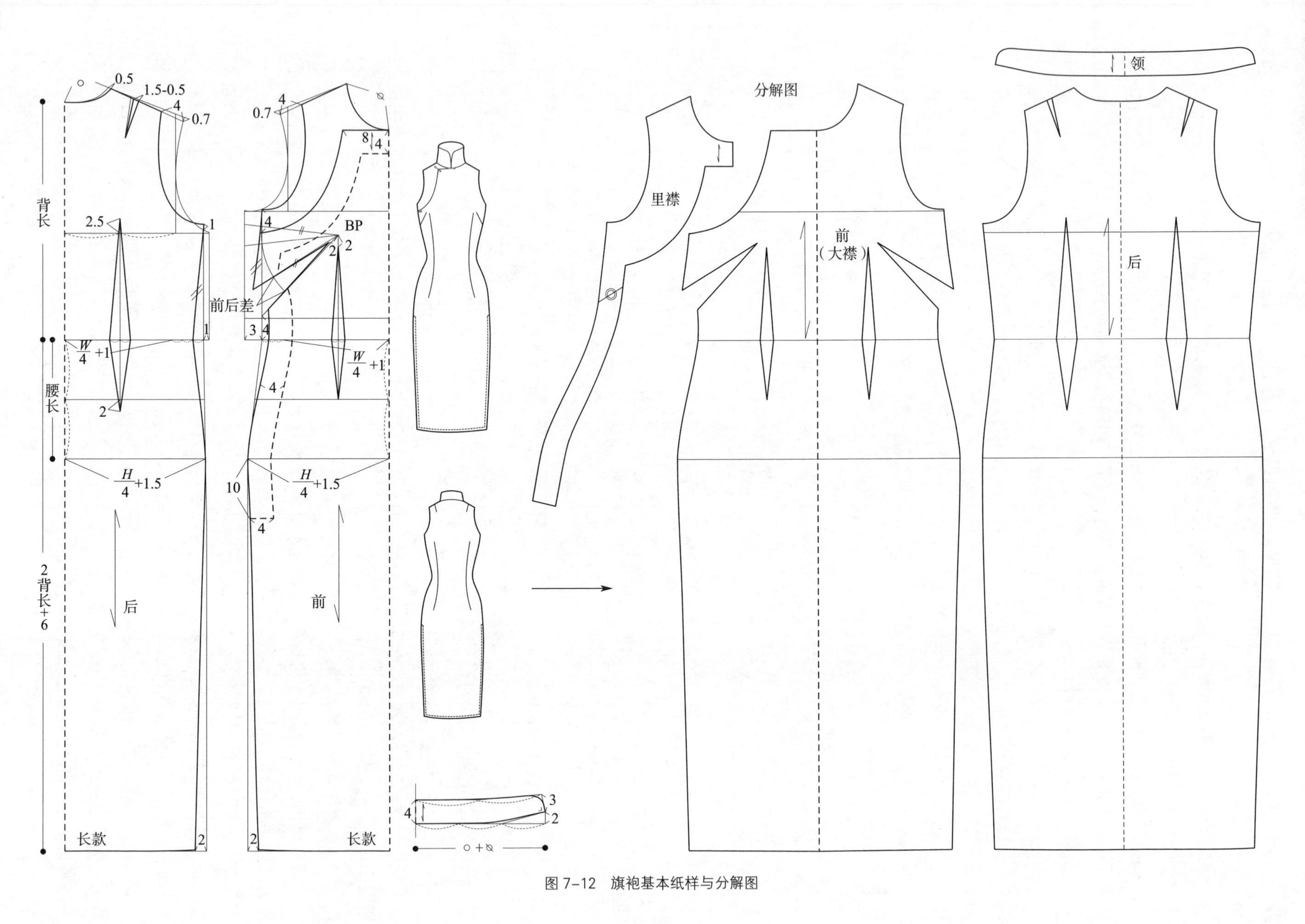

图 7-12　旗袍基本纸样与分解图

（2）一板多款旗袍连衣裙纸样系列设计

将标准旗袍板型固定，依次变化单一元素实现一板多款系列设计。

旗袍长度系列纸样设计的方法同连衣裙，从而得到短、中、长三款不同长度的旗袍款式（图 7–13）。

领型、领口和门襟可以作为同一元素统筹考虑。立领是旗袍的标志性元素，在立领基本纸样基础上，通过领底线曲率变化，得到抱颈式与离颈式造型的系列纸样（图 7–14）。在标准立领基础上，向上或向下取值即可获得不同的领高系列纸样（图 7–15）。立领结合领口和门襟变化会产生无数的排列组合，形成不同立领系列、不同领口系列、不同门襟系列，如图 7–16 所示六款，是在前三款的基础上衍生出后三款的。

袖子的款式千变万化，但在纸样设计上遵循它的结构原理，有袖旗袍，掌握了装袖与连身袖的基本规律，就可以获取七分袖、短袖和抹袖系列纸样，装袖的袖山曲线吃势控制在 2cm

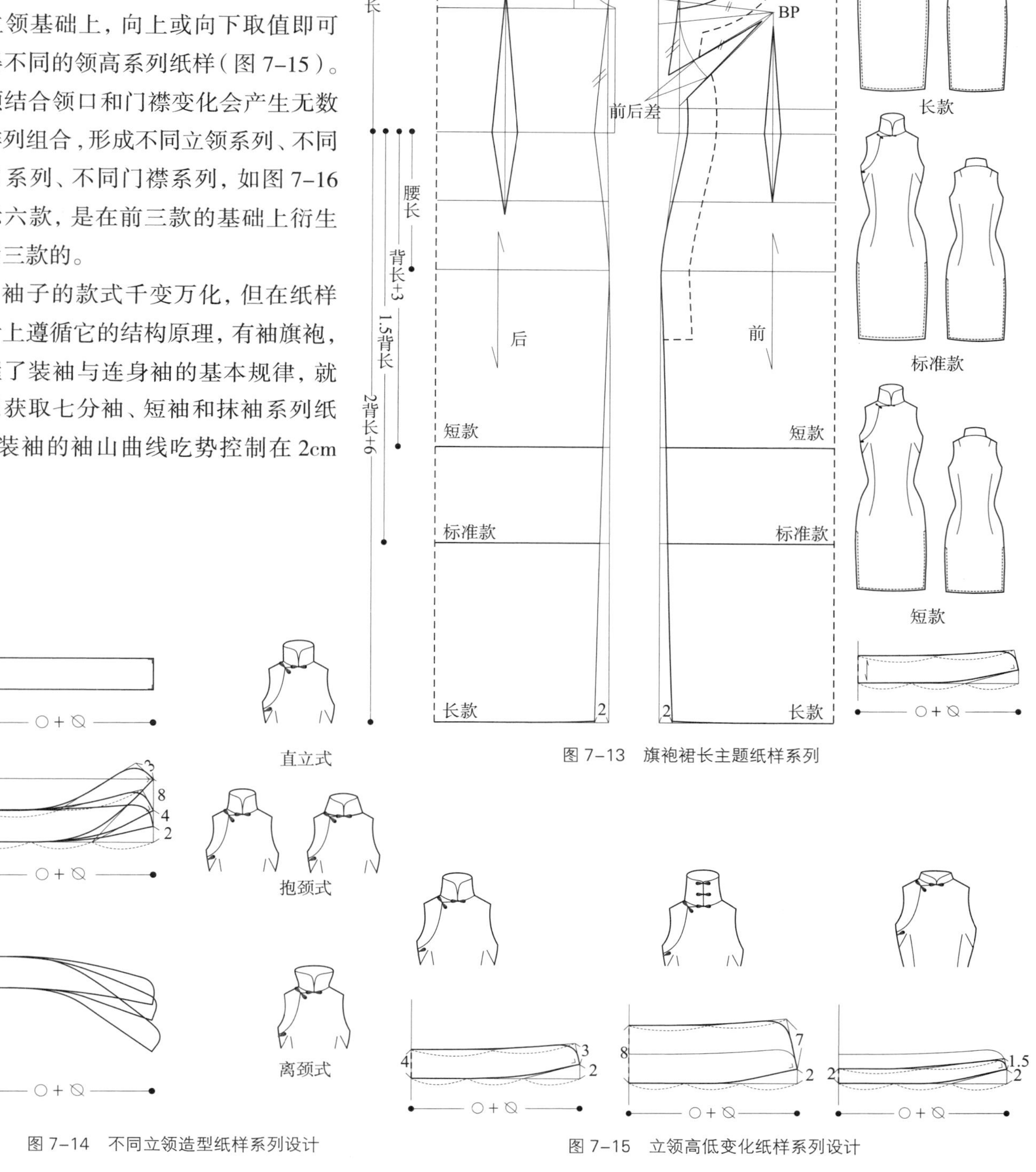

图 7–13　旗袍裙长主题纸样系列

图 7–14　不同立领造型纸样系列设计

图 7–15　立领高低变化纸样系列设计

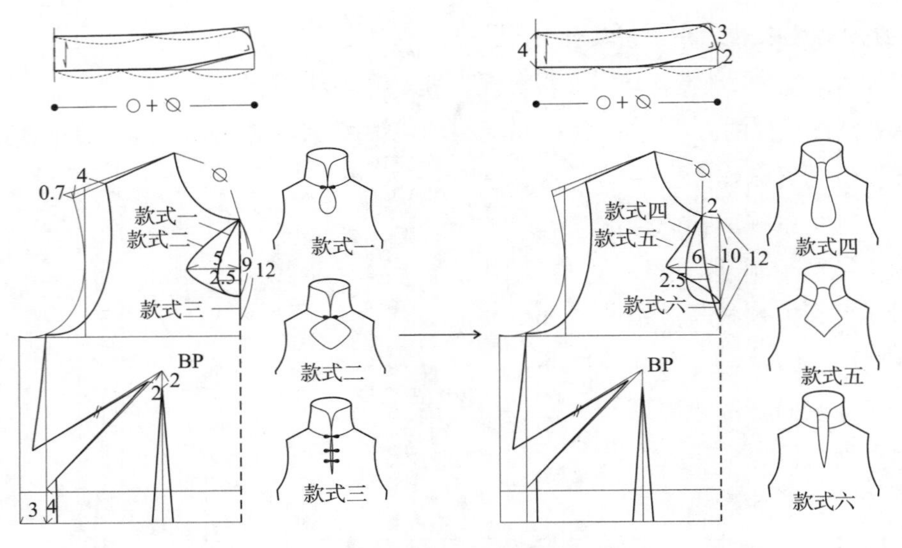

图 7 － 16　领口主题纸样系列设计

左右，因为织锦缎面料吃势不宜过大。无袖旗袍是在肩线上从侧颈点到肩点之间做不同采形处理，就会得到无袖旗袍系列纸样。抹袖设计也是在这个环境下完成的，这是解决系列制板技术既科学又轻松的办法（图 7–17）。由于旗袍的合体度较高，穿脱不方便，因而不适宜做长袖设计。

饰边装饰是旗袍的重要元素之一，如果与领型、领口和门襟进行排列组合，会产生一个旗袍系列大家族。在纸样处理上，只需借用之前的系列板型设计特别的饰边系列纸样（图 7–18）。

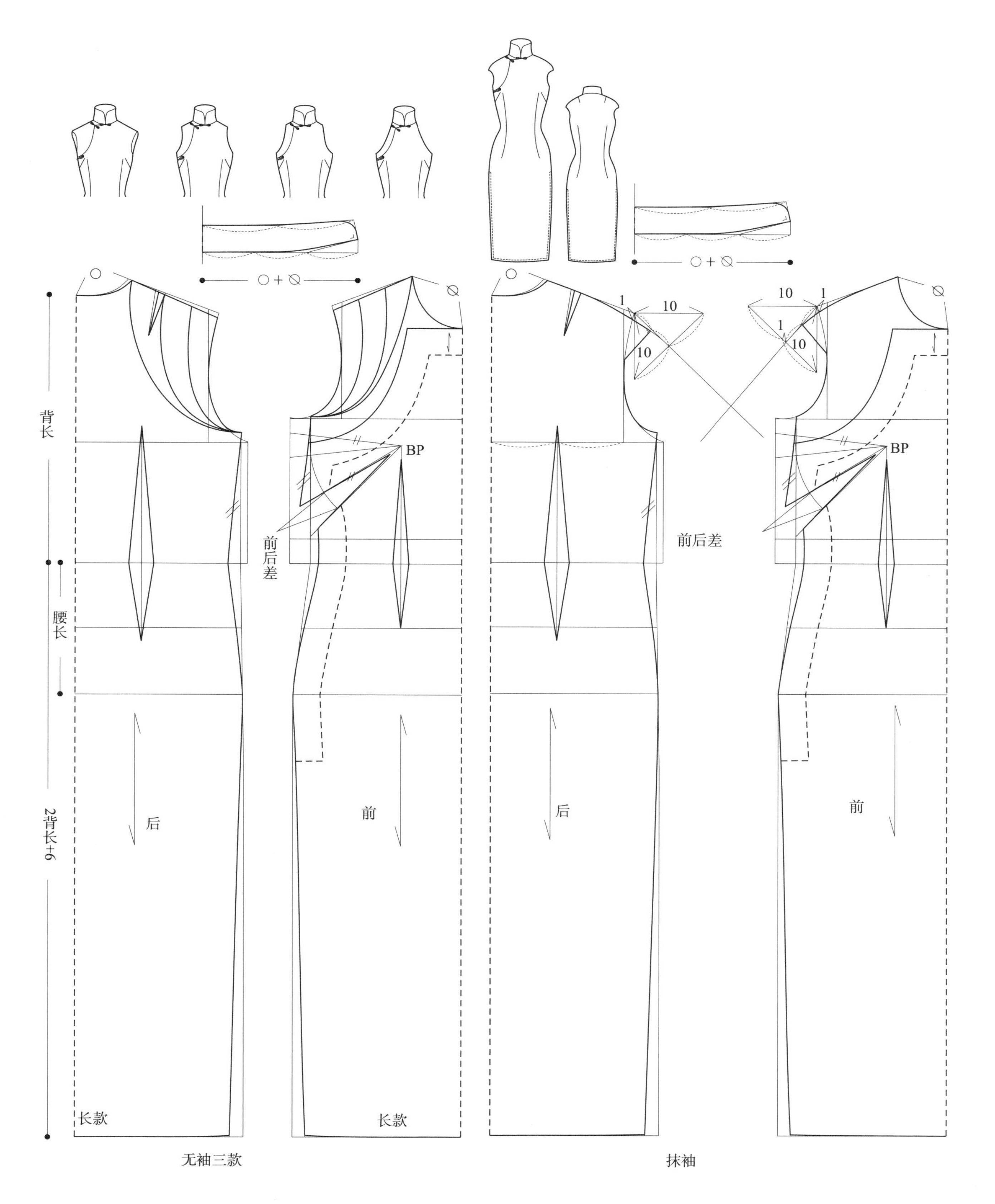

图 7–17

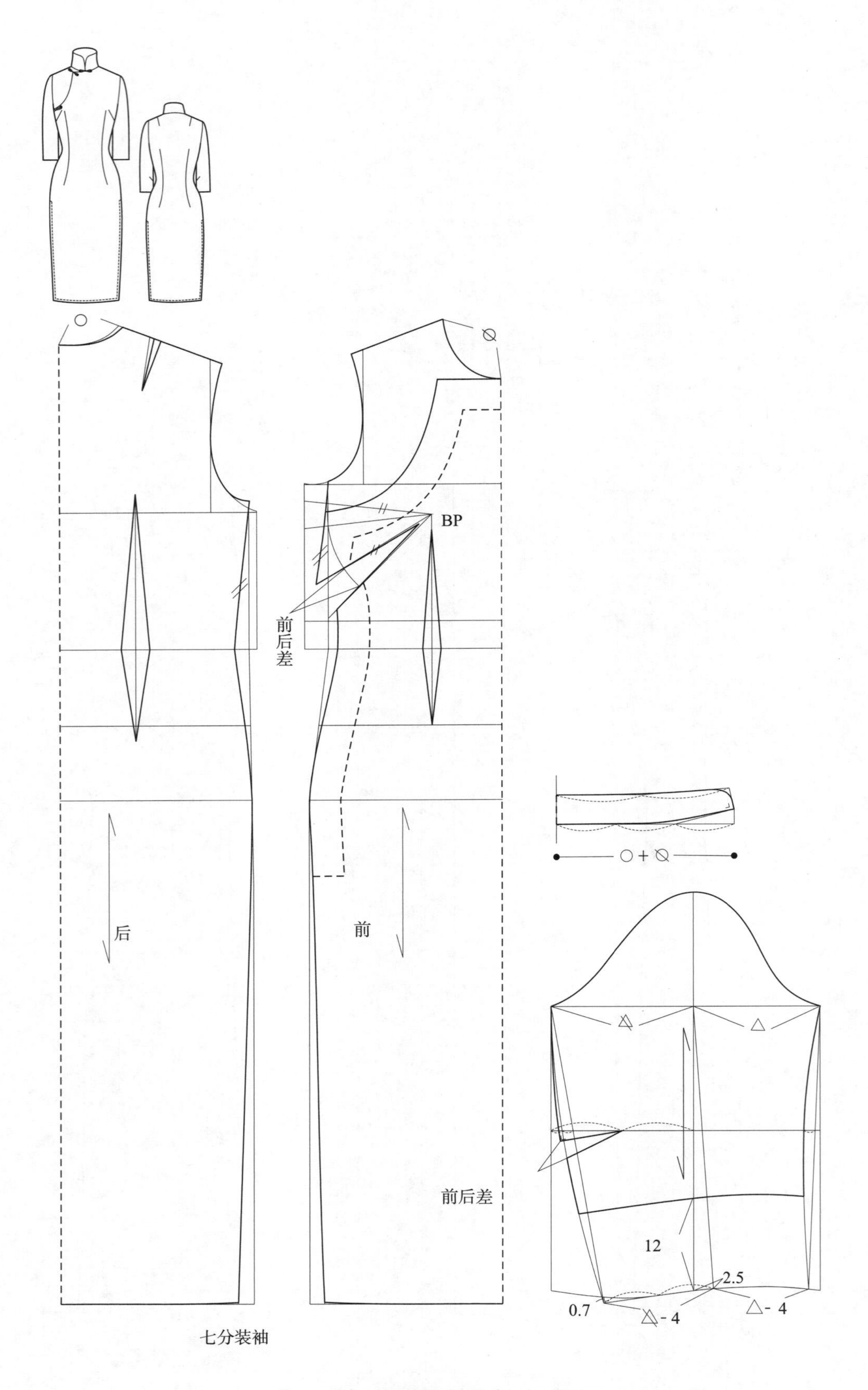

图 7-17　旗袍肩袖的纸样系列设计（三款）

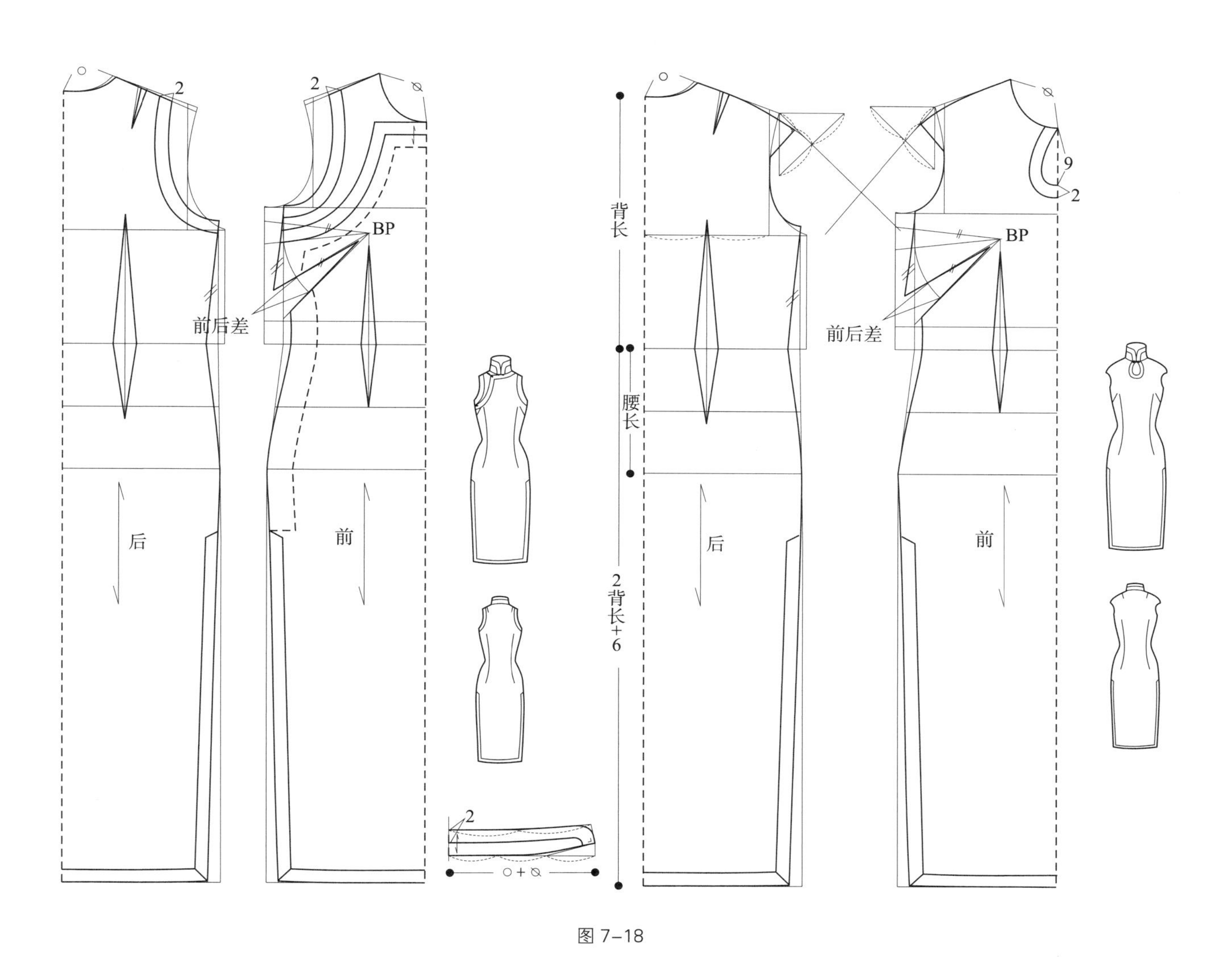

图 7-18

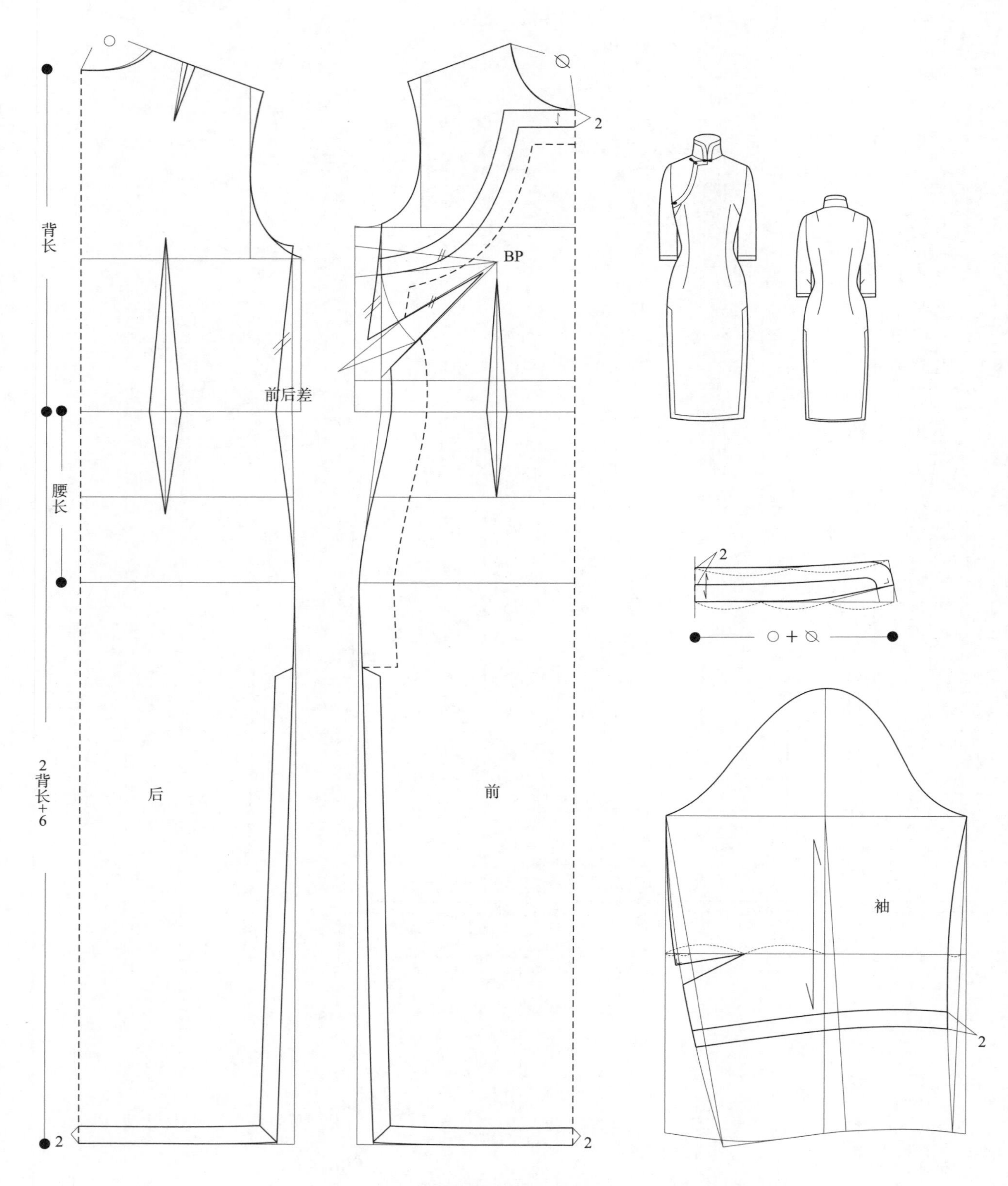

图 7–18　旗袍饰边的纸样系列设计（三款）

§7–3　礼服连衣裙款式和纸样系列设计

礼服连衣裙根据 TPO 规则可细分为正式礼服和半正式礼服。其中，正式礼服包括晚礼服、婚礼服、丧服；半正式礼服包括鸡尾酒会服、晚宴服、舞会服和日间礼服。

当然民族风格的礼服连衣裙则有各自的造型习惯，在各自国家具有特殊地位，也是被 TPO 国际规则所遵守的。其中，旗袍是中西结合的典范，也是国人公认的国服，但这不影响对国际化的认同，所以在女装中国际化和民族化连衣裙的样式和平共处的最成功。

虽然礼服连衣裙根据 TPO 原则不同品种间的款式会有所差异，但连衣裙的基本形态是它们的共通之处，只是在个性要素上加以区别。礼服连衣裙总是低胸、长裙，配装袖小上衣、多饰亮片和采用较华丽的面料等。

1　礼服连衣裙款式系列设计

根据高级别向低级别流动容易，低级别向高级别流动慎重的 TPO 元素应用规律。从最高级别的晚礼服基本款式入手展开系列设计具有示范作用。这是因为以晚礼服作为基本款向下级延伸，其实就是元素逐级递减的过程，最显著的特点就是裙长的缩短、款式的简化设计以及华丽感的消退也就降低了礼服的级别。

礼服连衣裙的基本款为两件式，连衣裙衣长及脚面，采用低胸、露背、露臂的 S 型连衣裙形式，搭配无领、开襟、短款、七分袖的装袖小上衣，成为晚礼服的标志性组合（图 7–19）。

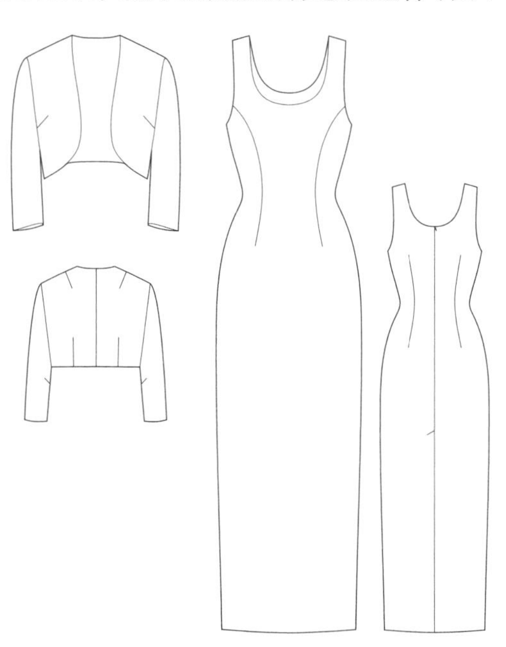

图 7–19　礼服连衣裙基本款

搭配礼服的上衣短款，开襟是这一品种的共同特征，款式设计主要集中在结构线上。礼服连衣裙的廓型延续连衣裙的廓型即 S 型、小 X 型、大 X 型、H 型、A 型和伞型。当处于宽松状态时，多在腰间系腰带，因面料的柔软而形成具有随意性、装饰性的褶皱效果（图 7–20）。

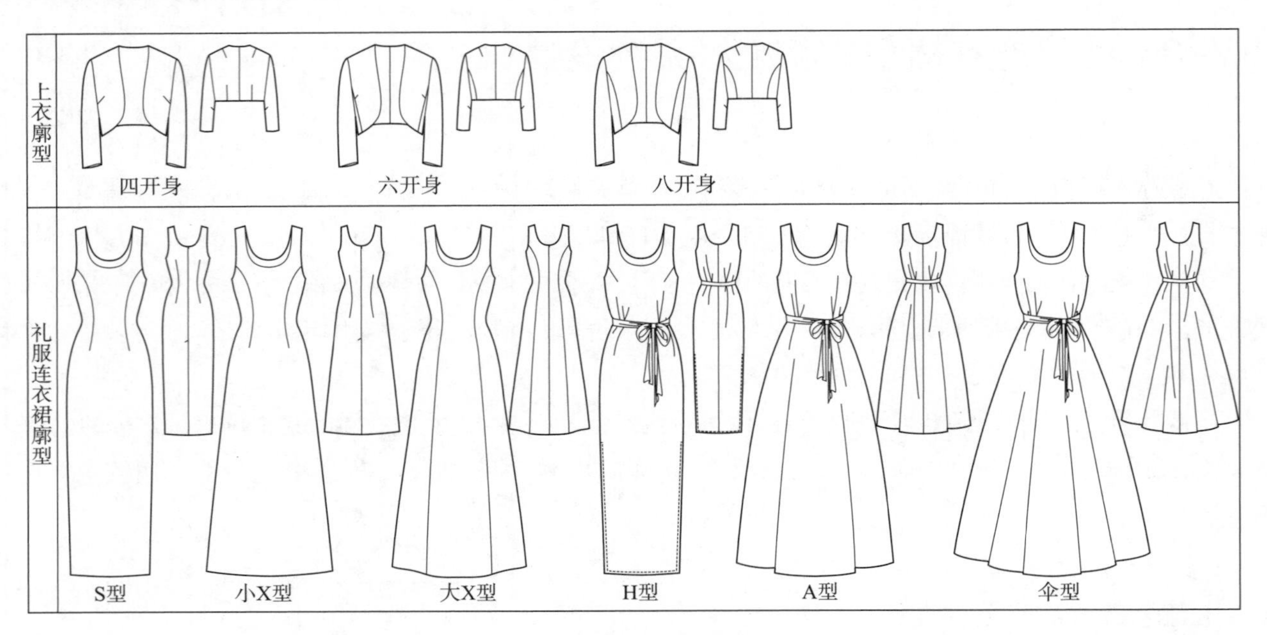

图 7–20 礼服连衣裙基本廓型

（1）礼服连衣裙上衣单元素主题设计

礼服连衣裙上衣主要功能是必要时遮挡过度暴露的肩胸，所以要尽量简洁处置。元素可细分为衣摆、领型、袖型、分割线等，其变化原理可理解为简化的西装、深化的坎肩。

领型与门襟设计一并考虑，前门襟多是无扣设计，即使有也是一种符号化的，没有任何意义。这主要是出于上衣要与连衣裙搭配形成内外组合的套装层次感，从而更好地展示女性修养的深刻性。考虑到礼服连衣裙本身就富有华丽感，因而小外套设计以简约的领型为主，无领、立领、连身立领等都是较为常用的，当然也可以借鉴男士塔士多礼服、梅斯礼服的领型，其华丽的缎面设计是典型的晚装语言，而且梅斯礼服的短款、门襟不系合的形式能很好地应用于礼服上衣的设计。

袖型要控制它的长度。衣长既可有过膝的长度，也可短至胸围，多随内裙长的变化而定，注意长外罩短连衣裙的组合意味着进入了小礼服状态。分割线是女装设计的精华所在，在此处分割线的设计可以结合镶边、刺绣等装饰，形成不同于其他类型上衣的华丽感。不过小上衣过短使分割线的作用不大，多采用胸省无分割结构（图 7–21）。

图 7–21 礼服连衣裙上衣领型、门襟主题款式系列

（2）礼服连衣裙单元素主题设计

礼服连衣裙的设计尽可以直接借鉴常服连衣裙的款式设计方法，如腰线、裙长、领口采形、袖型、分割线元素等单元素主题设计。不过要适应礼服连衣裙露肤多、裙长、合体度高的特点，不同于常服连衣裙的设计侧重功能，礼服连衣裙注重的是礼仪的隆重性、符号的象征性，因而无论是材质还是设计都是以此作为出发点。如裙长较常服连衣裙长，抹胸设计要远远多于常服连衣裙，袖型较常服连衣裙华丽，袖肥可以极宽或极窄，夸张的变化更能强化礼服的个性。在礼服设计中，褶元素最有发挥的空间，结合不同的廓型和具有光感的柔软面料，可使不同褶的特性得以尽数发挥，而且可以借助于连衣裙款式系列中褶的主题结合分割线手段可以充分发挥褶的表现力（图 7–22）。

2　类型礼服连衣裙款式系列设计

简单的元素整合仅是实现一般礼服连衣裙的粗放型设计。连衣裙作为女装的主体和特质，礼服又是这种服装的最高表现，因此 TPO 知识系统对此有更深刻具体的界定和指引，类型礼服连衣裙就是据此划定的，有必要根据类型要求展开礼服连衣裙款式系列设计。

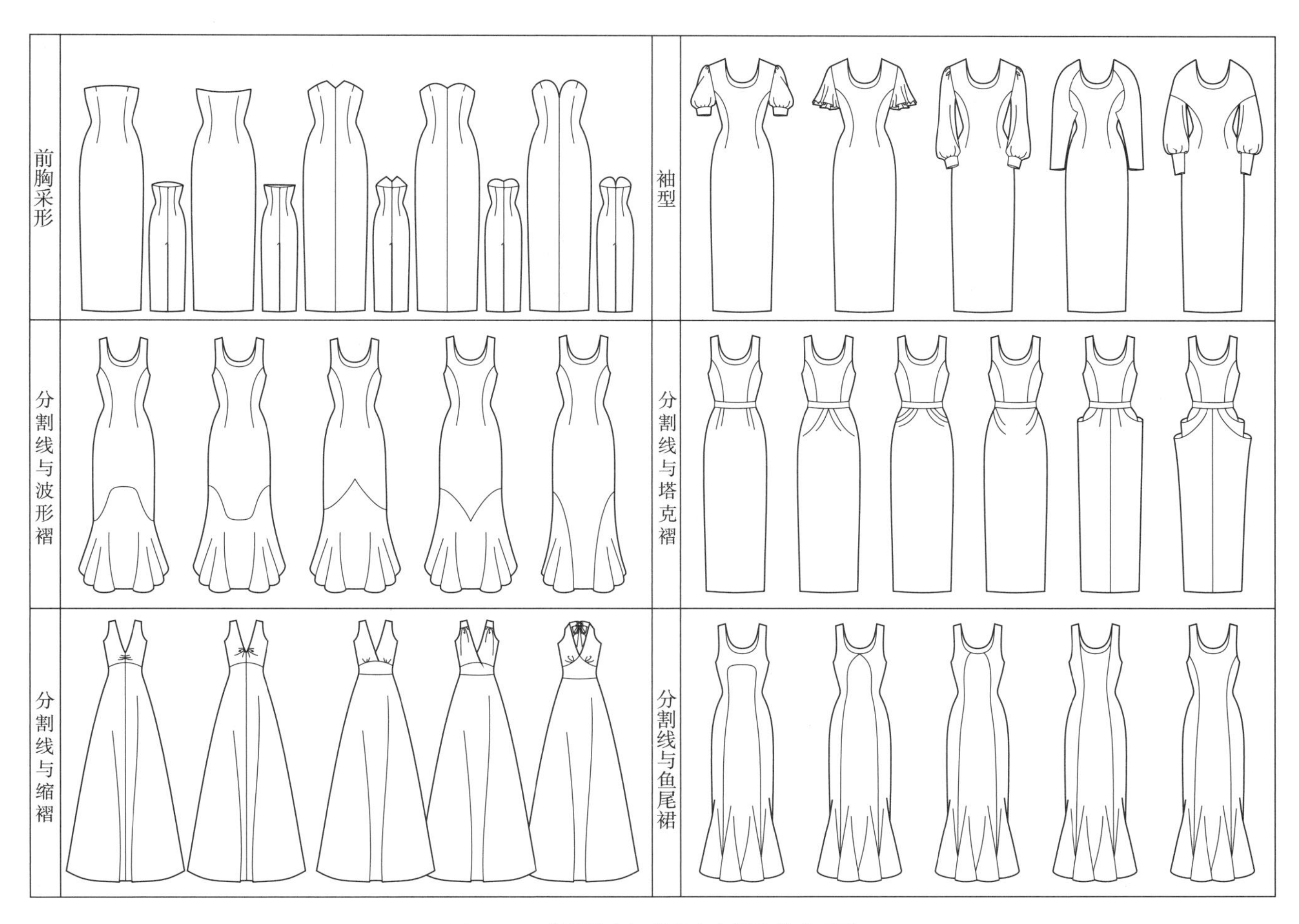

图 7–22　礼服连衣裙单元素主题的款式系列

（1）晚礼服（Evening dress）综合元素主题设计

晚礼服，作为女士的第一礼服，与男士燕尾服、塔士多礼服级别相同，是最正式华丽精致的夜间社交礼服，成为出席晚宴、音乐会、颁奖礼等隆重场合的装束（图 7–23）。

布什宴请英国女王伊丽莎白二世　　　　2009 年奥斯卡颁奖典礼

图 7–23　晚礼服主流社交场景

晚礼服的基本特征是低胸、露肩、露背的无吊带式连衣裙，裙长及地或曳地，配以短袖或七分袖的小外套，也可以是披肩、围巾等。在礼服级别中，社交活动晚间的礼仪级别更高，装束也就华丽。由于时间为豪华吻合的夜晚，因而多使用具有光感的面料。

晚礼服的款式设计根据 TPO 规则，以华丽精致但不繁复作为设计原则，可选择天鹅绒、丝绸、软缎和薄绉纱等衣料。款式设计以“露”为主，可以通过褶皱、分割线、花边、蝴蝶结等来表现晚礼服的体积感和着装后的体态曲线。图 7–24 就是在这种思路指导下完成的晚礼服款式系列设计。此系列以高腰线、宽裙摆、长度及地的形式来塑造女性挺拔的身姿，结合缩褶表现胸部的丰满，以窄肩、露背的设计形成后轻前重的主次关系。小上衣设计采用了由无领到有领、七分袖到短袖的设计，通过合理的搭配凸显优雅高贵的着装品位。

（2）婚礼服（Wedding dress）综合元素主题设计

婚礼服又名婚纱、新娘礼服，是最具浪漫色彩的日间礼服，旨在表现女性的圣洁质雅，基本没有实用性要求。在这样的场合中，新郎选择日间第一礼服晨礼服（Morning coat）出席。至今为止，这种 TPO 的程式都延续不变，尤其以皇室的规范标准成为时尚的风向标（图 7–25）。

婚礼服的颜色根据风俗习惯、宗教信仰以及民族的差异会有所变化，但国际通用的初婚女子标准色是白色，再婚者为淡色。面料选用浮雕织物如马特拉塞等提花织物配平滑的软缎、丝绸等面料。款式为简朴的连衣裙式，贴伏的大开领，衣袖有长、短的不同设计，裙长至脚踝或拖地。有效的把握婚礼服的 TPO 知识是款式设计的基础。在此就以款式简洁、裙长及地、高腰位作为稳定的因素，通过袖子长短、肩部宽窄、领口采形的变化作为造型焦点的设计，形成以腰线以上作为“设计眼”的款式系列（图 7–26）。

（3）丧服（Nourning dress）综合元素主题设计

事实上丧服是日间礼服的一种，和职场连衣裙没有本质的区别，色调以深色为主，是伤感的日间礼服，在出席葬礼、告别仪式时穿着。款式以简洁、朴素的连衣裙或套装为首选；色彩以黑色、藏蓝等深冷色系为主。面料有棉、丝绸、乔其纱、天鹅绒可选择，应避免使用华丽和有光泽的织物。所有配饰均为黑色，不佩戴任何珠宝饰品。

图 7-24　晚礼服连衣裙款式系列

日本天皇女儿纪宫公主婚礼

意大利王子婚礼

荷兰小王子康斯坦丁婚礼

日间第一礼服细节把握的精准说明其身份的高贵

图 7–25　婚礼服主流社交场景

图 7–26　婚礼服连衣裙款式系列

丧服的设计可延续常服连衣裙款式设计的基本思路和方法，裙长以膝线以下为宜，可选择 S 型、小 X 型或大 X 型的廓型。例如以八开身大 X 型作为不变因素，将造型焦点集中在领型、袖型的变化，结合门襟、分割线的变化完成基于 X 廓型的多元素系列设计（图 7–27）。

图 7–27　丧服连衣裙款式系列

（4）**晚宴服（Dinner dress）综合元素主题设计**

晚宴服可以理解为简式晚礼服，是出席正餐会、聚会时穿着的礼服。其面料、款式以及搭配都没有晚礼服性感、华丽、隆重。其形式多为一件式，暴露也较晚礼服少的连衣裙，一般不露肩和背部，裙长以及踝为宜，袖可长可短。图 7–28 是在公主线分割 X 廓型基础上，对局部元素进行整合完成的晚宴服主题款式系列。

（5）鸡尾酒会服（Cocktail dress）综合元素主题设计

下午 18 点以后的鸡尾酒会，穿着鸡尾酒礼服连衣裙。由于时间正好介于日间礼服和晚间礼服之间，所以其形式是华丽与活泼兼有，一般裙长较晚礼服短，无袖、露肩、低领的设计。面料可以采用丝绸等织物。鸡尾酒会服系列以有腰线连衣裙作为基本形式，将腰线以上作为造型焦点，肩胸设计从有袖到无袖再到不同形式的抹胸变化产生系列“设计眼”（图 7–29）。

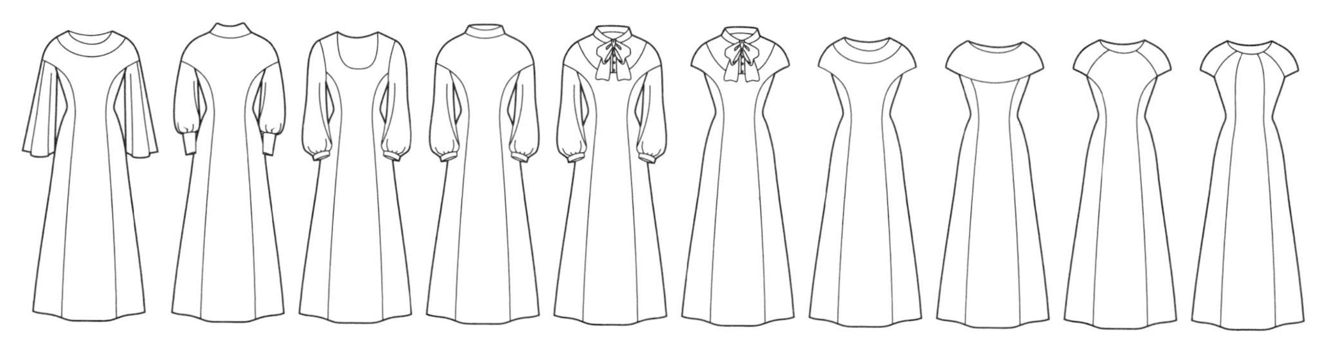

图 7–28　晚宴服连衣裙款式系列

图 7–29　鸡尾酒礼服连衣裙款式系列

（6）舞会服（Party dress）综合元素主题设计

舞会服是游园会、晚餐会、聚会等宴会场合穿着的礼服，此类型的礼服形式活泼，装饰多样，荷叶边、飞边等形式都可以采用，也可以套用晚宴服和鸡尾酒会服或其他不同形式的调和套装。不过服装具体的色彩、材料和造型，最终要根据场合的性质、气氛、风格确定。以荷叶边作为主要的设计元素，通过与下摆的波形褶设计相呼应形成诠释舞会服连衣裙系列的主题性格（图 7–30）。

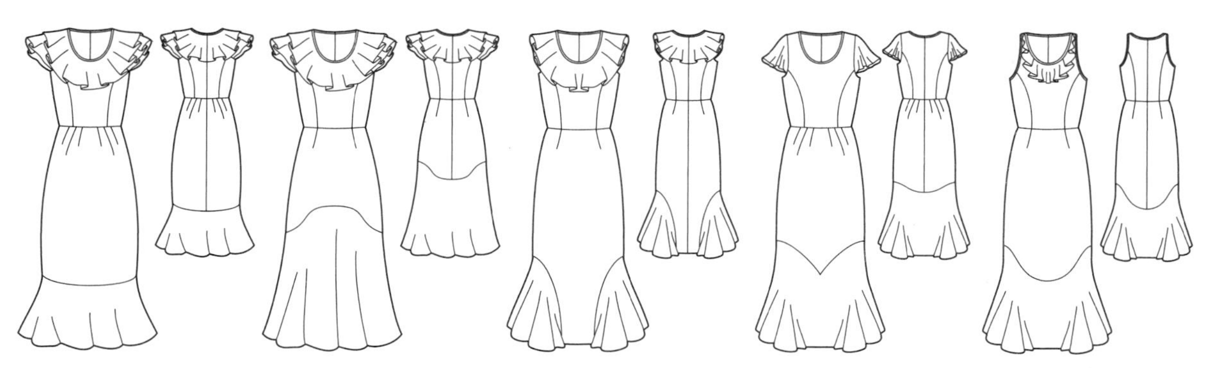

图 7–30　舞会服连衣裙款式系列

（7）日间礼服（Morning Dress）综合元素主题设计

日间礼服，即女性在日间尤其是午后穿着的较正式的礼服，适合于访友、出席正式招待会、婚礼或是赴宴时穿着。日间礼服无固定的格式，既可以是连衣裙，也可以是调和套装，后者则是日间礼服常用的格式，外衣有长有短。内穿连衣裙通常要采用无领无袖的极简样式，以烘托外衣。连衣裙面料多用柔软的绉纱、绢、真丝双绉等华丽织物。图 7–31 采用了外套和连衣裙组合的调和套装形式，两者均为 X 型，通过外套门襟、长短、领型等元素整合进行系列设计，使得此系列个体特征鲜明却又融合在整体成熟、稳重风格之中。

图 7–31　日间礼服套装连衣裙款式系列

3　礼服连衣裙纸样系列设计

在结构上，礼服连衣裙纸样与常服连衣裙纸样最大的不同是礼服的松量小于常服，而且礼服的级别越高松量越小，晚礼服、婚礼服松量为负数（–4cm 左右），以起束胸的作用。

（1）礼服连衣裙基本纸样

以 S 型作为晚礼服的基本纸样，它与常服连衣裙的减量设计有所不同。礼服连衣裙的采寸要求上身达到最大限度的合体，晚礼服多为负松量，一般大约 4cm，从而达到束胸和修正体形的目的。胸围减量设计为 13cm，一半制图时分配为前侧缝 3cm，后侧缝 1.5cm，前、后中缝分别减去 1cm。这样最终达到的总量比净胸围小 1cm。为了使肩部更贴和人体，将连衣裙前、后肩线下落 0.7cm 调整为 1cm；腰围的松量设计为 4cm，臀围松量为 2cm，这些松量通过前、后片和后中位置的省缝去掉；为了使前胸平服，采用从后侧颈点量取领口宽大于前领口宽 1cm，从而达到隐形撇胸的目的，这种方法适用于所有前胸无断缝的女装结构（图 7–32）。

基本款小外套为 H 型，由于是穿在礼服连衣裙外面的，所以不需要过度合体，仅在前侧缝位置减去 1.5cm。衣长为短款，较基本纸样短 6cm，分别在侧缝、后中和后片位置去掉一部分省量使下摆贴和身体，前片通过侧省设计 1.5cm 的撇胸，余下的侧省塑型。小外套的袖型为有省一片袖，在制图时既可以量取新的袖山曲线重新制板，也可以在旗袍有省一片袖纸样基础上通过减少袖肥，调整袖山，在原袖口向上截取 10cm 完成七分袖设计（图 7–32）。

（2）基于廓型的一款多板礼服连衣裙纸样系列设计

完成礼服连衣裙的基本纸样之后，就可以在此基础上沿用连衣裙廓型变化的原理，衍生出礼服连衣裙的小 X 型、大 X 型、H 型、A 型和伞型的一款多板系列（图 7–33）。小外套的设计在保持它的基本特征前提下做单元素或多元素的一板多款系列设计，也可以保持相对不变的设计。

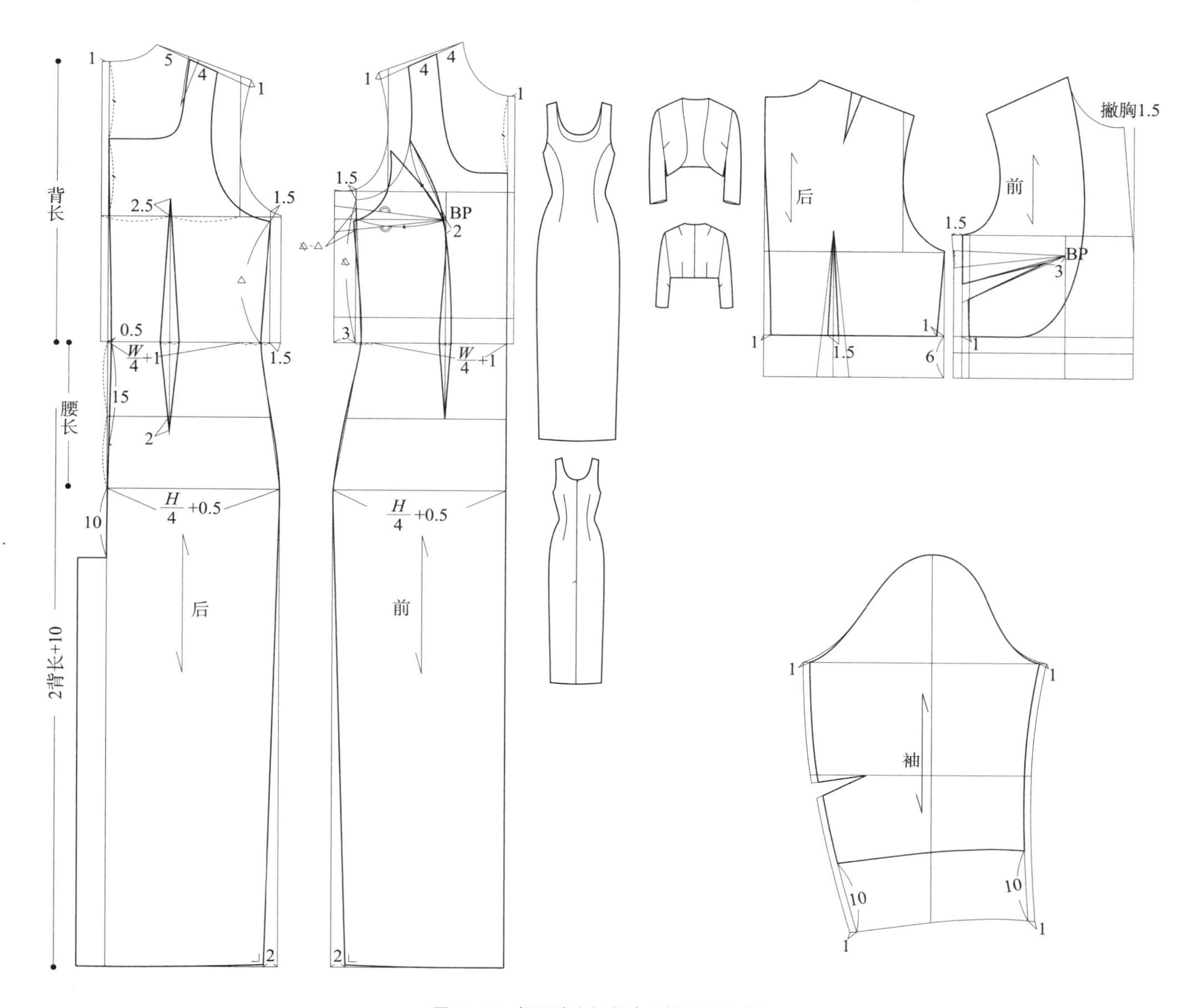

图 7-32　礼服连衣裙基本纸样（两件式）

（3）礼服连衣裙综合元素纸样系列设计

以礼服连衣裙 S 型结构做类基本纸样，可设计的范围很广，可以固定主板改变局部元素，也可以固定局部元素改变主板结构，还可以主板和局部元素同时改变，可以说礼服连衣裙是女装系列纸样设计方法得以全力发挥的集大成者。图 7-34 仅仅是采用 S 型作为主体结构，通过领口、前胸采形的局部设计作为造型焦点展开类基本纸样的系列变化。款式一领口采形为直线；款式二为水滴型；款式三为 V 型；款式四与款式三的领口采形相似，但加入了褶元素，在腹围附近加入一块三角形设计，形成上紧下松和强调褶元素的焦点设计。所有款式前片的吊带都要短于实际长度 2cm，这有助于塑造胸部造型。此组设计遵循强调前身、淡化后身的设计原则，将前胸部分作为造型焦点，下摆处理简洁，保持 S 型廓型主体风格不变，从而演示了纸样系列设计方法的有序性、方便性和快捷性。

小外套的纸样设计保持六开身不变和元素运用极简的设计手法，以一形负万形、一款负万款的理念，创造一静负万动的主题系列。这种境界是在这种方法的反复训练、反复实践中才能体会得到（图 7-34，更多信息参阅下篇相关内容）。

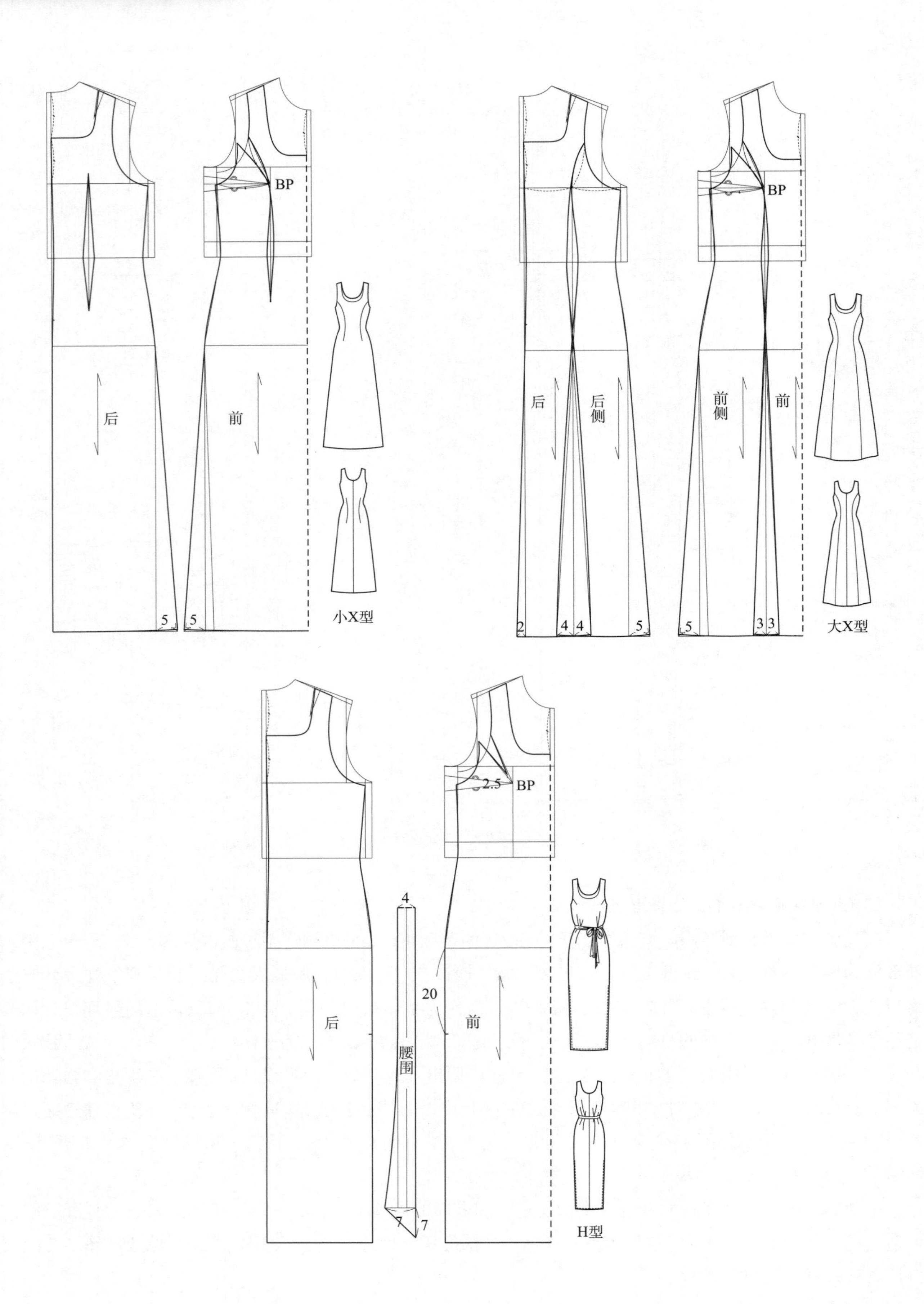
BP
后
前
5
5
小X型
BP
后
后侧
前侧
前
2
4
4
5
5
3
3
大X型
2.5
BP
4
20
后
前
腰围
7
7
H型

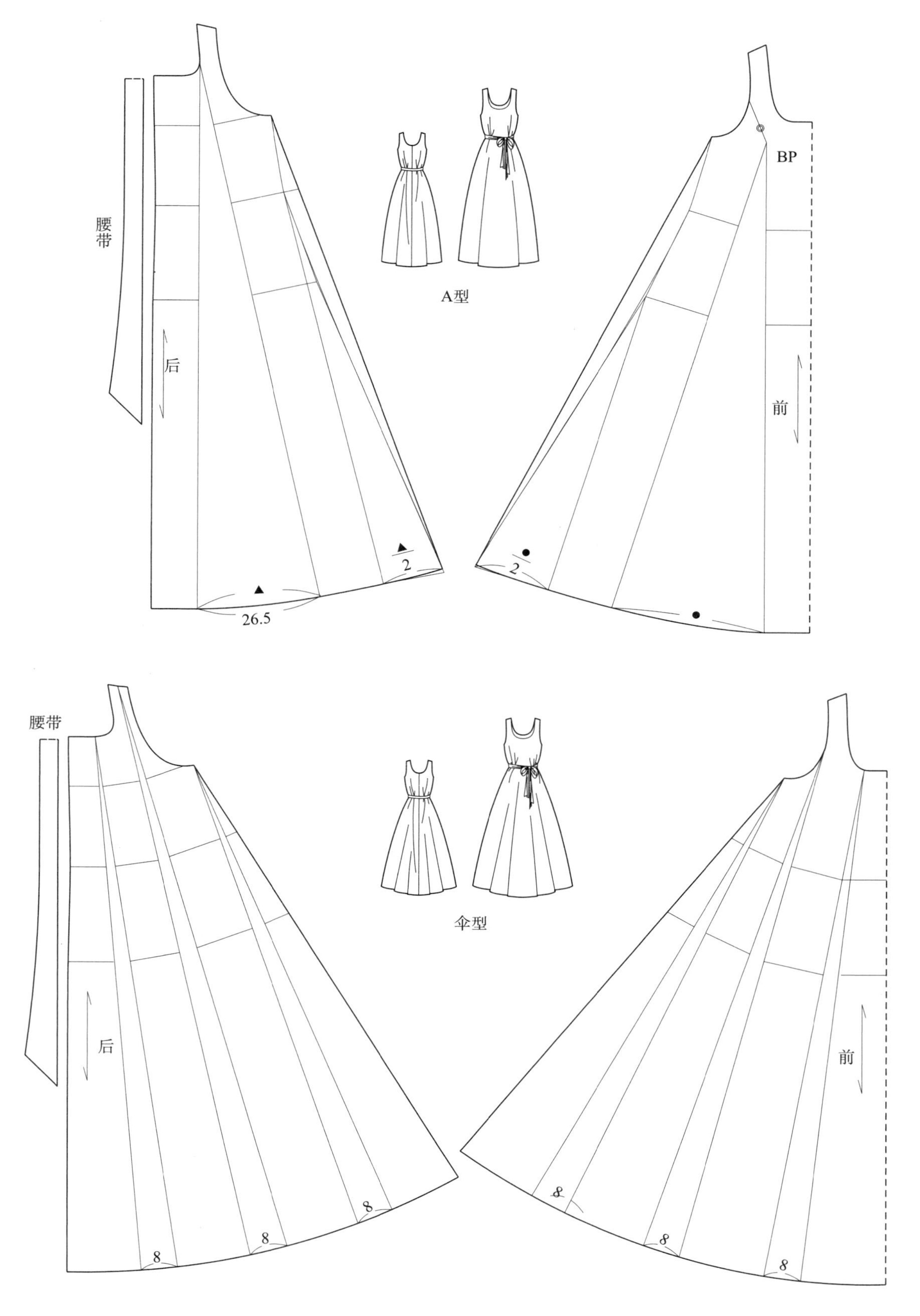

图 7-33　一款多板礼服连衣裙纸样系列设计（五款、小外套借用图 7-32 和图 7-34）

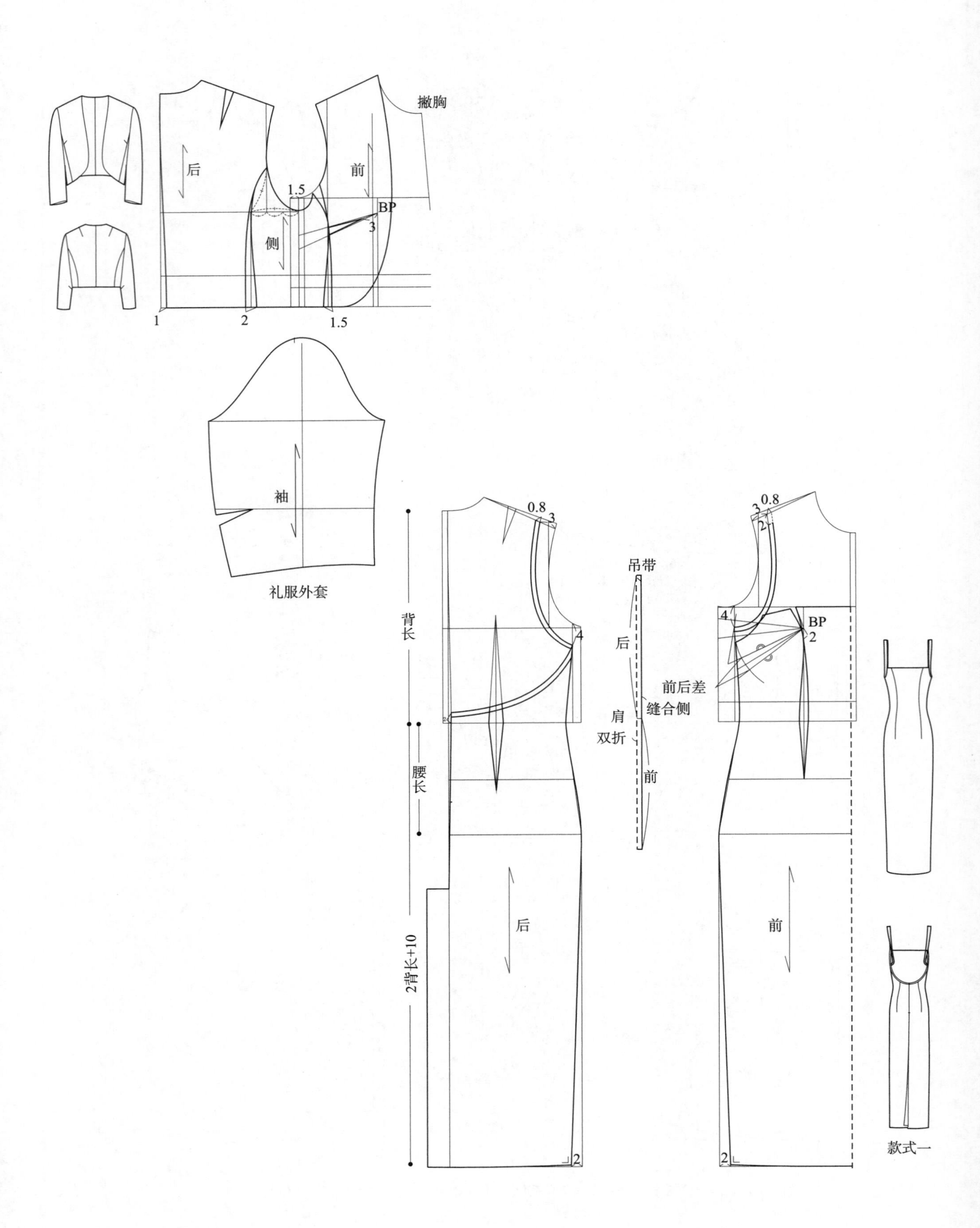

撇胸
后
前
1.5
BP
3
侧
1
2
1.5
袖
礼服外套
0.8
3
4
背长
腰长
2背长+10
2
吊带
后
肩
双折
前
缝合侧
前后差
BP
2
4
3
0.8
2
后
前
2
款式一

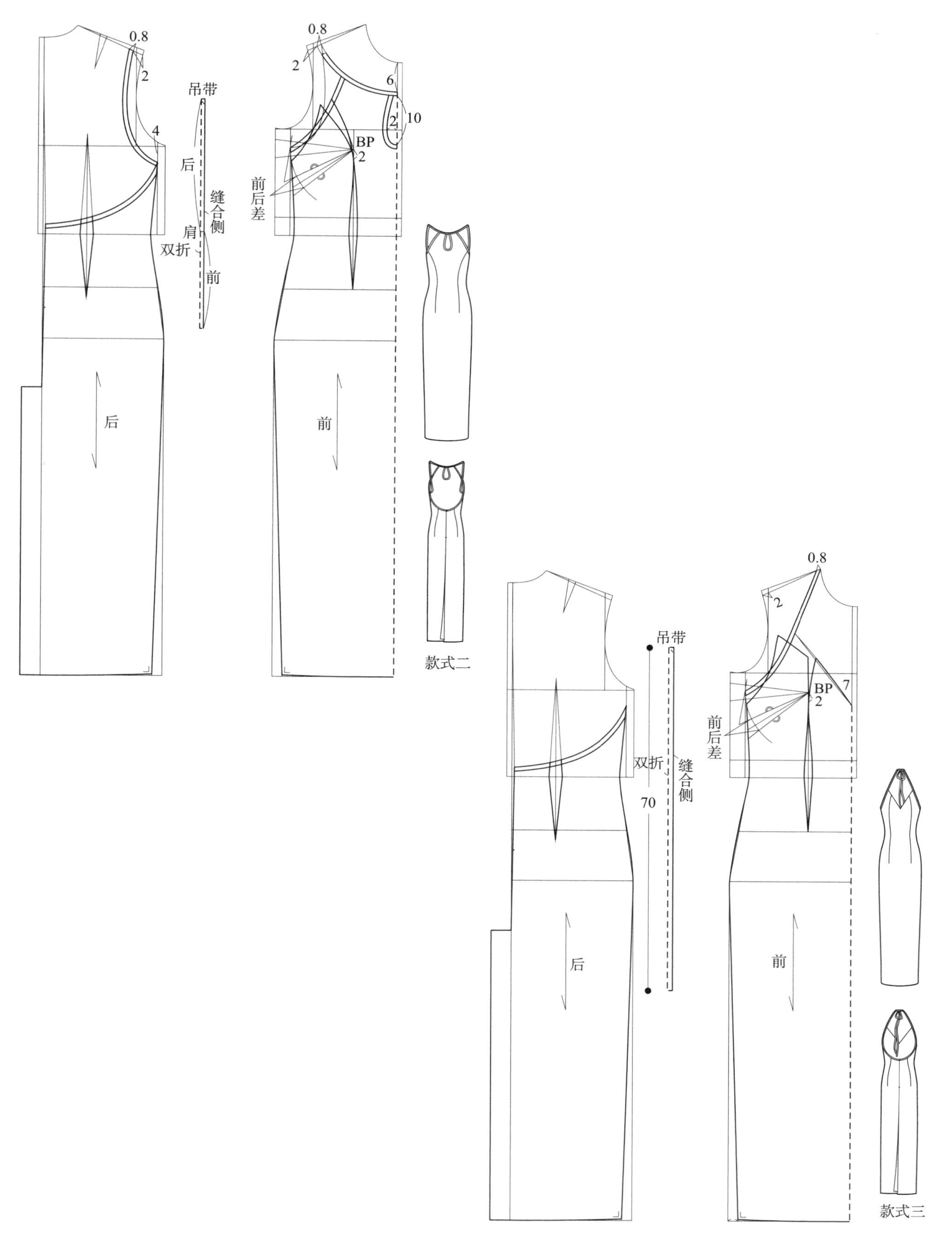

0.8
2
4
吊带
后
缝合侧
肩
双折
前
后
0.8
2
6
10
2
BP
2
前后差
前
款式二
0.8
2
吊带
7
BP
2
前后差
双折
缝合侧
70
后
前
款式三

图 7-34

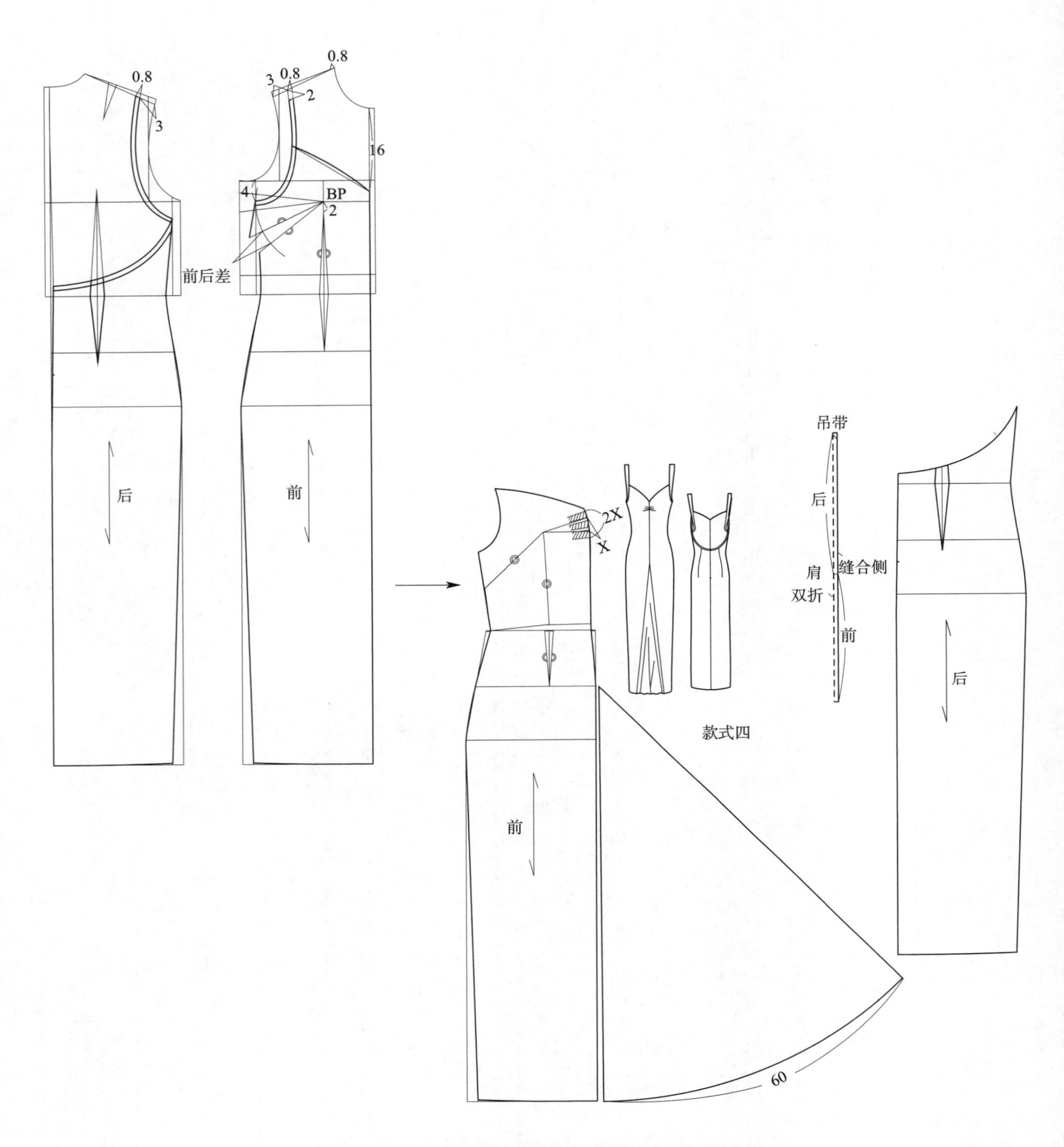

图 7-34 礼服连衣裙综合元素纸样系列设计（四款两件式）

下篇

女装款式与纸样系列设计训练

下篇是运用“女装款式和纸样系列设计方法”进行拓展设计的系统训练。在设计方法和技术上，女装和男装虽然没有本质的区别，但在处理手法和范围上，女装比男装灵活得多，宽泛得多。TPO 规则控制范围窄而 TPO 知识辐射范围宽，善用高级别元素向低流动、相邻元素相互流动、相同时间元素相互流动、男装元素向女装流动的设计原则更加灵活和主观。例如职业装的套装组合，西装上衣可以配裙子、裤子和连衣裙，而男装设计只可以配裤子。西服套装（Suit）设计，男装只可以借鉴相邻的同类型西装元素，如向上可以运用相邻的黑色套装（Black Suit）元素，向下可以借鉴运动西装（Blazer）和休闲西装（Jacket）的元素，它们之外的元素很少使用，如礼服、外套元素等。而女装设计不仅可以使用，往往以此作为某种概念标榜主观的设计意图，如运用男装礼服梅斯（Mess）、塔士多（Tuxedo）、燕尾服（Tail Coat）的元素，甚至借鉴外套柴斯特菲尔德（Chesterfield）、波鲁（Polo）、巴尔玛肯（Balma rean）、堑壕外套（Trench）的标志性元素以强调主观的个性设计。然而这在男装设计中是不可想象的，关键是要有效地解读这些元素密码的含意（提供英文就有此意图），解读得越深刻其品牌的文化价值就越高，这就是奢侈品的魅力所在。这或许就是一个女装品牌经营者长期需要用心做的功课。

训练一　裙子款式与纸样系列设计训练

一、裙子款式系列设计

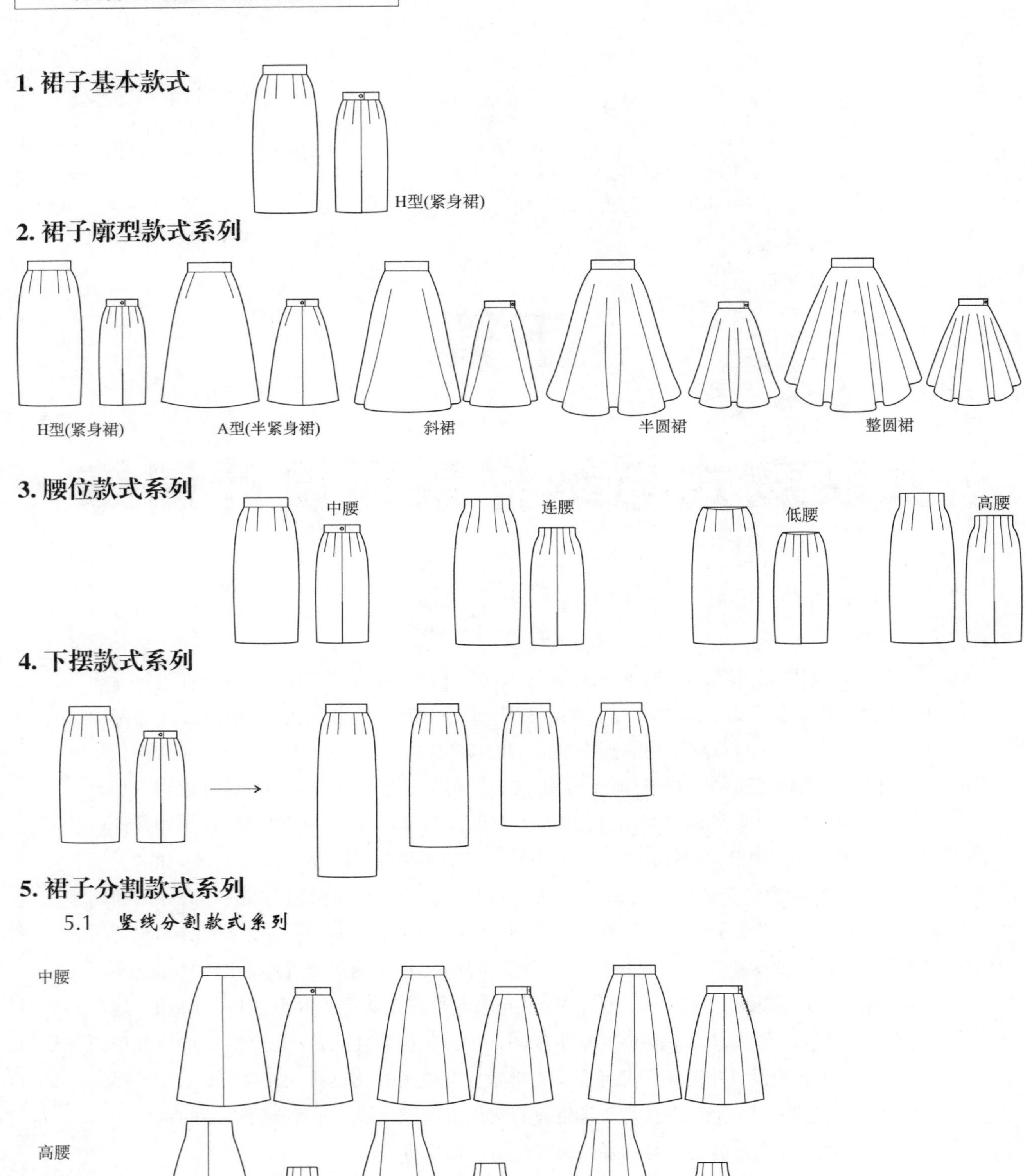

5.2　横线分割（育克）款式系列

5.3　横竖线分割相结合款式系列（牛仔或皮革面料）

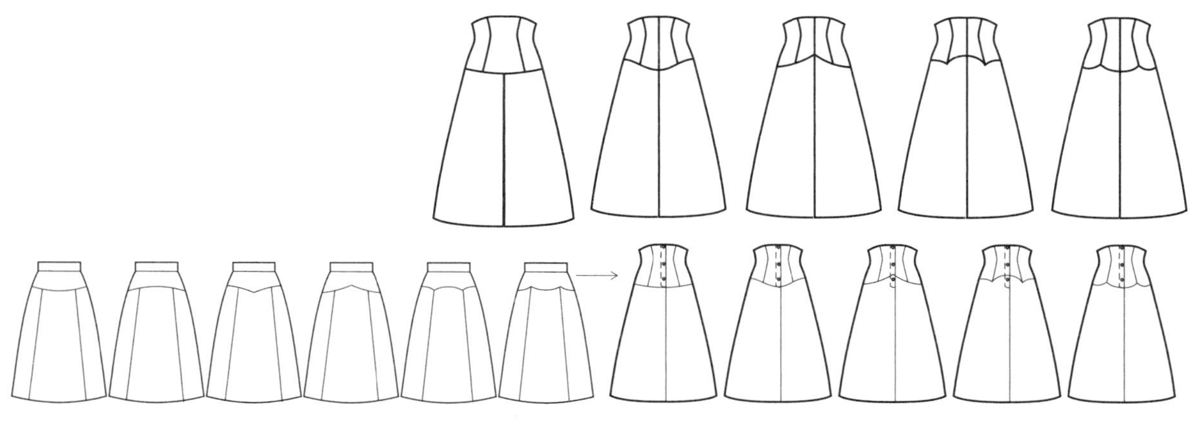

6. 裙褶款式系列

6.1　波形褶（分割线）款式系列

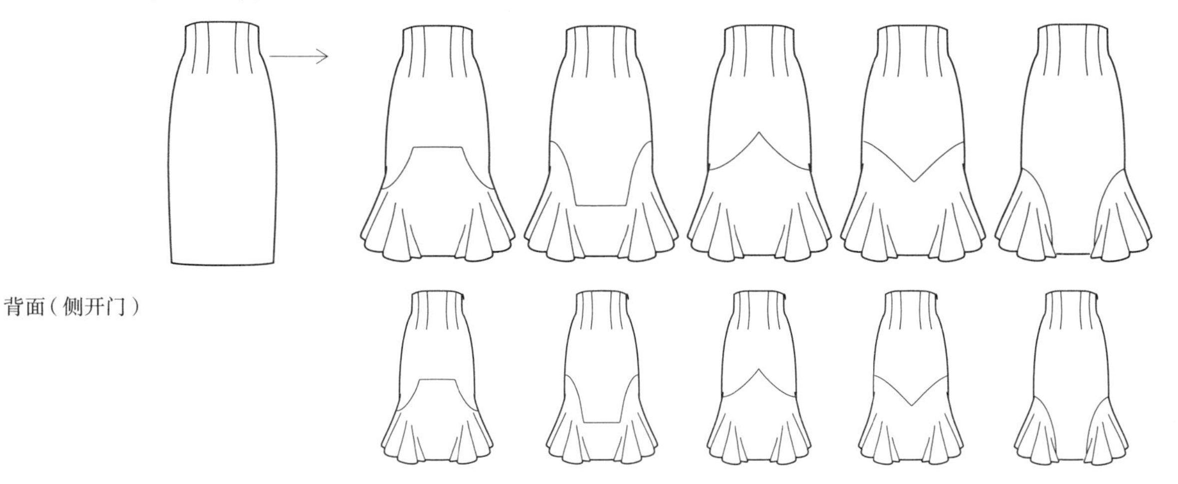

6.2　缩褶（高腰育克）款式系列

背面

6.3 普力特裙（分割线）款式系列

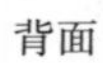

背面

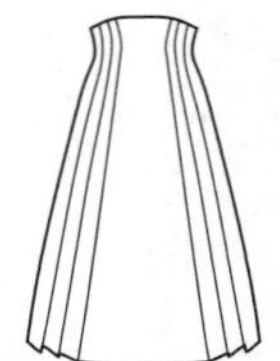
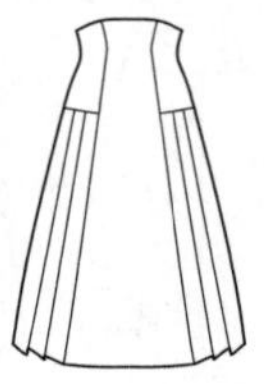
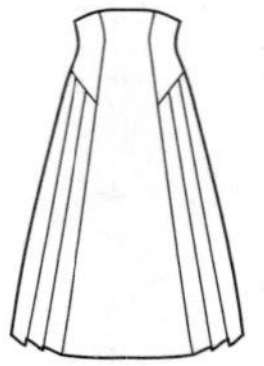
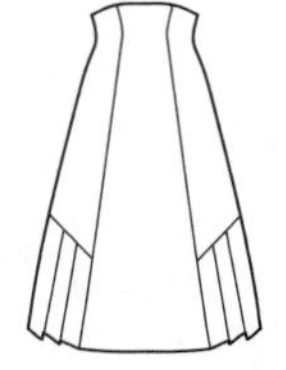

6.4 塔克裙款式系列

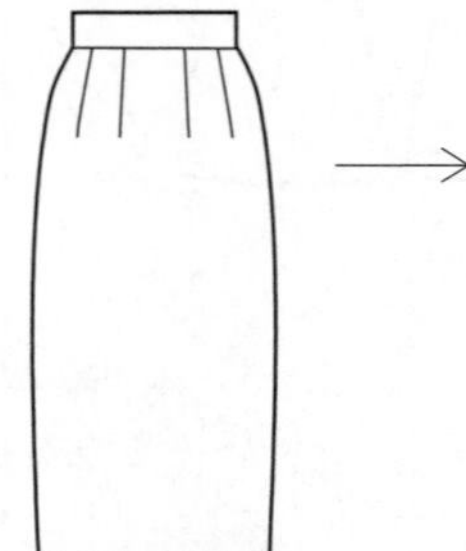
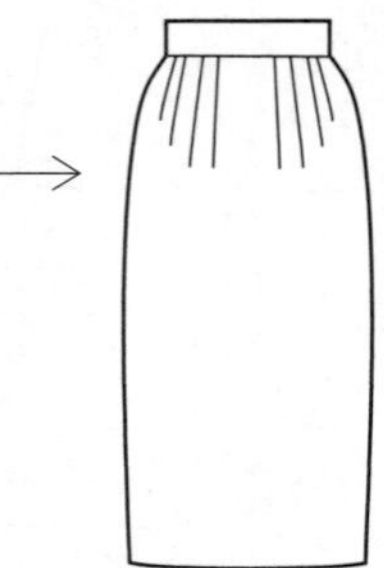
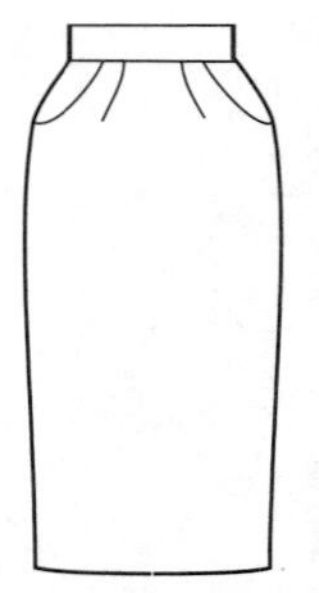
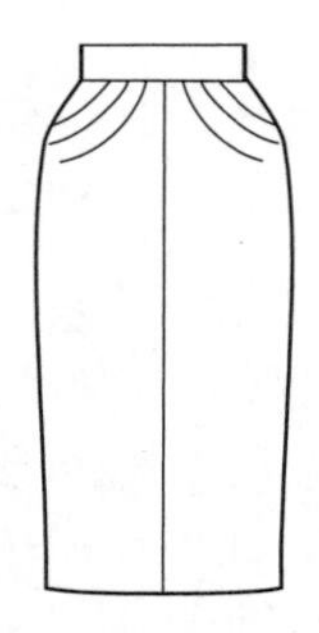
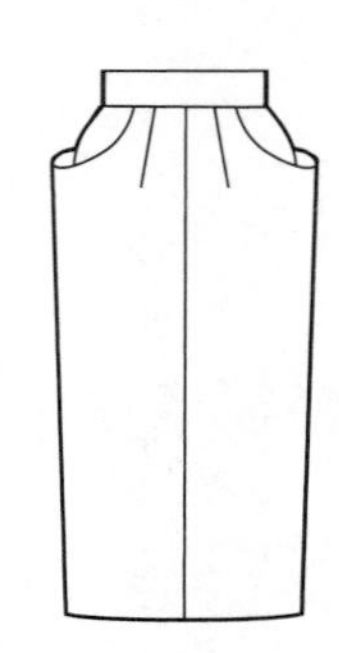
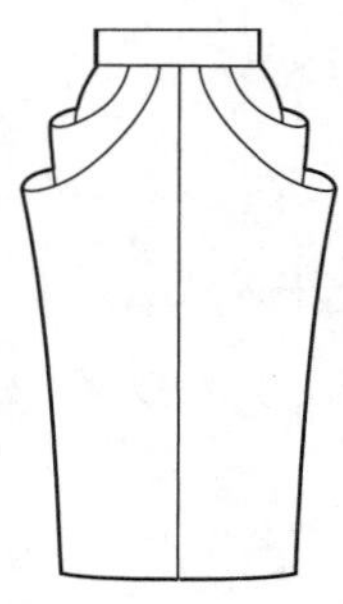

背面

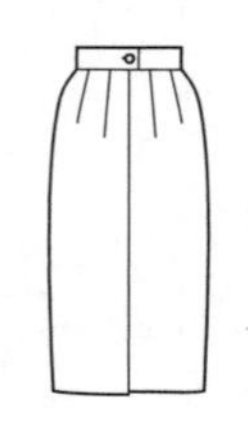
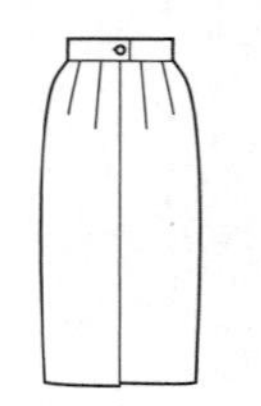
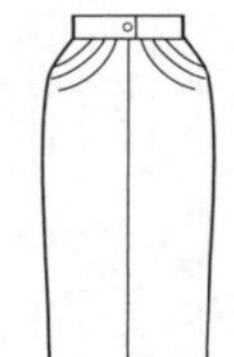
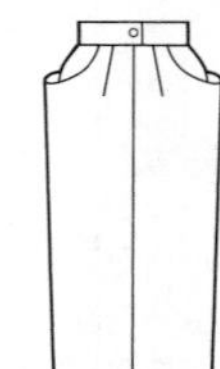
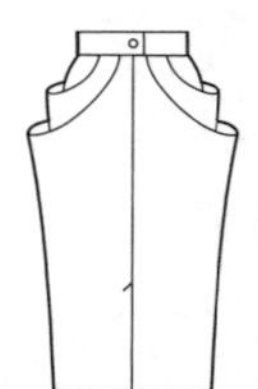

6.5 鱼尾裙（分割线）款式系列

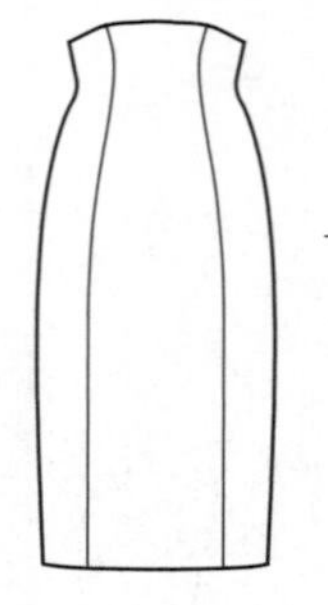

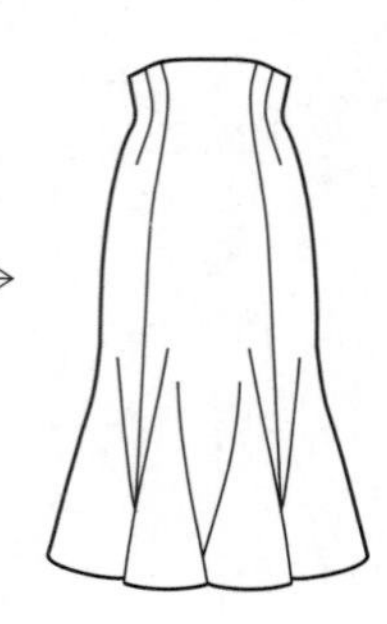
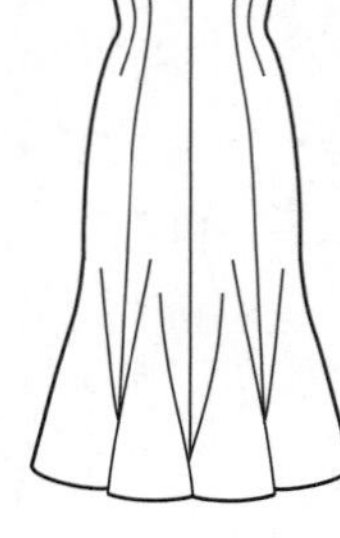
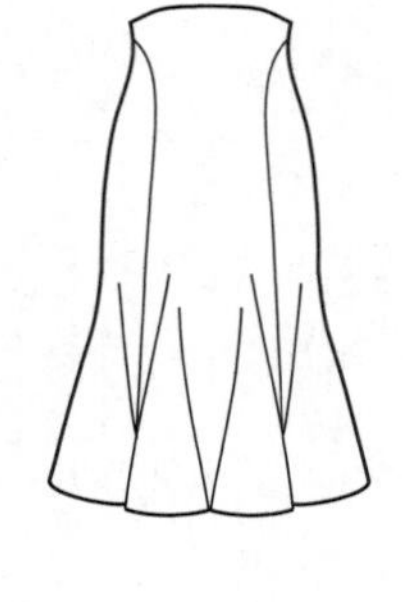
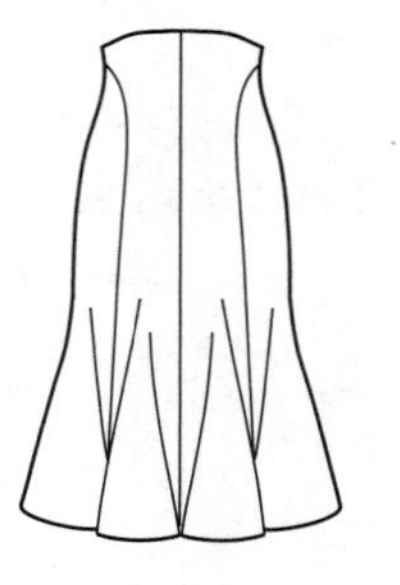
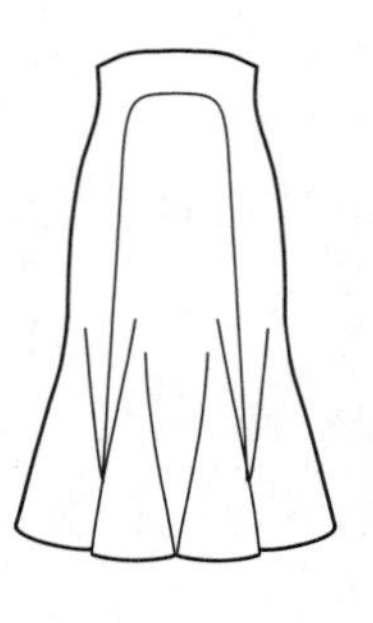

背面

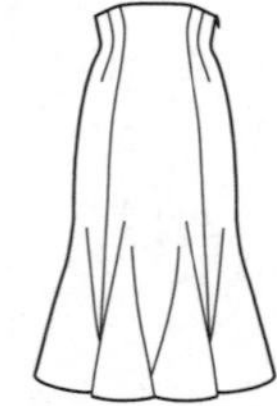
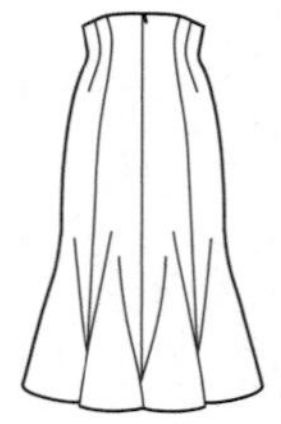
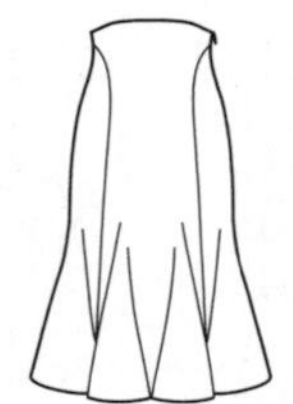
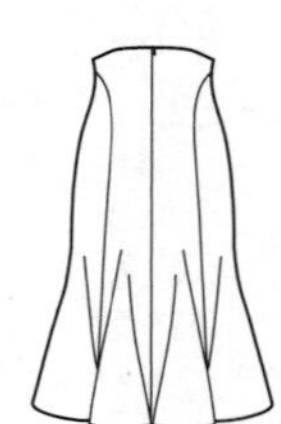
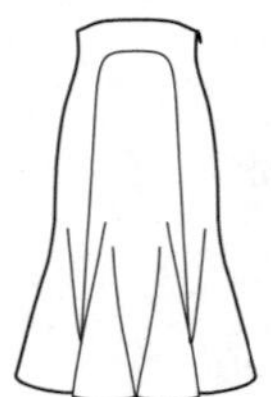

7. 综合元素的款式系列

7.1　省、育克、褶结合的款式系列

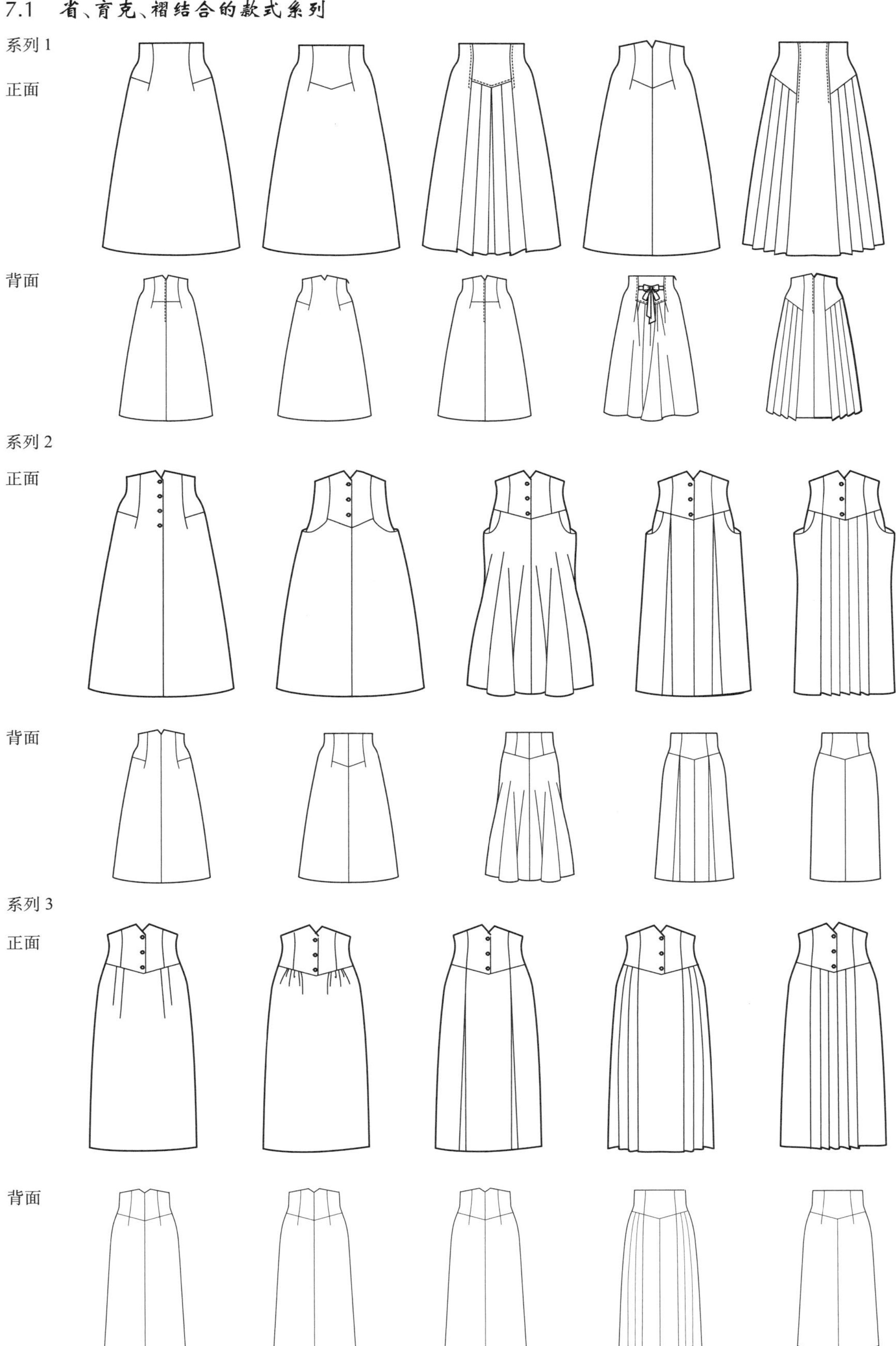

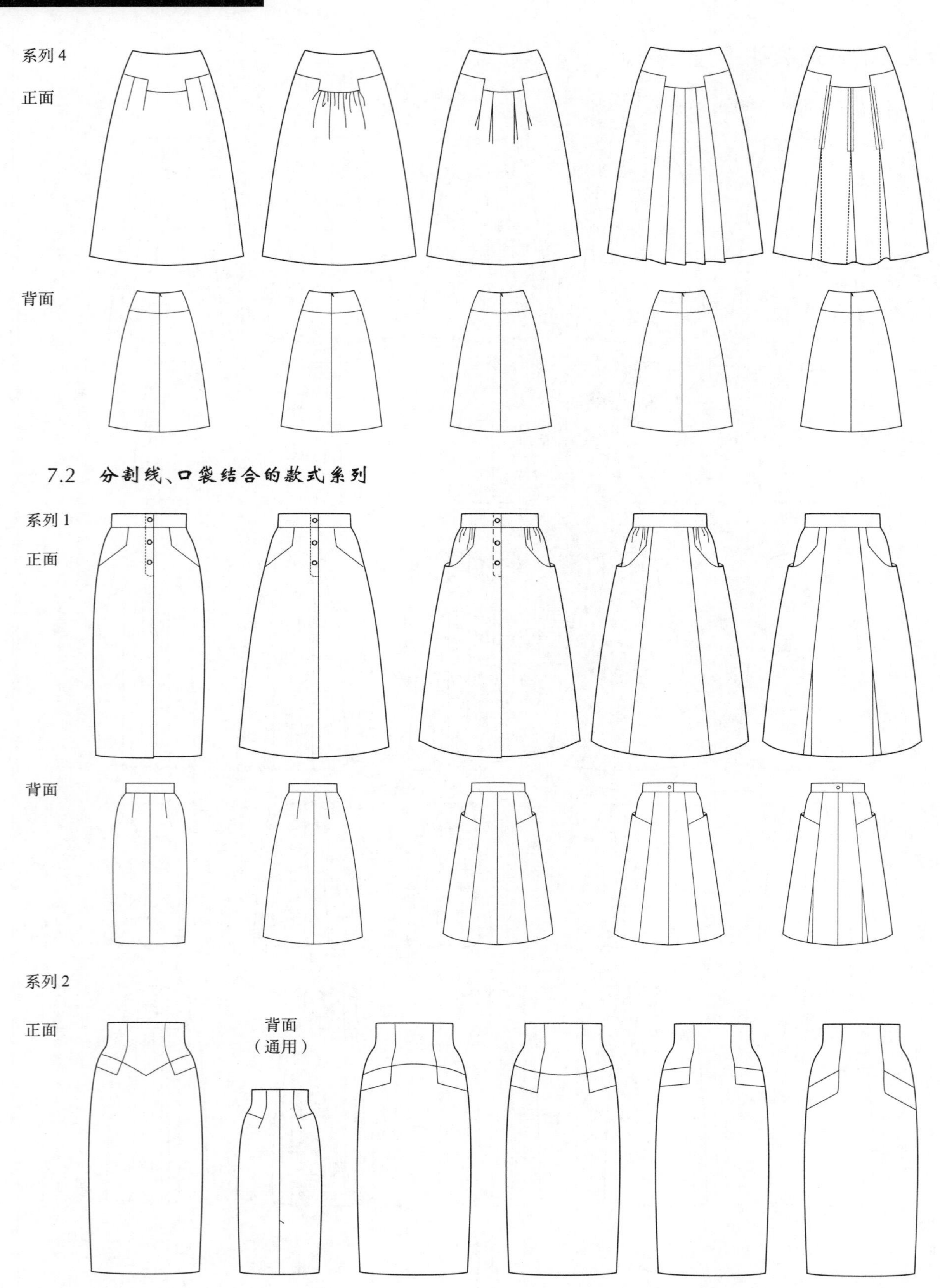

7.2 分割线、口袋结合的款式系列

二、裙子纸样系列设计

* 更多的纸样设计训练利用之前提供的裙子款式平台完成纸样部分

1. 裙子基本纸样

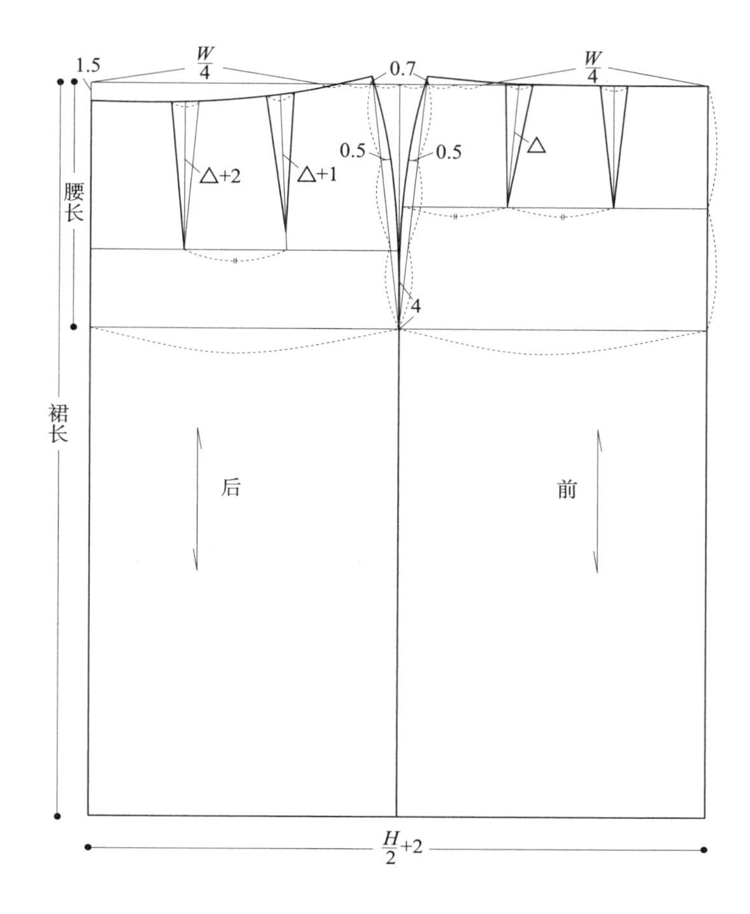

2. 裙子廓型一款多板纸样系列设计

2.1　紧身裙（H裙）

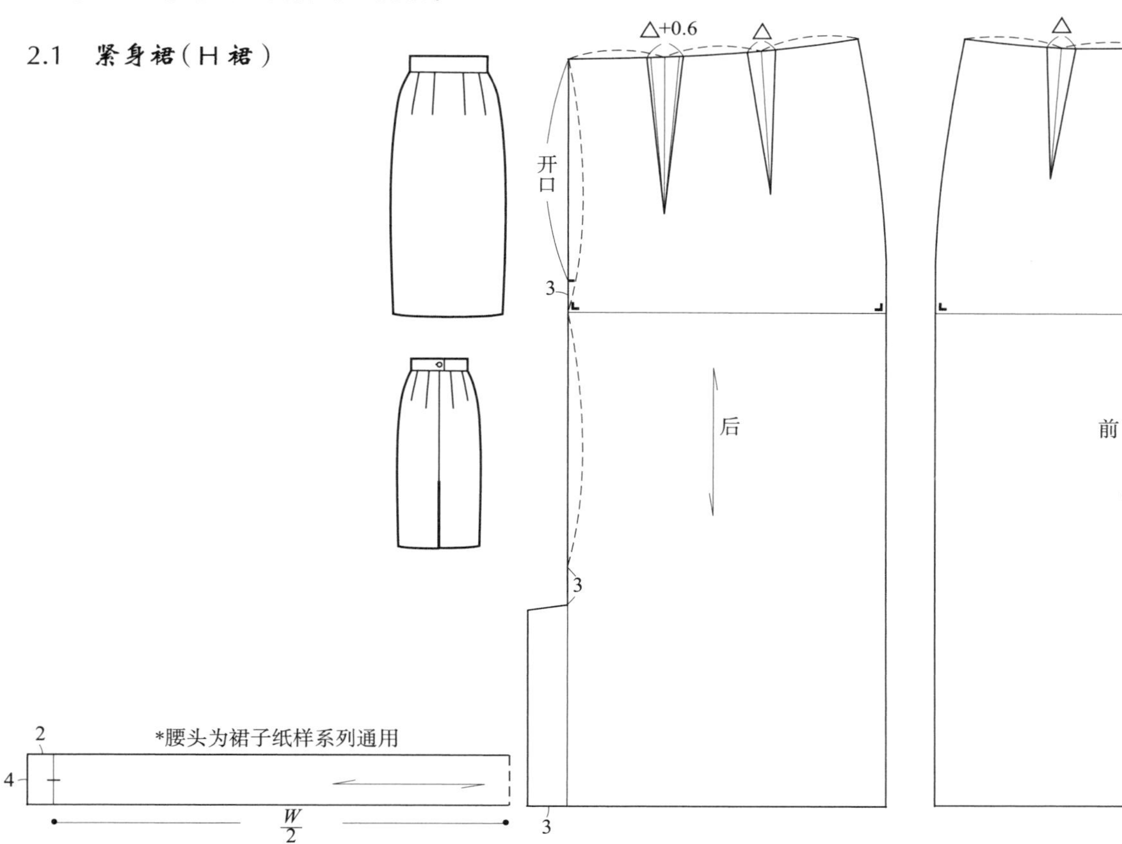

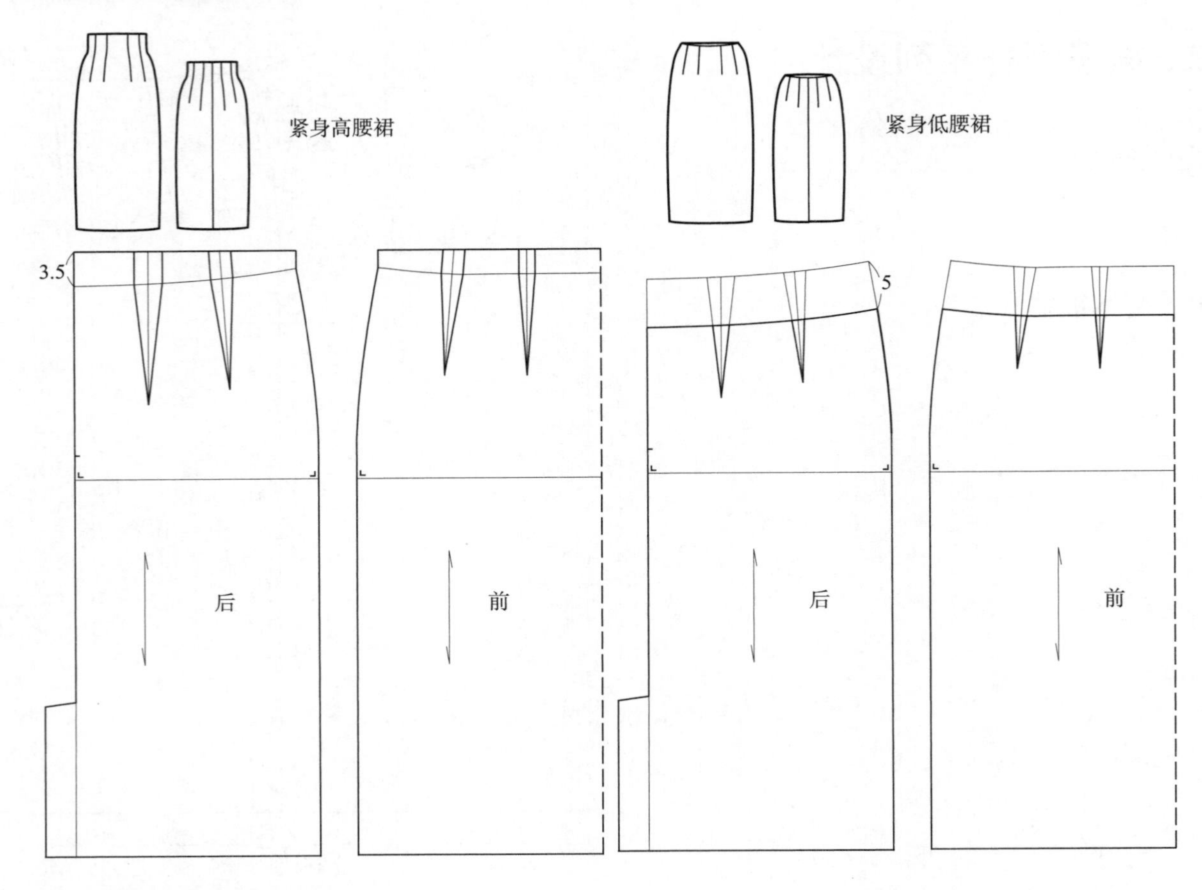
紧身高腰裙
紧身低腰裙
3.5
5
后
前
后
前

2.2 半紧身裙（A 型裙）

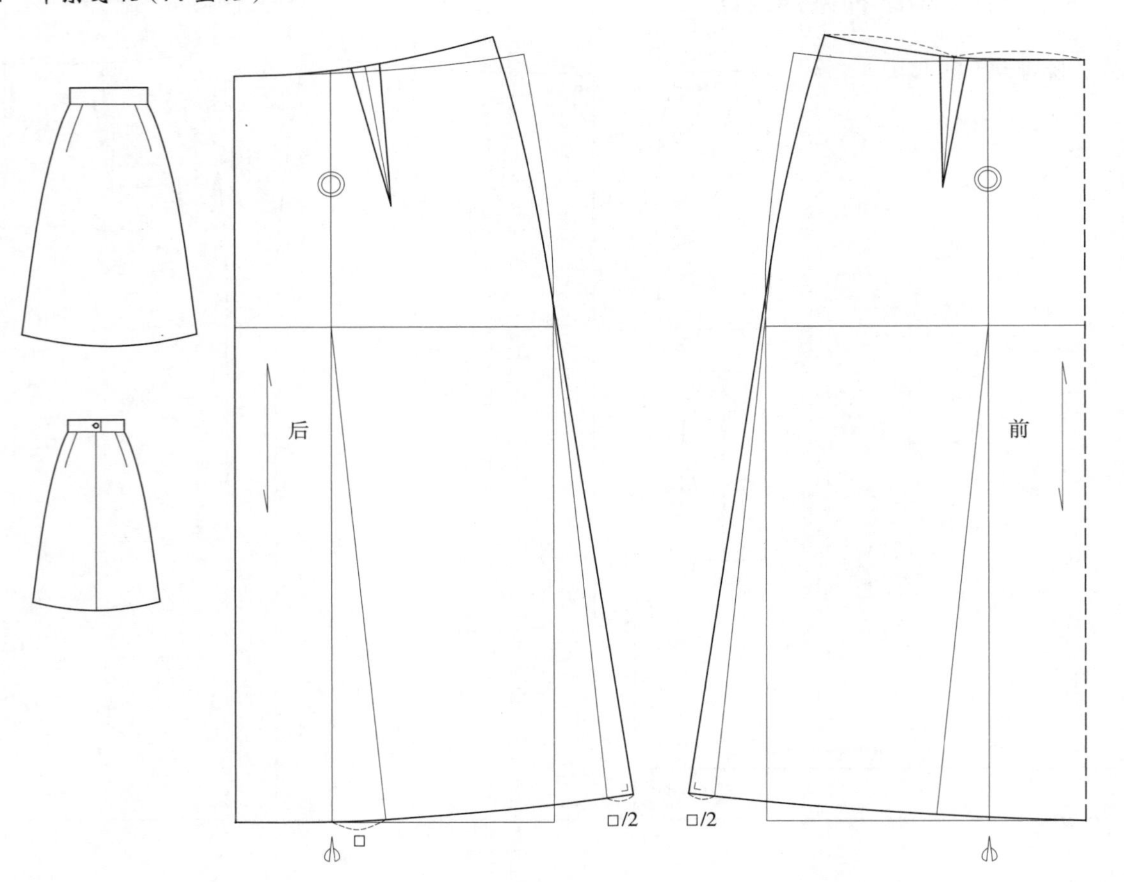
后
前
□
□/2
□/2

2.3　斜裙

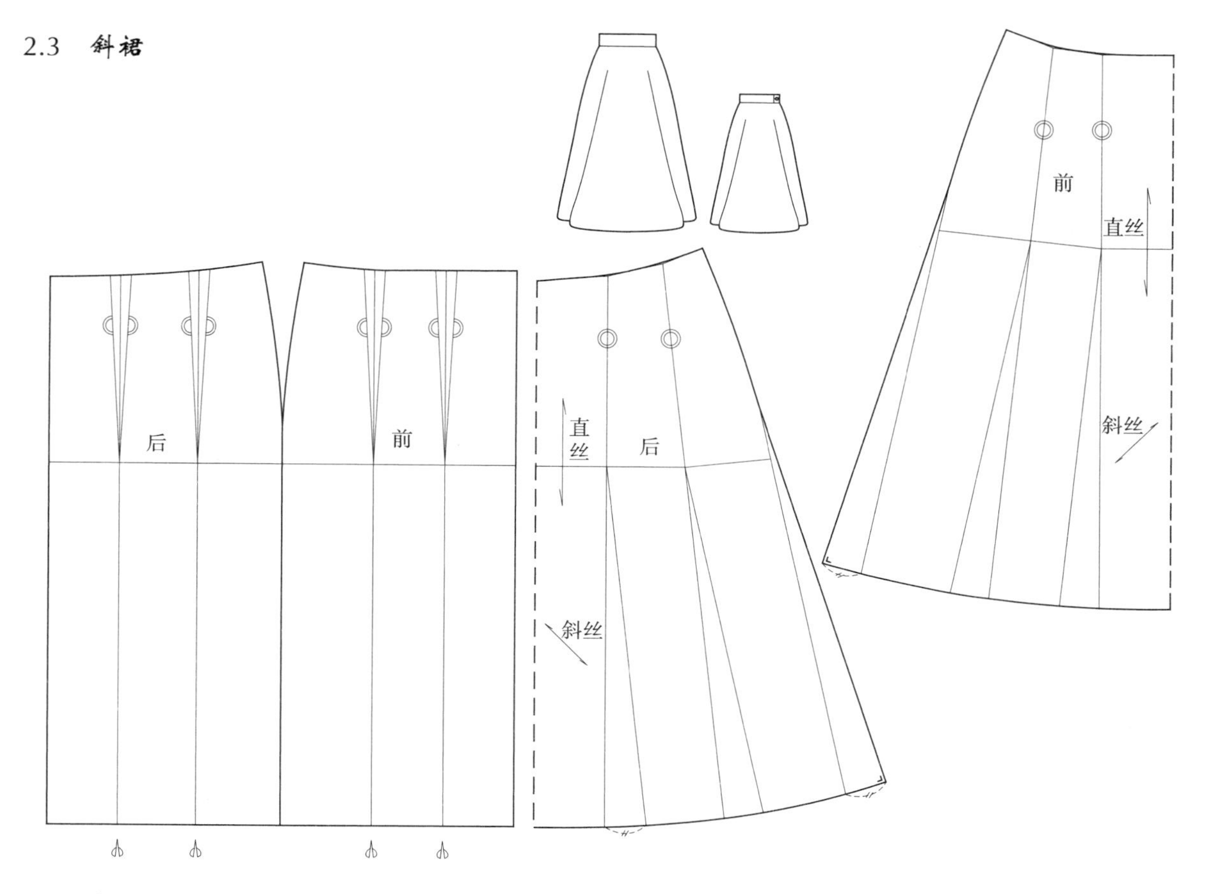

2.4　半圆裙

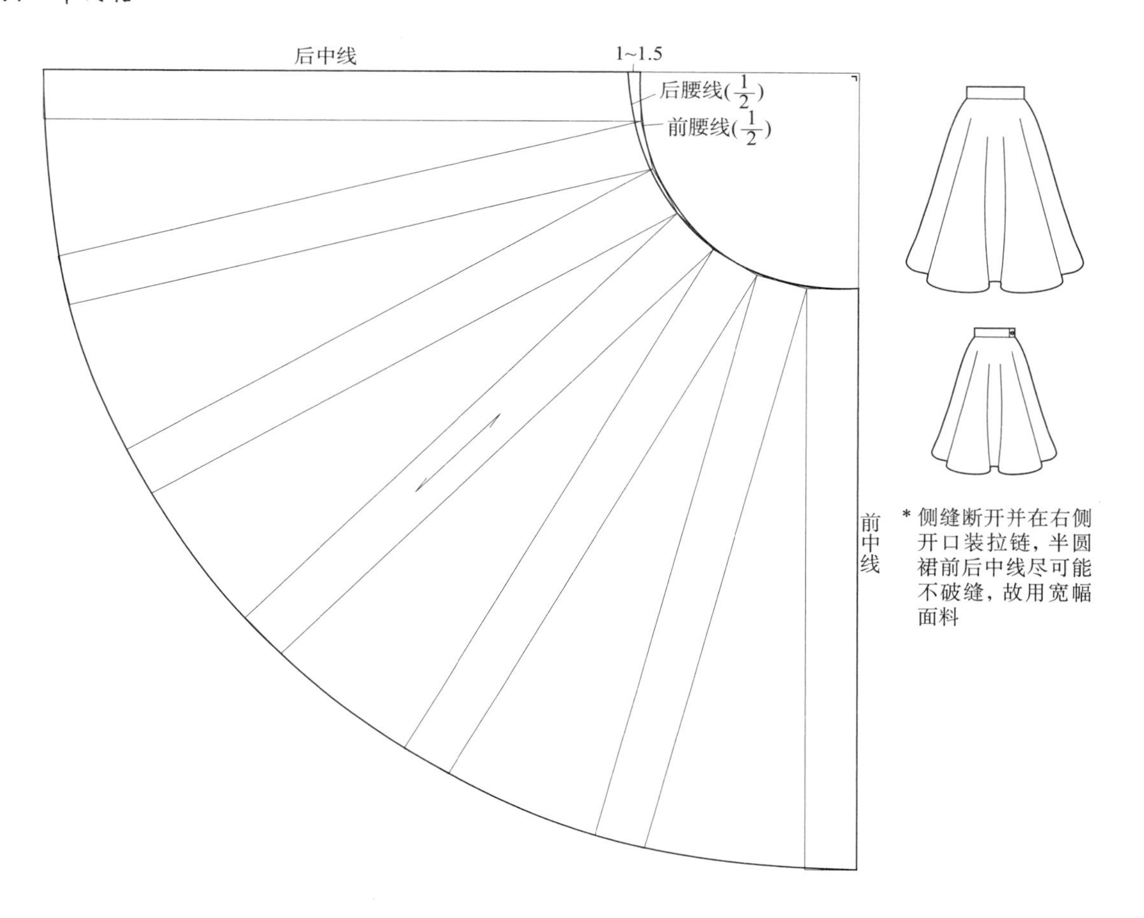

* 侧缝断开并在右侧开口装拉链，半圆裙前后中线尽可能不破缝，故用宽幅面料

2.5 半圆裙、整圆裙

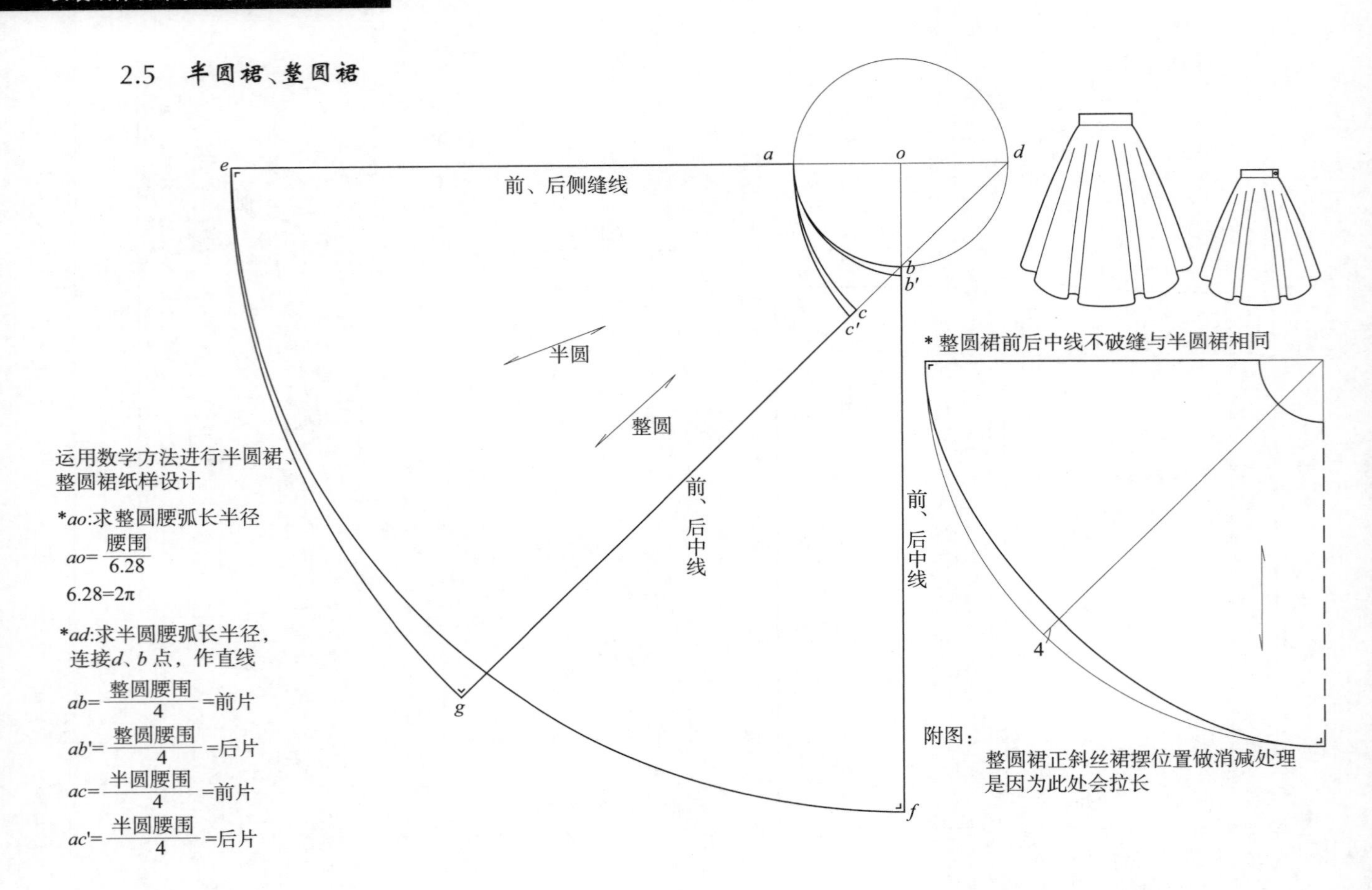

3. 分片裙纸样系列设计

3.1 四片裙

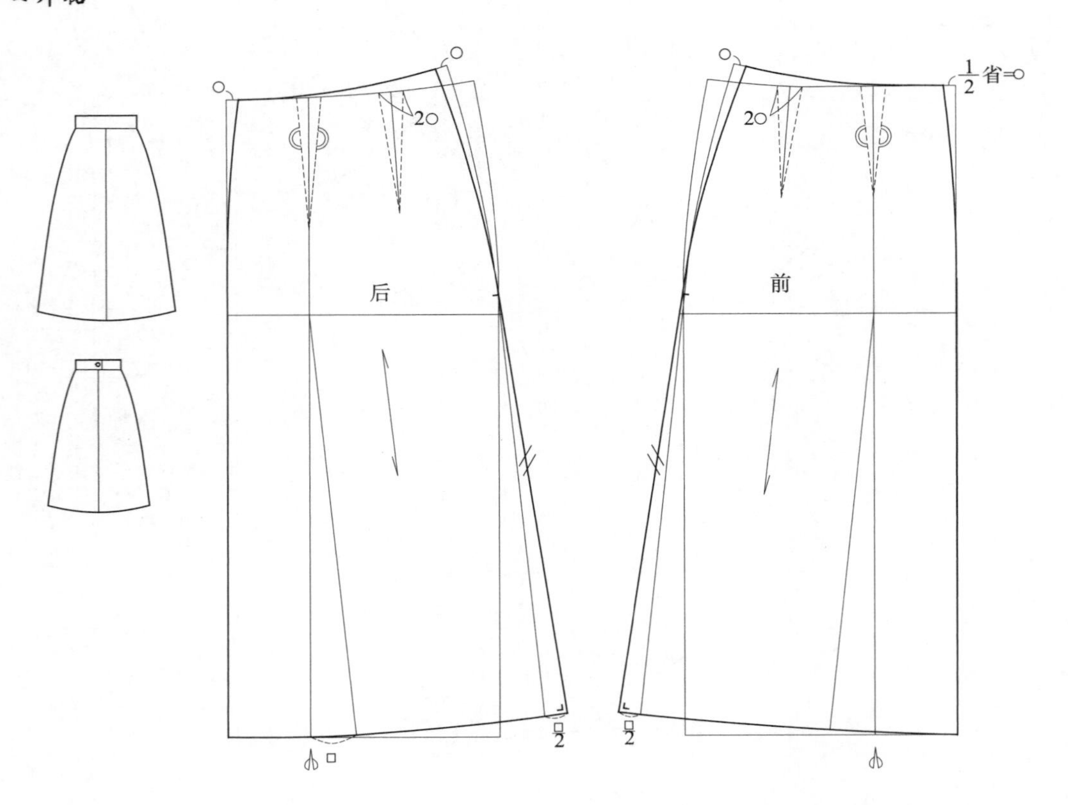

3.2　六片裙

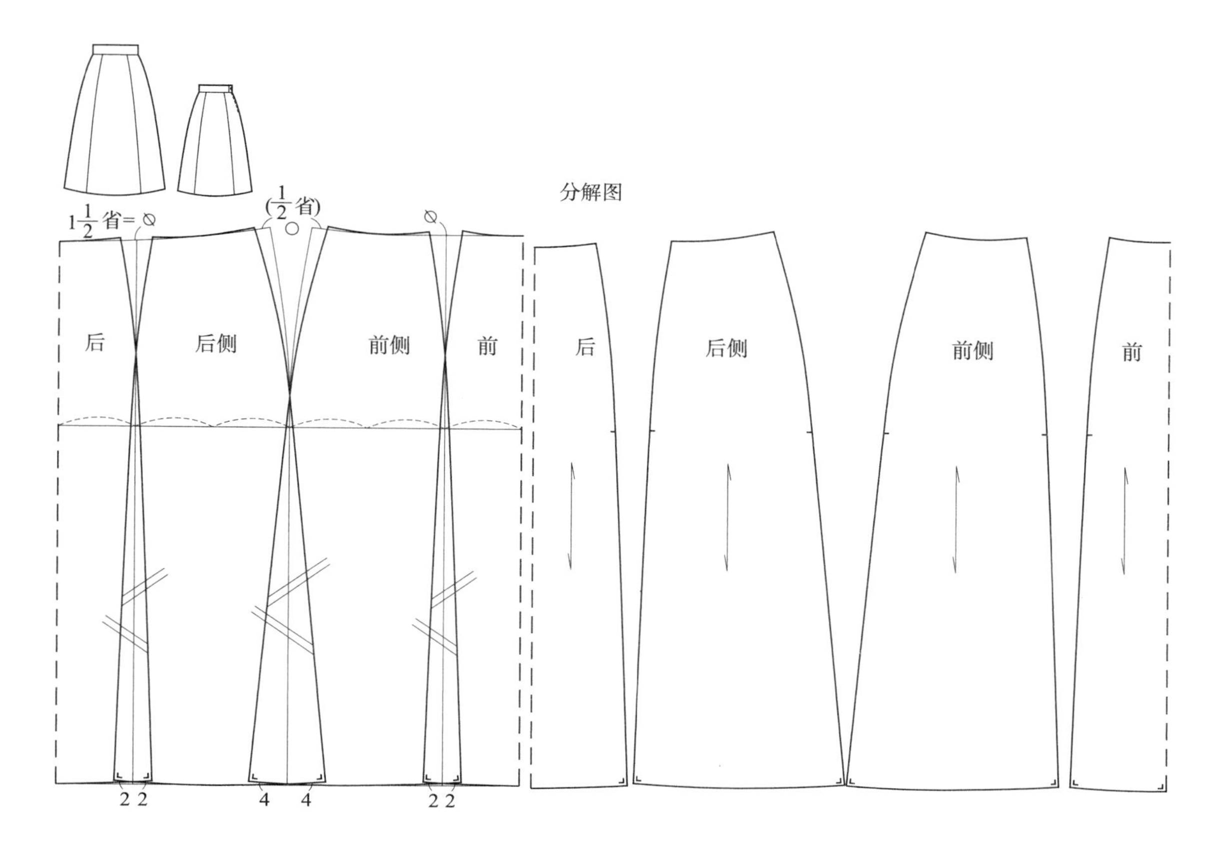

分解图
$1\frac{1}{2}$省=
($\frac{1}{2}$省)
后
后侧
前侧
前
后
后侧
前侧
前
2 2
4 4
2 2

3.3　八片裙

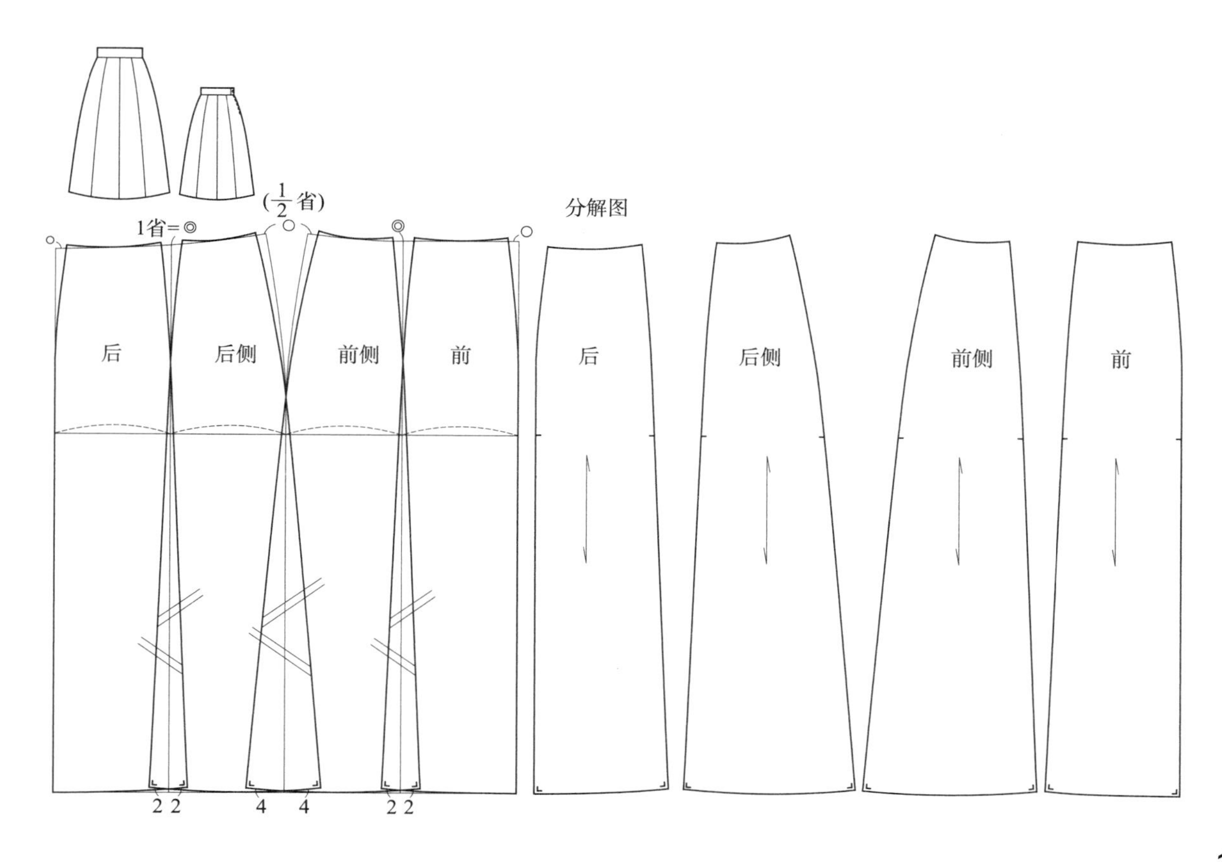

分解图
1省=
($\frac{1}{2}$省)
后
后侧
前侧
前
后
后侧
前侧
前
2 2
4 4
2 2

4. 育克裙纸样系列设计

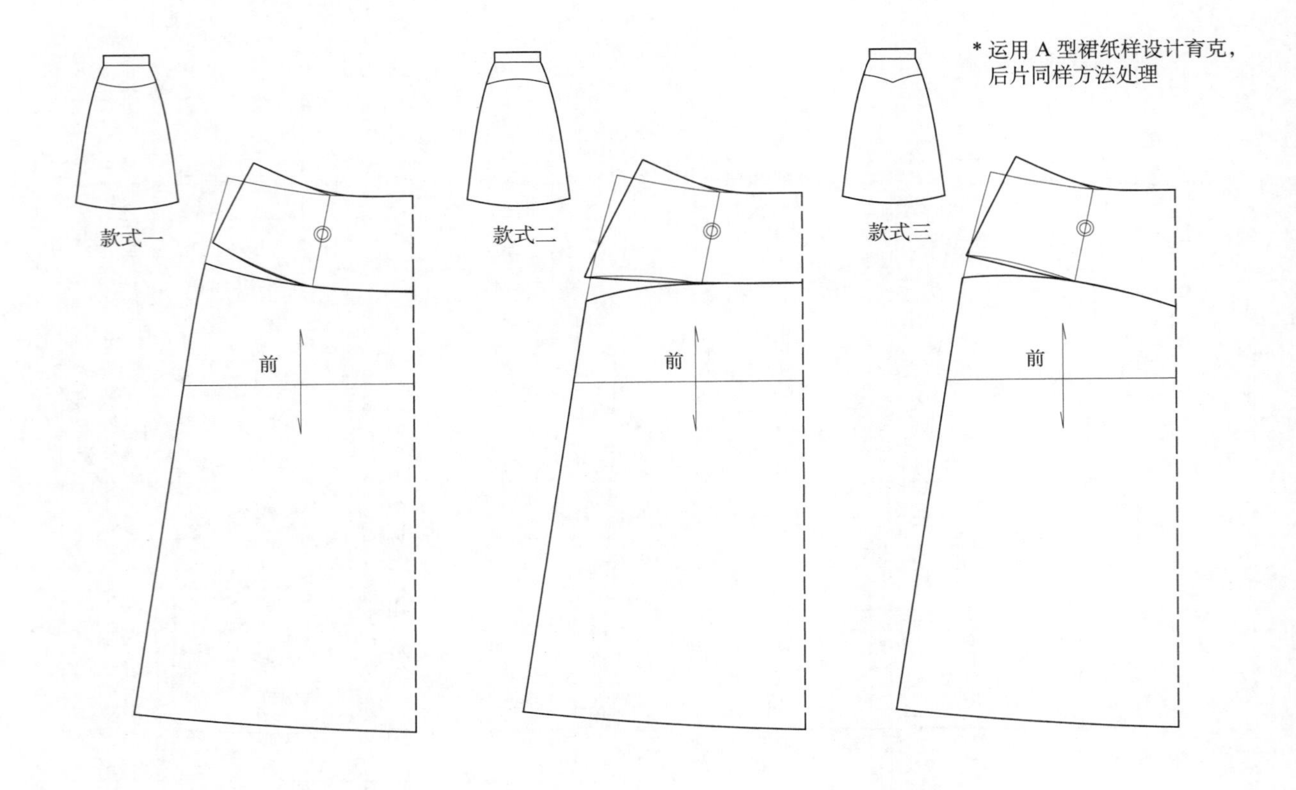
* 运用 A 型裙纸样设计育克，
后片同样方法处理
款式一
款式二
款式三
前
前
前

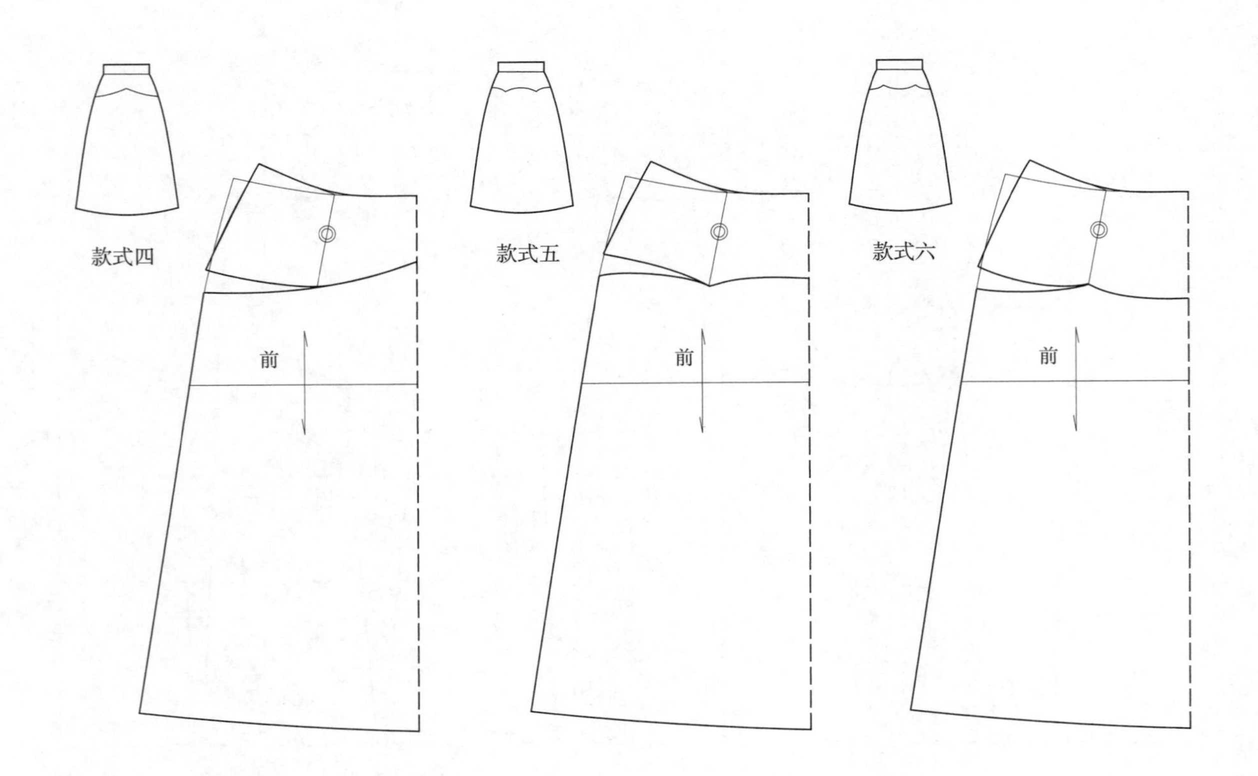
款式四
款式五
款式六
前
前
前

5. 育克分片裙纸样系列设计

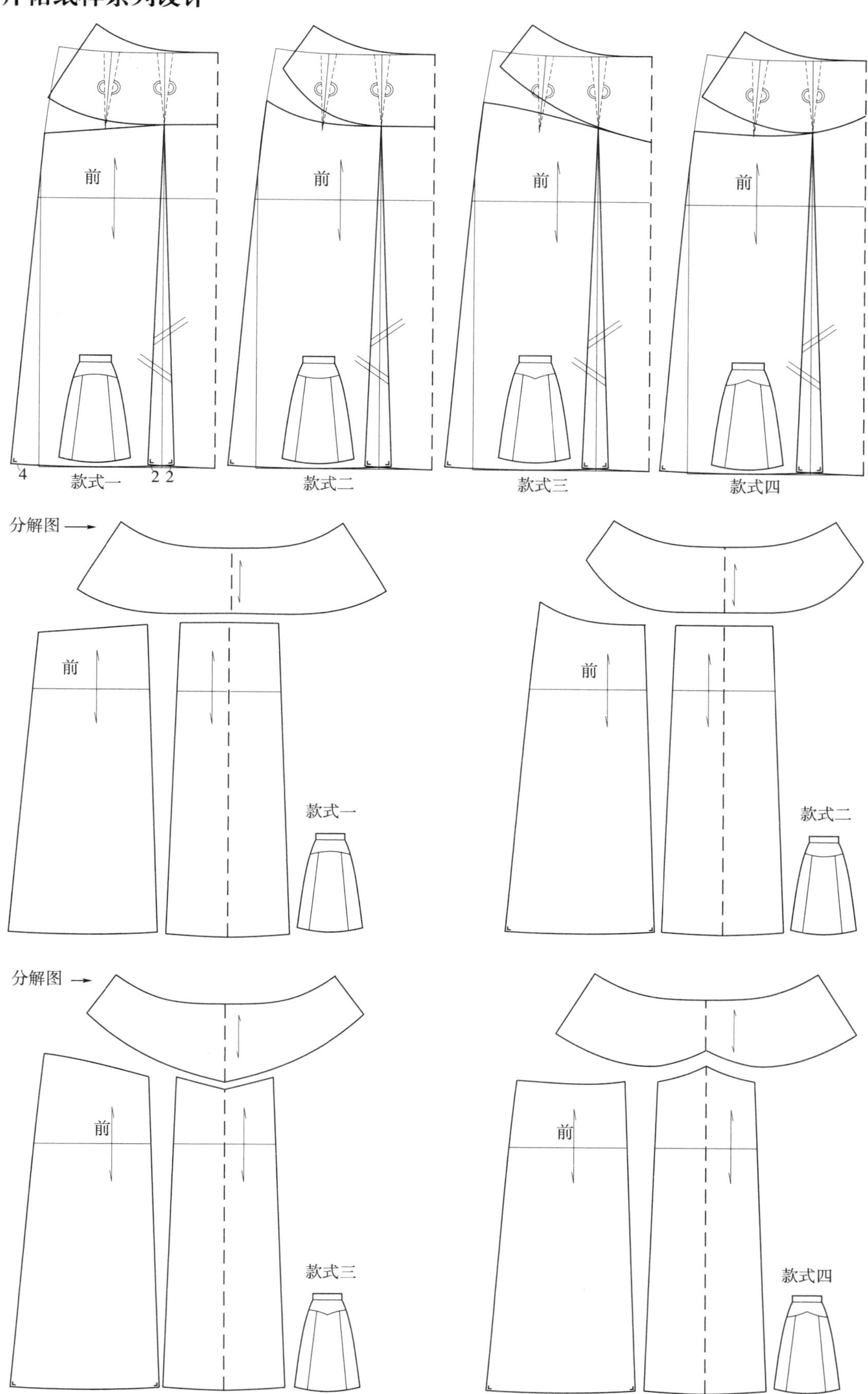

6. 育克褶裙纸样系列设计

6.1 高腰侧育克裙

* 以A型裙纸样作基本型

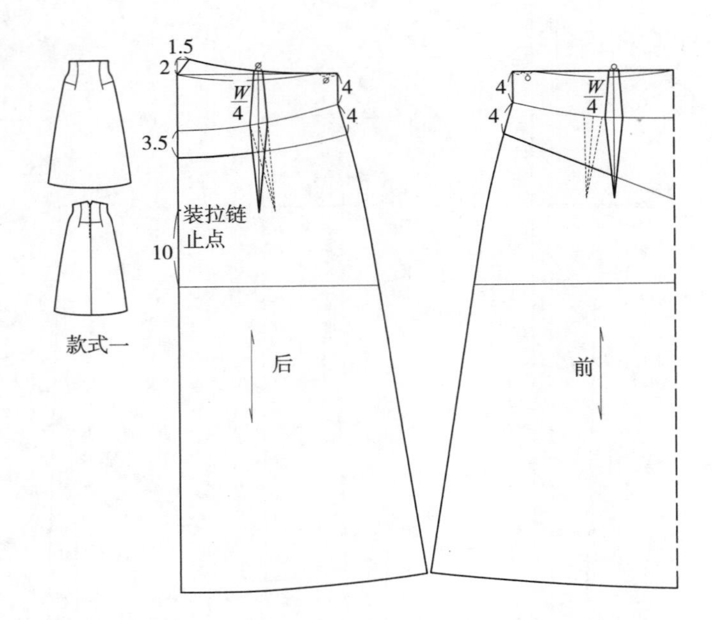

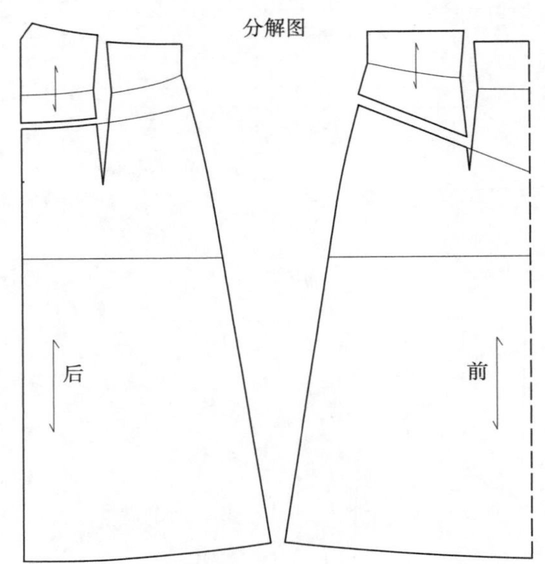

6.2 高腰中育克裙

* 在款式一基础上变侧育克为中育克

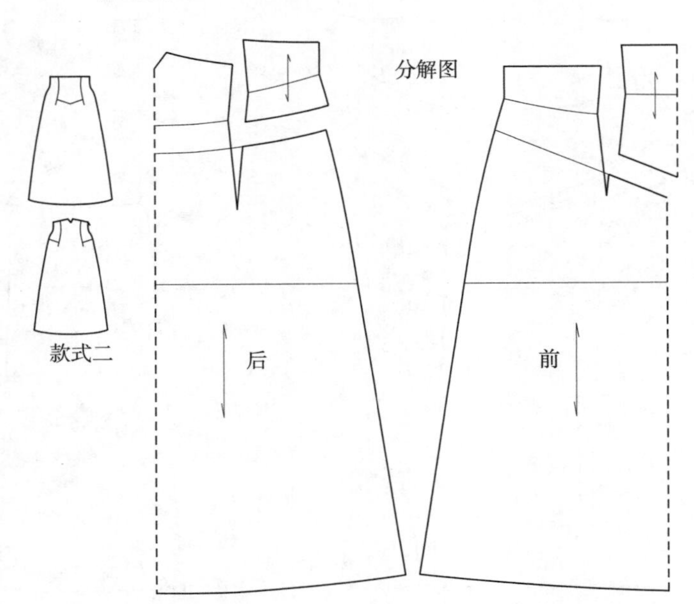

6.3　育克褶裥裙

* 在款式二基础上完成前褶衣间设计

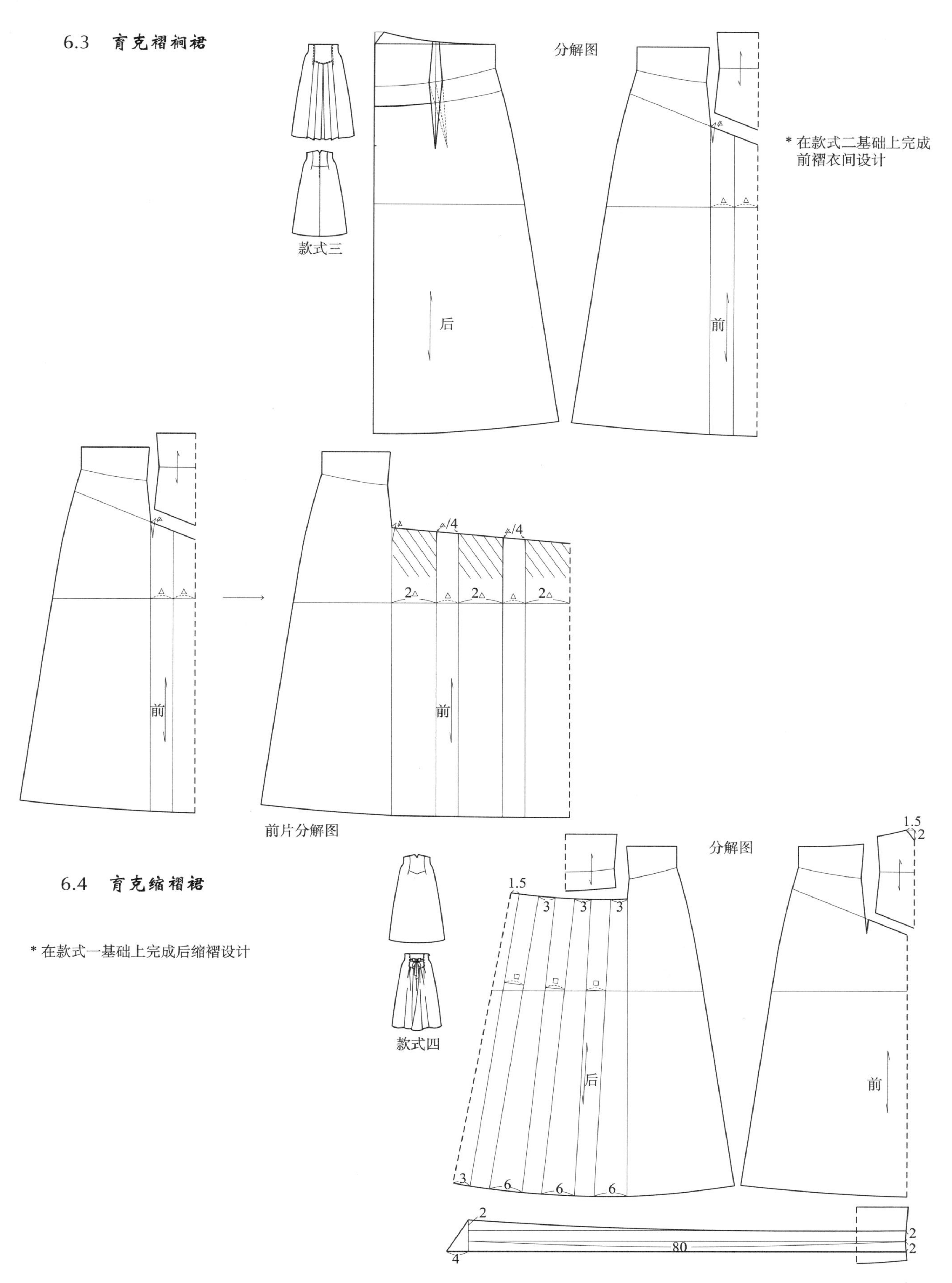

6.4　育克缩褶裙

* 在款式一基础上完成后缩褶设计

6.5 育克普力特褶裙

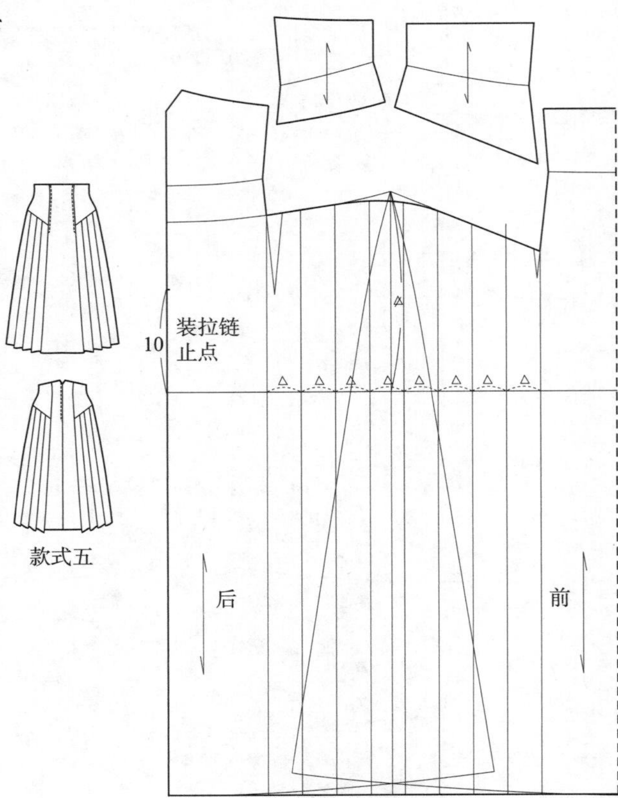

* 利用款式一高腰侧育克裙纸样，将侧缝垂直拼接分离前后侧育克，作平行增褶处理

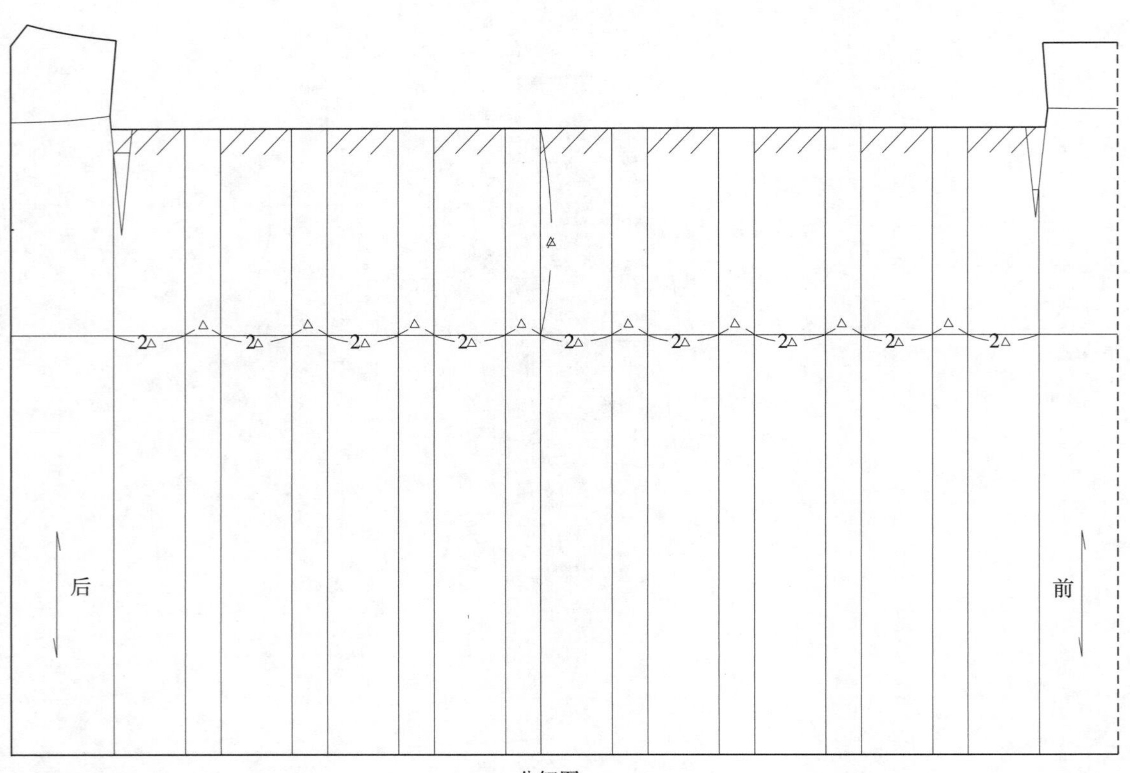

分解图

训练二　裙裤款式与纸样系列设计训练

一、裙裤款式系列设计

1. 裙裤基本款式

2. 裙裤廓型款式系列

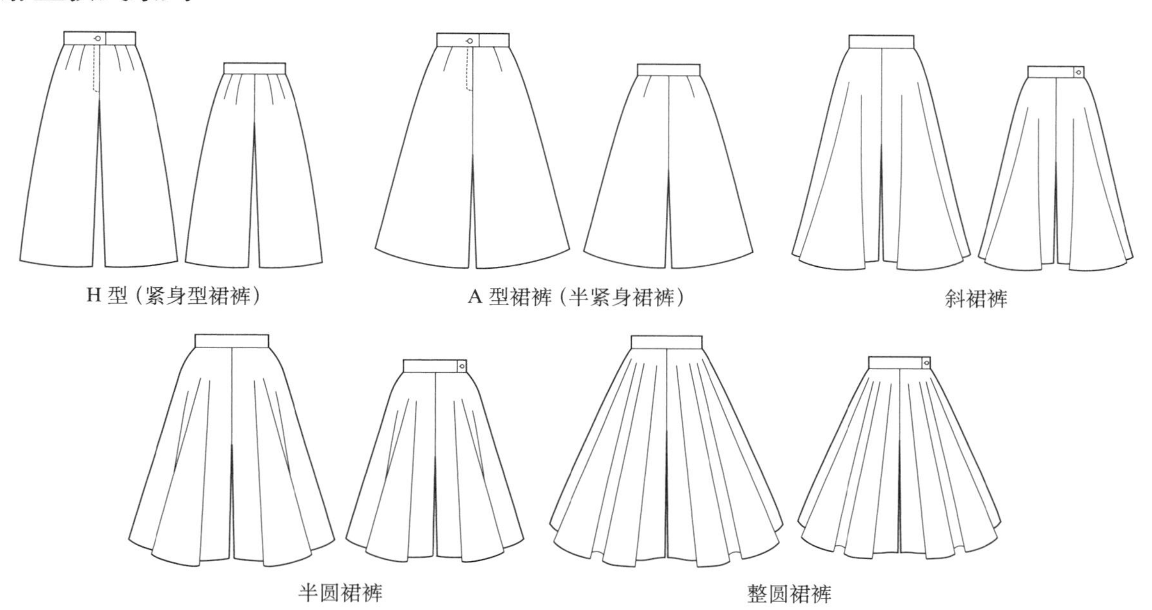

3. 腰位款式系列

4. 下摆款式系列

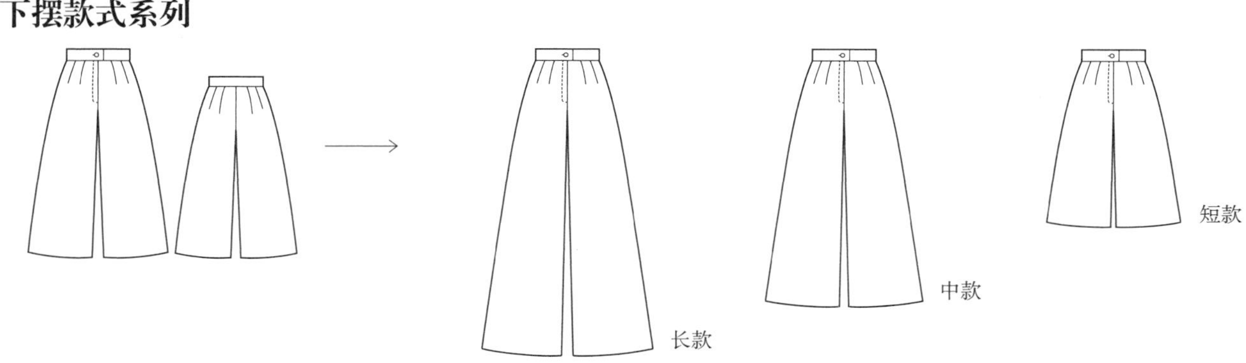

5. 裙裤分割款式系列

5.1 竖线分割款式系列

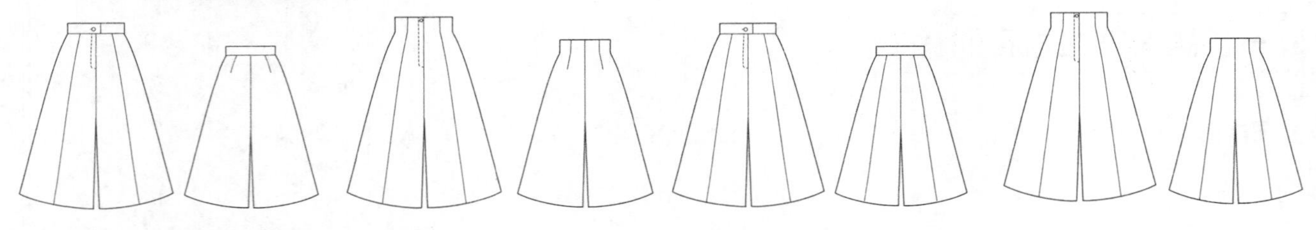

5.2 横线分割（育克）款式系列

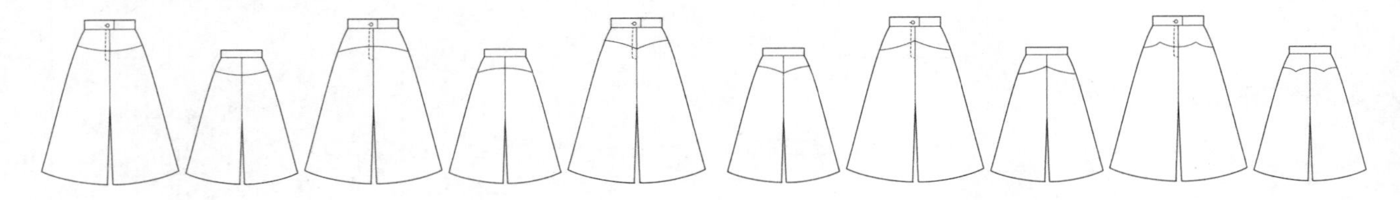

5.3 横竖线分割相结合款式系列

系列1（牛仔或皮革面料）

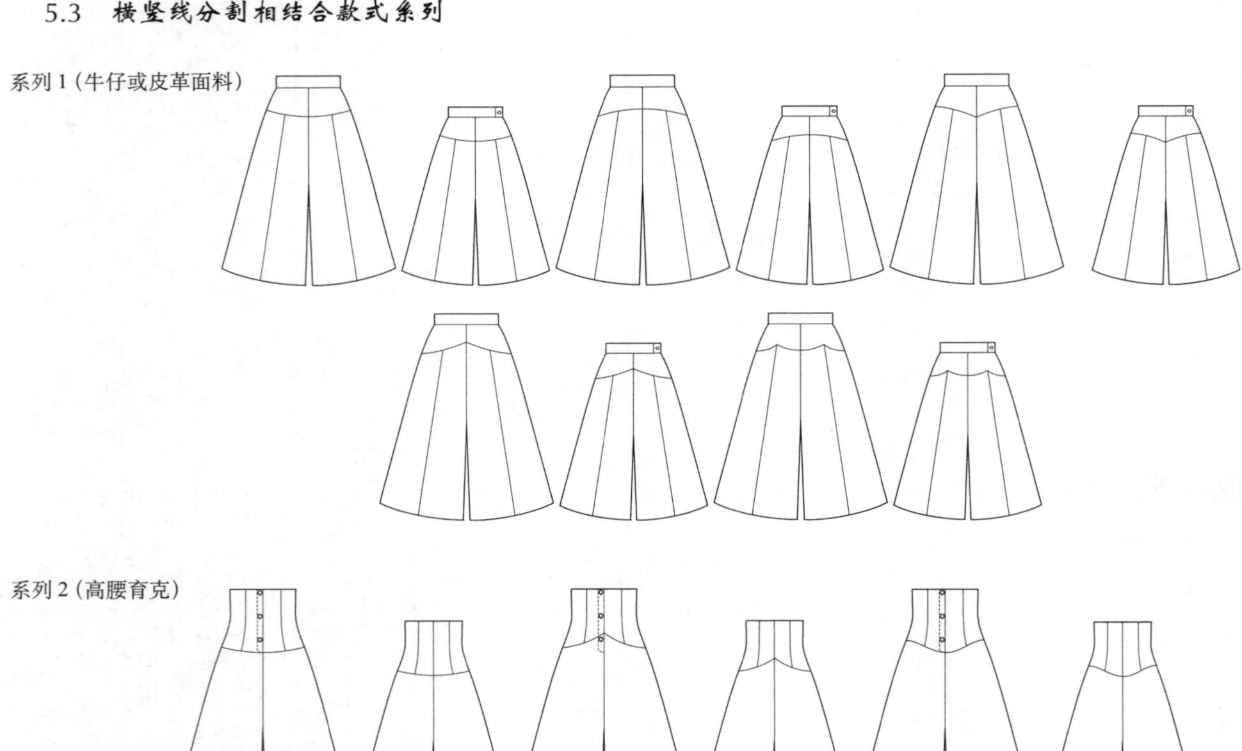

系列2（高腰育克）

6. 裙裤褶款式系列

6.1　波形褶（分割线）款式系列

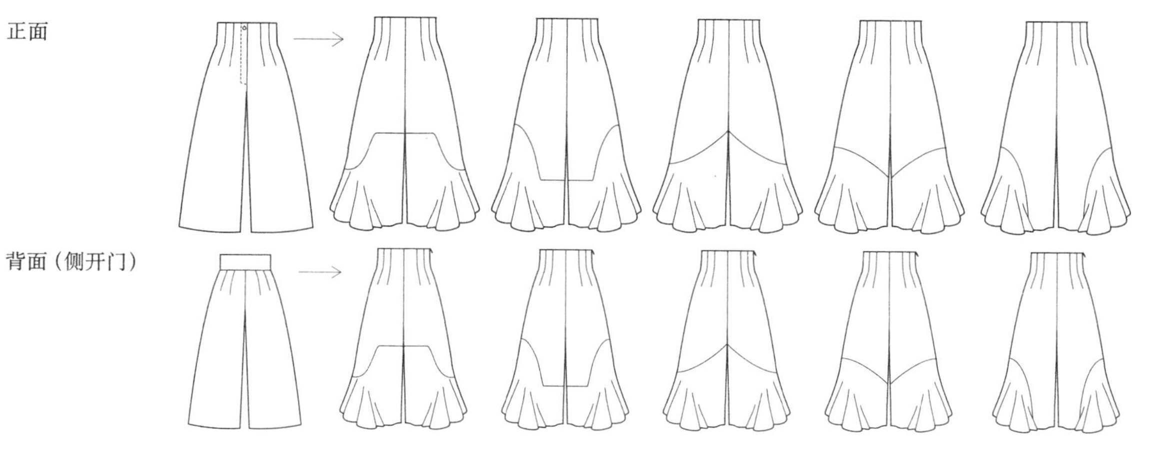

6.2　缩褶（高腰育克）款式系列

正面

背面

6.3　普力特褶（分割线）款式系列

正面

背面

6.4 塔克褶款式系列

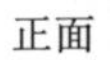

正面

背面

6.5 鱼尾型（分割线）款式系列

正面

背面（侧开门）

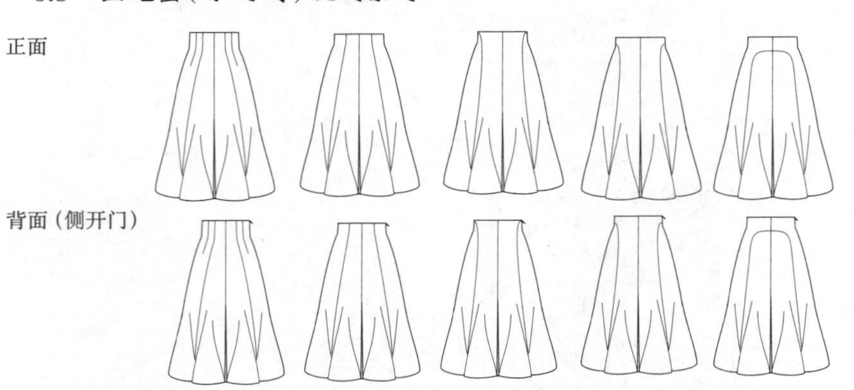

7. 综合元素的款式系列

7.1 省、育克、褶元素结合的款式系列

系列 1

正面

背面

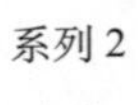

系列 2

正面

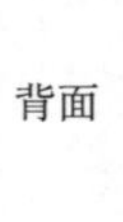

背面

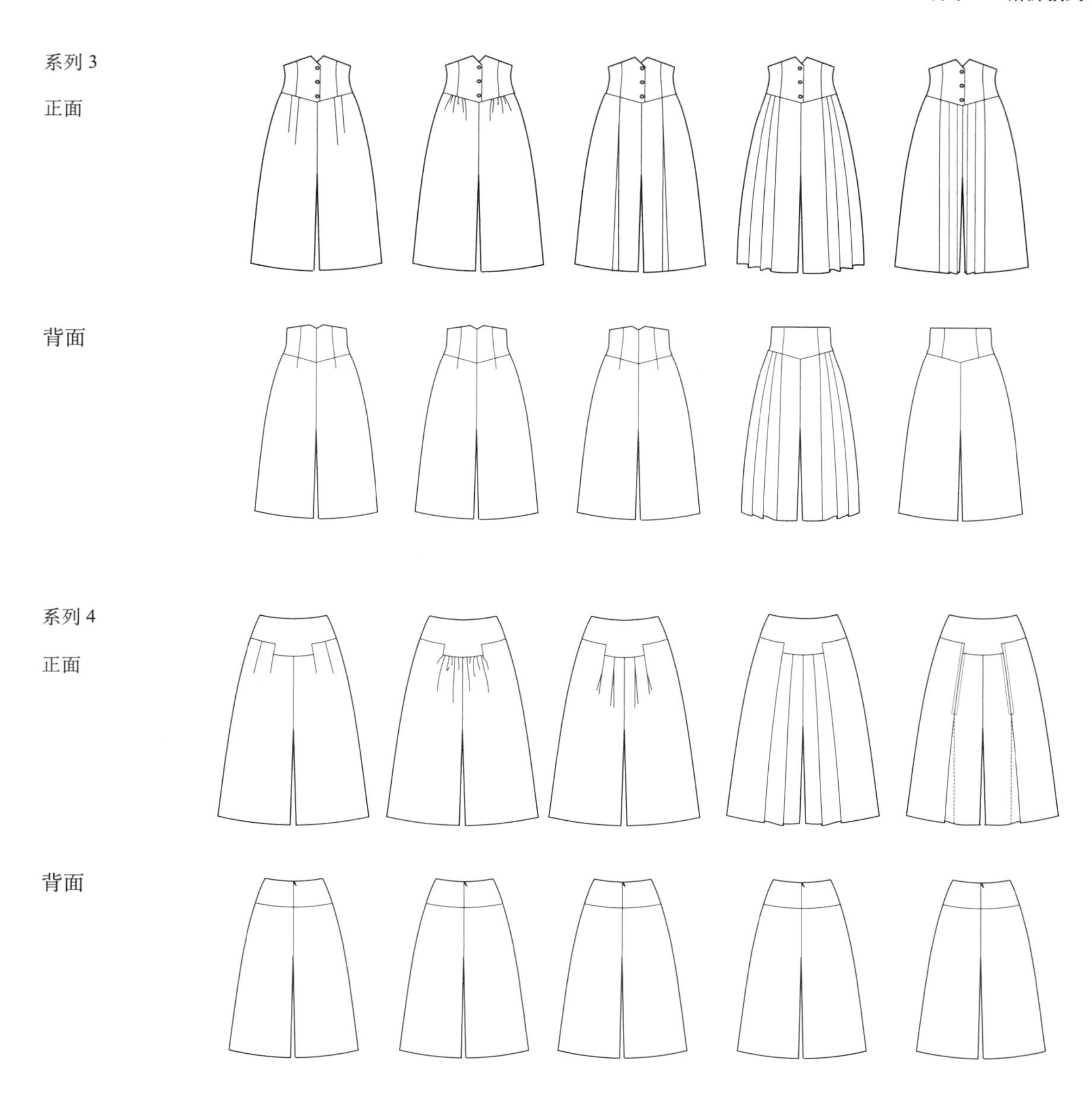

7.2　分割线、口袋结合的款式系列

正面

背面

二、裙裤纸样系列设计

* 更多的纸样设计训练利用之前提供的裙裤款式平台完成纸样部分

1. 裙裤基本纸样

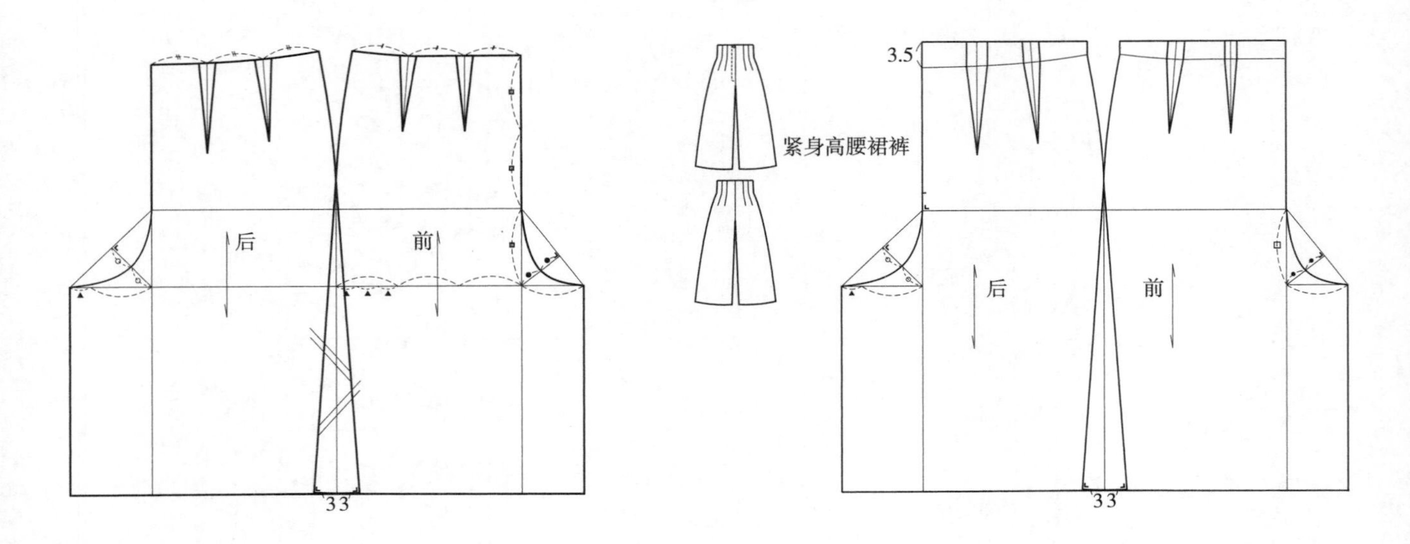

2. 裙裤廓型一款多板纸样系列设计

2.1 紧身型裙裤

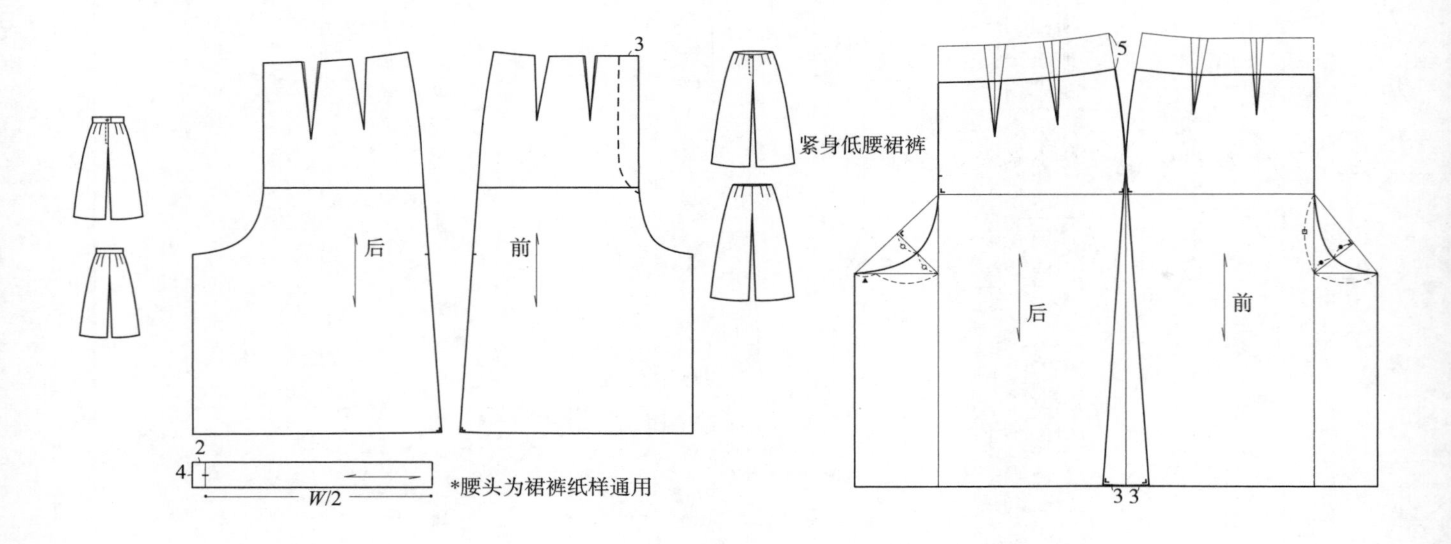

2.2 A型裙裤

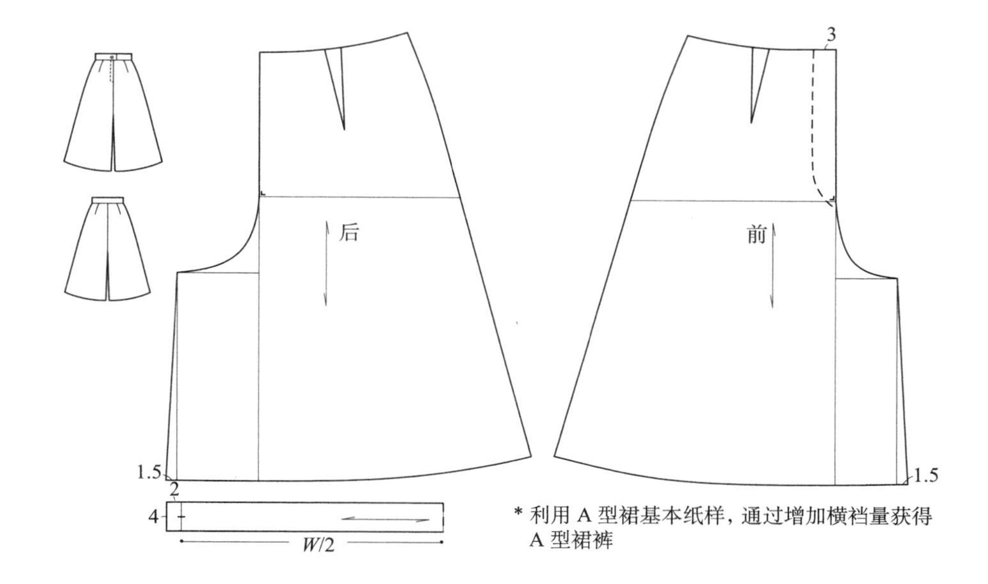

* 利用A型裙基本纸样，通过增加横裆量获得A型裙裤

2.3 斜裙裤

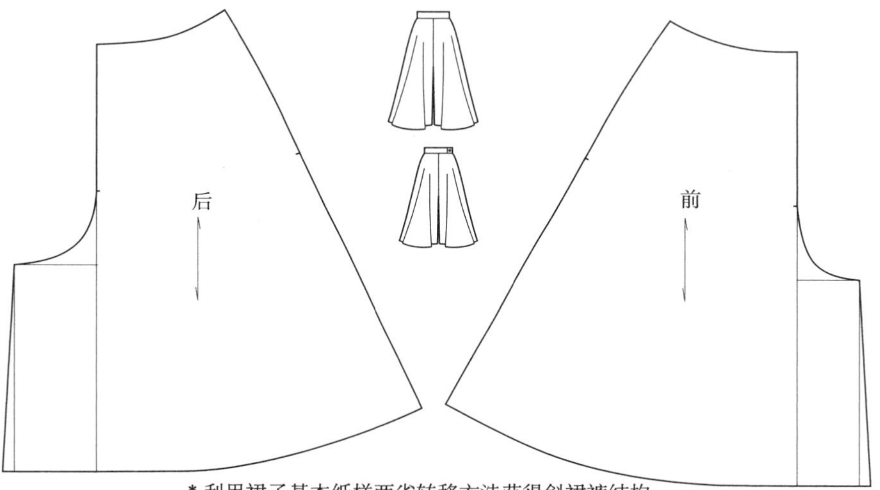

* 利用裙子基本纸样两省转移方法获得斜裙裤结构，最快捷的办法是在斜裙纸样基础上增加横裆量

2.4 整圆裙裤和半圆裙裤

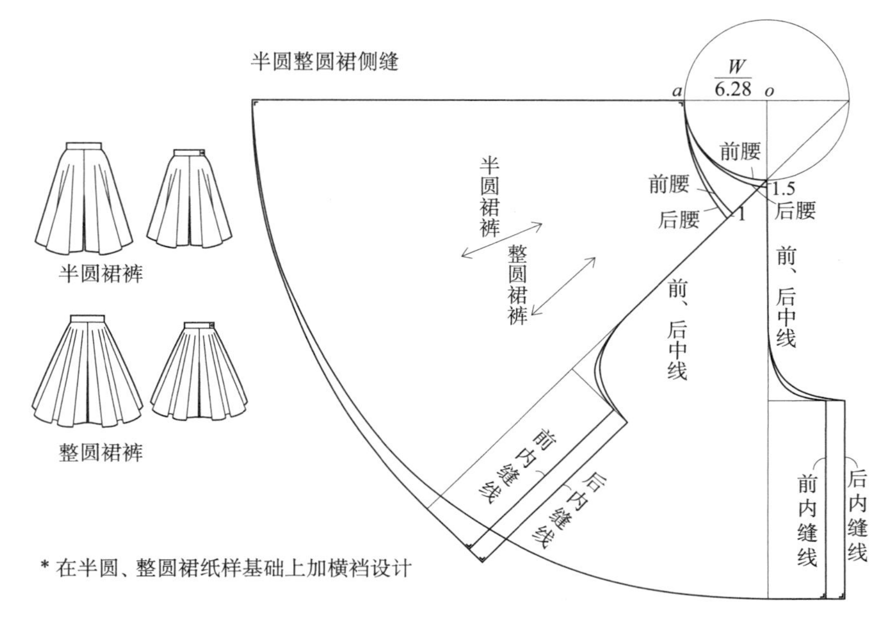

* 在半圆、整圆裙纸样基础上加横裆设计

3. 育克裙裤纸样系列设计（A 型裙裤纸样作基本型）

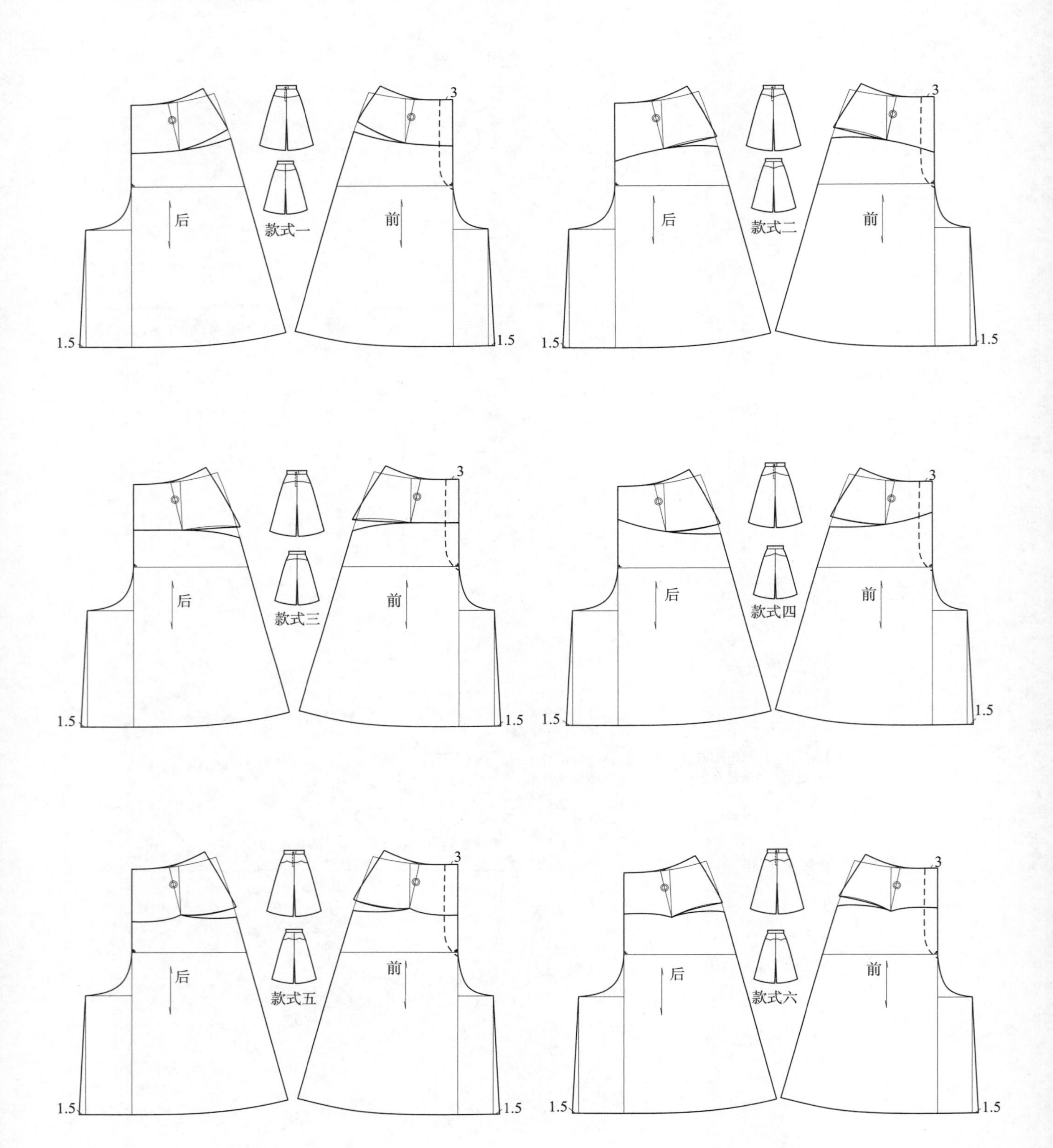

4. 育克褶裙裤纸样系列设计（育克褶裙系列纸样加横裆完成）

4.1　高腰侧育克裙裤

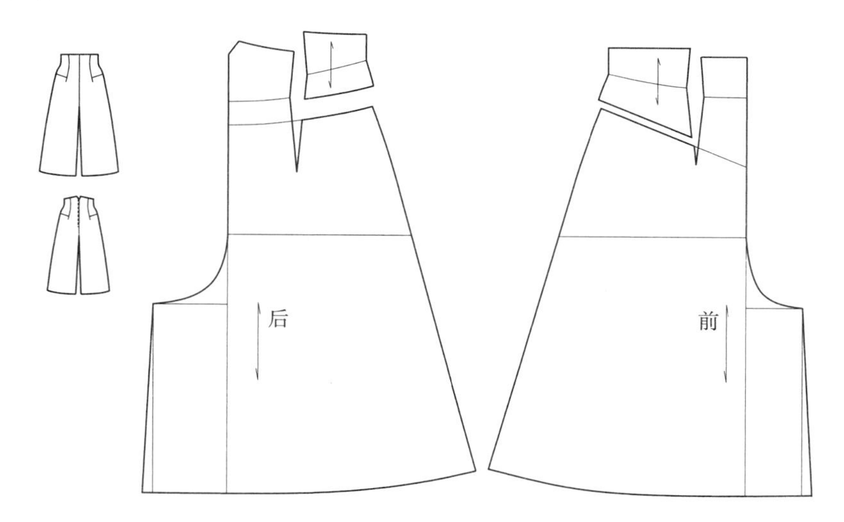

4.2　高腰中育克裙裤

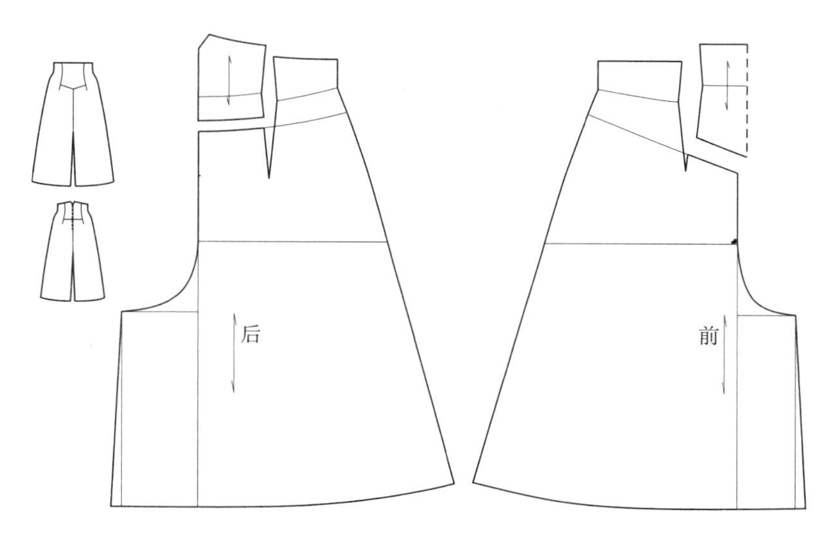

4.3 育克褶裥裙裤

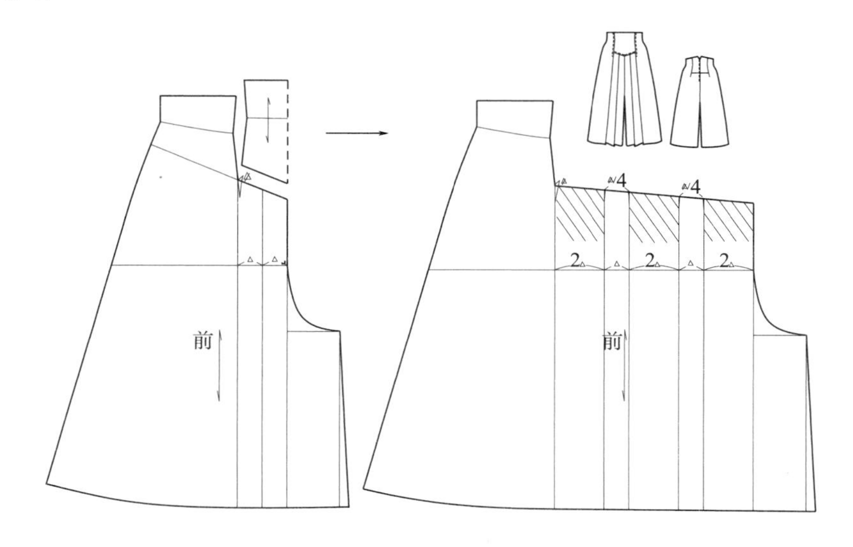

4.4 育克缩褶裙裤

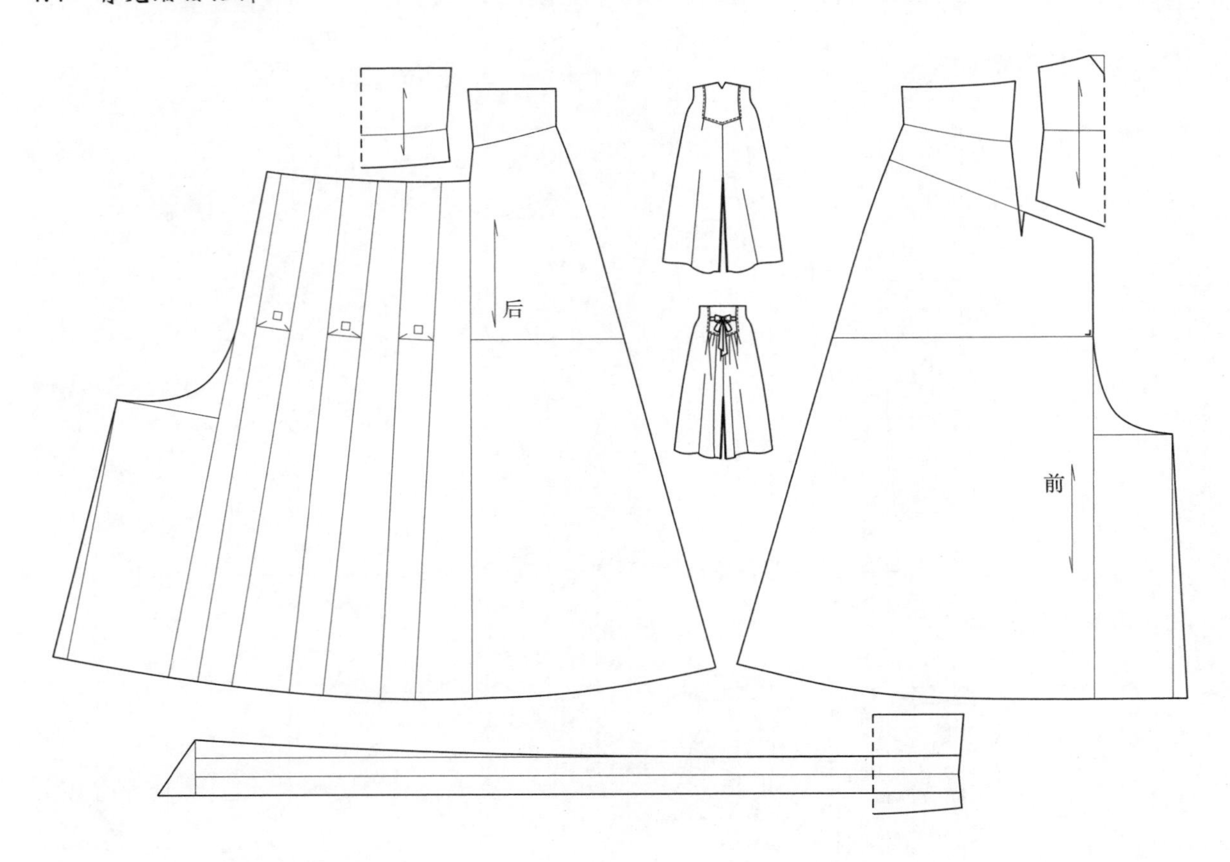

4.5 育克普力特褶裙裤

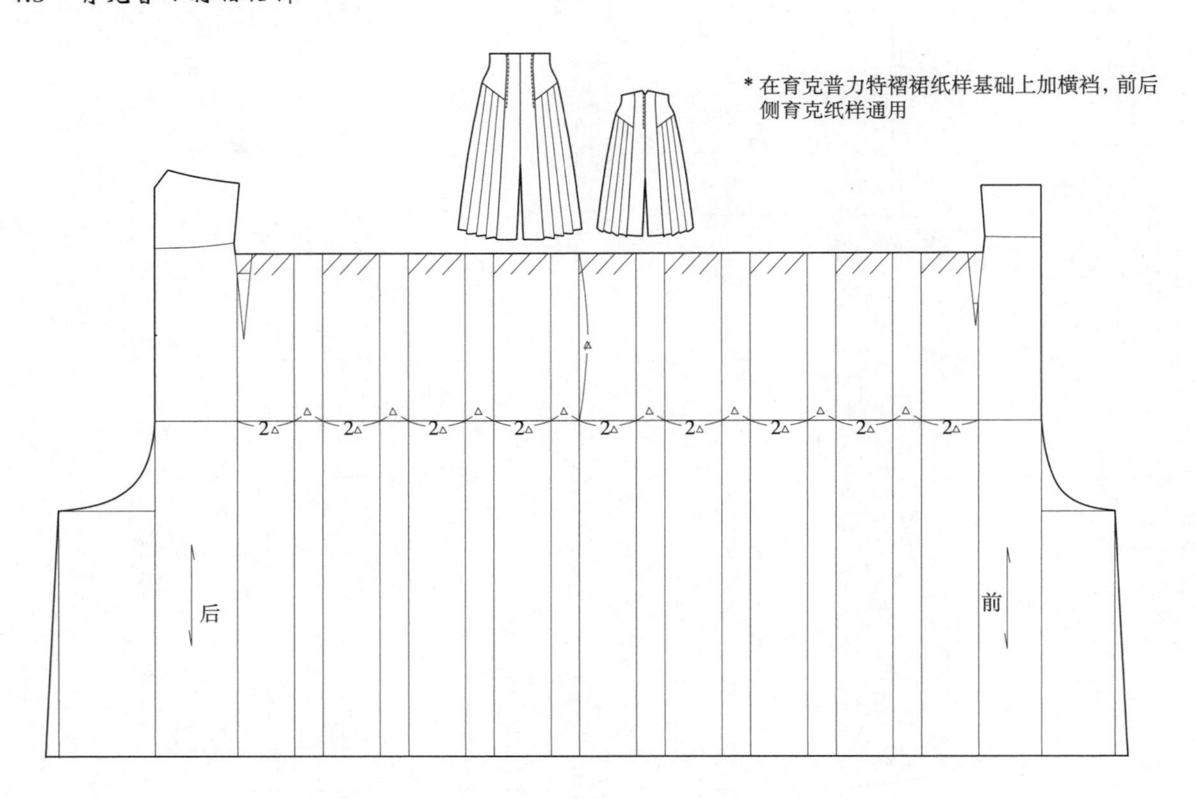

训练三 裤子款式与纸样系列设计训练

一、裤子款式系列设计

1. 裤子基本款式

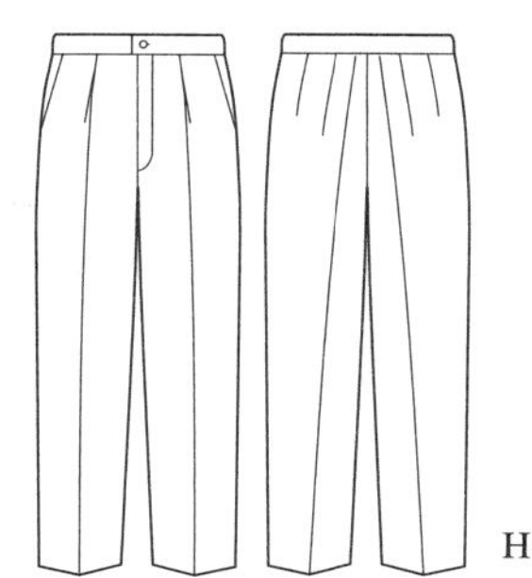

2. 裤子廓型款式系列

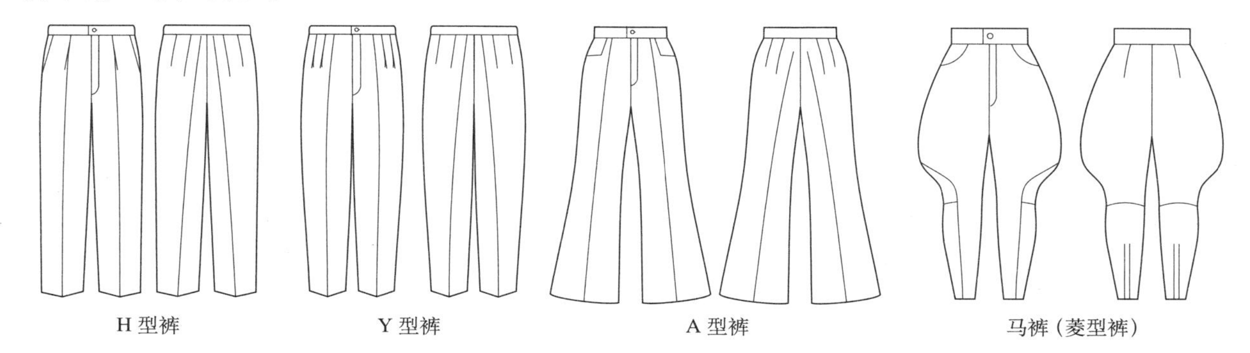

3. 裤子腰位款式系列

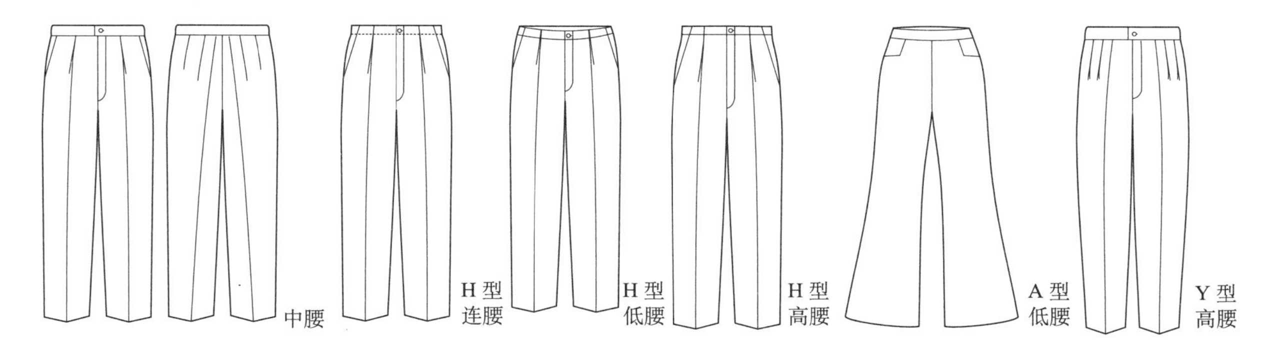

4. 裤长款式系列

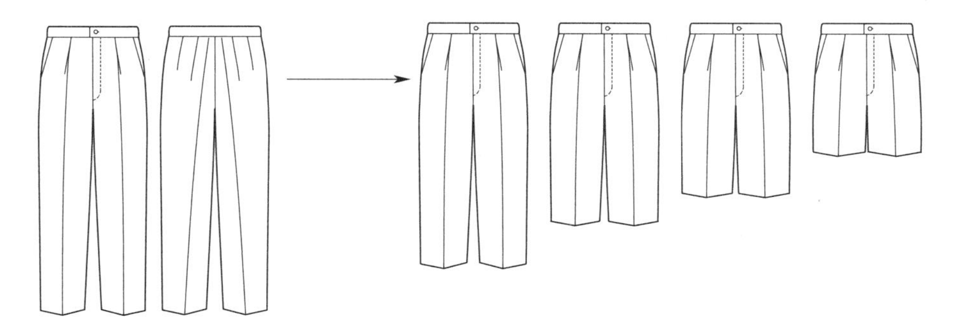

5. 裤子分割款式系列

5.1 H型裤竖分割线款式系列

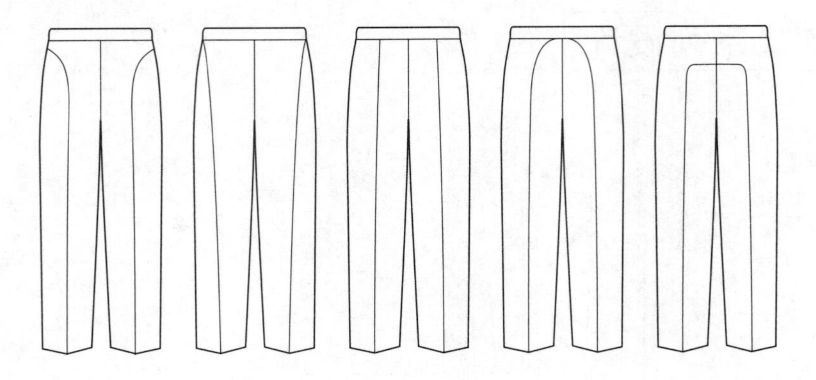

5.2 H型裤横分割线（育克）款式系列

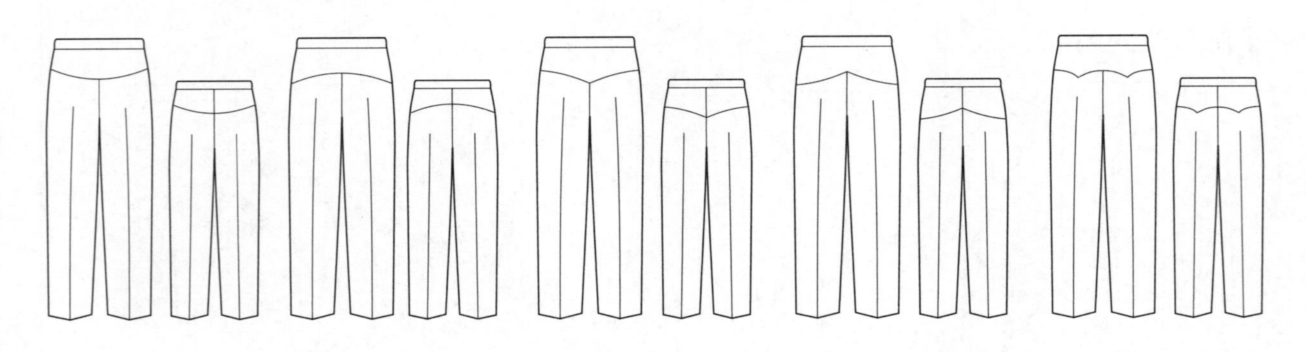

5.3 A型裤分割线款式系列

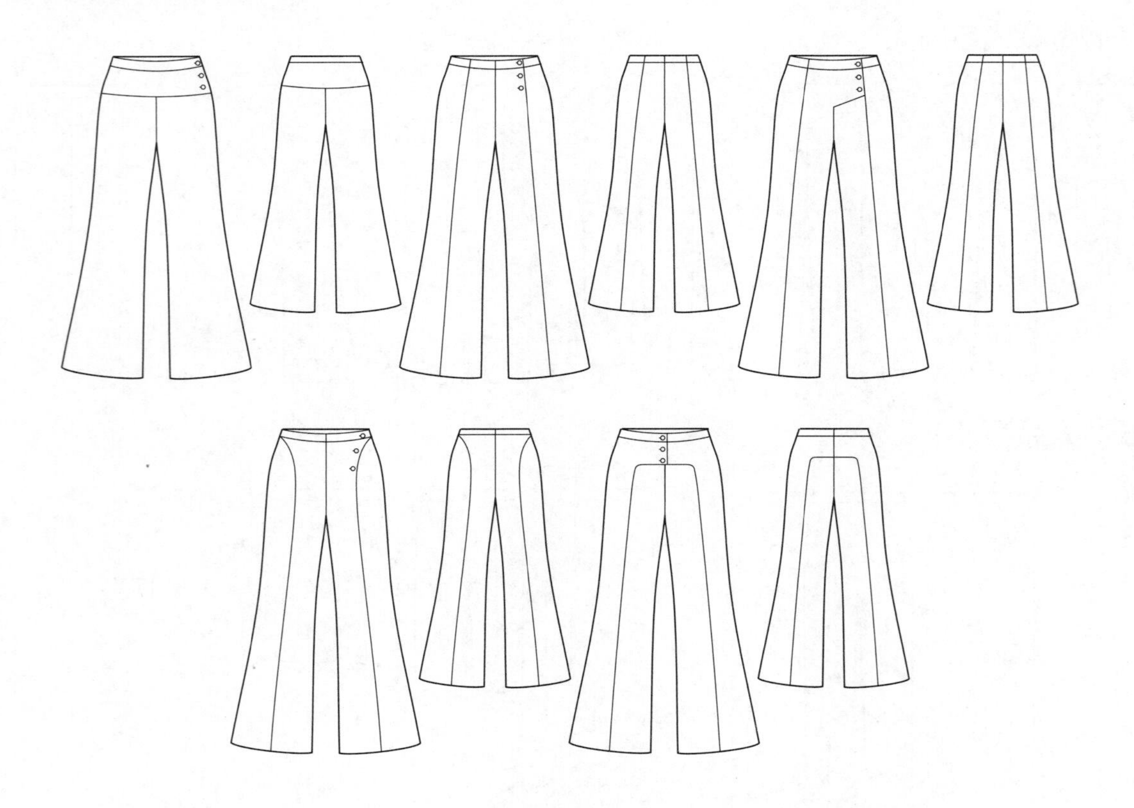

6. 裤子褶款式系列

6.1　裤褶的基本款式

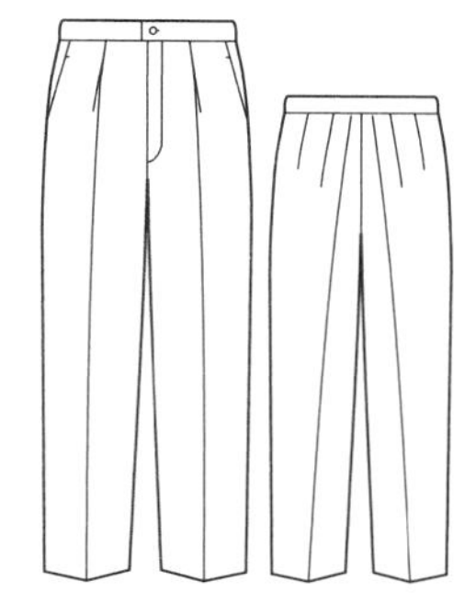

H 型裤、单褶、斜插袋

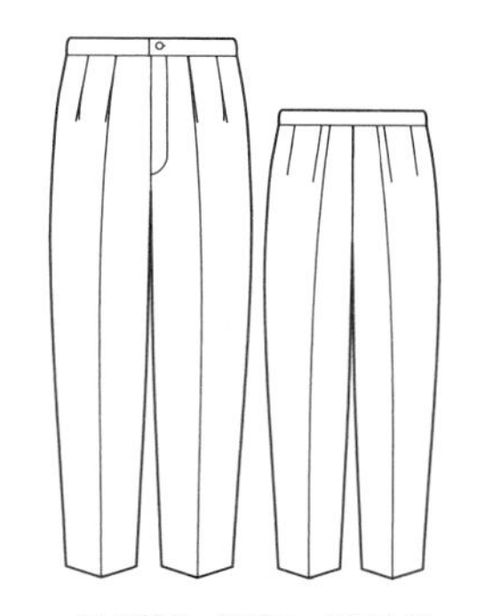

Y 型裤、双褶、侧插袋

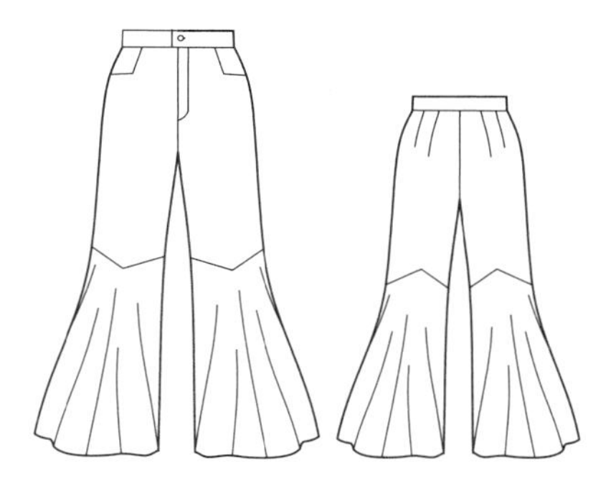

A 型裤、平插袋、波形褶

6.2　塔克褶 Y 型裤款式系列

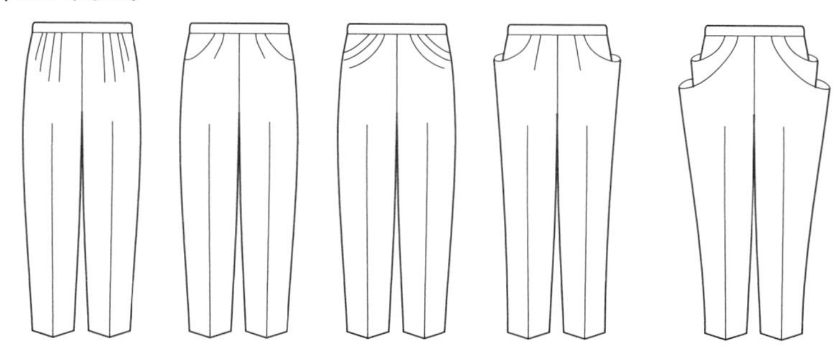

7. 裤子综合元素的款式系列

7.1　A 型裤款式系列（分割与褶结合）

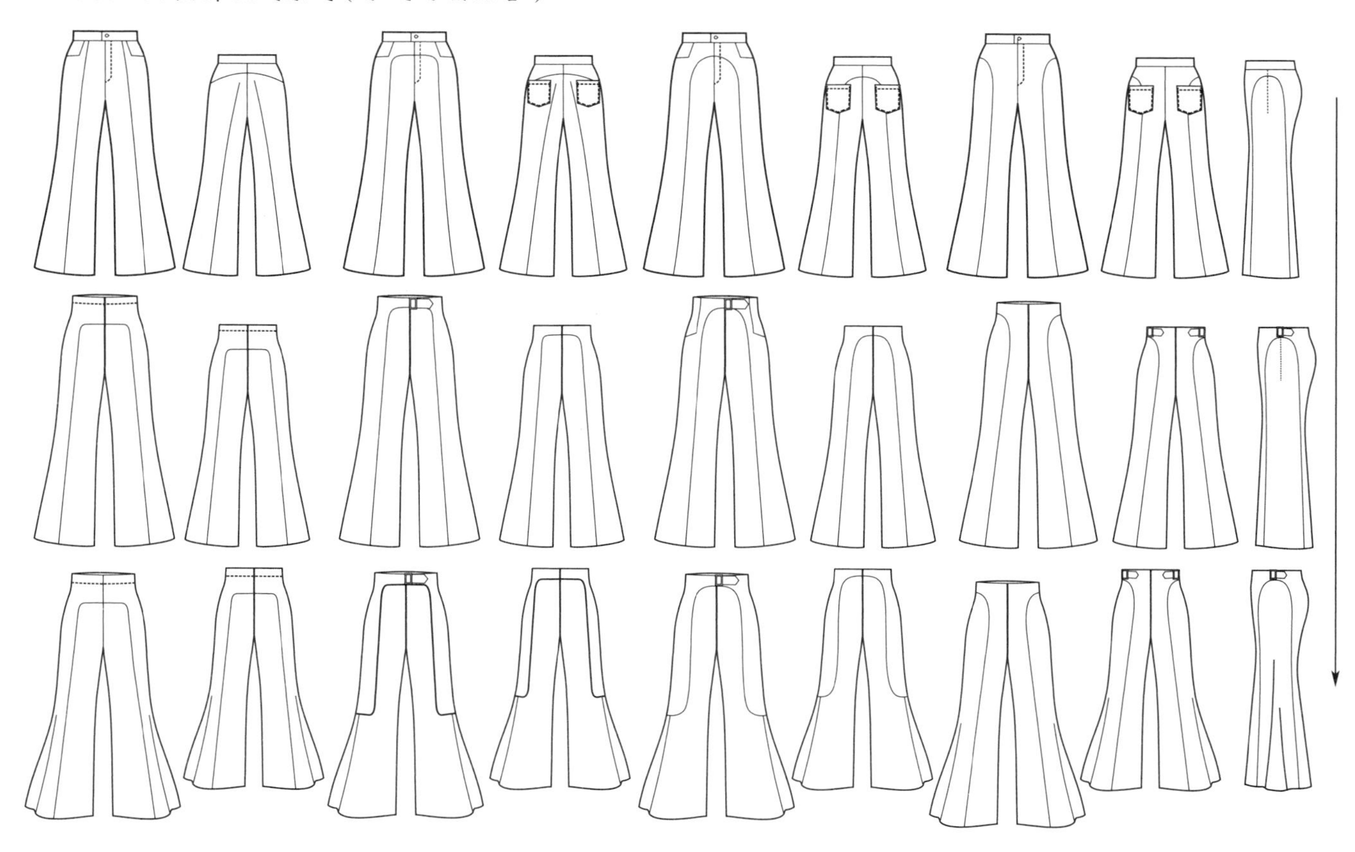

7.2 Y型裤款式系列

连腰、褶、口袋结合

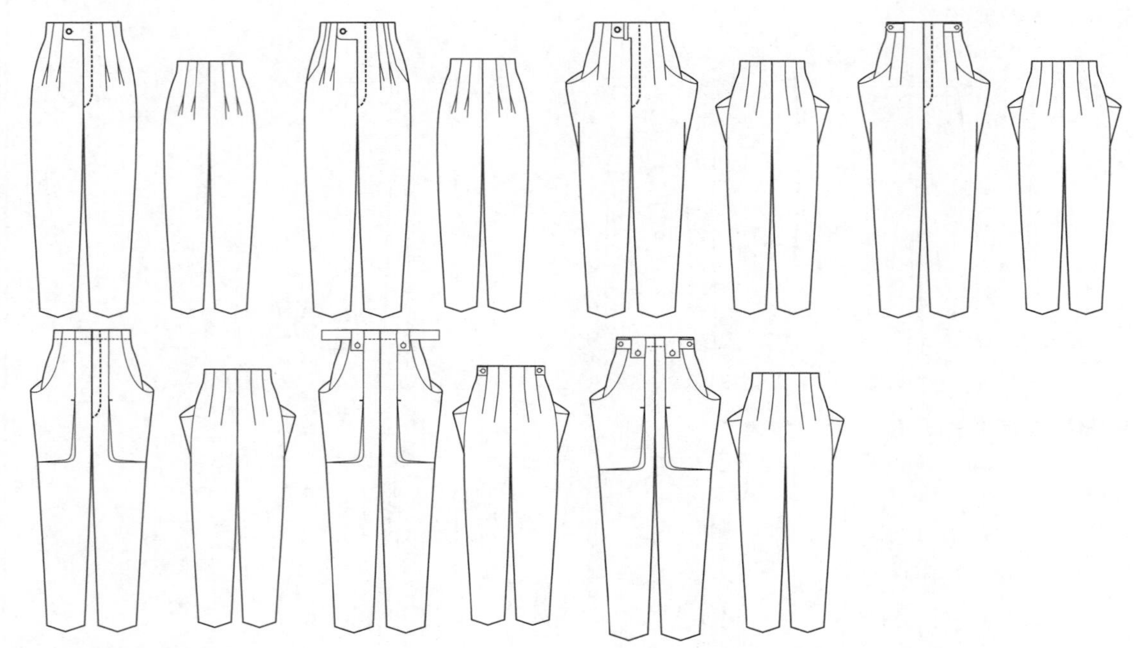

高腰、褶、口袋、育克结合

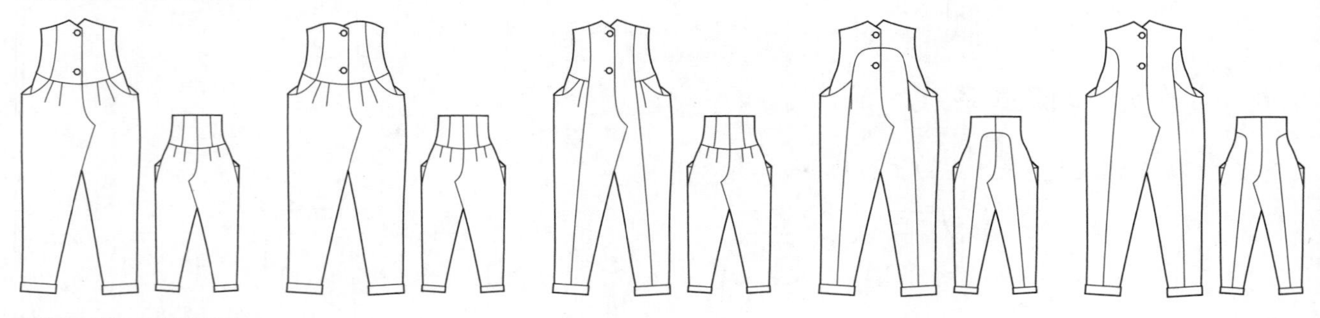

连腰、口袋、分割线结合

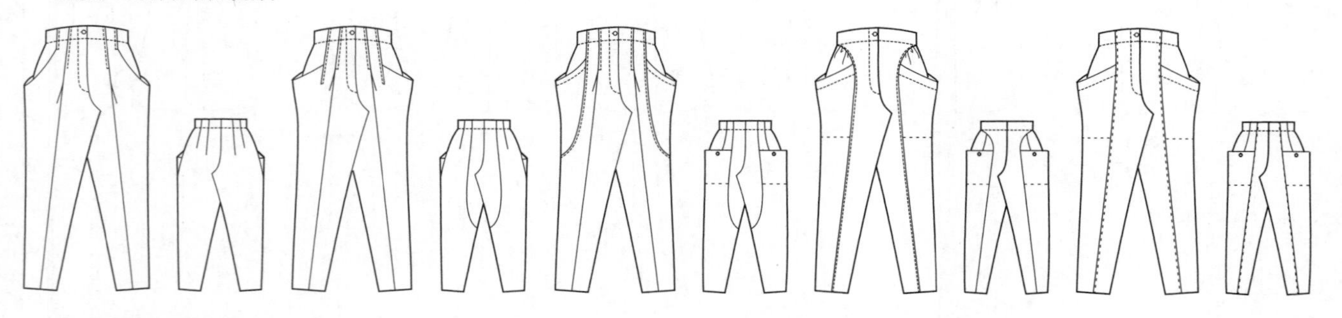

育克、褶、分割线结合

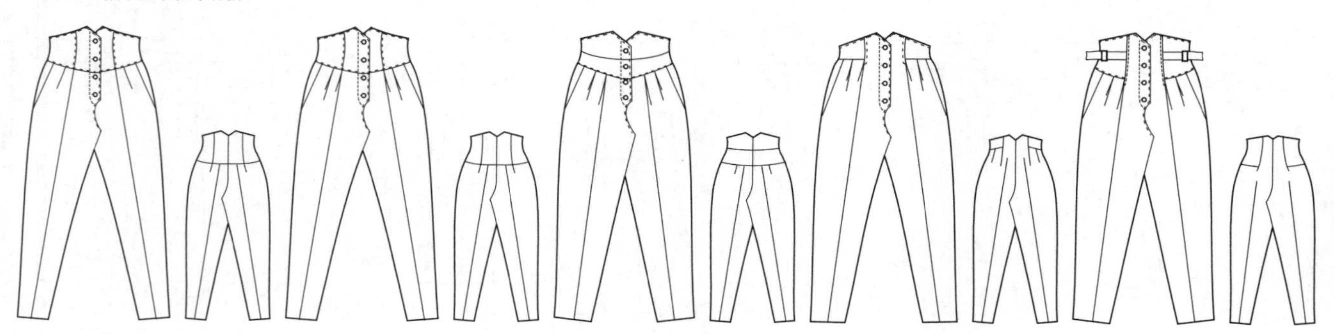

中腰、口袋、裤口、分割线结合

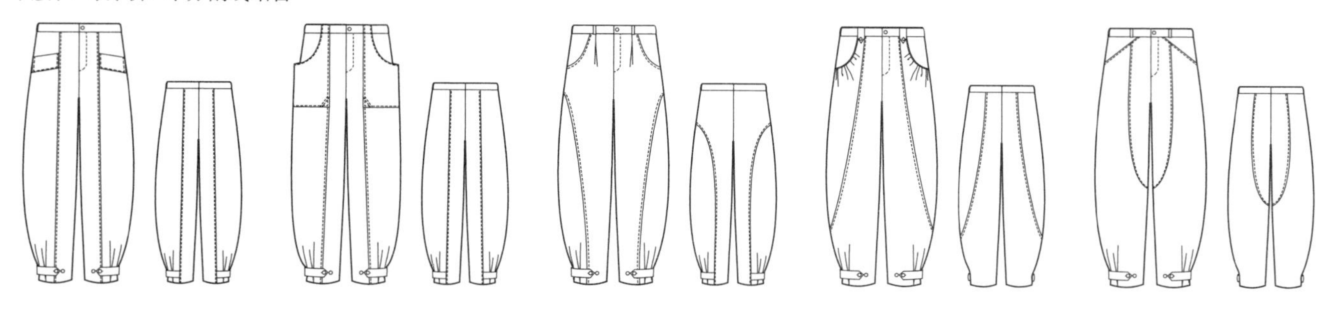

7.3　灯笼裤（菱型）款式系列

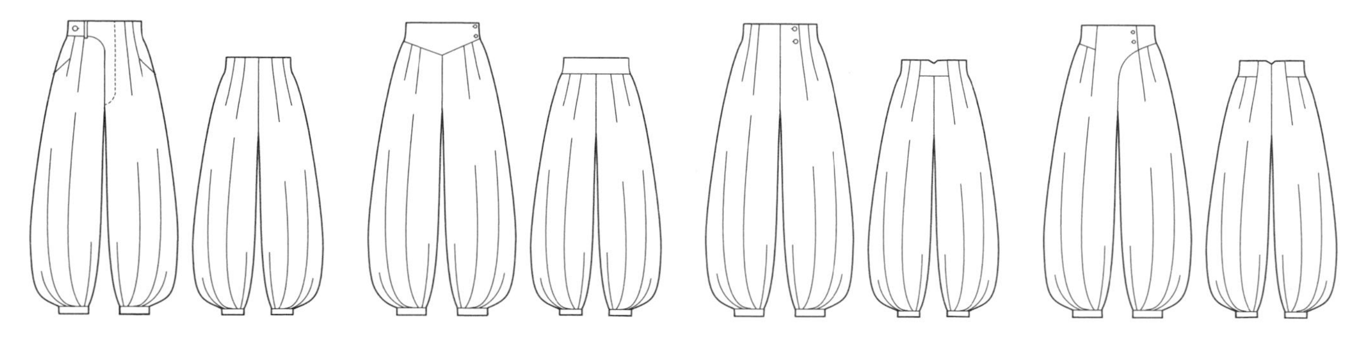

7.4　A型牛仔裤款式系列（口袋、育克、分割线结合）

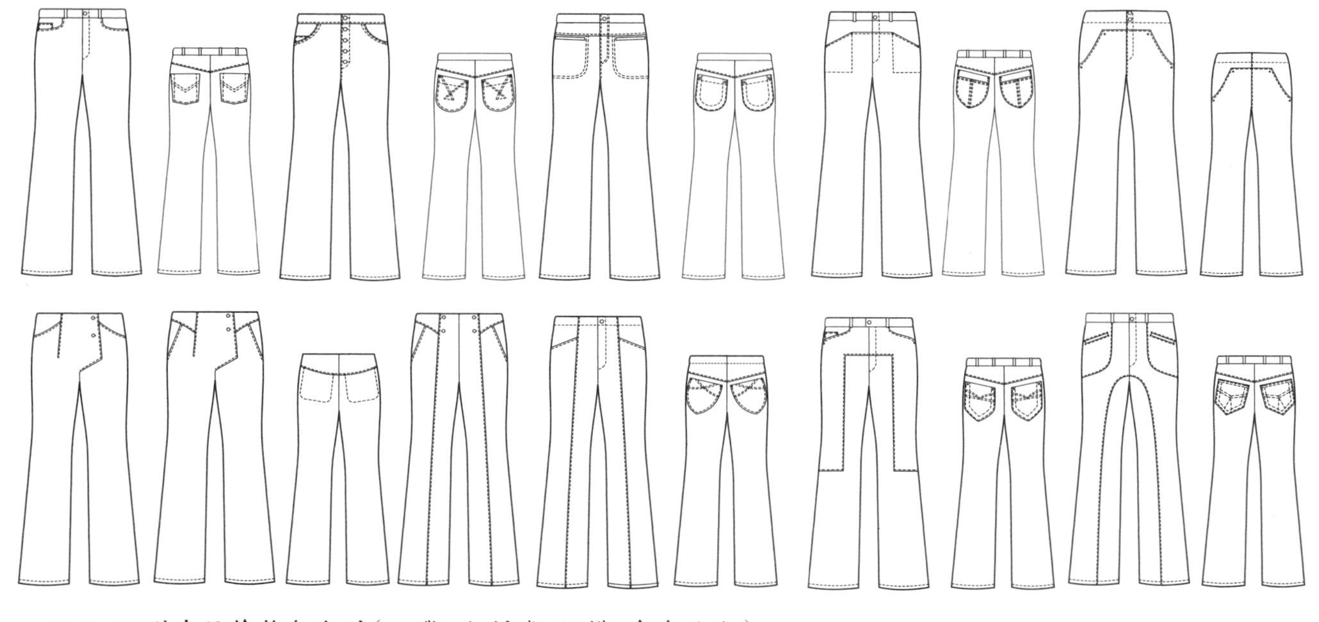

7.5　Y型牛仔裤款式系列（口袋、分割线、门襟、育克结合）

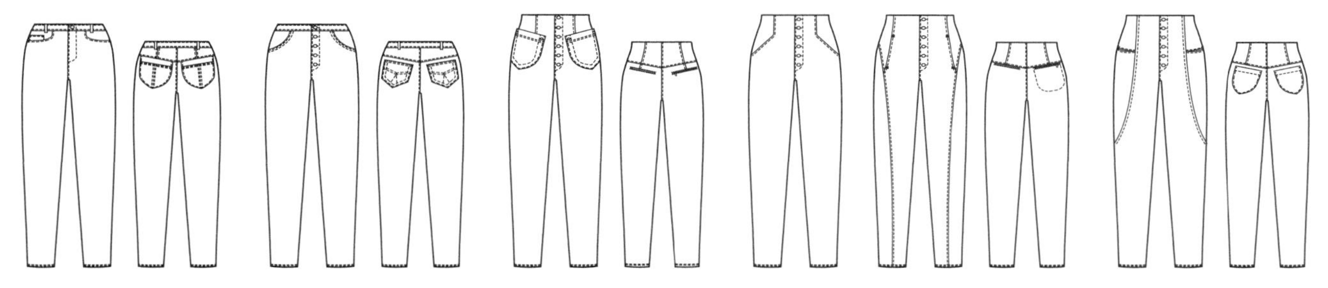

7.6 H型运动裤款式系列

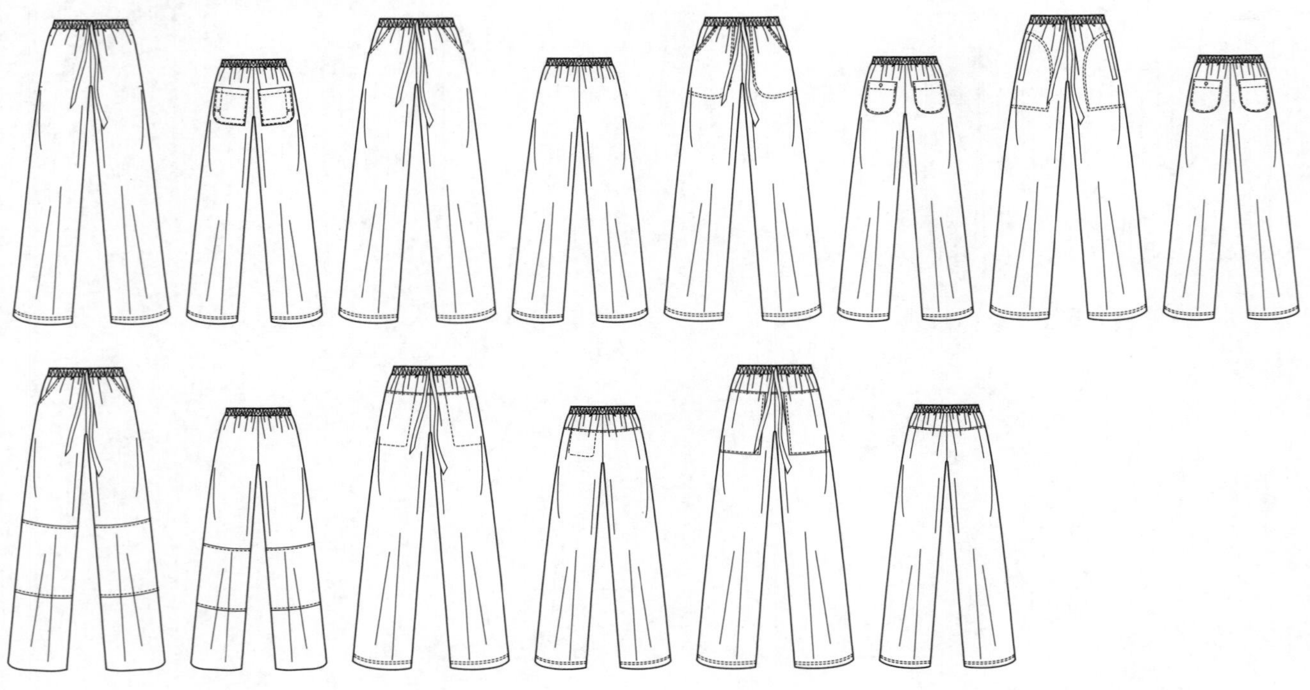

二、裤子纸样系列设计

* 更多的纸样设计训练利用之前提供的裤子款式平台完成纸样部分

1. 裤子基本纸样

* W（腰围）：70cm
H（臀围）：94cm
裤长：95cm
股上长：27cm

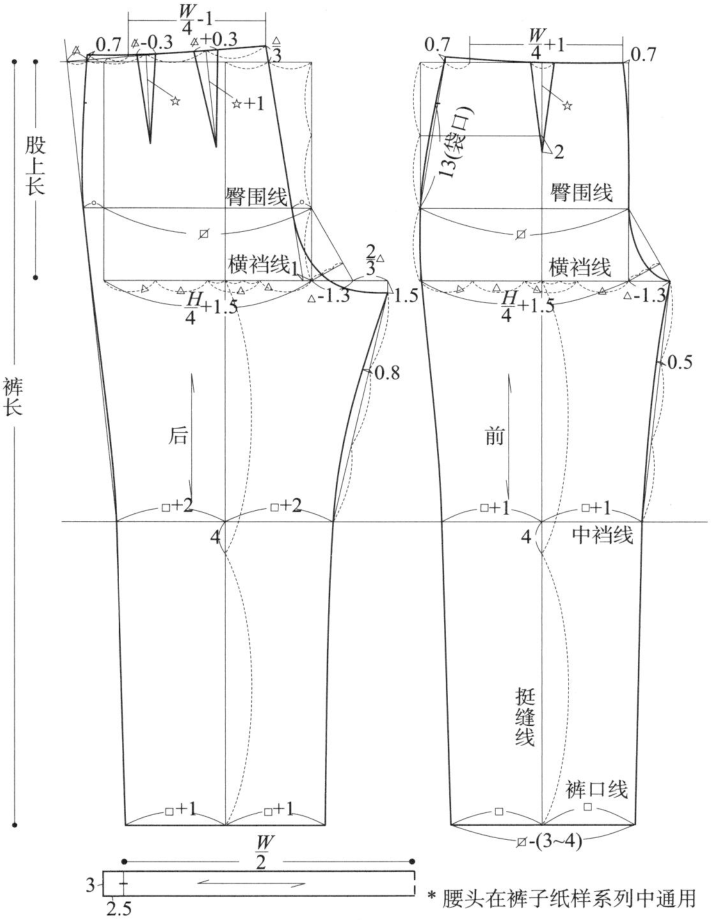

* 腰头在裤子纸样系列中通用

裤子基本纸样分解图

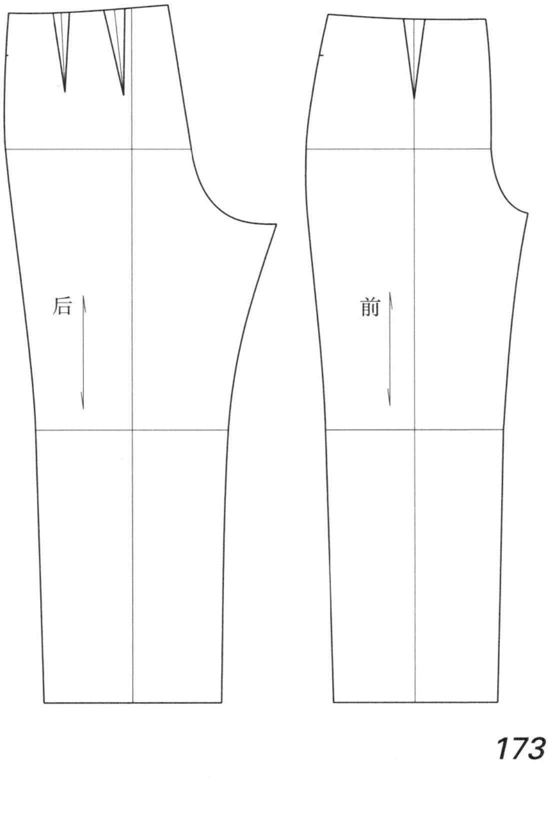

2. 裤子廓型纸样系列设计（多板多款）

2.1 紧身H型裤纸样（四款）

H型连腰低腰裤纸样

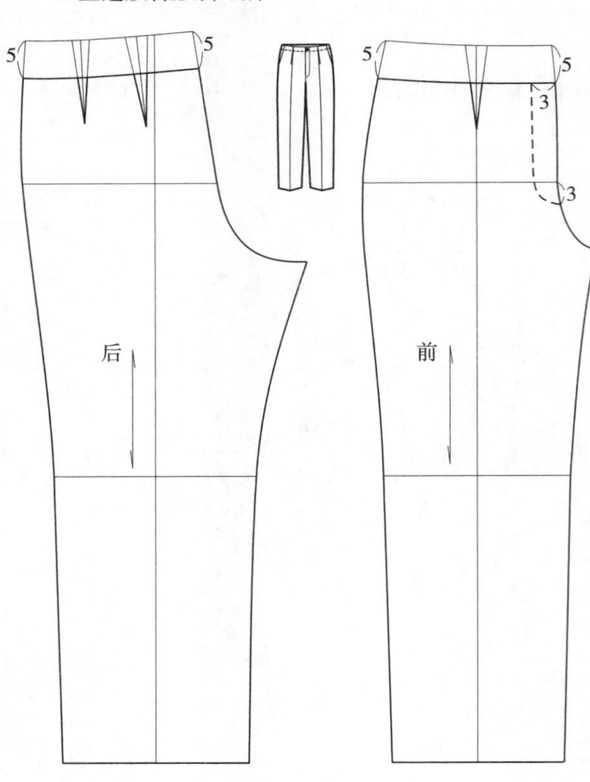

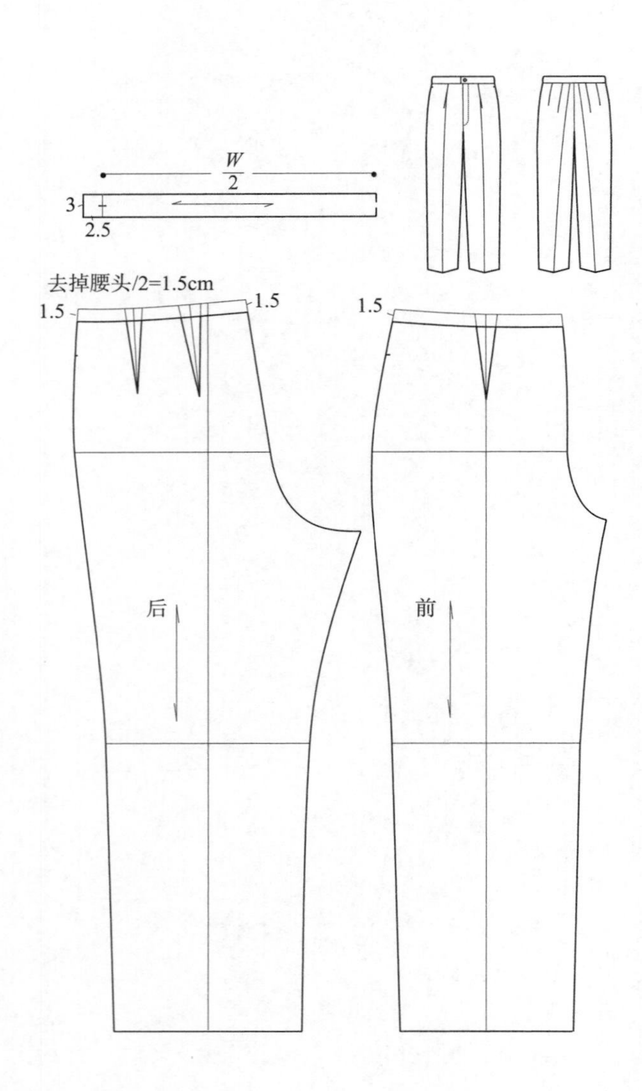

H型连腰高腰裤纸样

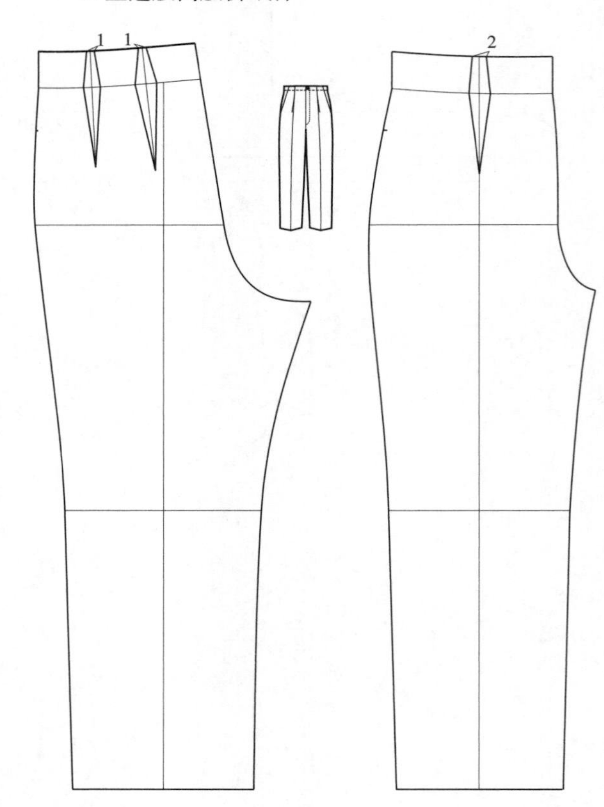

H 型单褶裤纸样

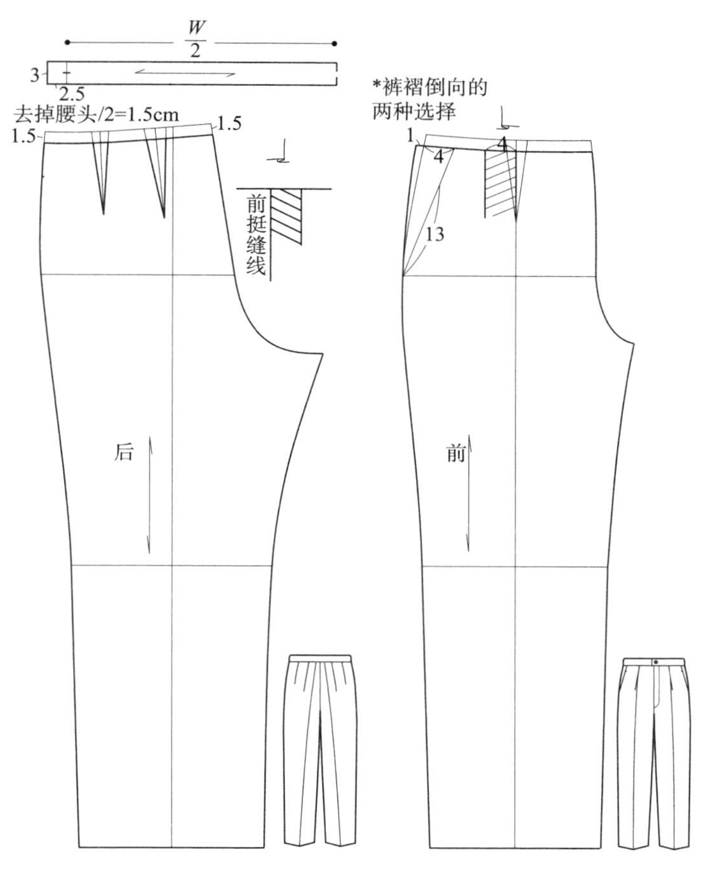

2.2　Y 型双褶裤纸样（两款）

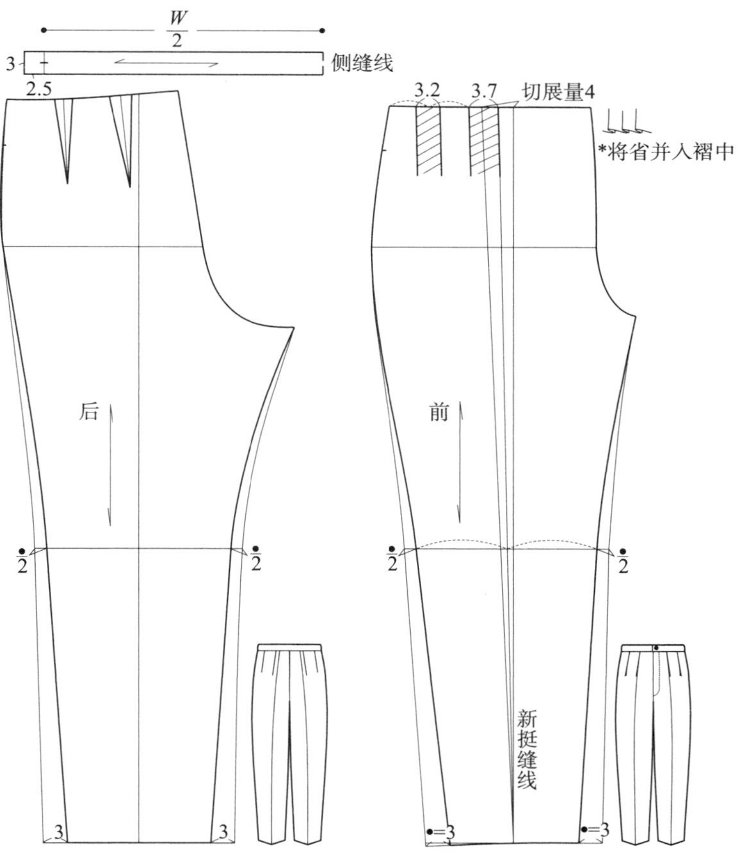

Y 型双褶裤纸样（膨胀式）

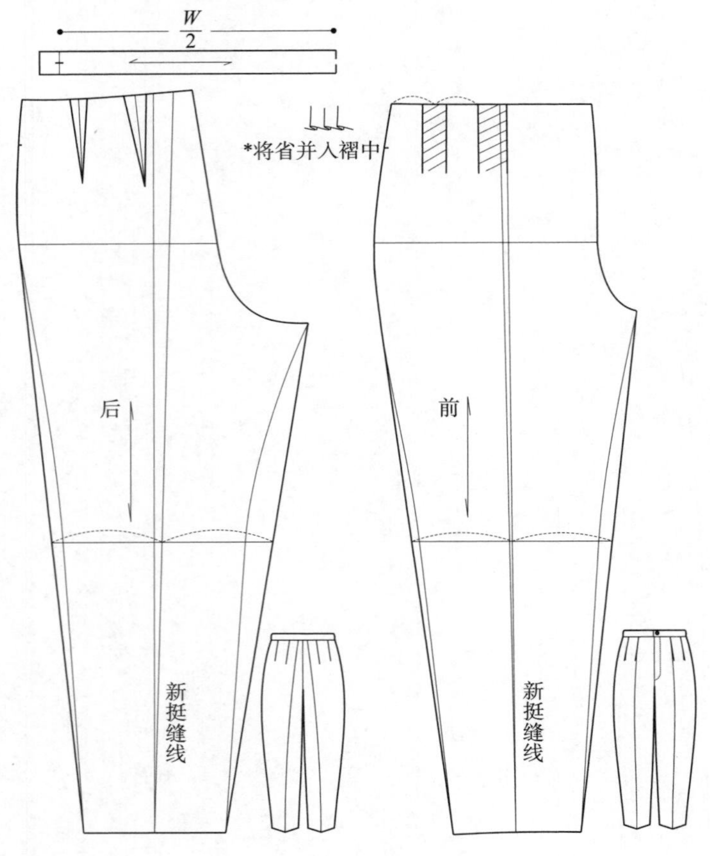

2.3　A 型低腰裤纸样

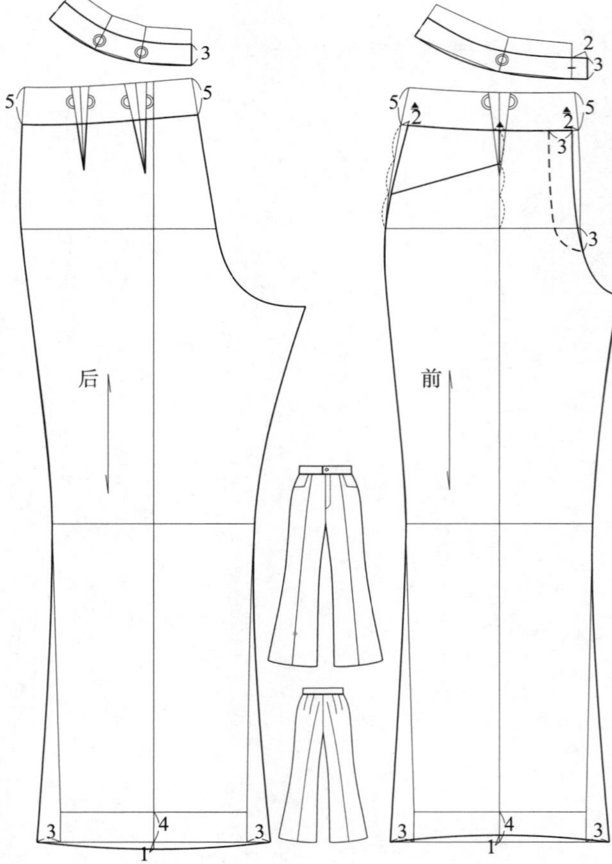

2.4 马裤纸样（菱型裤）

马裤纸样（前）

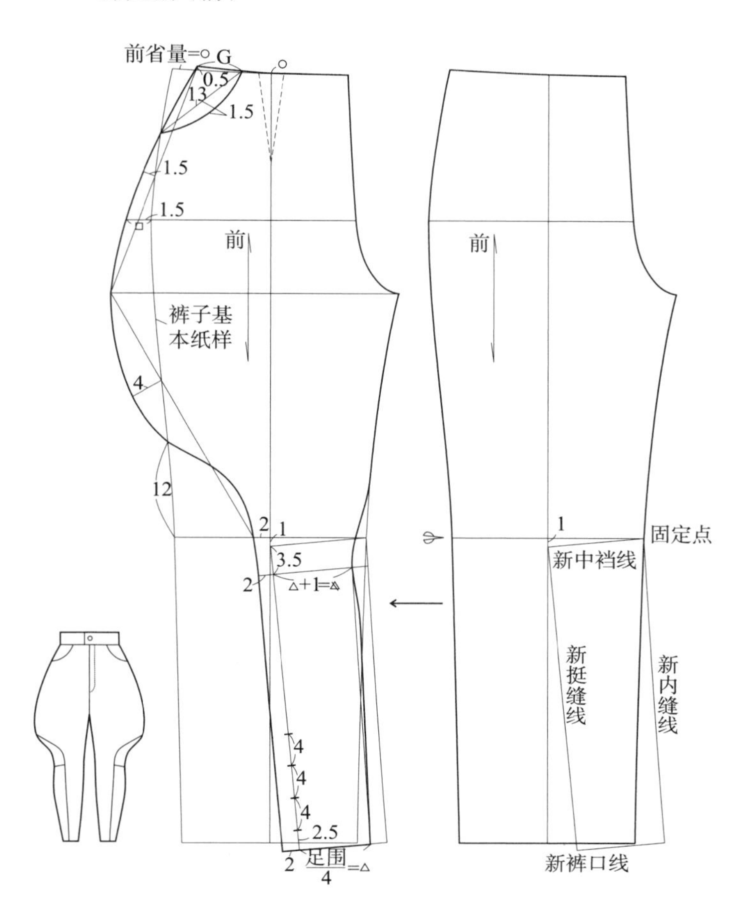

马裤纸样（后）

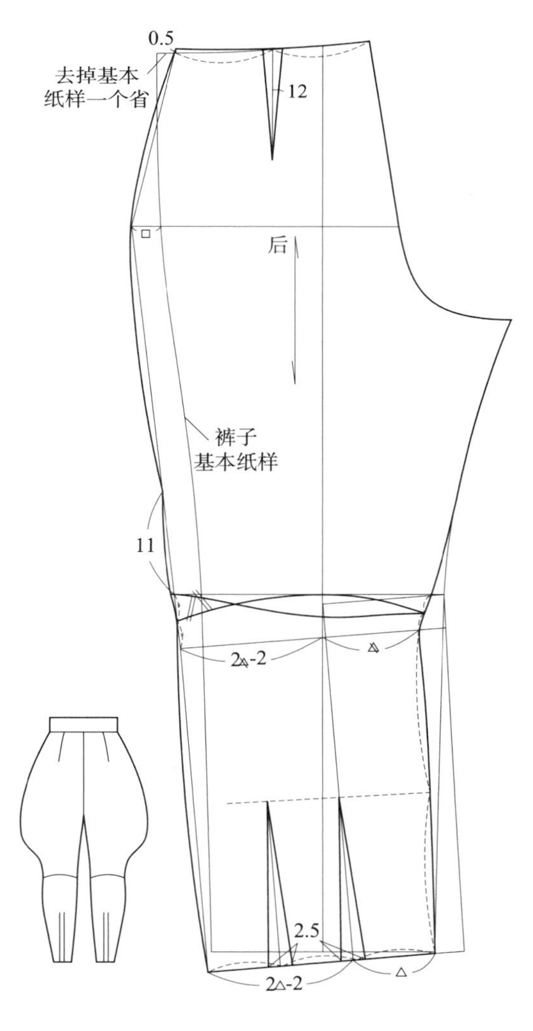

3. H 型育克裤子纸样系列设计（一板多款）

3.1 上曲线育克裤纸样

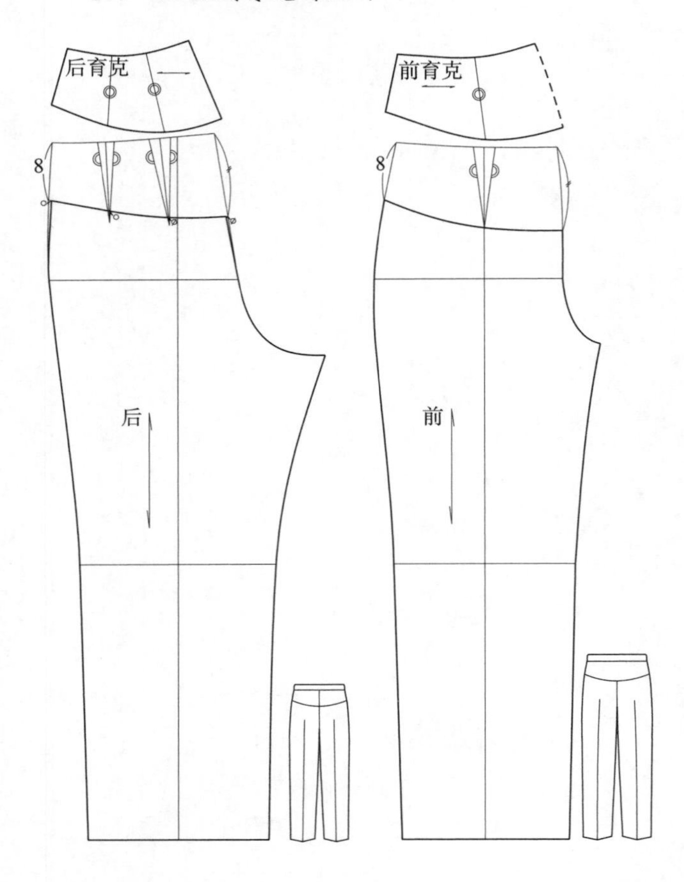

3.2 下曲线育克裤纸样

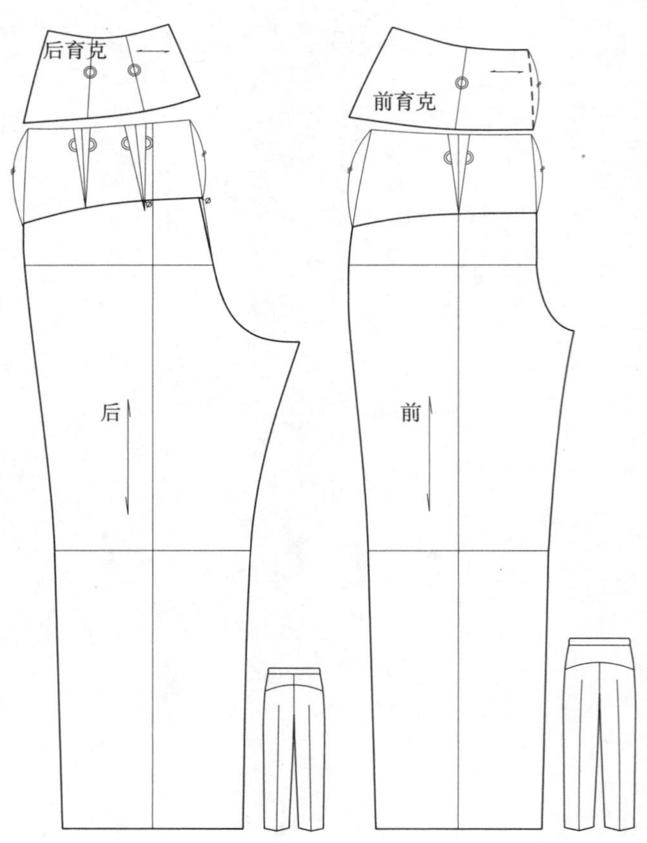

3.3 双曲线育克裤纸样

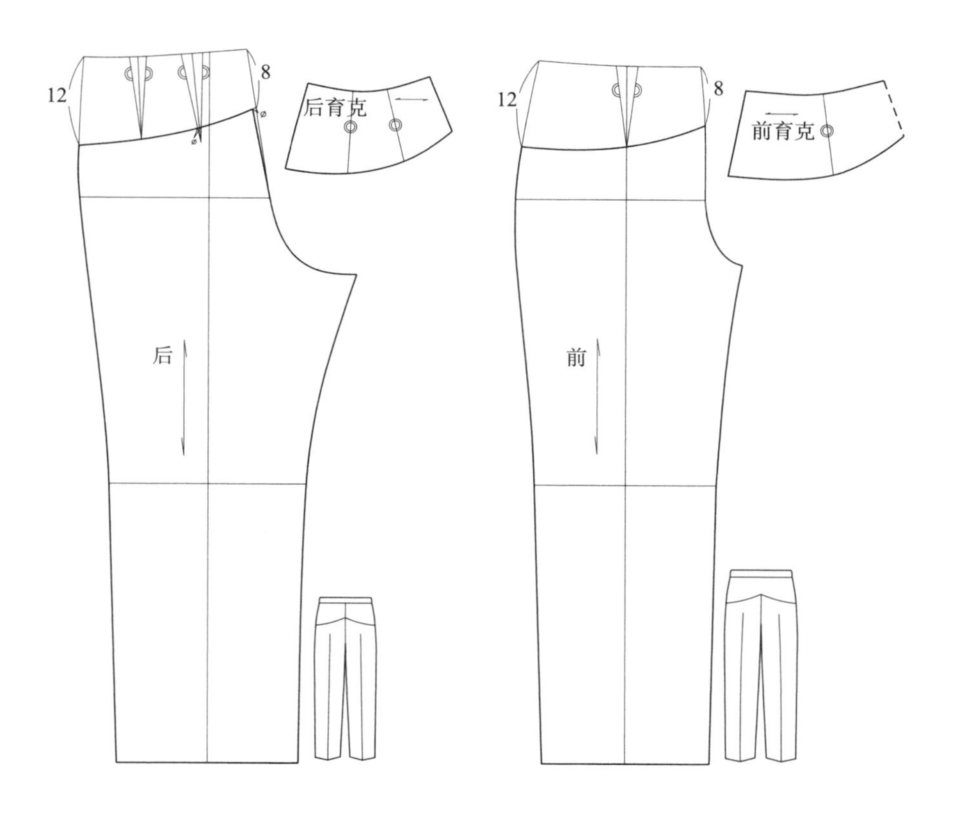

3.4 三曲线育克裤纸样

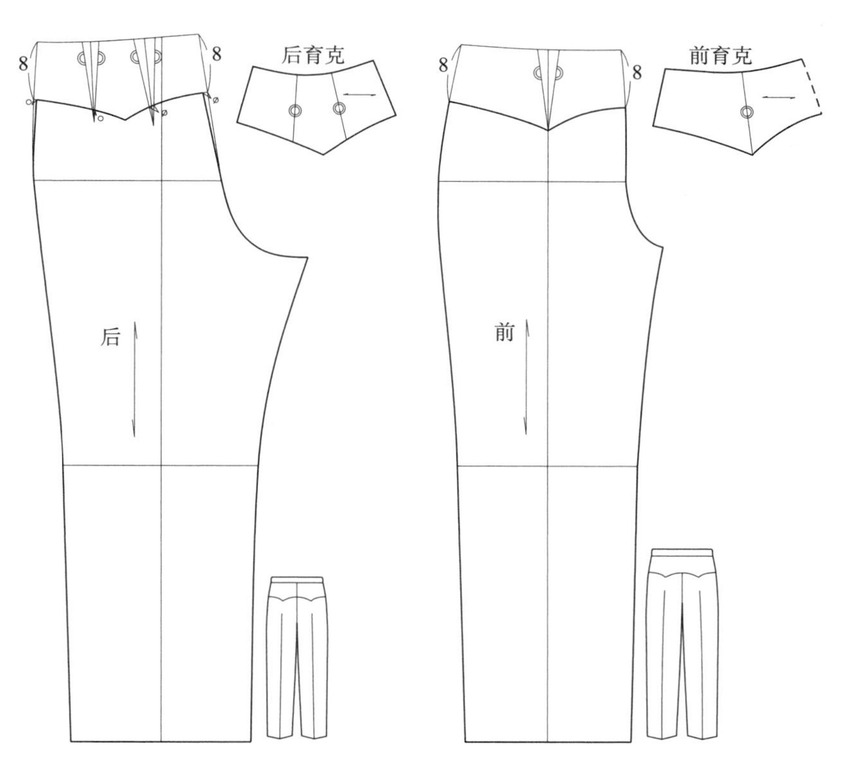

4. A 型牛仔裤纸样系列设计

4.1 标准版 A 型牛仔裤纸样

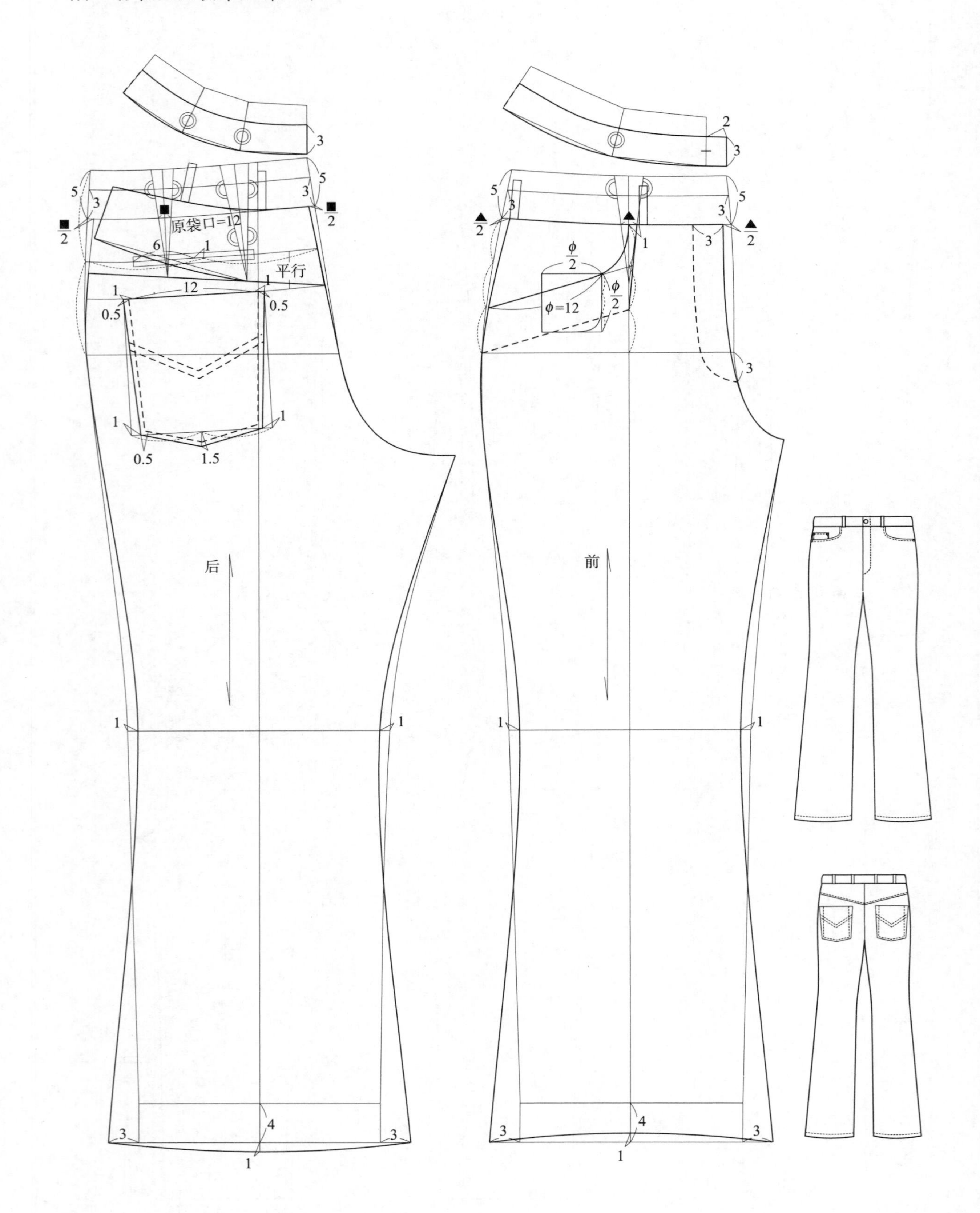

4.2　直线育克复合袋A型牛仔裤纸样

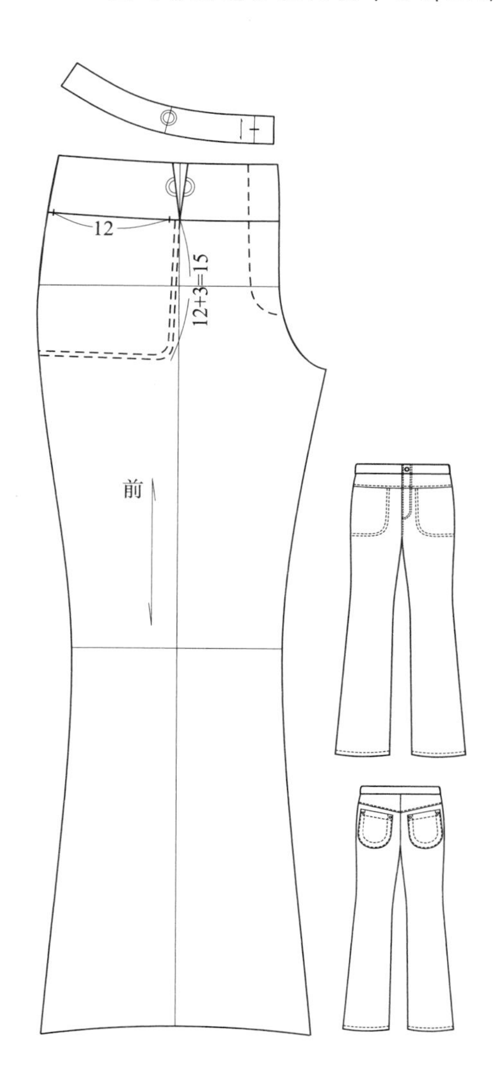

直线育克复合袋A型牛仔裤纸样分解图

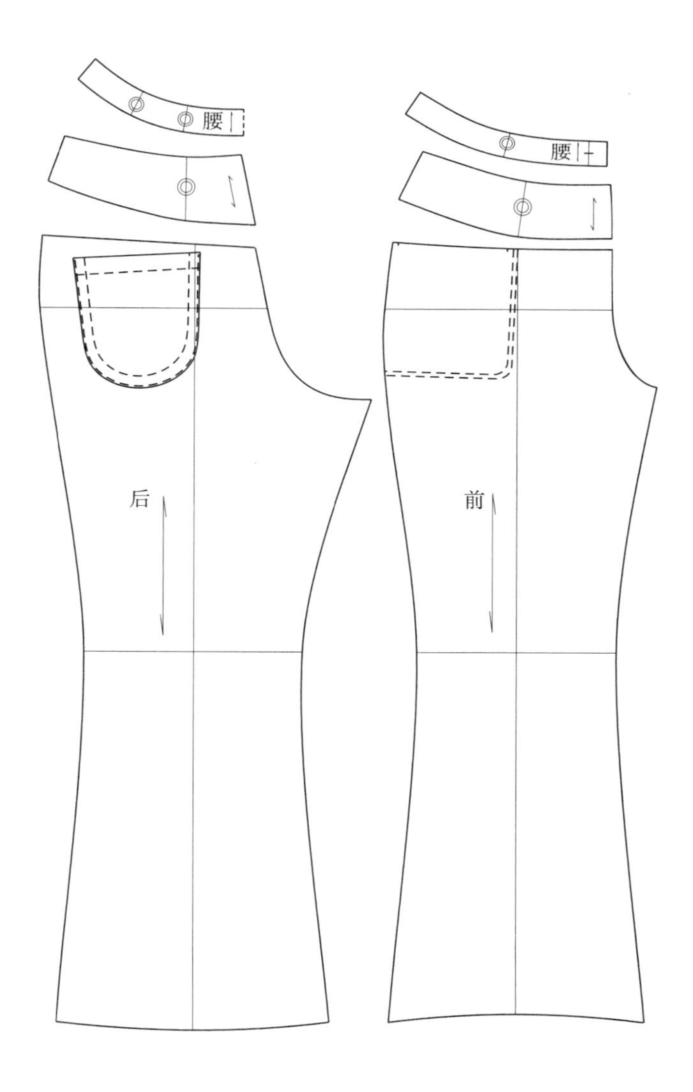

4.3　折线育克复合袋A型牛仔裤纸样（一板多款）

折线育克复合袋A型牛仔裤纸样分解图

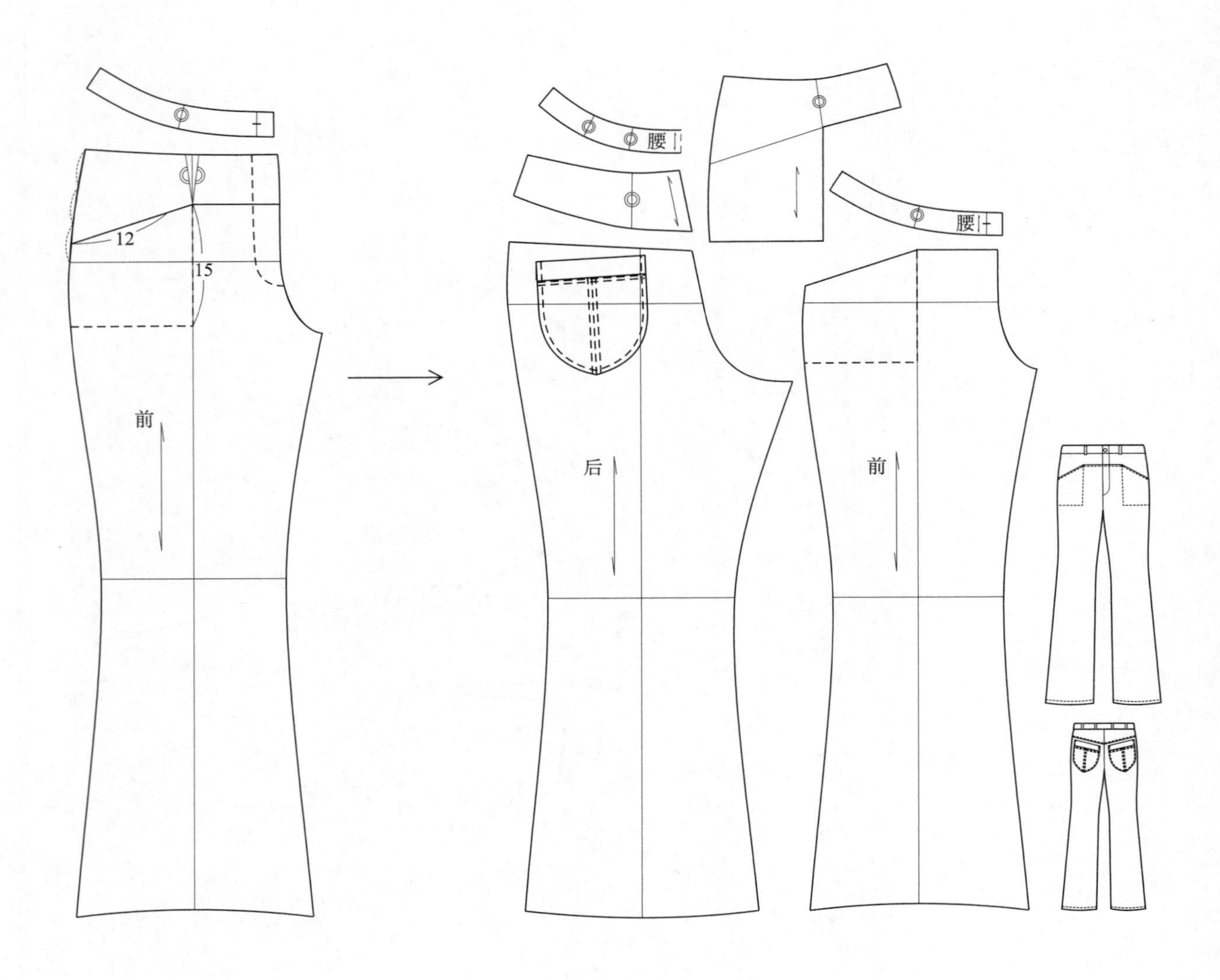

4.4　竖线分割连腰A型牛仔裤纸样

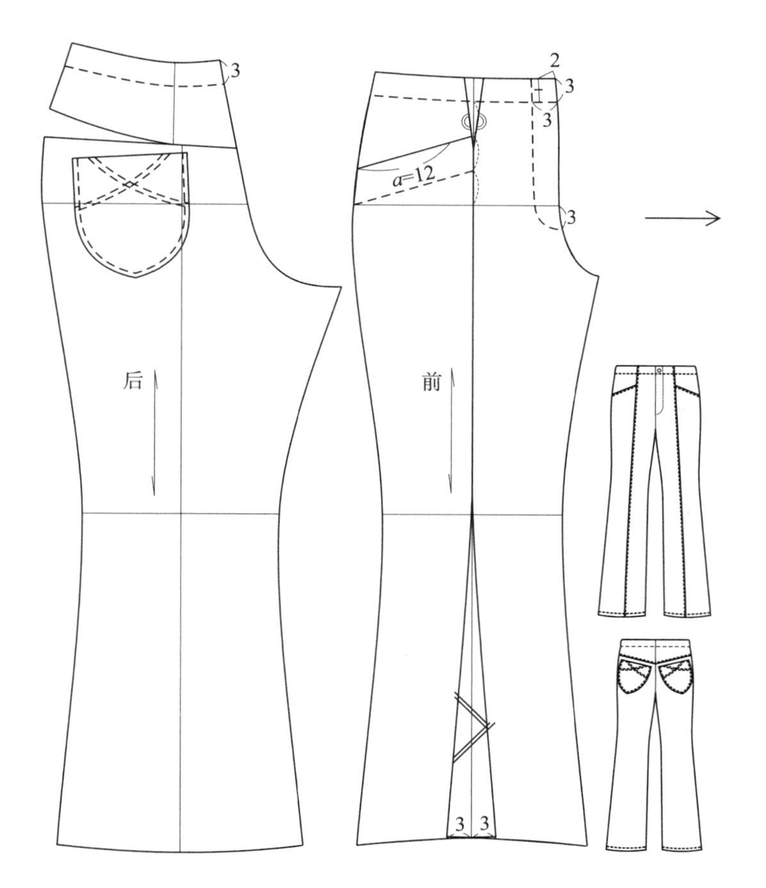

竖线分割连腰A型牛仔裤纸样分解图

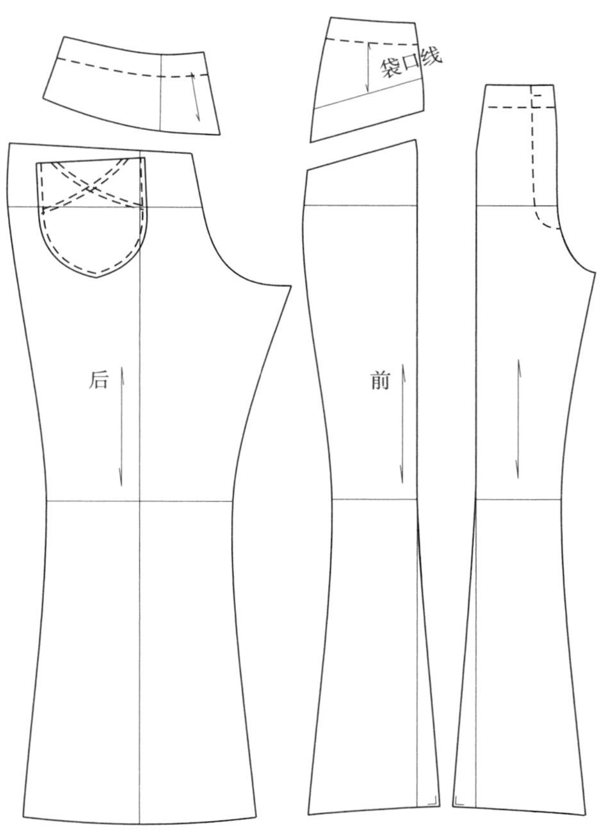

4.5 Z 字线分割 A 型牛仔裤纸样

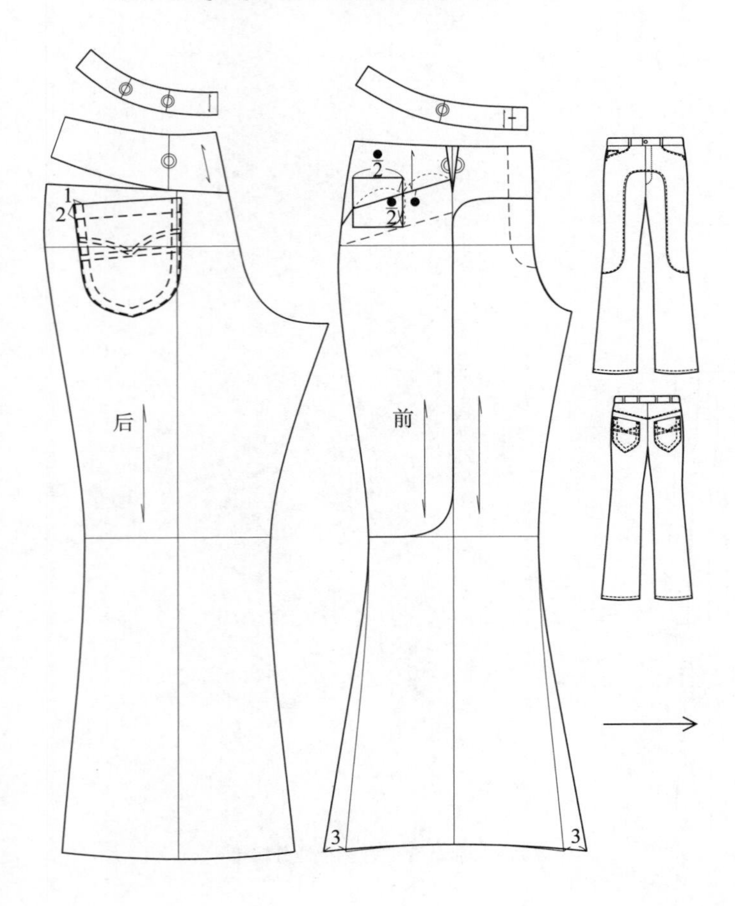

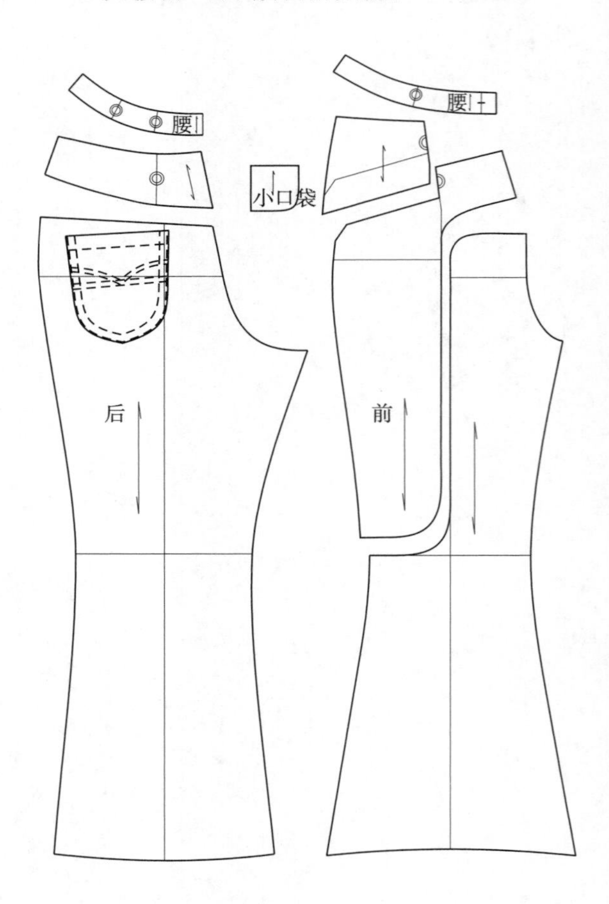

Z 字线分割 A 型牛仔裤纸样分解图

训练四　西装款式与纸样系列设计训练

一、西装款式系列设计

1.TPO知识系统中西装基本款式的女装演化

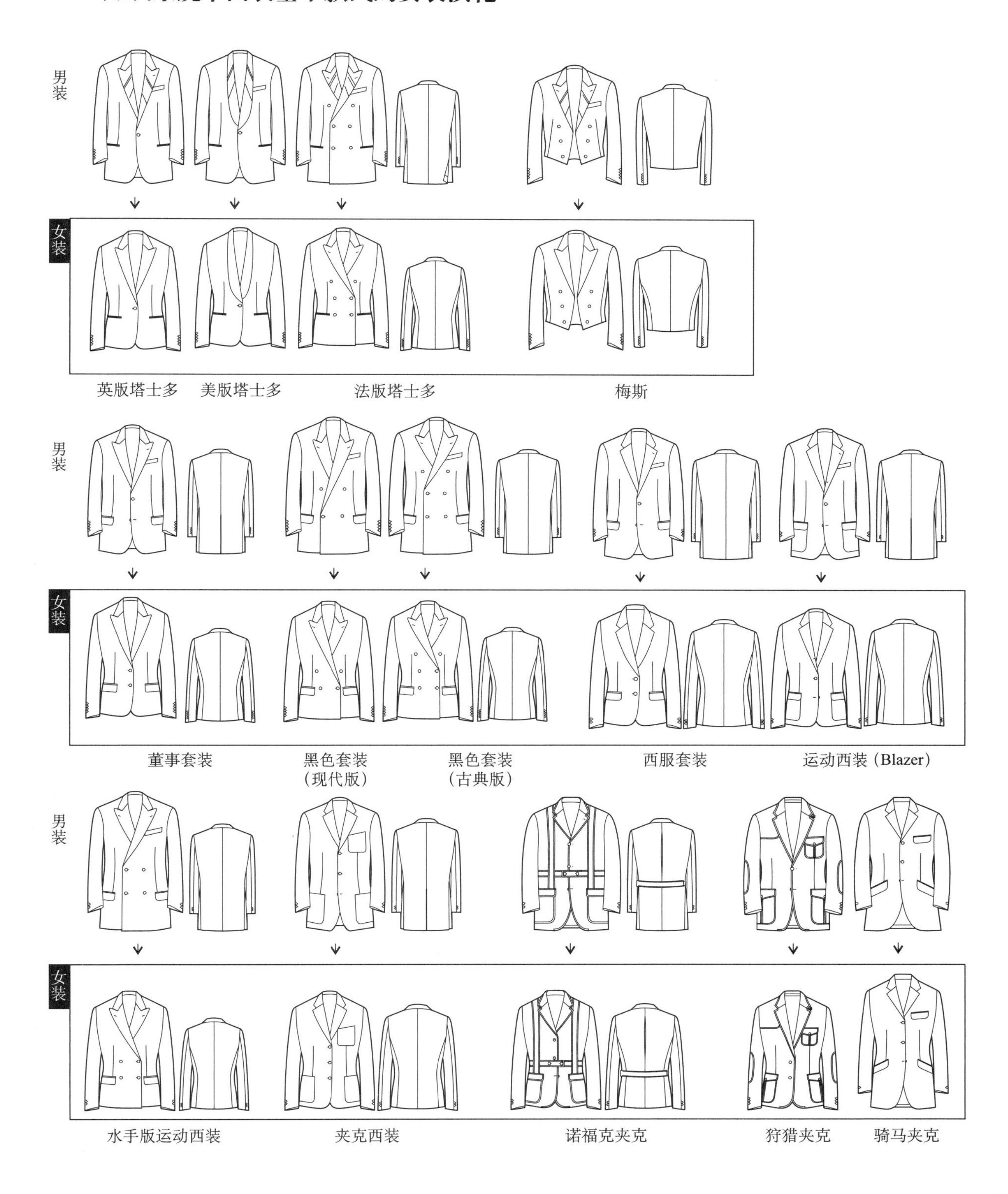

2. 西服套装（Suit）款式系列设计

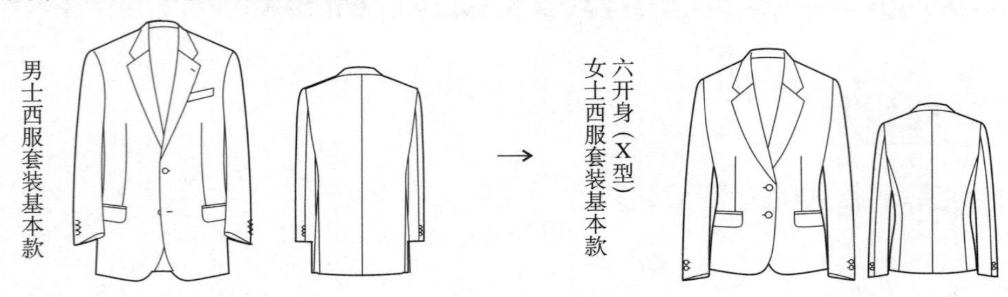

2.1 廓型变化的款式系列（选择其中任何一个廓型改变局部元素）

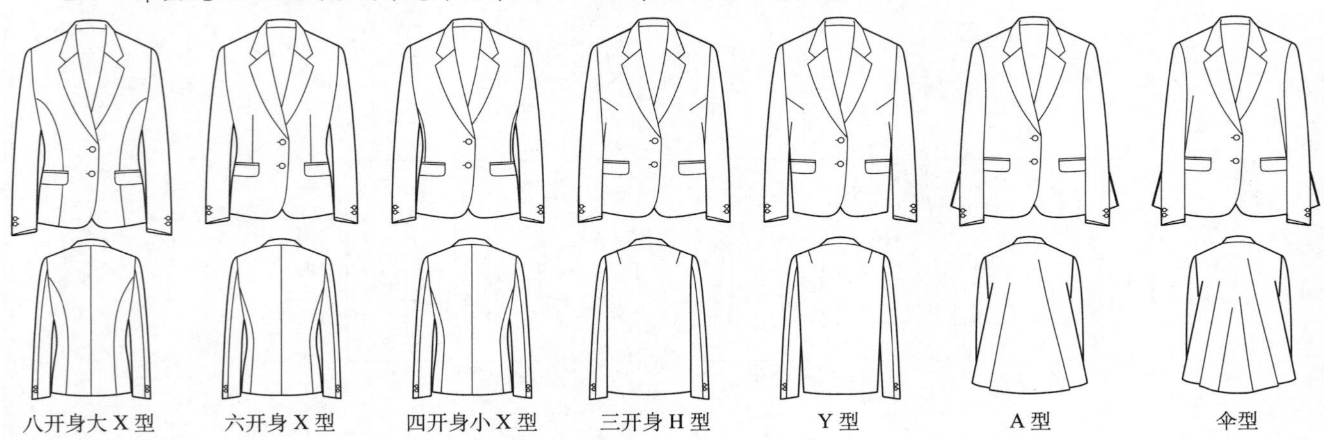

2.2 领型的款式系列

基本领型款式系列

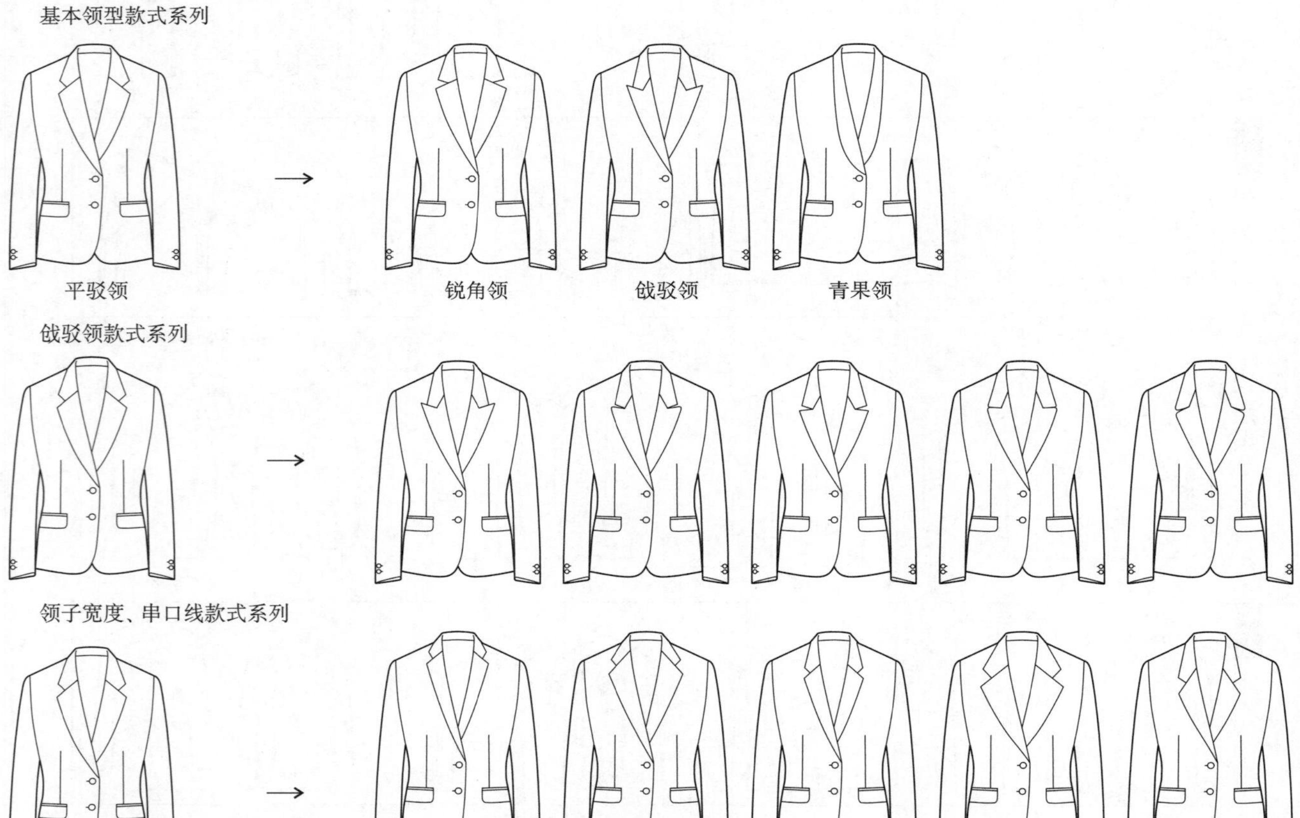

领子角度、宽度、串口线位置款式系列

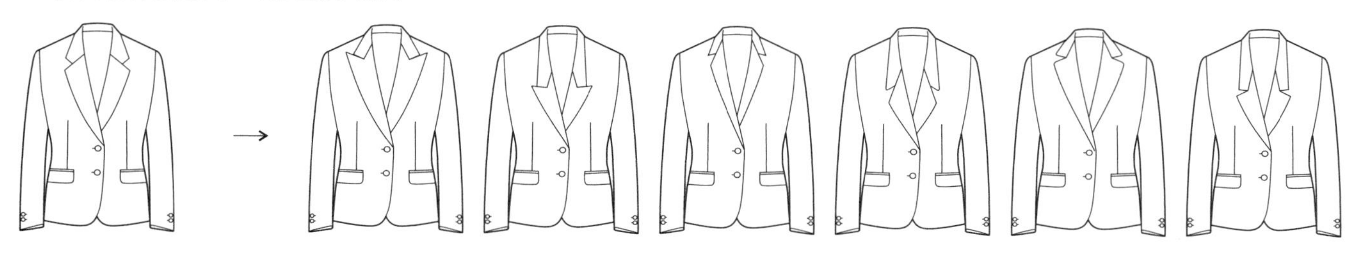

2.3　袖型的款式系列

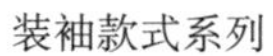

装袖款式系列

合体两片袖

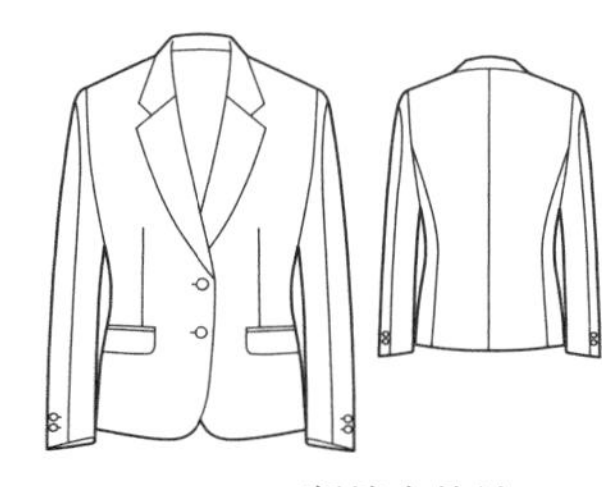

断缝合体袖

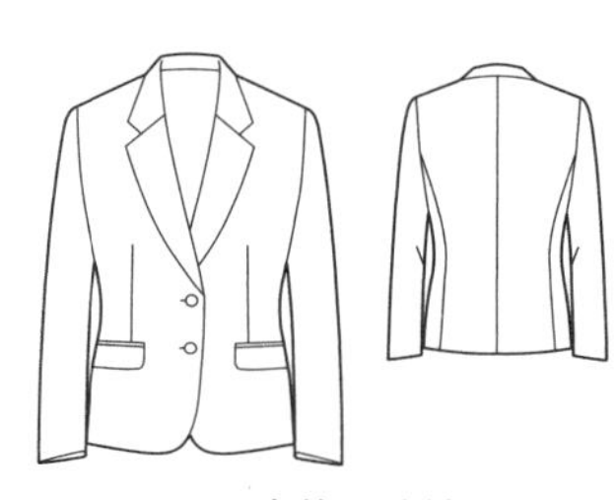

合体一片袖

连身袖款式系列

2.4　衣长的款式系列

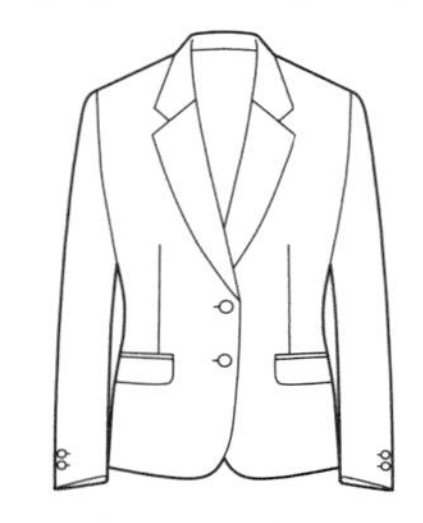

2.5　口袋的款式系列

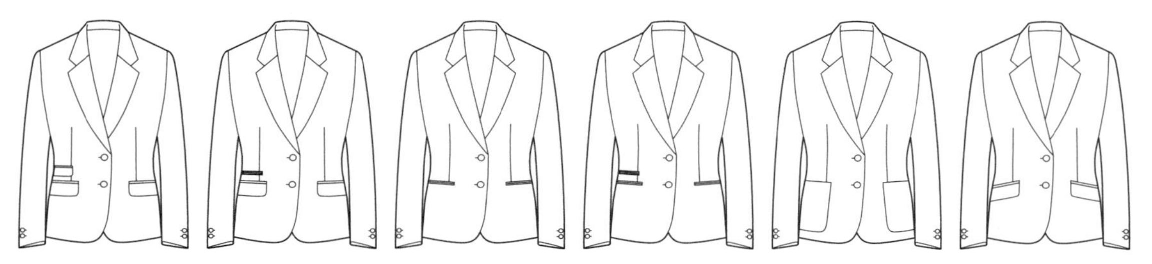

2.6 门襟与领型的款式系列

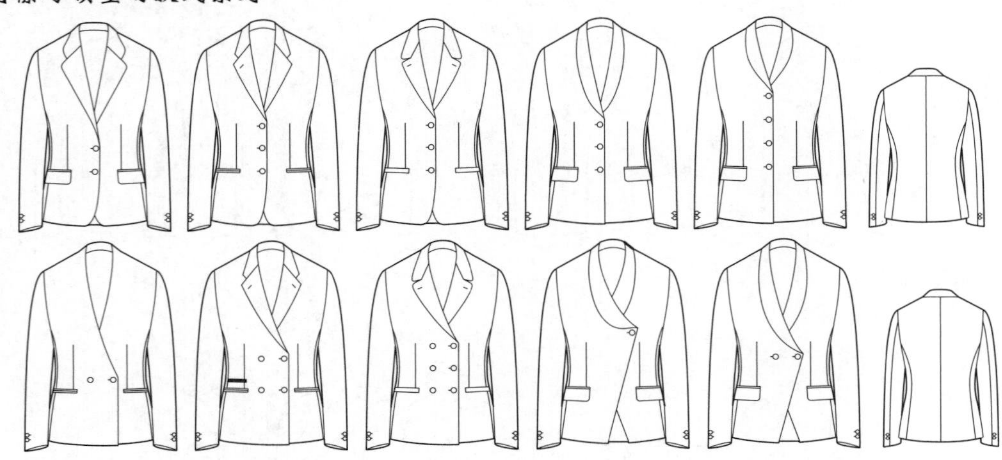

2.7 八开身综合元素款式系列

八开身连身袖系列

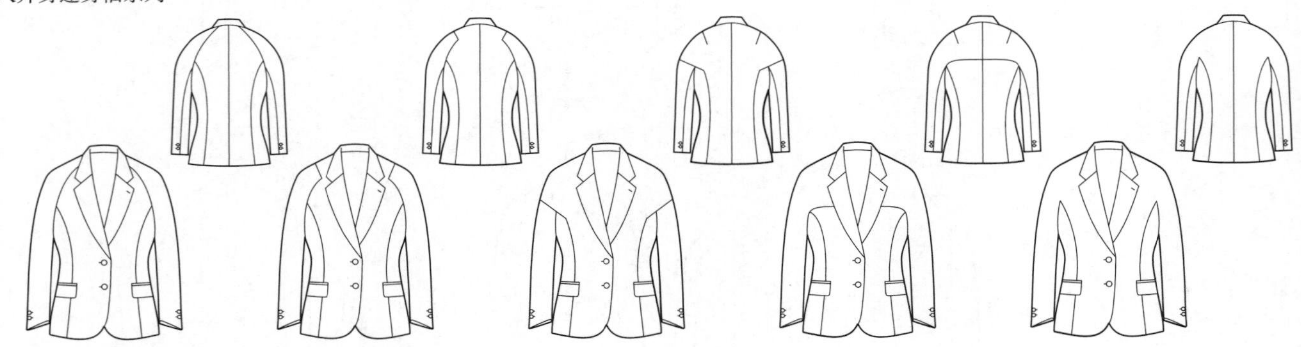

八开身连身袖、领型、口袋与分割线结合系列

3. 梅斯（Mess）款式系列设计

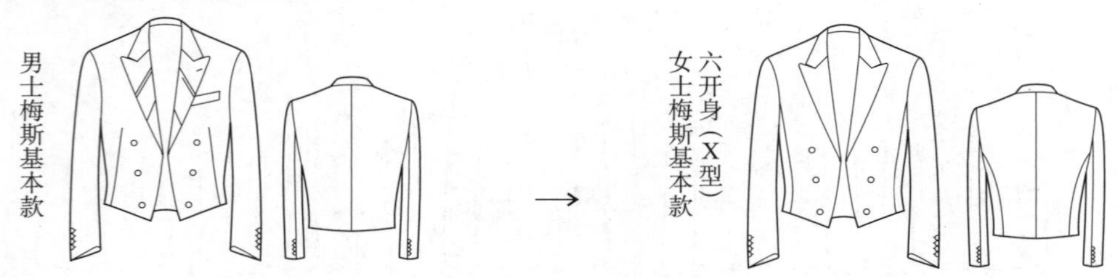

3.1　廓型变化的款式系列（选择其中任何一个廓型改变局部元素）

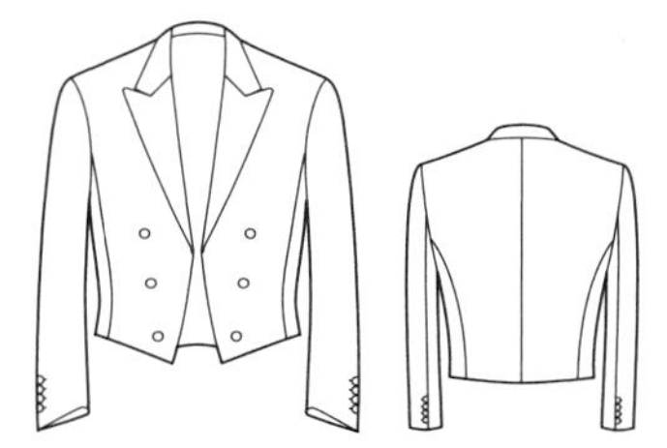

梅斯基本款：六开身（X型）

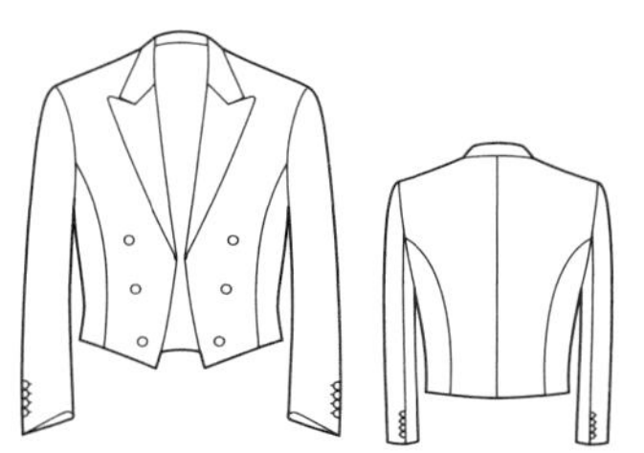

梅斯八开身（大X型）

3.2　领型的款式系列

基本领型款式系列

戗驳领

→

青果领

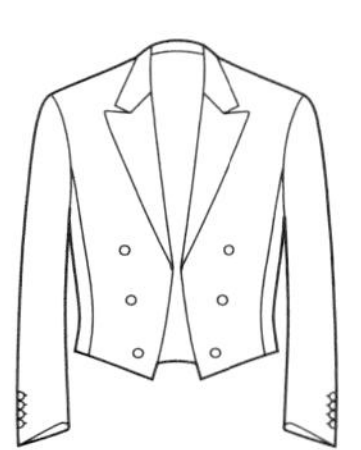

半戗驳领

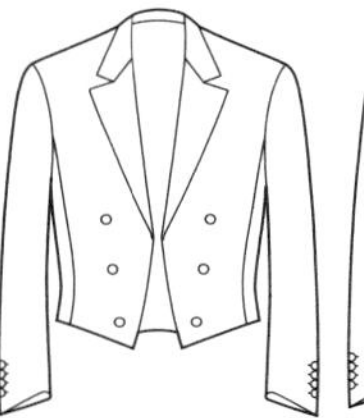

折角领

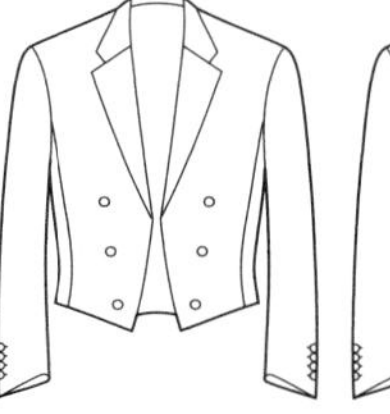

平驳领

锐角领

领子角度、宽度、串口线位置变化

戗驳领变宽

→

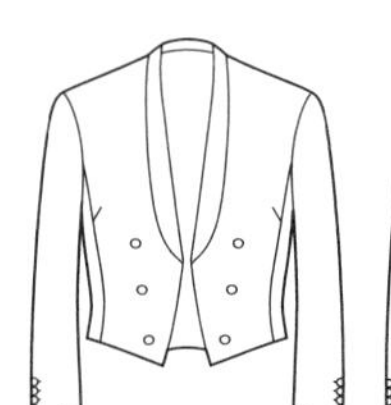

窄青果领

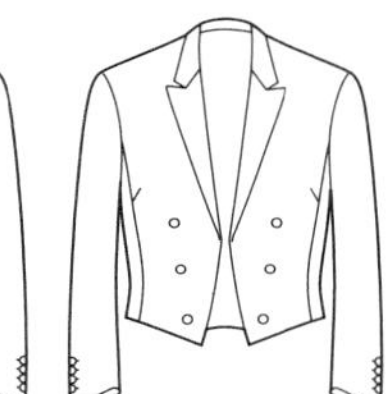

窄半戗驳领

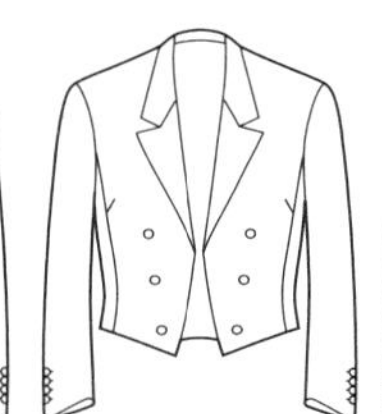

串口线降低

平驳领扛领

锐角领扛领

3.3　袖型的款式系列

连身袖款式系列

→

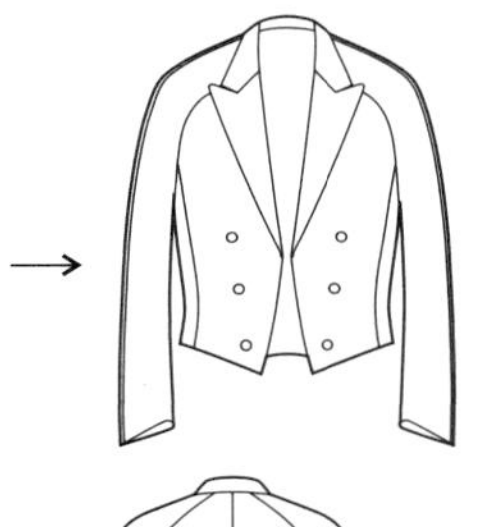

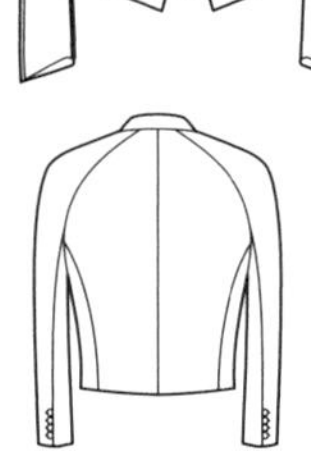

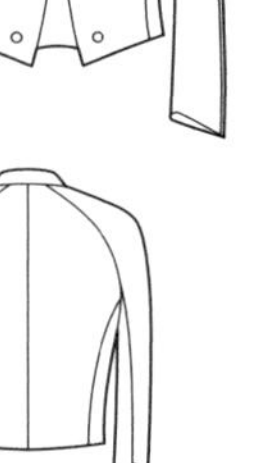

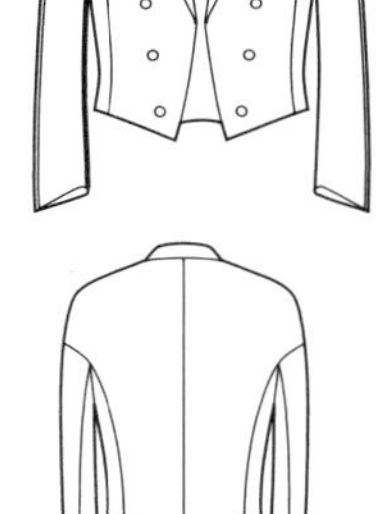

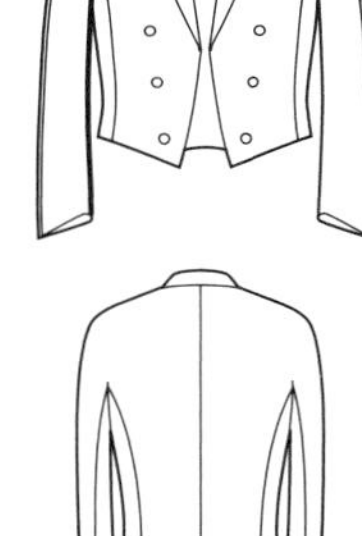

装袖款式系列

合体两片袖

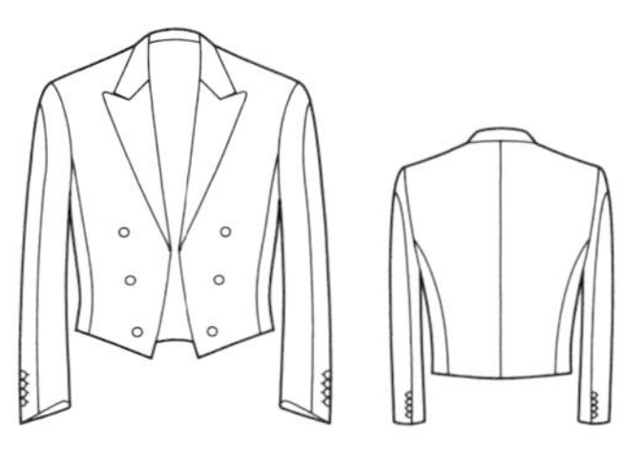

断缝合体袖

3.4 门襟款式系列

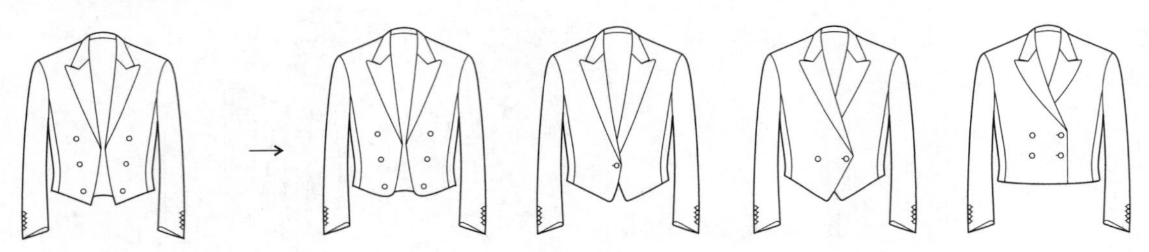

3.5 综合元素的款式系列

门襟、领型（六开身）款式系列

门襟、领型、分割线（八开身）款式系列

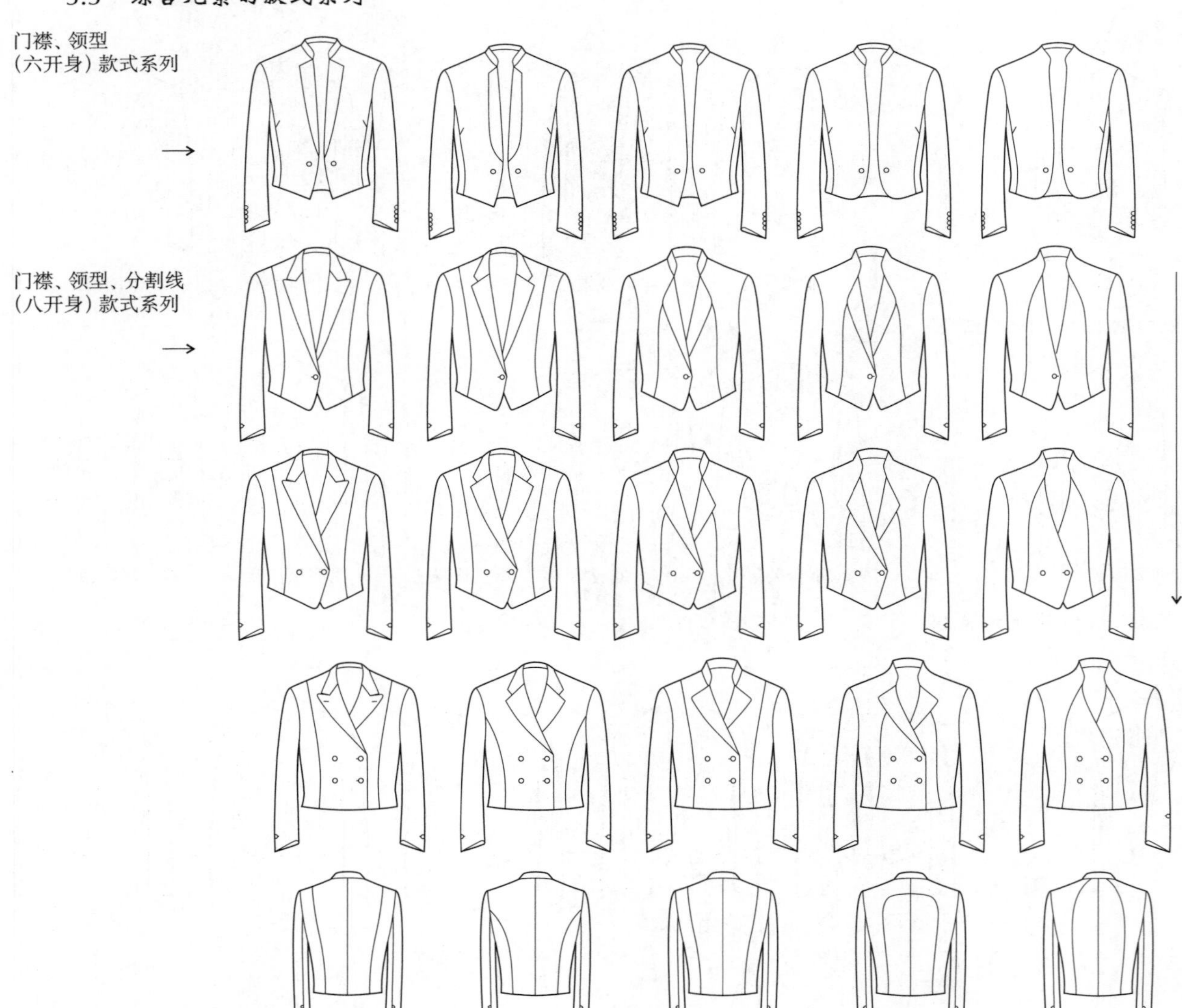

袖型、领型、分割线的八开身款式系列

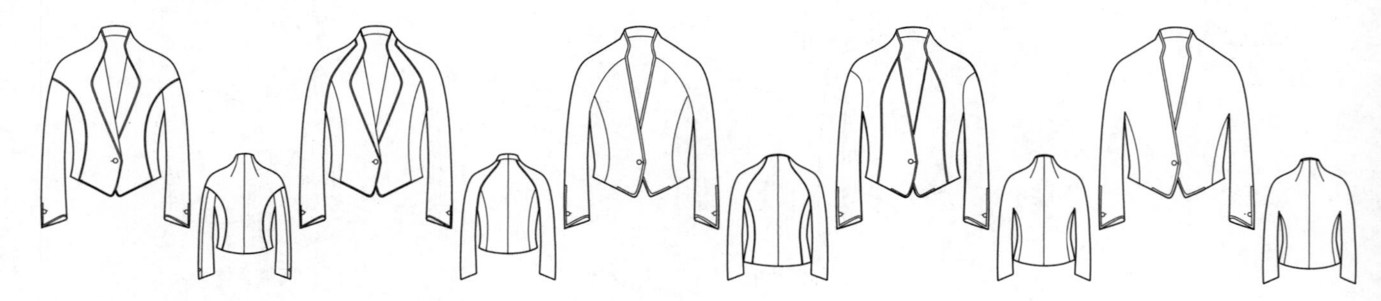

领型、门襟和前摆的六开身款式系列

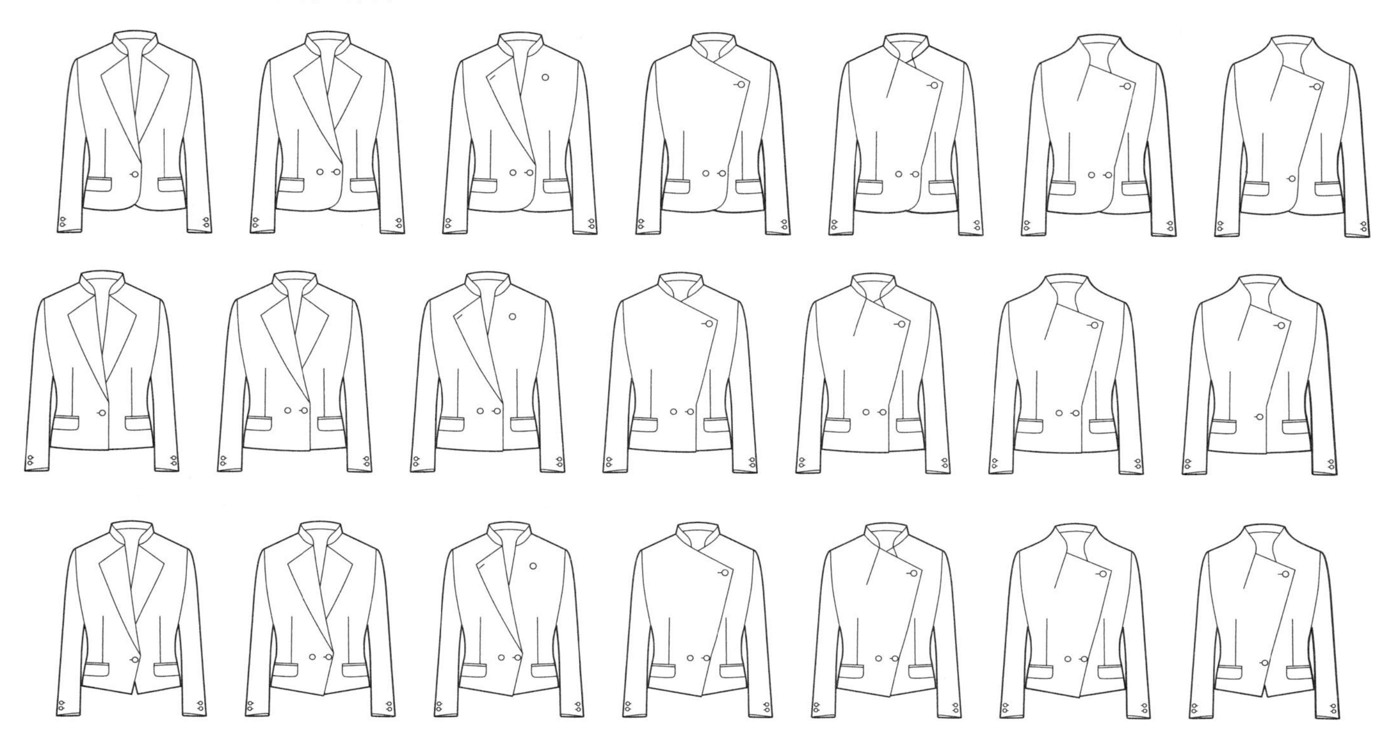

4. 塔士多（Tuxedo）款式系列设计

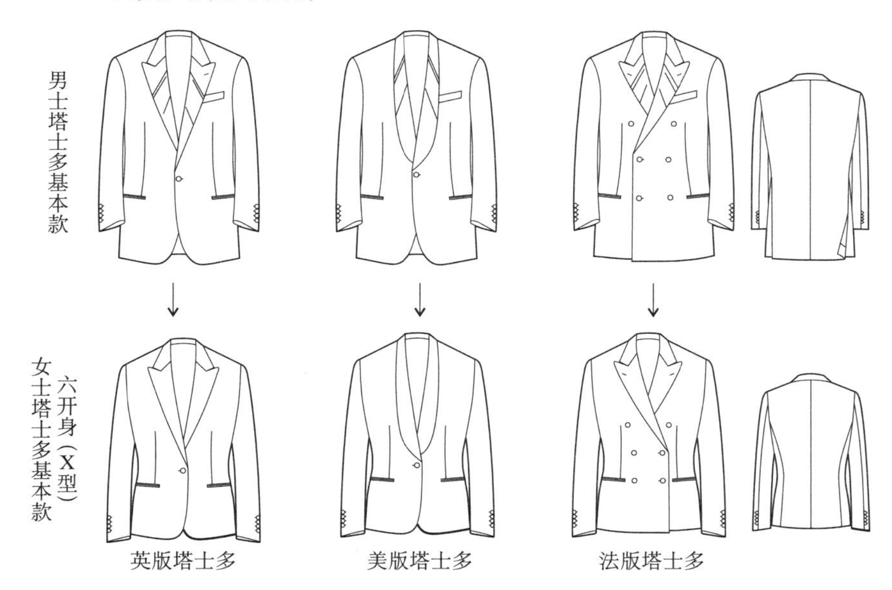

英版塔士多　美版塔士多　法版塔士多

4.1　廓型变化的款式系列（选择其中任何一个廓型改变局部元素）

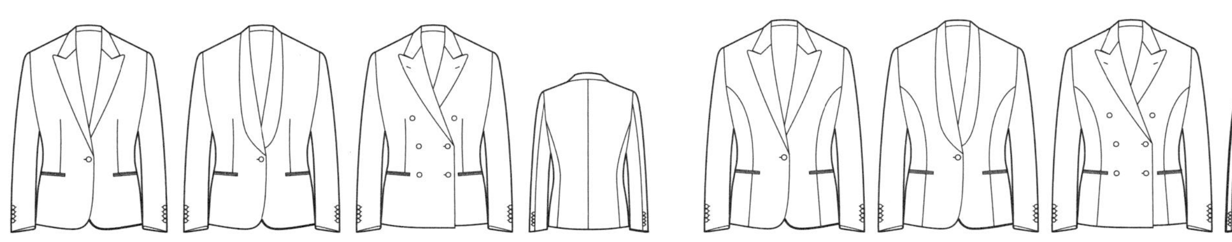

塔士多基本款：六开身X型　　塔士多八开身大X型

4.2 领型的款式系列

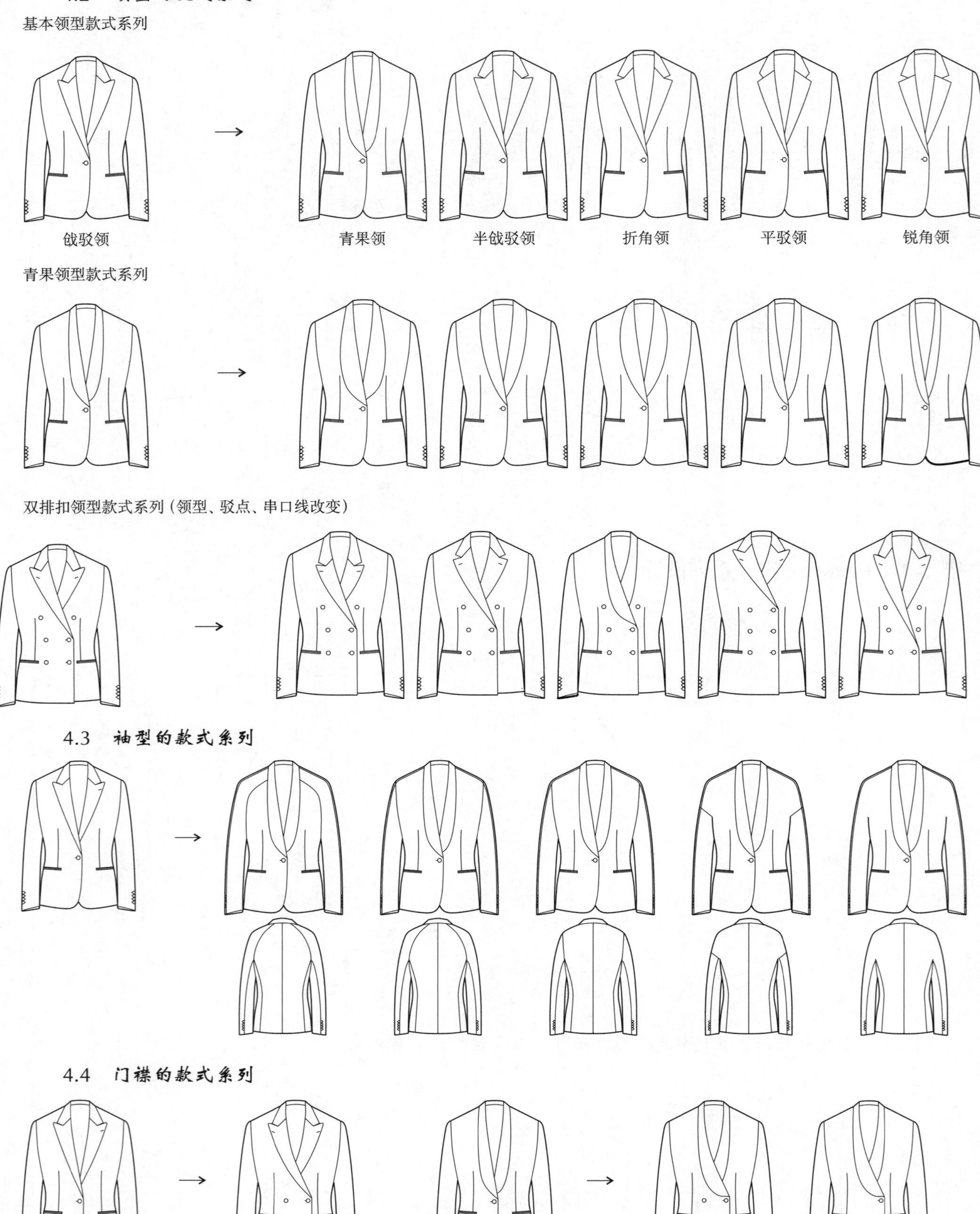

4.3 袖型的款式系列

4.4 门襟的款式系列

4.5　口袋的款式系列

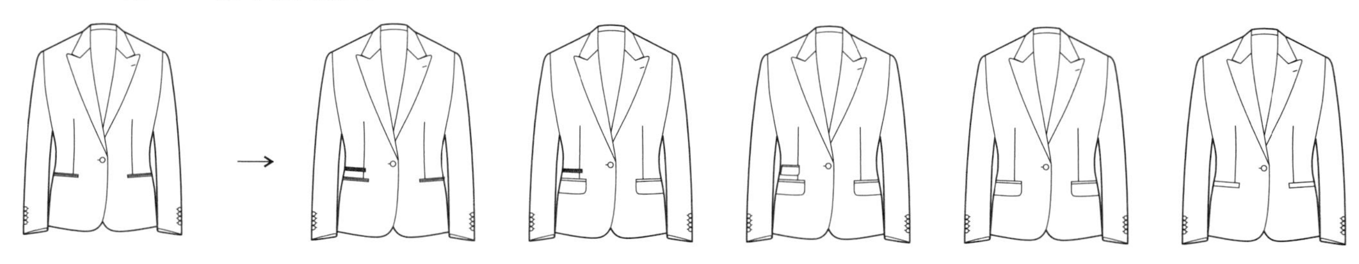

4.6　综合元素的款式系列

领型、袖口、口袋、下摆元素的款式系列

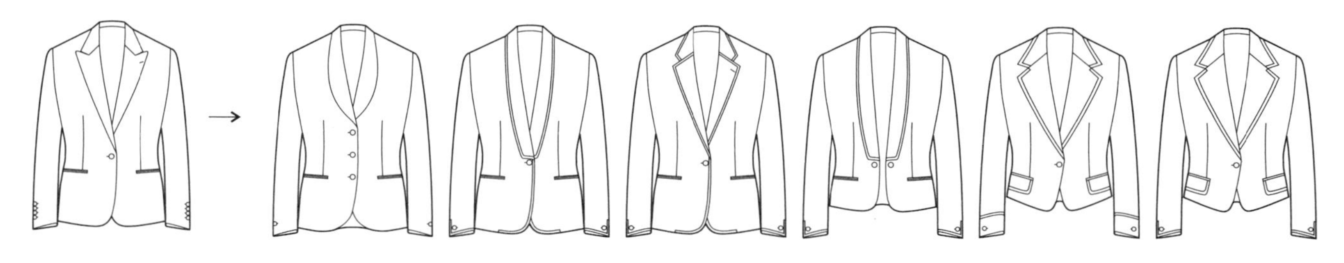

短款、领型、袖型、口袋元素的款式系列

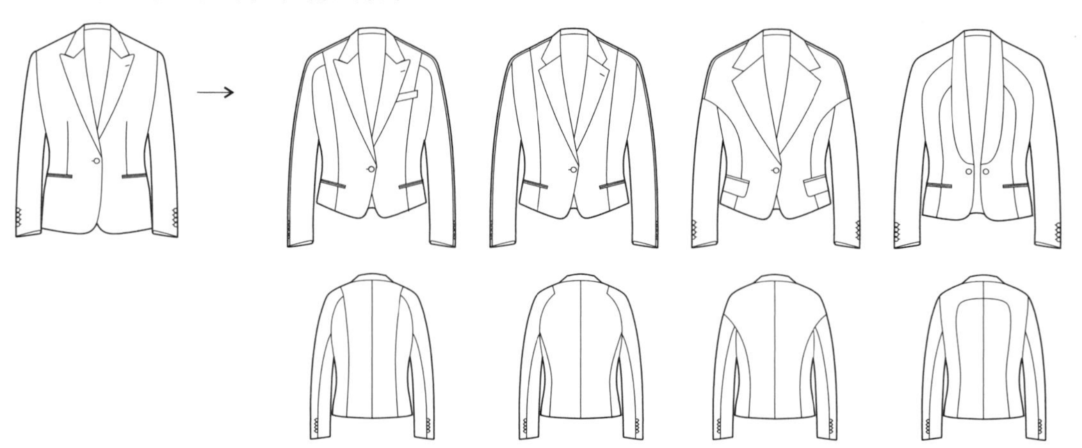

5. 董事套装（Director's Suit）款式系列设计

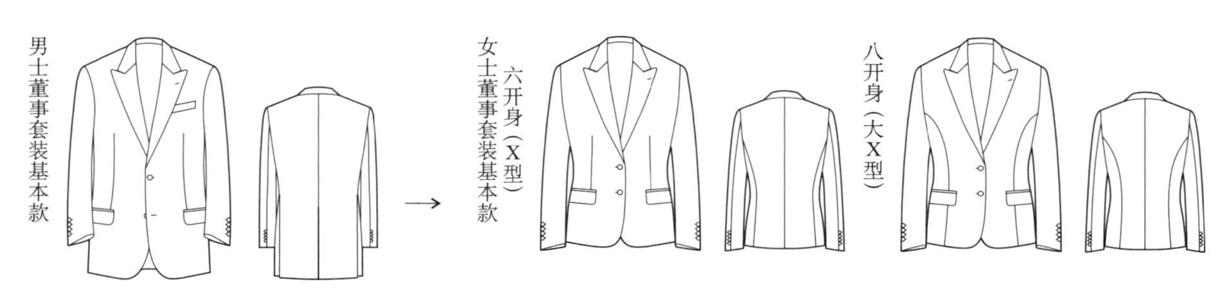

5.1　领型的款式系列

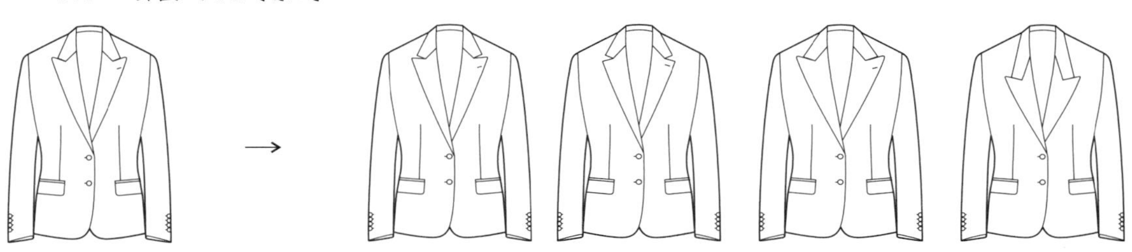

5.2　袖型的款式系列

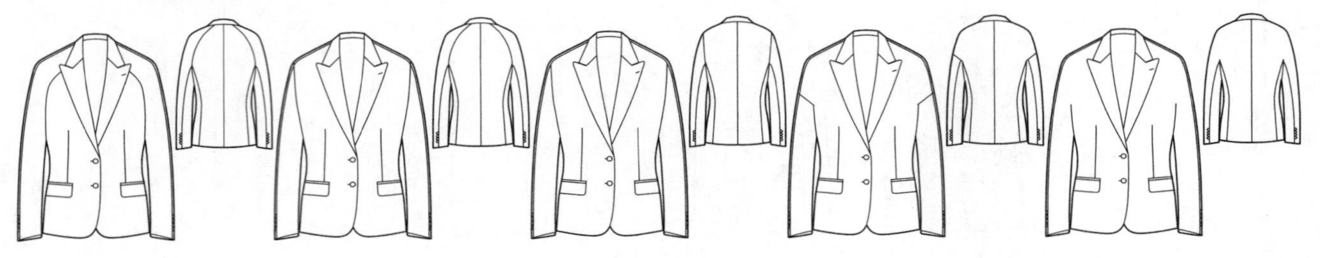

5.3　口袋的款式系列

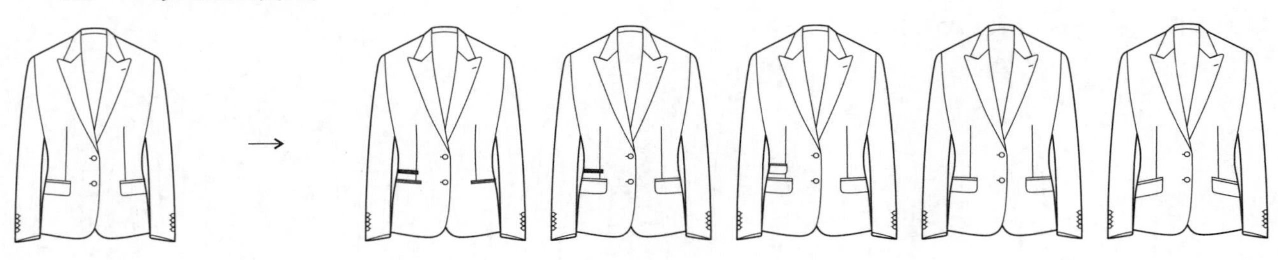

6. 双排扣西装（黑色套装 Black Suit）款式系列设计

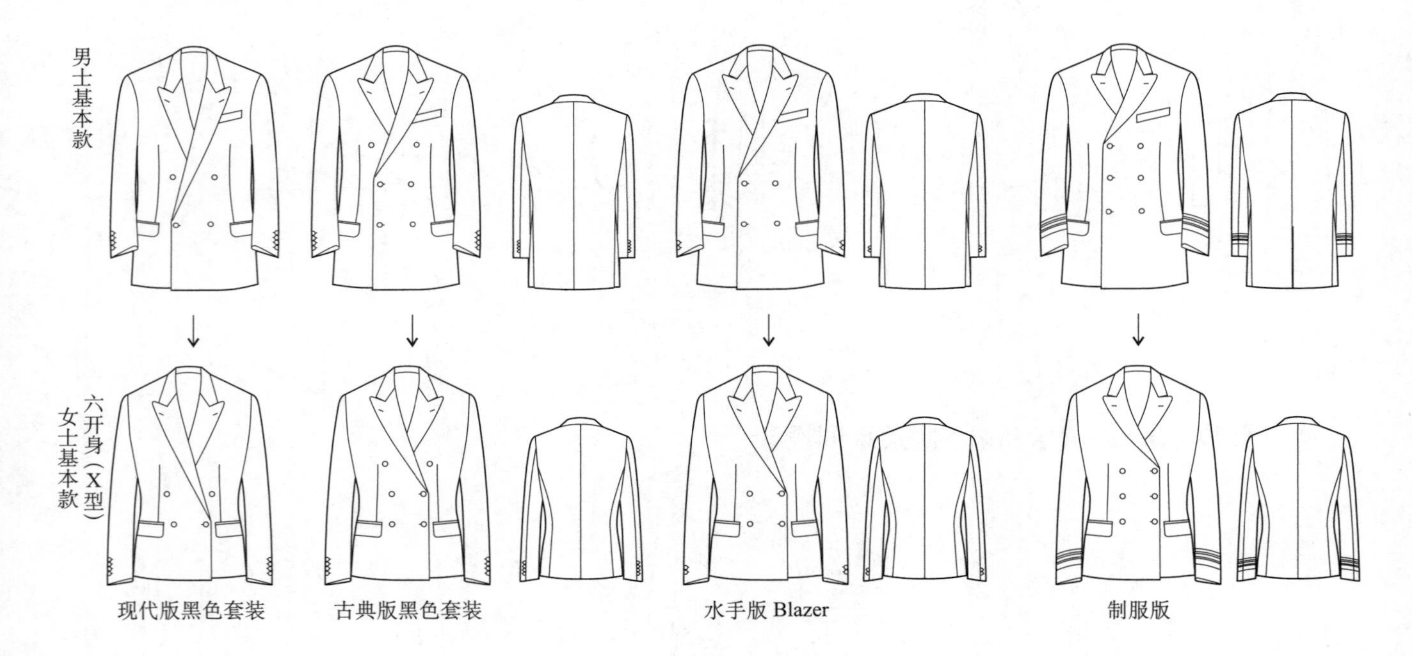

6.1　廓型变化的款式系列（选择其中任何一个廓型改变局部元素）

六开身 X 型

八开身大 X 型

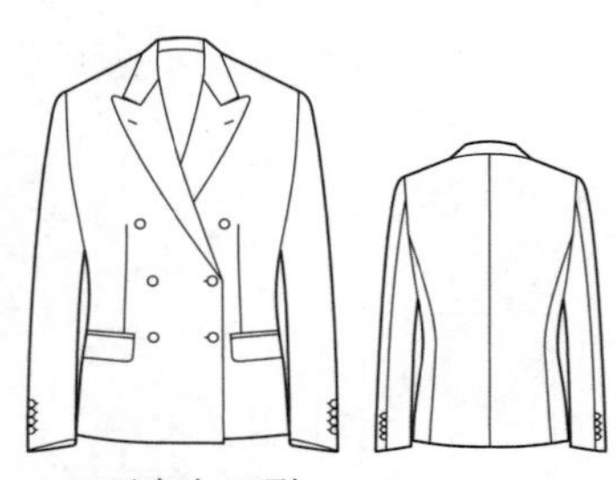

四开身小 X 型

6.2　领型的款式系列

古典版黑色套装

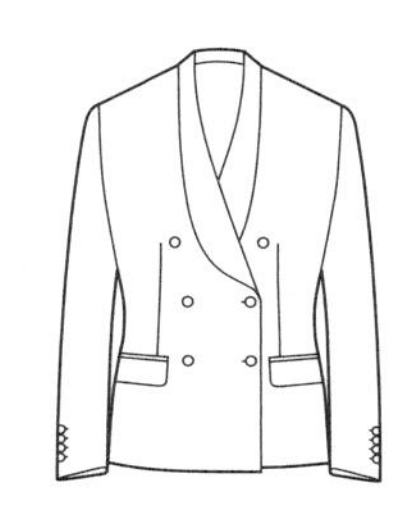

领子角度、宽度、串口线位置款式系列

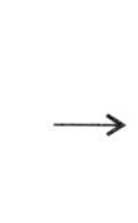

6.3　袖型的款式系列

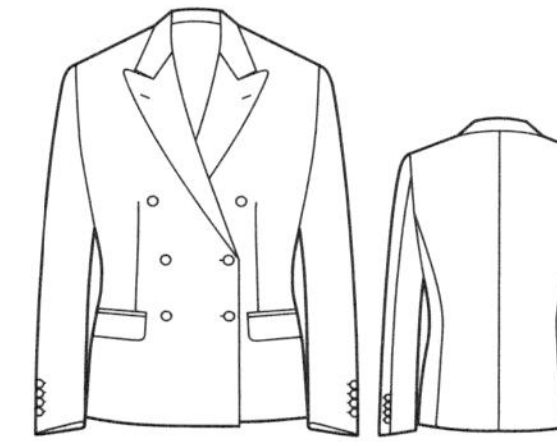
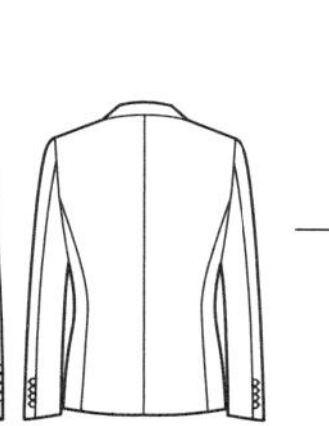

装袖合体两片袖　　连身袖

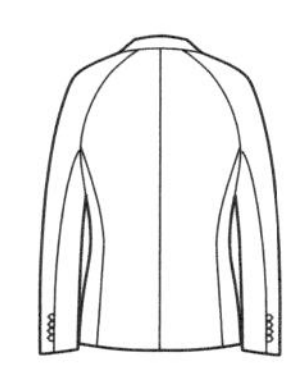
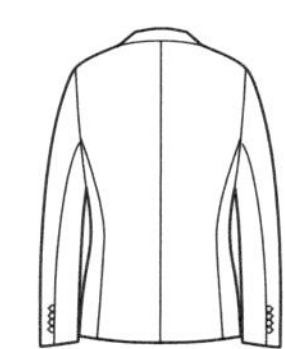
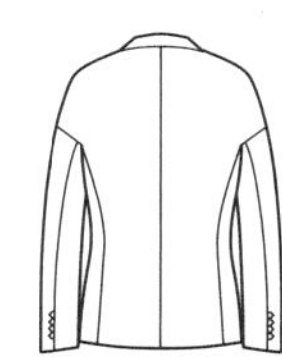
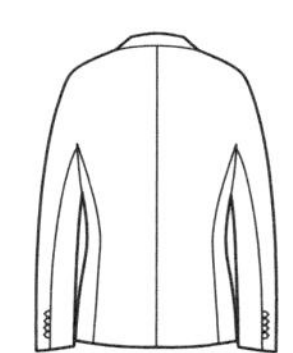

6.4　口袋的款式系列

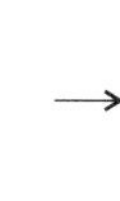

6.5　综合元素的款式系列

无领、分割线和下摆结合

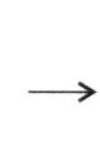

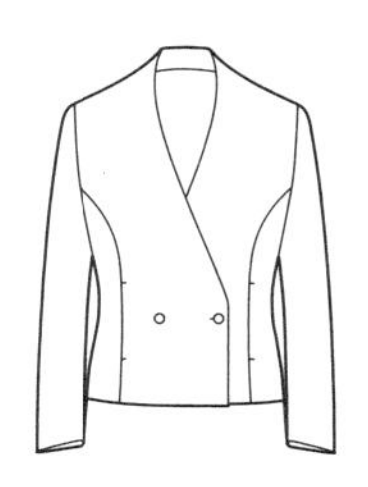

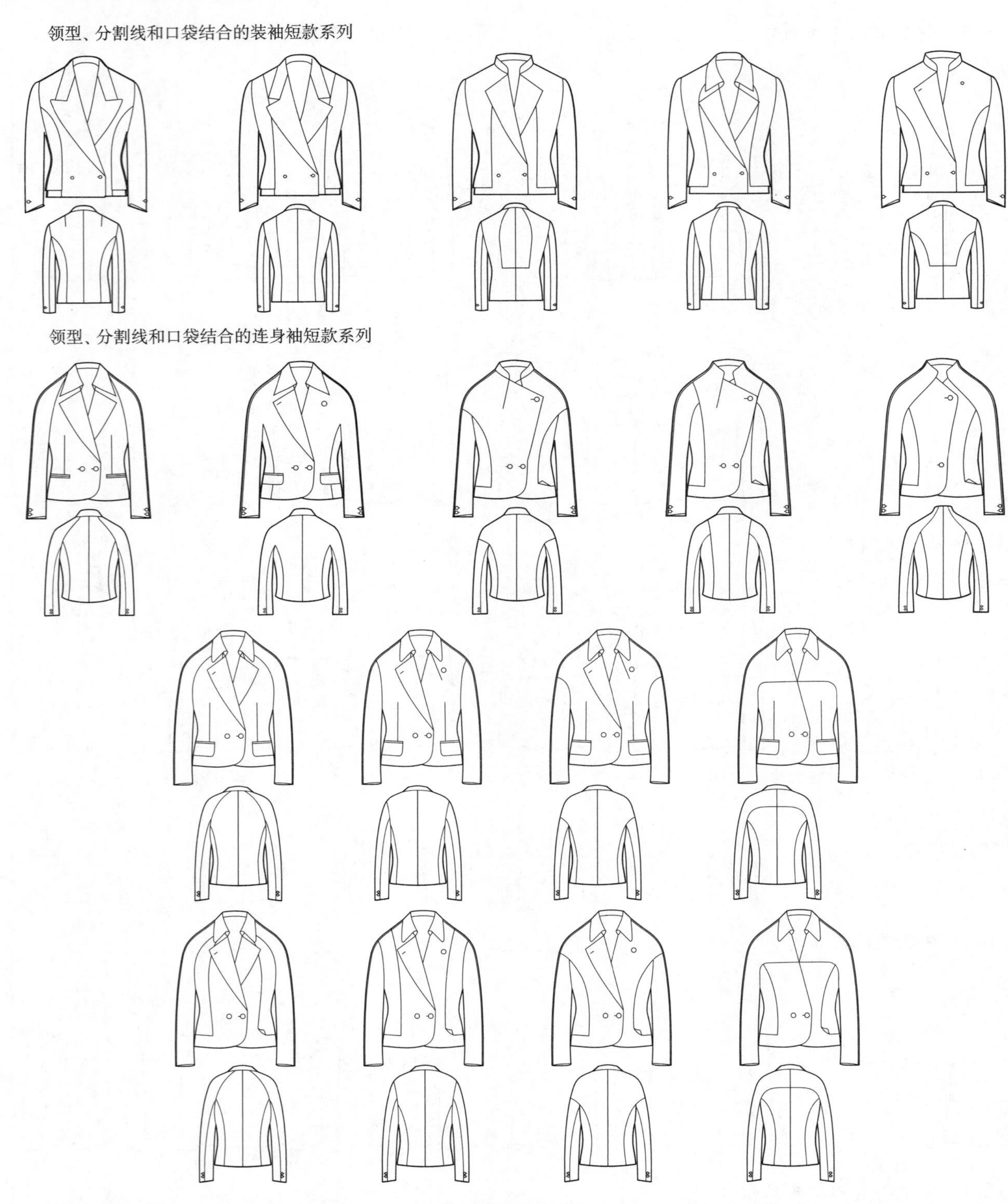

领型、分割线和口袋结合的装袖短款系列
领型、分割线和口袋结合的连身袖短款系列

7. 布雷泽（Blazer）西装款式系列设计（不变元素：金属组扣上深下浅搭配）

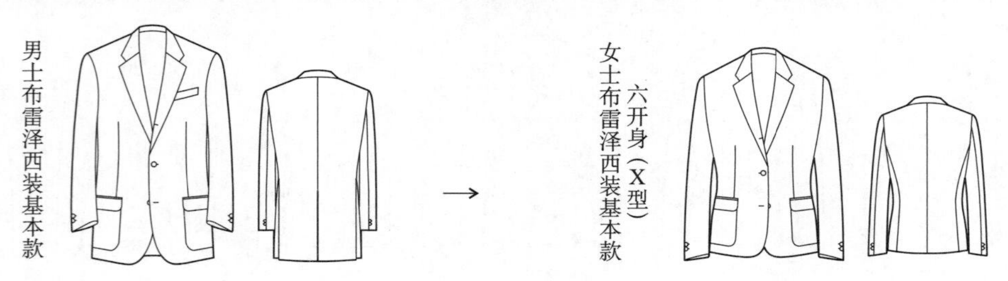

7.1　廓型变化的款式系列（选择其中任何一个廓型改变局部元素）

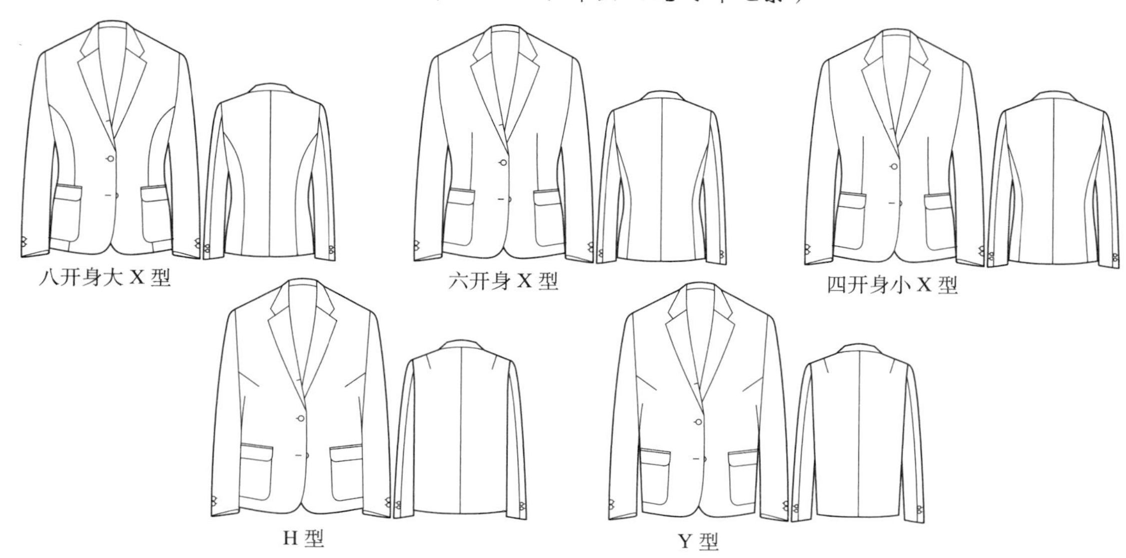

7.2　领型的款式系列

领型款式系列

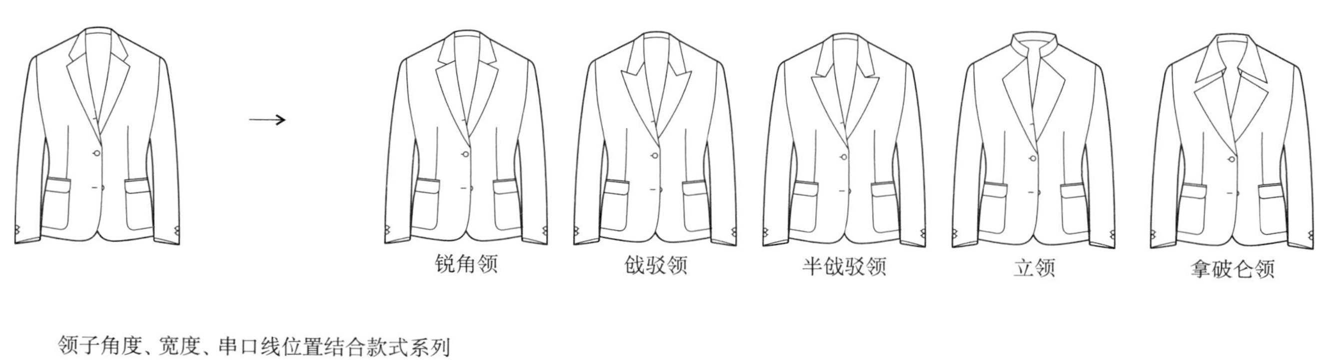

领子角度、宽度、串口线位置结合款式系列

7.3　袖型的款式系列

装袖款式系列

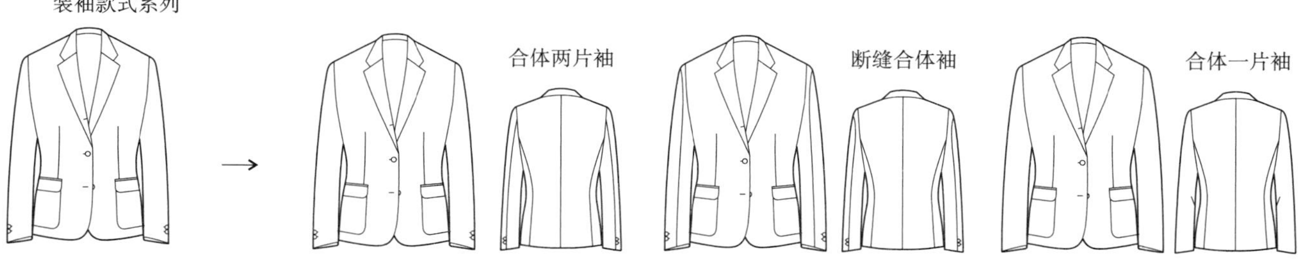

连身袖款式系列

7.4 口袋的款式系列

8. 夹克（Jacket）西装款式系列设计（不变元素：混搭）

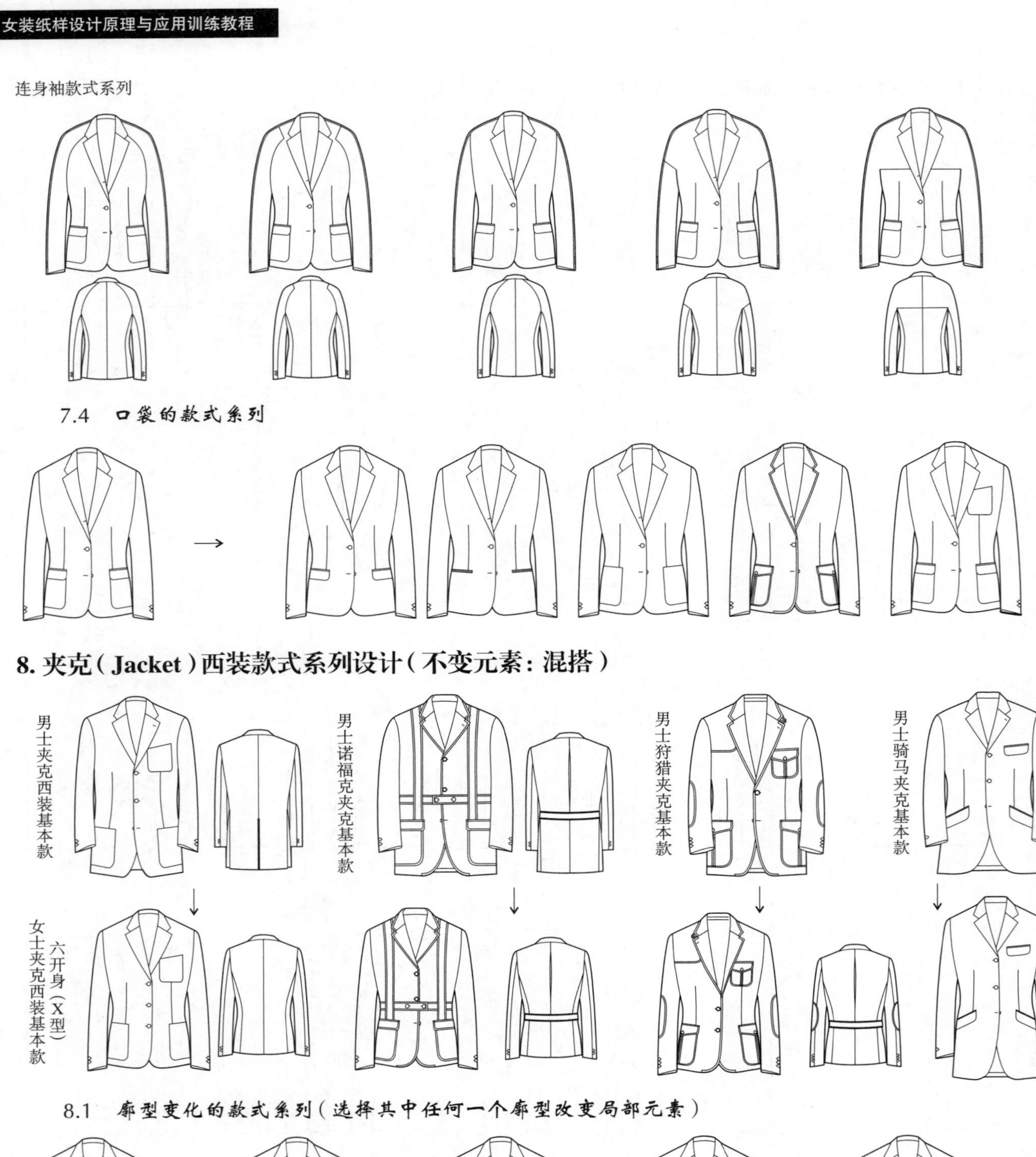

8.1 廓型变化的款式系列（选择其中任何一个廓型改变局部元素）

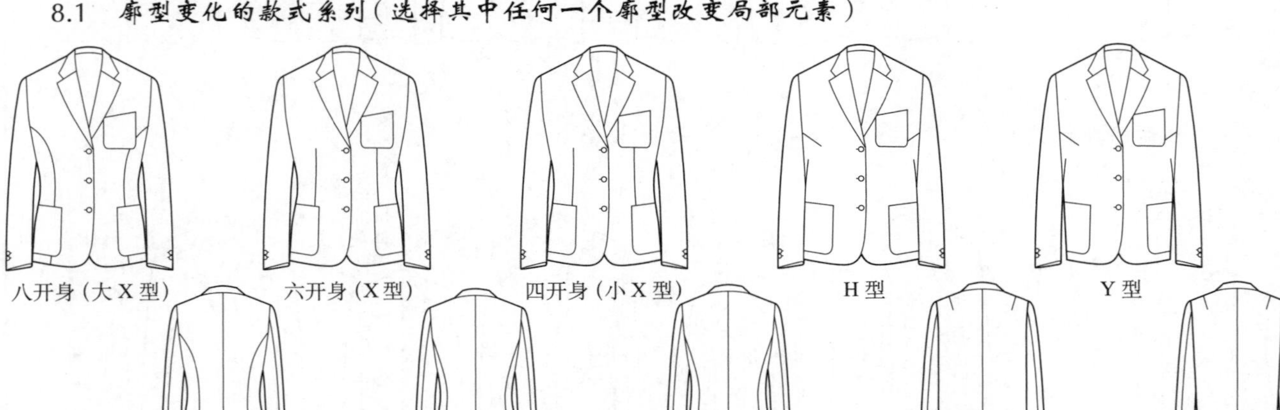

8.2 领型的款式系列

8.3 袖型的款式系列

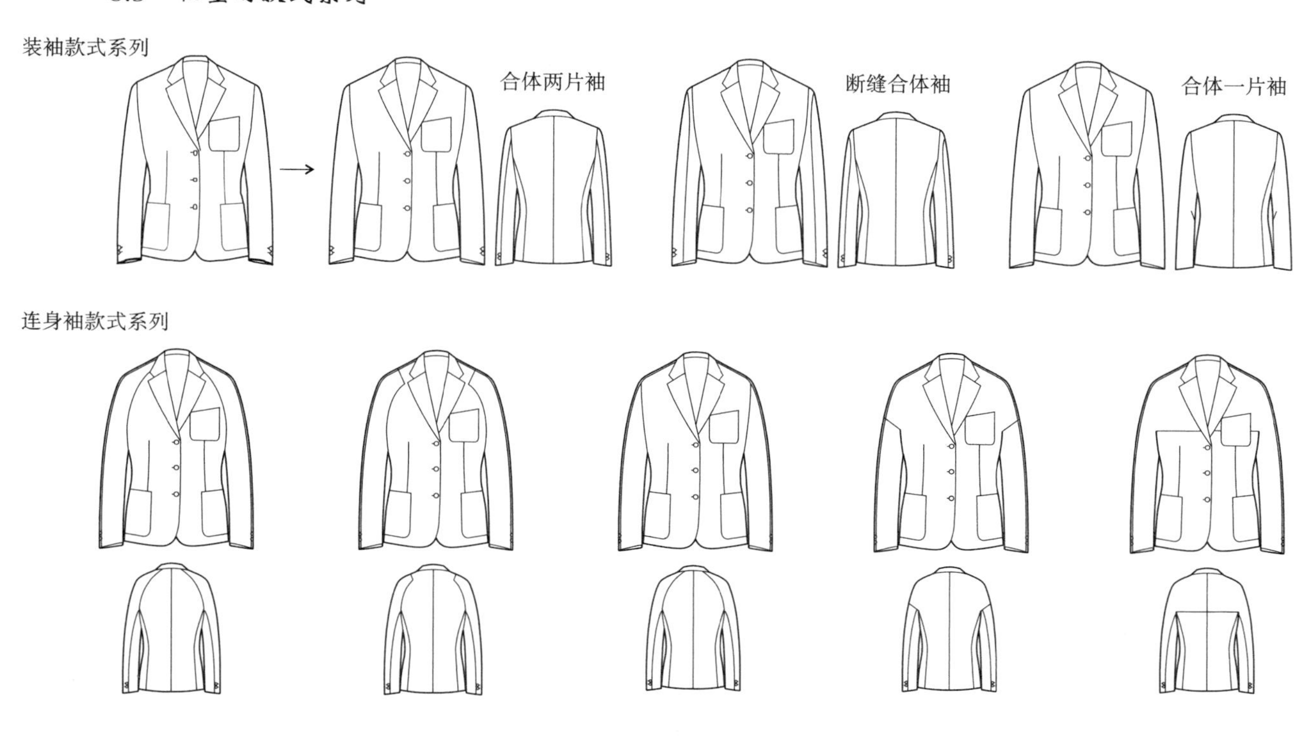

8.4 综合元素的款式系列(与布雷泽西装规律通用)

二、西装纸样系列设计

* 更多的纸样设计训练利用之前提供的西装款式平台完成纸样部分

1. 第四代女装衣身、袖子基本纸样

* 胸围 (*B*)：88cm
腰围 (*W*)：70cm
背长：39cm
袖长 (SL)：53cm

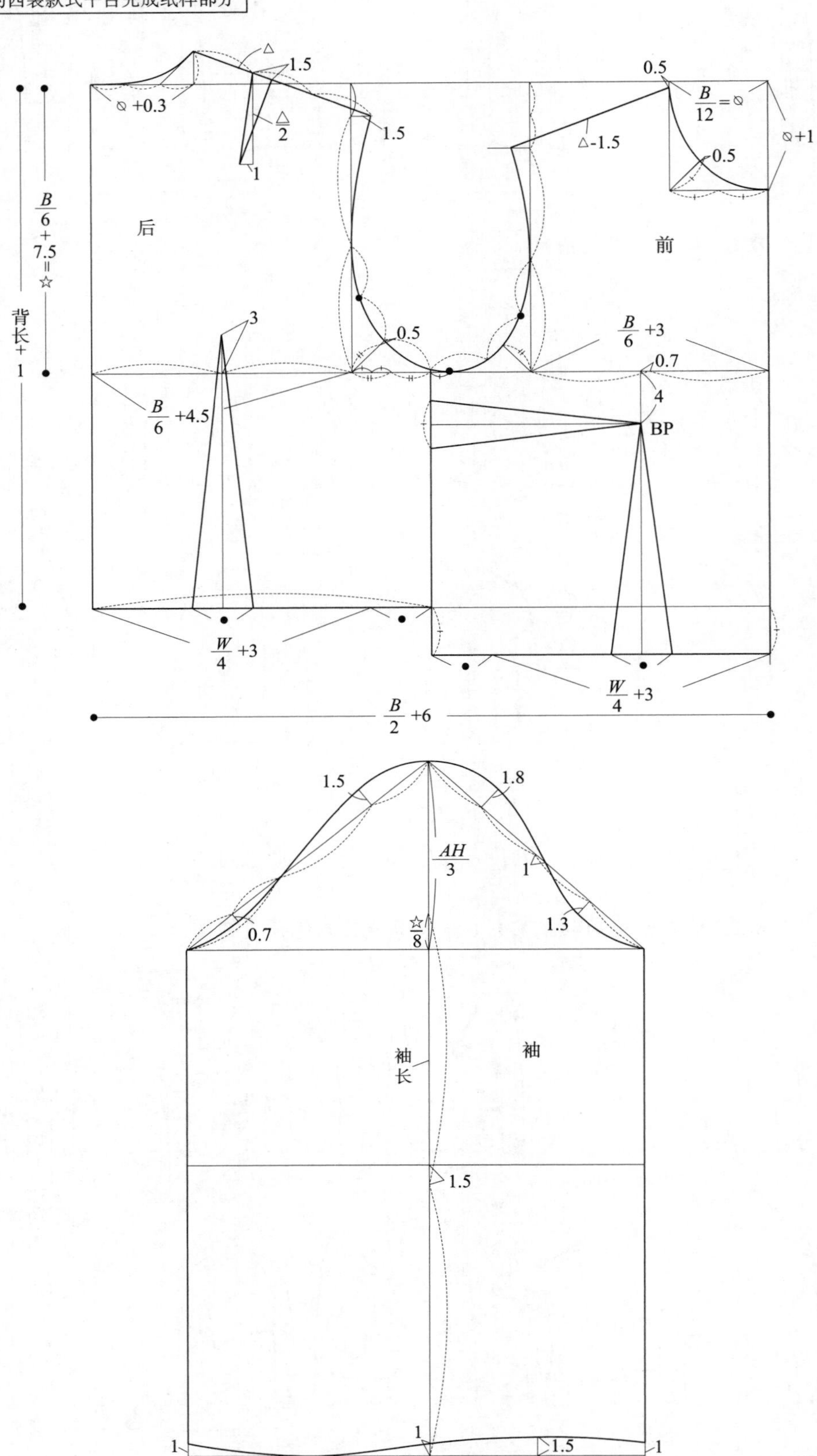

2. 基于西装廓型一款多板纸样系列设计

2.1　六开身西装基本纸样（装袖、平驳领）

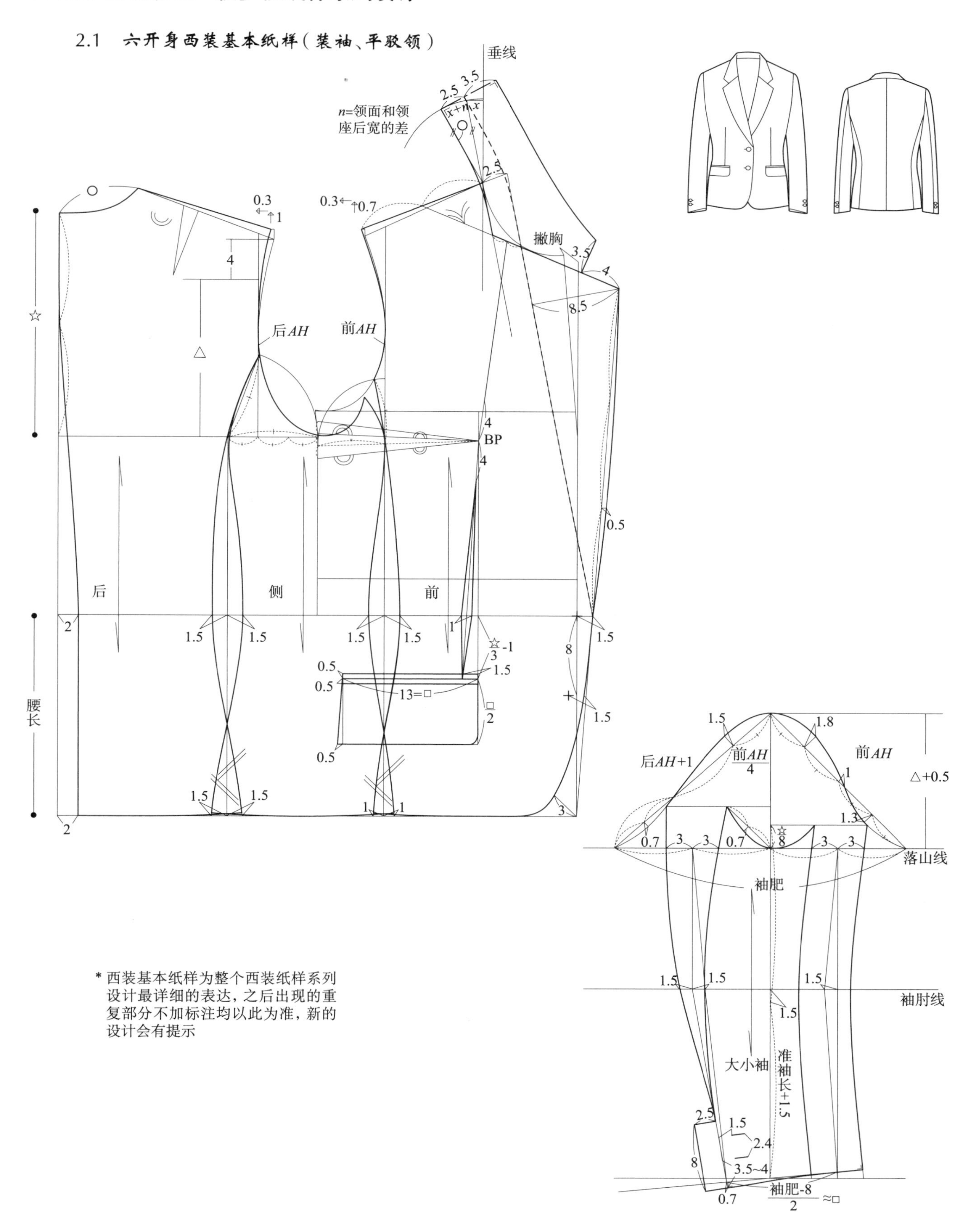

* 西装基本纸样为整个西装纸样系列设计最详细的表达，之后出现的重复部分不加标注均以此为准，新的设计会有提示

六开身西装基本纸样分解图

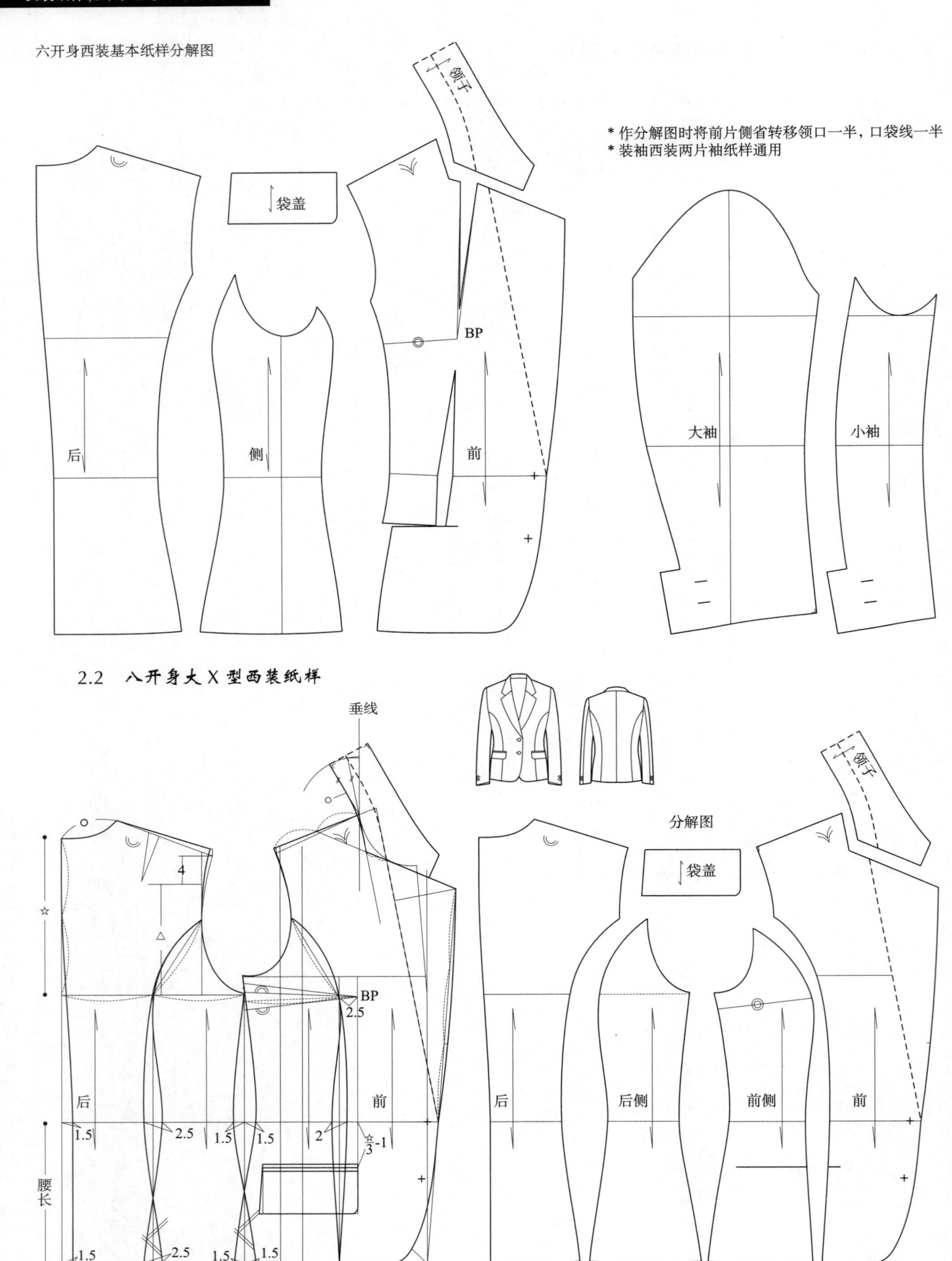

2.2 八开身大X型西装纸样

2.3　四开身小X型西装纸样

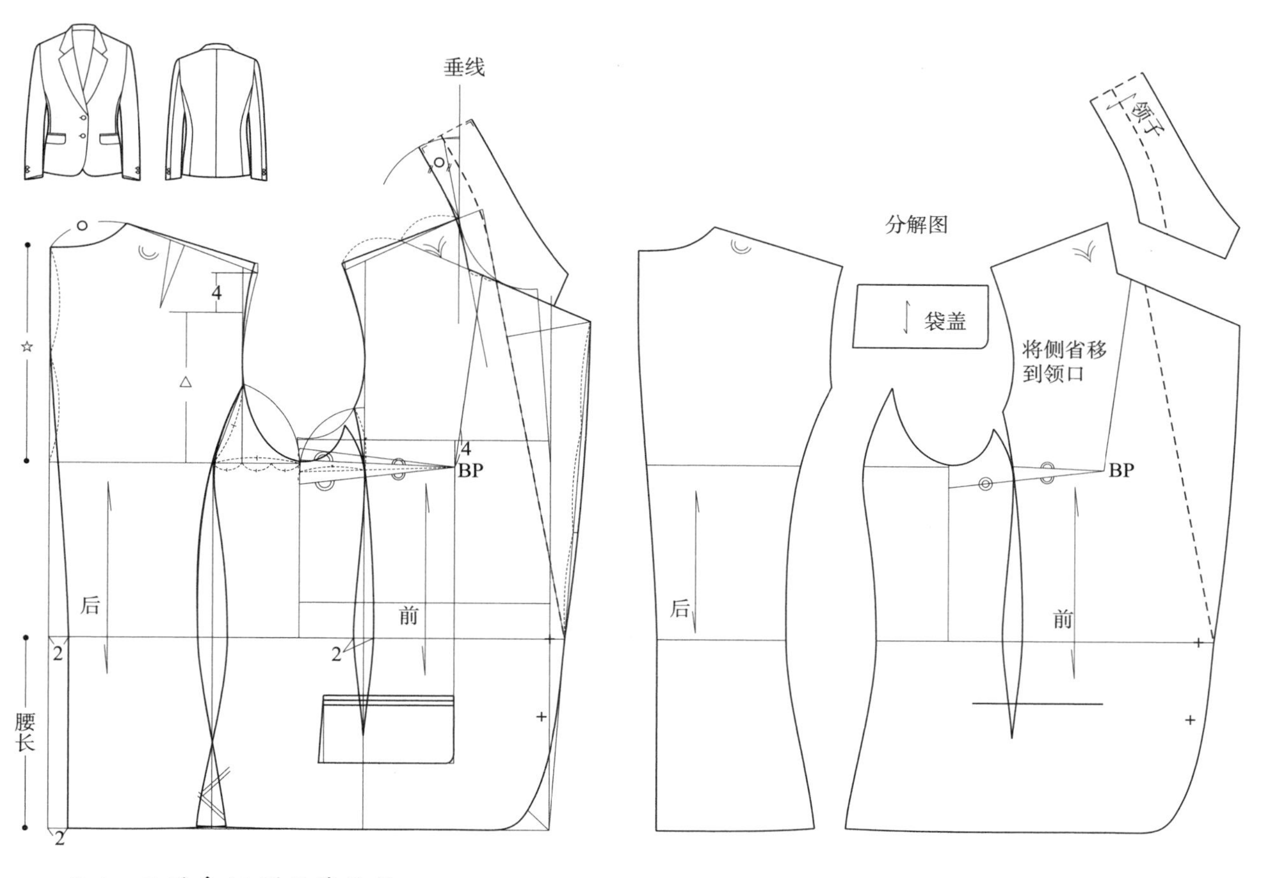

2.4　三开身H型西装纸样

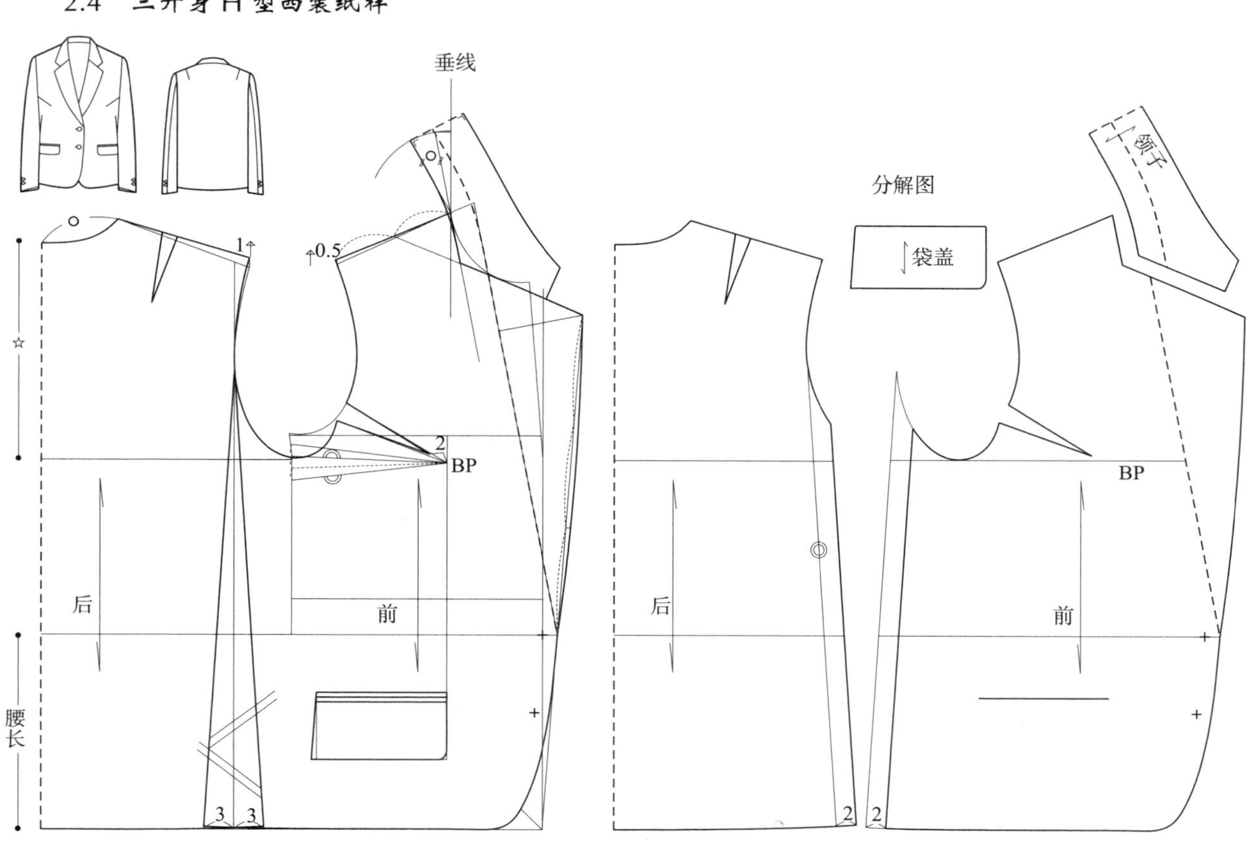

2.5 三开身A型西装纸样

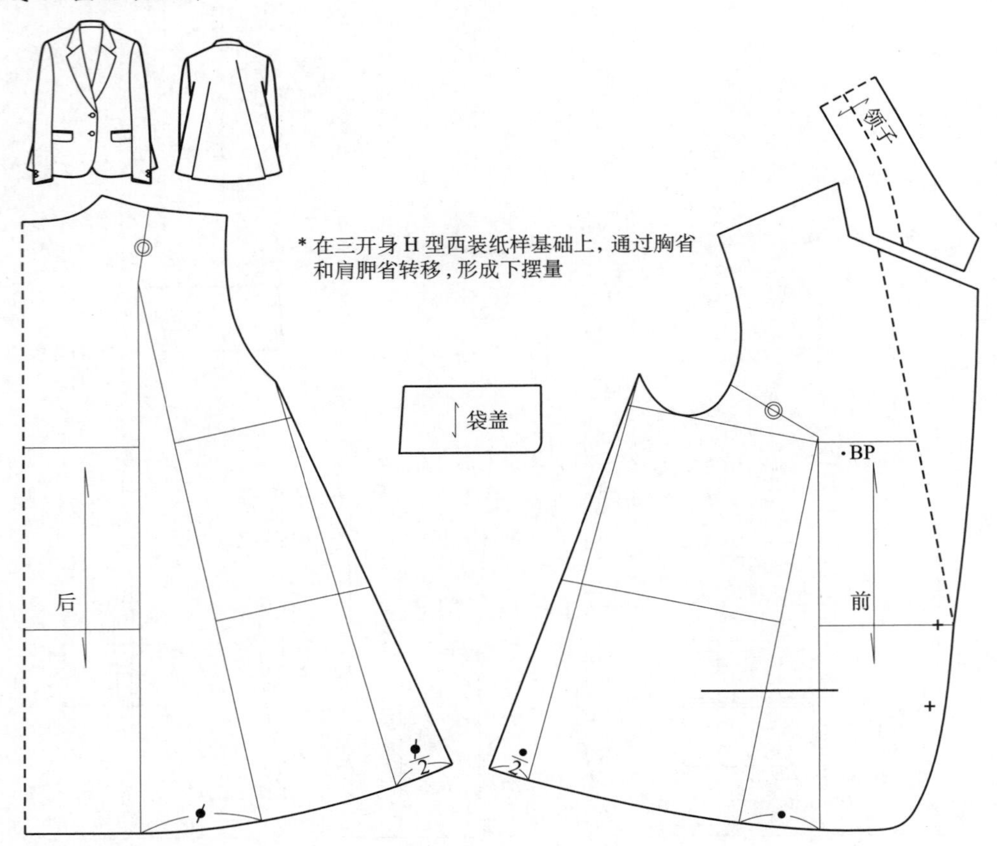

2.6 三开身伞型西装纸样

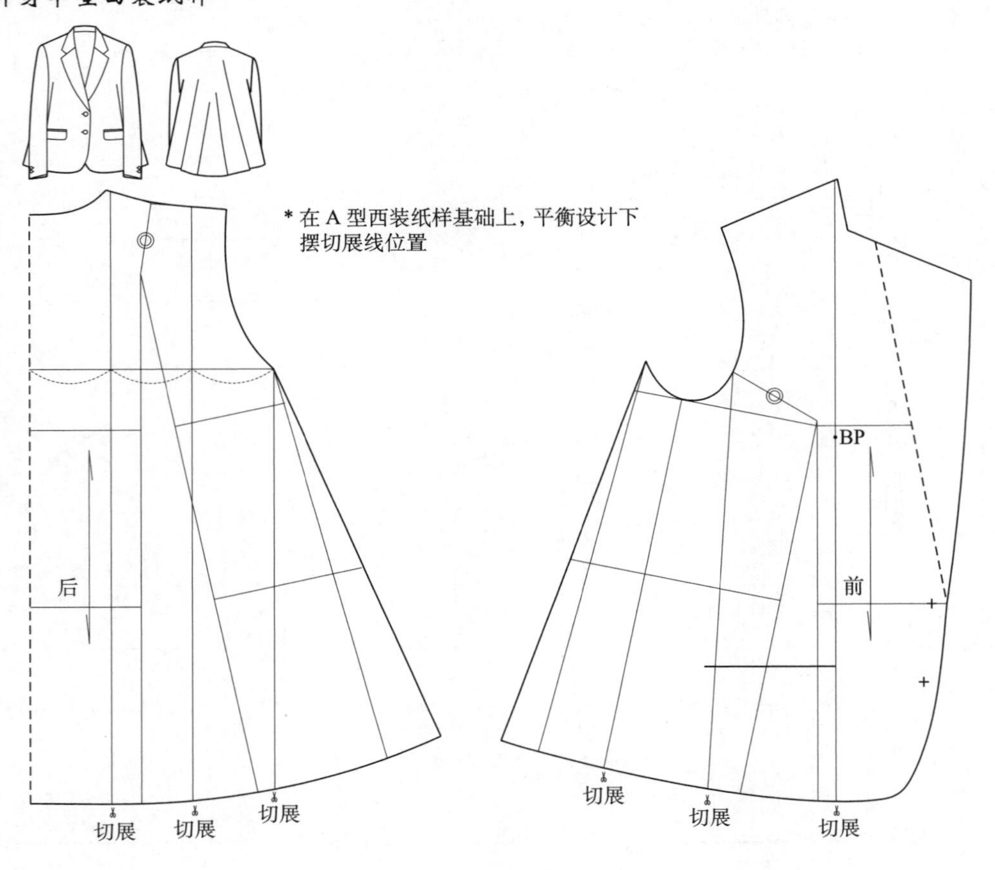

三开身伞型西装纸样增摆处理

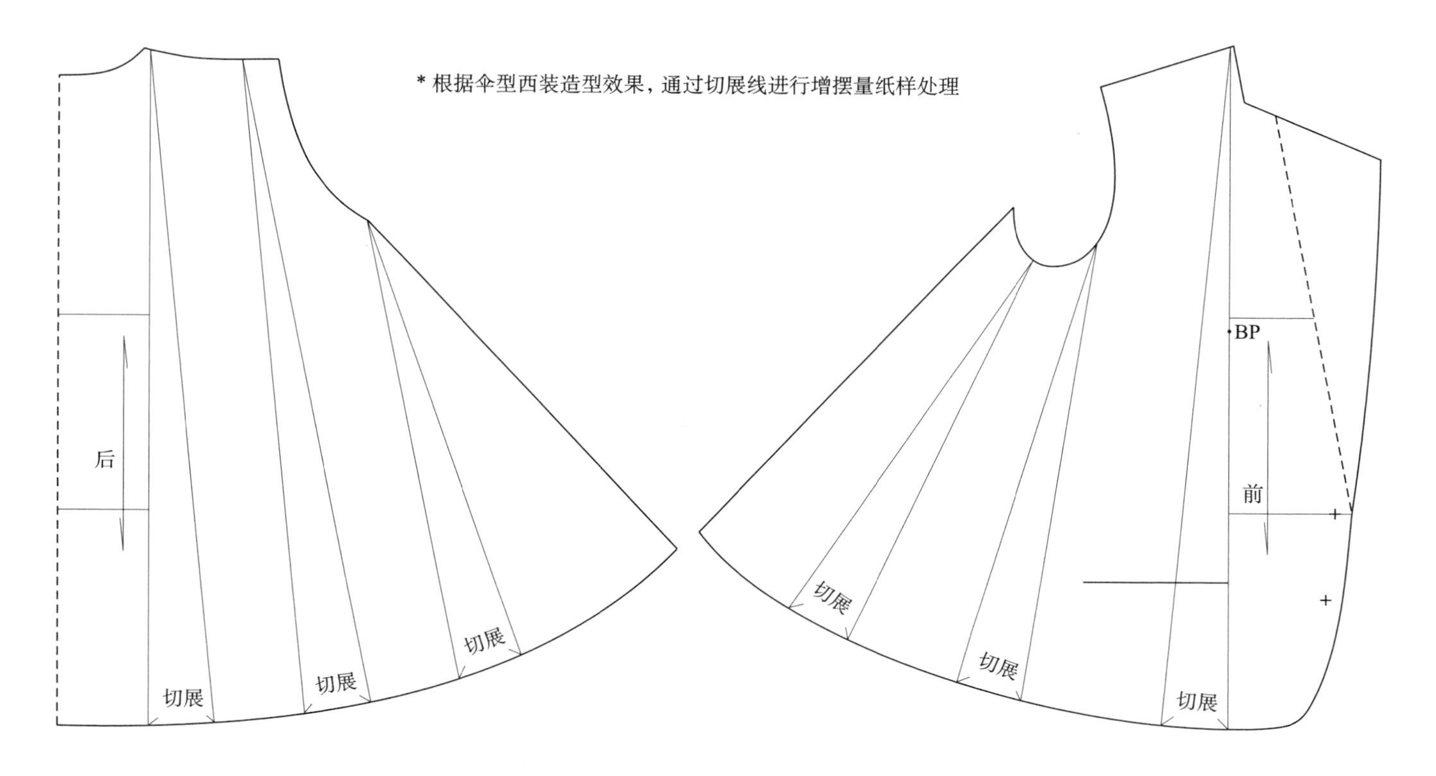

2.7　三开身Y型西装纸样

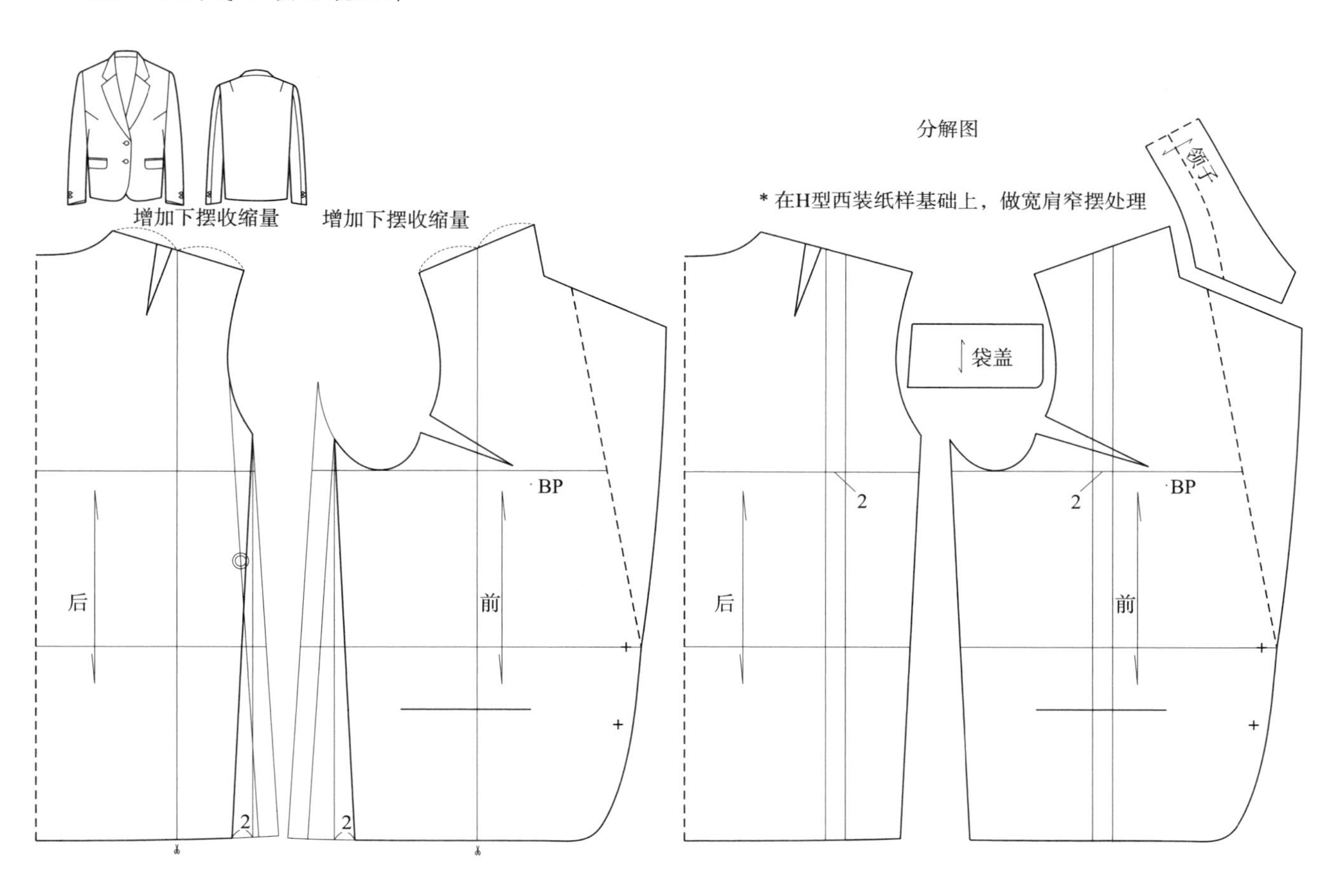

3. 基于西装元素一板多款纸样系列设计

3.1 六开身X型锐角领西装纸样

3.2 六开身X型折角领西装纸样

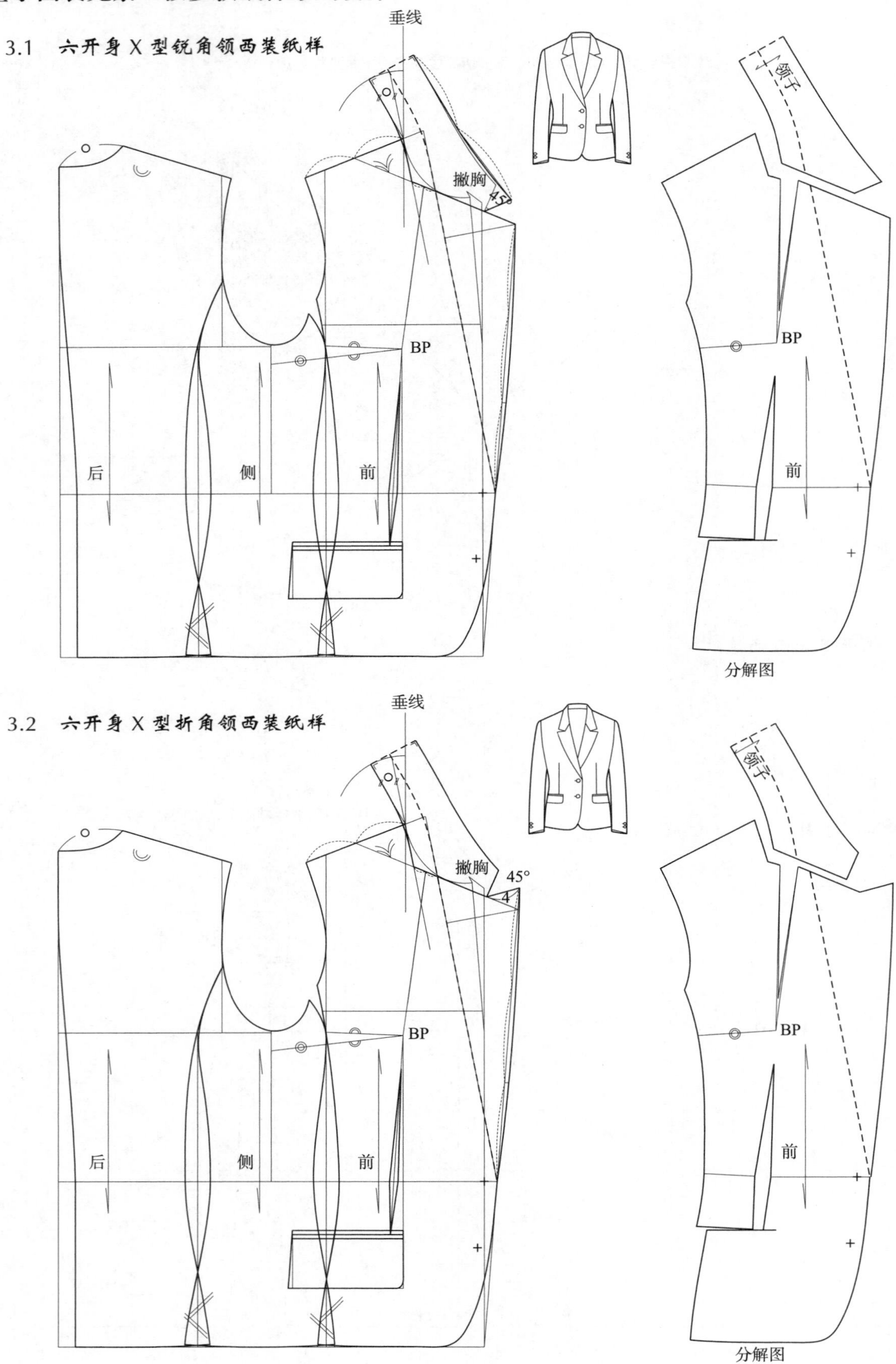

3.3　六开身 X 型戗驳领西装纸样

3.4　六开身 X 型半戗驳领西装纸样

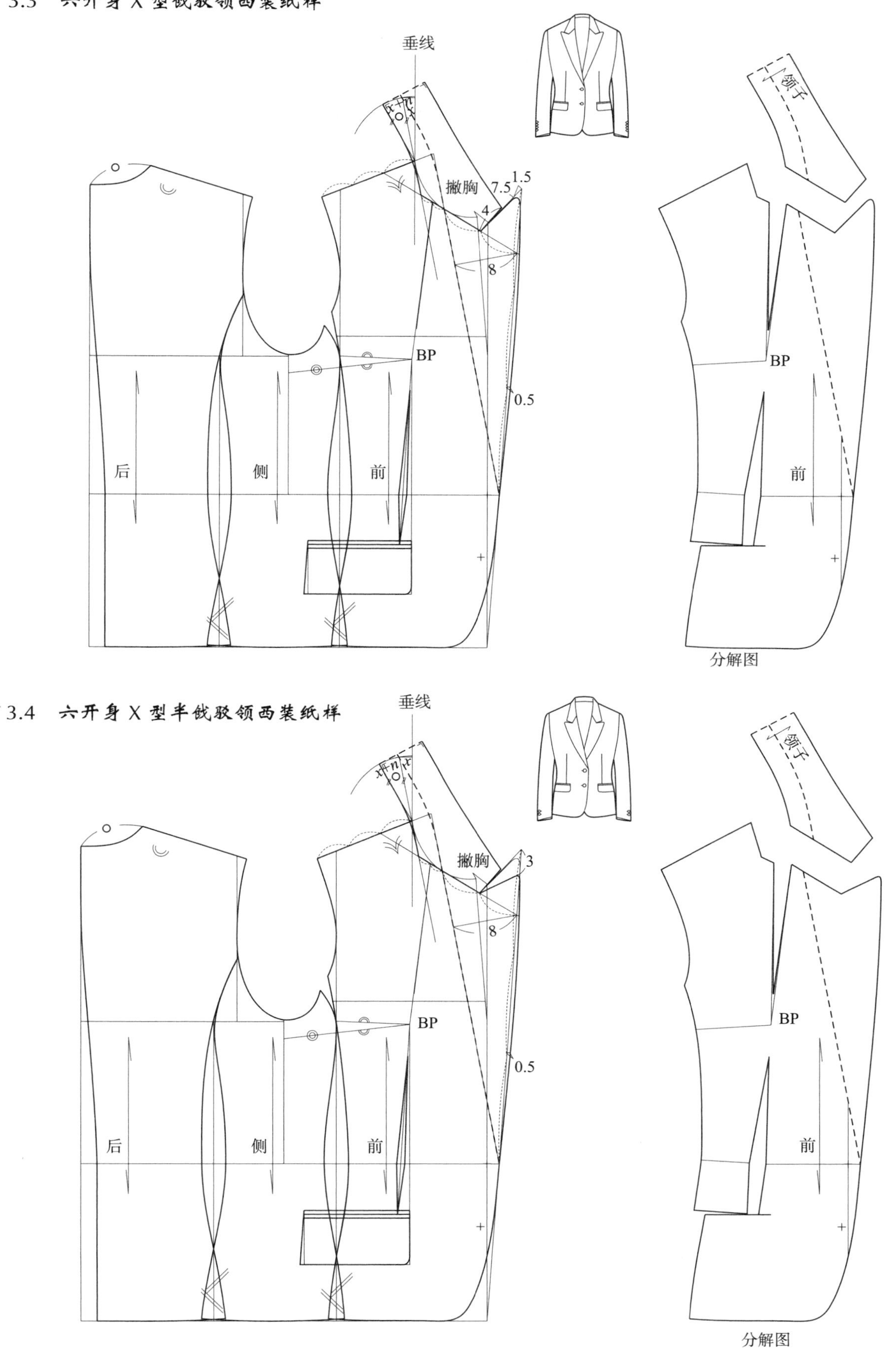

3.5 六开身 X 型青果领西装纸样

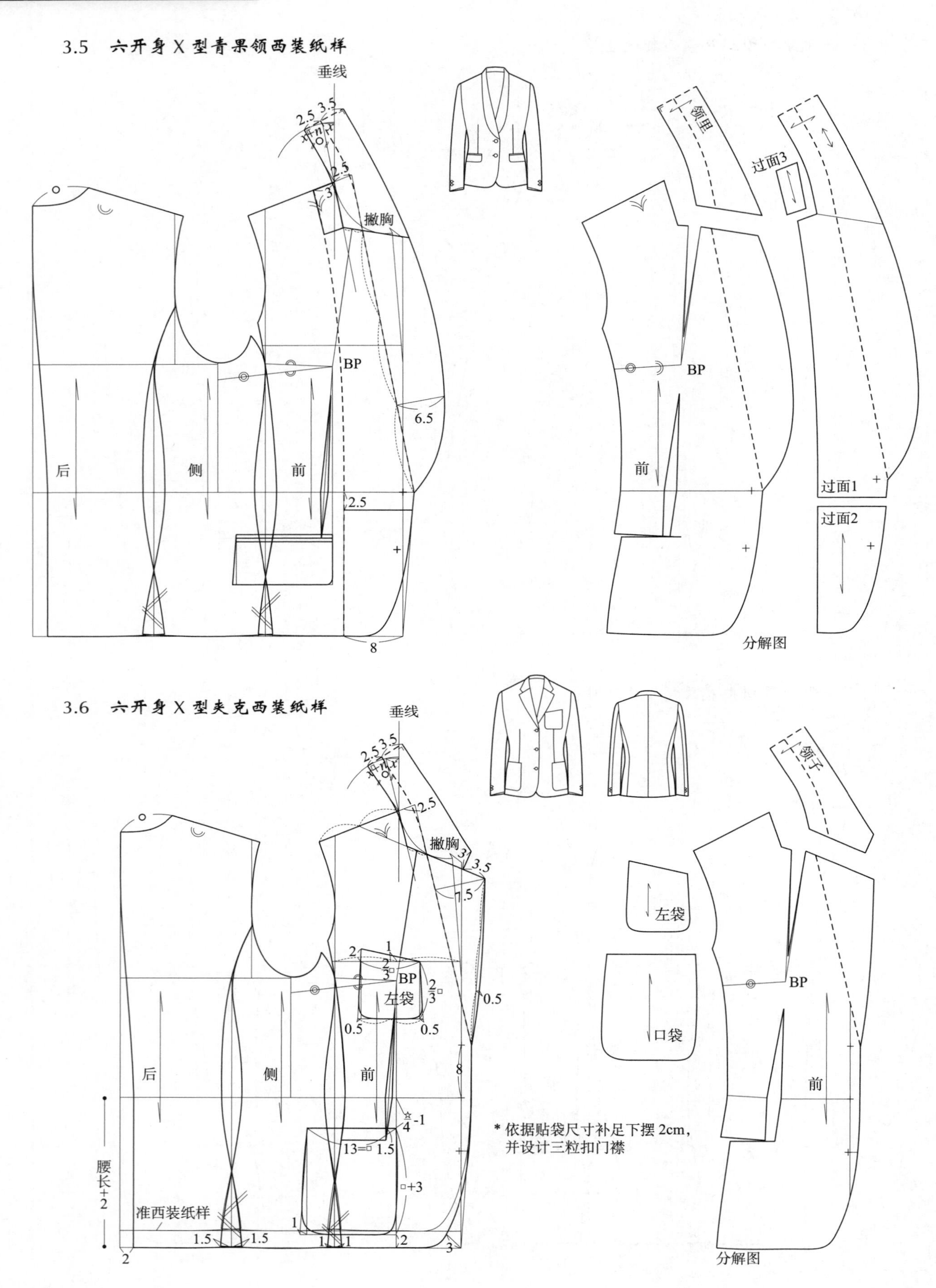

3.6 六开身 X 型夹克西装纸样

* 依据贴袋尺寸补足下摆 2cm，并设计三粒扣门襟

3.7　六开身 X 型无领夹克西装纸样

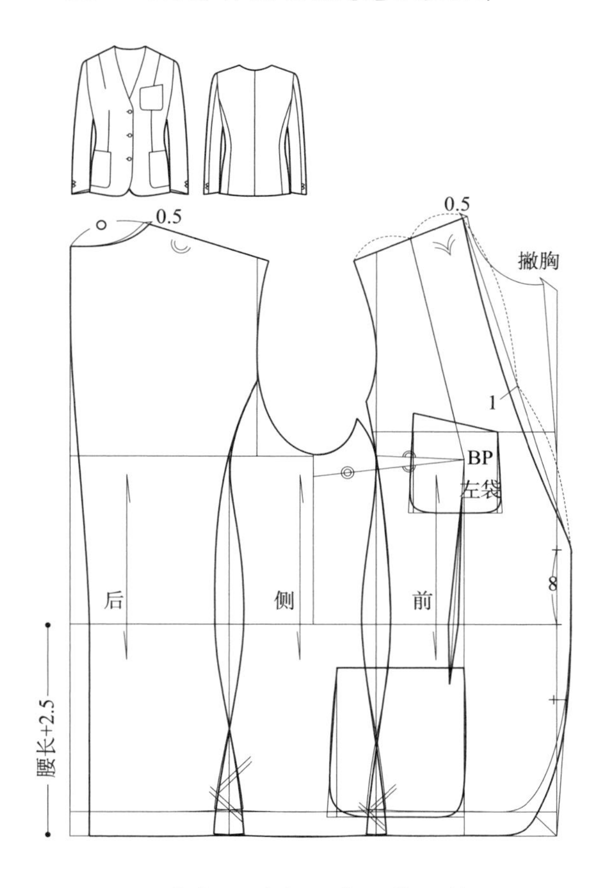

3.8　六开身 X 型无领双排扣西装纸样

* 两款无领西装前片侧省移至肩线

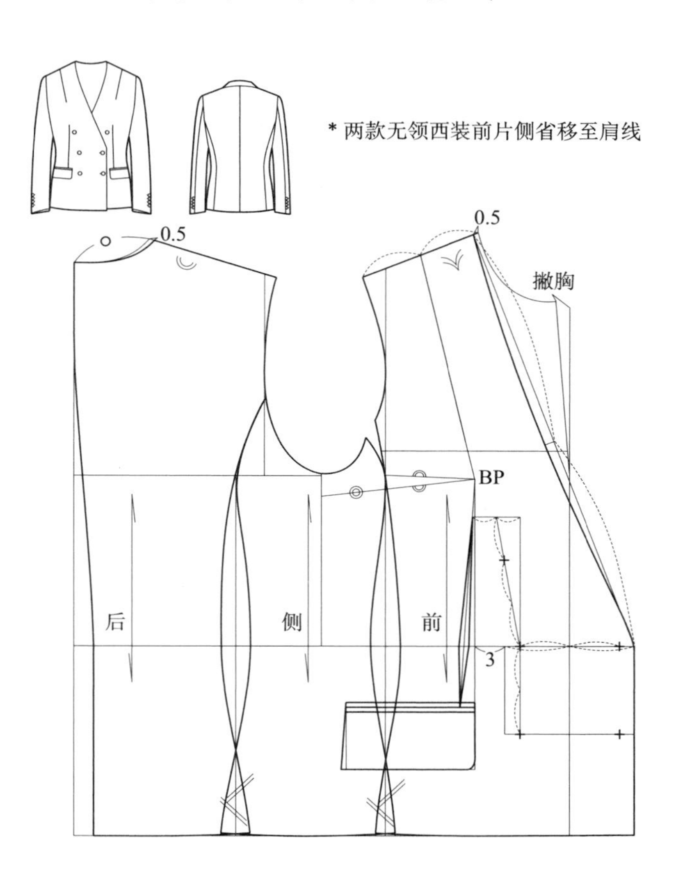

3.9　六开身 X 型布雷泽西装纸样

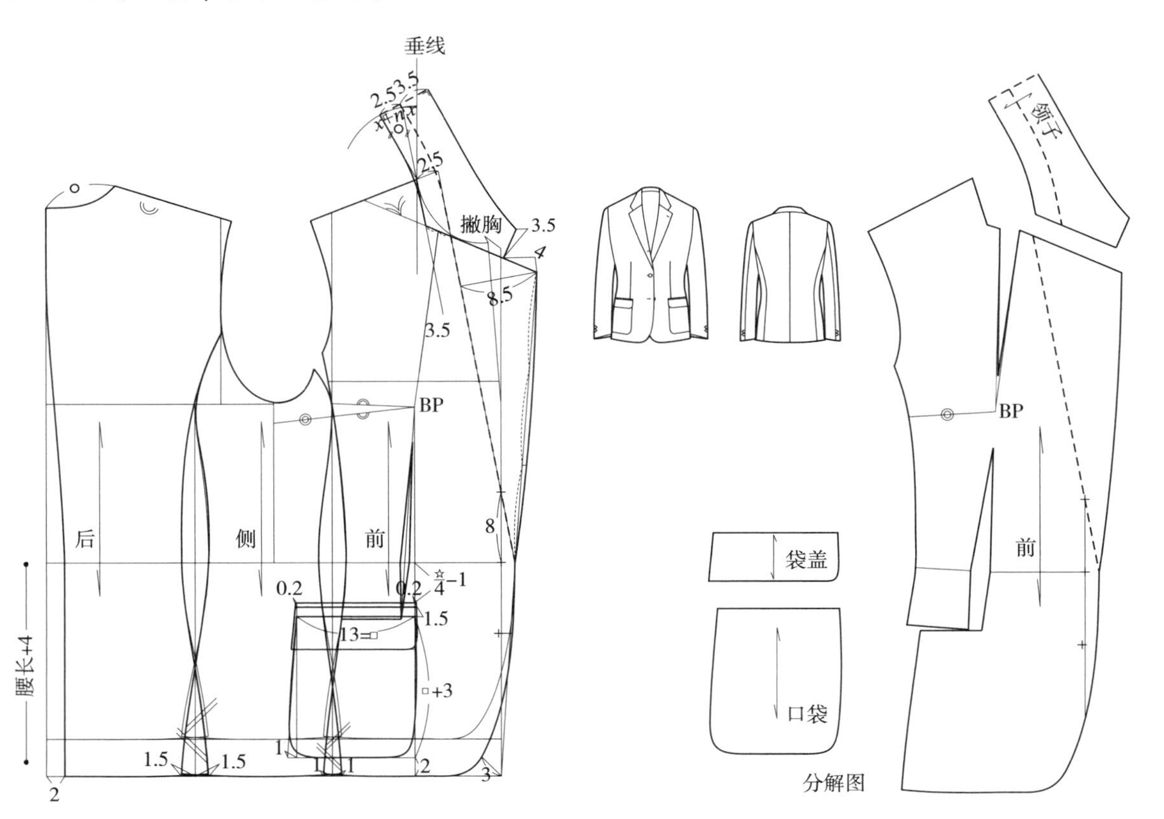

3.10 六开身X型水手版布雷泽西装纸样

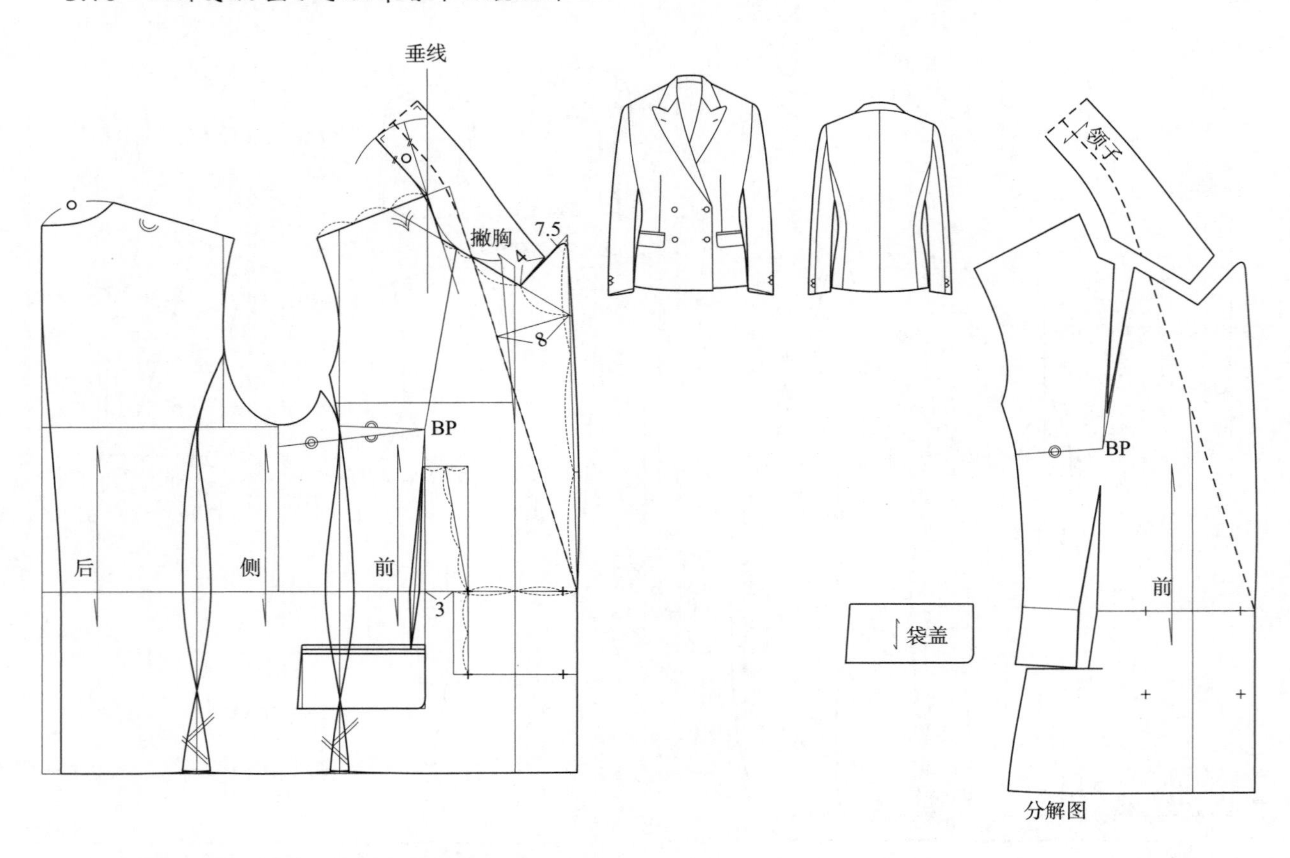

分解图

3.11 六开身X型制服版布雷泽西装纸样

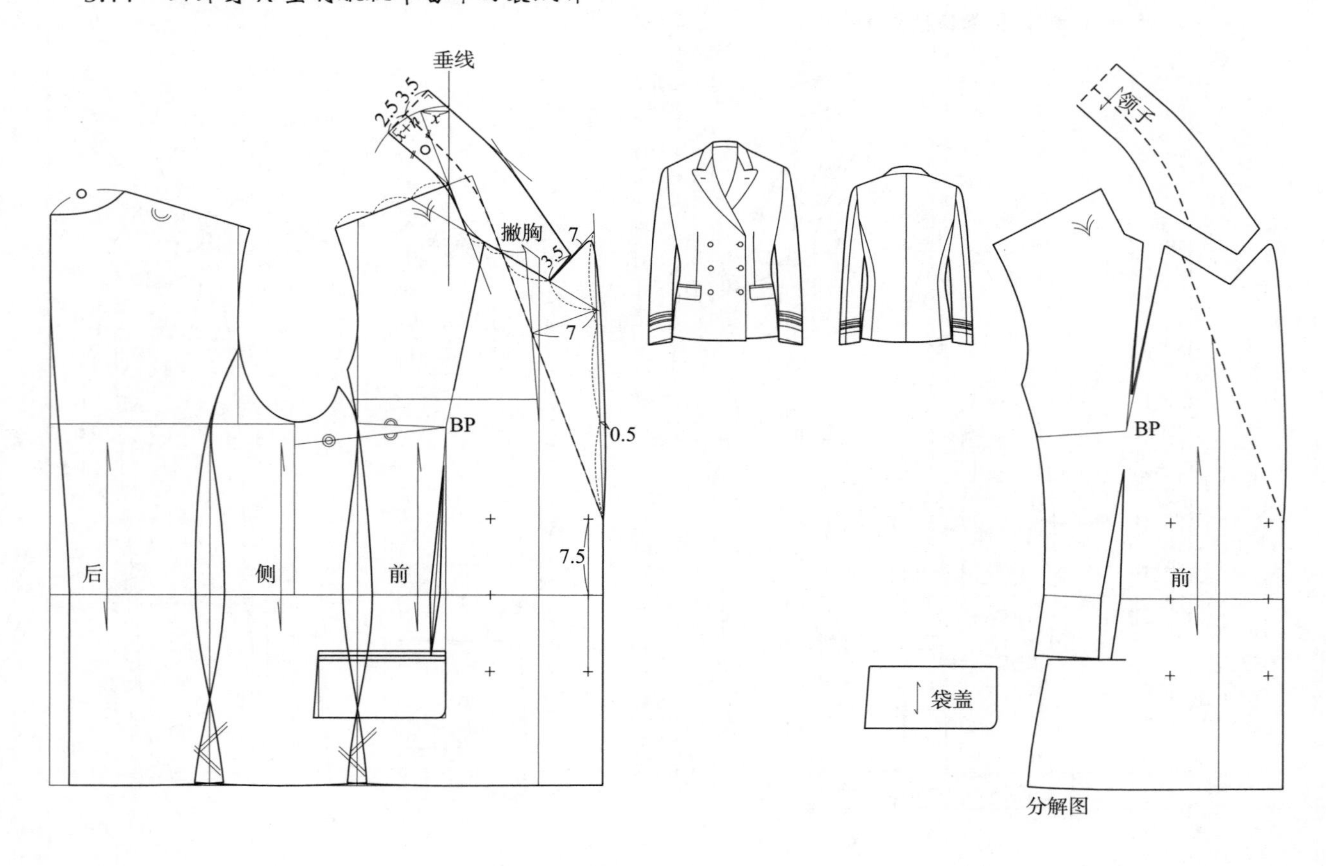

分解图

4. 基于礼服西装元素一板多款纸样系列设计

4.1　六开身X型（英国版）塔士多西装纸样

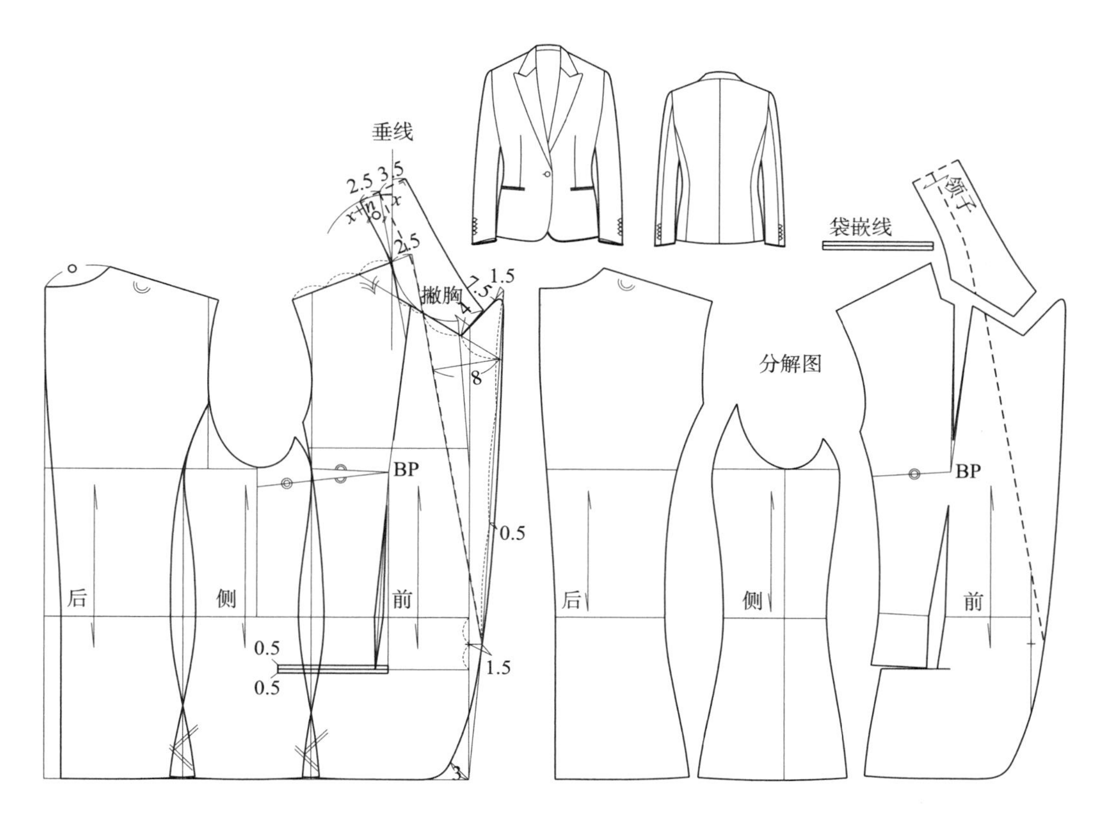

4.2　六开身X型董事套装西装纸样

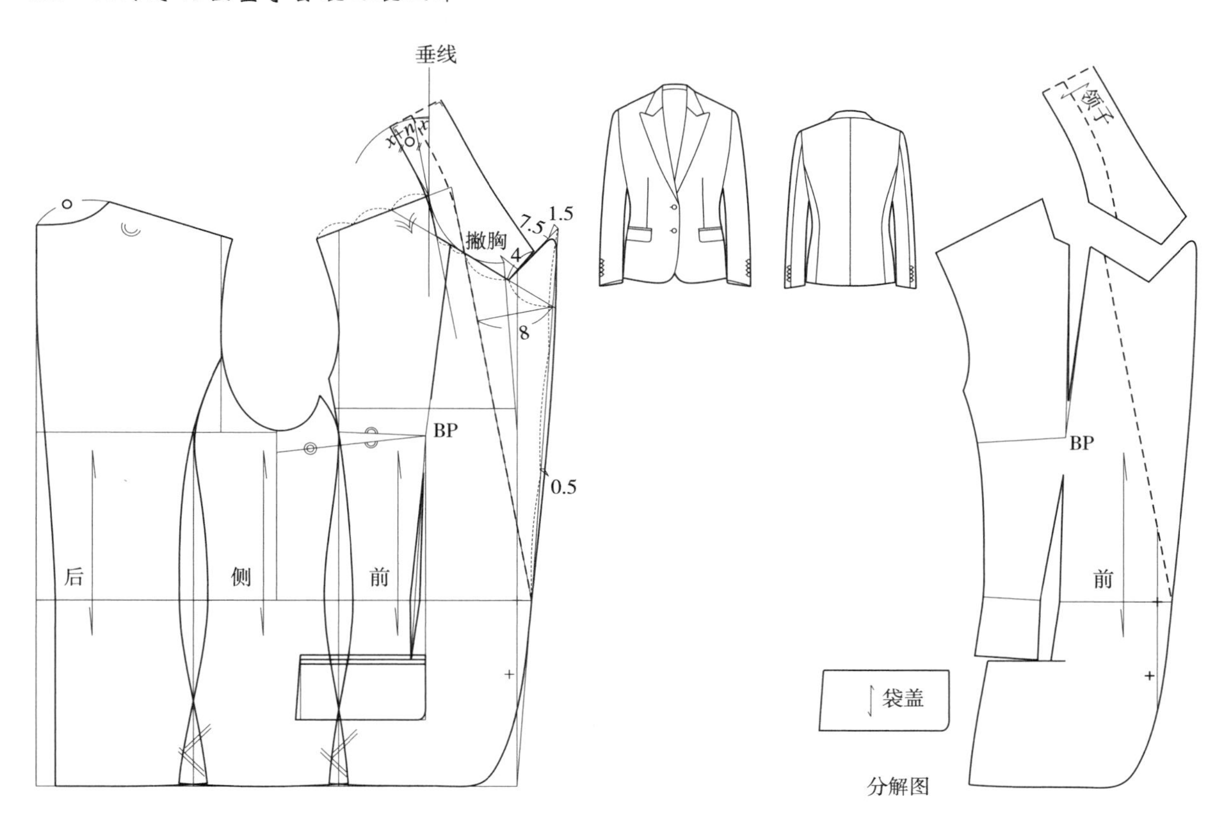

4.3 六开身X型(美国版)塔士多西装纸样

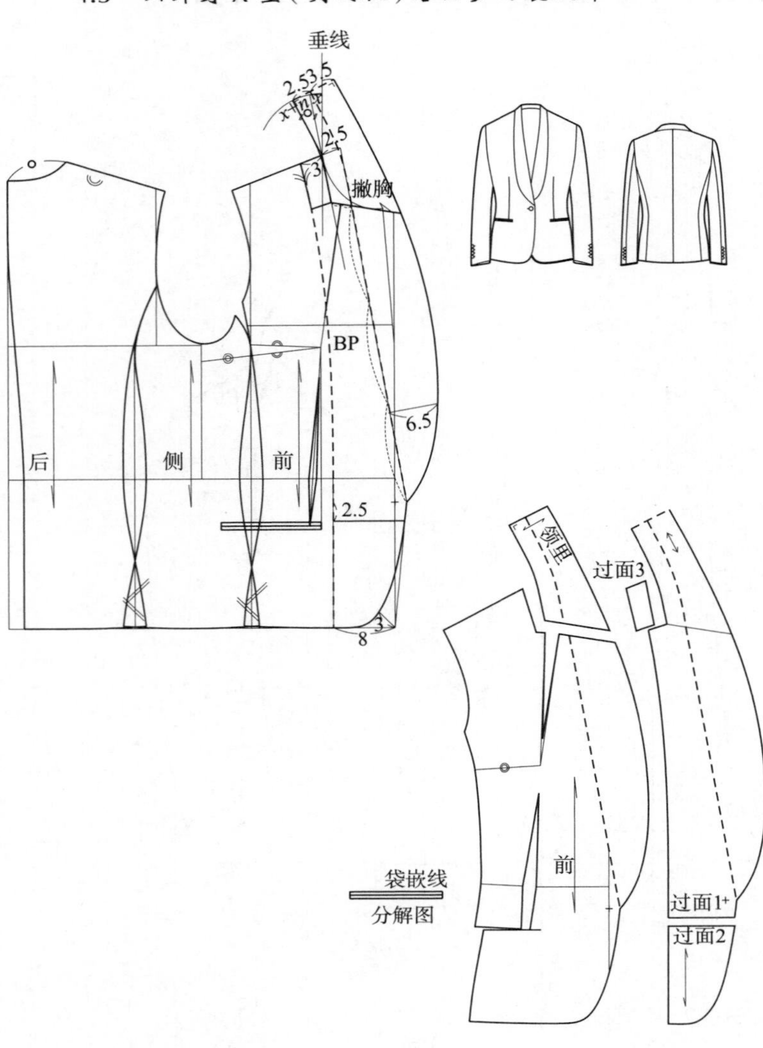

4.4 六开身X型梅斯西装纸样

英国版

* 在英国版塔士多礼服纸样基础上作短款处理

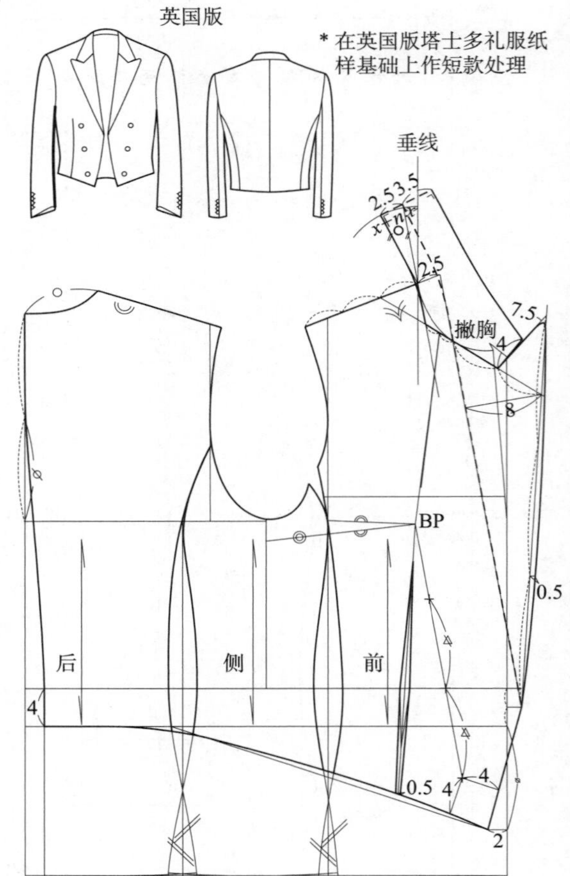

4.5　六开身X型（法国版）塔士多西装纸样

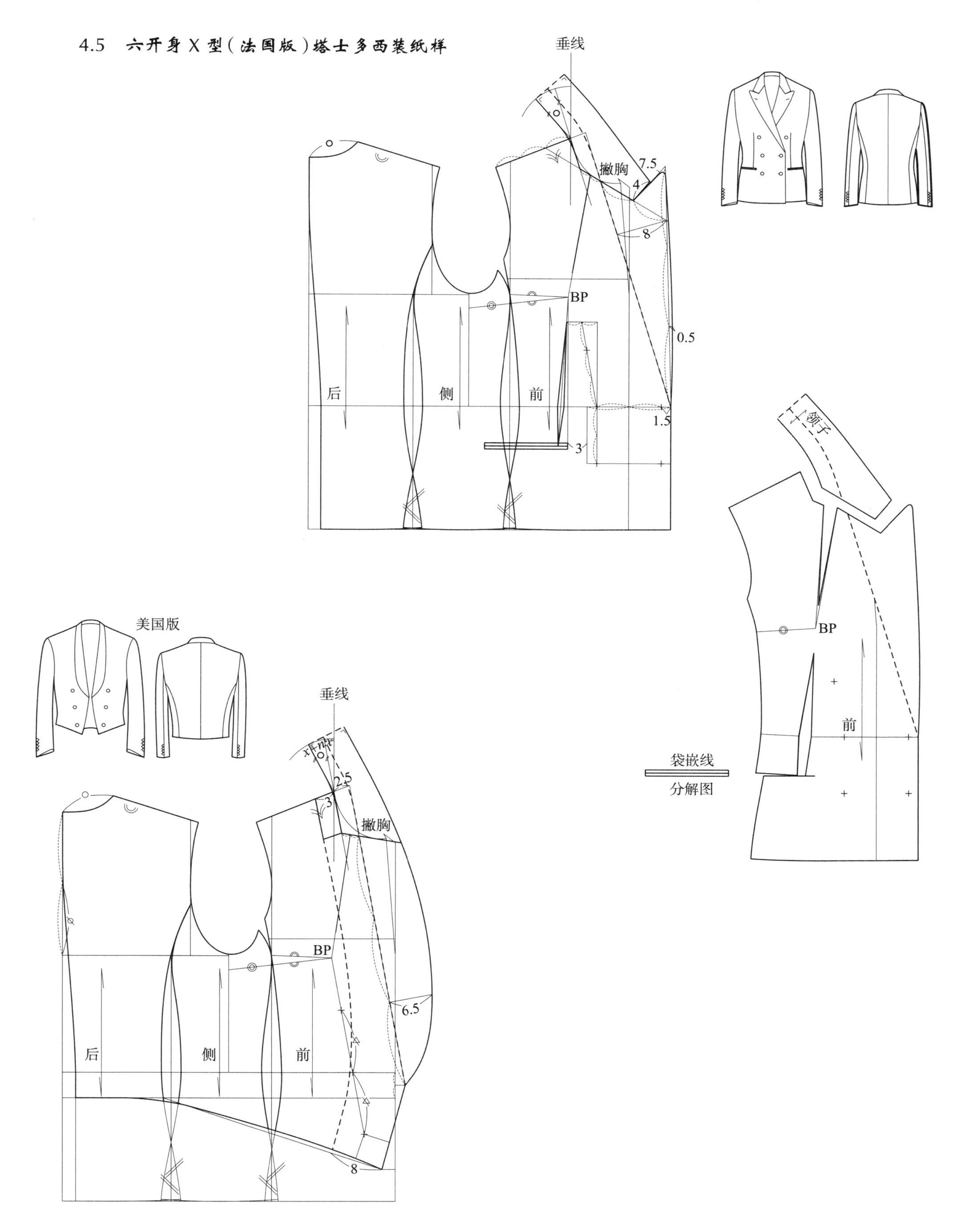

* 在美国版塔士多礼服纸样基础上作短款处理

4.6 六开身X型古典版黑色套装西装纸样

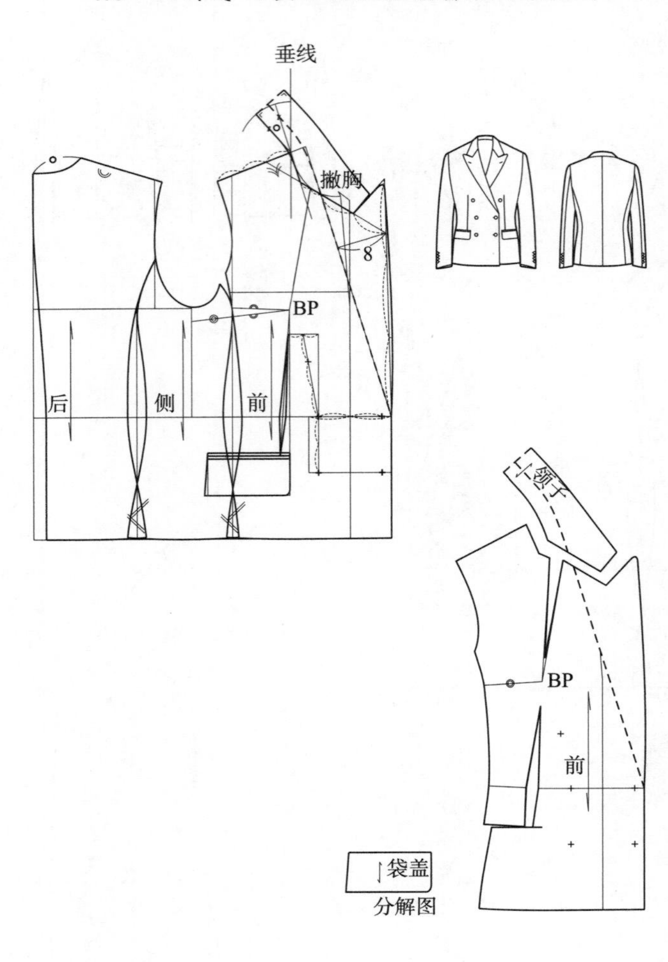

4.7 六开身X型现代版黑色套装西装纸样

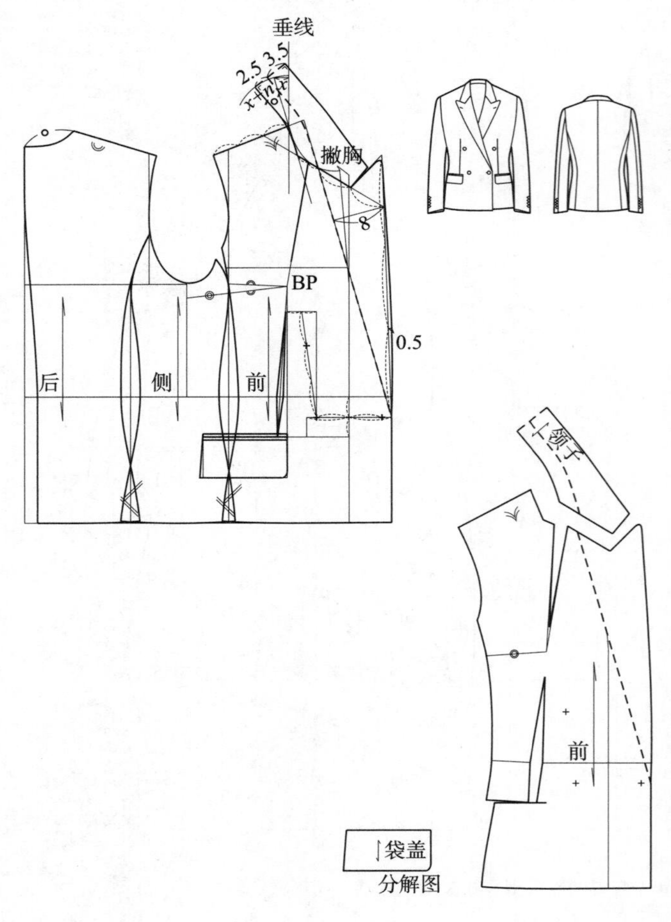

5. 基于分割元素八开身大 X 型一板多款纸样系列设计

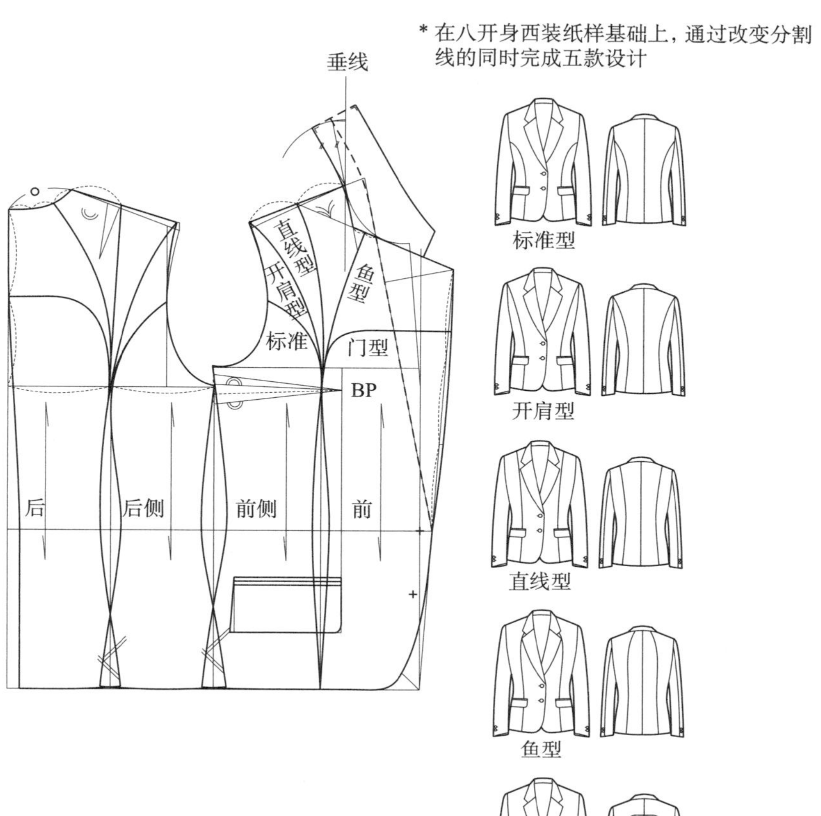

门型

5.1　八开身标准版公主线西装

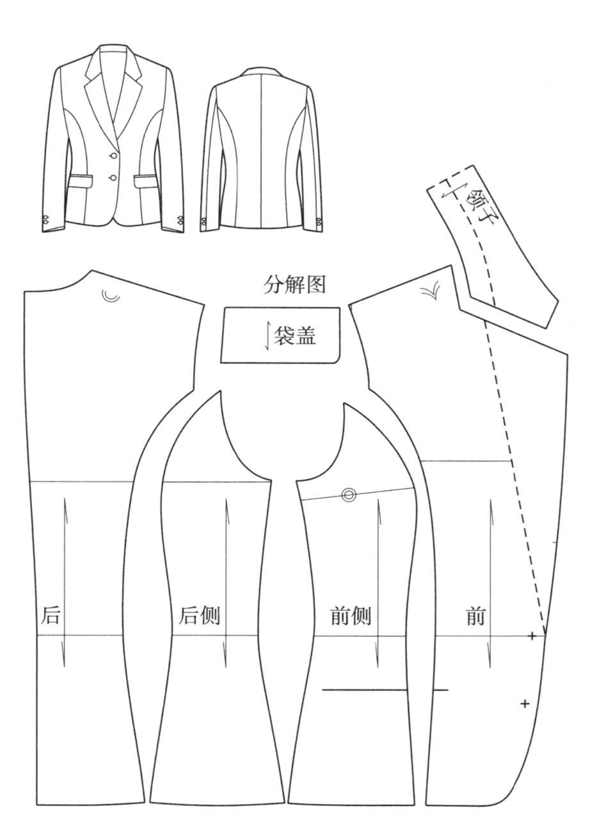

5.2　八开身开肩型公主线西装

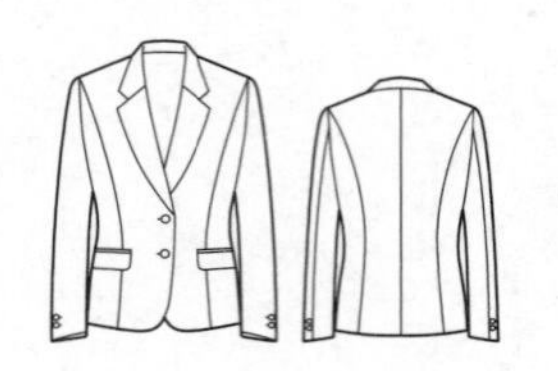

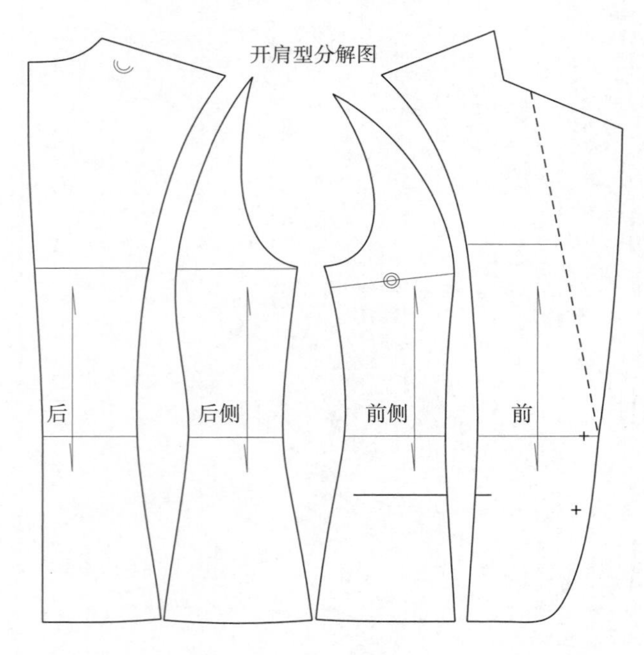

5.3　八开身直线型公主线西装

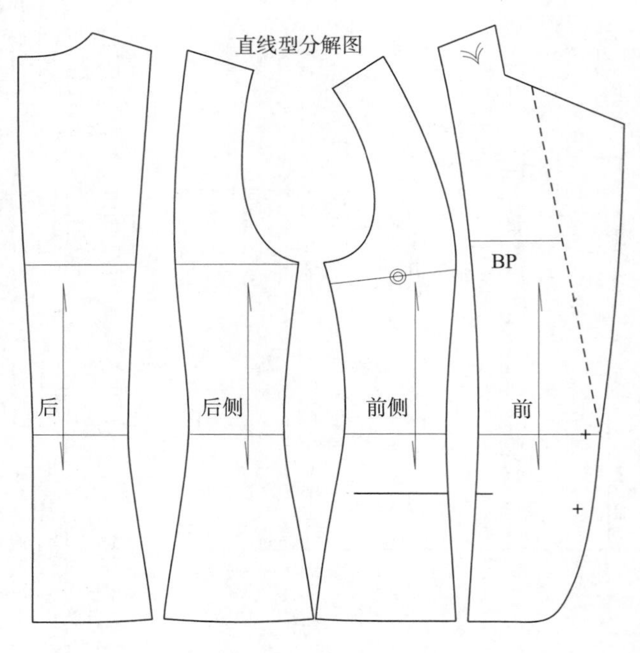

5.4　八开身鱼型公主线西装

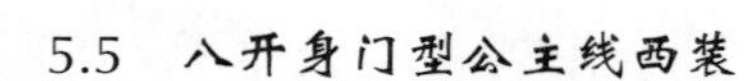

5.5　八开身门型公主线西装

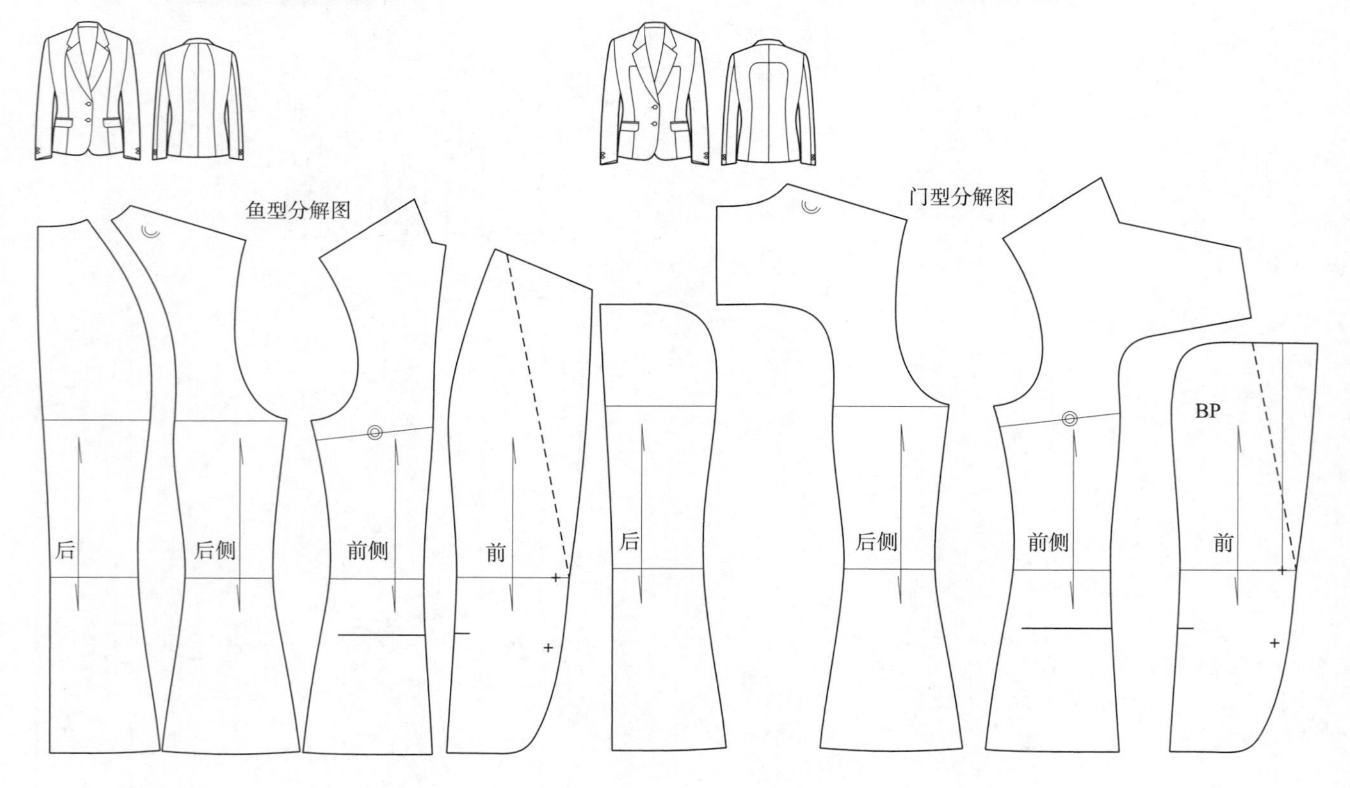

6. 连身袖六开身多板多款单排扣西装纸样系列设计

6.1　连身袖六开身 X 型西装基本纸样

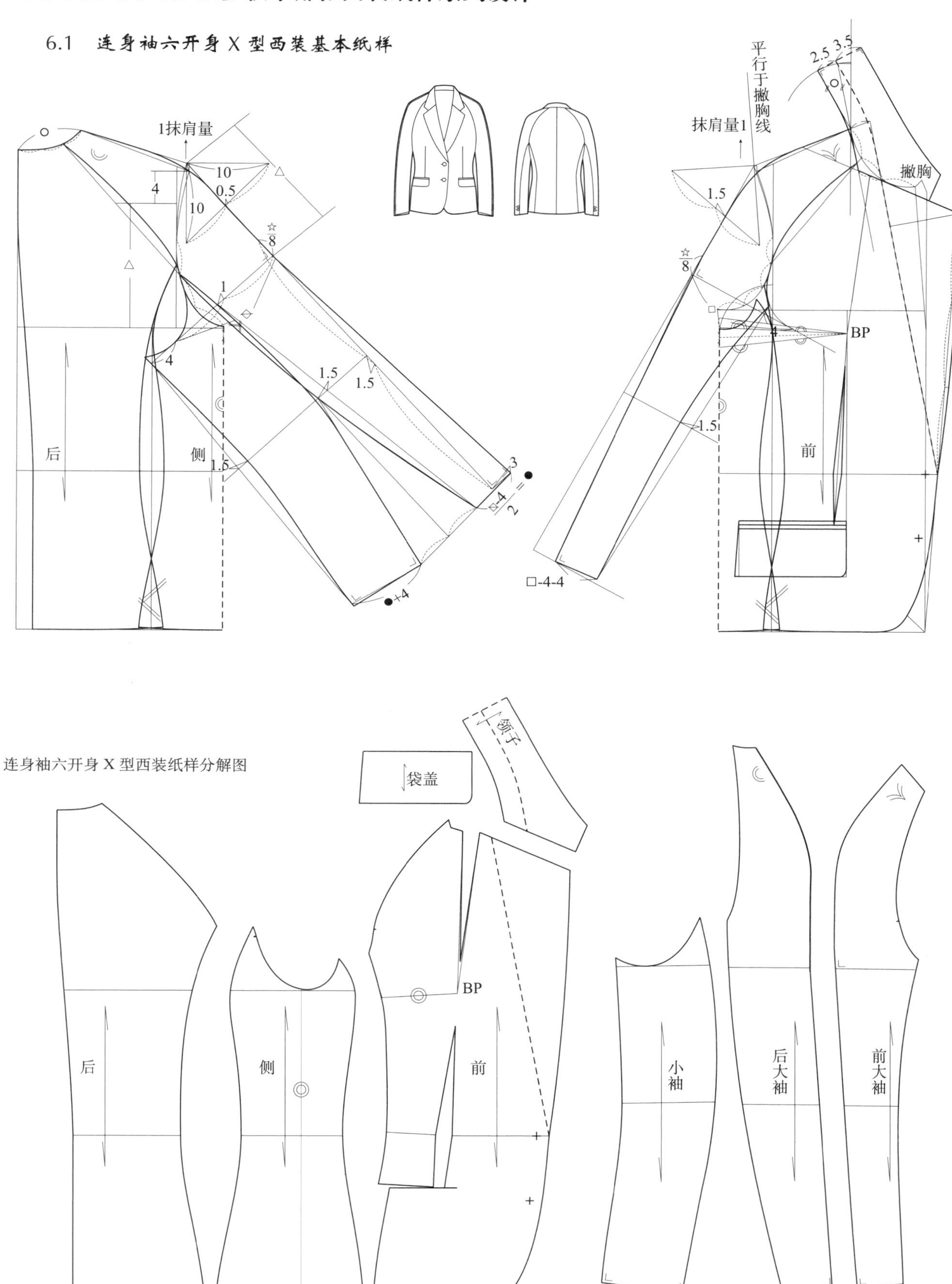

连身袖六开身 X 型西装纸样分解图

6.2 连身袖六开身 X 型西装纸样系列设计（纸样分解图参考本训练中 10.1~10.5）

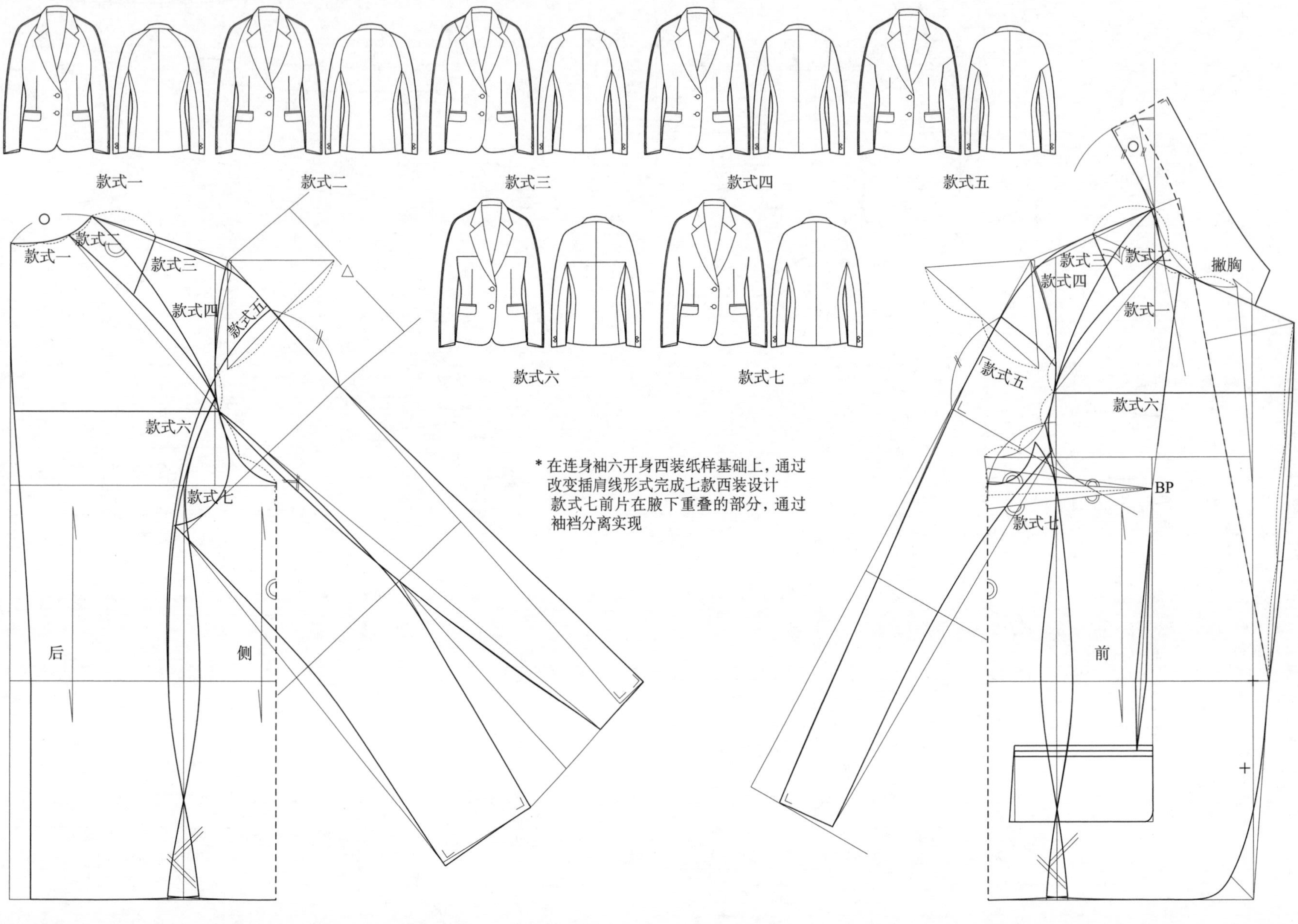

款式一

款式二

款式三

款式四

款式五

款式六

款式七

款式一 款式二 款式三 款式四 款式五 款式六 款式七

后

侧

* 在连身袖六开身西装纸样基础上，通过改变插肩线形式完成七款西装设计
款式七前片在腋下重叠的部分，通过袖裆分离实现

款式三 款式二 撇胸 款式四 款式一 款式五 款式六 BP 款式七

前

7. 连身袖六开身多板多款短摆西装纸样系列设计（纸样分解图参考 10.1~10.5）

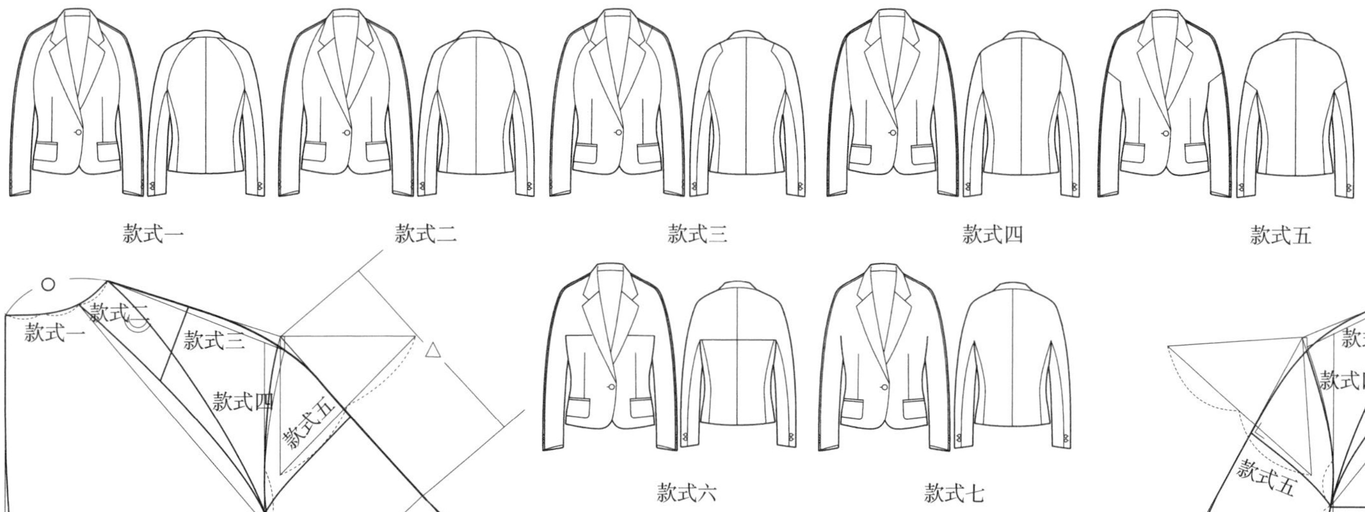

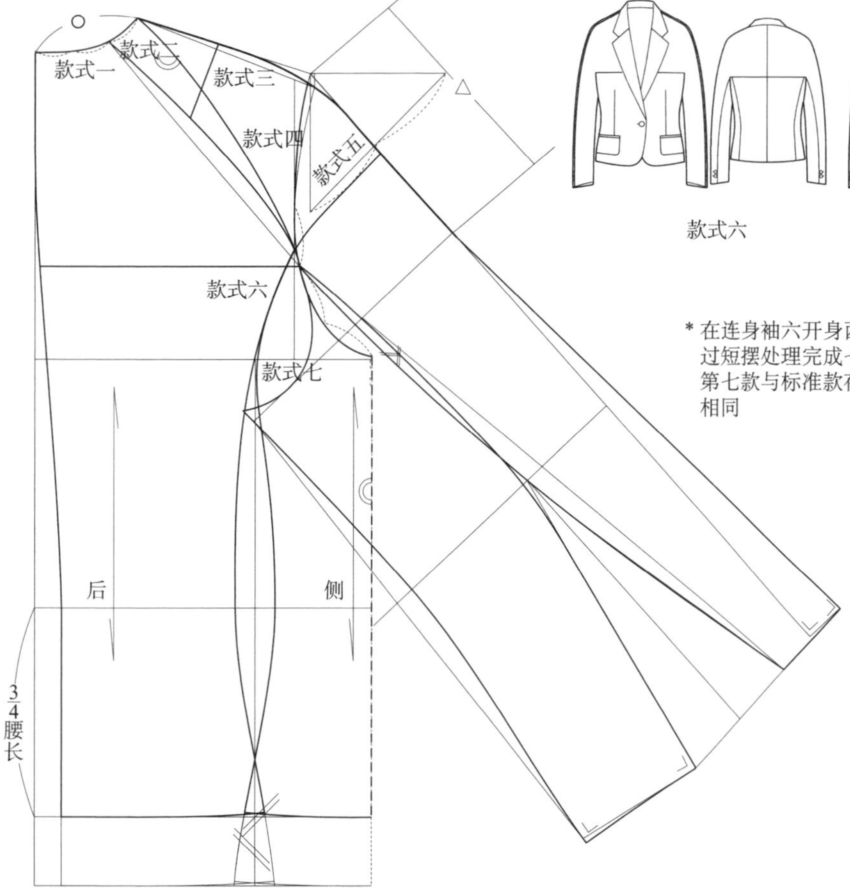

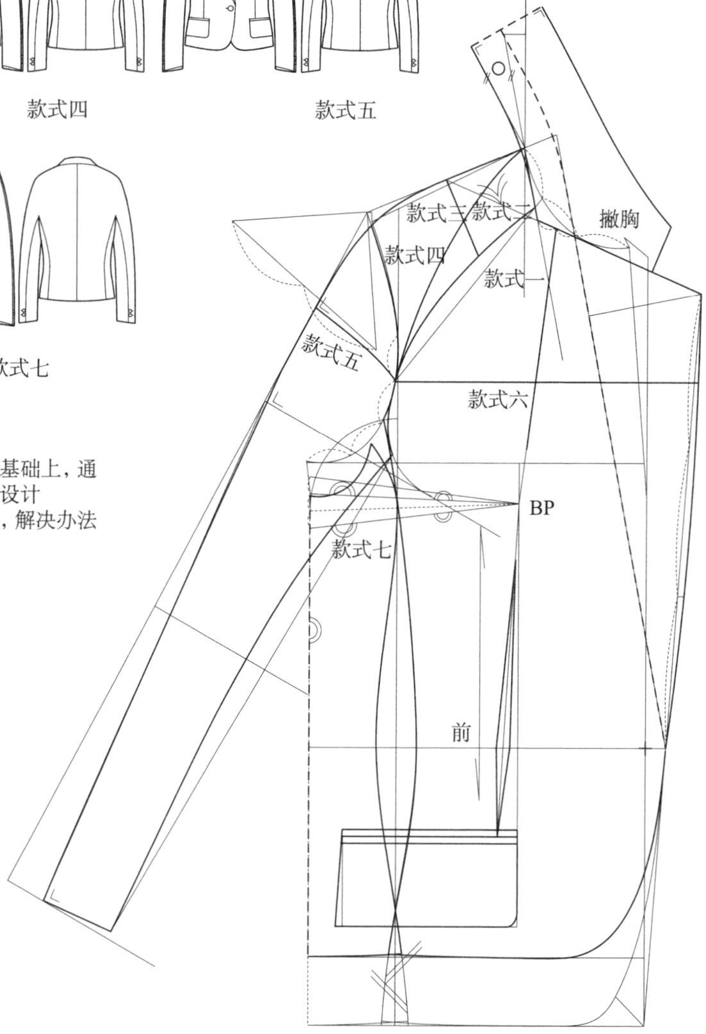

* 在连身袖六开身西装系列纸样基础上，通过短摆处理完成七款短摆西装设计
第七款与标准款存在同样问题，解决办法相同

8. 连身袖六开身多板多款短摆青果领西装纸样系列设计（纸样分解图参考 10.1~10.5）

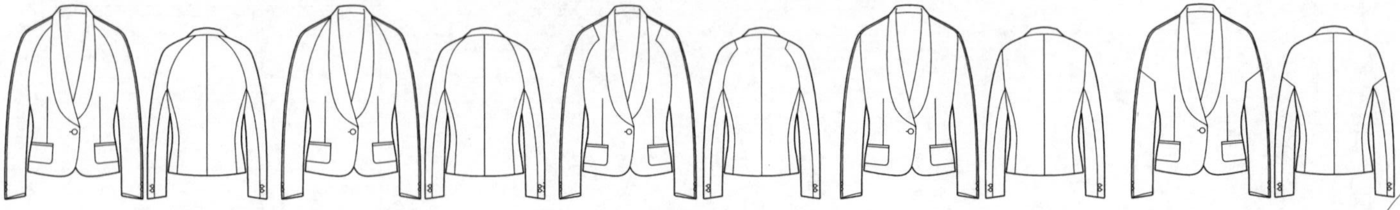

款式一　款式二　款式三　款式四　款式五

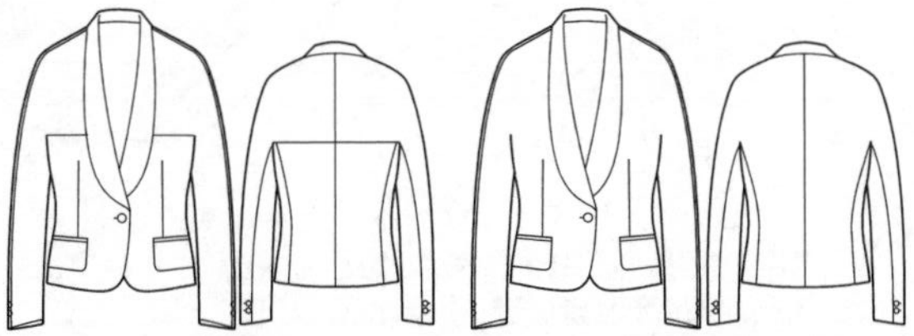

款式六　款式七

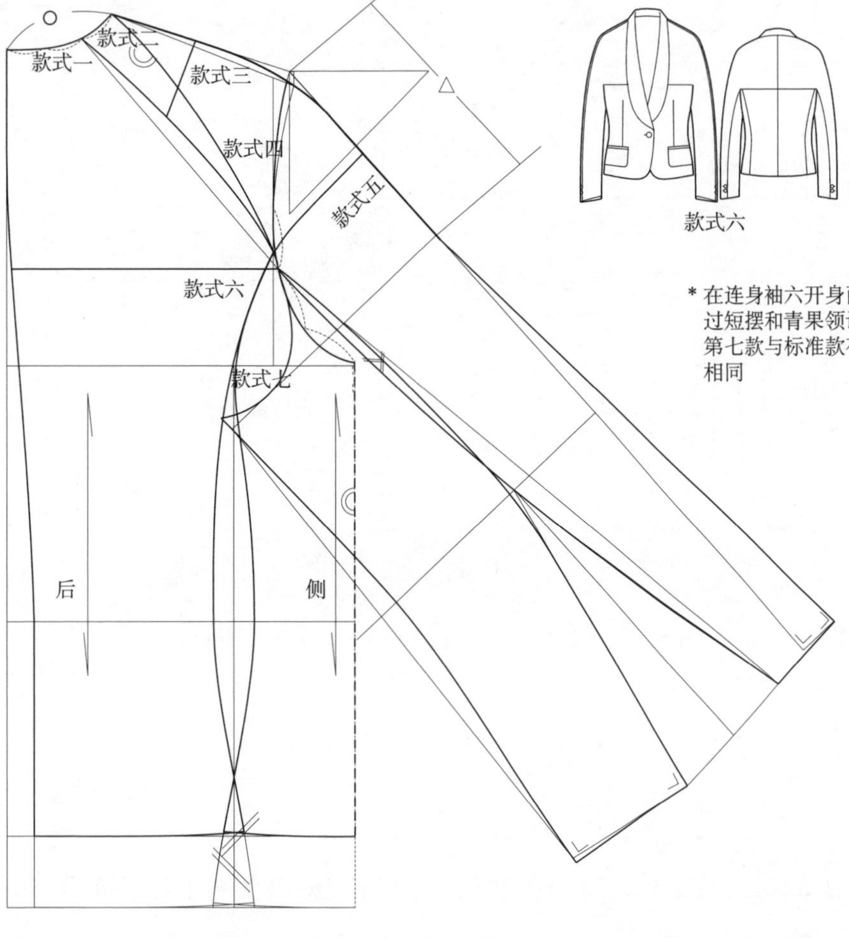

* 在连身袖六开身西装系列纸样基础上，通过短摆和青果领设计完成七款
第七款与标准款存在同样问题，解决办法相同

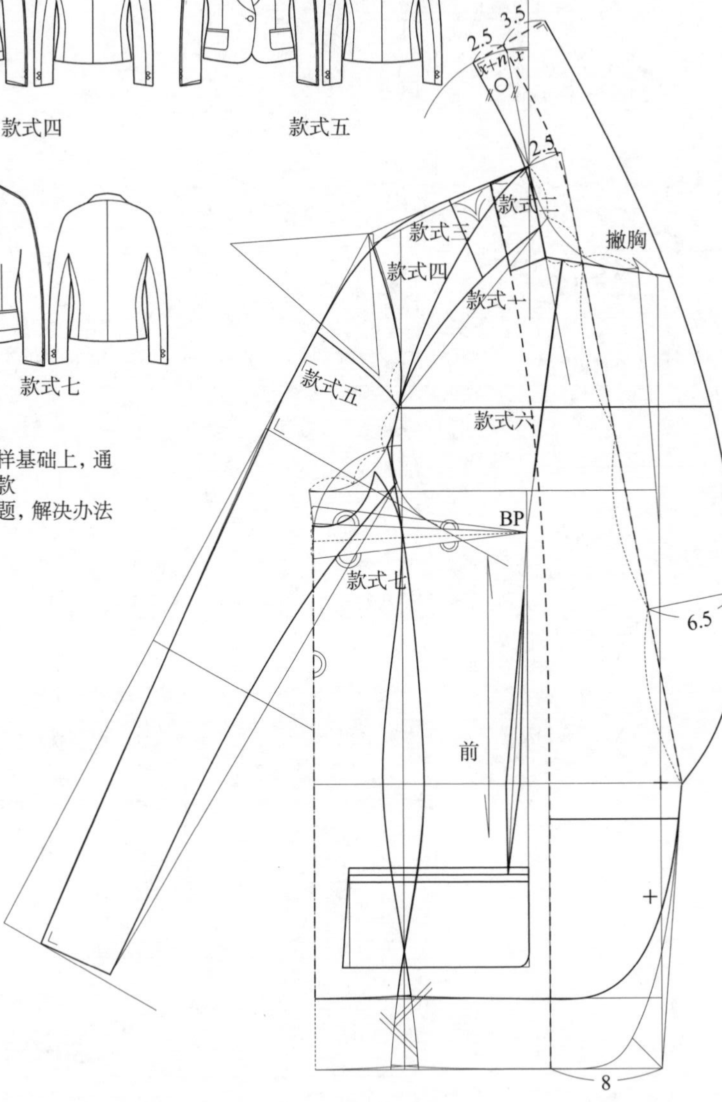

9. 连身袖六开身多板多款短摆双排扣平驳领西装纸样系列设计（纸样分解图参考 10.1~10.5）

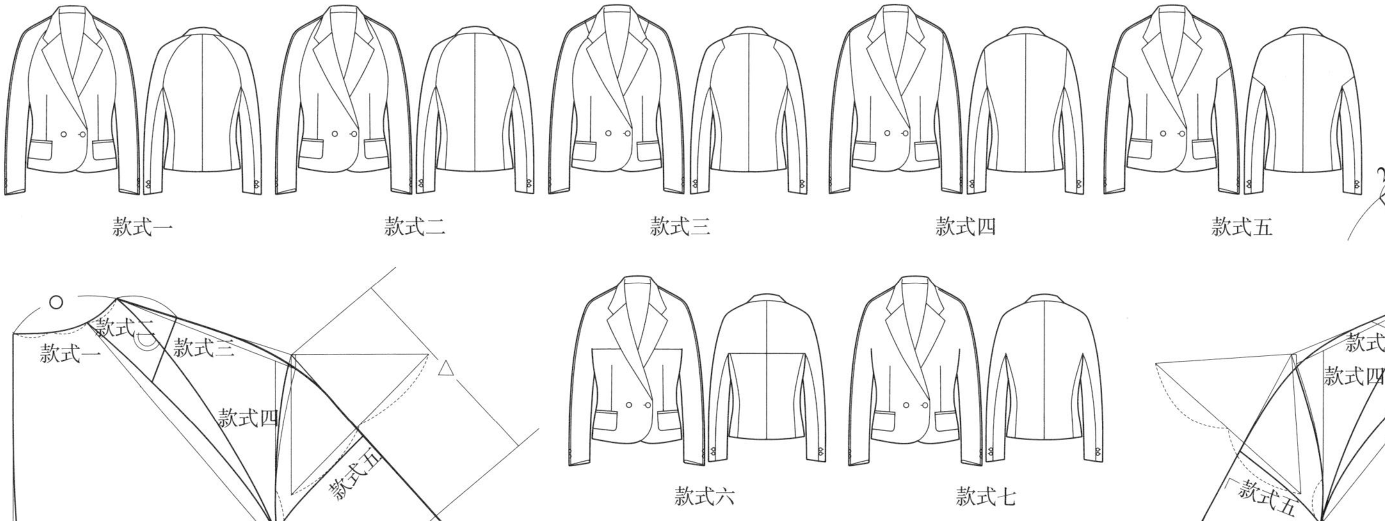

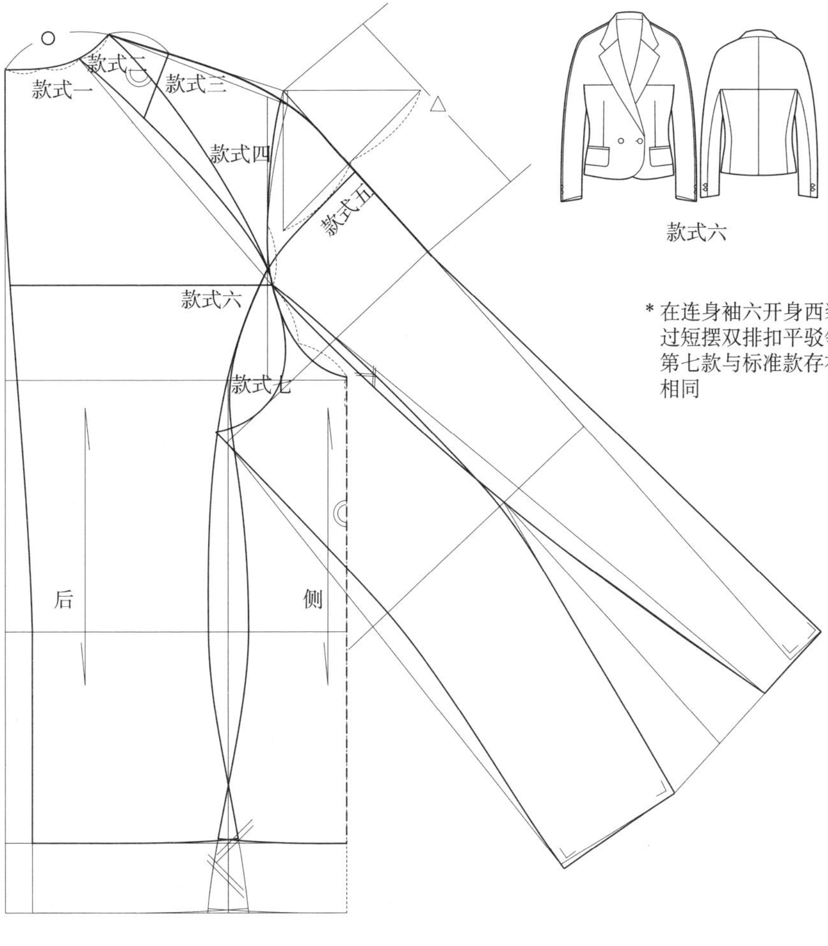

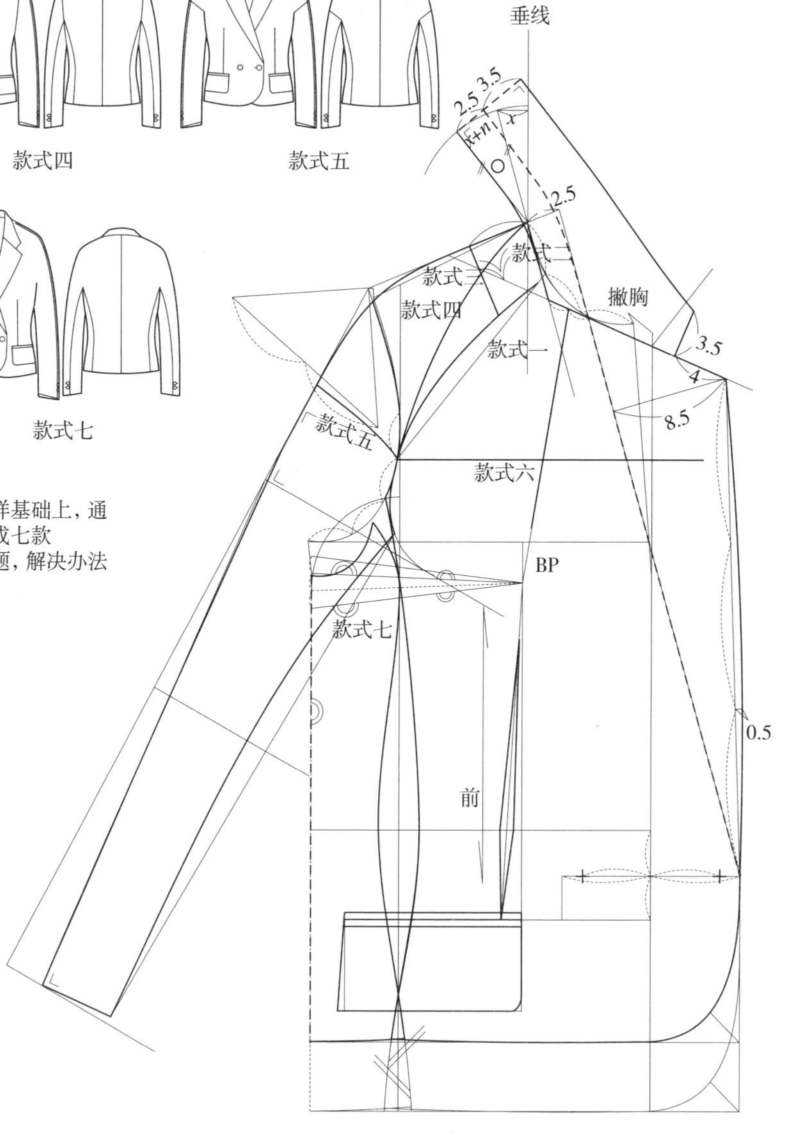

* 在连身袖六开身西装系列纸样基础上，通过短摆双排扣平驳领设计完成七款
第七款与标准款存在同样问题，解决办法相同

10. 连身袖六开身多板多款短摆双排扣戗驳领西装纸样系列设计

* 在连身袖六开身西装系列纸样基础上，通过短摆双排扣戗驳领设计完成七款
第七款的解决办法见第七款纸样分解图

10.1　连身袖六开身多板多款短摆双排扣戗驳领西装纸样系列设计款式一（分解图）

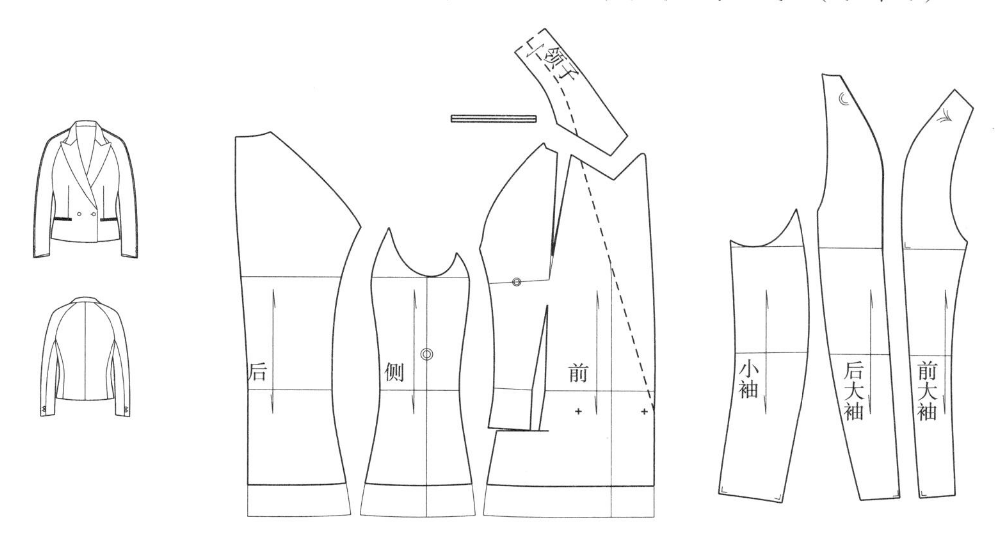

10.2　连身袖六开身多板多款短摆双排扣戗驳领西装纸样系列设计款式四（分解图）

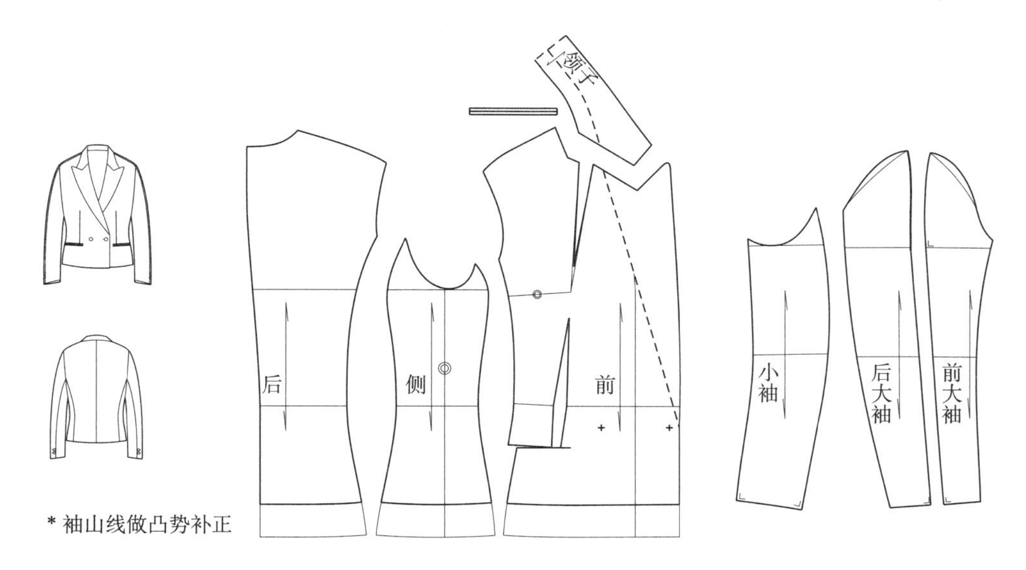

10.3　连身袖六开身多板多款短摆双排扣戗驳领西装纸样系列设计款式五（分解图）

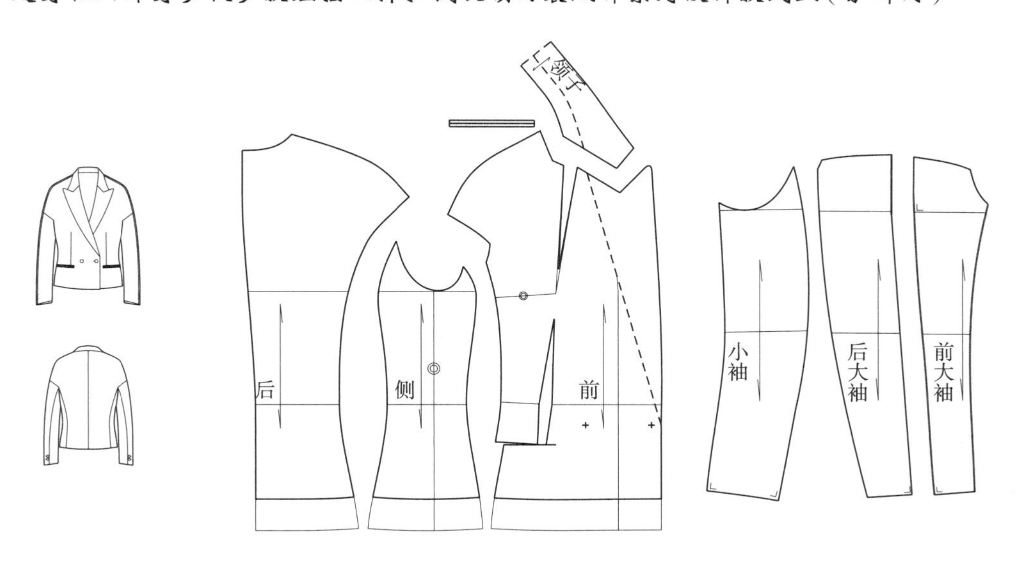

10.4 连身袖六开身多板多款短摆双排扣戗驳领西装纸样系列设计款式六（分解图）

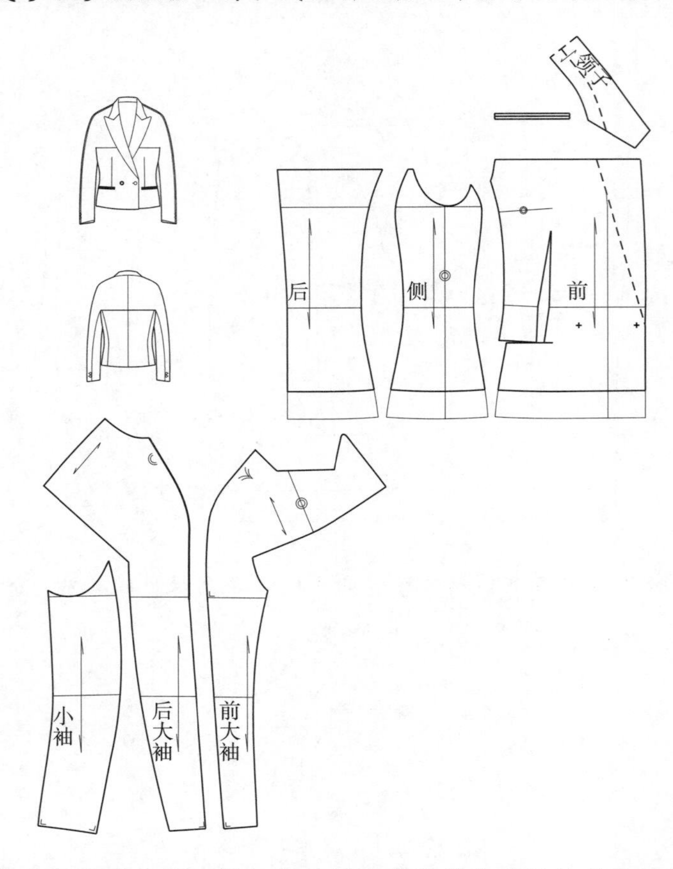

10.5 连身袖六开身多板多款短摆双排扣戗驳领西装纸样系列设计款式七（分解图）

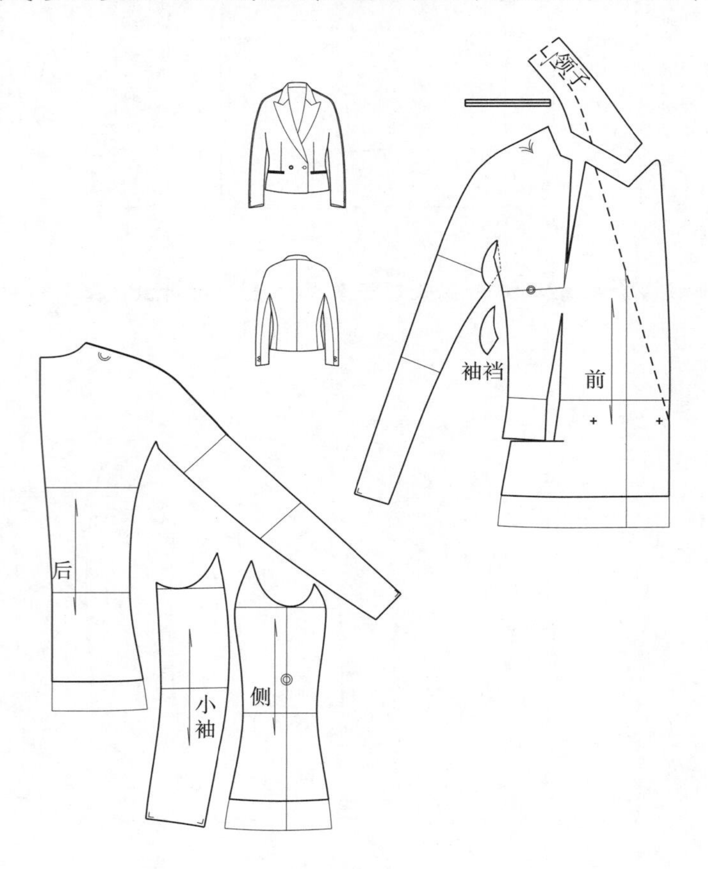

11. 连身袖八开身多板多款短摆双排扣平驳领西装纸样系列设计

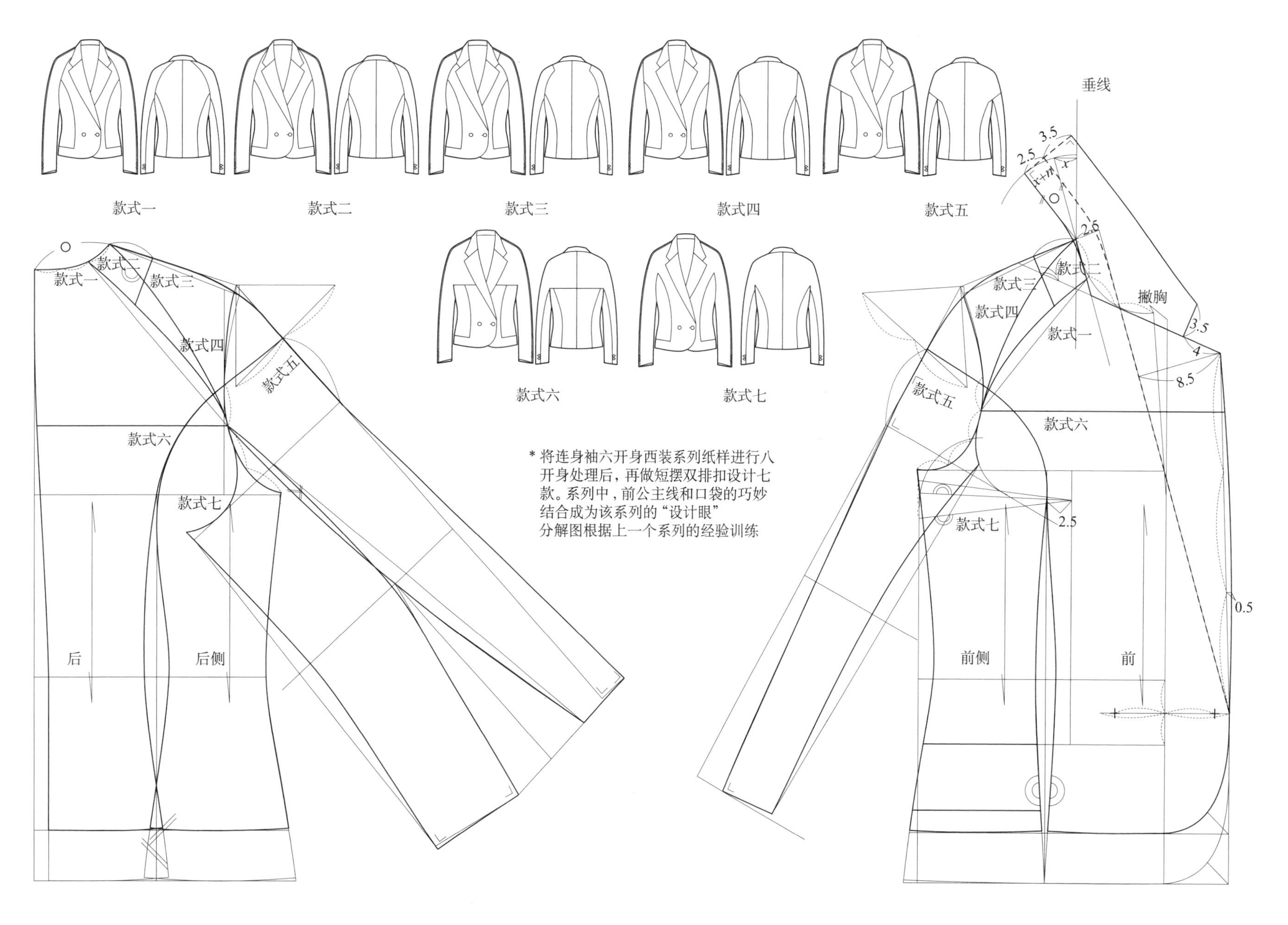

* 将连身袖六开身西装系列纸样进行八开身处理后，再做短摆双排扣设计七款。系列中，前公主线和口袋的巧妙结合成为该系列的“设计眼”
分解图根据上一个系列的经验训练

12. 连身袖八开身多板多款短摆双排扣无领西装纸样系列设计

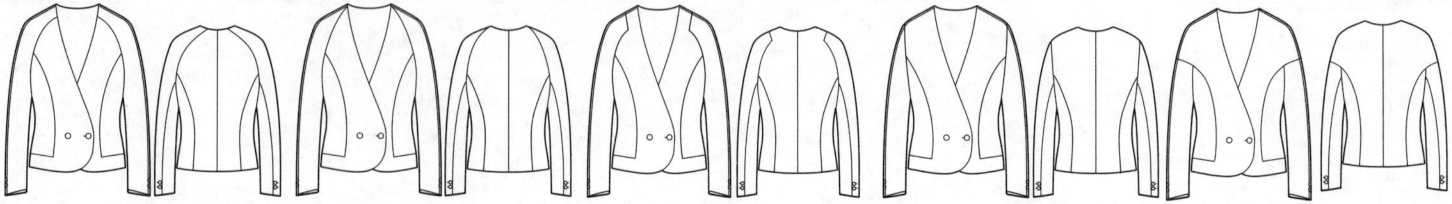

款式一　款式二　款式三　款式四　款式五

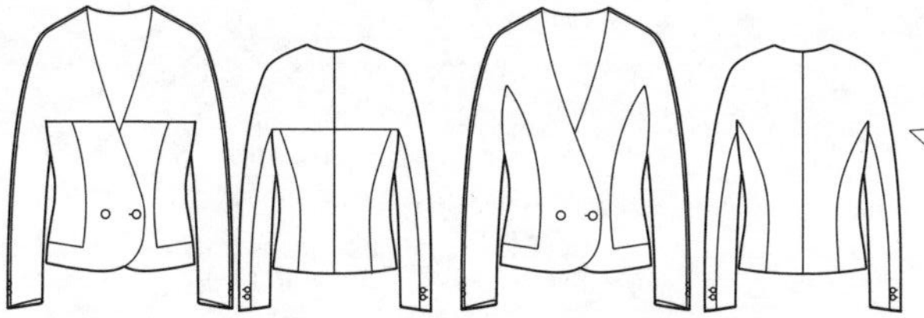

款式六　款式七

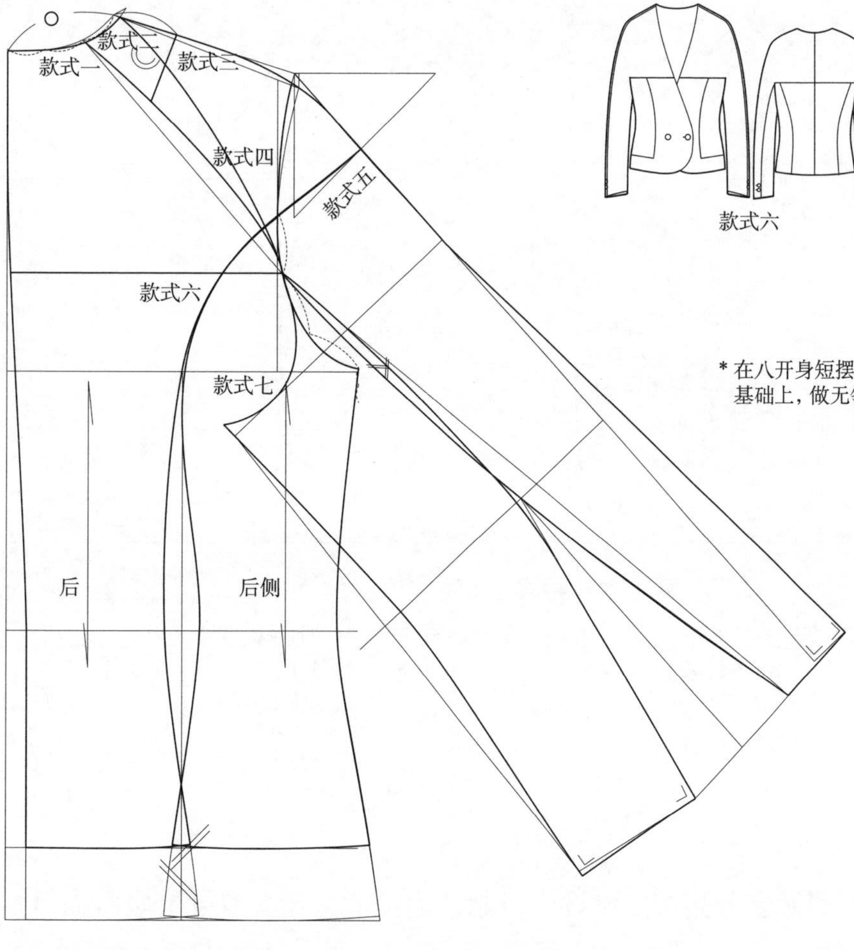

* 在八开身短摆双排扣西装系列纸样基础上，做无领处理完成七款

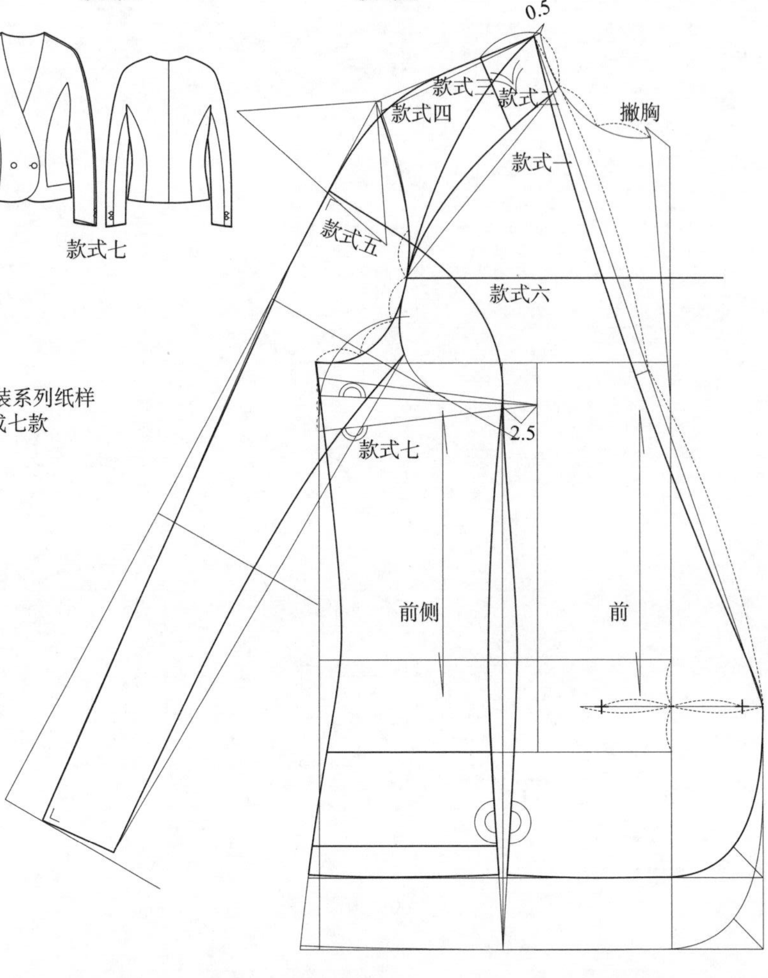

训练五　外套款式与纸样系列设计训练

一、外套款式系列设计

1. TPO 知识系统中外套基本款式的女装演化

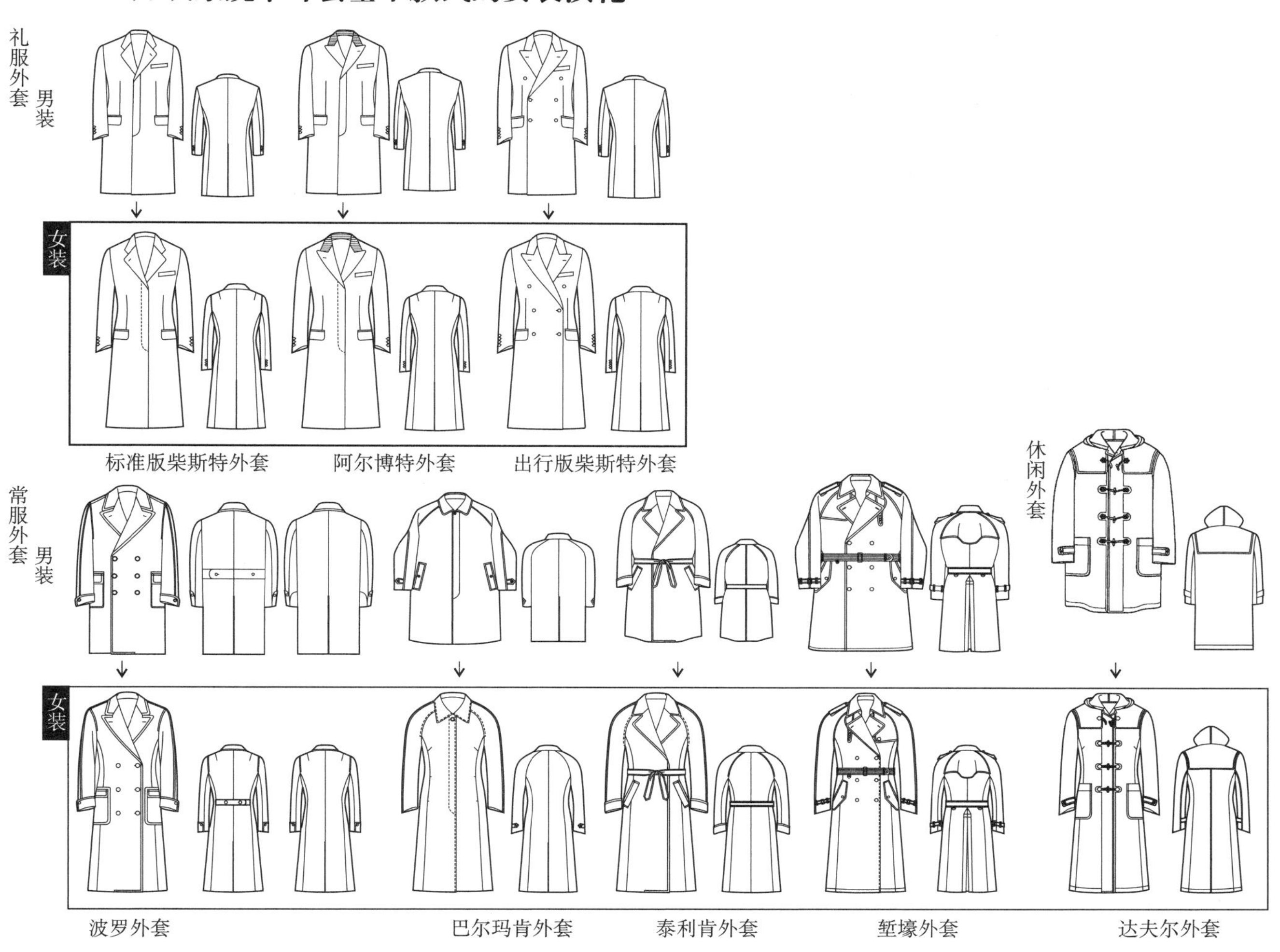

2. 柴斯特菲尔德外套款式系列设计

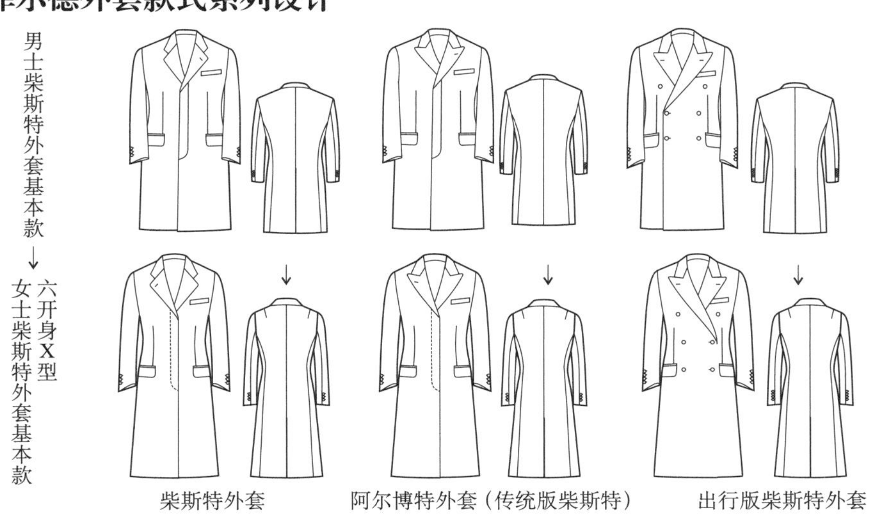

2.1 廓型变化的标准版柴斯特菲尔德外套款式系列（选择其中任何一个廓型改变局部元素）

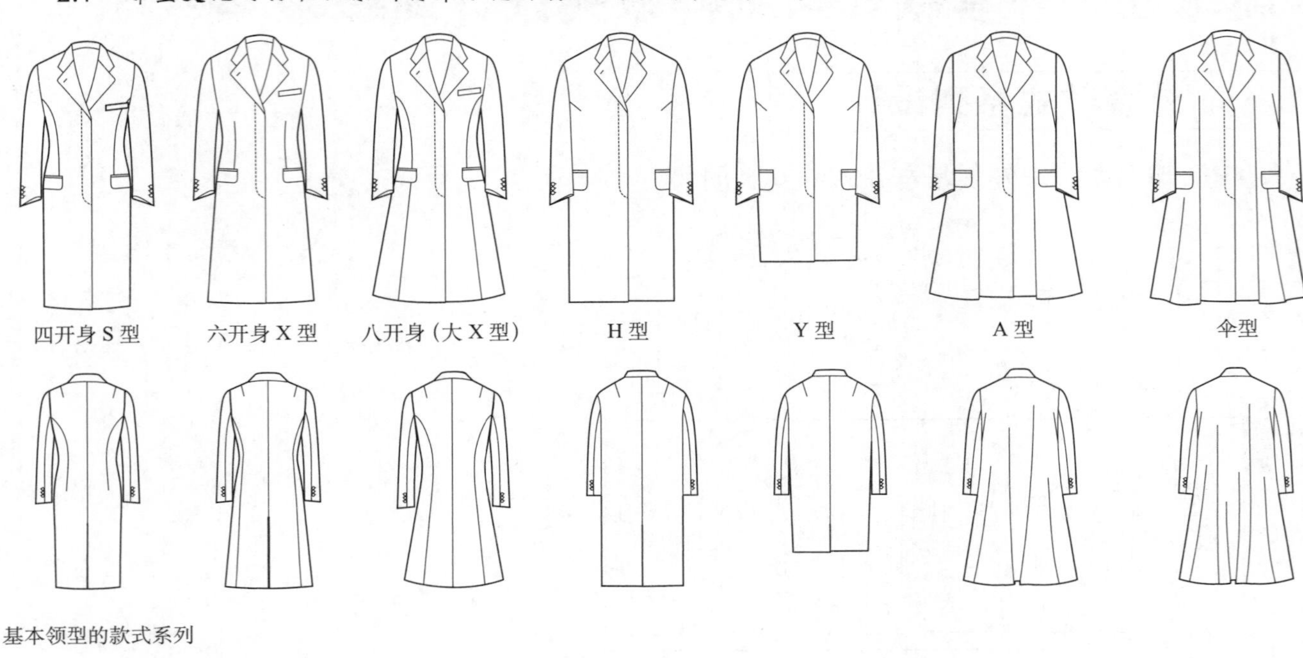

基本领型的款式系列

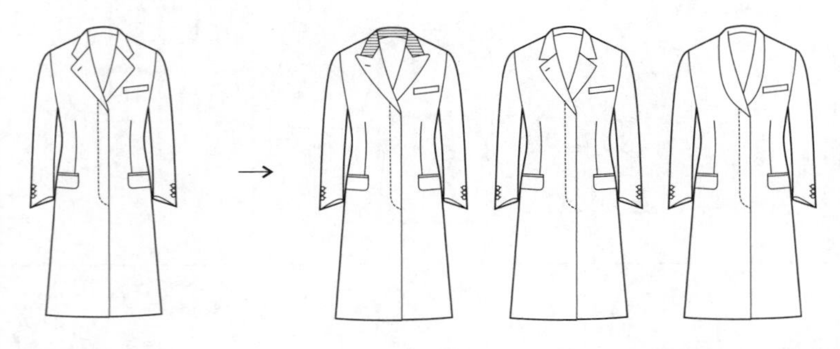

口袋变化的款式系列

门襟变化的款式系列

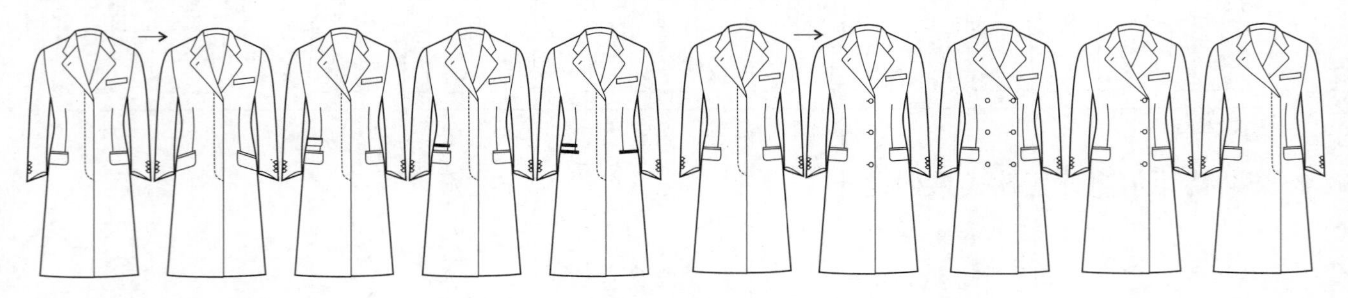

袖口变化的款式系列

袖型变化的款式系列

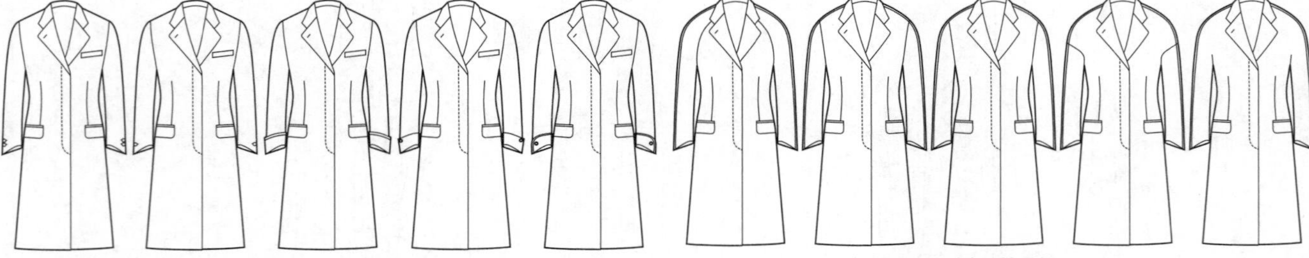

综合元素主题的款式系列

柴斯特和巴尔玛肯外套元素组合

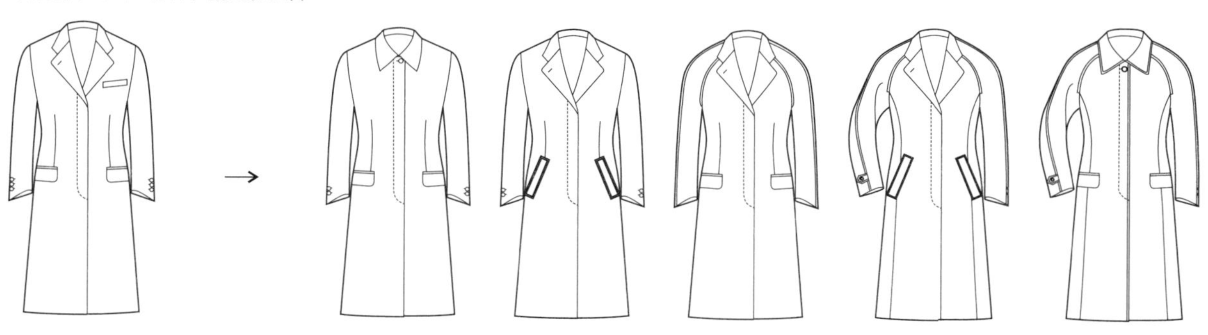

领型、口袋元素组合

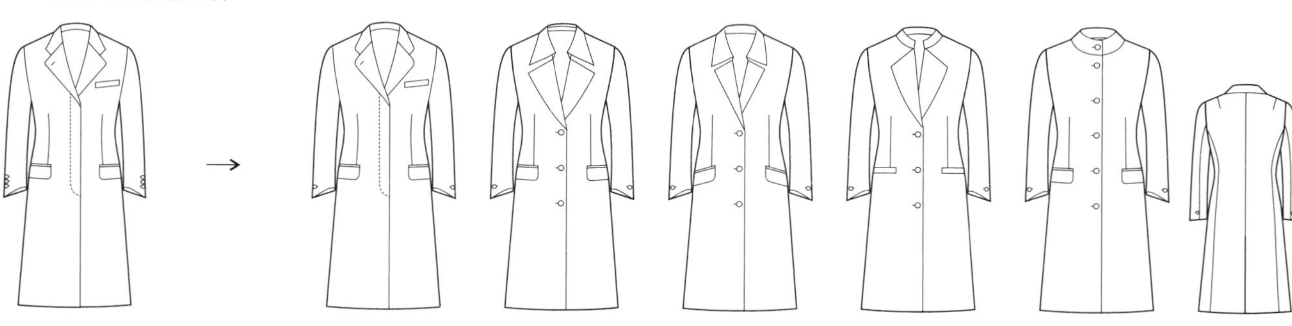

领型、袖型、门襟、口袋元素组合

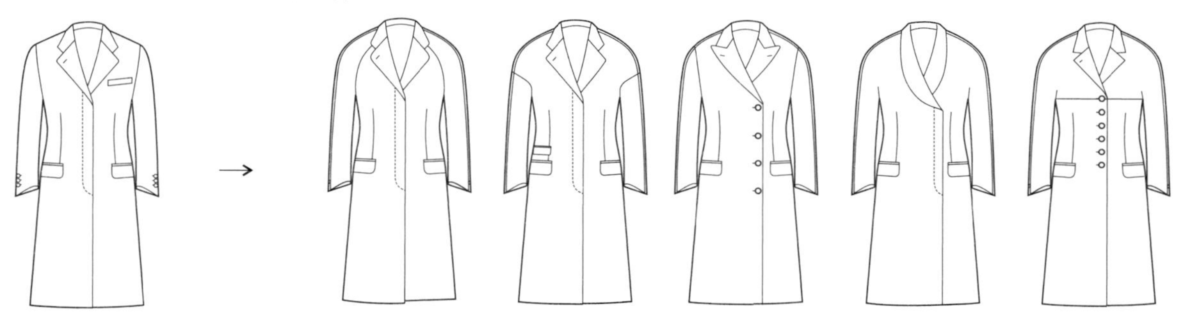

2.2　廓型变化的阿尔博特版柴斯特菲尔德外套款式系列（选择其中任何一个廓型改变局部元素）

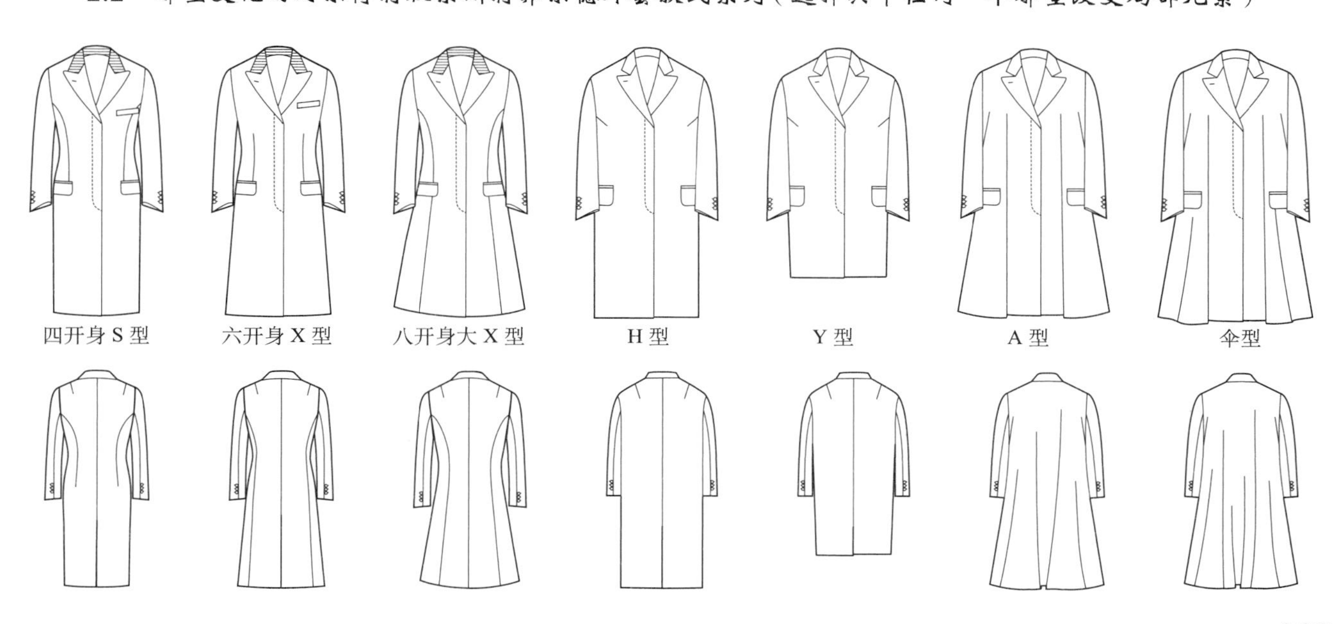

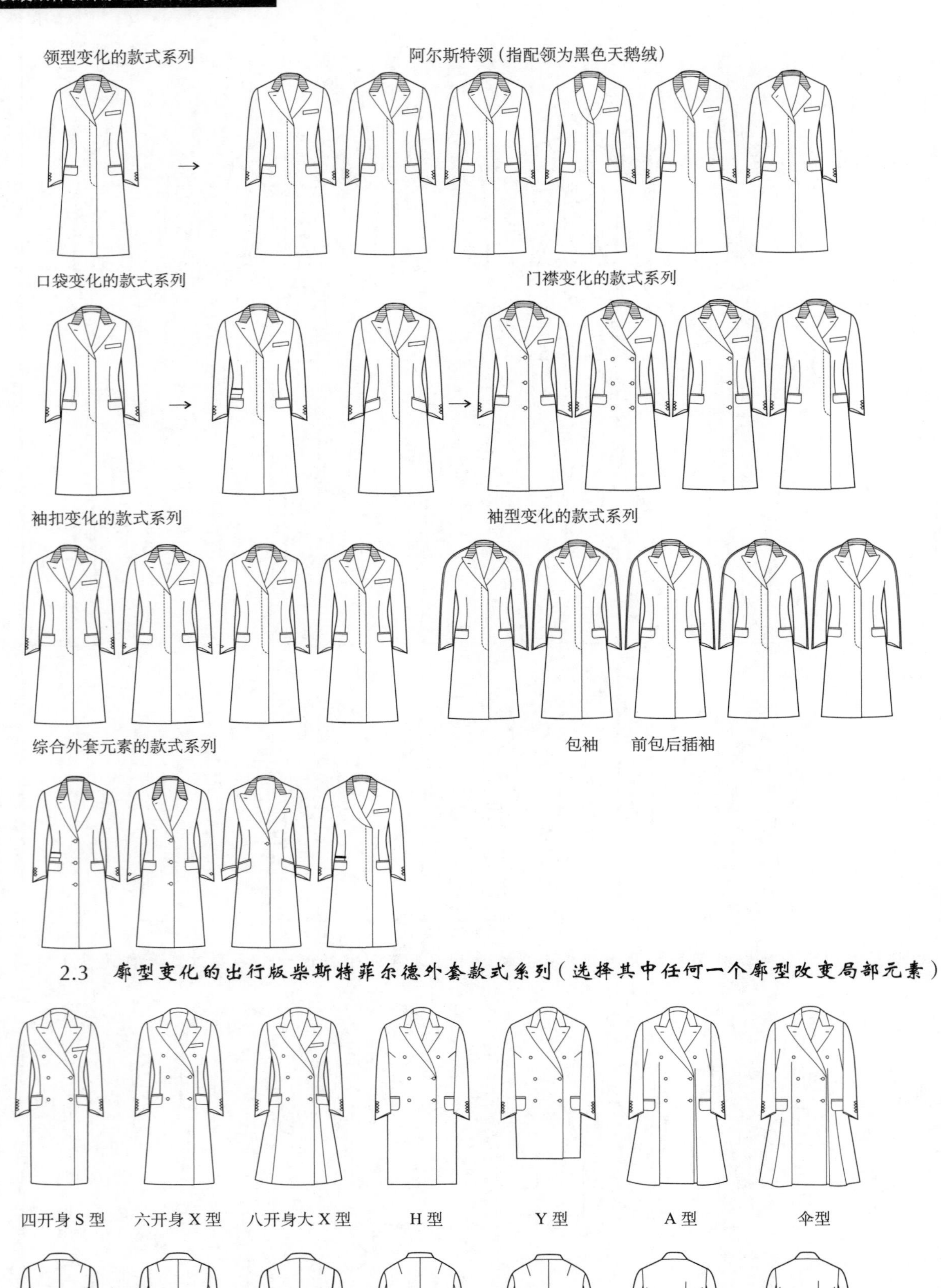

2.3 廓型变化的出行版柴斯特菲尔德外套款式系列（选择其中任何一个廓型改变局部元素）

领型变化的款式系列

口袋变化的款式系列

门襟变化的款式系列

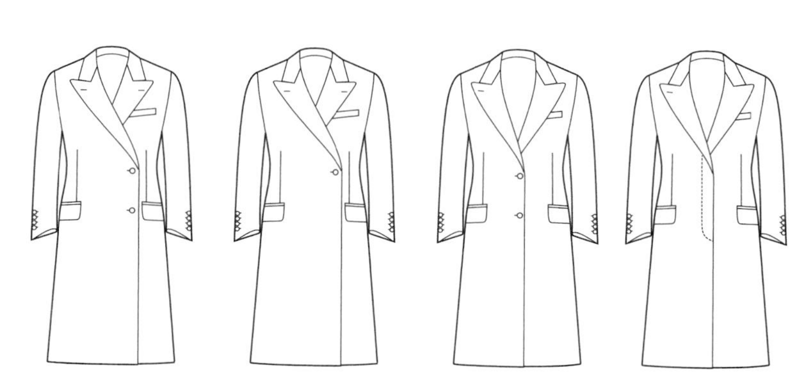

袖口变化的款式系列

袖型变化的款式系列

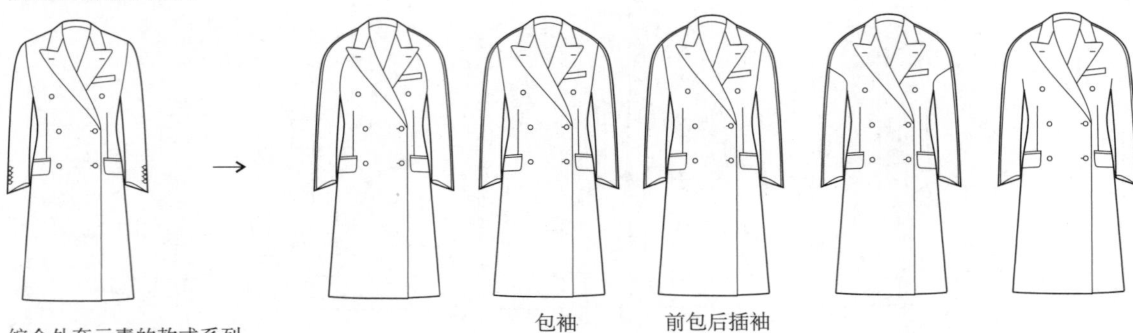

综合外套元素的款式系列

出行版柴斯特和泰利肯外套元素组合

出行版柴斯特和波罗外套元素组合

装袖、领型、门襟、袖口元素组合

八开身、连身袖、领型、分割线元素组合

阿尔博特风格八开身、连身袖、领型、分割线、袖口元素组合

3. 波罗外套款式系列设计

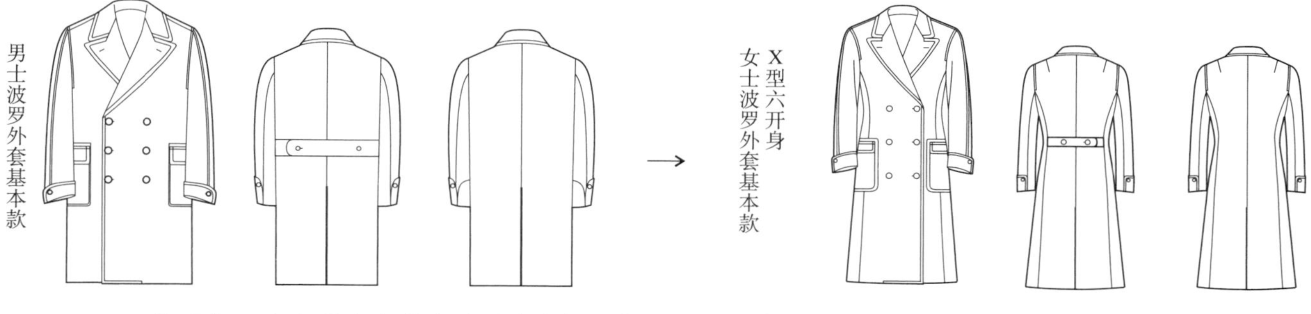

3.1 廓型变化的波罗外套款式系列（选择其中任何一个廓型改变局部元素）

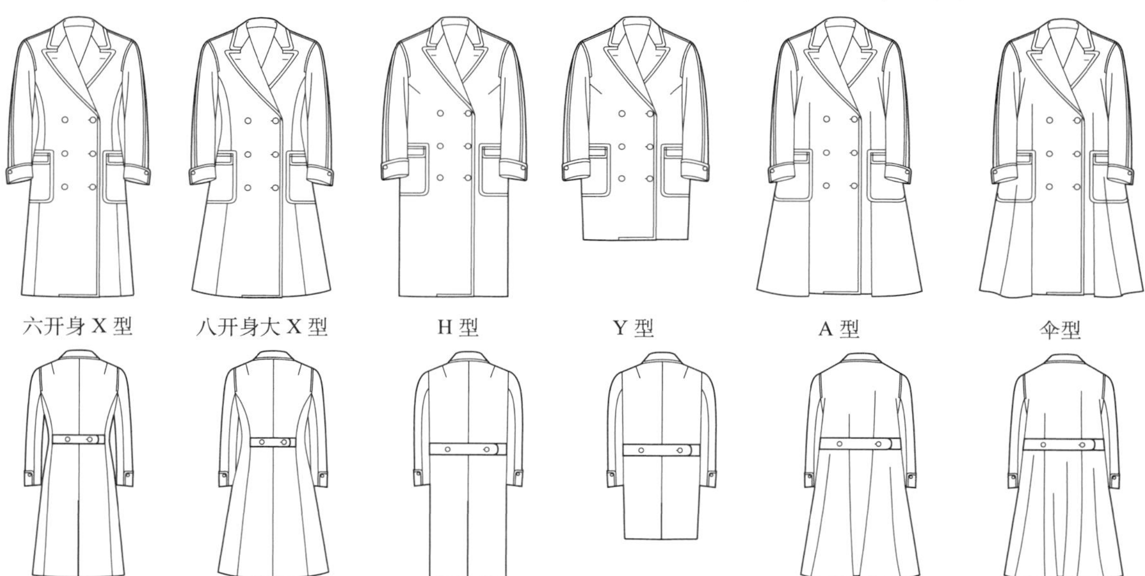

3.2 领型变化的款式系列

3.3 口袋变化的款式系列

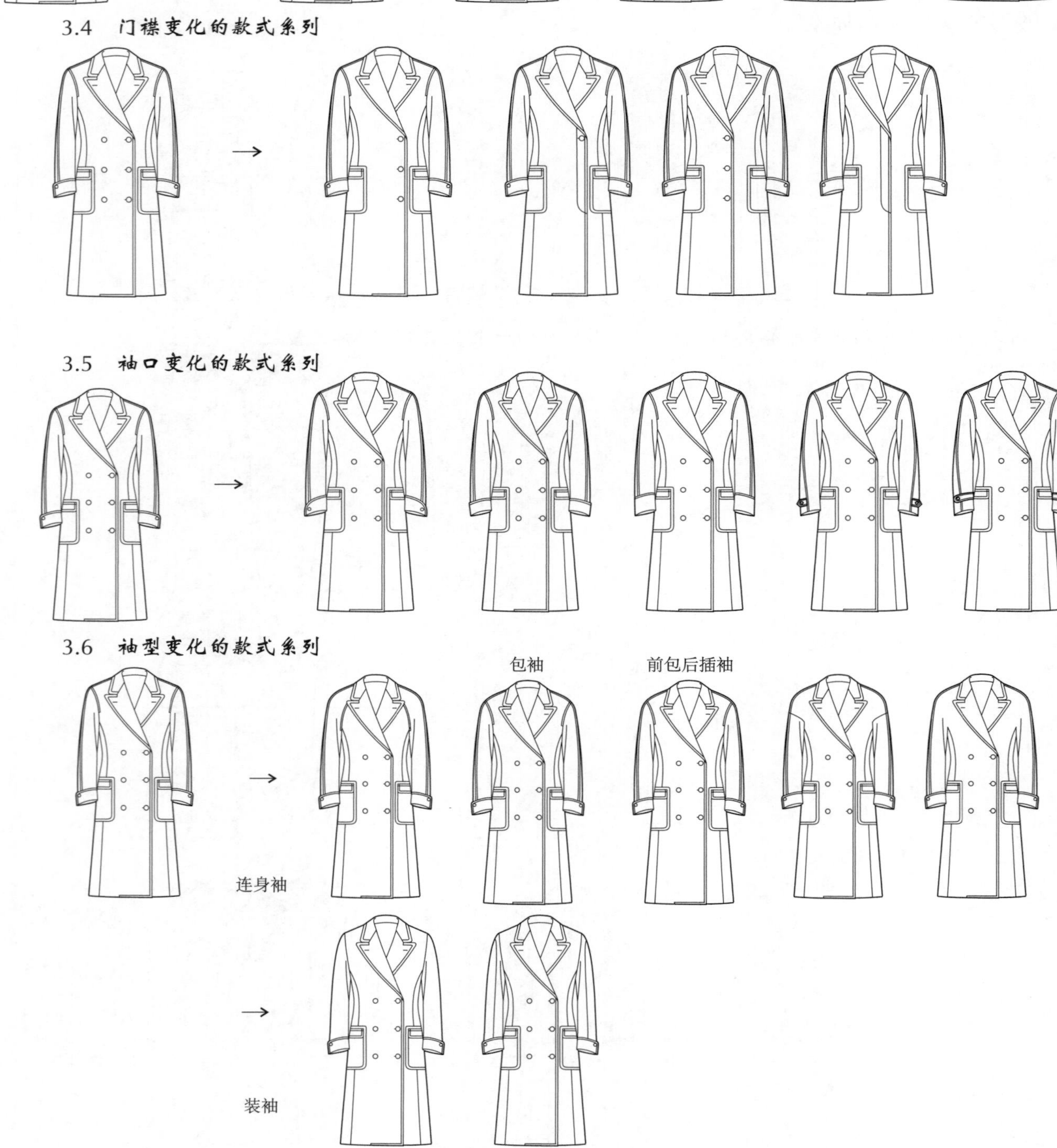

3.7　综合外套元素的款式系列

波罗外套和泰利肯外套元素组合

领型、袖型、扣位、口袋元素组合

X 廓型不同外套元素组合

A 廓型不同外套元素组合

Y 廓型不同元素组合

腰位造型焦点 X 型不同元素组合

4. 巴尔玛肯外套款式系列设计

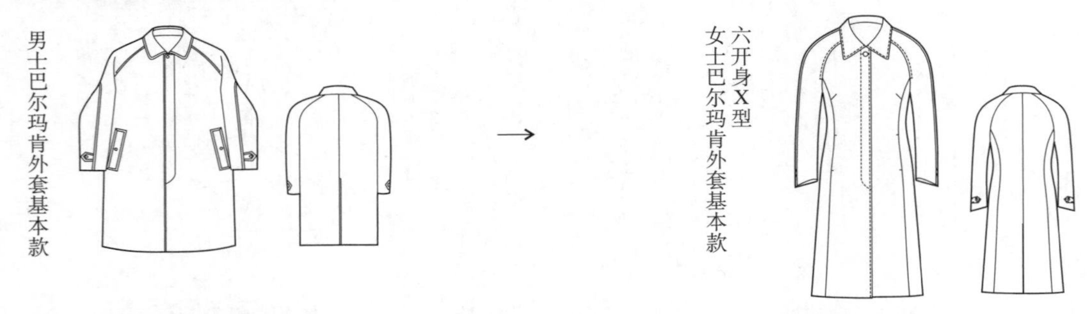

4.1　廓型变化的巴尔玛肯外套款式系列（选择其中任何一个廓型改变局部元素）

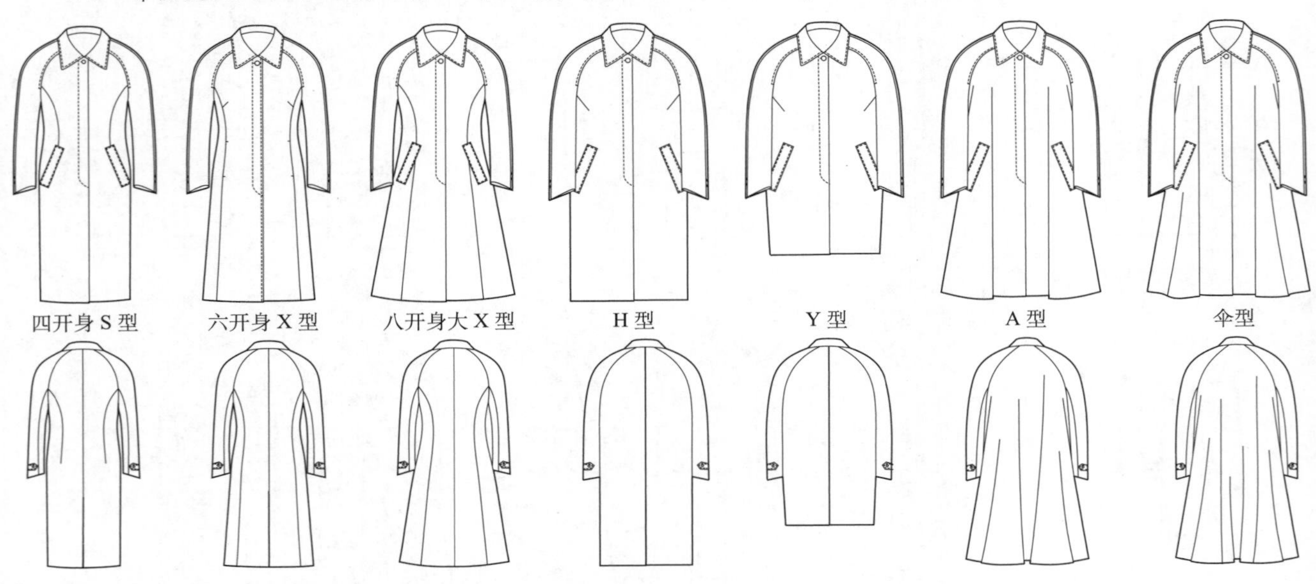

4.2　领型变化的款式系列

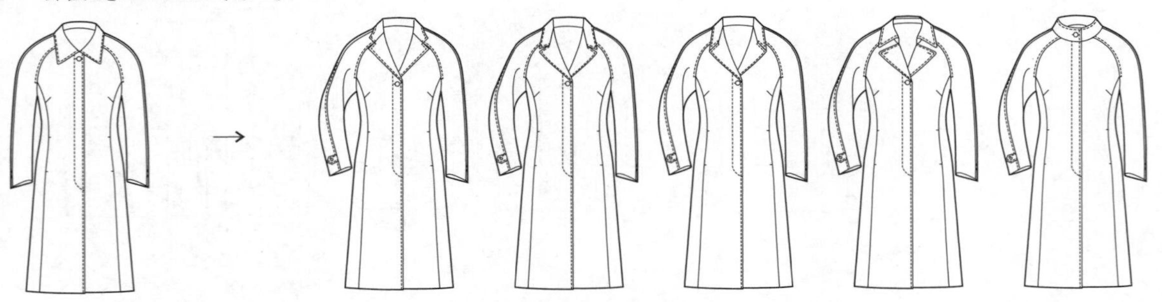

4.3　口袋变化的款式系列

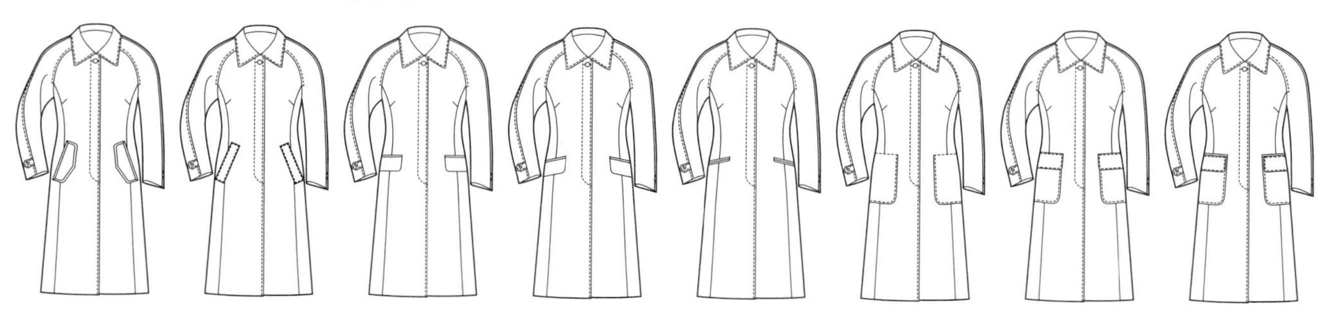

4.4　门襟变化的款式系列

4.5　袖口变化的款式系列

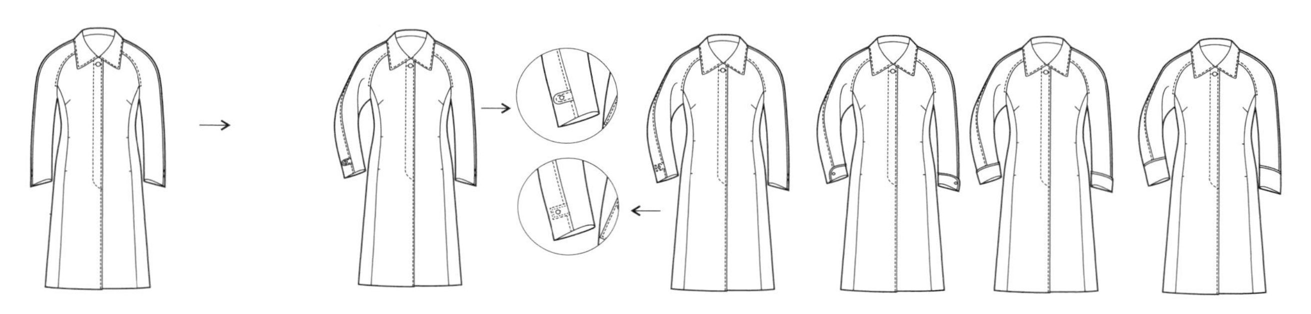

4.6　袖型变化的款式系列

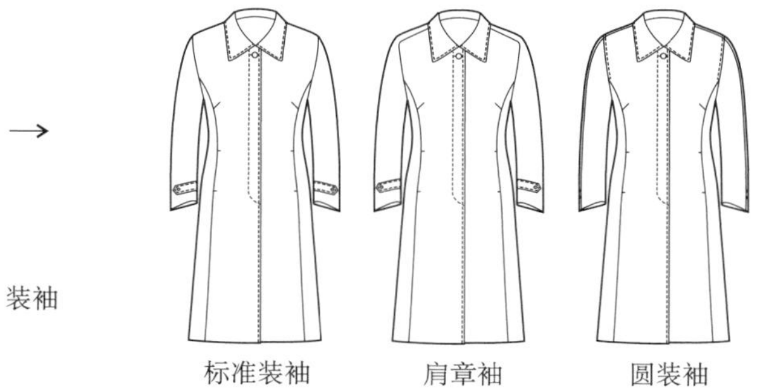

4.7 综合外套元素的款式系列

巴尔玛肯和波罗外套元素组合

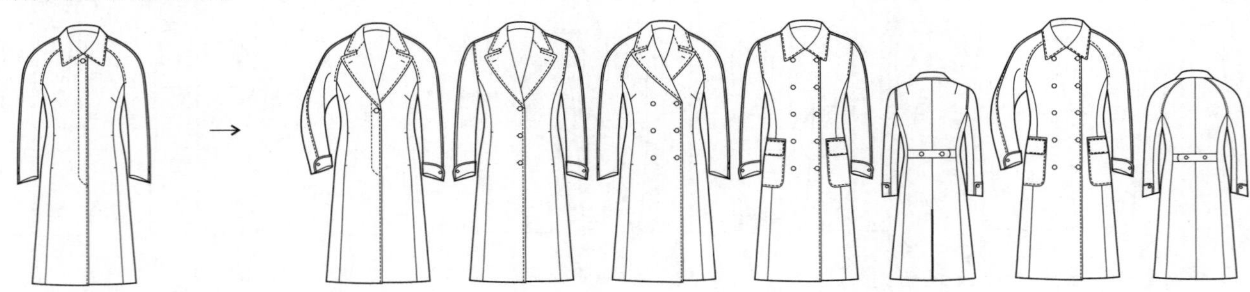

X 廓型局部元素组合

S 廓型局部元素组合

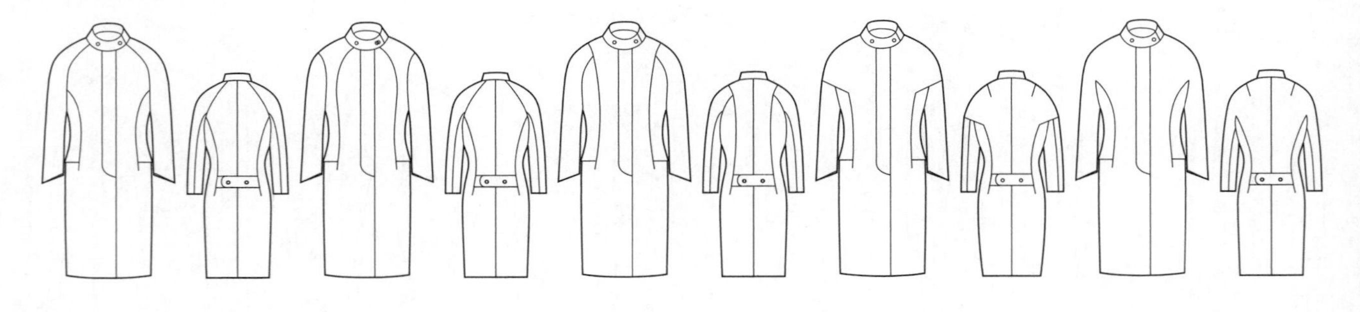

H 廓型局部元素组合

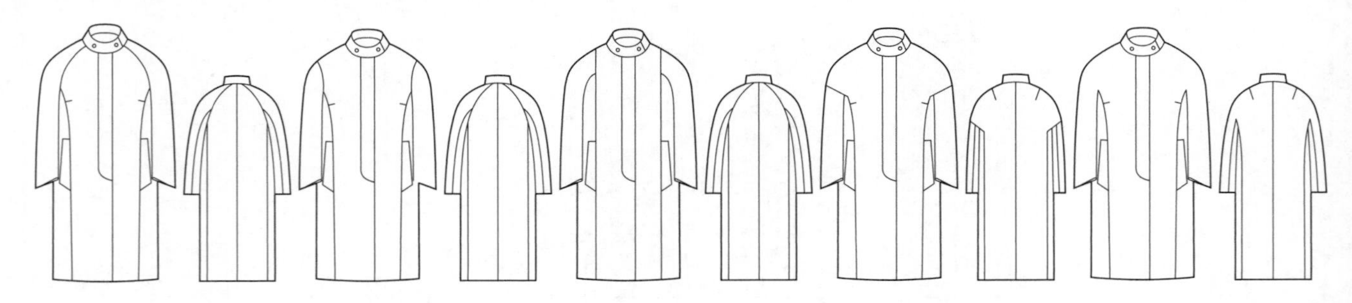

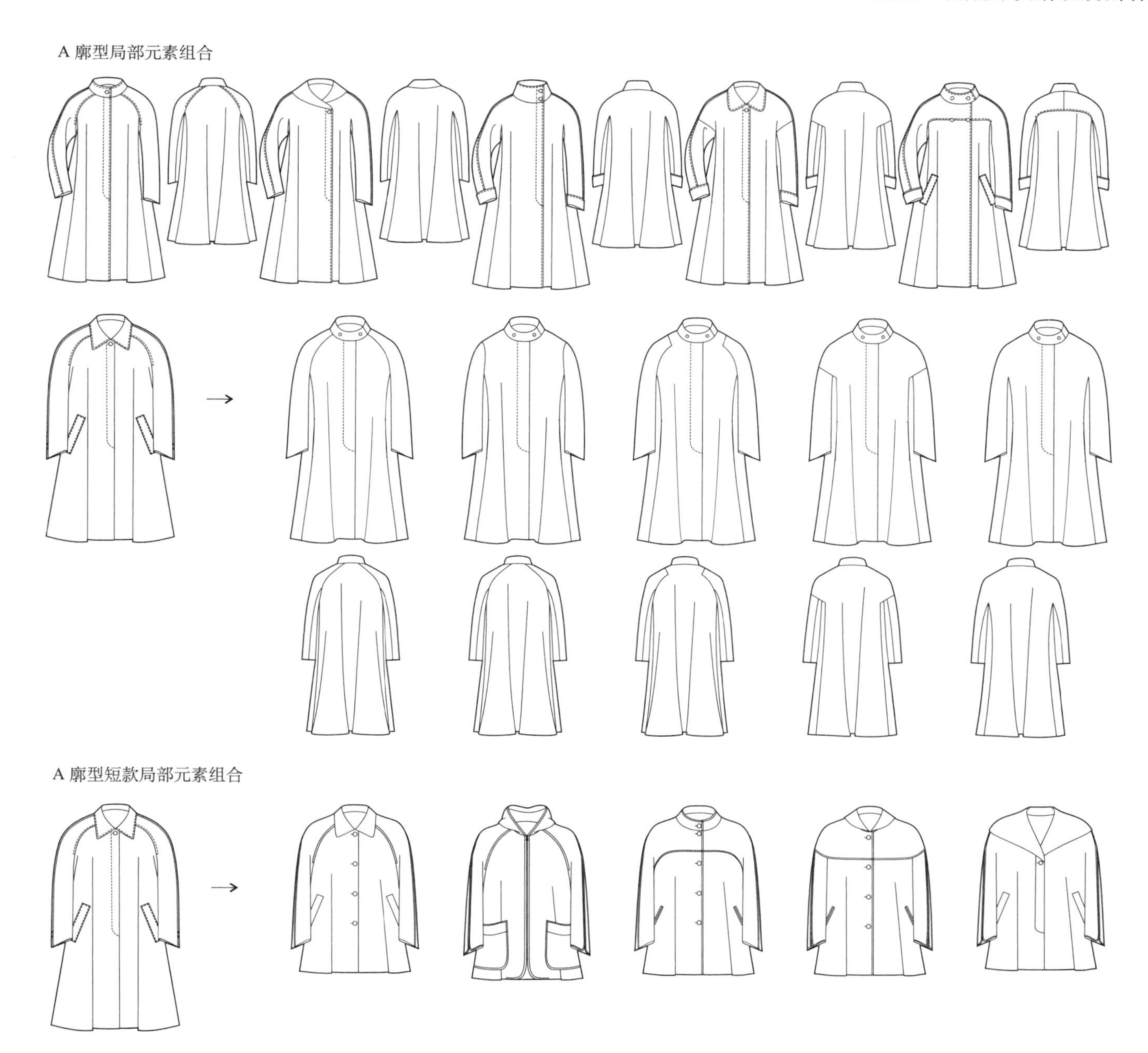

5. 泰利肯外套款式系列设计

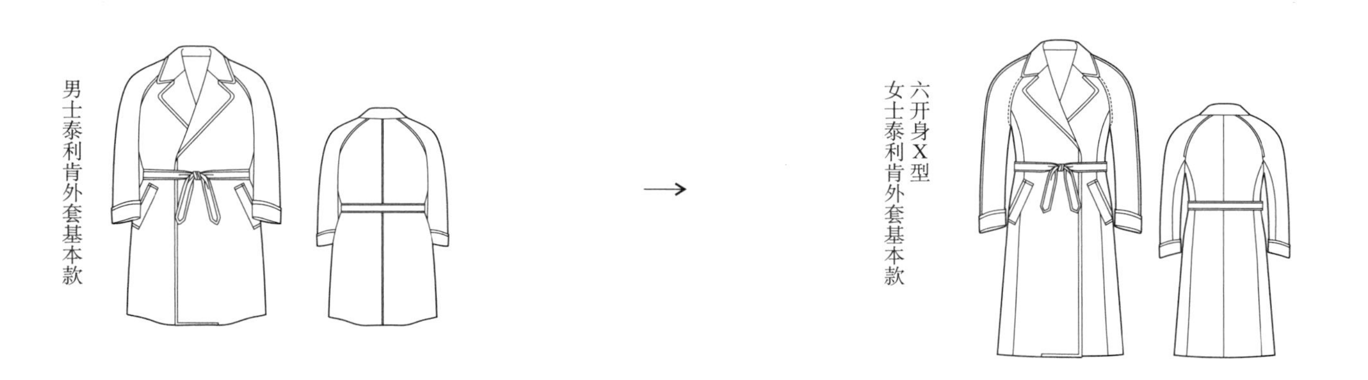

5.1 廓型变化的泰利肯外套款式系列（选择其中任何一个廓型改变局部元素）

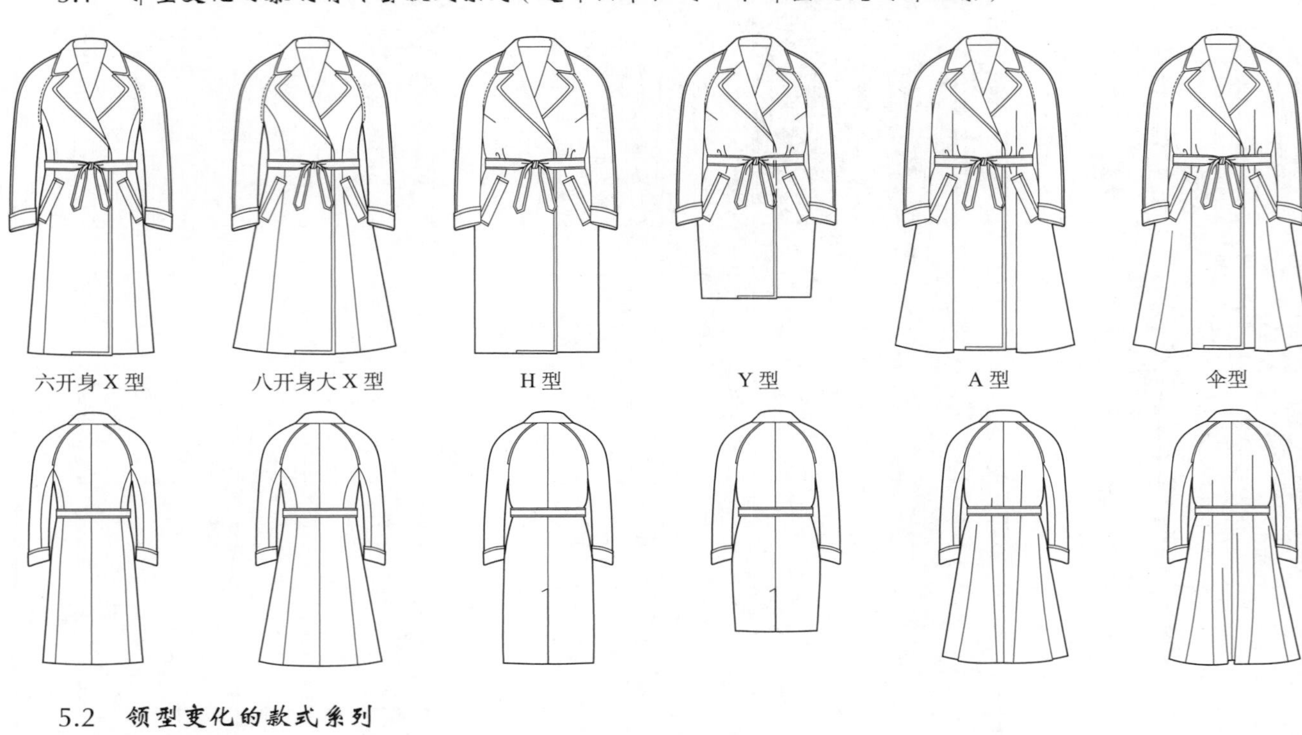

5.2 领型变化的款式系列

5.3 口袋变化的款式系列

5.4 门襟变化的款式系列

5.5　袖口变化的款式系列

5.6　袖型变化的款式系列

5.7　综合外套元素的款式系列

泰利肯和堑壕外套元素组合

泰利肯和巴尔玛肯外套元素组合

X廓型、领型、连身袖、口袋元素组合

X 廓型短款与领型、连身袖、口袋元素组合

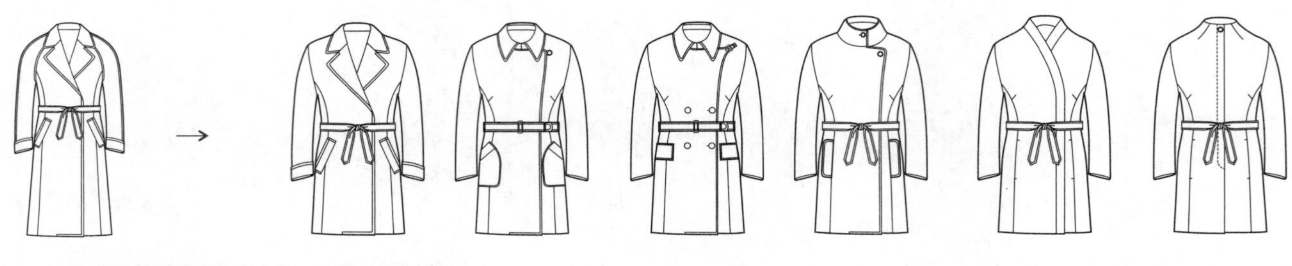

H 廓型短款与领型、连身袖、口袋元素组合

A 廓型与局部元素组合

6. 堑壕外套款式系列设计

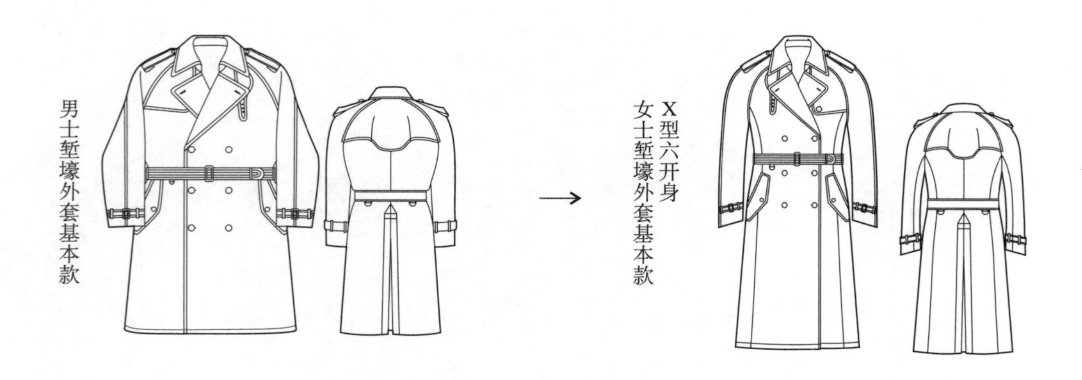

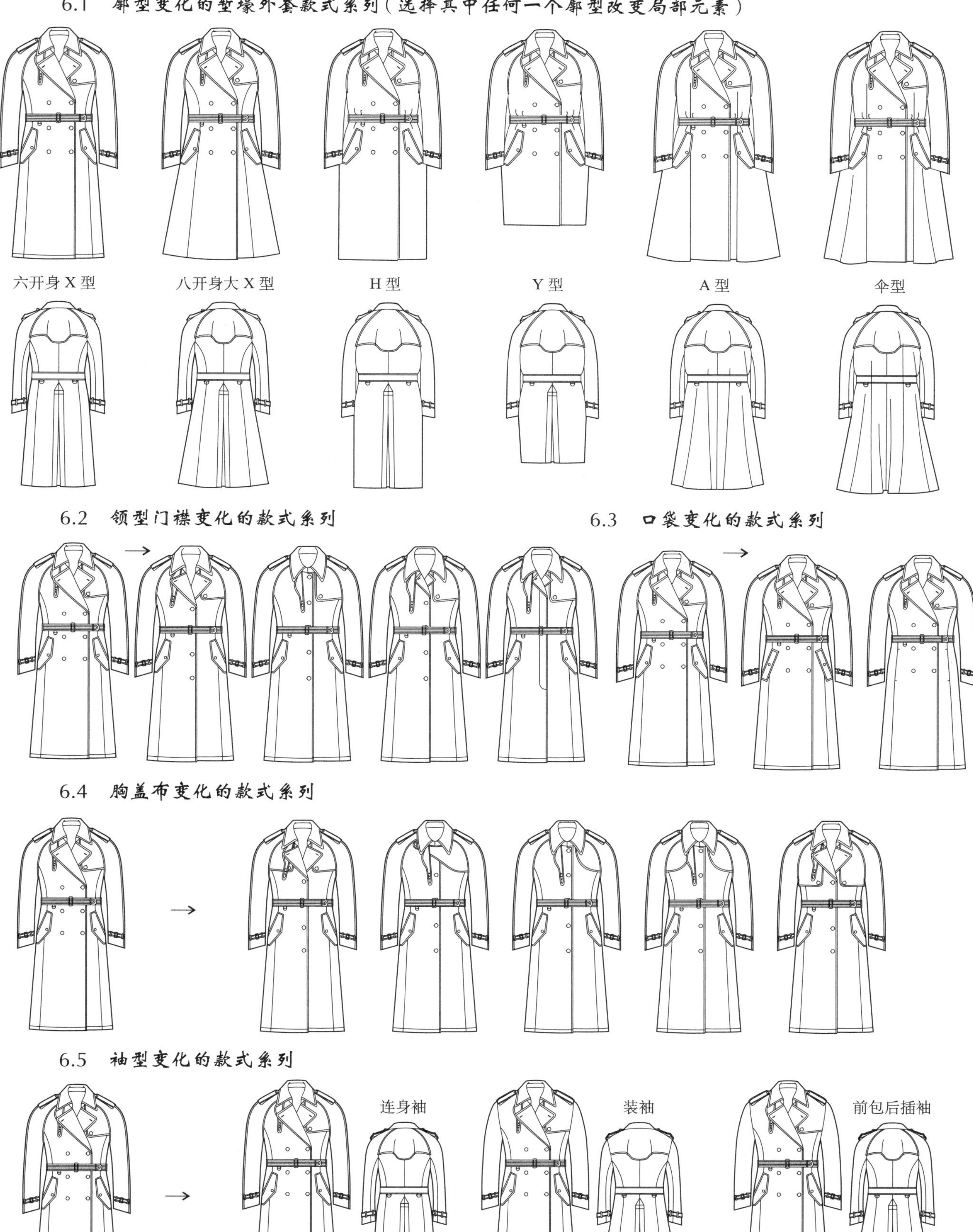
6.1　廓型变化的堑壕外套款式系列（选择其中任何一个廓型改变局部元素）
六开身X型
八开身大X型
H型
Y型
A型
伞型
6.2　领型门襟变化的款式系列
6.3　口袋变化的款式系列
6.4　胸盖布变化的款式系列
6.5　袖型变化的款式系列
连身袖
装袖
前包后插袖

6.6 袖口变化的款式系列

6.7 综合外套元素的款式系列

巴尔玛肯和堑壕外套元素组合

X 廓型与领型、门襟、口袋等元素组合

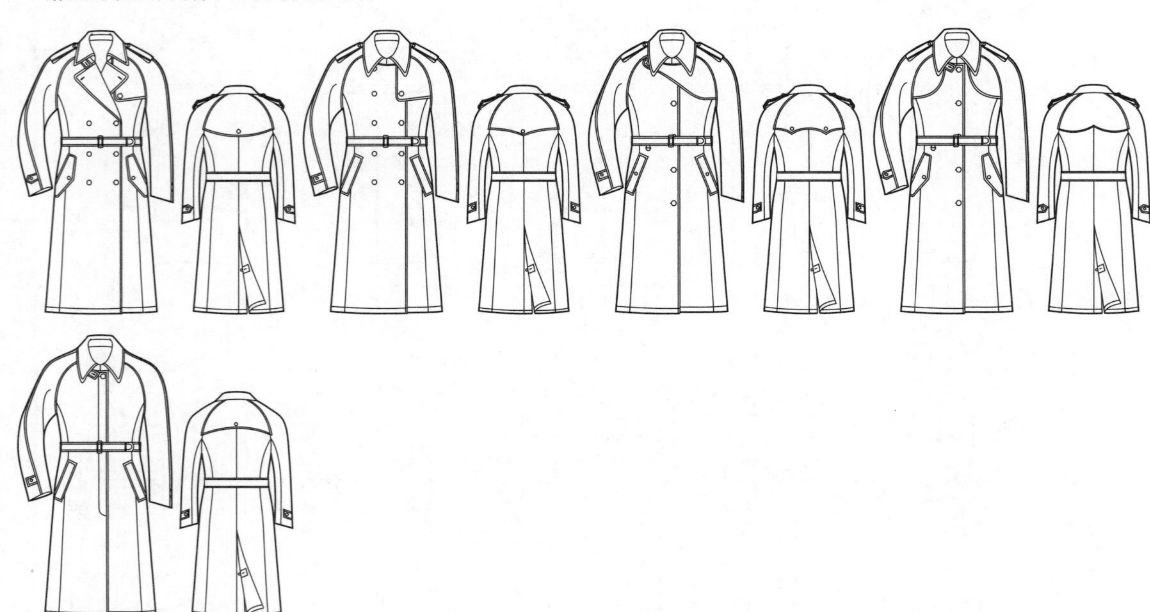

7. 达夫尔外套款式系列设计

7.1 廓型变化的达夫尔外套款式系列（选择其中任何一个廓型改变局部元素）

7.2 领型变化的款式系列

7.3 口袋变化的款式系列

7.4 门襟、袖襻、扣襻变化的款式系列

7.5 袖口变化的款式系列

7.6　袖型变化的款式系列

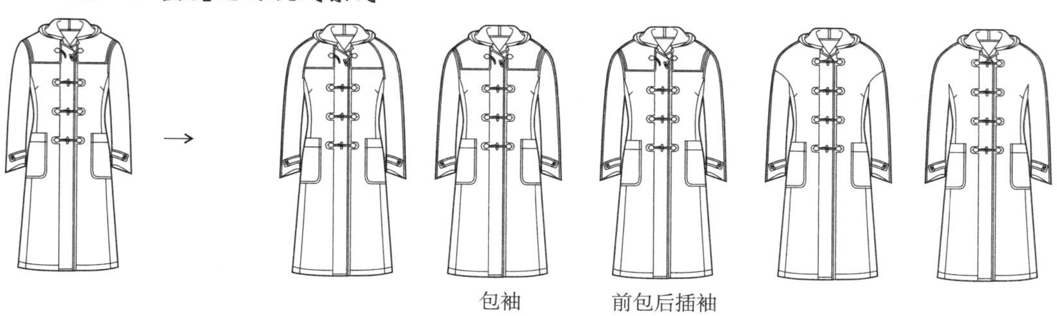

7.7　综合外套元素的款式系列

X廓型与局部元素组合

大X廓型与局部元素组合

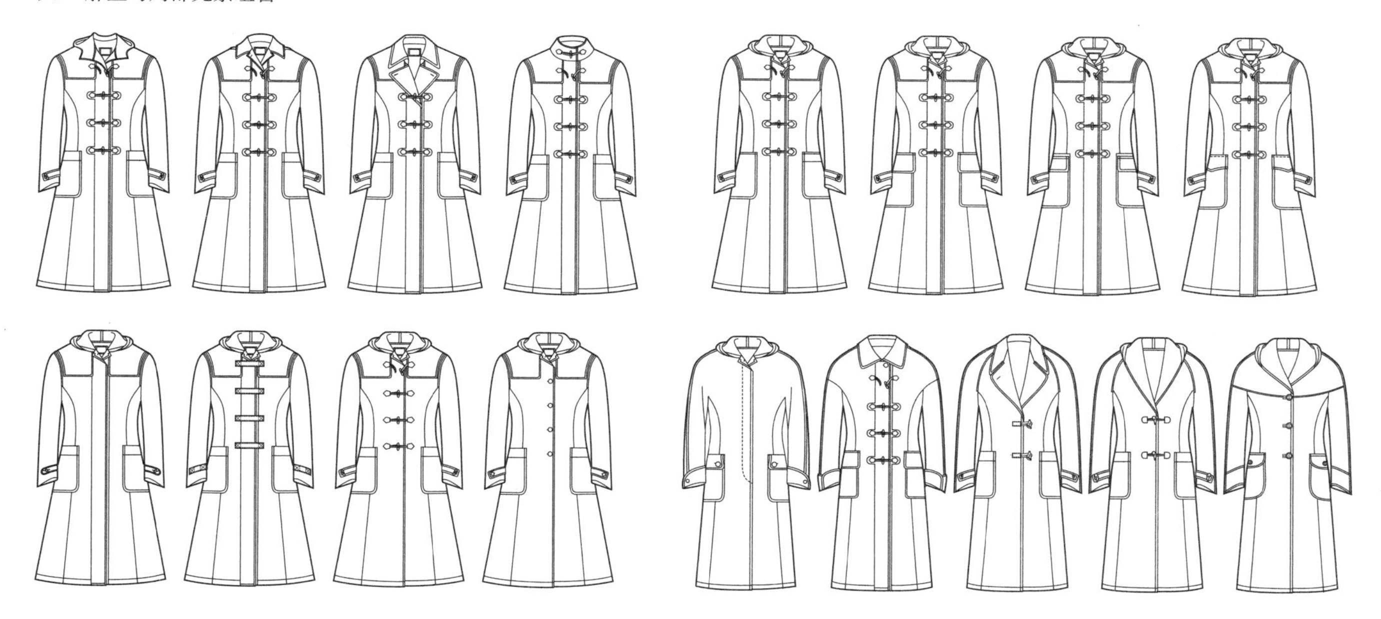

A廓型与局部元素组合

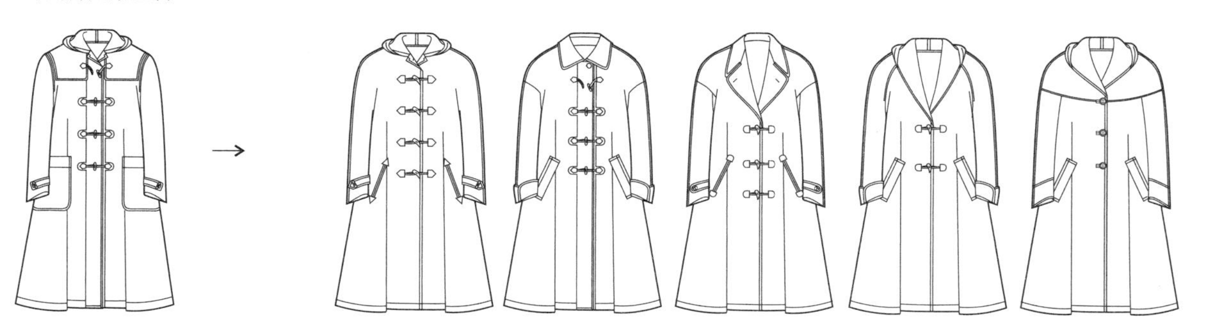

H 廓型与局部元素组合

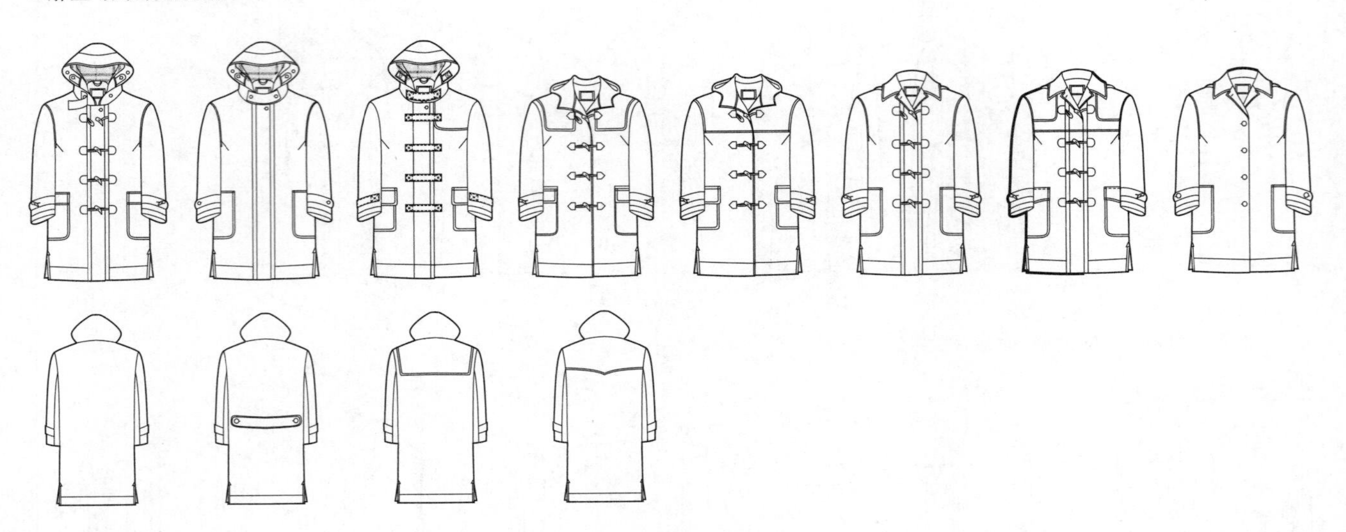

Y 廓型与局部元素组合

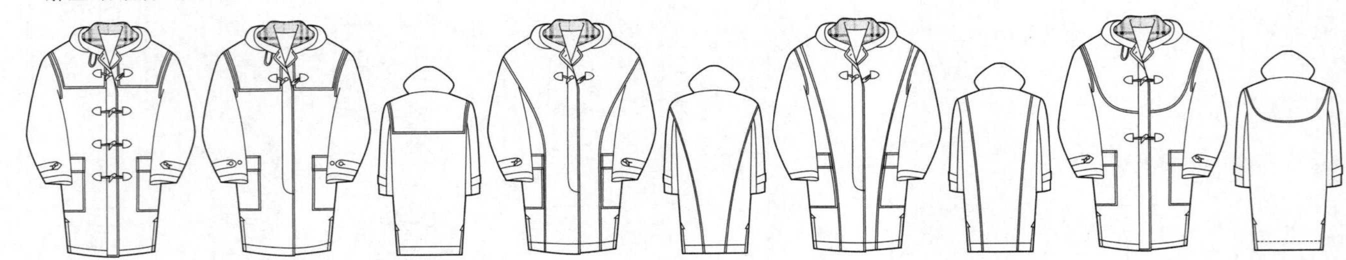

8. 披肩款式系列设计

8.1 廓型变化的披肩常规板型款式系列（选择其中任何一个板型改变局部元素）

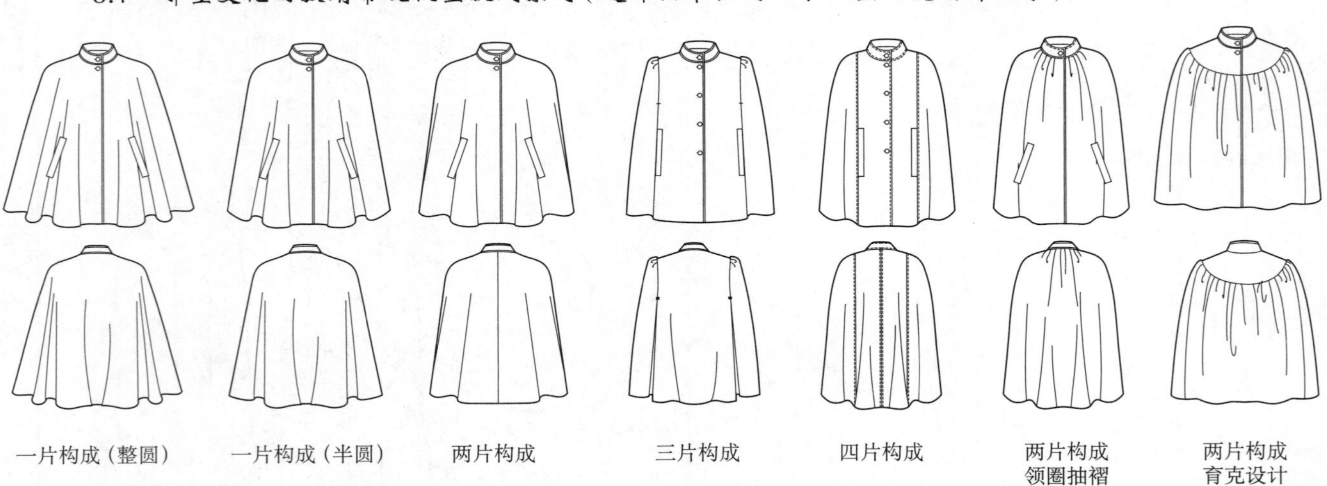

8.2　领型变化的款式系列（两片构成）

8.3　门襟变化的款式系列（两片构成）

8.4　手臂出口的款式系列（两片、四片构成）

8.5　综合元素的款式系列（两片构成）

二、外套纸样系列设计

* 更多的纸样设计训练利用之前提供的外套款式平台完成纸样部分

外套相似形基本纸样（亚基本纸样）

* 追加放量 10cm，一半制图为 5cm，亚基本纸样松量为 22cm，
  （12cm+10/ 基本纸样松量 + 追加量）
  相似形设计为 2∶1.5∶1∶0.5（后侧缝∶前侧缝∶后中∶前中）
  前后肩升高量为 1∶0.5（前后中放量）
  后颈点升高量为 0.5（后肩升高量 /2）
  肩加宽量为 0.7（前后中放量 /2）
  袖窿开深量为 2.5（侧缝放量 − 肩升高量 /2）
  腰线下调量为 1.5（袖窿开深量 /2）

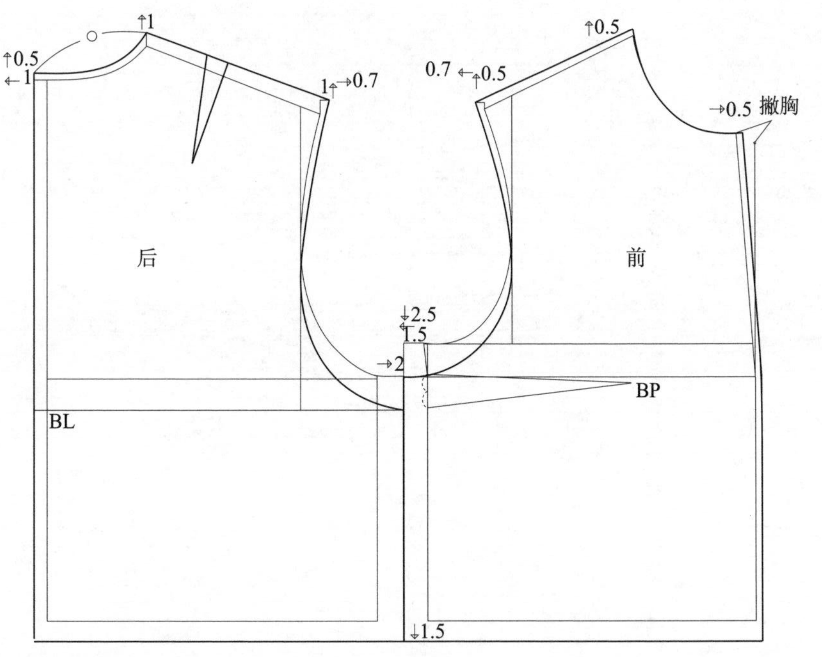

1. 标准版柴斯特菲尔德外套一款多板纸样系列设计

1.1 标准版柴斯特菲尔德外套六开身 X 型为基本纸样

* 设领座 =3cm
  领面 =4cm
  角距离 $=x$
  领座领面差 n=1cm
  倒伏量：$x+n$=2.8cm+1cm=3.8cm
* 成品松量因为分割结构的消耗约为 18cm

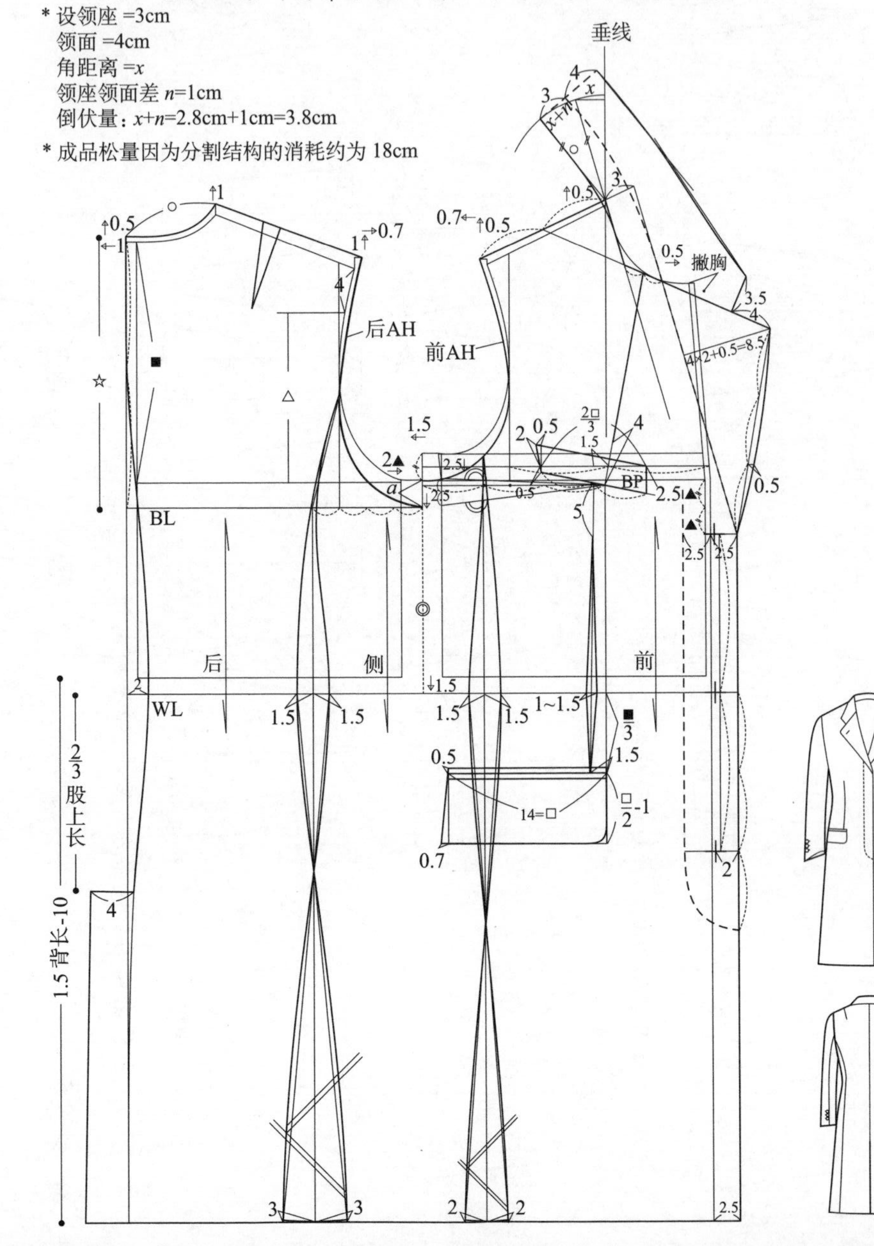

标准版柴斯特菲尔德外套六开身 X 型基本纸样分解图

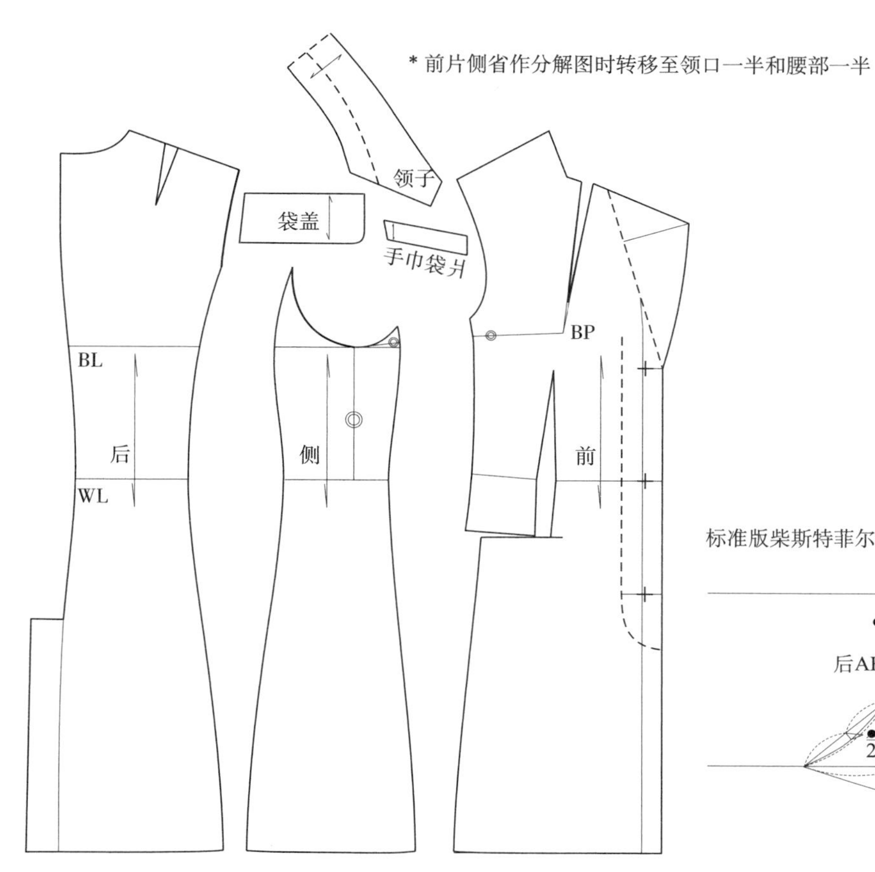

标准版柴斯特菲尔德外套装袖基本纸样（分解图）

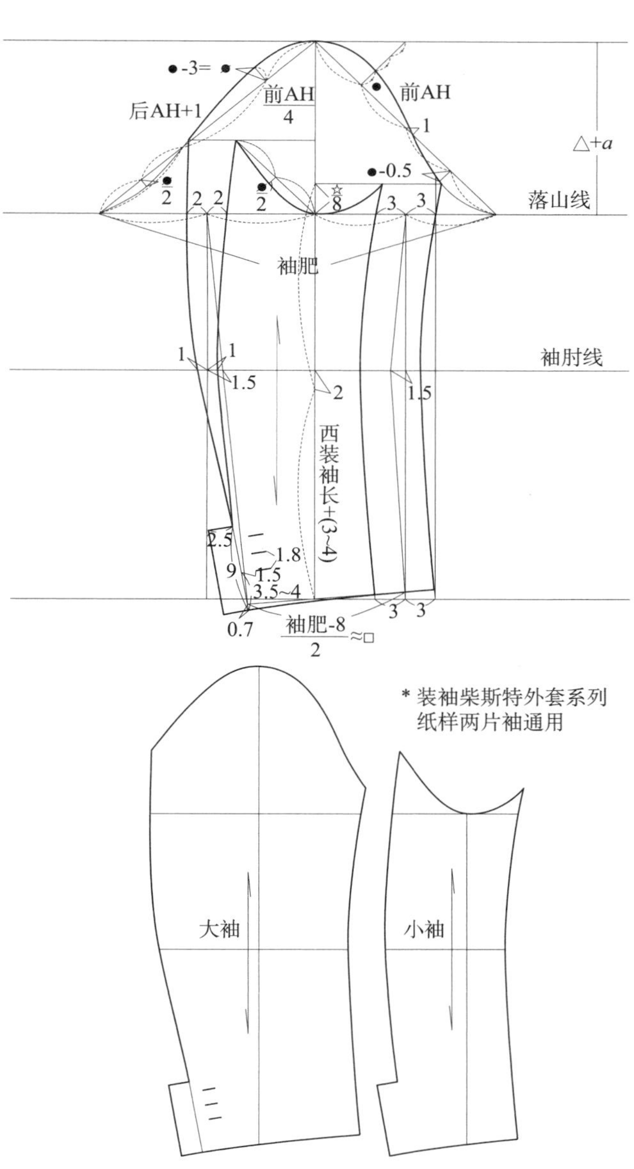

1.2 八开身大 X 型标准版柴斯特菲尔德外套纸样（袖通用）

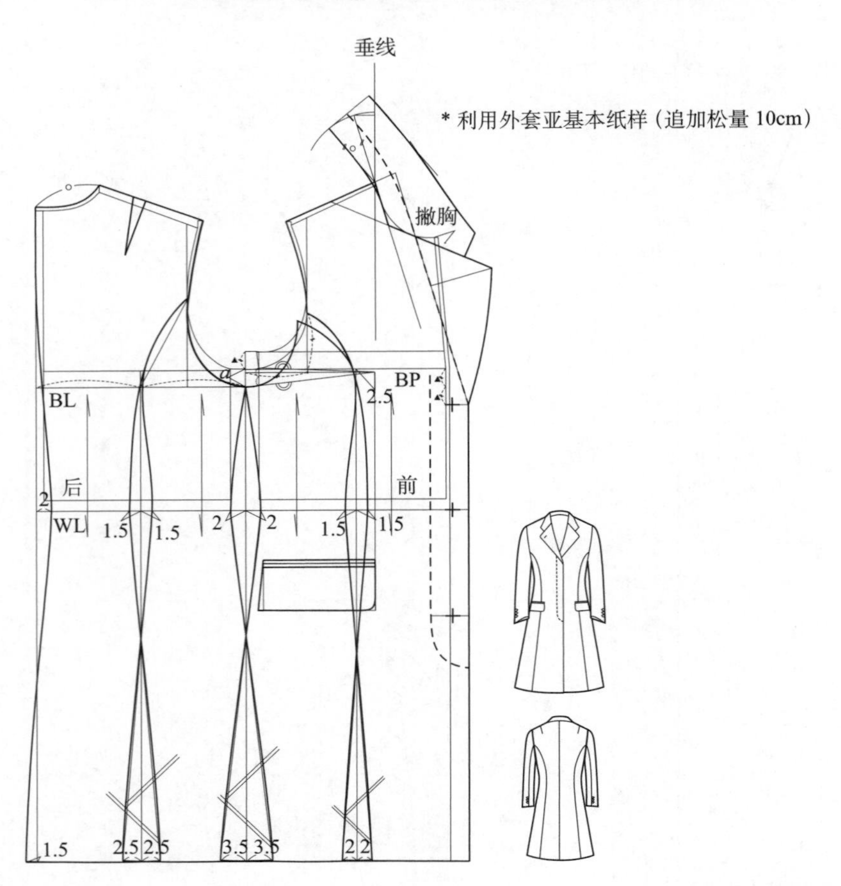

八开身大 X 型标准版柴斯特菲尔德外套纸样分解图

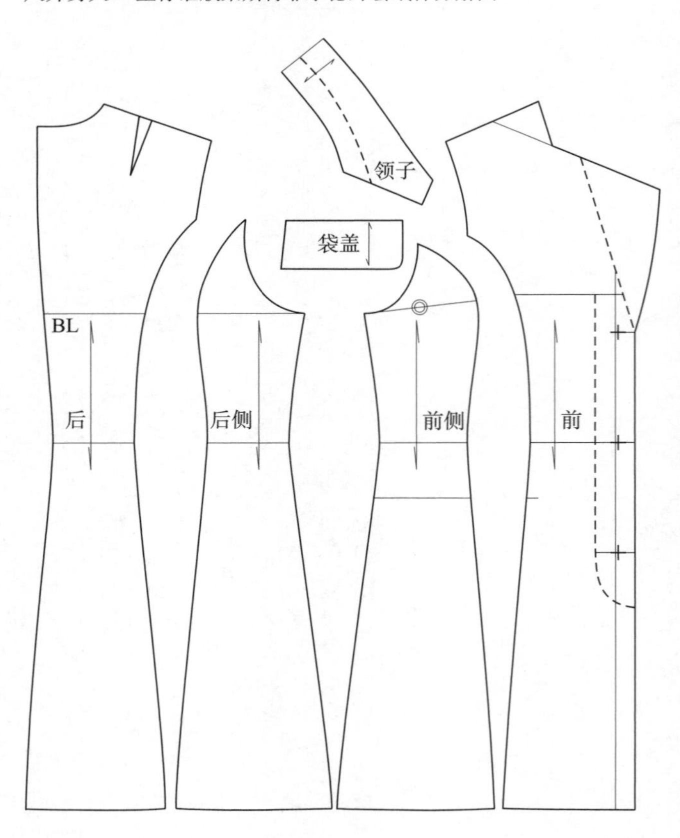

1.3　四开身S型标准版柴斯特菲尔德外套纸样(袖通用)

* 利用外套亚基本纸样

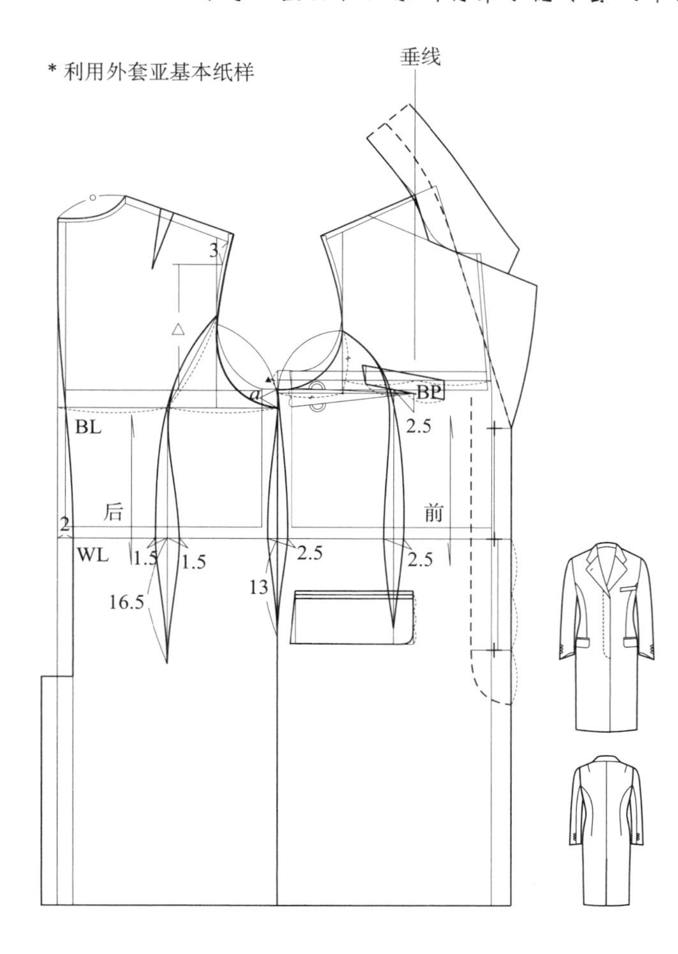

四开身S型标准版柴斯特菲尔德外套纸样分解图

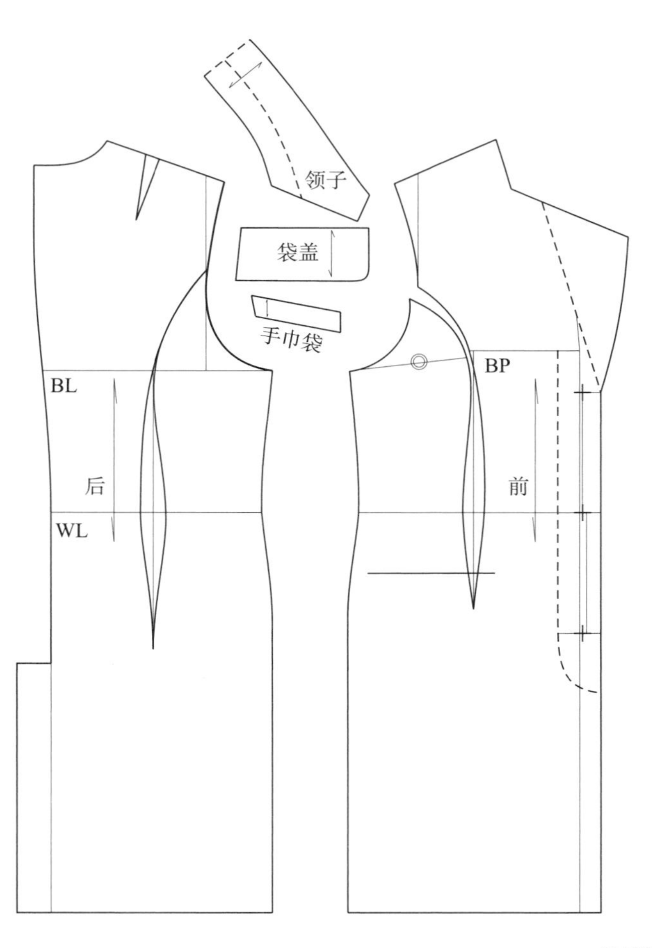

1.4 四开身H型标准版柴斯特菲尔德外套纸样（袖通用）

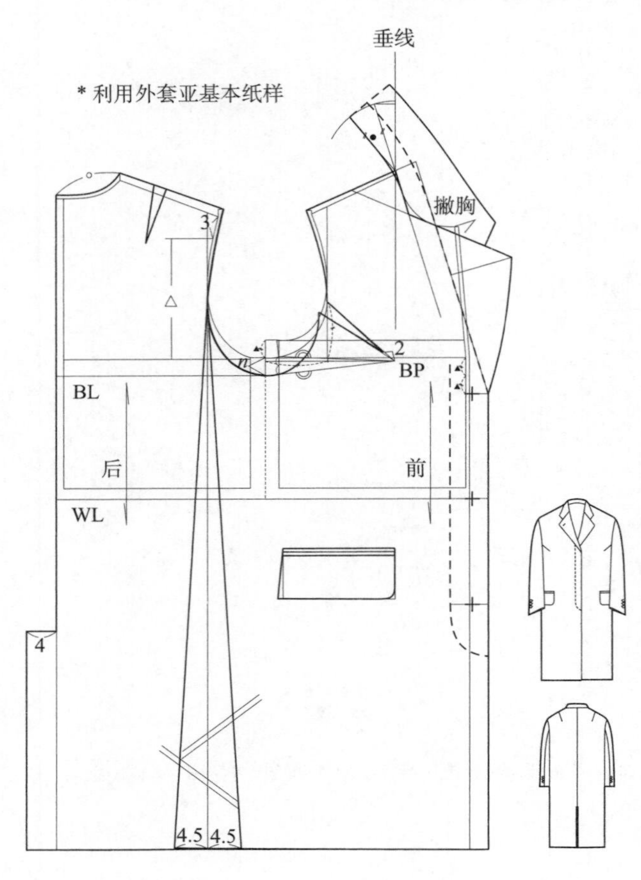

四开身H型标准版柴斯特菲尔德外套纸样分解图

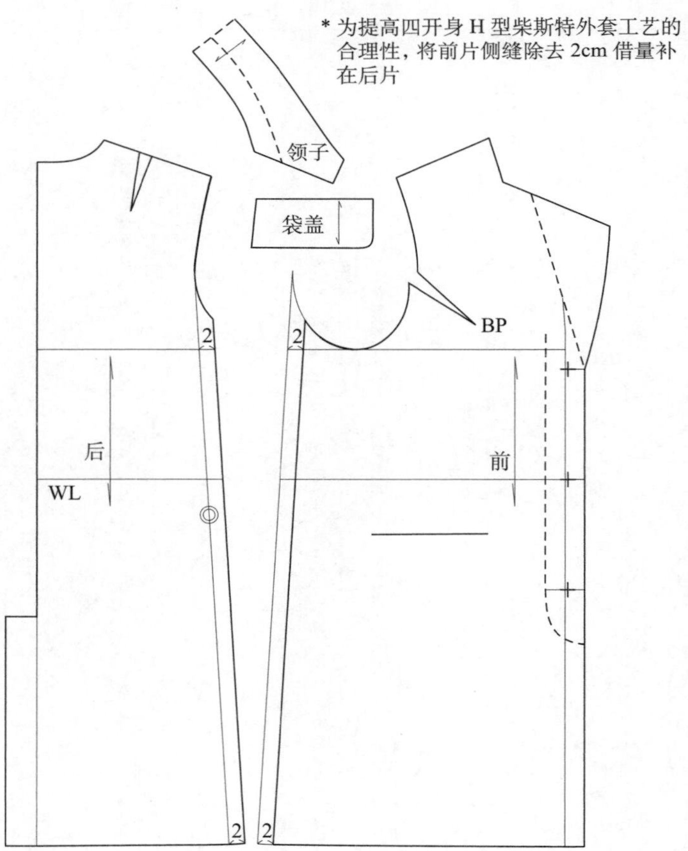

1.5　三开身A型标准版柴斯特菲尔德外套纸样（袖通用）

* 在四开身H型柴斯特外套纸样基础上通过省转摆完成

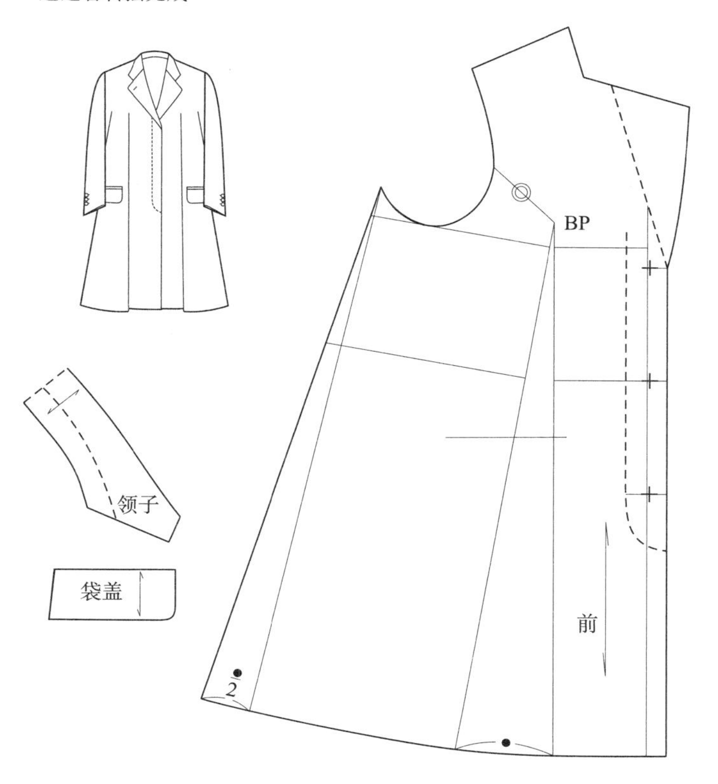

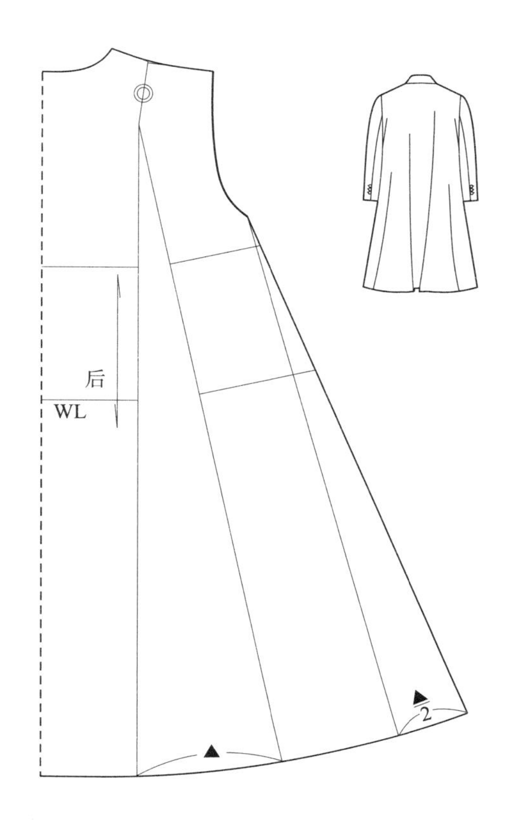

1.6　三开身伞型标准版柴斯特菲尔德外套纸样（袖通用）

* 在三开身A型柴斯特外套纸样基础上，通过切展平衡加摆量完成

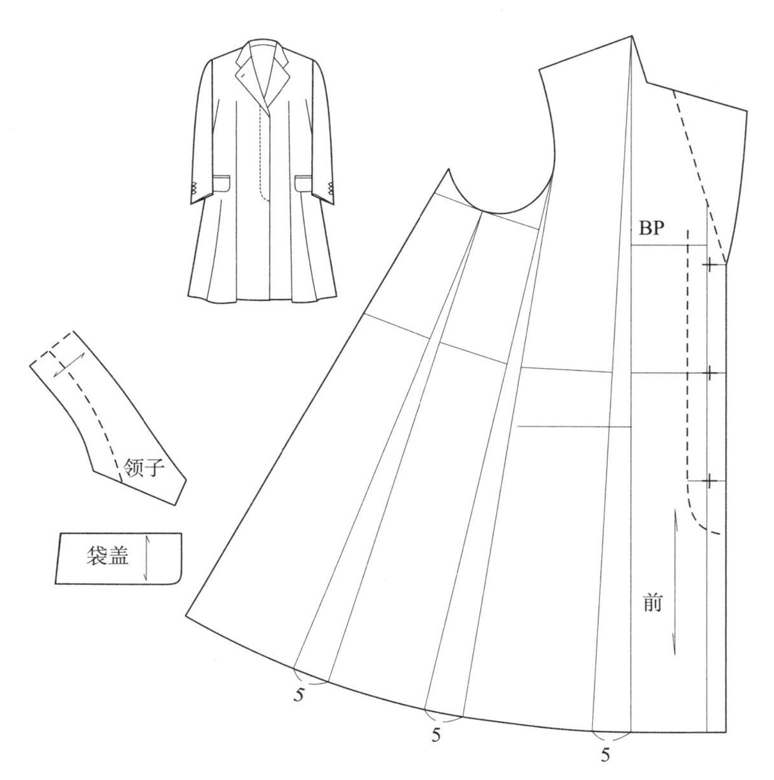

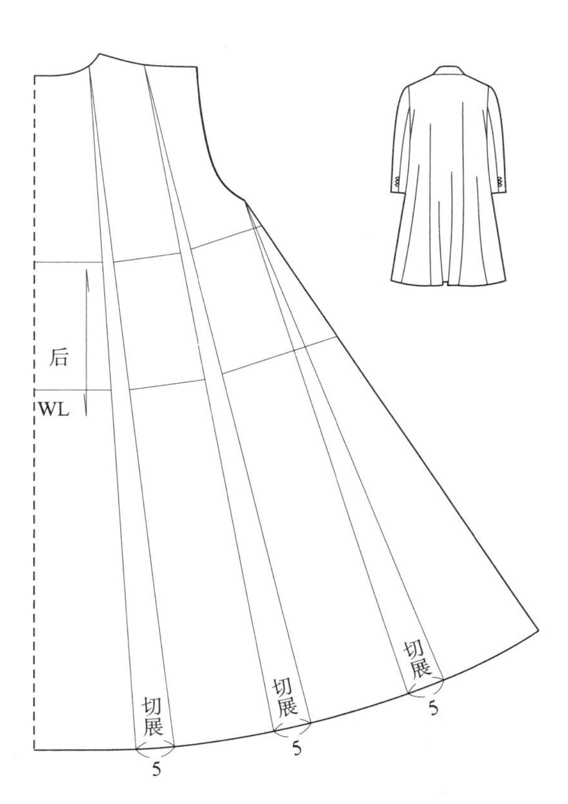

1.7 四开身Y型标准版柴斯特菲尔德外套纸样

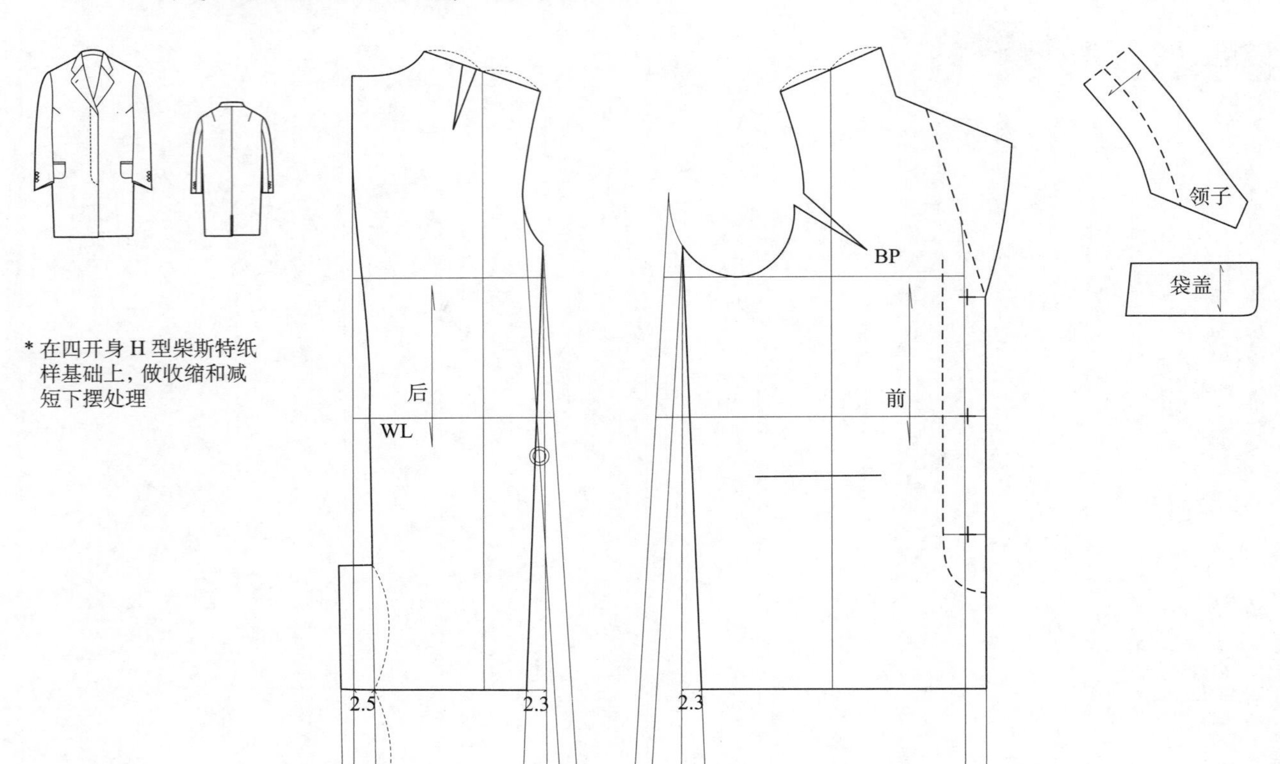

* 在四开身H型柴斯特纸样基础上，做收缩和减短下摆处理

四开身Y型标准版柴斯特菲尔德外套纸样宽肩处理

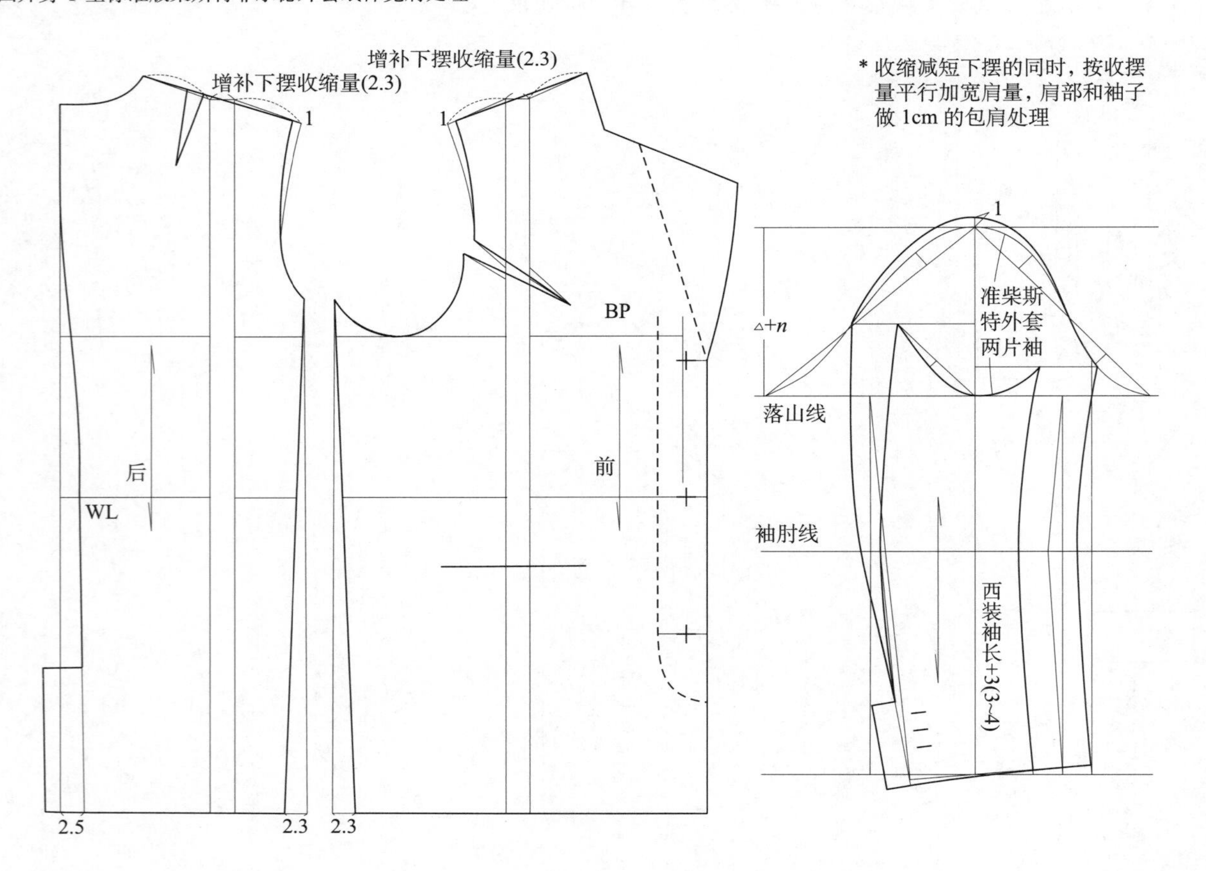

* 收缩减短下摆的同时，按收摆量平行加宽肩量，肩部和袖子做1cm的包肩处理

2. 阿尔博特版柴斯特菲尔德外套一款多板纸样系列设计

2.1　阿尔博特版柴斯特菲尔德外套六开身X型基本纸样（袖通用）

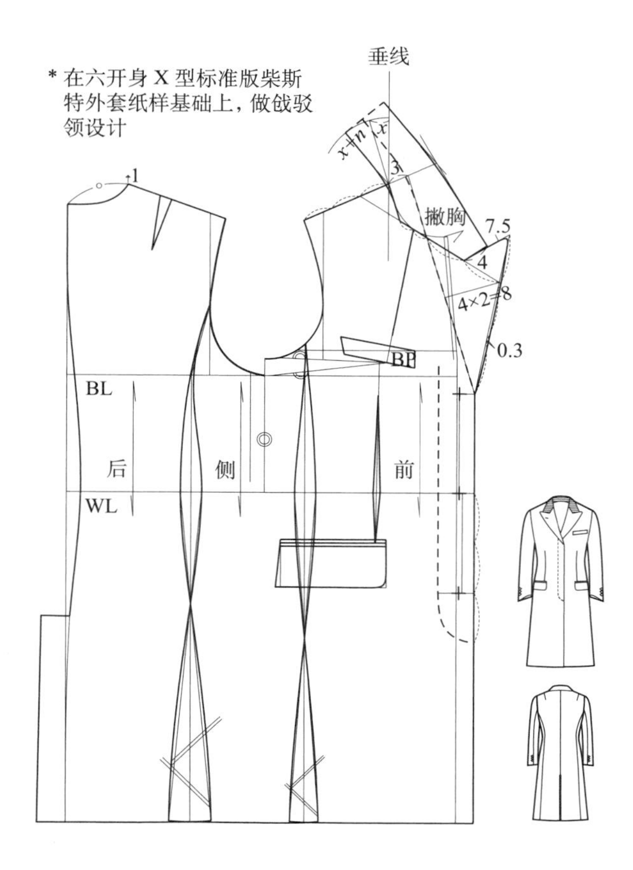

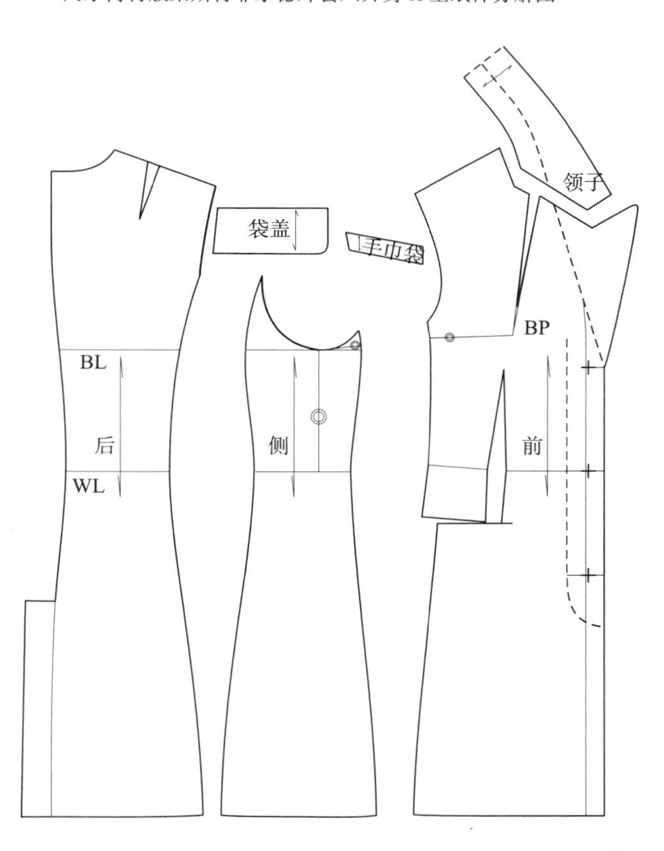

阿尔博特版柴斯特菲尔德外套六开身X型纸样分解图

2.2 八开身大X型阿尔博特版柴斯特菲尔德外套纸样（袖通用）

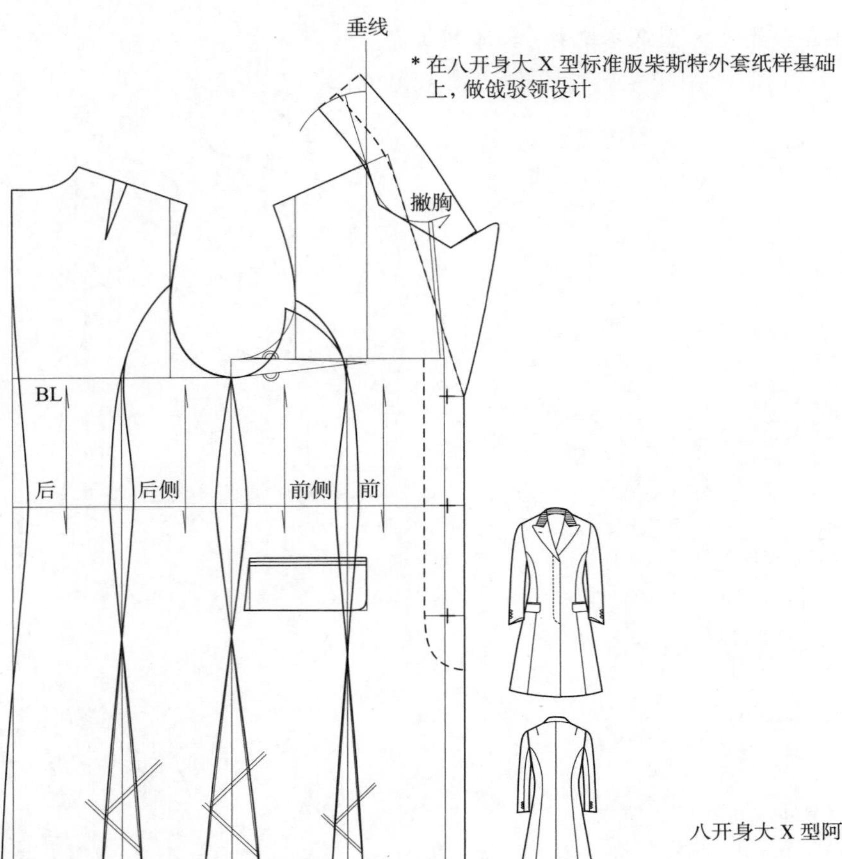

八开身大X型阿尔博特版柴斯特菲尔德外套纸样分解图

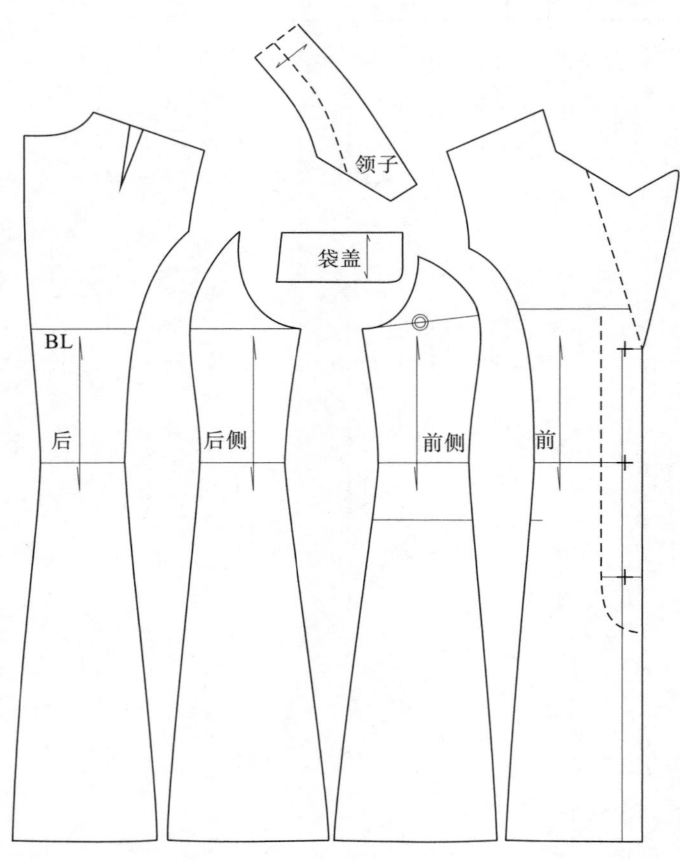

2.3　四开身S型阿尔博特版柴斯特菲尔德外套纸样（袖通用）

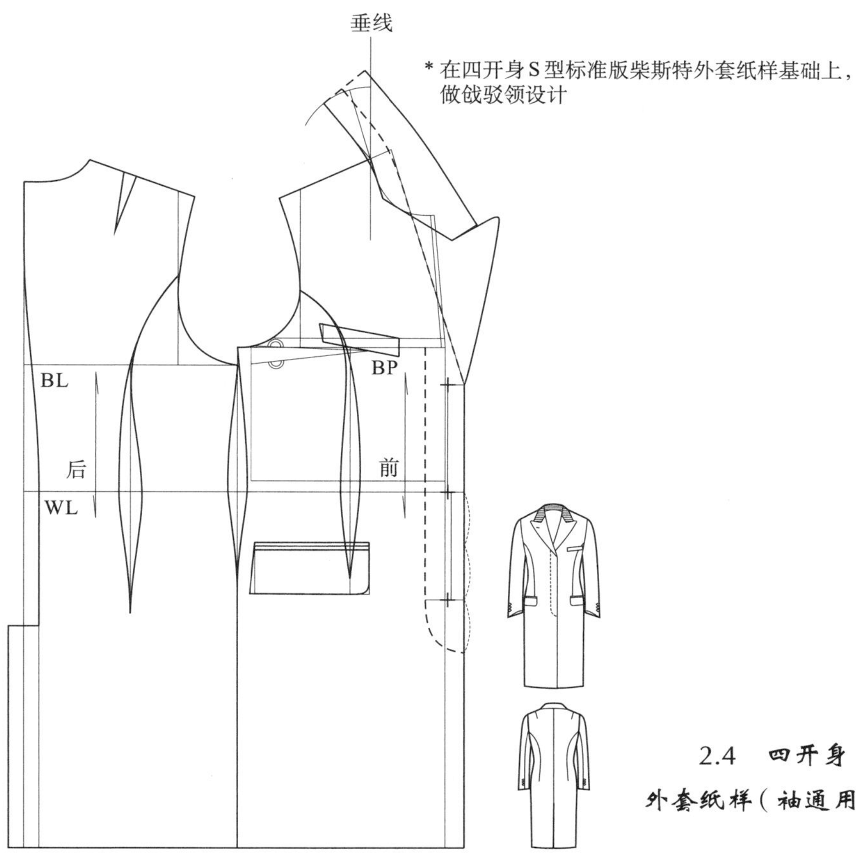

2.4　四开身H型阿尔博特版柴斯特菲尔德外套纸样（袖通用）

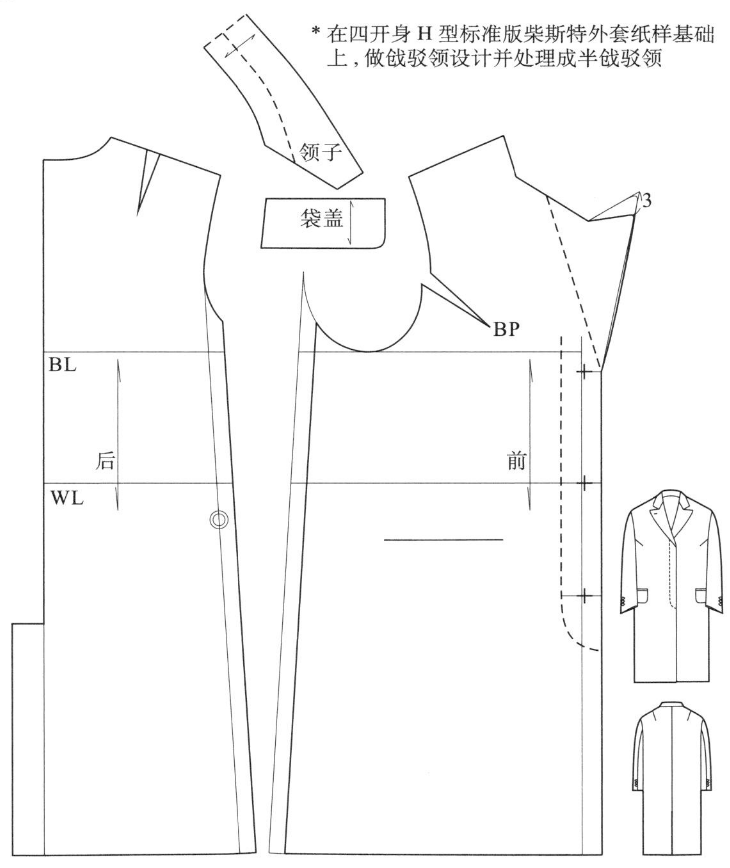

2.5 三开身A型阿尔博特版柴斯特菲尔德外套纸样

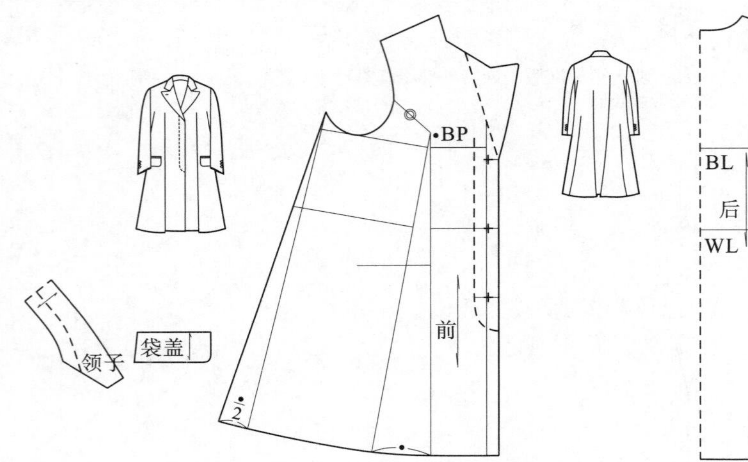

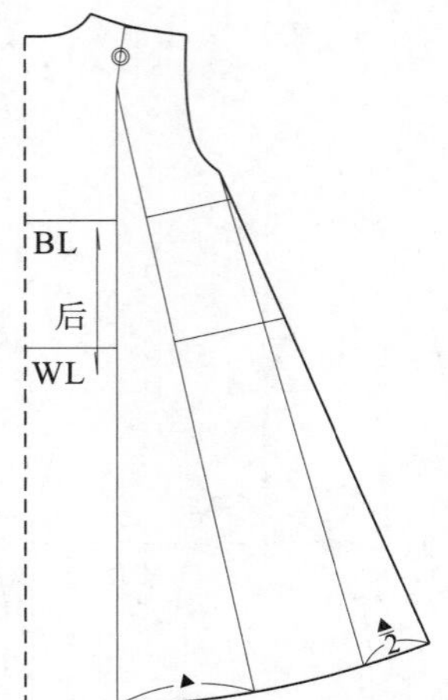

2.6 三开身伞型阿尔博特版柴斯特菲尔德外套纸样

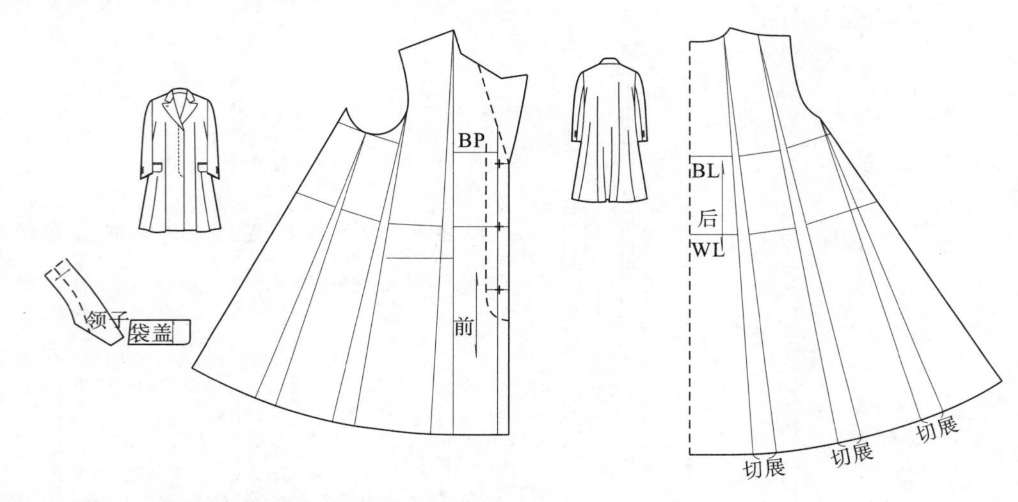

2.7 四开身Y型阿尔博特版柴斯特菲尔德外套纸样

* 在四开身Y型标准版柴斯特外套纸样基础上做半戗驳领设计

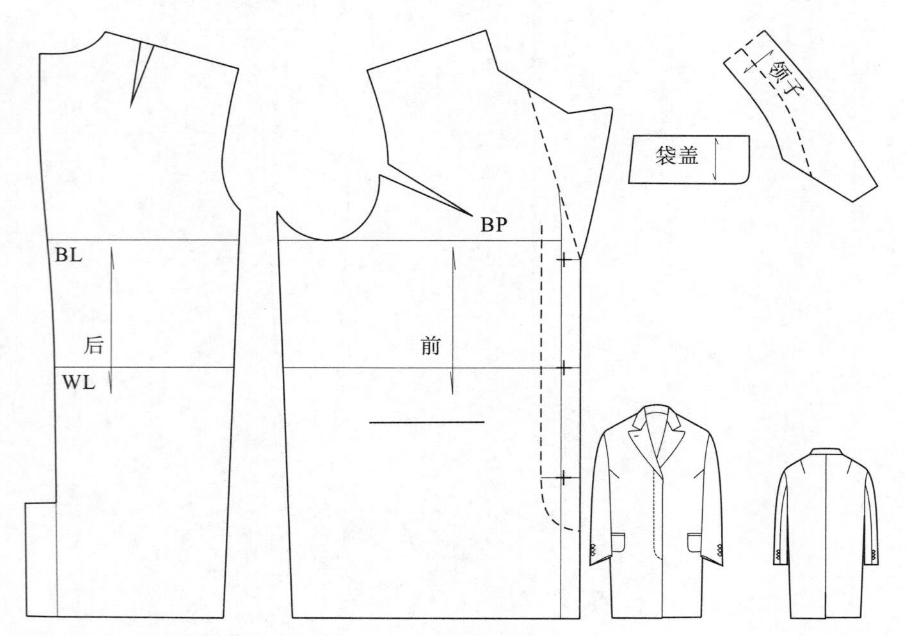

3. 出行版柴斯特菲尔德外套一款多板纸样系列设计

3.1　出行版柴斯特菲尔德外套六开身X型基本纸样

* 在六开身X型标准版柴斯特外套纸样基础上，做双排扣戗驳领设计

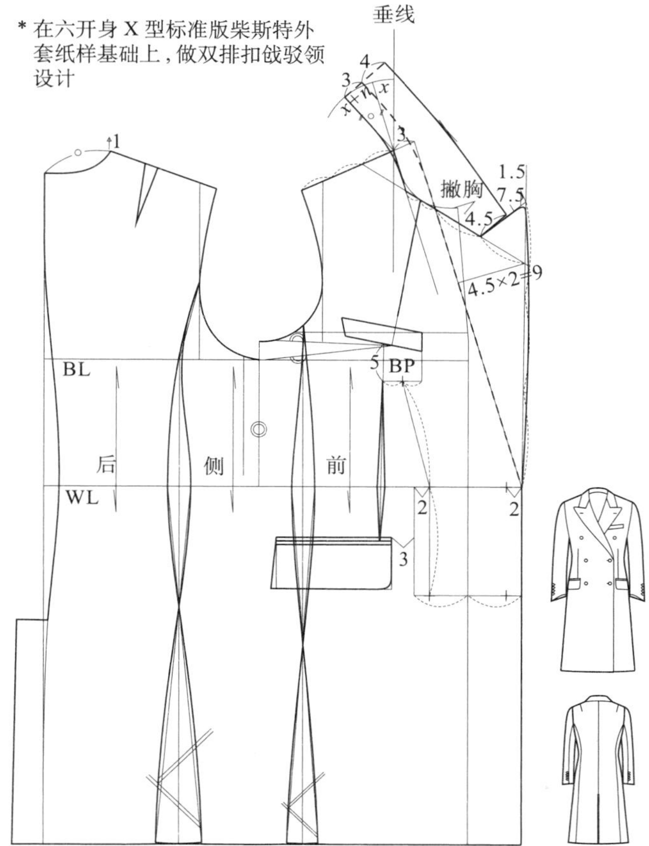

出行版柴斯特菲尔德外套六开身X型纸样分解图

* 出行版柴斯特外套一款多板纸样系列设计，可以重复之前柴斯特外套一款多板纸样系列设计的任何版本

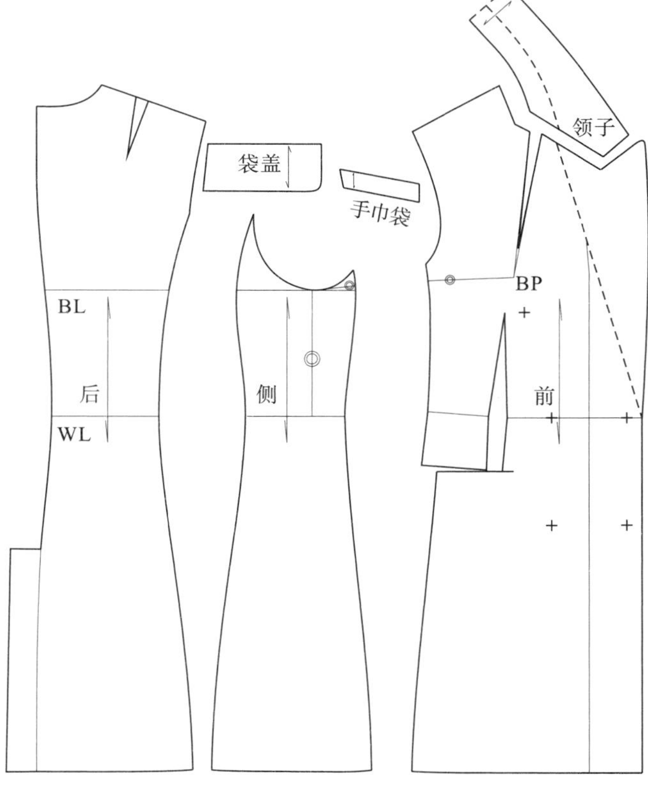

3.2　八开身大 X 型出行版柴斯特菲尔德外套纸样

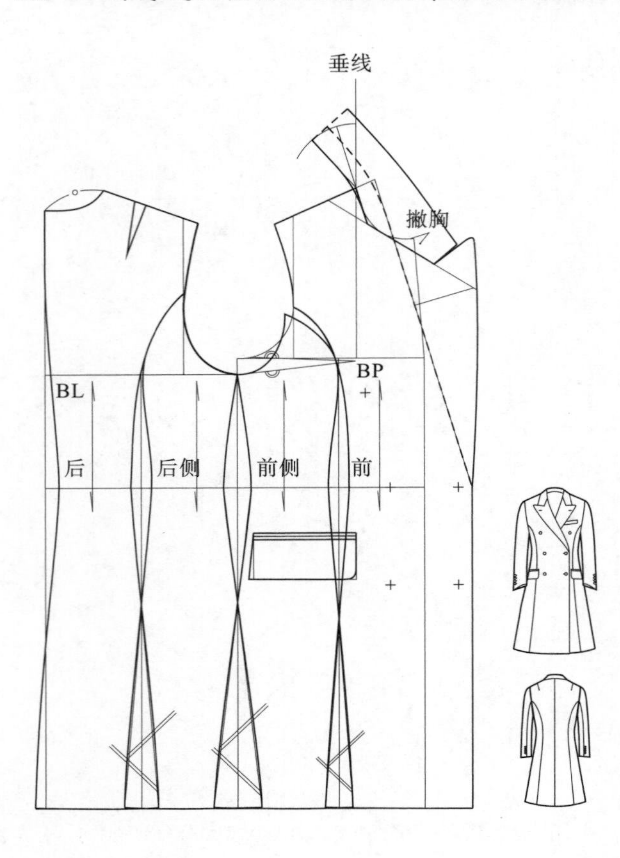

3.3　四开身 S 型出行版柴斯特菲尔德外套纸样（分解图）

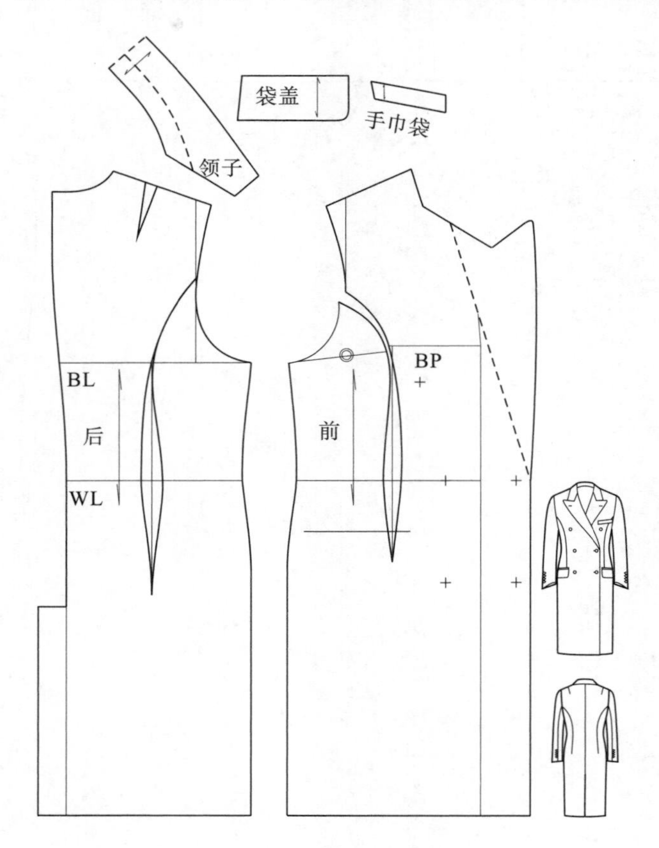

3.4　四开身H型出行版柴斯特菲尔德外套纸样

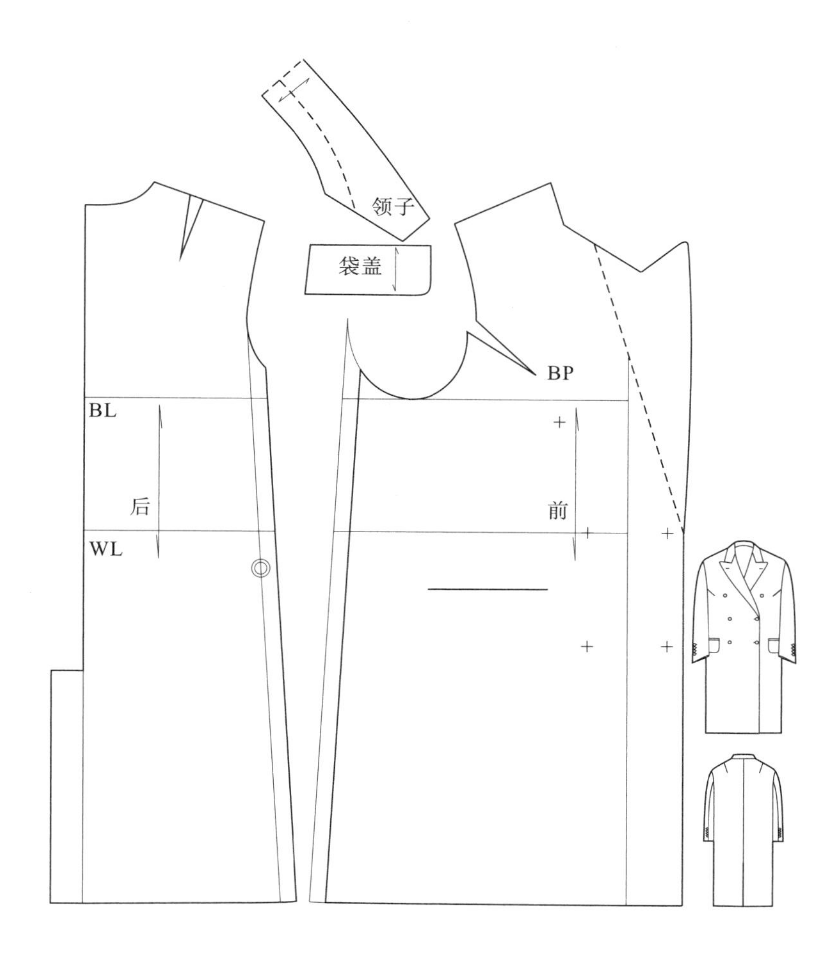

3.5　三开身A型出行版柴斯特菲尔德外套纸样

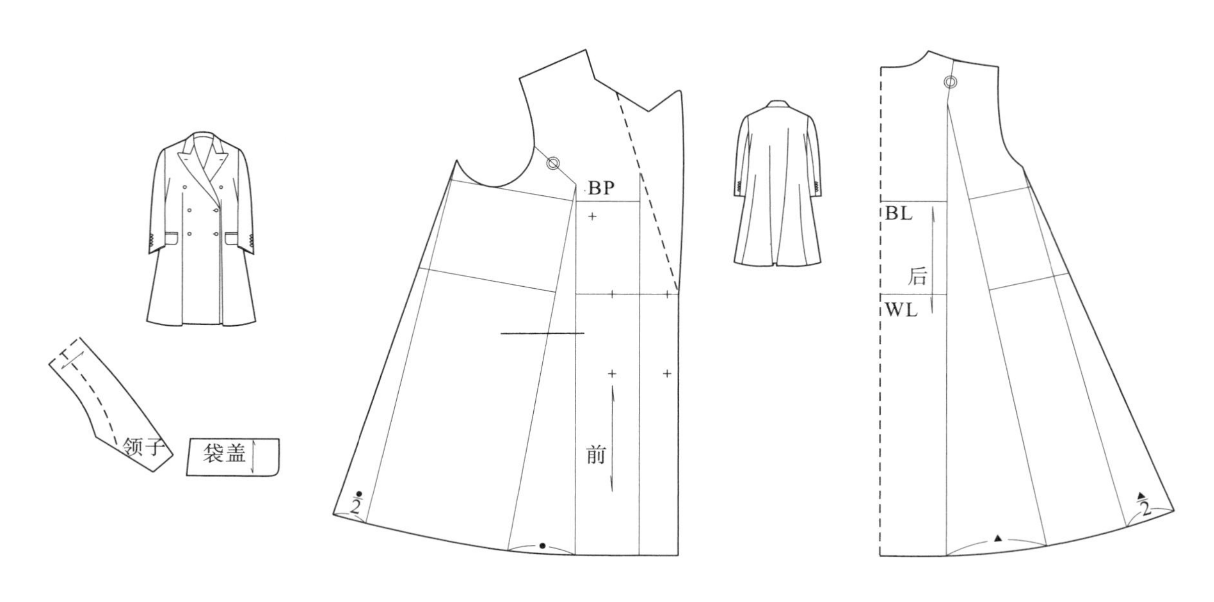

3.6 三开身伞型出行版柴斯特菲尔德外套纸样

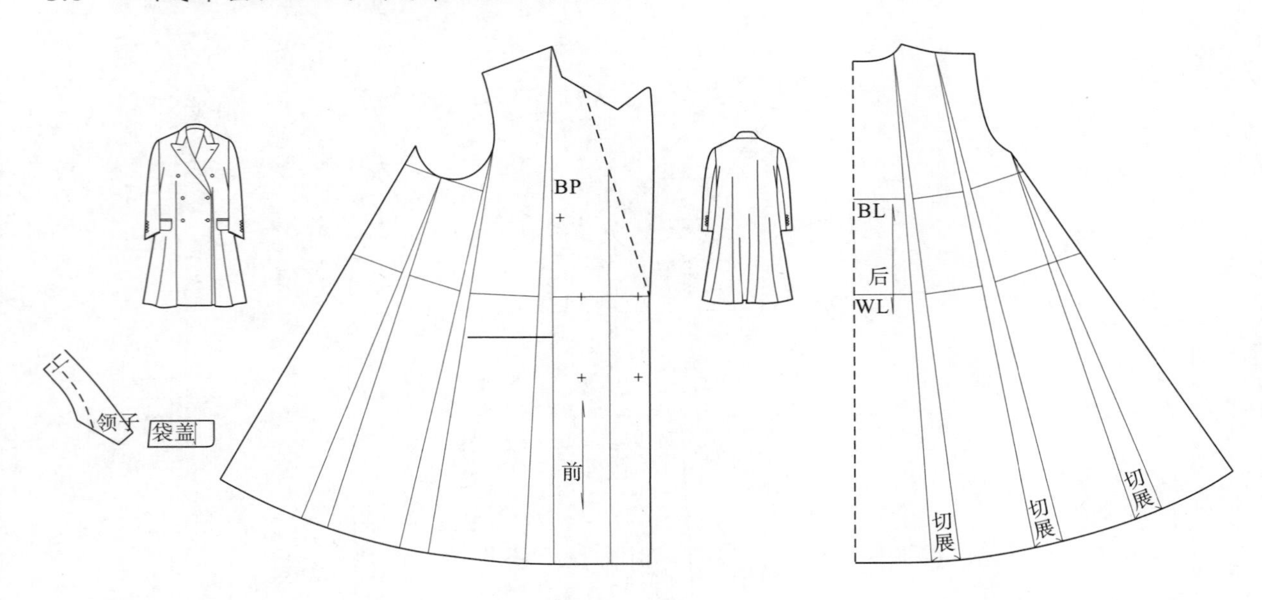

3.7 四开身Y型出行版柴斯特菲尔德外套纸样

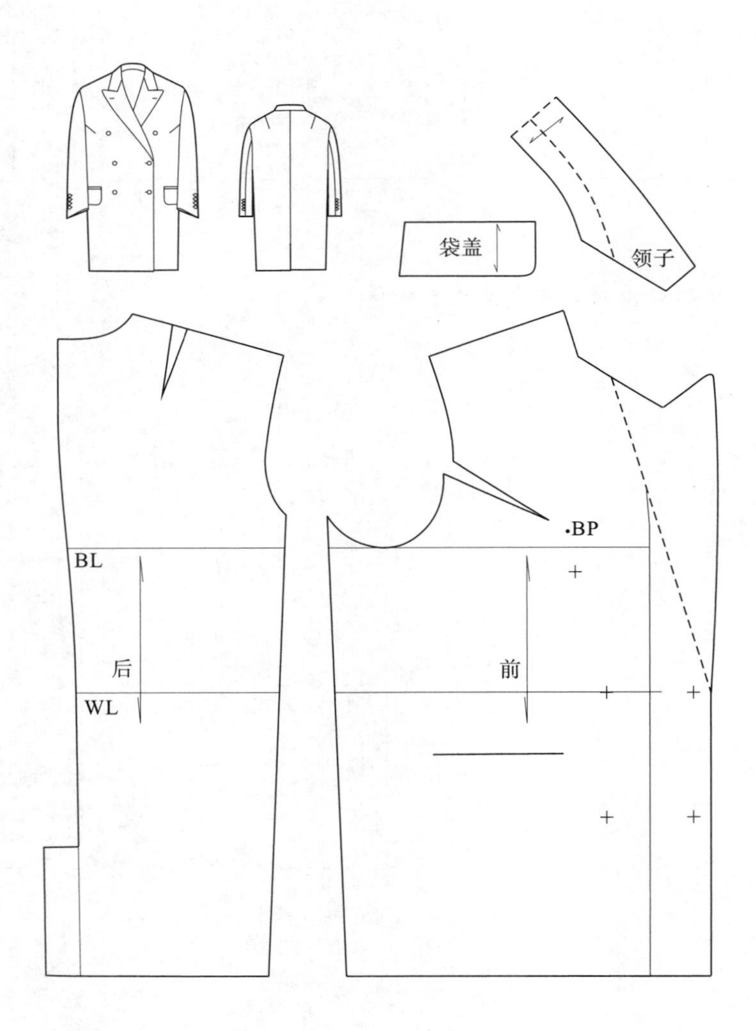

4. 柴斯特菲尔德外套一板多款纸样系列设计（选择任何一种廓形作基本纸样改变局部）

4.1　柴斯特外套六开身X型锐角领设计

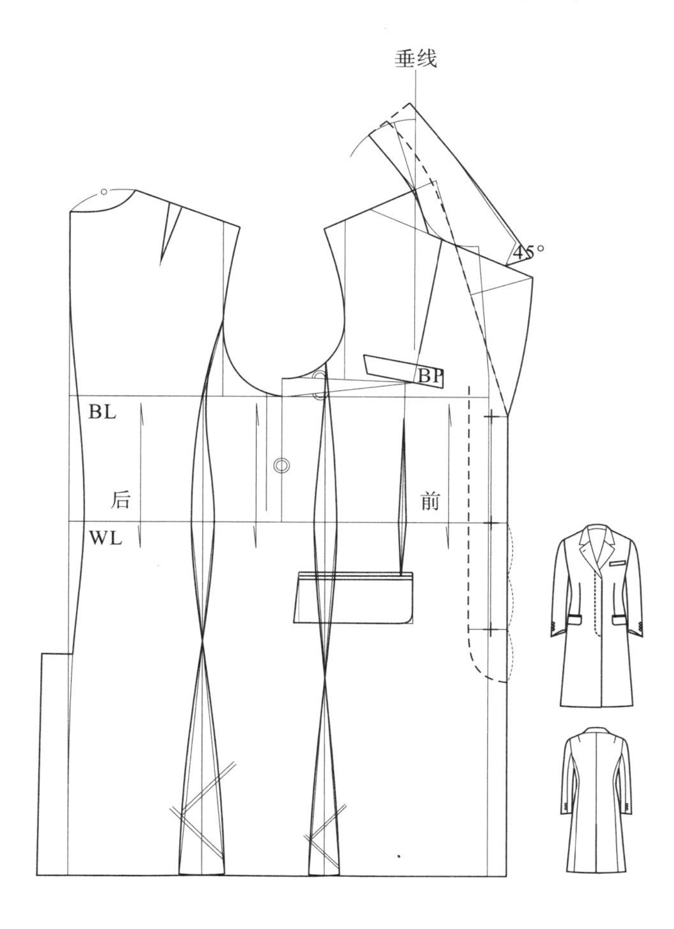

4.2　柴斯特外套六开身X型折角领设计

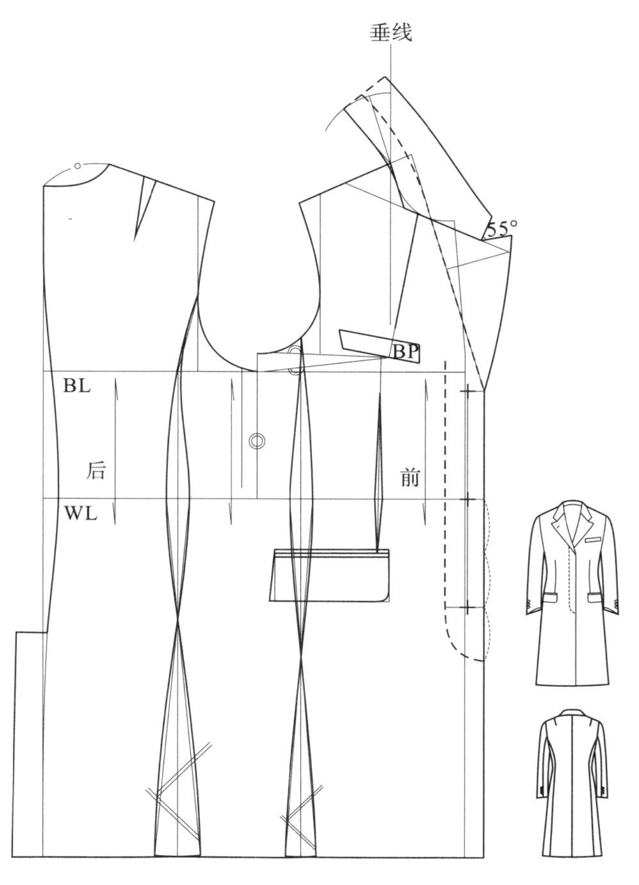

4.3 柴斯特外套六开身X型戗驳领和半戗驳领设计

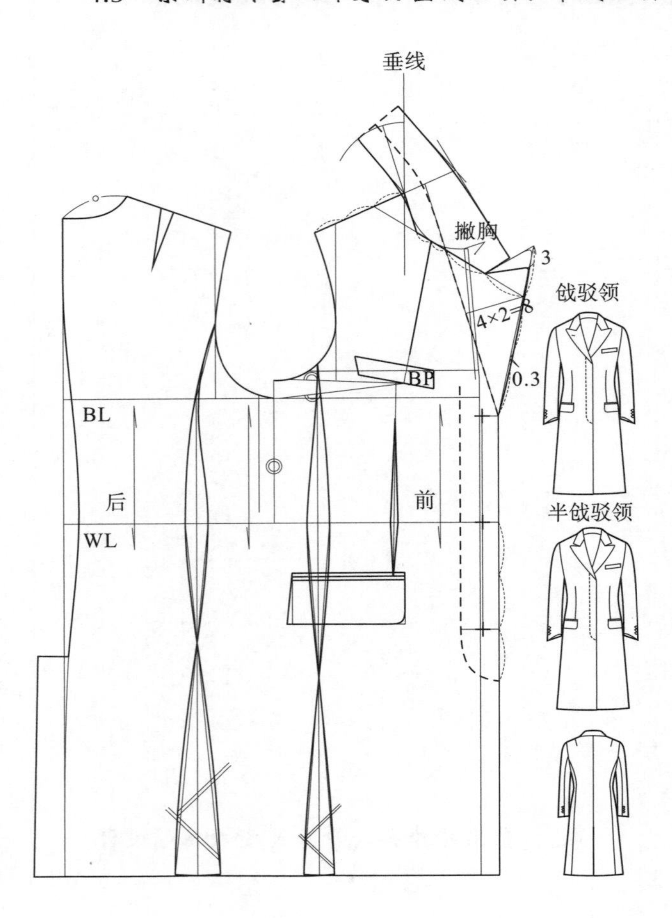

4.4 柴斯特外套六开身X型青果领设计

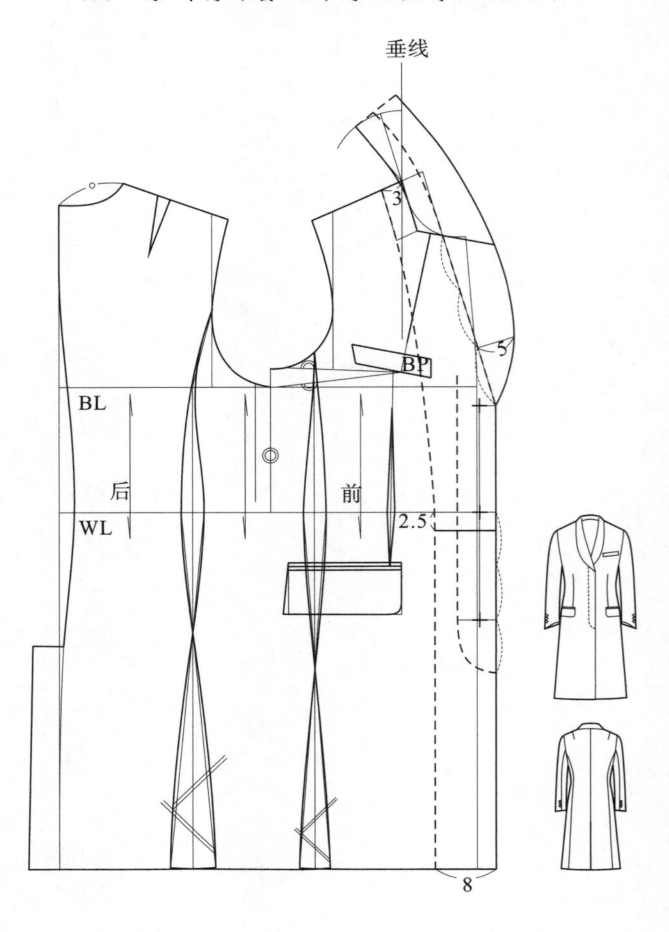

5. 基于公主线设计柴斯特外套多板多款纸样系列设计

5.1 平驳领公主线设计的柴斯特外套纸样系列设计（五款）

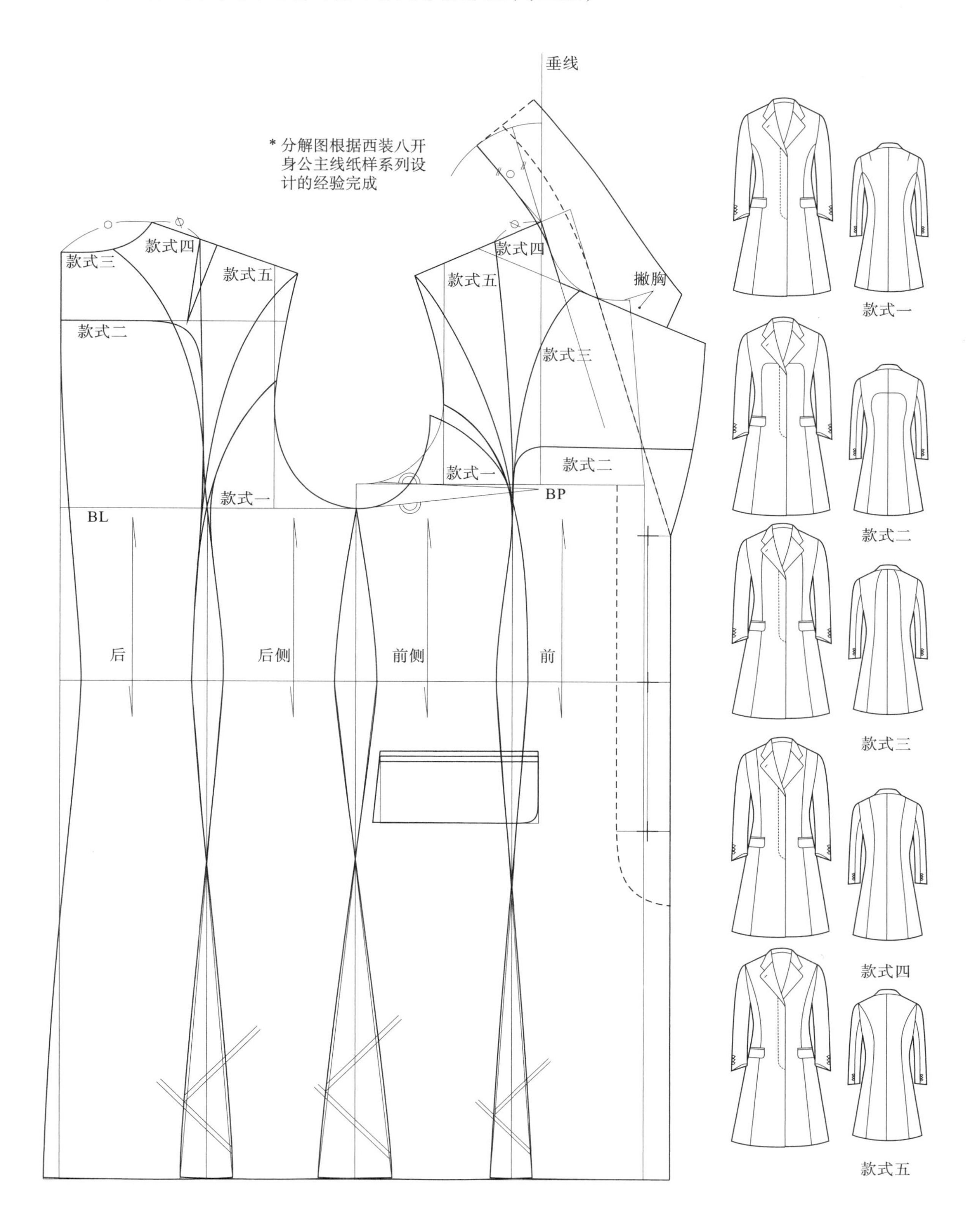

5.2 戗驳领公主线设计的柴斯特外套纸样系列设计（五款）

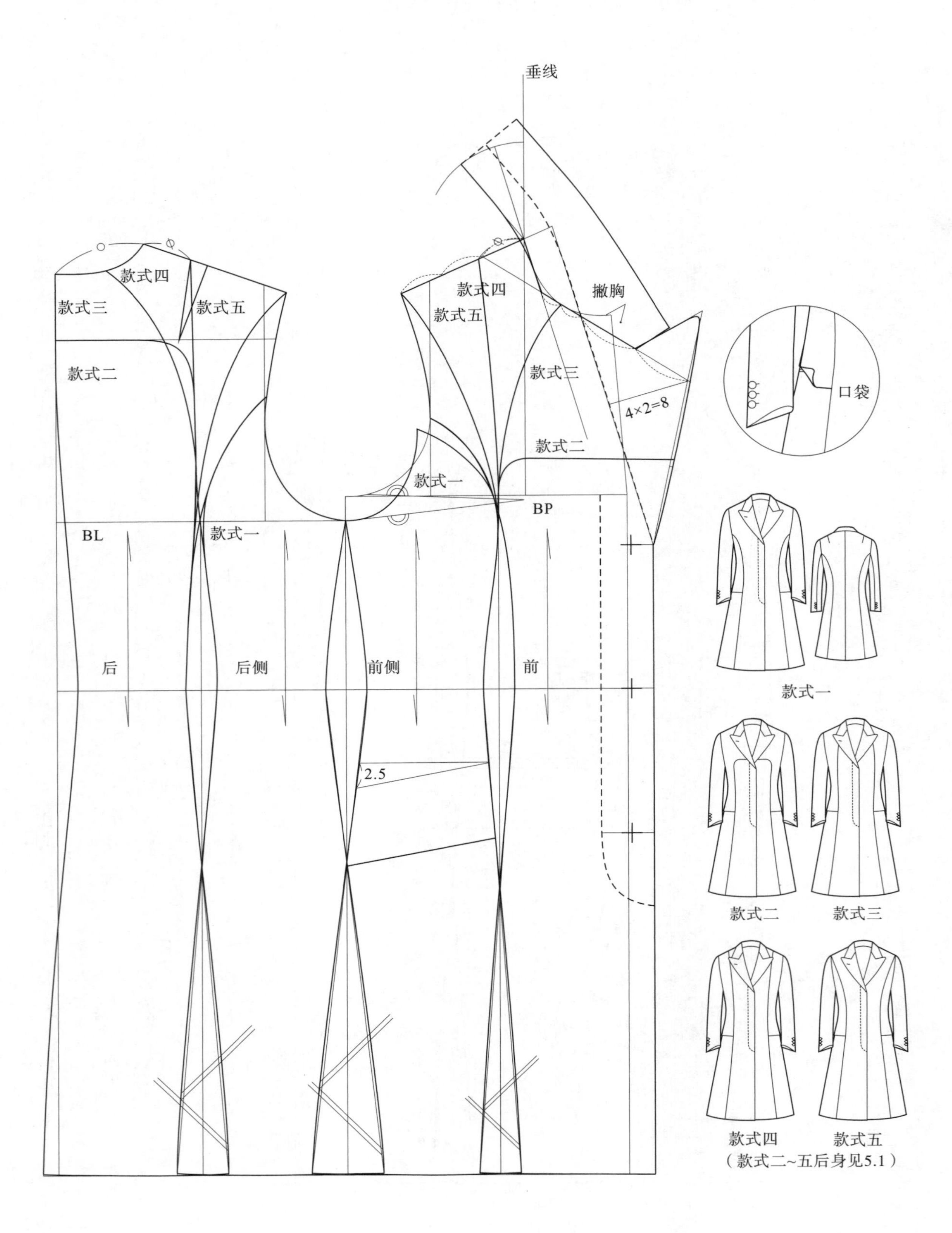

5.3　青果领公主线设计的柴斯特外套纸样系列设计（五款）

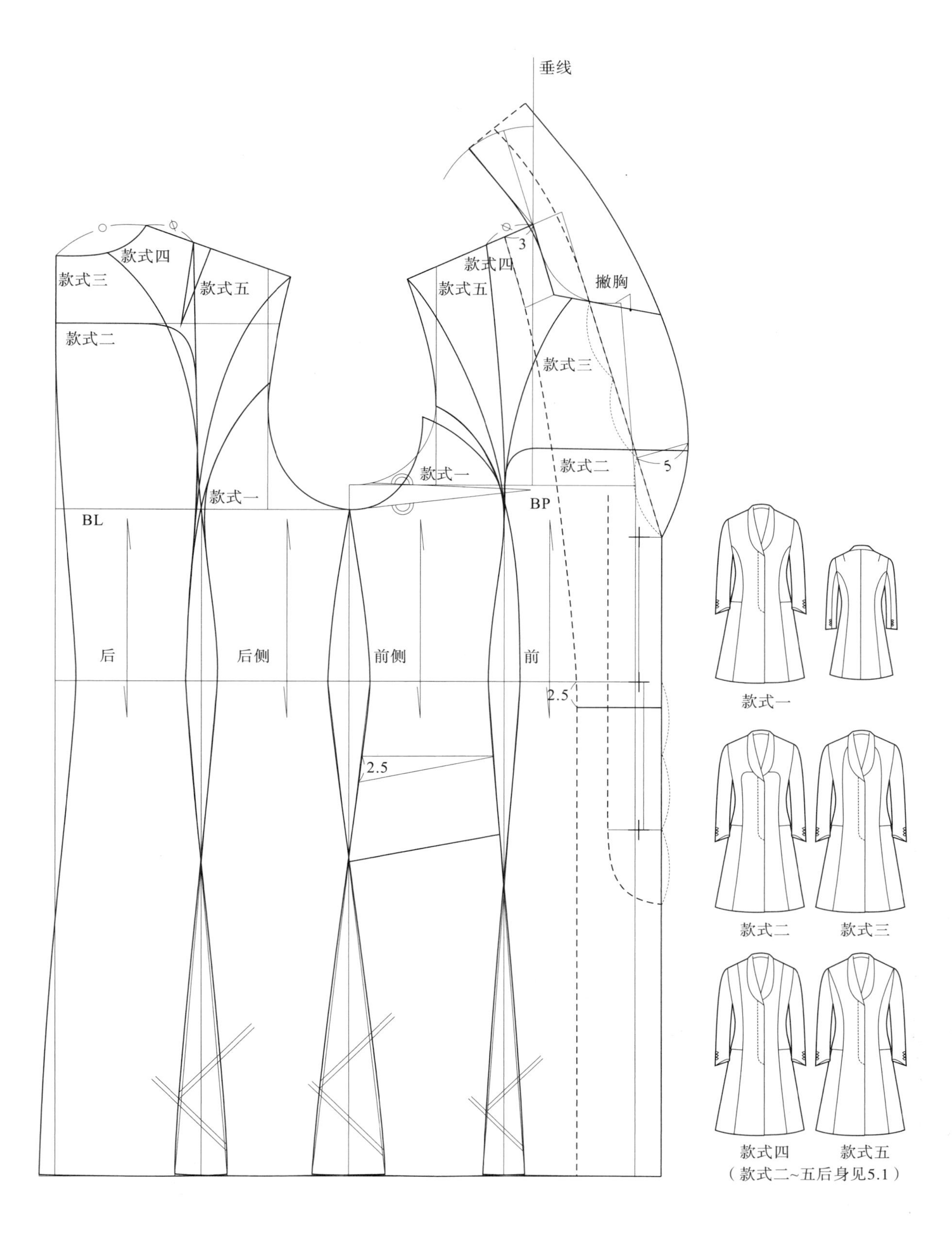

6. 八开身连身袖柴斯特外套多板多款纸样系列设计

6.1 平驳领柴斯特外套八开身连身袖纸样

* 在八开身大 X 型标准版柴斯特外套纸样基础上做本款的连身袖设计，注意在肩点要追加 1.5cm 的抹肩量

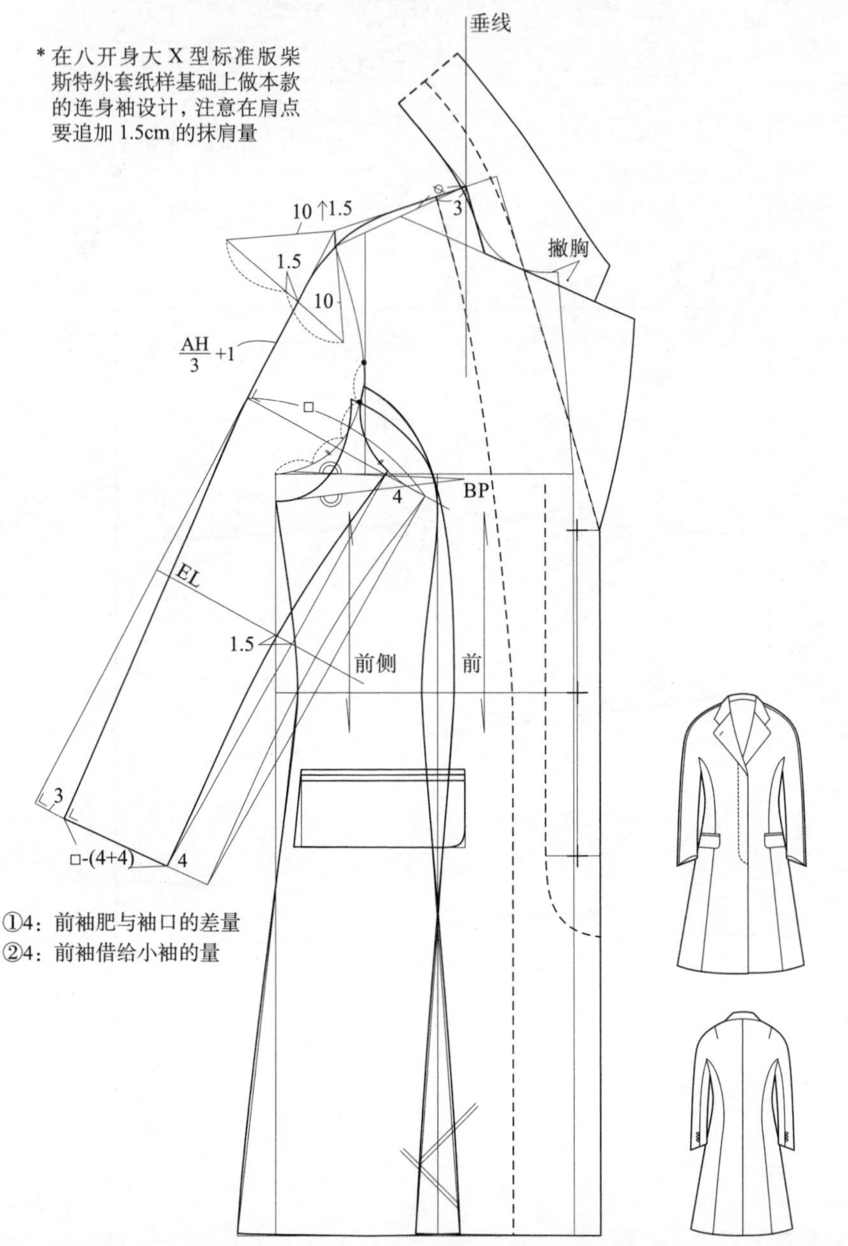

①4：前袖肥与袖口的差量
②4：前袖借给小袖的量

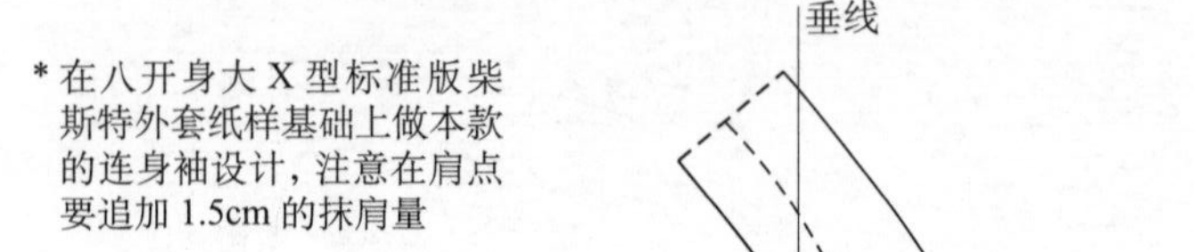

* 袖山高运用新袖窿曲线三分之一加 1cm 公式获得

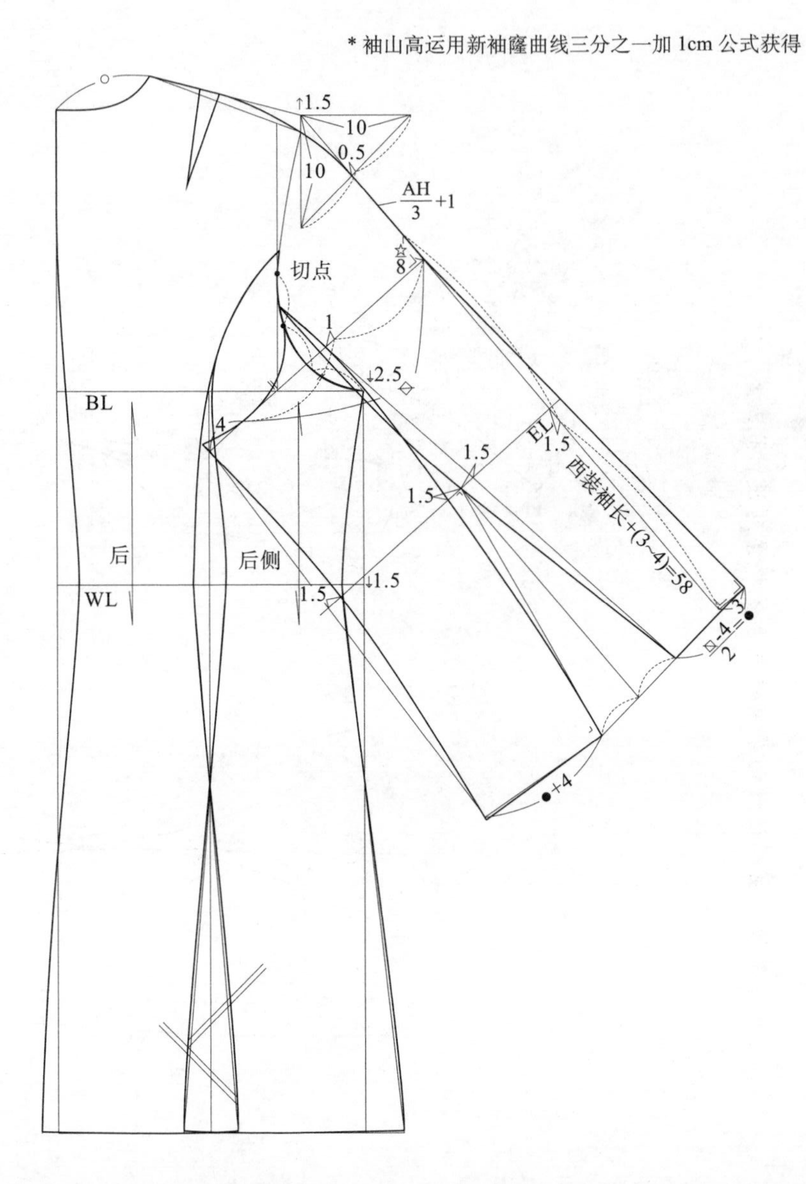

平驳领柴斯特外套八开身连身袖纸样分解图

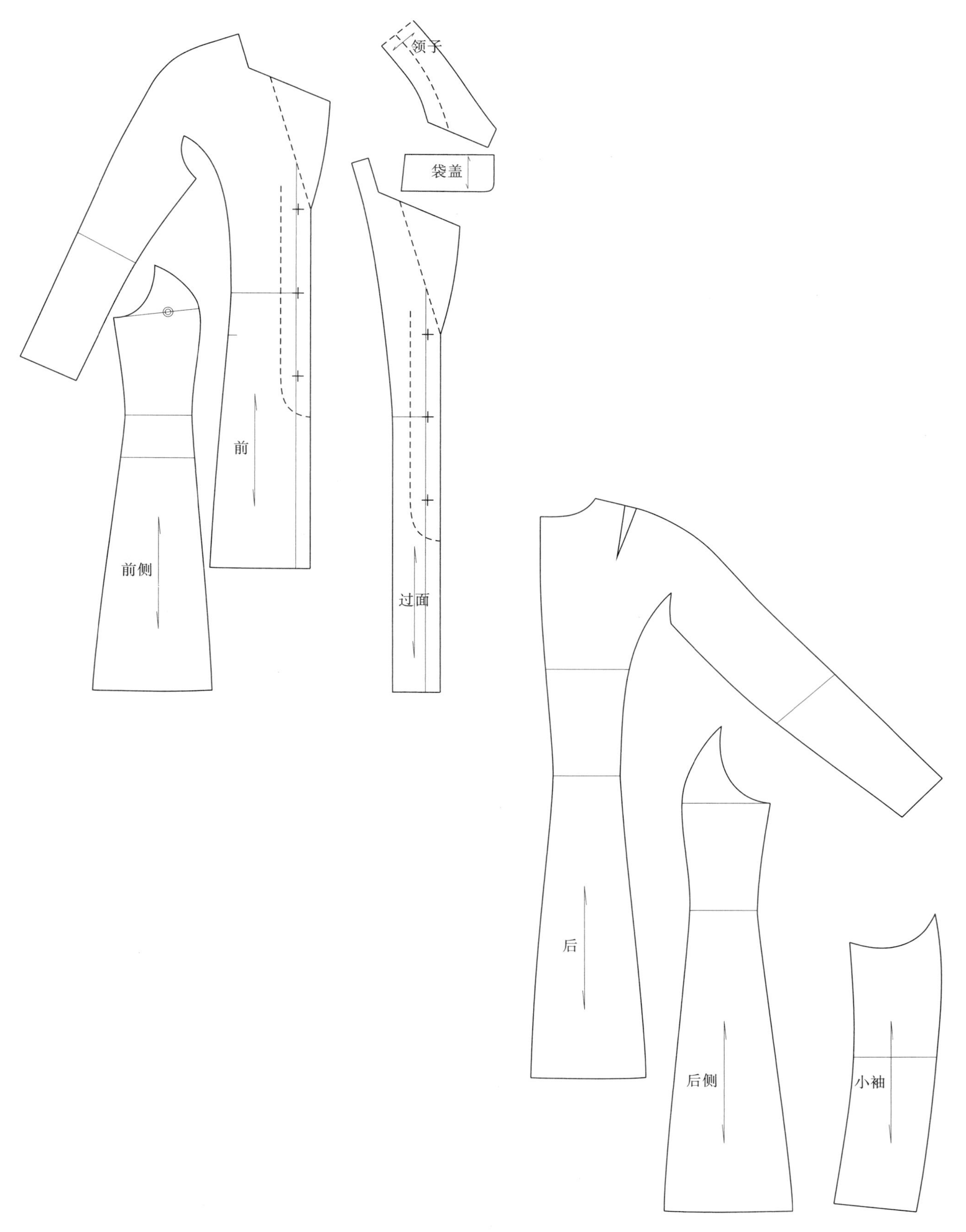

6.2 戗驳领柴斯特外套八开身连身袖纸样

* 在八开身大 X 型阿尔博特版（戗驳领）柴斯特外套纸样基础上做本款的连身袖设计

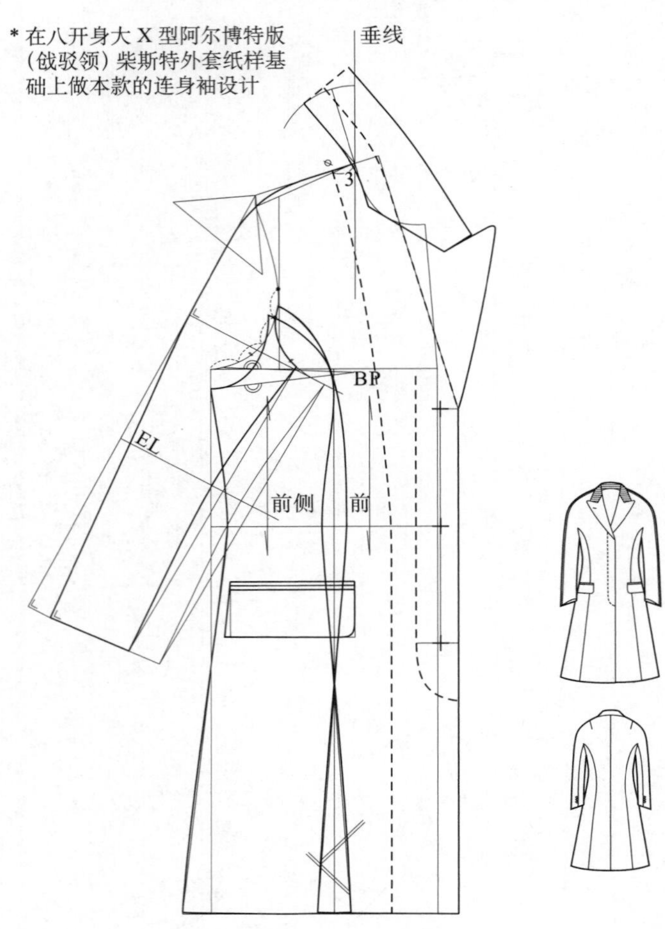

纸样分解图（后片、后侧片、小袖片和前款通用）

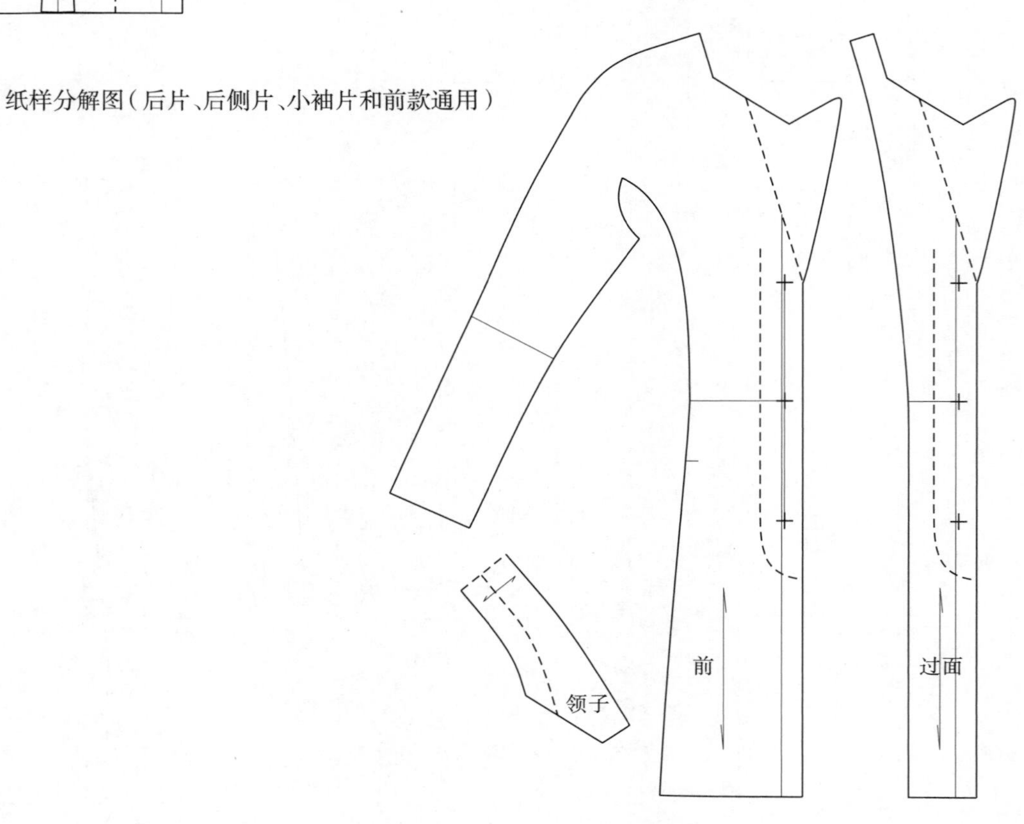

6.3 青果领柴斯特外套八开身连身袖纸样（前片）

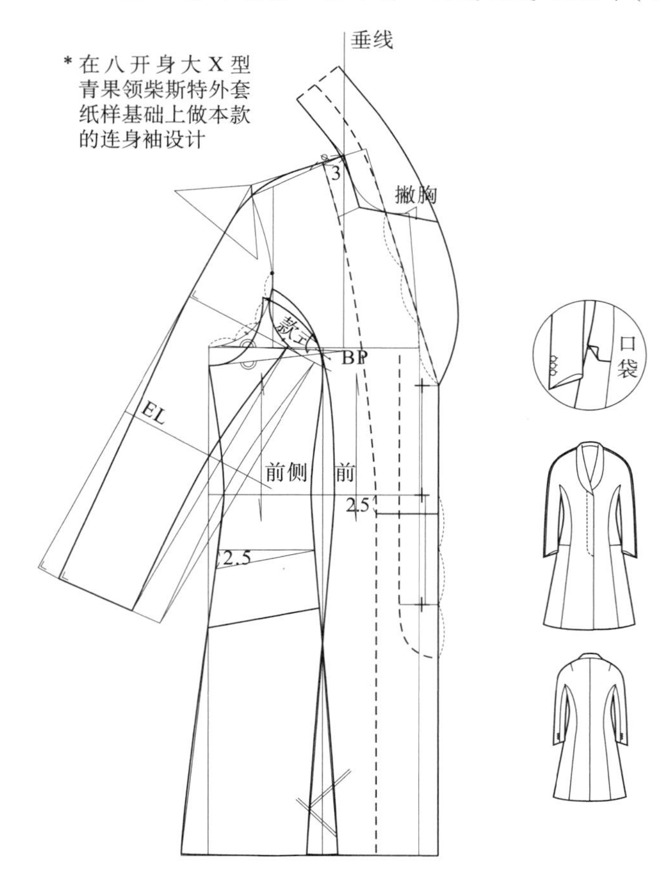

纸样分解图（后片、小袖片和前款通用）

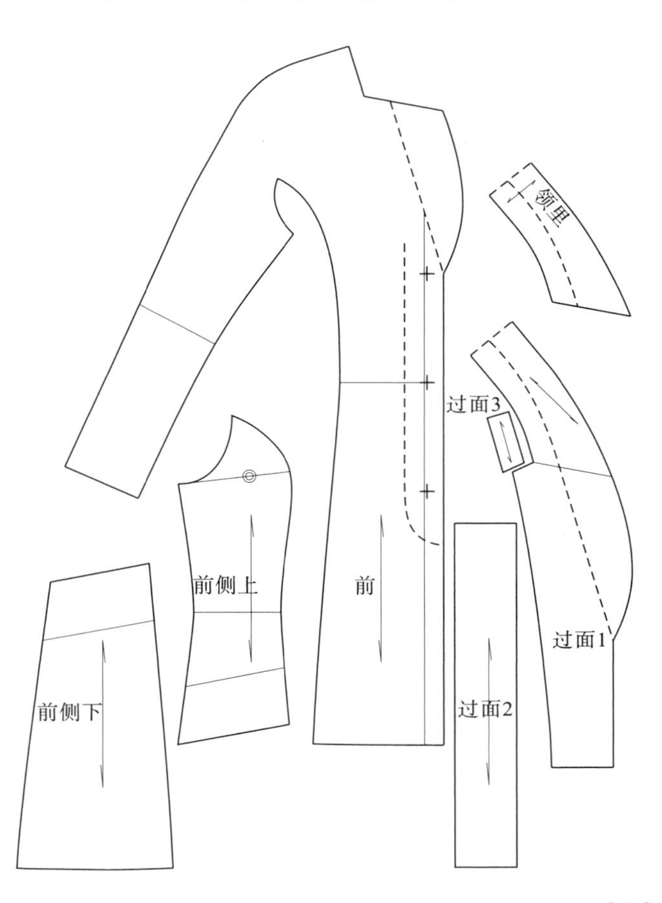

7. 巴尔玛肯外套一款多板纸样系列设计

7.1 巴尔玛肯外套六开身X型基本纸样（有省连身袖）

* 设计步骤：
基本纸样→相似形亚基本纸样→六开身X型巴尔玛肯外套基本纸样

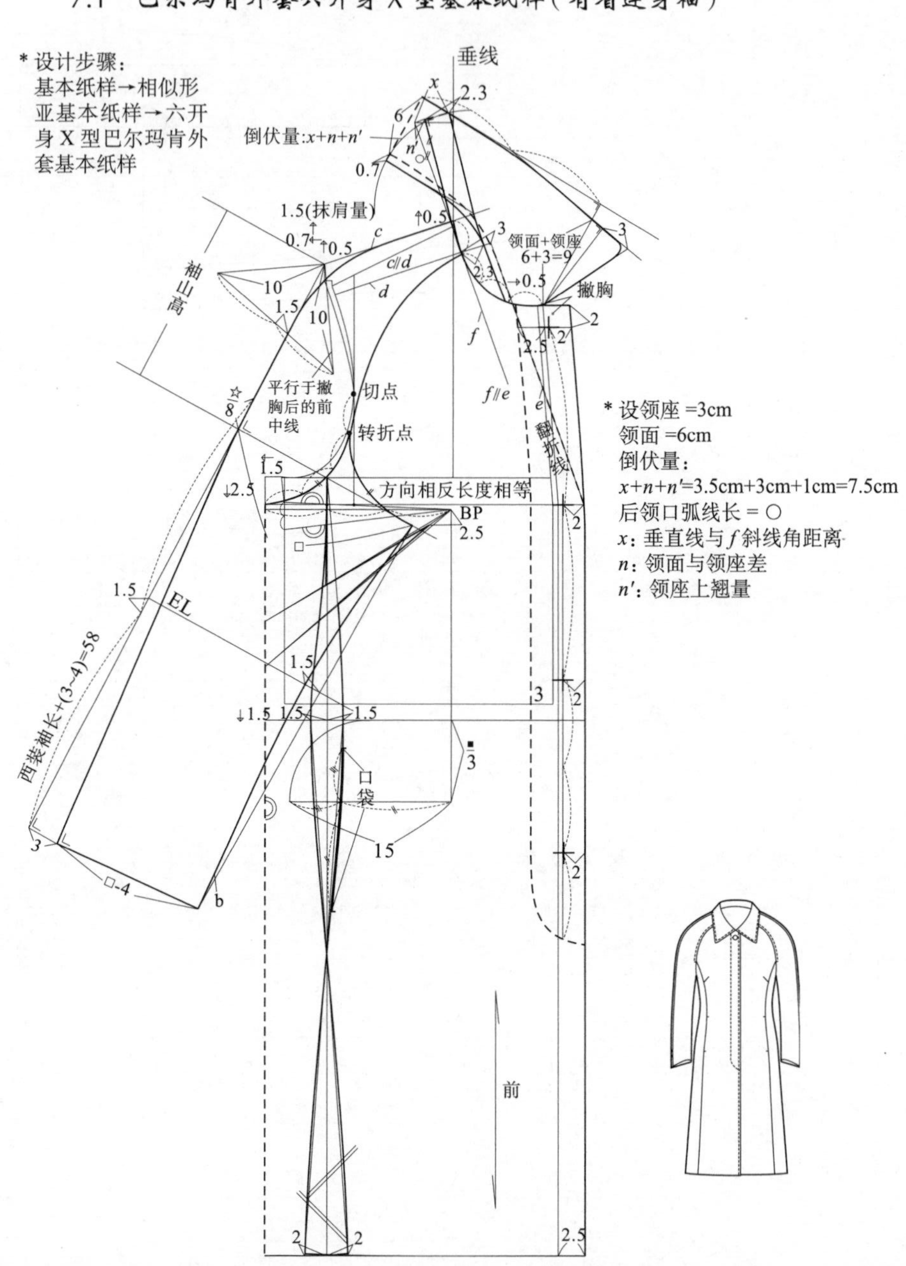

* 设领座 =3cm
领面 =6cm
倒伏量：
$x+n+n'$=3.5cm+3cm+1cm=7.5cm
后领口弧线长 = ○
x：垂直线与 f 斜线角距离
n：领面与领座差
n'：领座上翘量

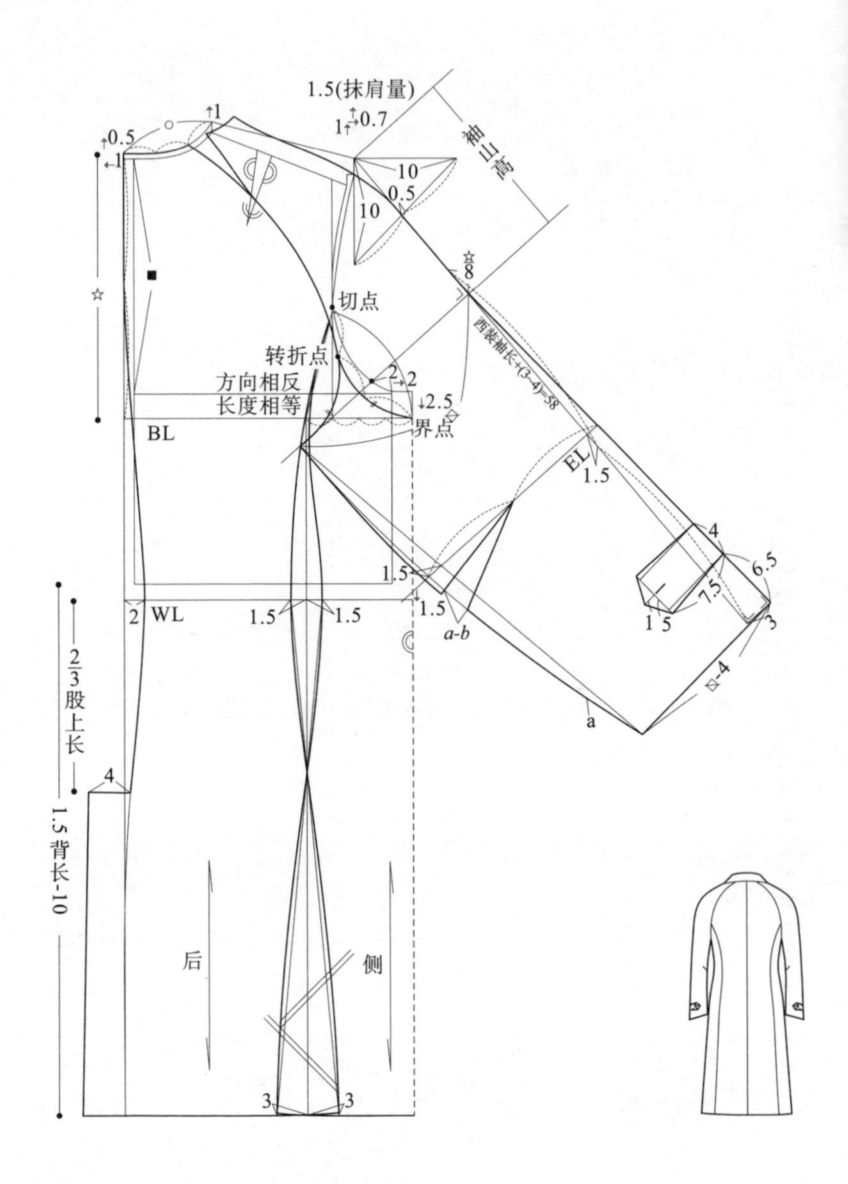

7.2　巴尔玛肯外套六开身X型纸样（无袖省连身袖）

* 无袖省连身袖设计，在有省连身袖基础上将肘省平衡分解，肘省位置保留约0.8cm差量做归拔处理

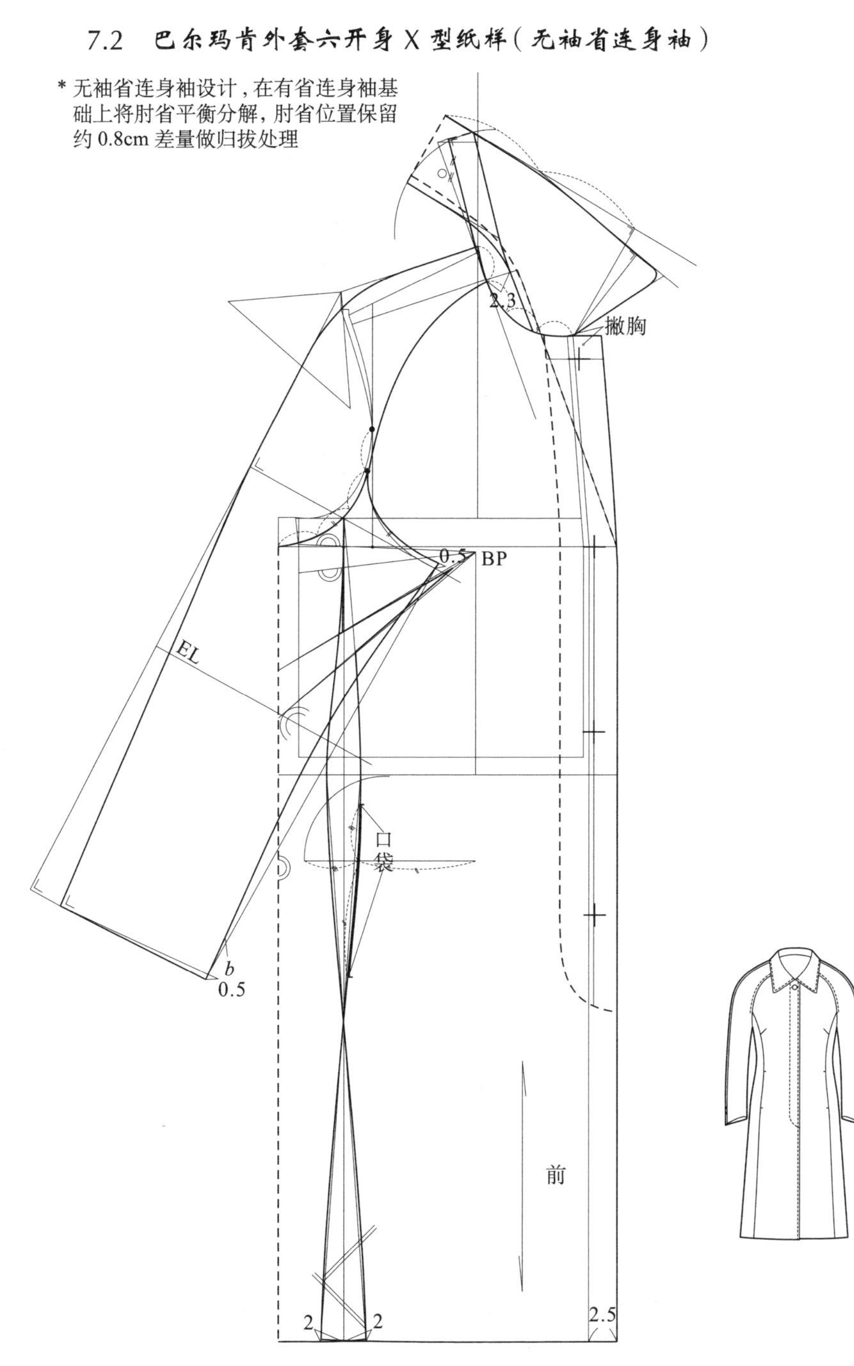

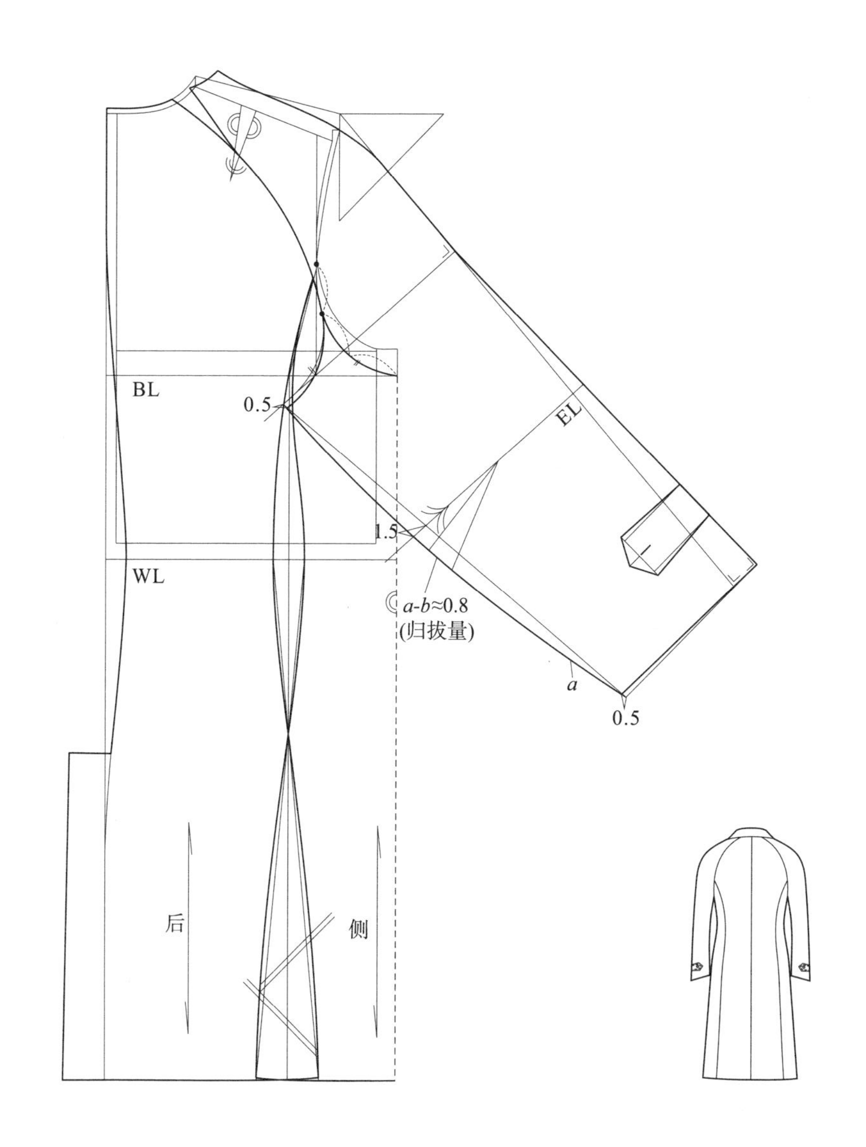

7.3 巴尔玛肯外套六开身X型纸样(连身袖合体三片袖)

* 在巴尔玛肯外套六开身X型纸样基础上做合体三片袖纸样设计，方法与柴斯特外套相同

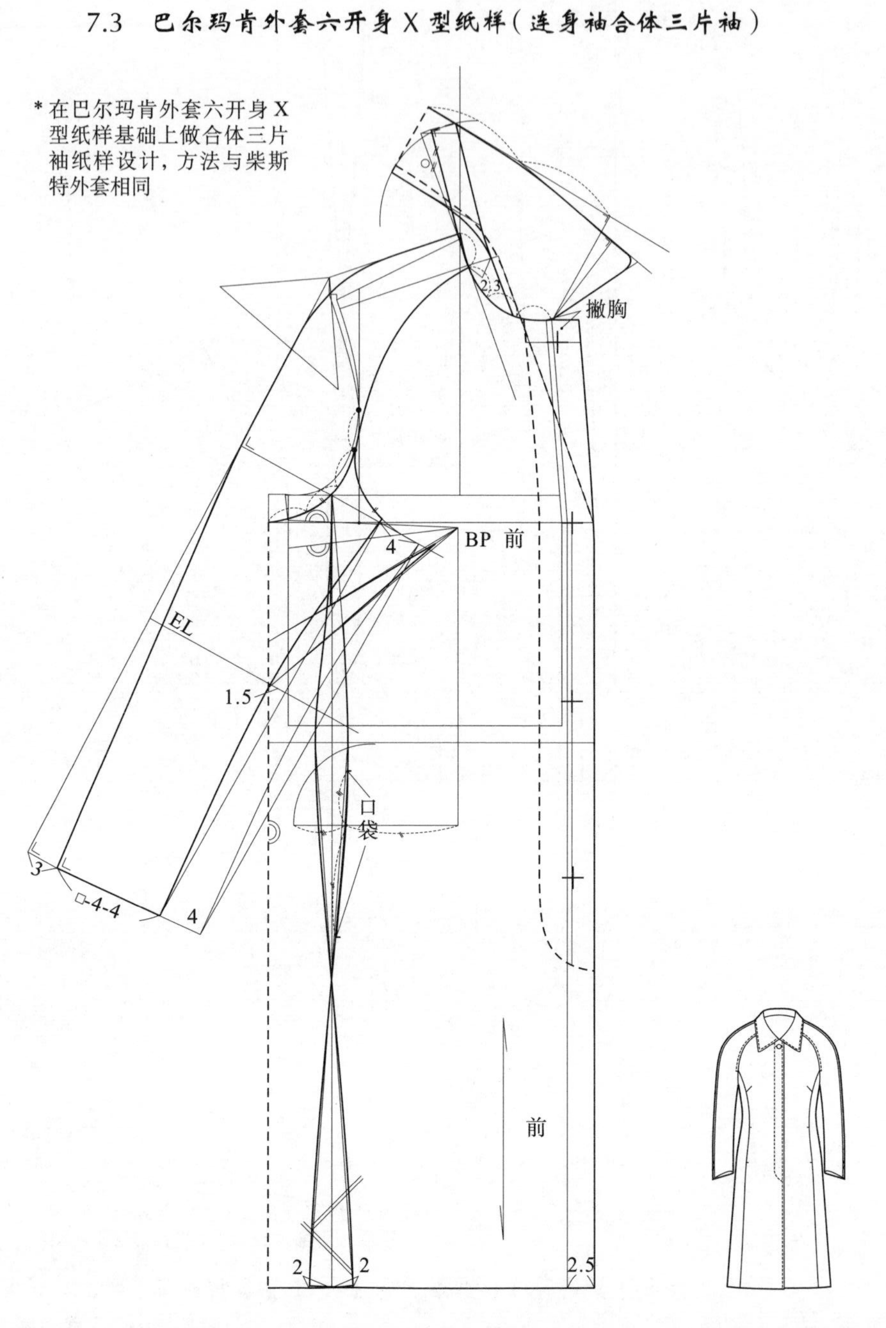

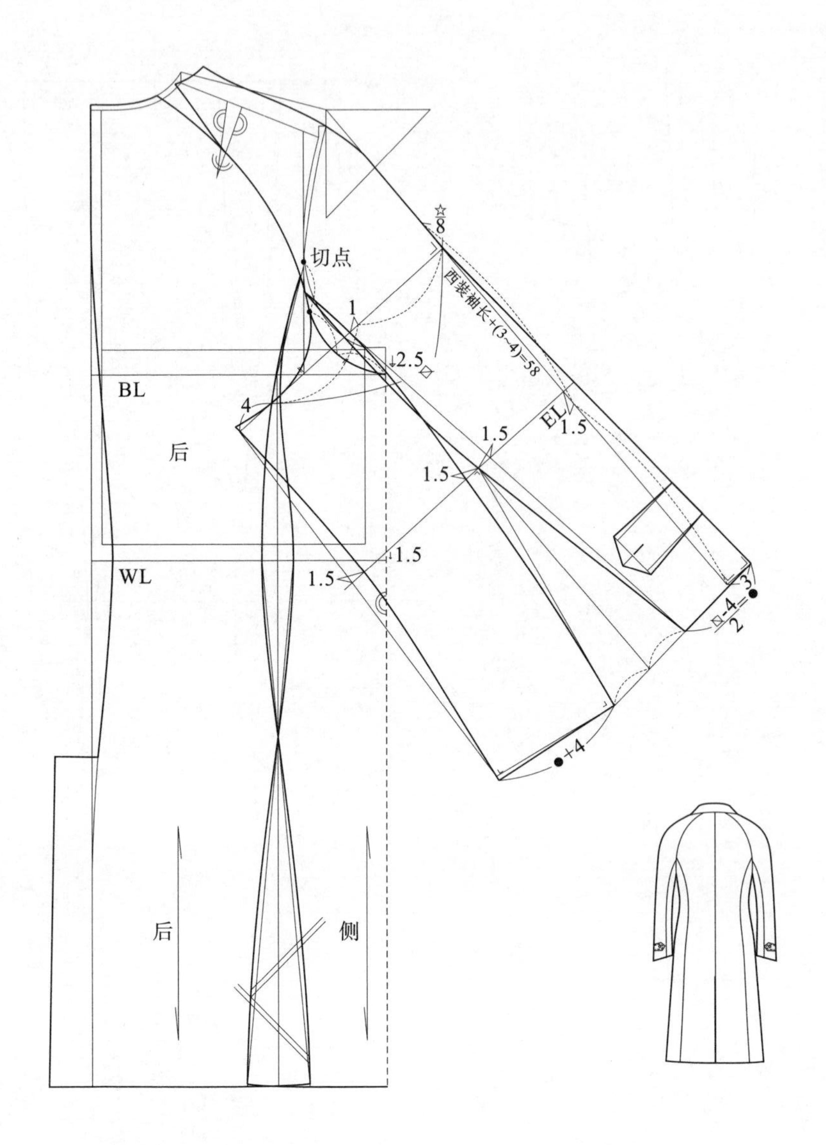

巴尔玛肯外套六开身 X 型纸样连身袖合体三片袖纸样分解图

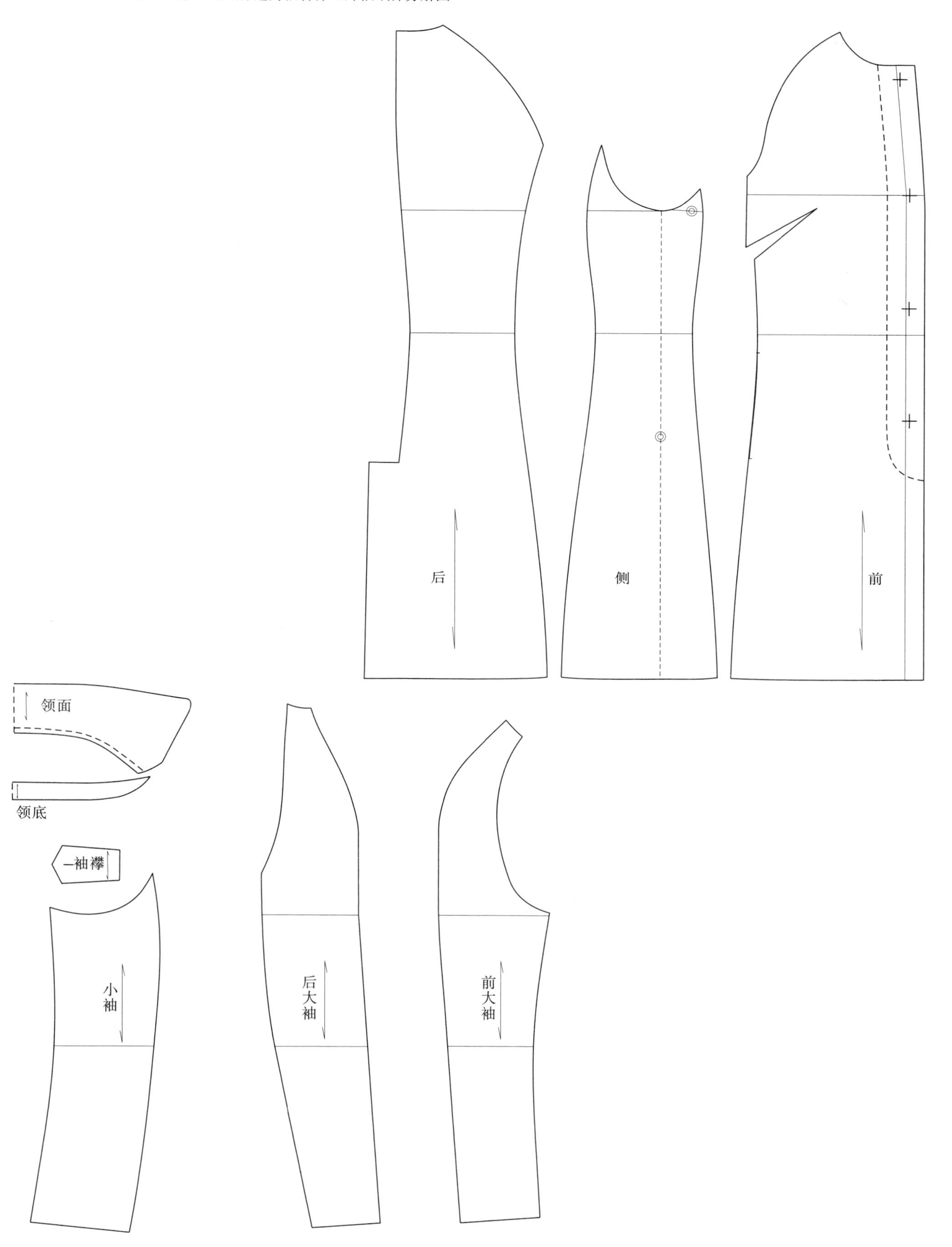

7.4 巴尔玛肯外套八开身大X型纸样

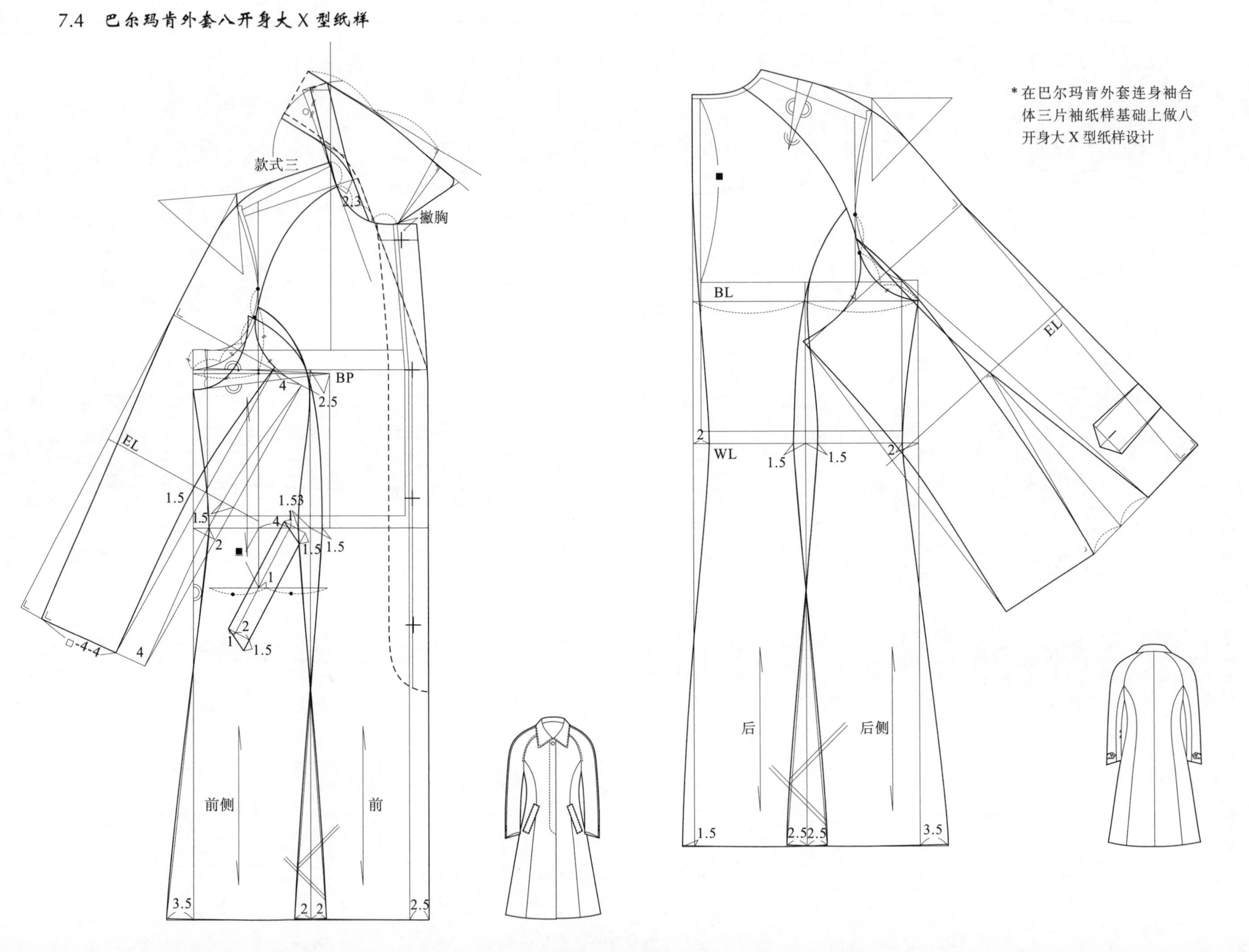

7.5　巴尔玛肯外套四开身H型纸样

* 将巴尔玛肯外套六开身X型纸样（7.2无袖省连身袖纸样）中的侧省移到袖窿后，做无省四开身处理

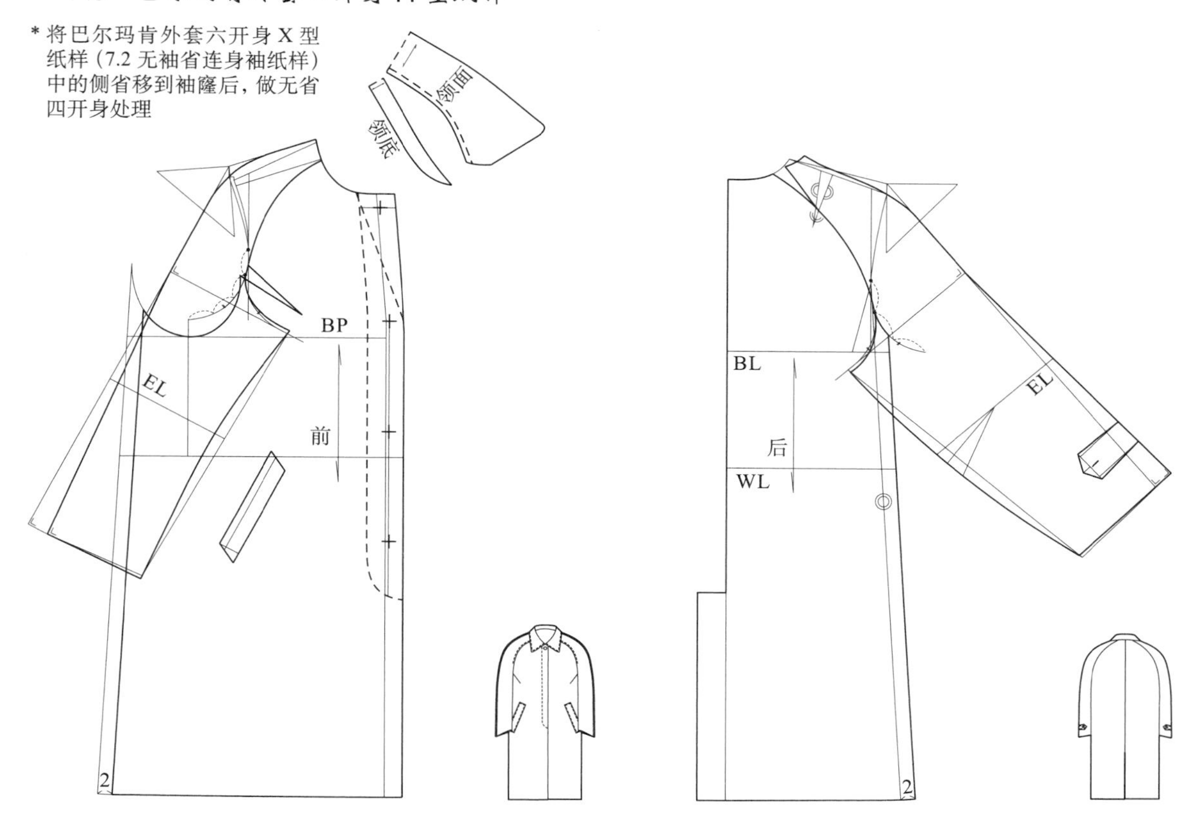

7.6　巴尔玛肯外套四开身Y型纸样

* 在巴尔玛肯外套四开身H型纸样基础上，做宽肩收摆处理。也可直接利用Y型柴斯特外套纸样作连身袖巴尔玛领设计

8. 巴尔玛肯外套装袖一款多板纸样系列设计

8.1 装袖巴尔玛肯外套六开身 X 型纸样

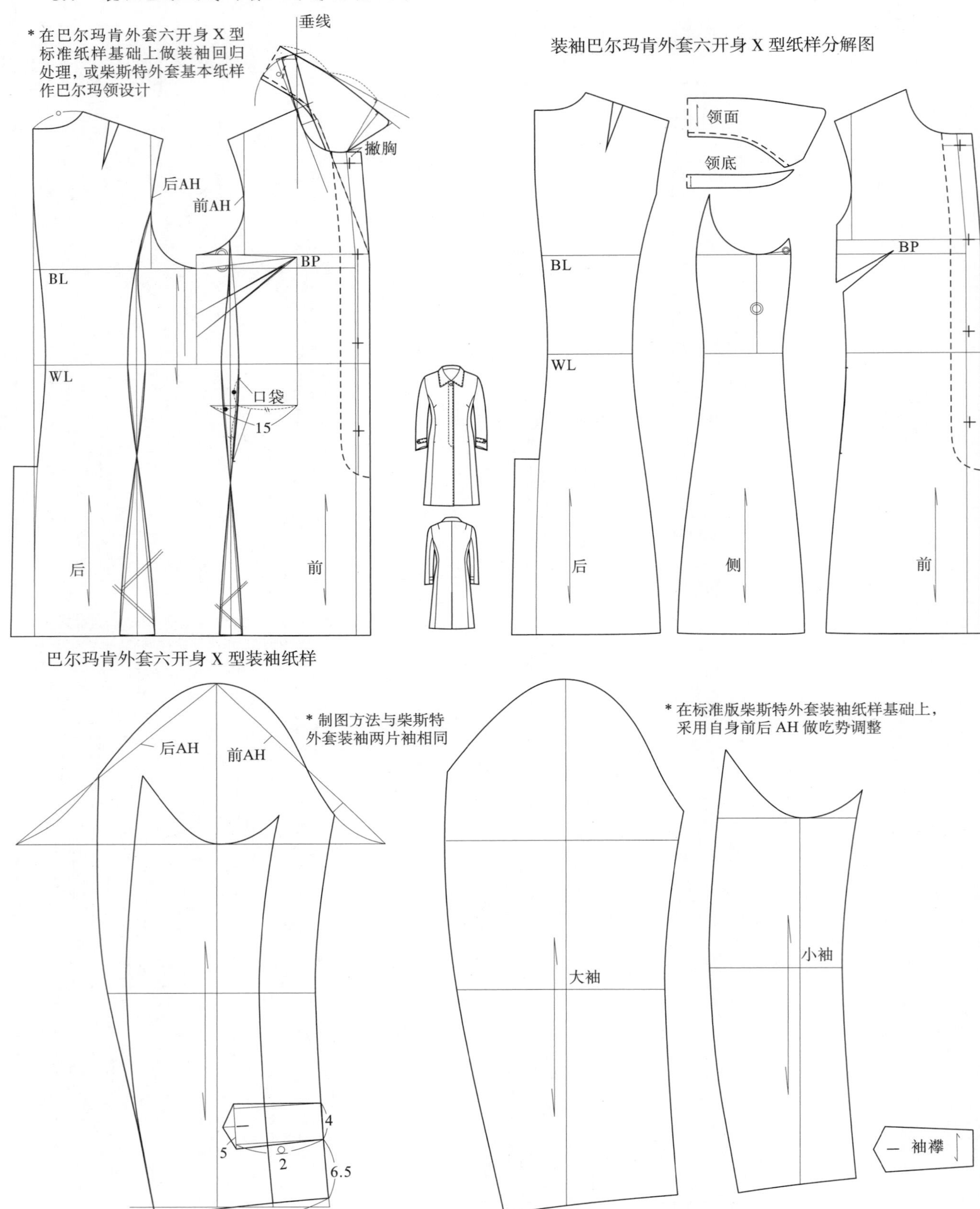

8.2 装袖巴尔玛肯外套八开身大X型纸样（袖通用）

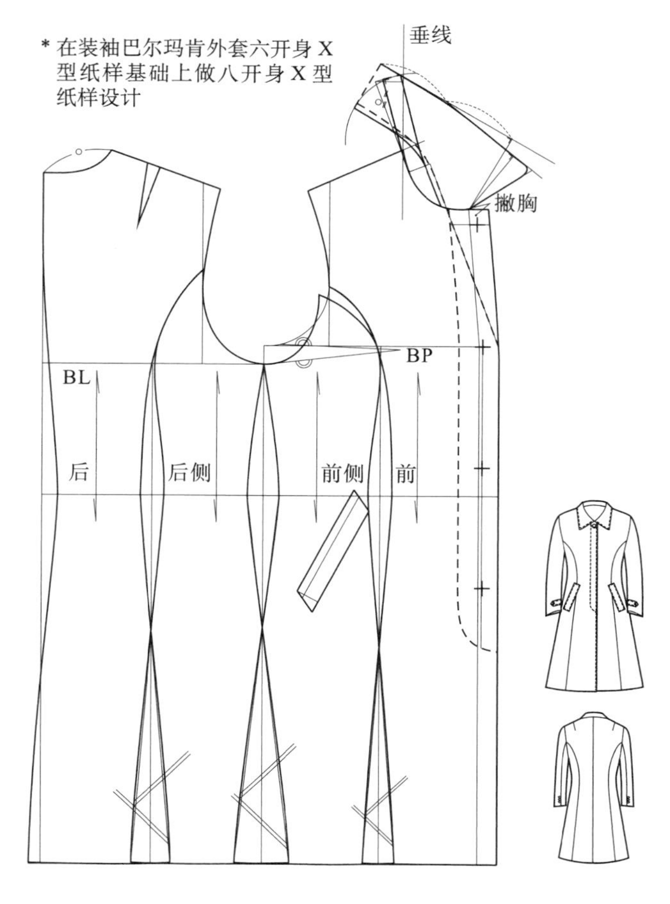

装袖巴尔玛肯外套八开身大X型纸样分解图

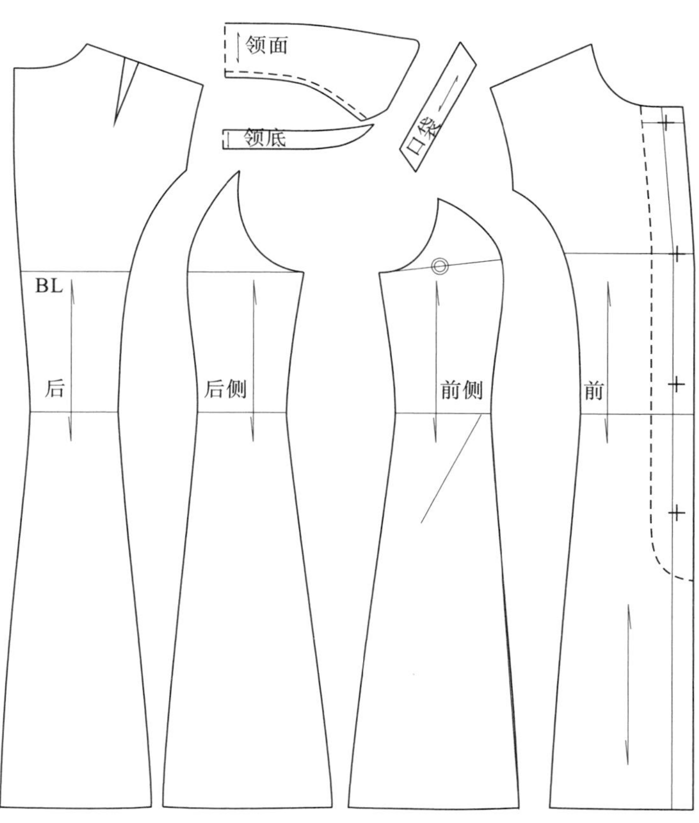

8.3 装袖巴尔玛肯外套四开身S型纸样（袖通用）

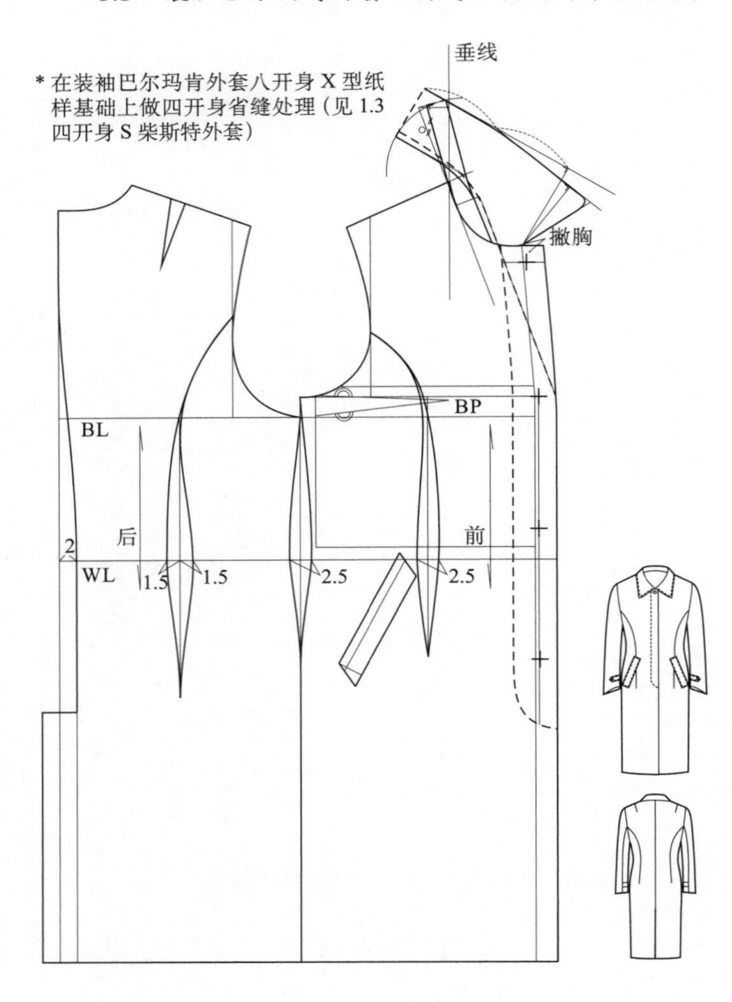

装袖巴尔玛肯外套四开身S型纸样分解图

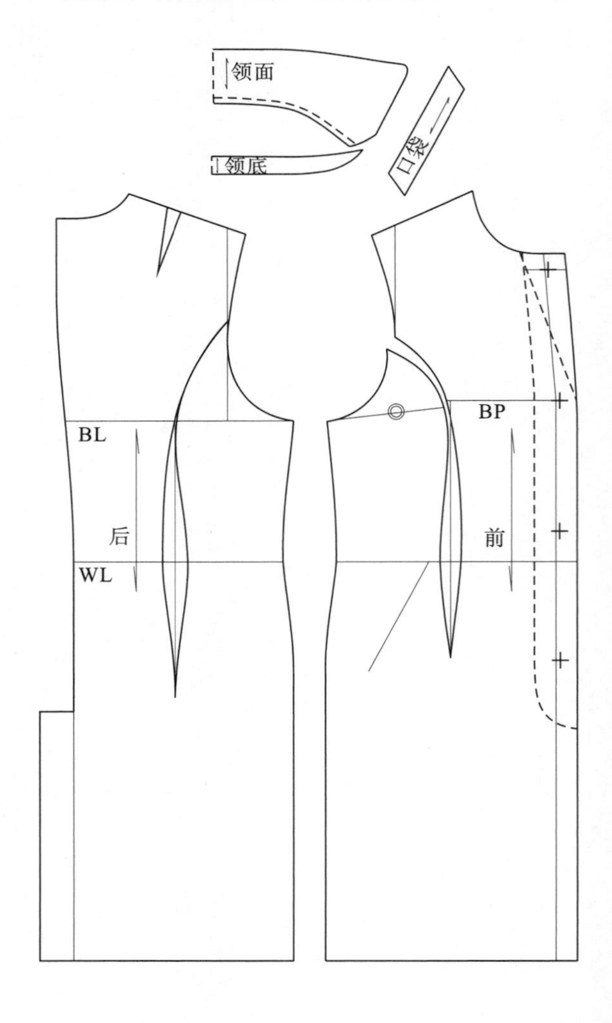

8.4　装袖巴尔玛肯外套四开身 H 型纸样（袖通用）

* 在装袖巴尔玛肯外套六开身 X 型纸样基础上做四开身 H 型纸样设计

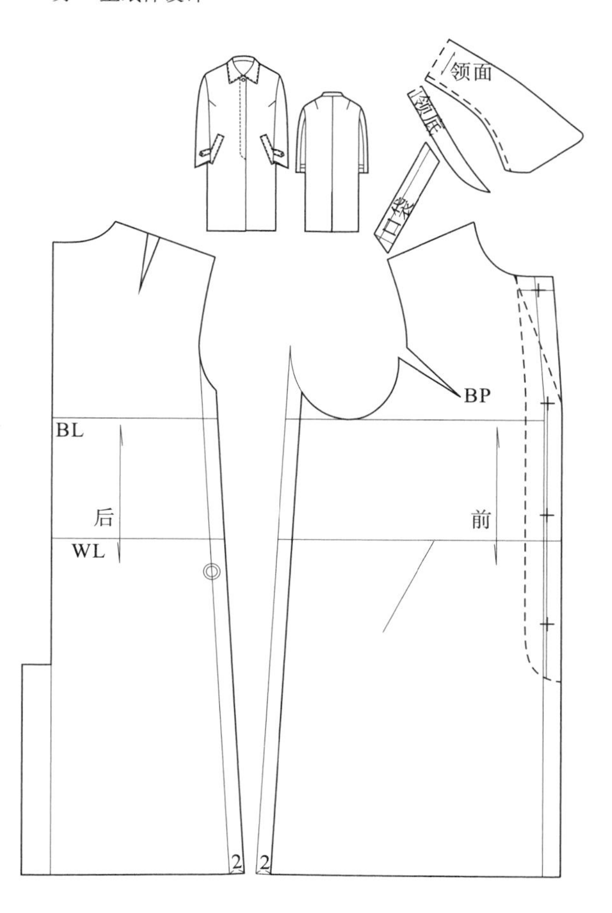

8.5　装袖巴尔玛肯外套四开身 Y 型纸样

* 在装袖巴尔玛肯外套四开身 H 型纸样基础上做宽肩收摆处理（方法见 1.7 四开身 Y 型柴斯特外套）

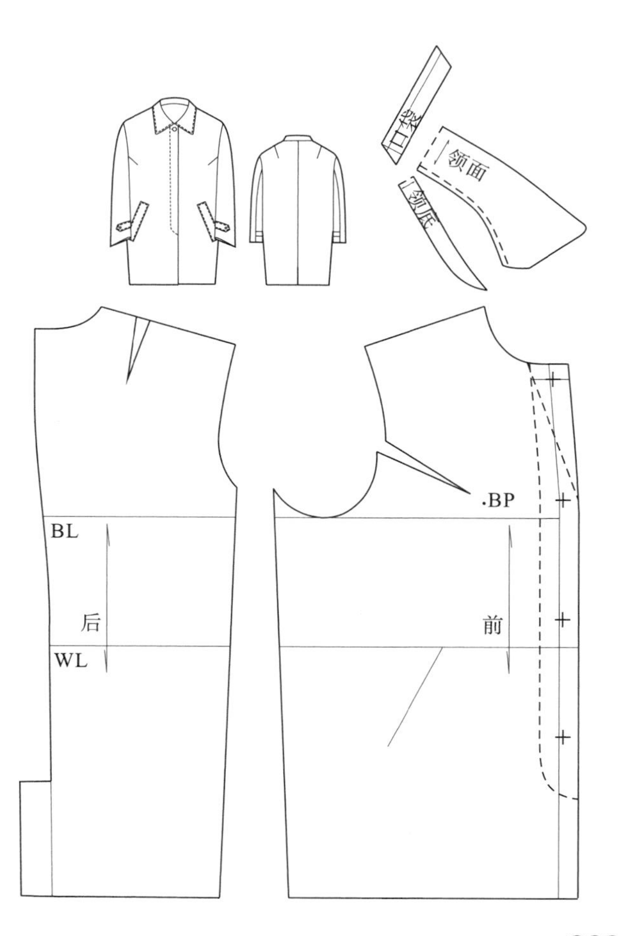

8.6 装袖巴尔玛肯外套三开身A型纸样（袖通用）

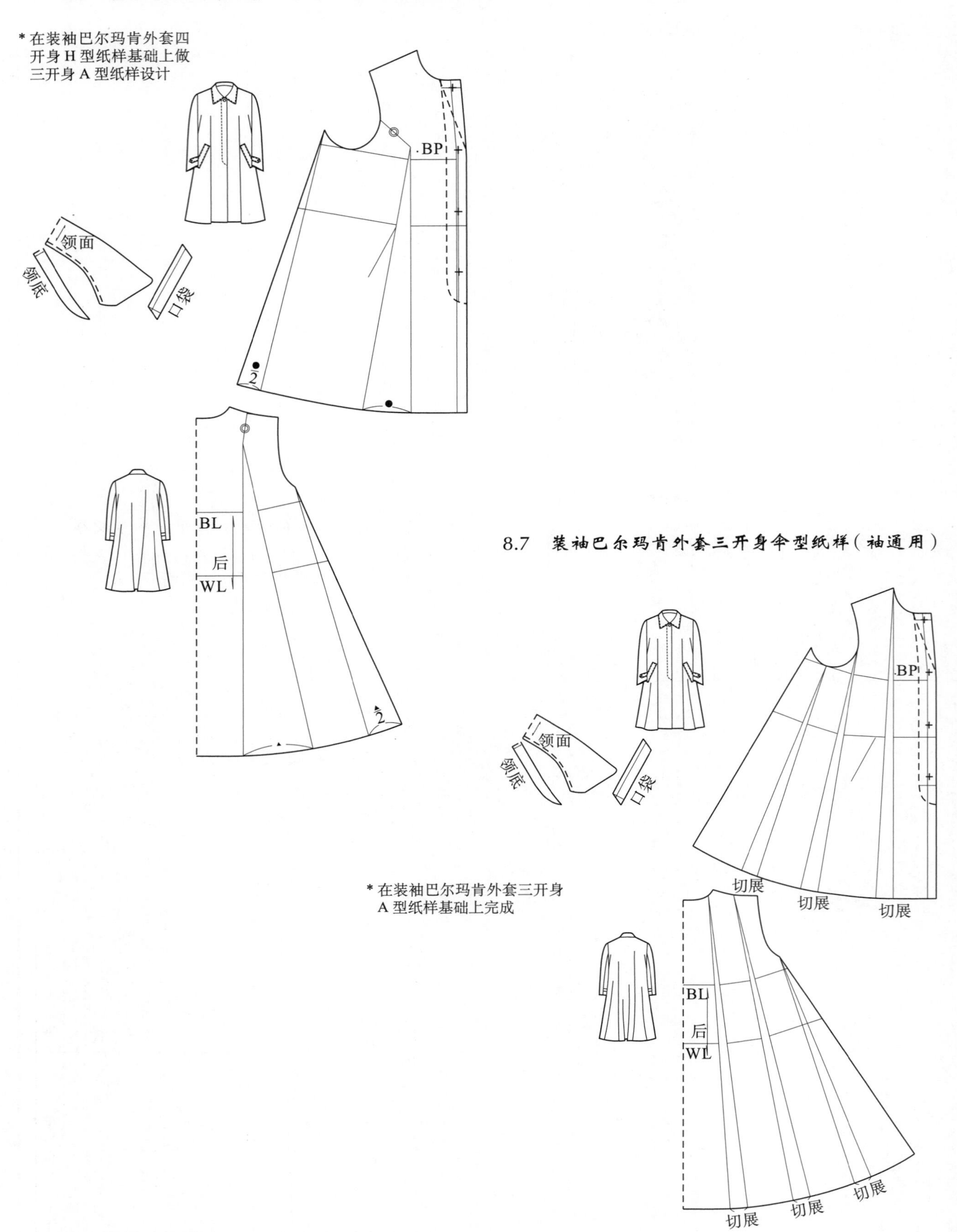

9. 六开身巴尔玛肯外套多板多款纸样系列设计（七款）

* 本纸样系列设计直接的经验来源于“训练四、6.2 连身袖六开身 X 型西装纸样系列设计”

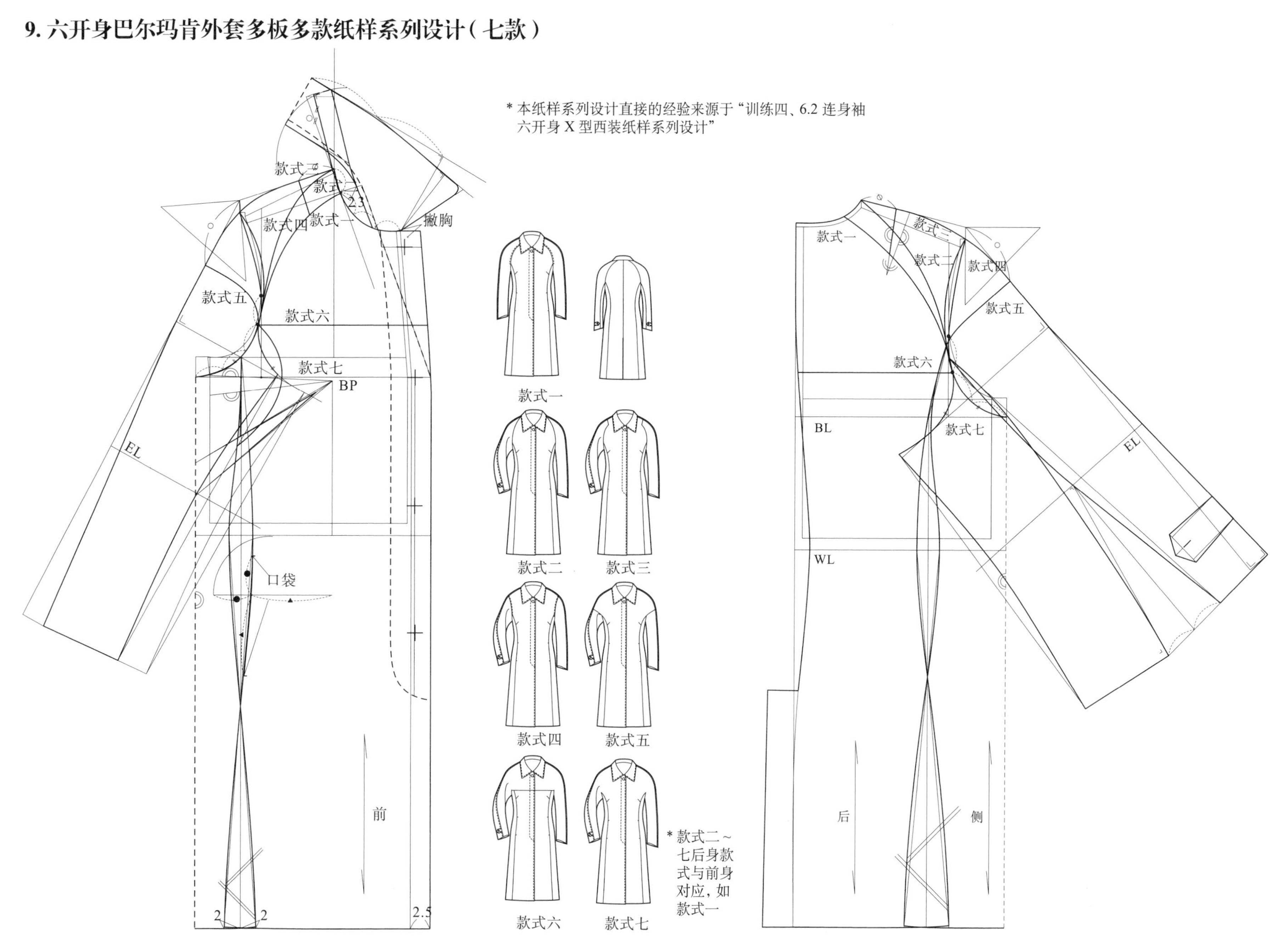

10. 八开身巴尔玛肯外套多板多款纸样系列设计（七款）

* 本纸样系列设计直接的经验来源于“训练四、11. 连身袖八开身多板多款短摆双排扣平驳领西装纸样系列设计”

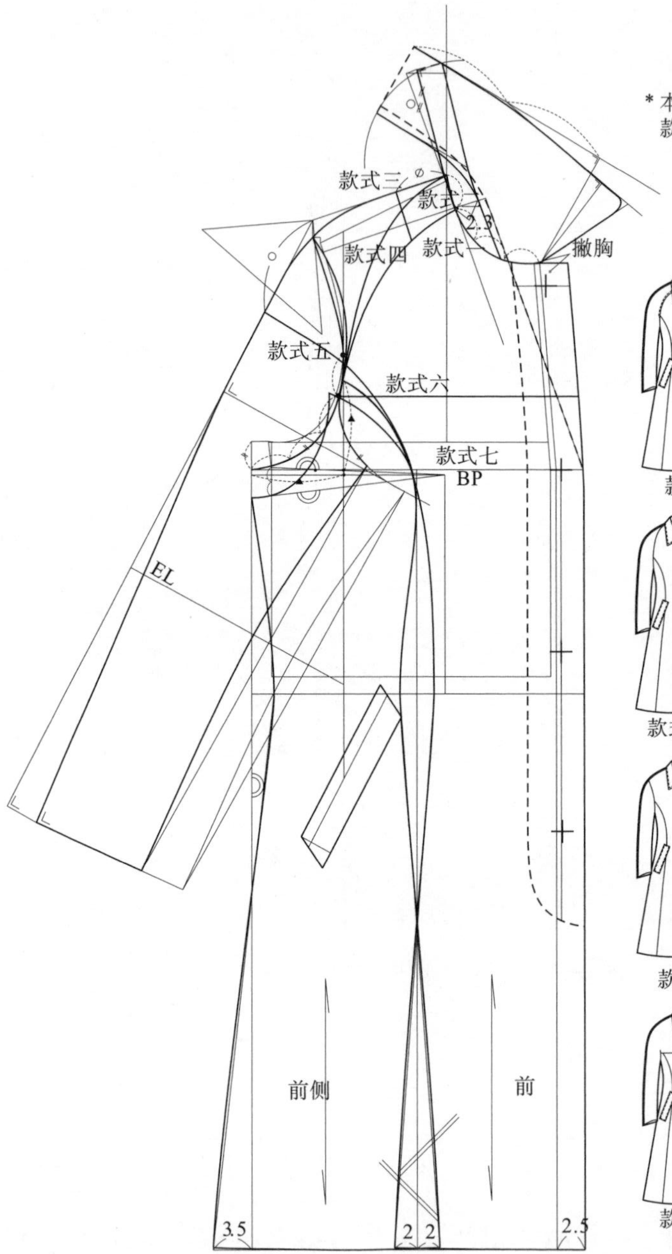

* 款式二～七后身款式与前身对应，如款式一

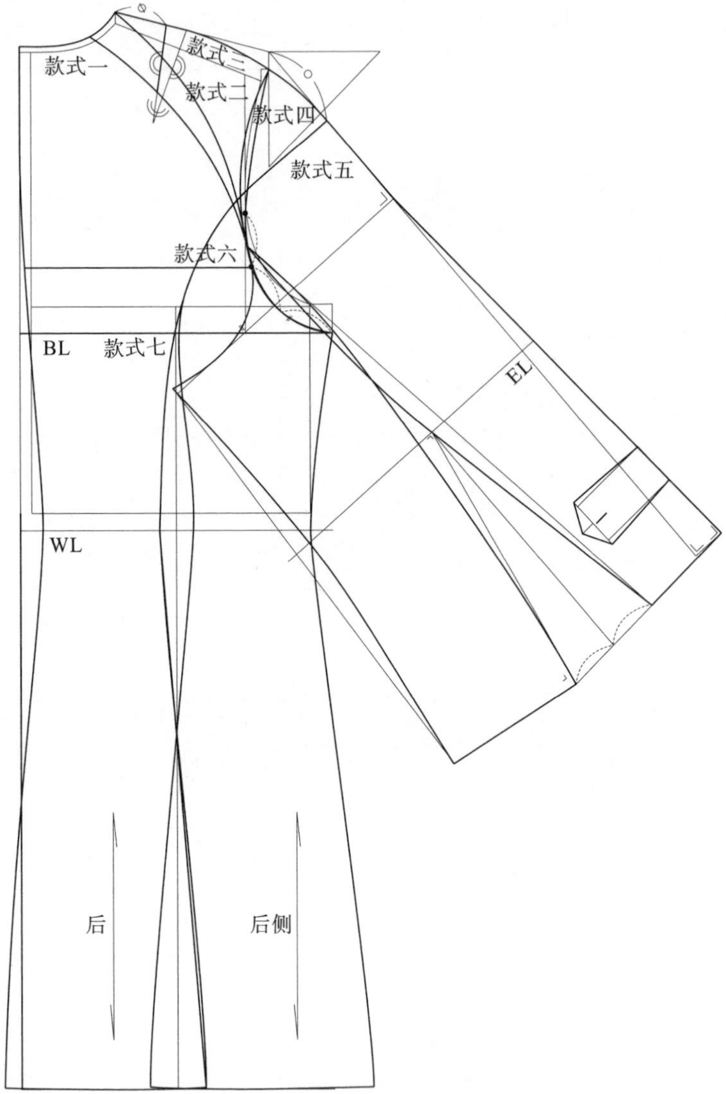

11. 深化公主线设计巴尔玛肯外套多板多款纸样系列设计（两款）

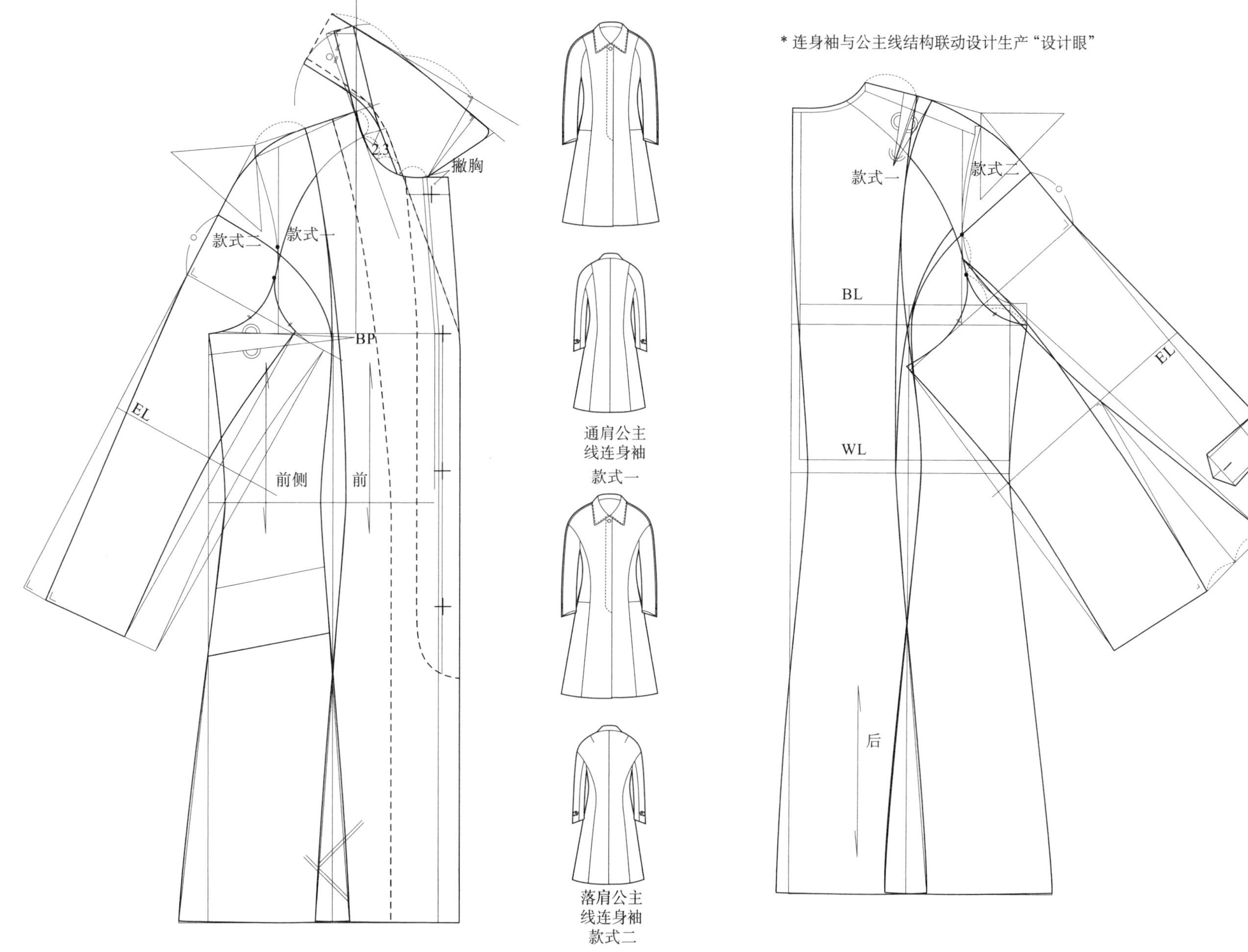

款式一纸样分解图（前片）

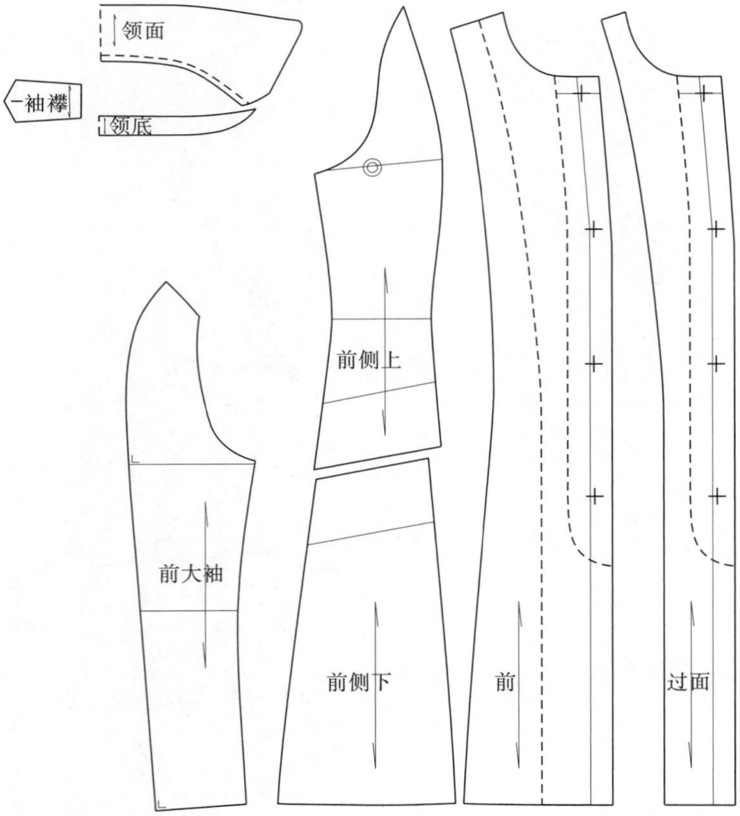

领面
袖襻
领底
前侧上
前大袖
前侧下
前
过面

款式一纸样分解图（后片）

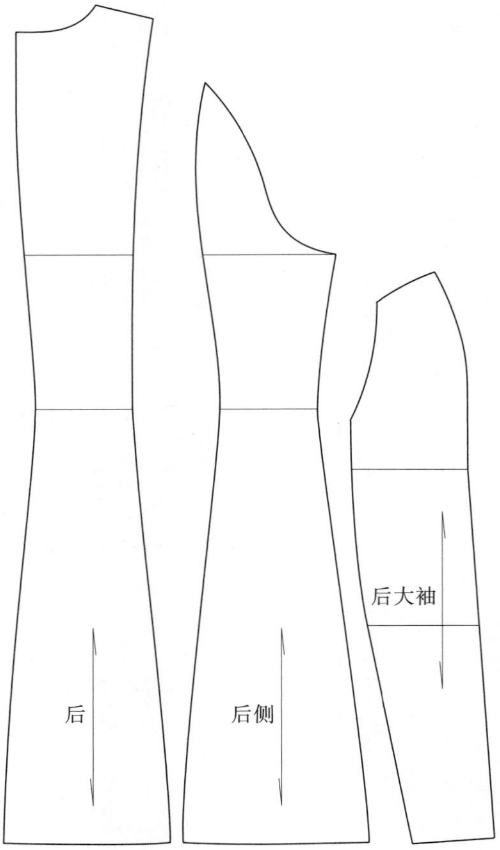

后
后侧
后大袖

款式二纸样分解图（前片）

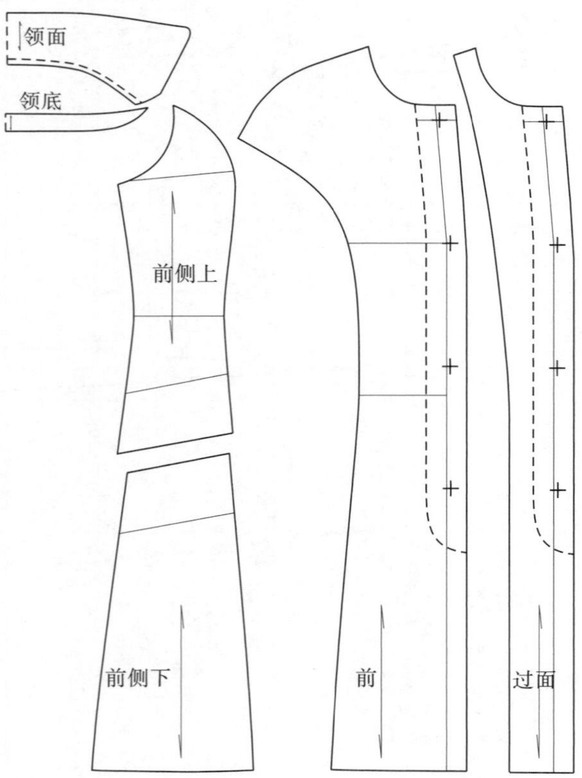

领面
领底
前侧上
前侧下
前
过面

款式二纸样分解图（后片）

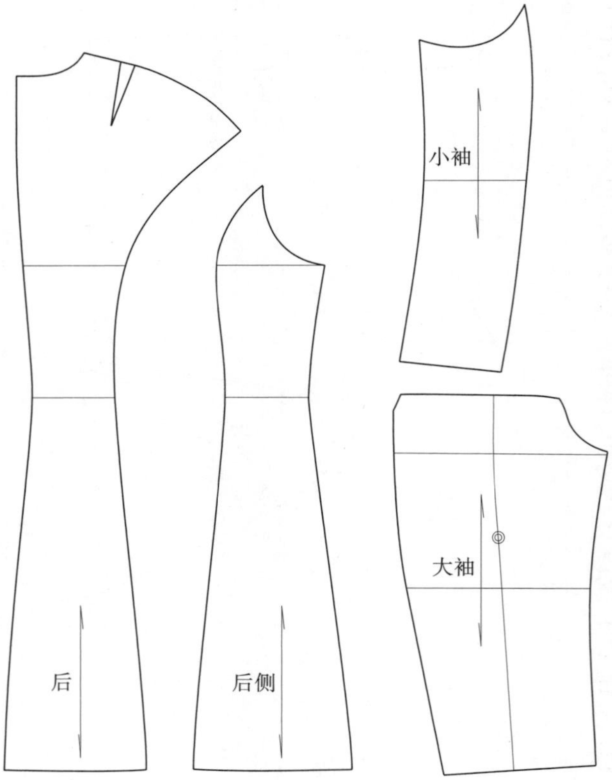

后
后侧
小袖
大袖

12. 波罗外套六开身 X 型纸样系列设计

12.1 戗驳领波罗外套六开身 X 型纸样

* 在标准巴尔玛肯外套六开身 X 型纸样基础上做双排扣戗驳领、三片包肩袖加明卡夫、复合贴袋、后腰带等波罗元素的设计

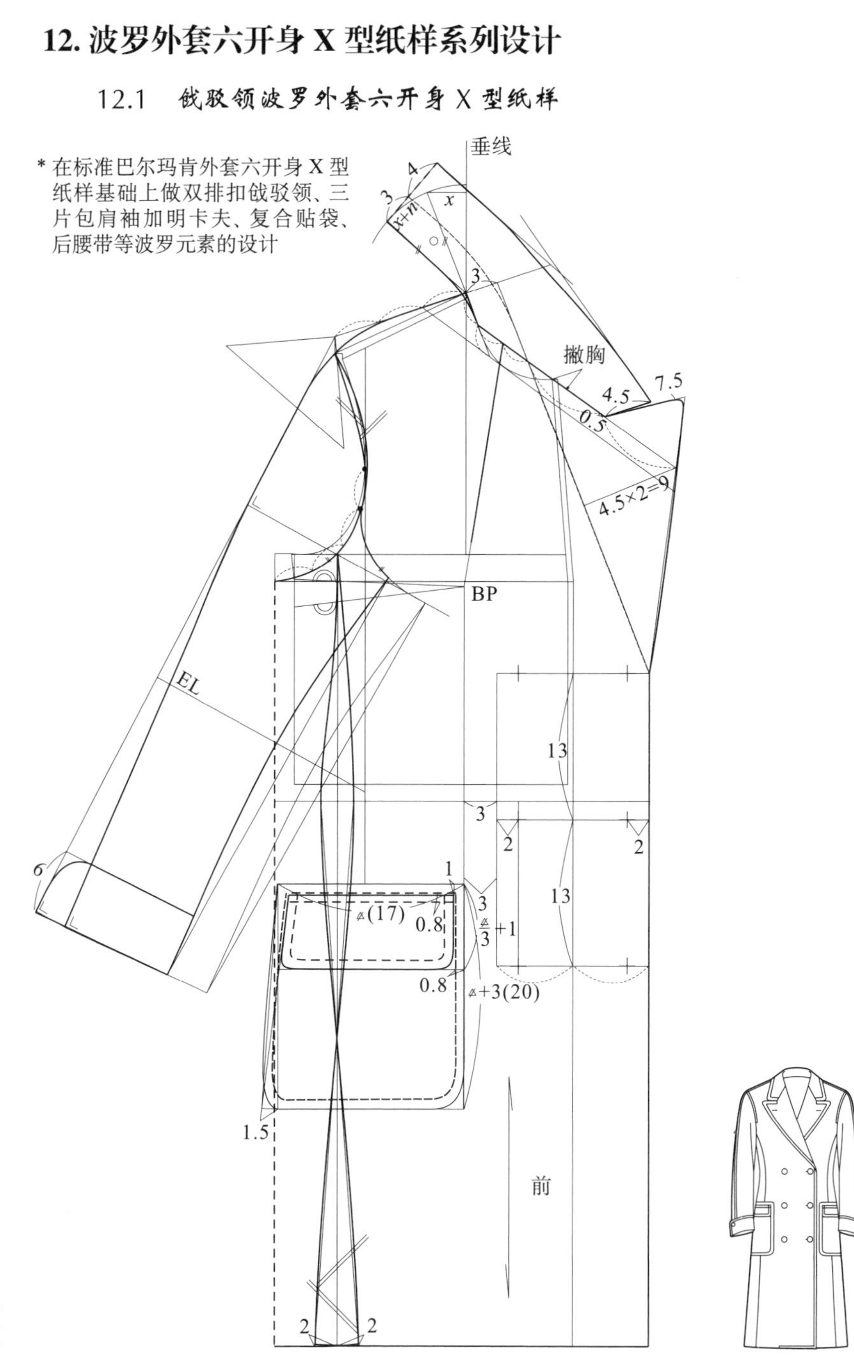

12.2 半戗驳领波罗外套六开身X型纸样前片（后片通用）

* 在标准版波罗外套（戗驳领）六开身X型纸样基础上做半戗驳领处理

12.3 阿尔斯特领波罗外套六开身X型纸样前片（后片通用）

* 在标准版波罗外套（戗驳领）六开身X型纸样基础上做阿尔斯特领设计，方法是以戗驳头尺寸为准找齐翻领角尺寸

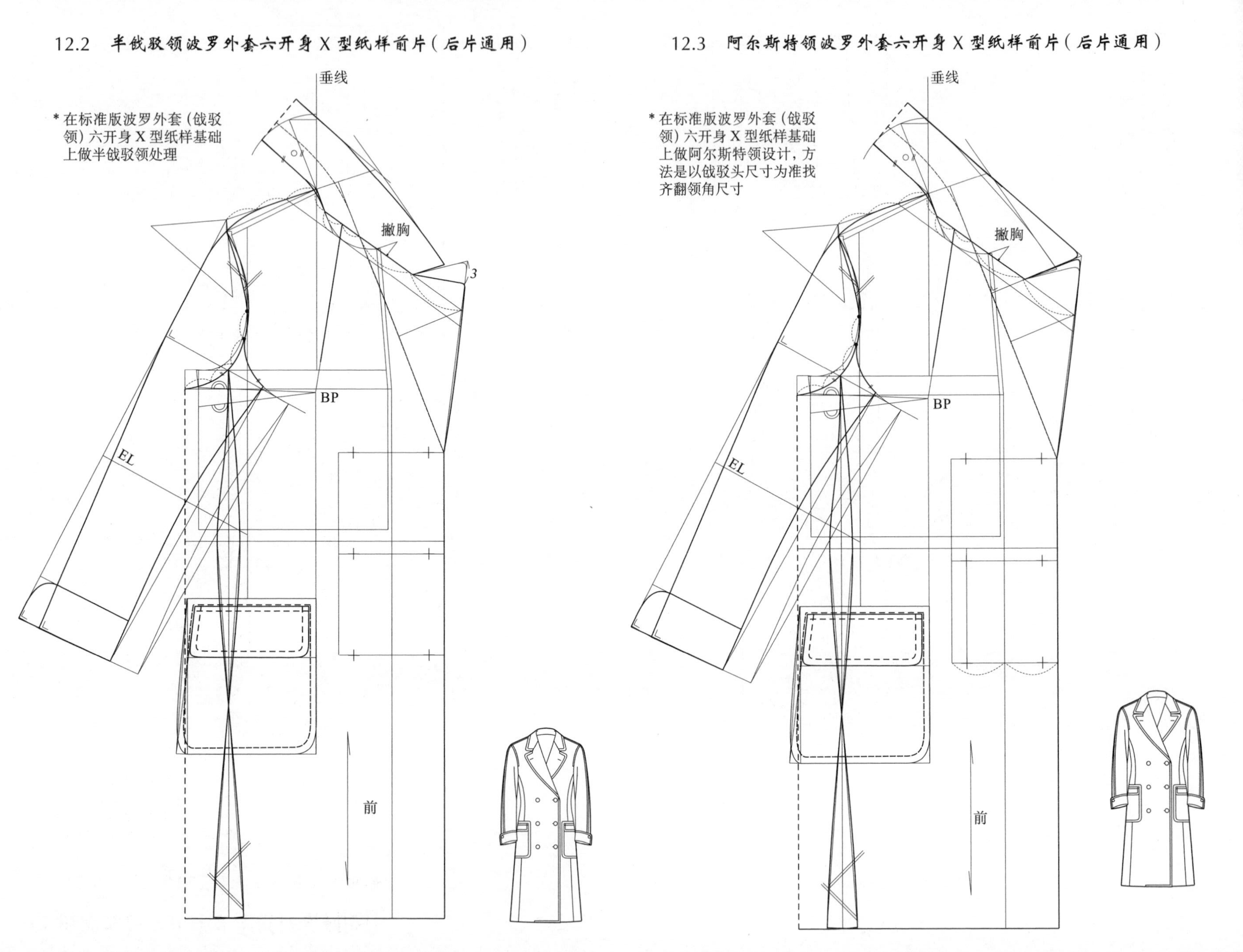

13. 泰利肯外套六开身 X 型纸样系列设计

13.1 标准领型泰利肯外套六开身 X 型纸样

* 在标准版波罗外套六开身 X 型纸样基础上，先做低驳点阿尔斯特领设计，然后再处理成张角驳领，袖子采用插肩袖结构，口袋采用巴尔玛肯斜插袋，但因有腰带而降低位置

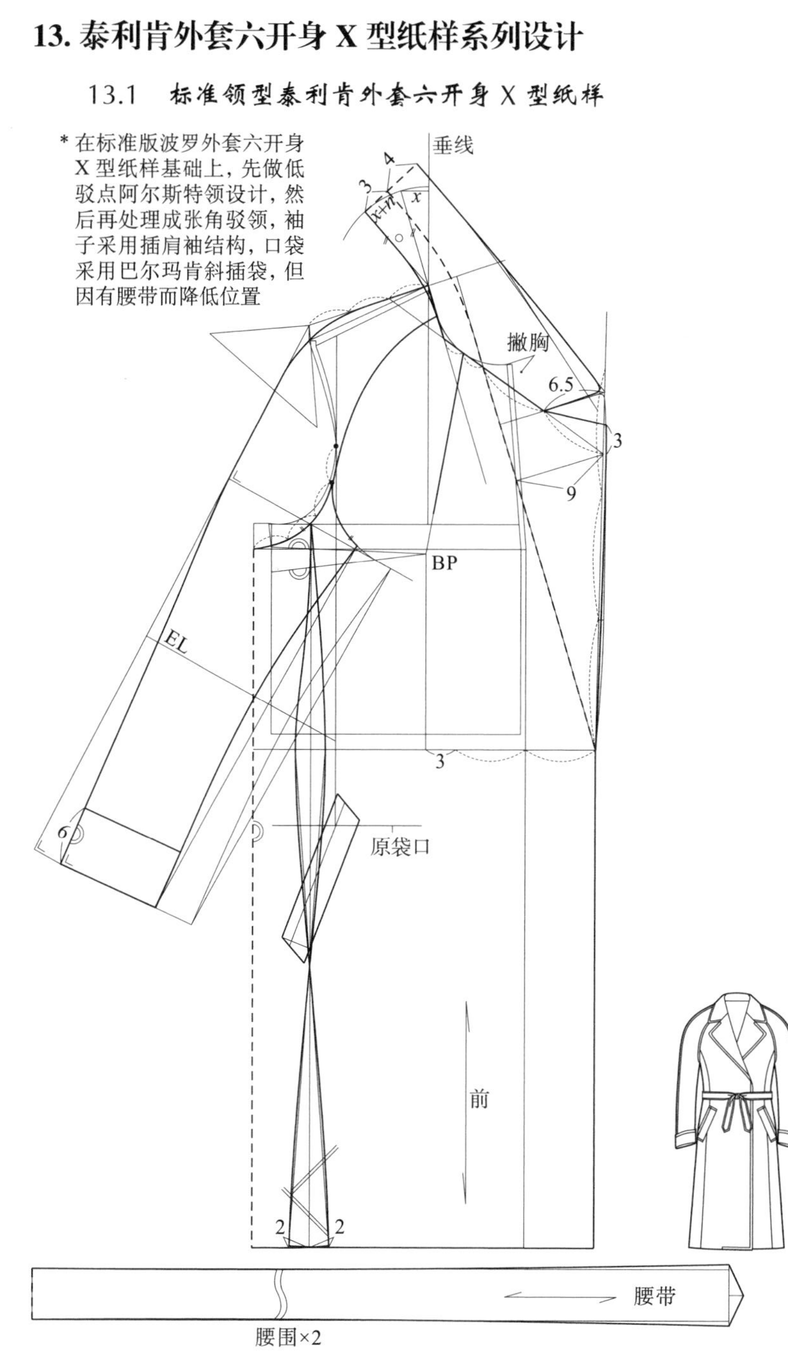

* 后身和插肩三片袖纸样几乎与“巴尔玛肯外套六开身 X 型纸样”相同，因此可以借此直接设计泰利肯外套纸样系列

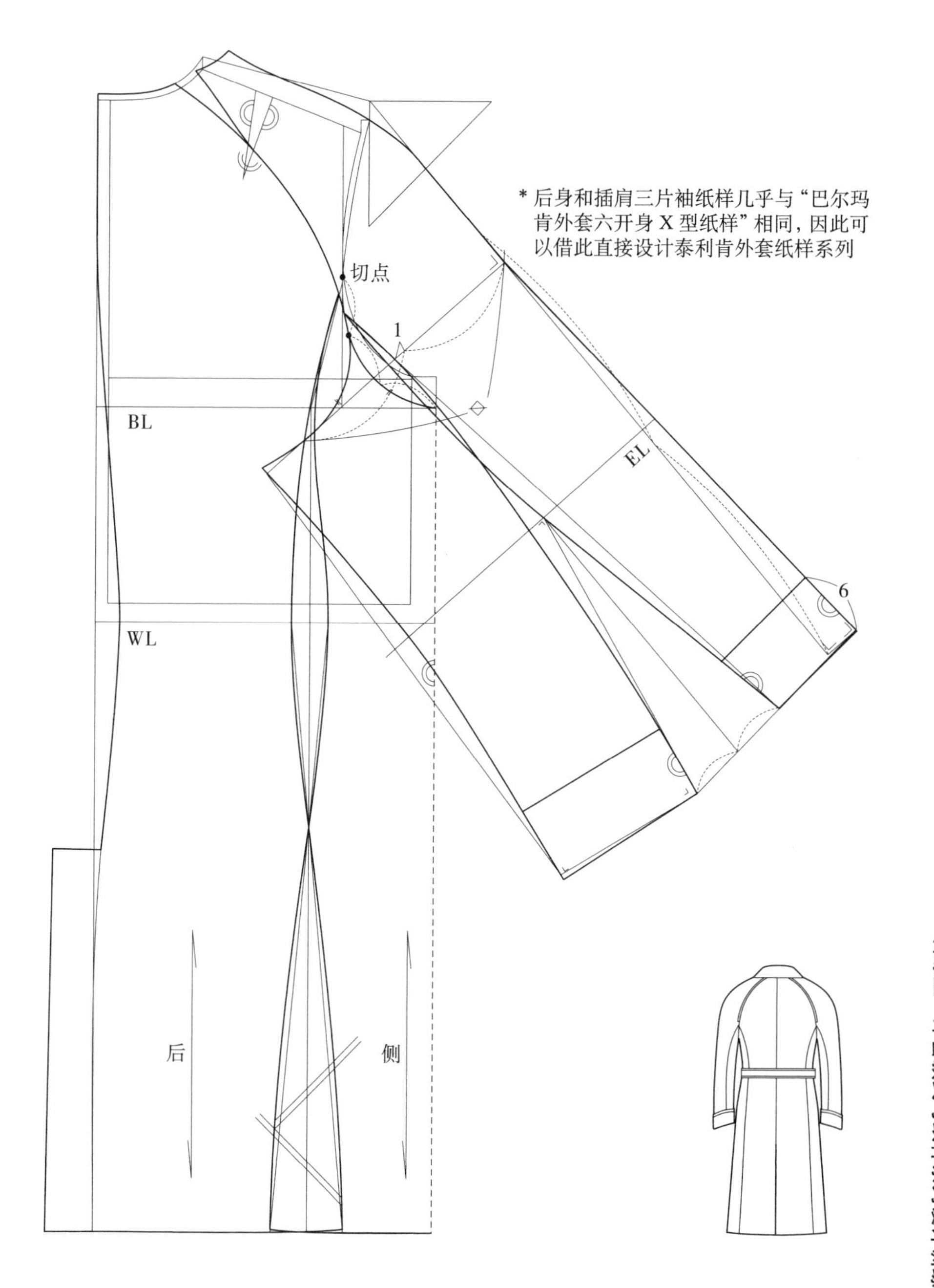

13.2 戗驳领型泰利肯外套六开身X型纸样前片（后片通用）

* 在泰利肯外套六开身X型纸样基础上做低驳点戗驳领设计

13.3 阿尔斯特领泰利肯外套六开身X型纸样前片（后片通用）

* 在戗驳领泰利肯纸样基础上做阿尔斯特领处理

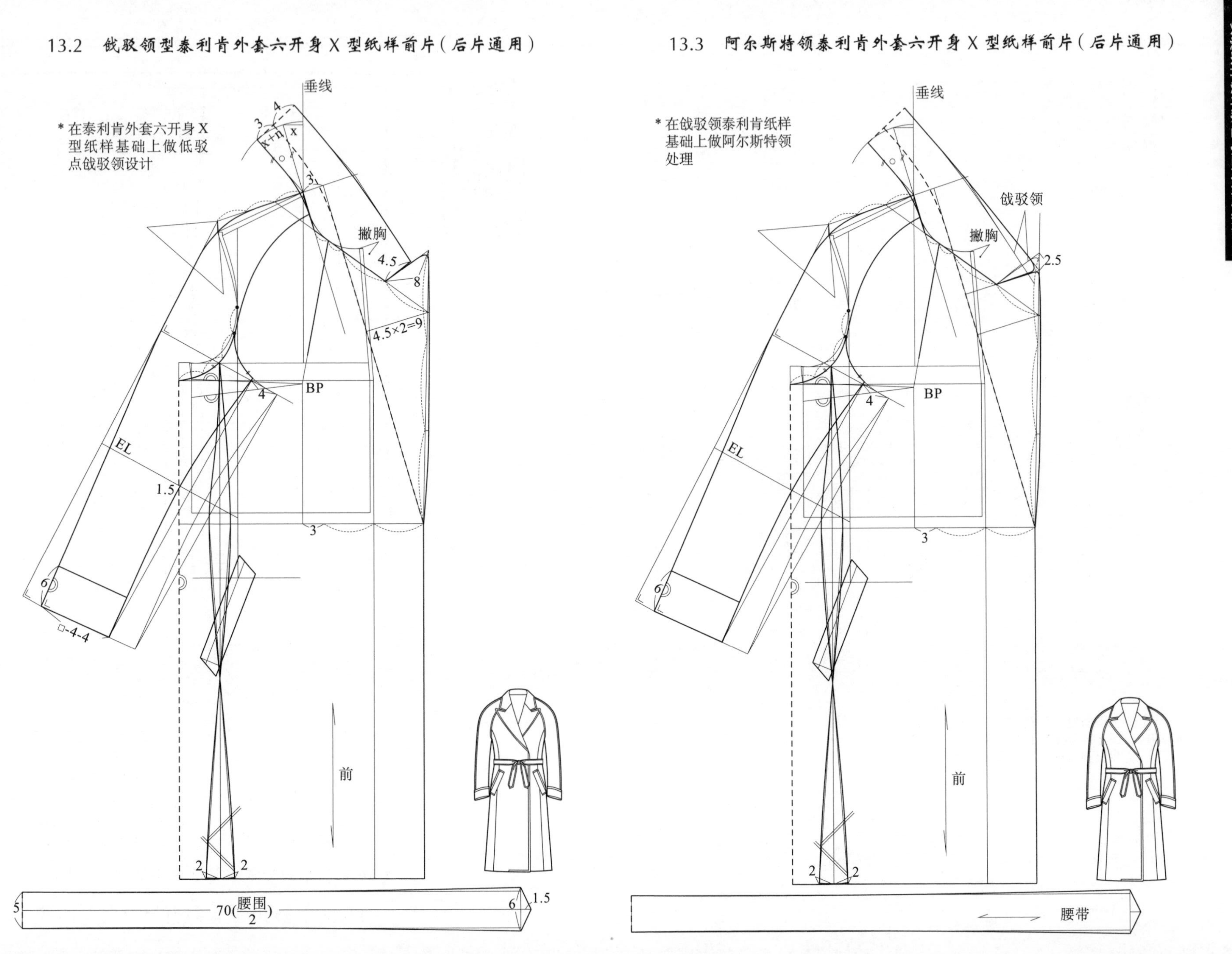

13.4 泰利肯外套结合波罗外套的口袋、袖头元素纸样设计前片（后片通用）

* 在标准泰利肯外套纸样基础上换成波罗口袋设计

13.5 泰利肯外套结合巴尔玛肯外套的领型、口袋元素纸样设计前片（后片通用）

* 直接在六开身X型巴尔玛肯外套纸样基础上加上明卡夫和腰带元素

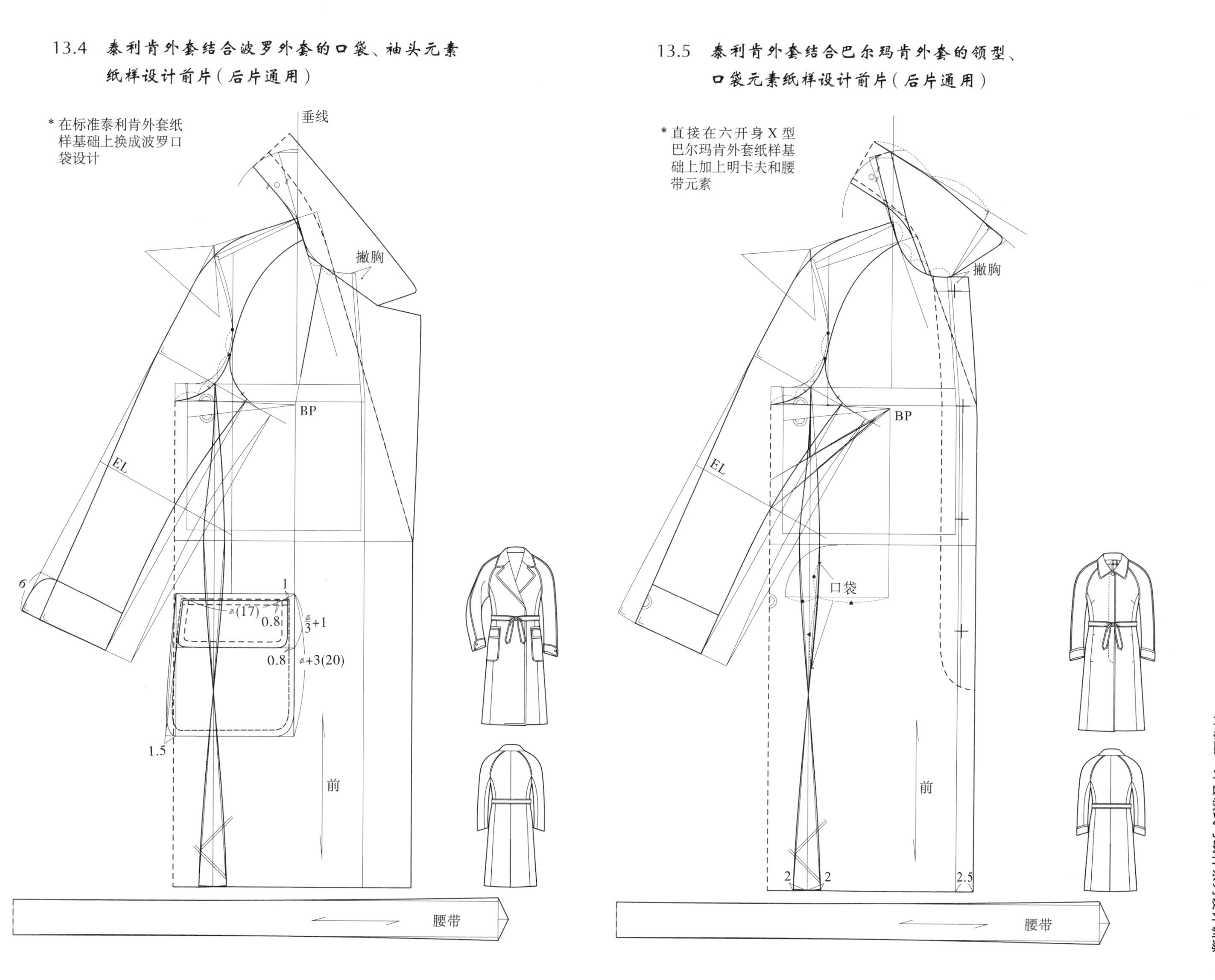

14. 堑壕外套六开身 X 型纸样设计（前片）

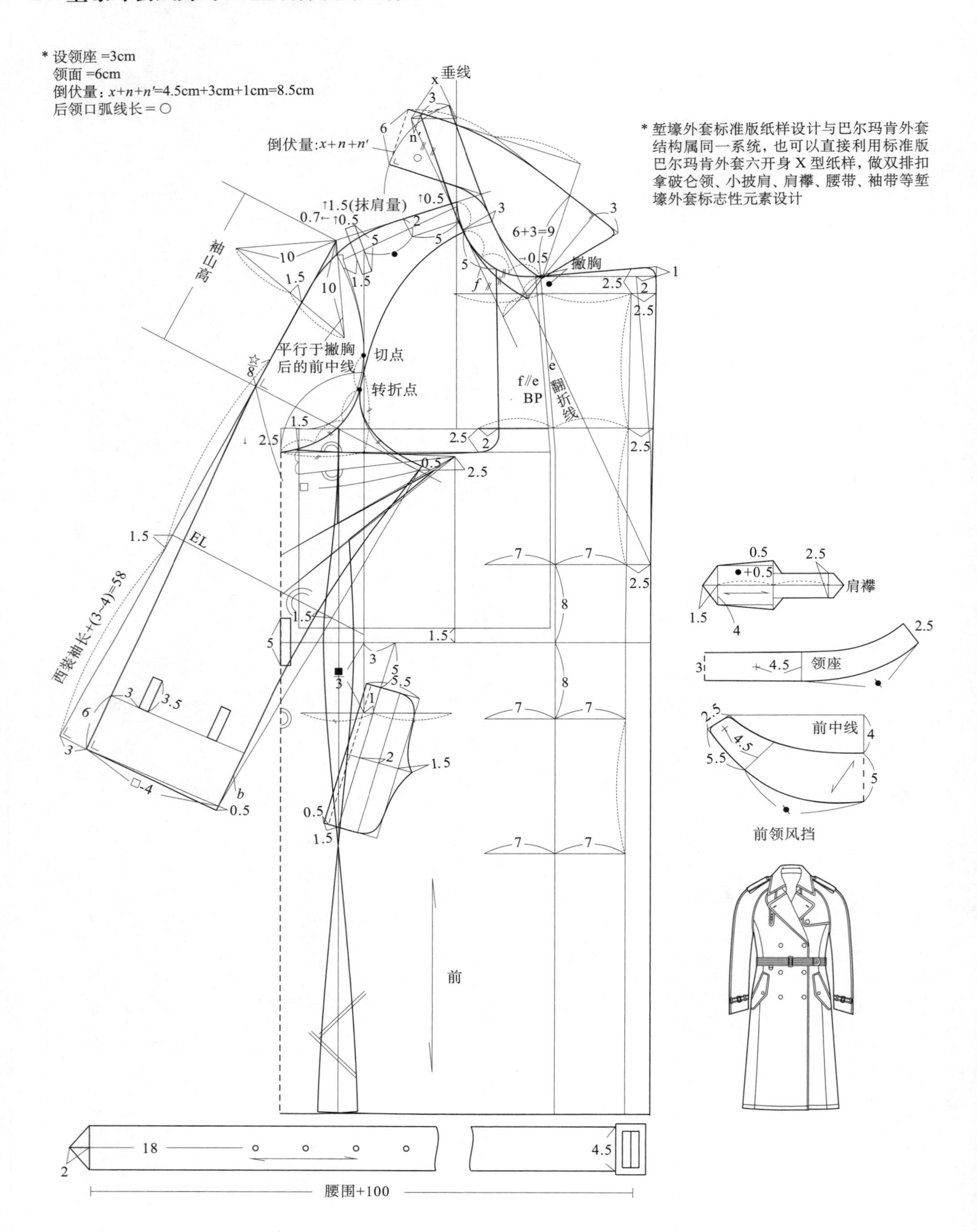

* 设领座 =3cm
领面 =6cm
倒伏量：x+n+n′=4.5cm+3cm+1cm=8.5cm
后领口弧线长 = ○
* 堑壕外套标准版纸样设计与巴尔玛肯外套结构属同一系统，也可以直接利用标准版巴尔玛肯外套六开身 X 型纸样，做双排扣拿破仑领、小披肩、肩襻、腰带、袖带等堑壕外套标志性元素设计
垂线
倒伏量:x+n+n′
1.5(抹肩量)
袖山高
平行于撇胸后的前中线
切点
转折点
撇胸
翻折线
BP
西装袖长+(3~4)=58
EL
肩襻
领座
前中线
前领风挡
前
腰围+100

堑壕外套六开身 X 型纸样设计（后片，无省两片袖）

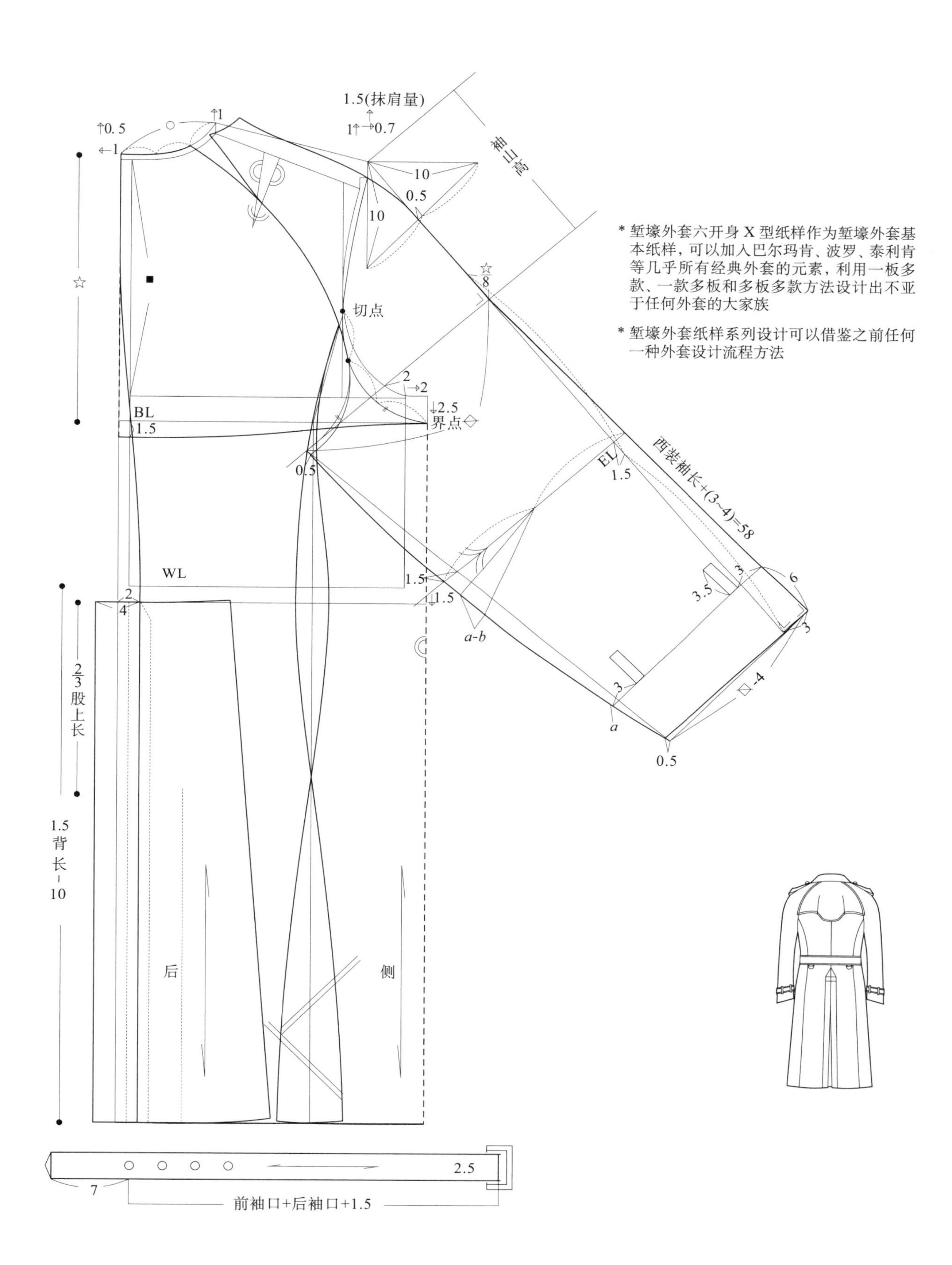

* 堑壕外套六开身 X 型纸样作为堑壕外套基本纸样，可以加入巴尔玛肯、波罗、泰利肯等几乎所有经典外套的元素，利用一板多款、一款多板和多板多款方法设计出不亚于任何外套的大家族
* 堑壕外套纸样系列设计可以借鉴之前任何一种外套设计流程方法

15. 达夫尔外套一款多板纸样系列设计

15.1 达夫尔外套六开身 X 型纸样

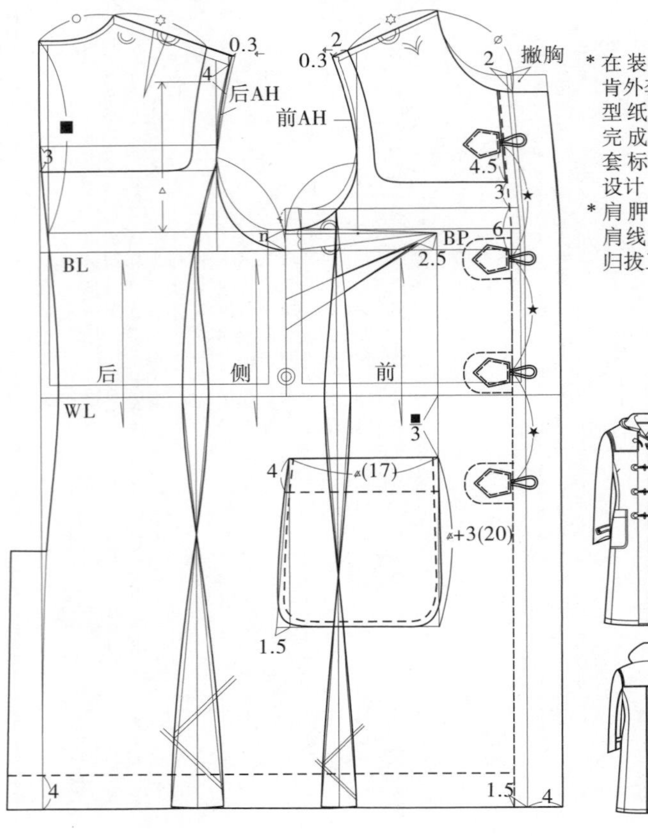

* 在装袖巴尔玛肯外套六开身 X 型纸样基础上完成达夫尔外套标志性元素设计

* 肩胛省量通过肩线前加后减、归拔工艺消除

达夫尔外套六开身 X 型纸样分解图

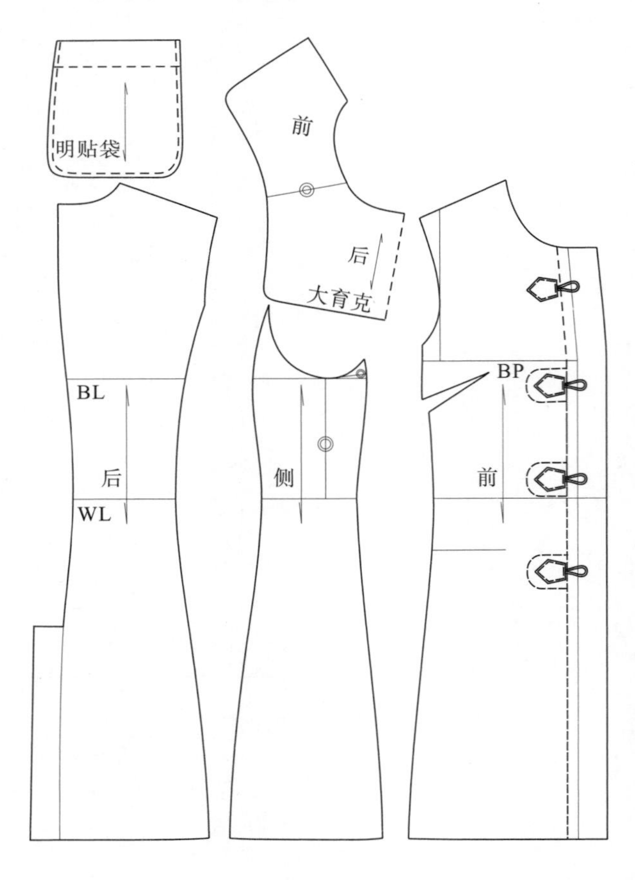

达夫尔外套六开身X型装袖、帽和风襻纸样

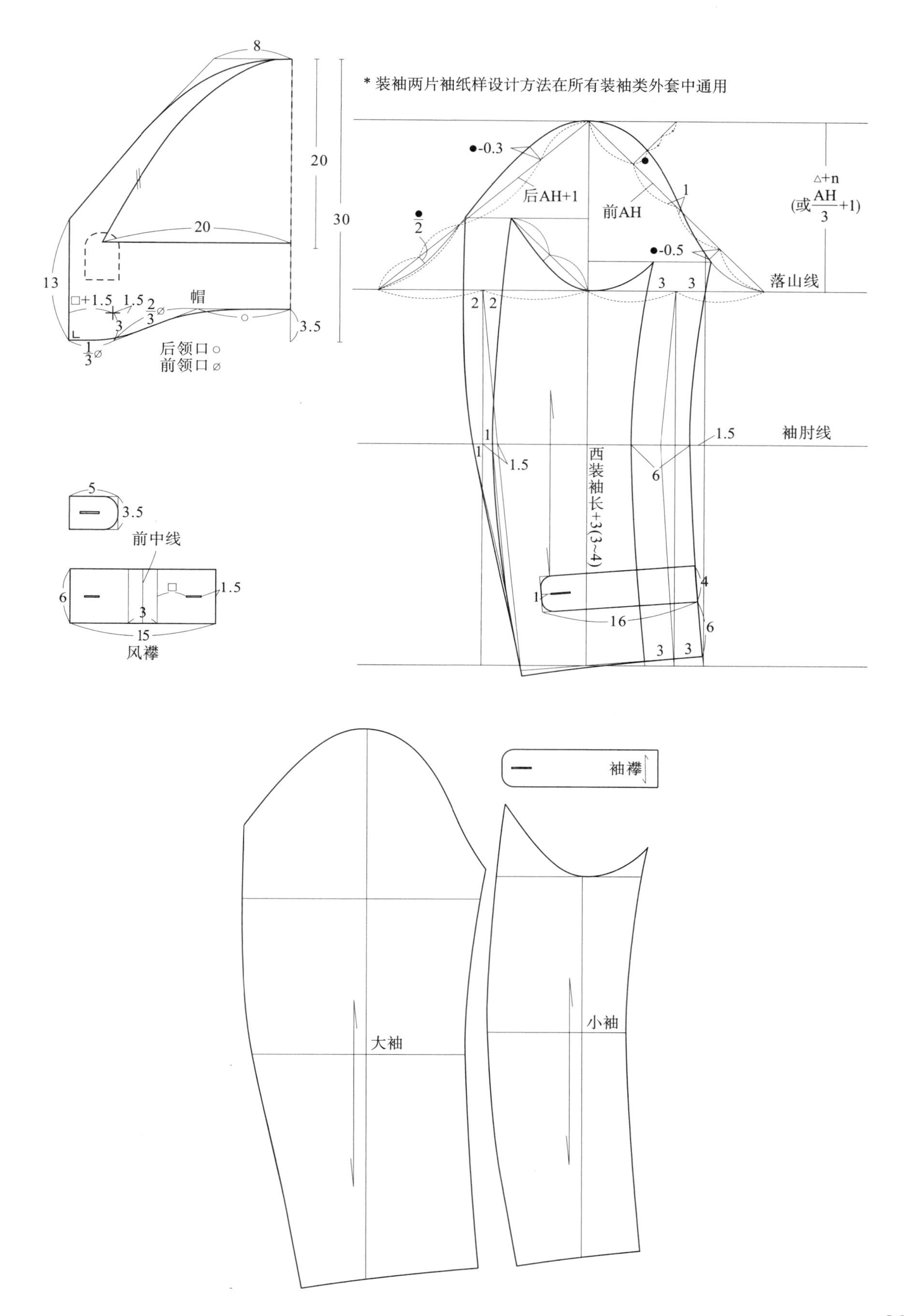

15.2 达夫尔外套八开身大X型纸样（袖子、帽、育克等通用）

* 在达夫尔外套六开身X型纸样基础上做八开身大X型纸样设计

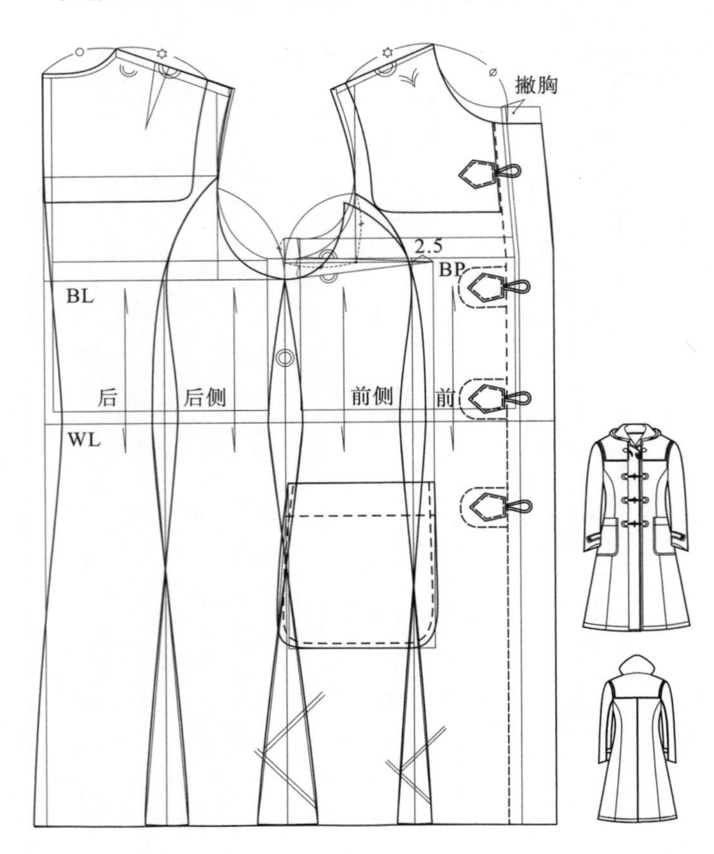

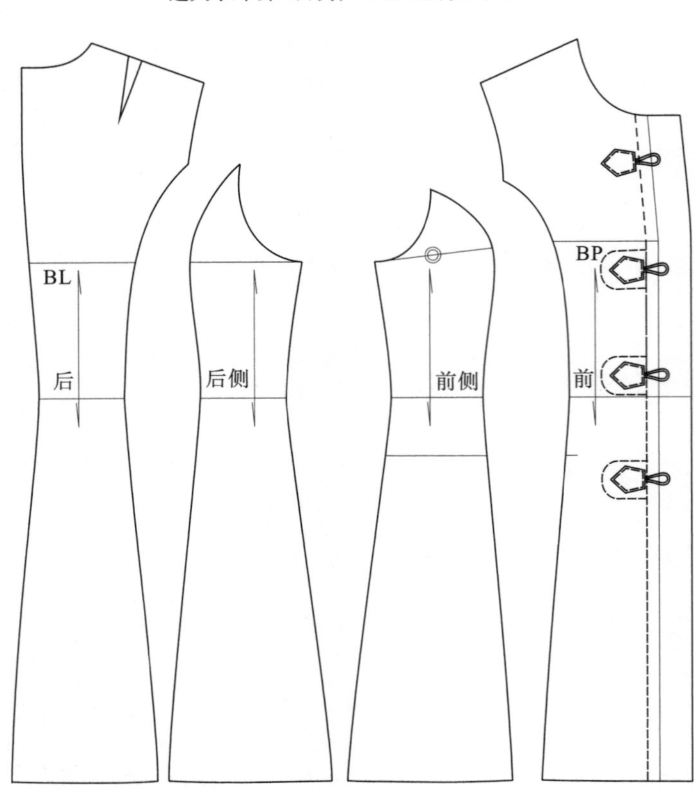

达夫尔外套八开身大X型纸样分解图

15.3 达夫尔外套四开身H型纸样（袖子、帽、育克等通用）

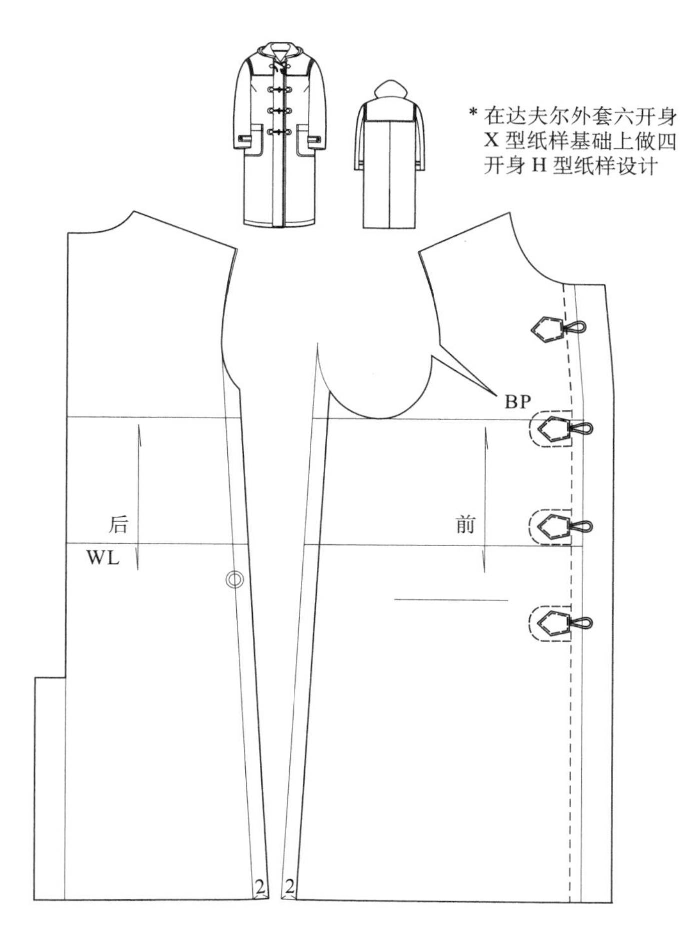
* 在达夫尔外套六开身
X 型纸样基础上做四
开身 H 型纸样设计
BP
后
WL
前
2
2

15.4 达夫尔外套四开身Y型纸样（袖子、帽、育克等通用）

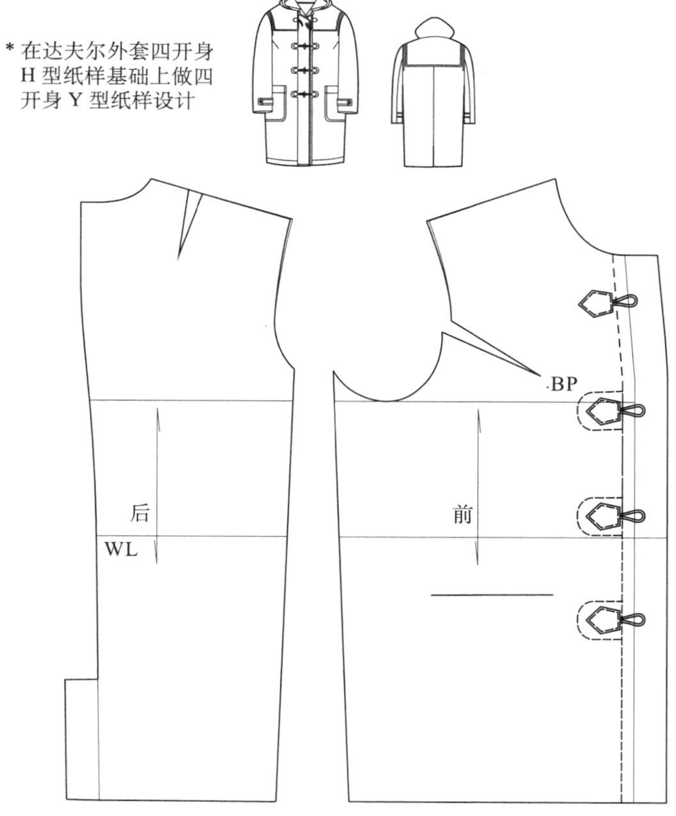
* 在达夫尔外套四开身
H 型纸样基础上做四
开身 Y 型纸样设计
BP
后
WL
前

15.5 达夫尔外套三开身A型纸样（袖子、帽、育克等通用）

* 在达夫尔外套四开身H型纸样基础上做三开身A型纸样设计

15.6 达夫尔外套三开身伞型纸样（袖子、帽、育克等通用）

* 在达夫尔外套三开身A型纸样基础上做三开身伞型纸样设计

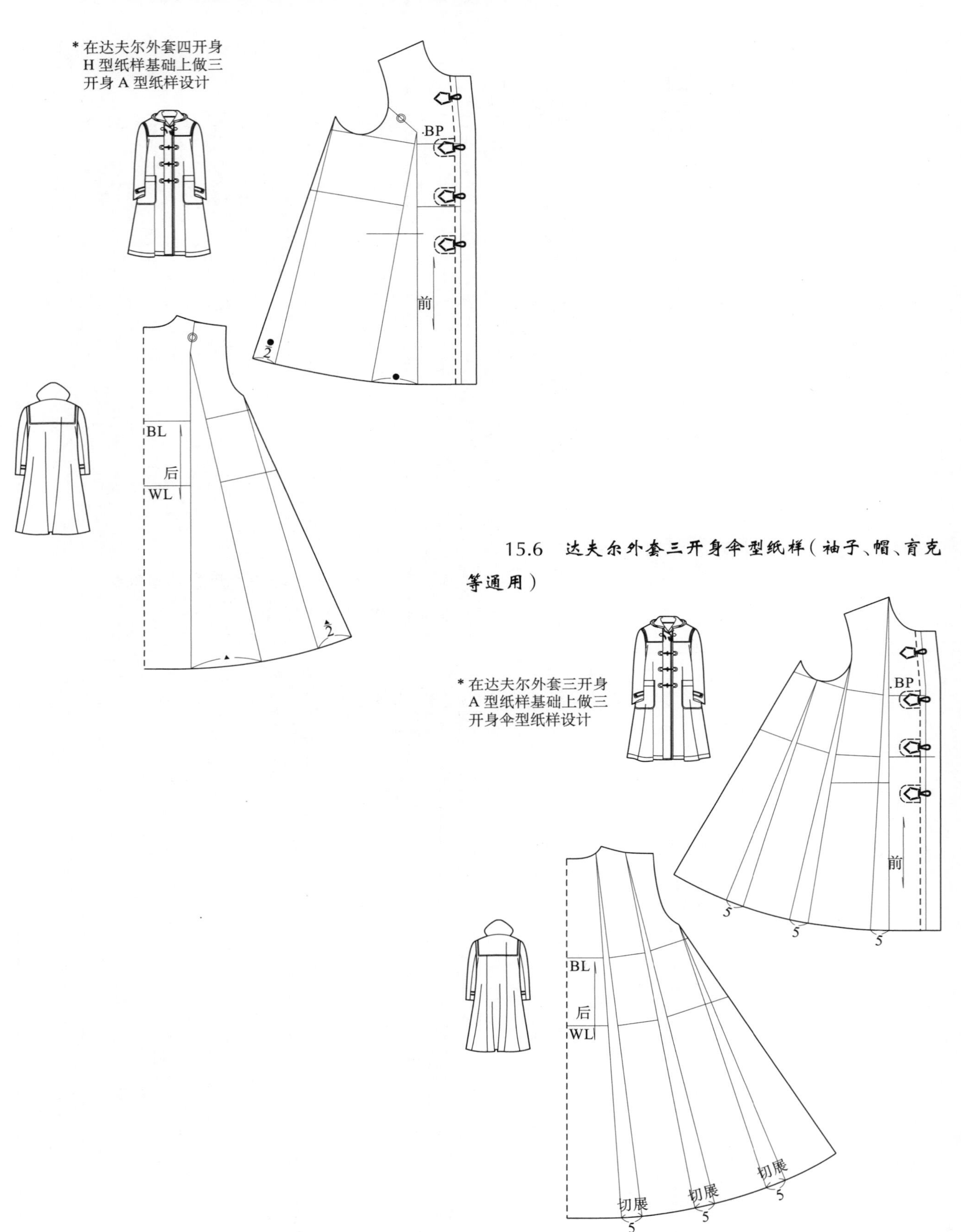

训练六　衬衫款式与纸样系列设计训练

一、衬衫款式系列设计

1. 合体衬衫款式系列设计

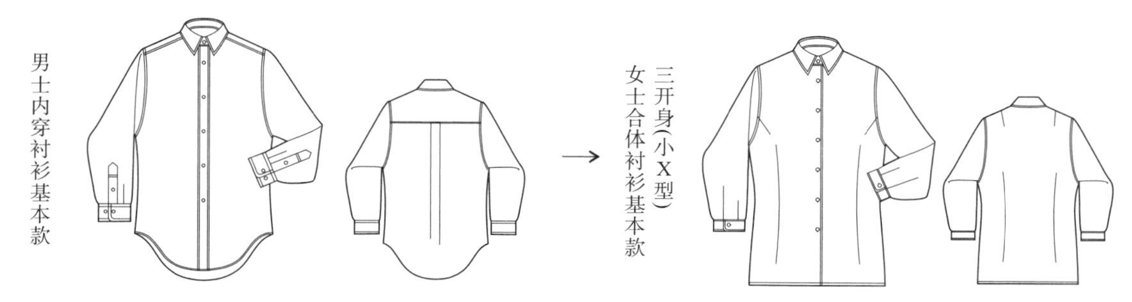

1.1　廓型变化的款式系列（选择其中任何一个廓型改变局部元素）

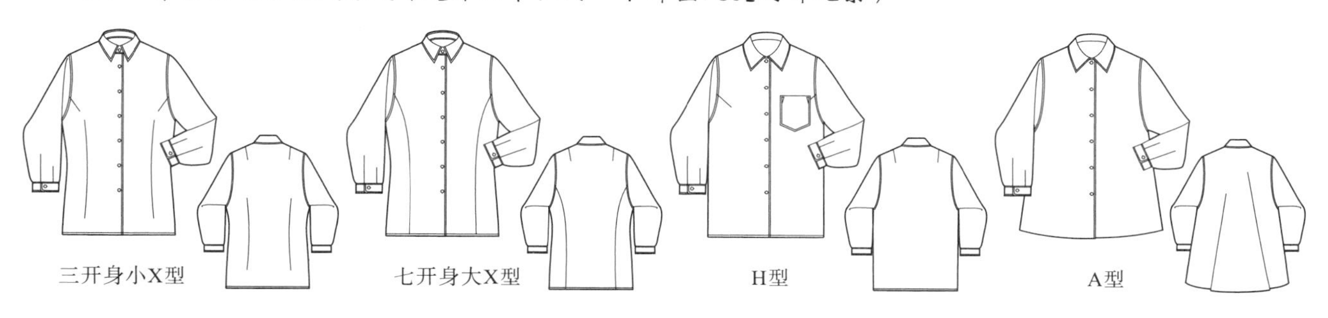

1.2　领型变化的款式系列

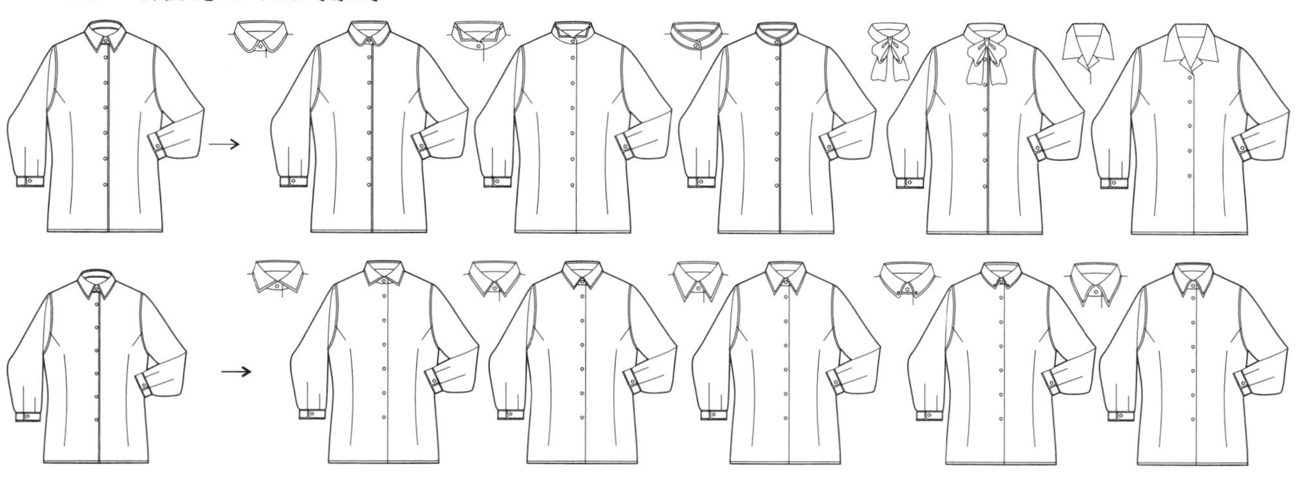

1.3　袖头变化的款式系列

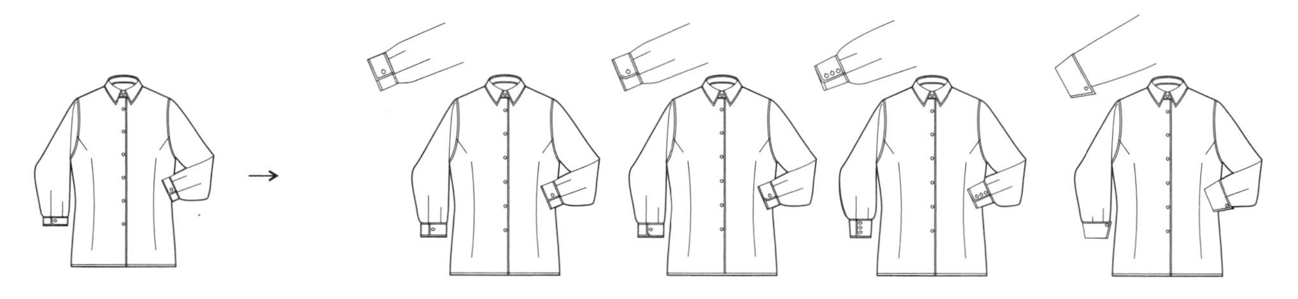

1.4 袖型变化的款式系列

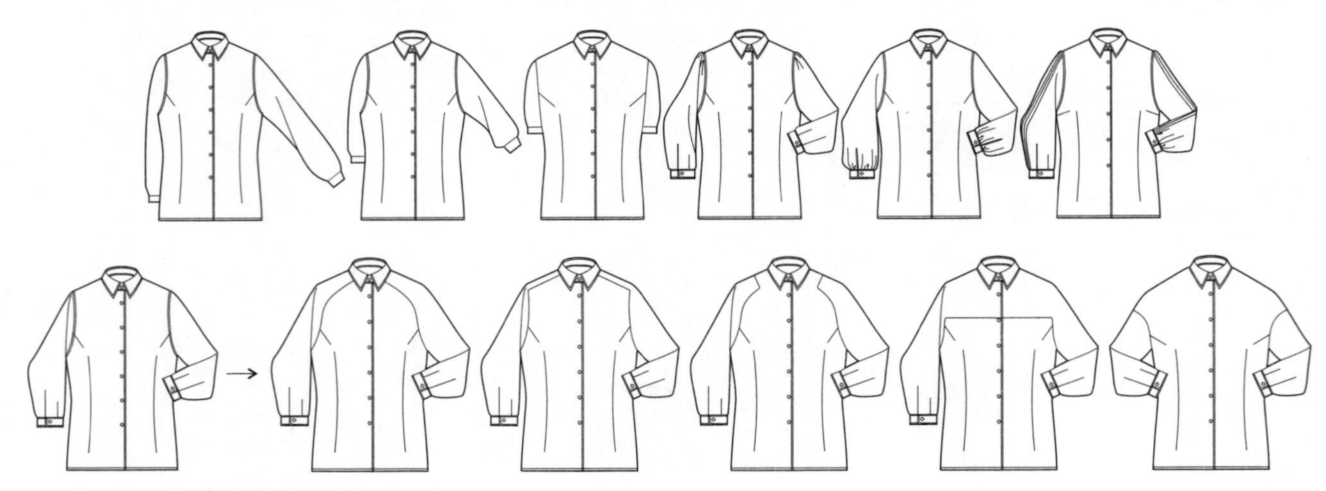

1.5 门襟变化的款式系列

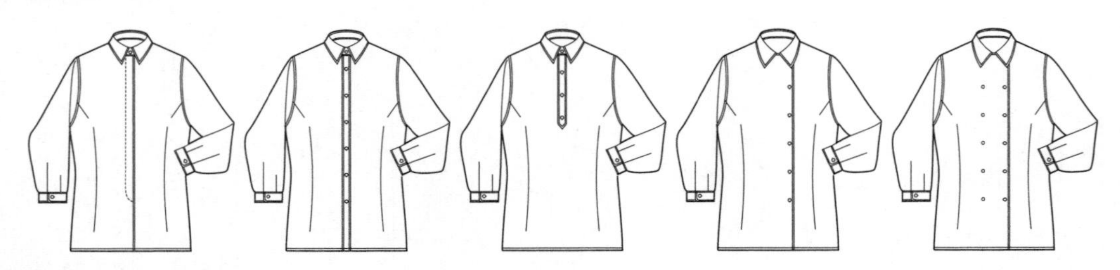

1.6 前胸装饰变化的款式系列

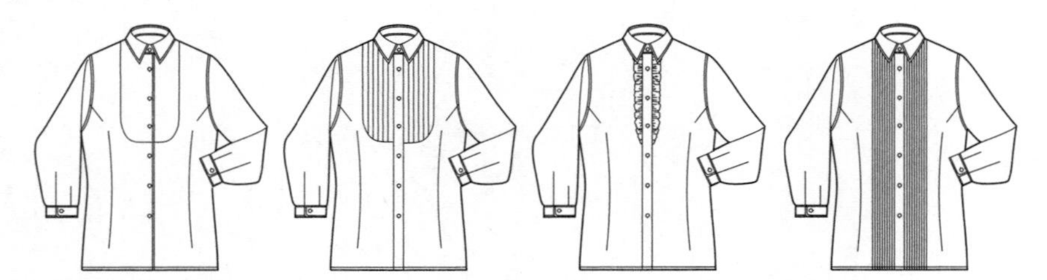

1.7 下摆变化的款式系列

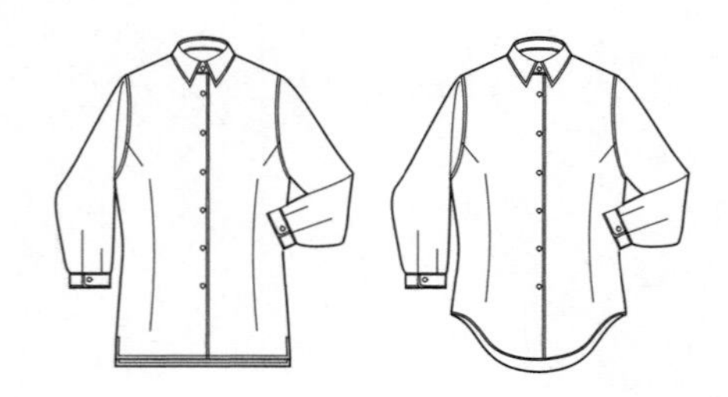

1.8　综合变化元素的款式系列

小 X 廓型与领型、袖型、褶元素组合

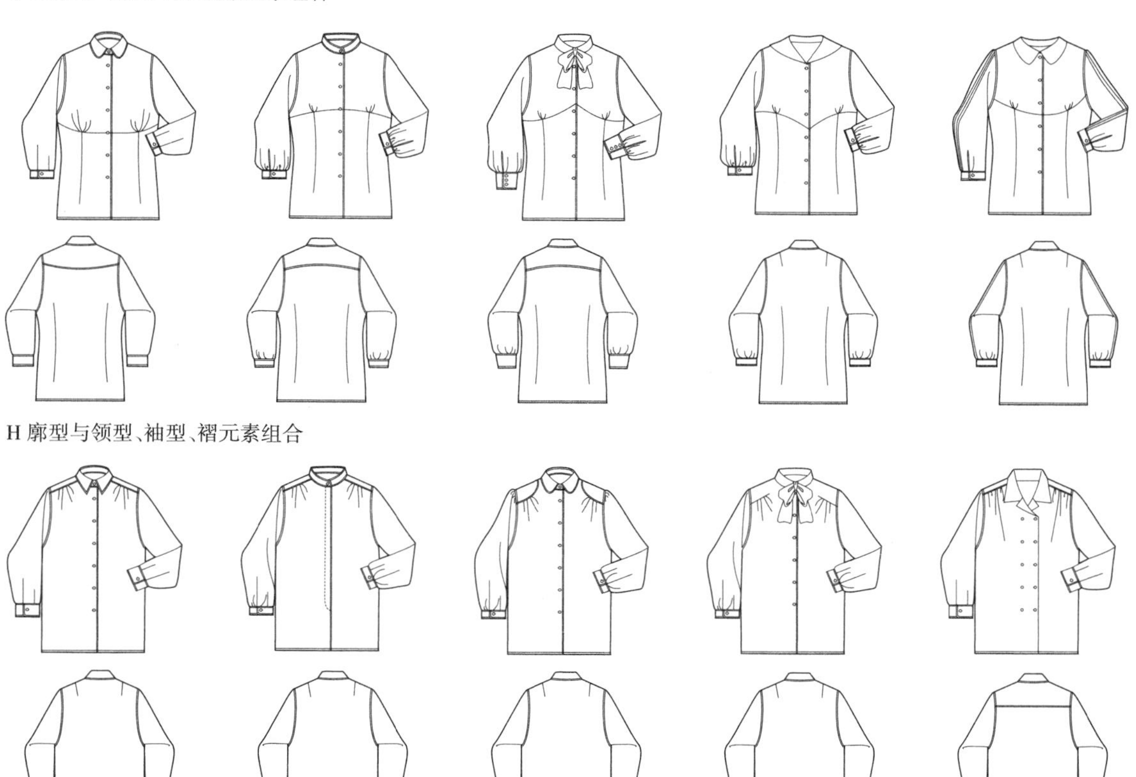

H 廓型与领型、袖型、褶元素组合

2. 休闲衬衫款式系列设计

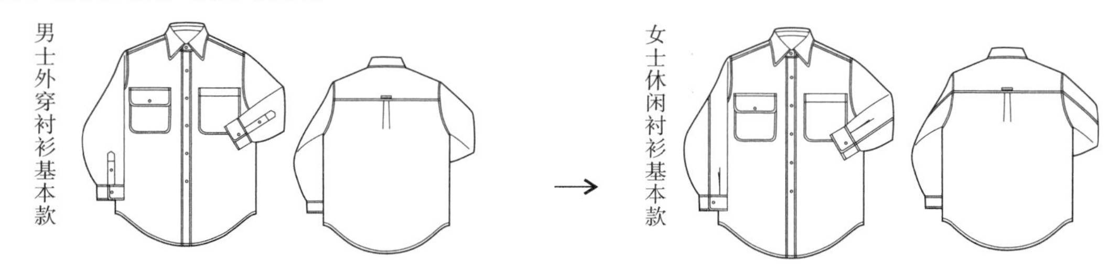

2.1　领型变化的款式系列

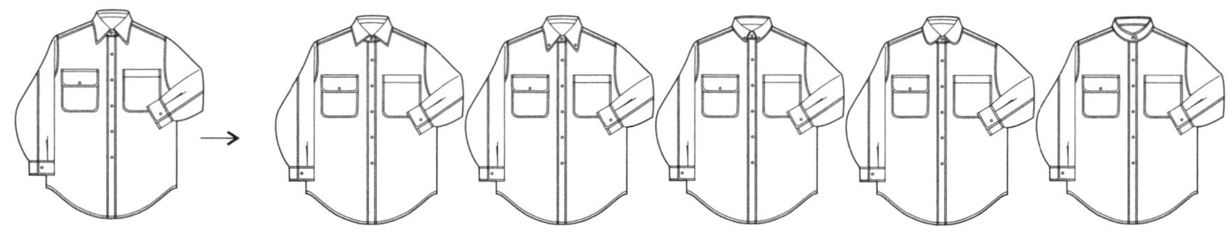

2.2　袖头变化的款式系列

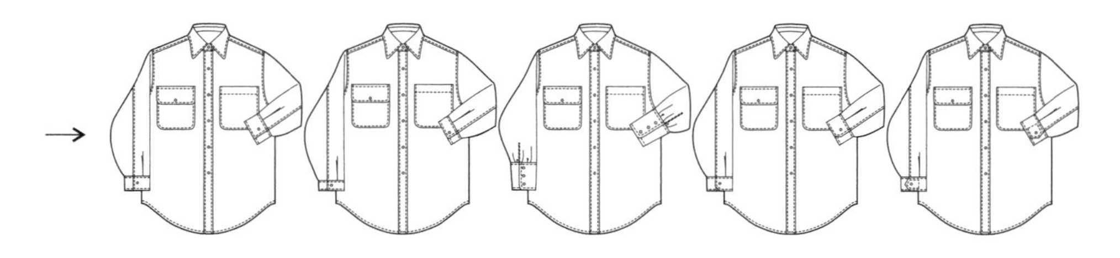

2.3 袖型变化的款式系列

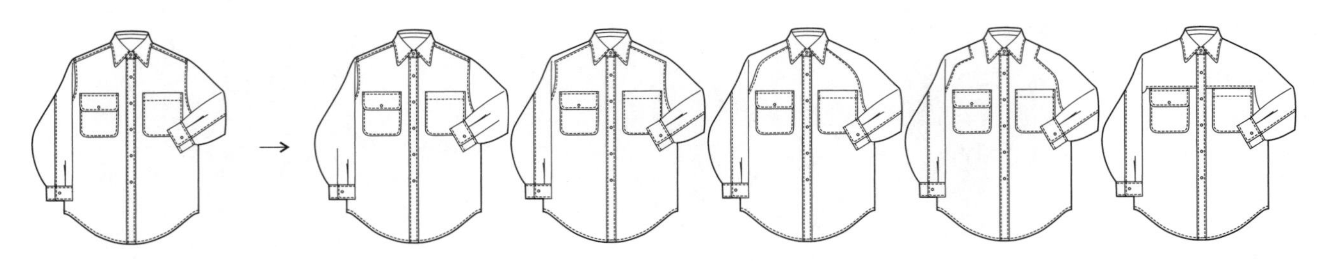

2.4 口袋变化的款式系列

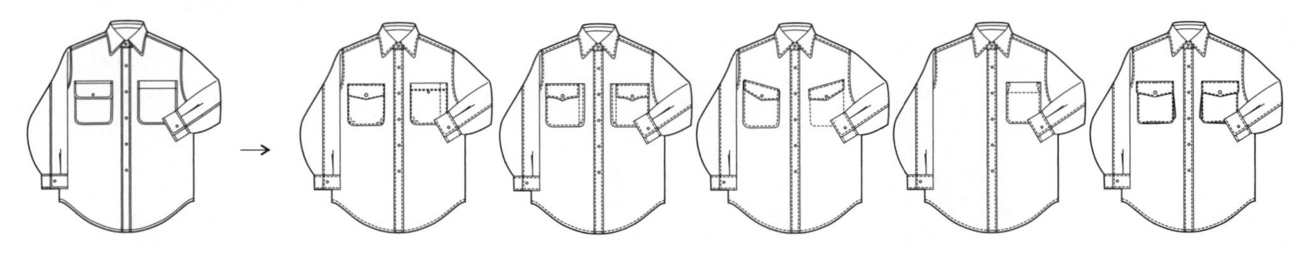

2.5 门襟变化的款式系列

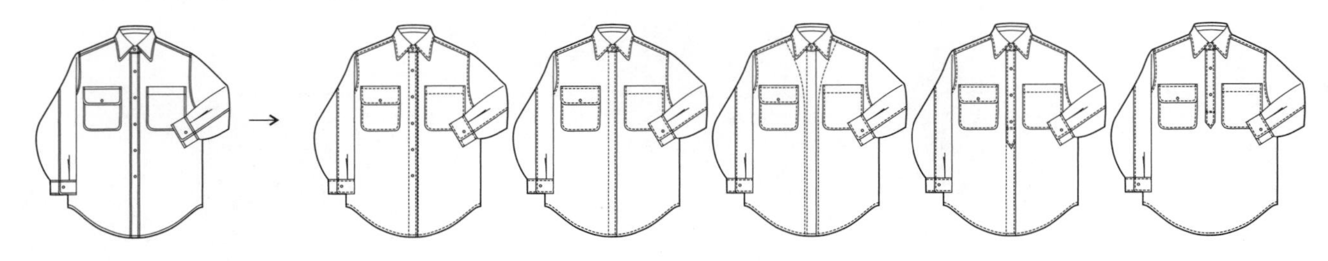

2.6 下摆变化的款式系列

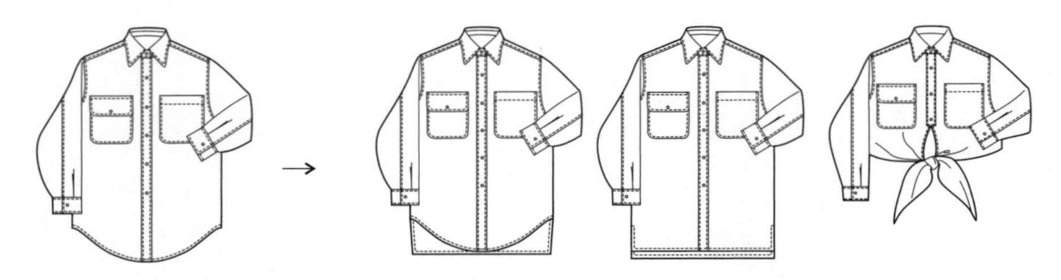

2.7 综合变化元素的款式系列

门襟、口袋、下摆元素组合

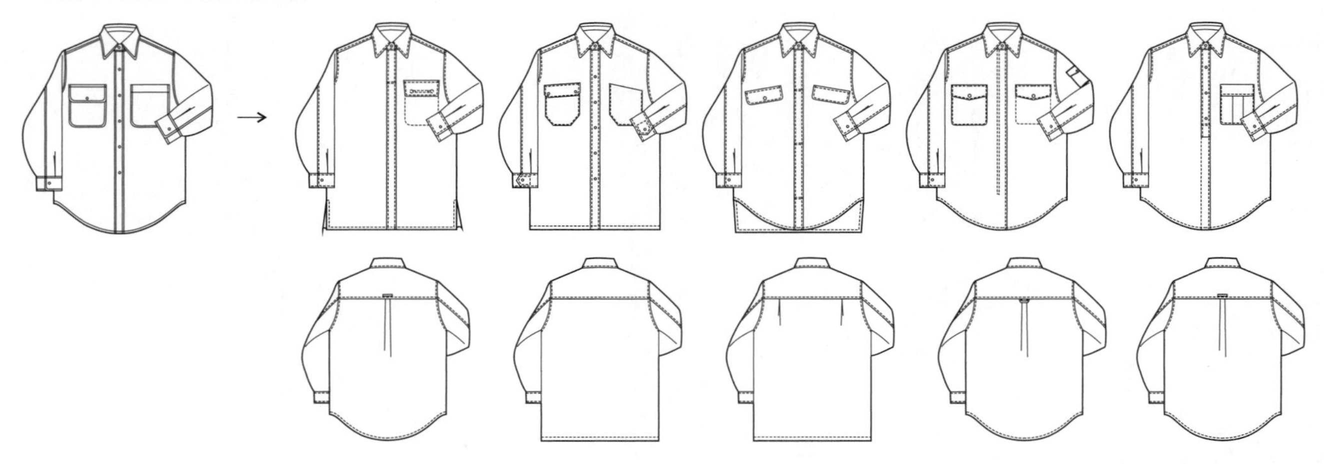

门襟、口袋、袖头、下摆元素组合

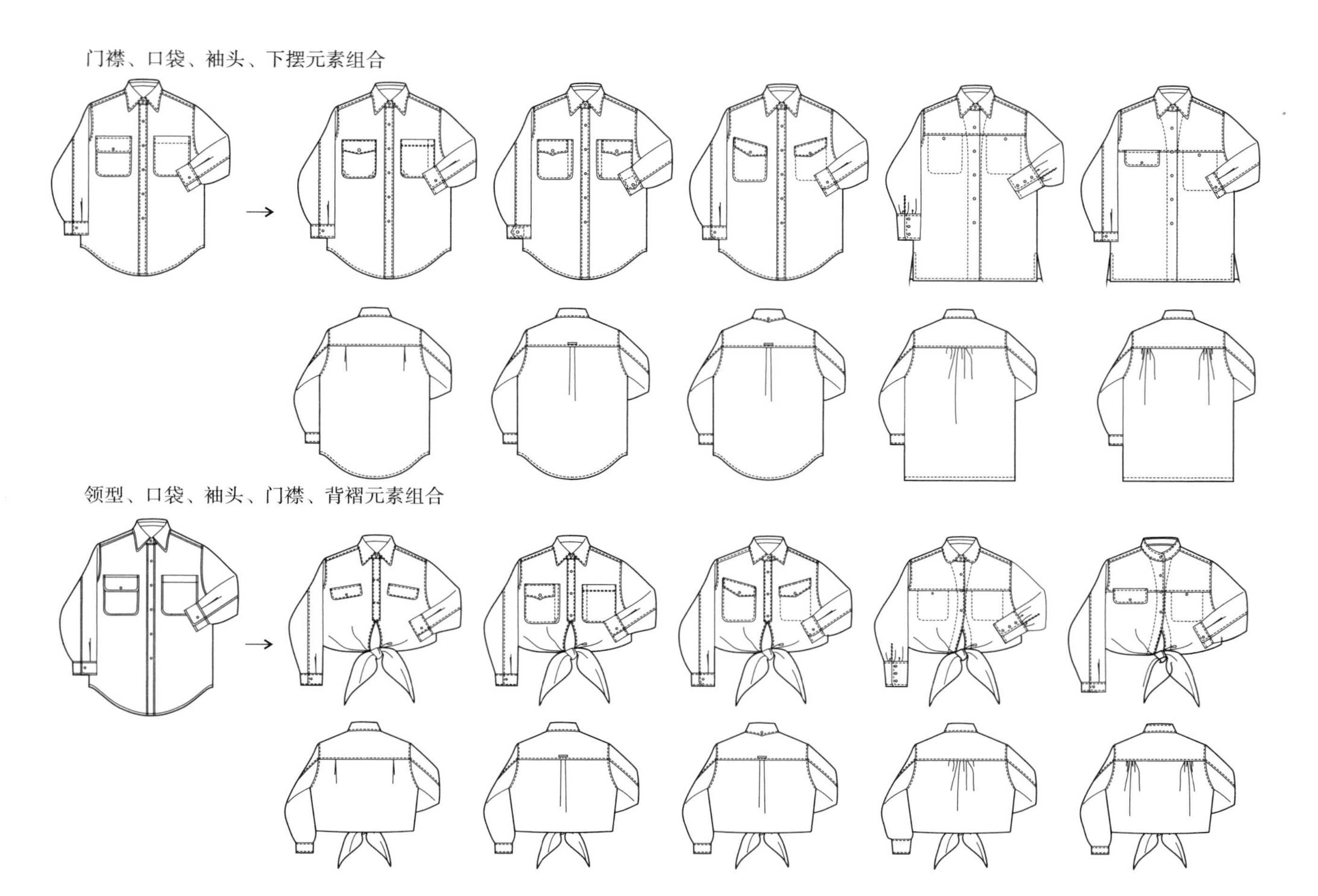

二、衬衫纸样系列设计

* 更多的纸样设计训练利用之前提供的衬衫款式平台完成纸样部分

1. 合体衬衫一款多板纸样系列设计

1.1 三开身X型合体衬衫基本纸样

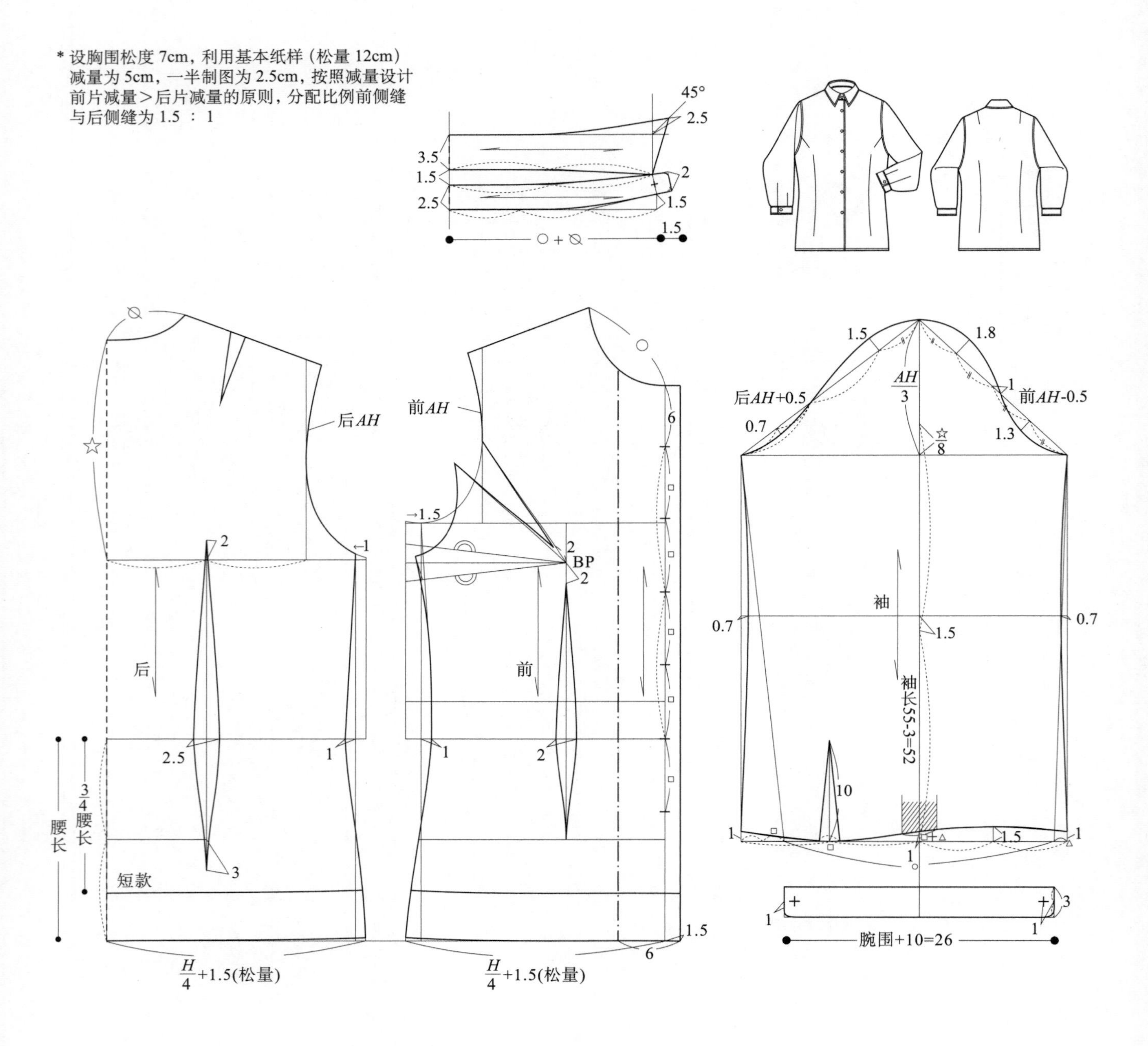

三开身X型合体衬衫纸样分解图

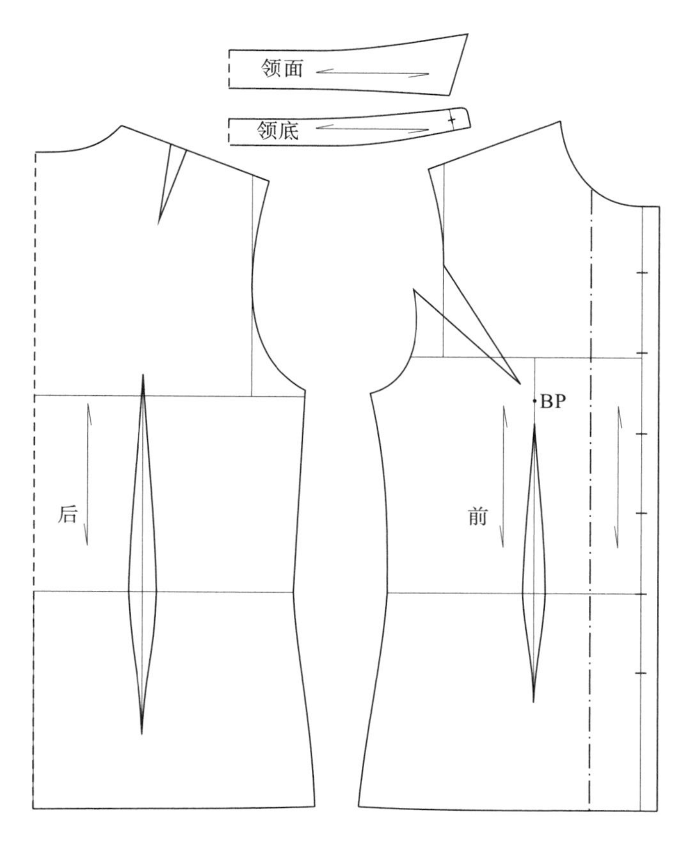

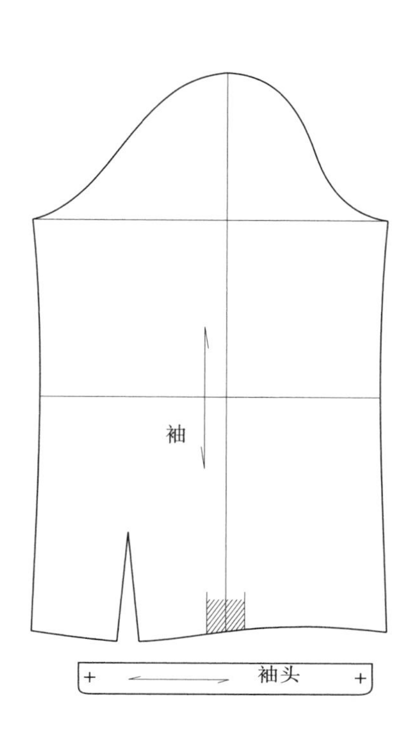

1.2　七开身大X型合体衬衫纸样（袖子、领子通用）

*在合体衬衫基本纸样基础
上将省缝变断缝设计

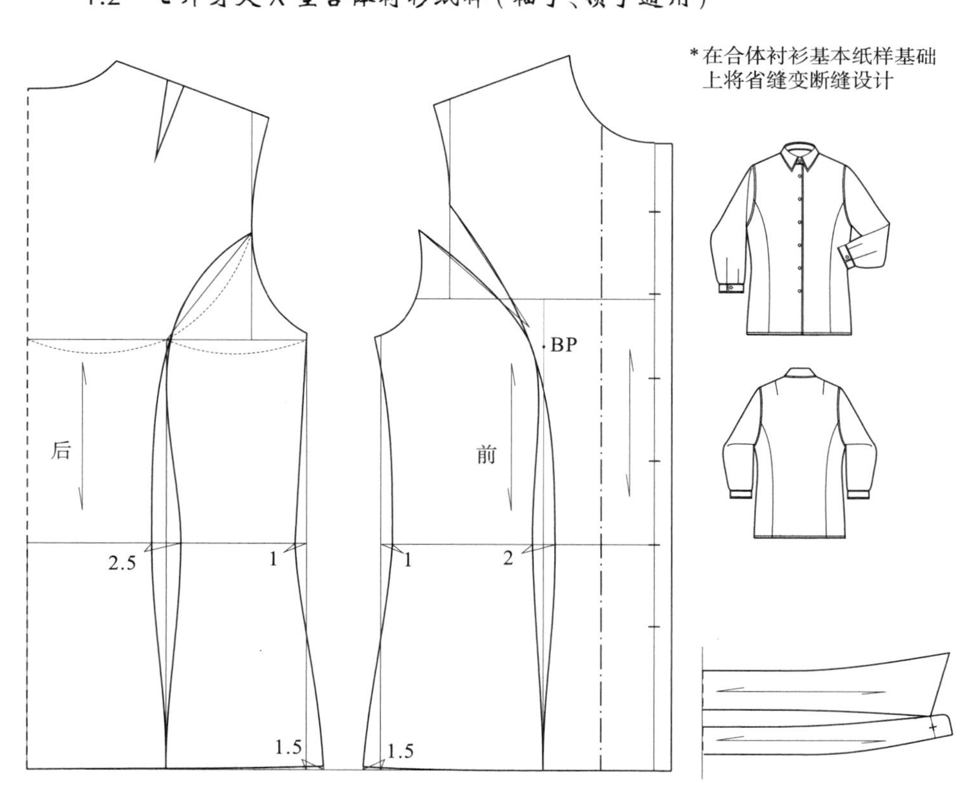

1.3 三开身H型合体衬衫纸样（袖子通用）

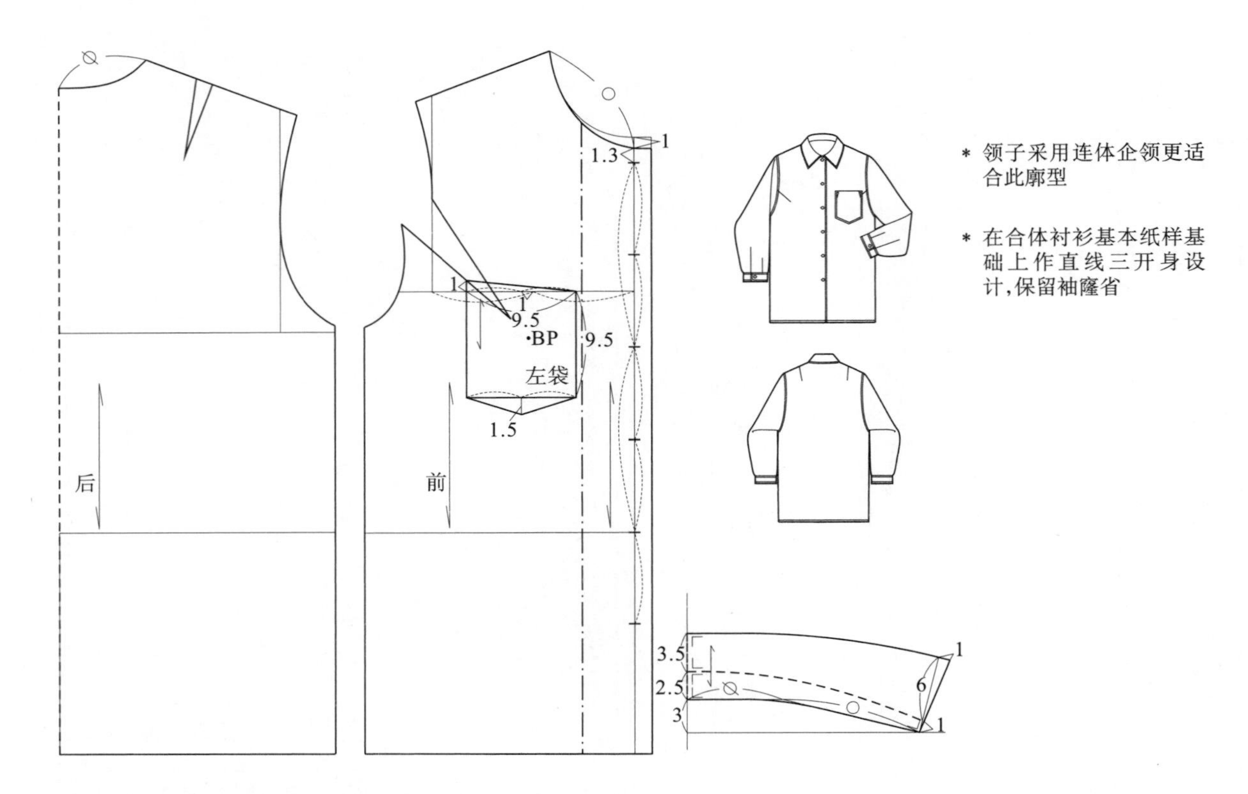

1.4 三开身A型合体衬衫纸样（袖子通用）

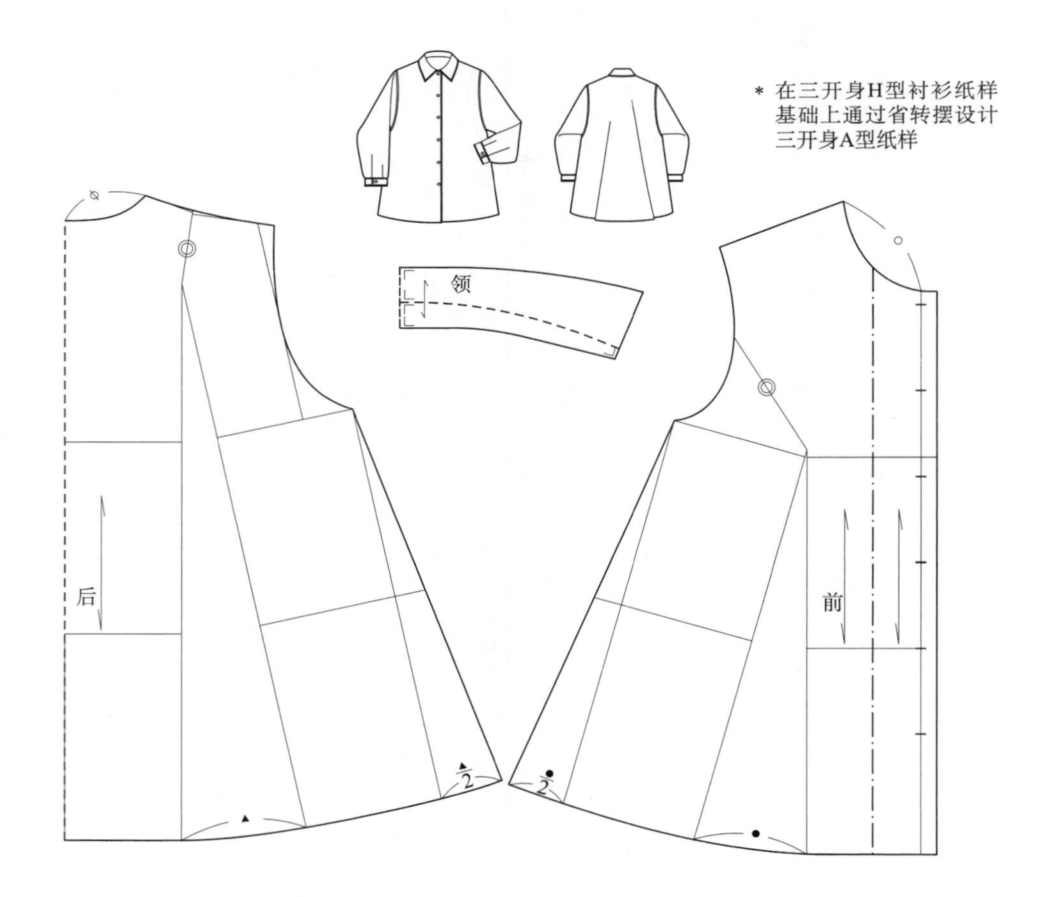

2. 合体衬衫一板多款纸样系列设计（利用合体衬衫基本纸样设计五款高腰线胸褶衬衫）

2.1　高腰线圆角企领衬衫纸样（袖子纸样同基本款）

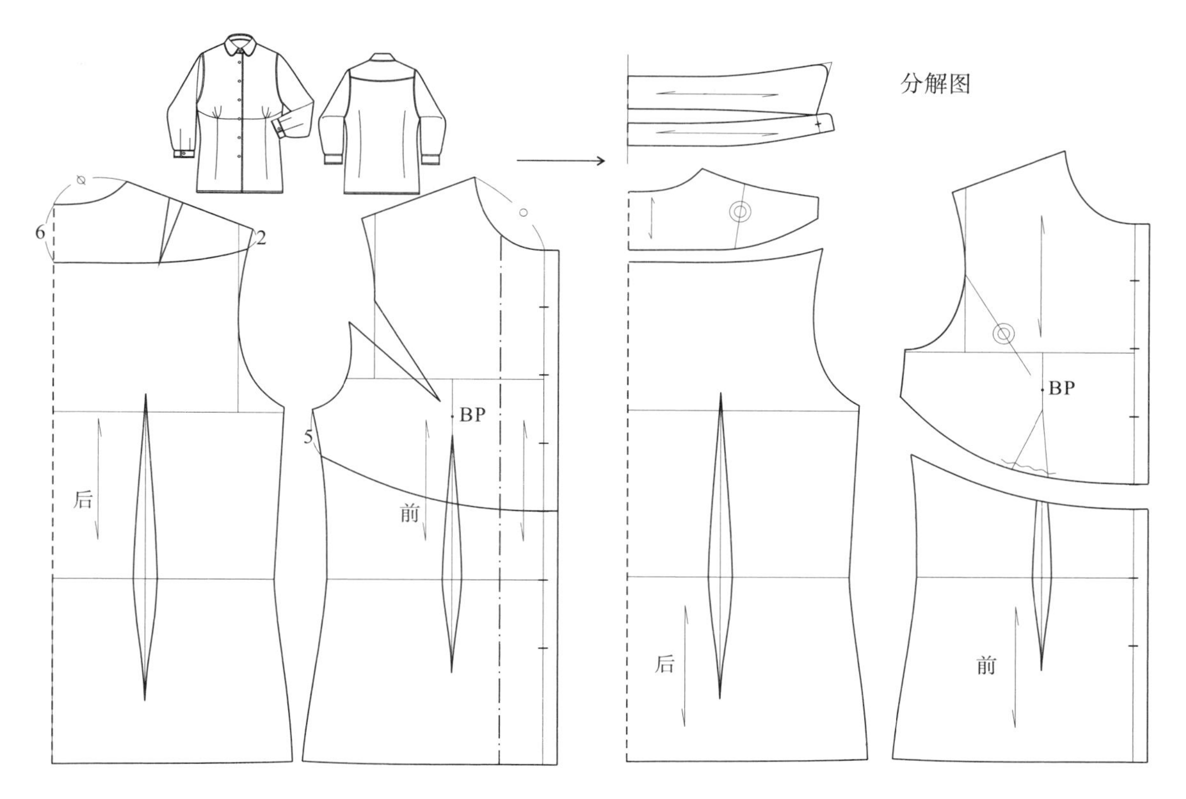

2.2　高腰线打褶立领衬衫纸样

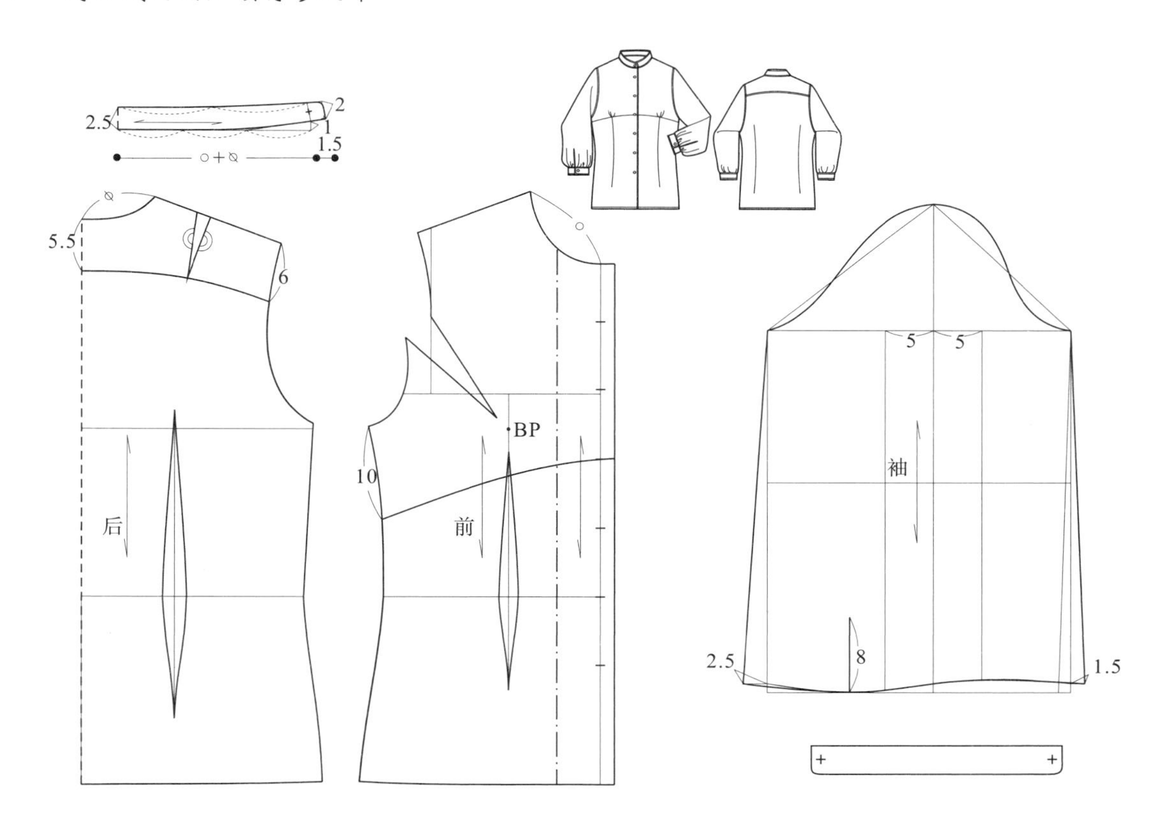

高腰线打褶立领衬衫纸样分解图

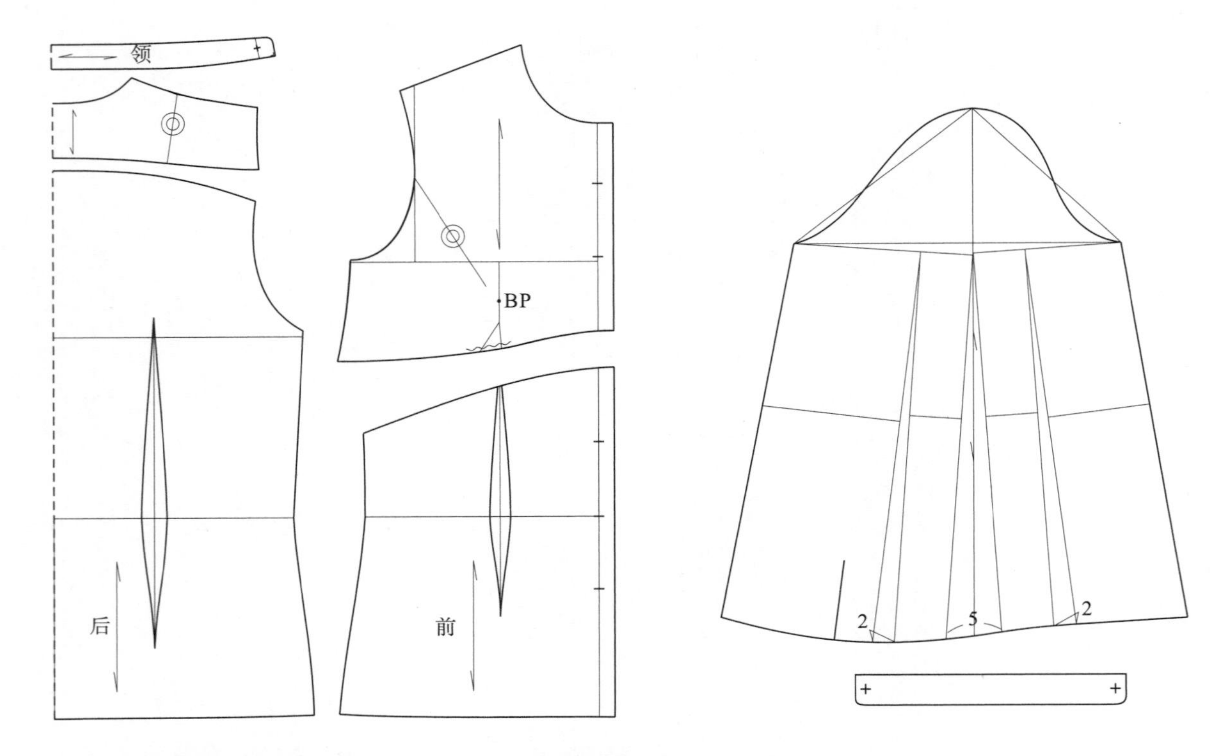

2.3 高腰线打褶领结衬衫纸样（袖子纸样同高腰线立领衬衫款）

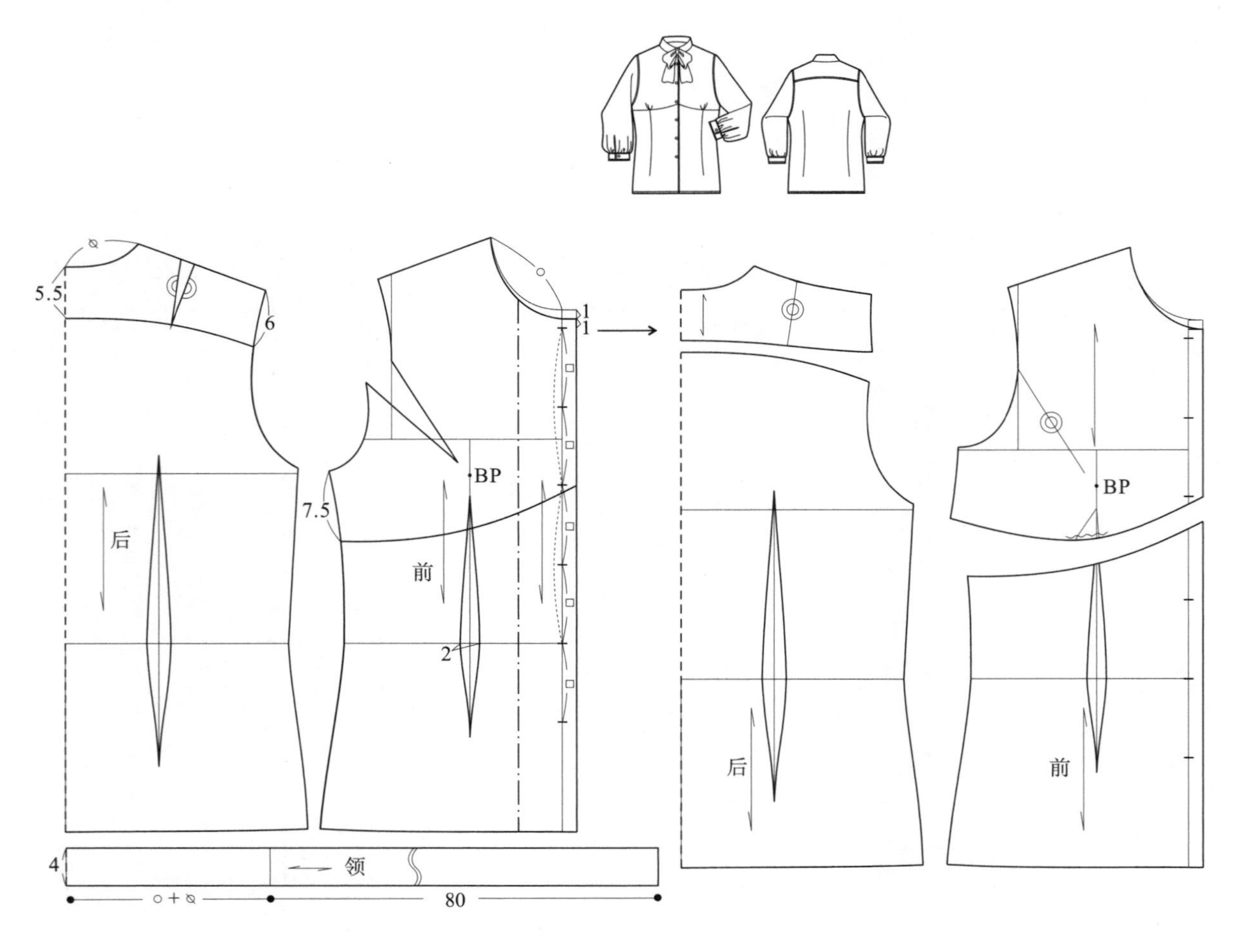

2.4　高腰线打褶平领衬衫纸样（后片、袖子纸样同高腰线打褶立领衬衫款）

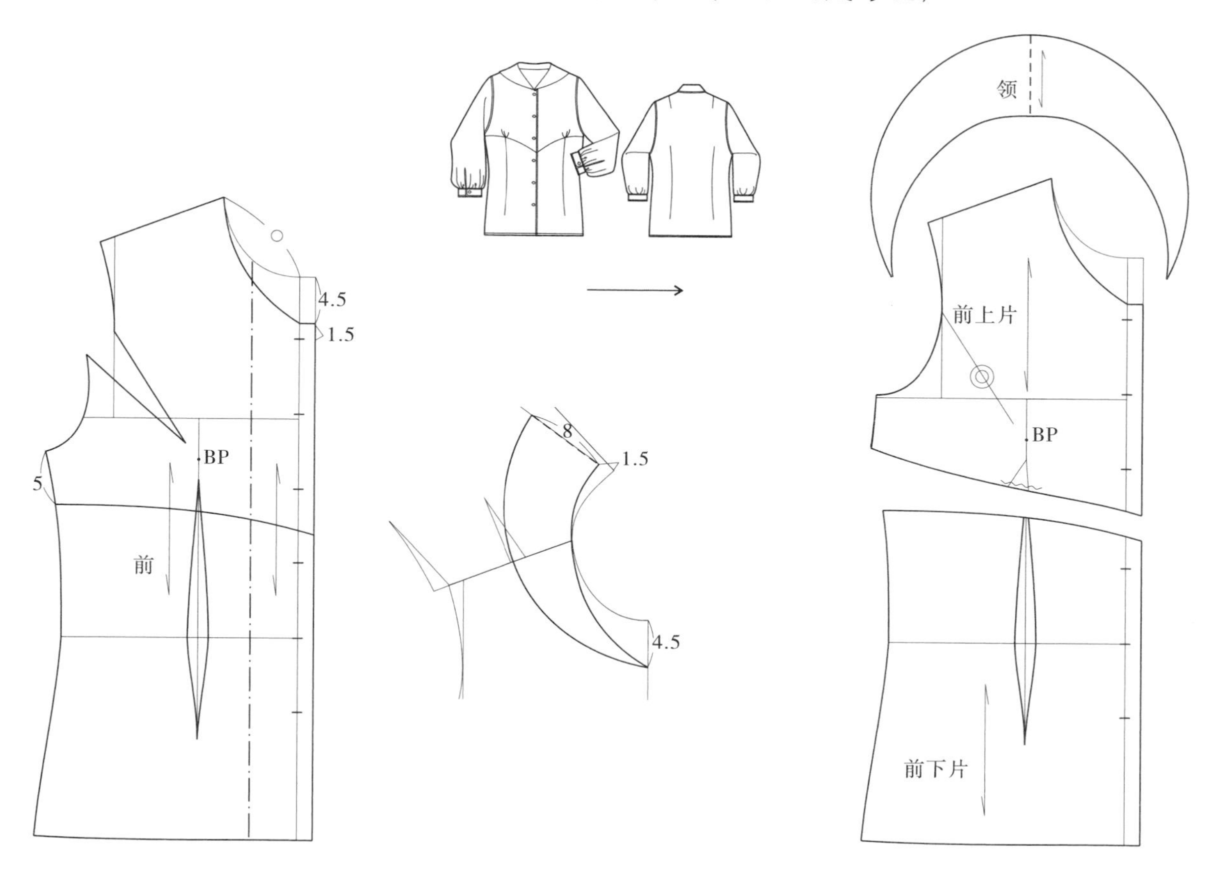

2.5　高腰线打褶连体企领衬衫纸样（后片、袖子纸样同高腰线打褶立领衬衫款）

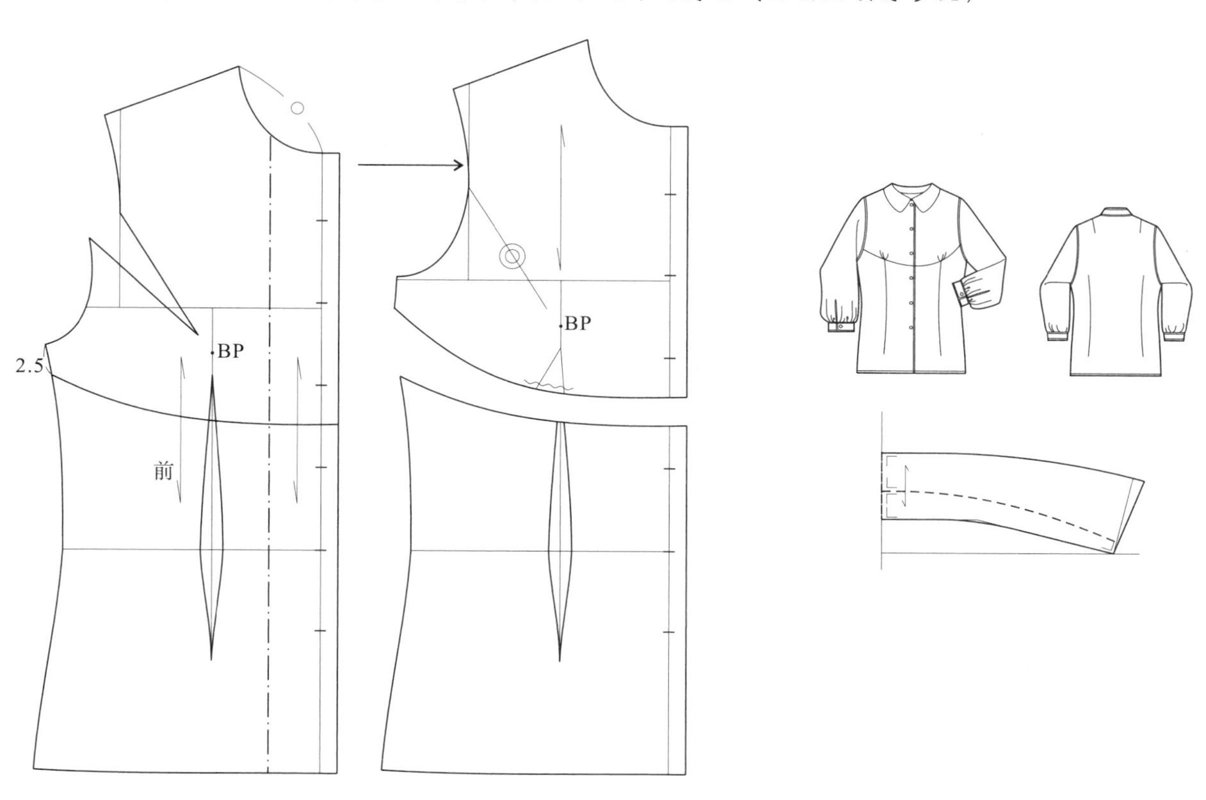

3. 休闲衬衫基本纸样设计

3.1 休闲衬衫变形基本纸样（亚基本纸样）

* 休闲衬衫先要通过“变形亚基本纸样”完成追加放量的设计，这是进入休闲类衬衫纸样系列设计的前提
* 休闲衬衫的内在结构和户外服休闲装趋于同化。如果设成衣松量为26cm，在基本纸样基础上，就要设追加量为14cm，一半制图为7cm，按照变形结构的放量原则与方法完成休闲衬衫的亚基本纸样，与户外服不同的是衬衫的领口要还原为最初的领口与颈围尺寸保持高度的合适度，而不是按照胸围放量的增加而增加

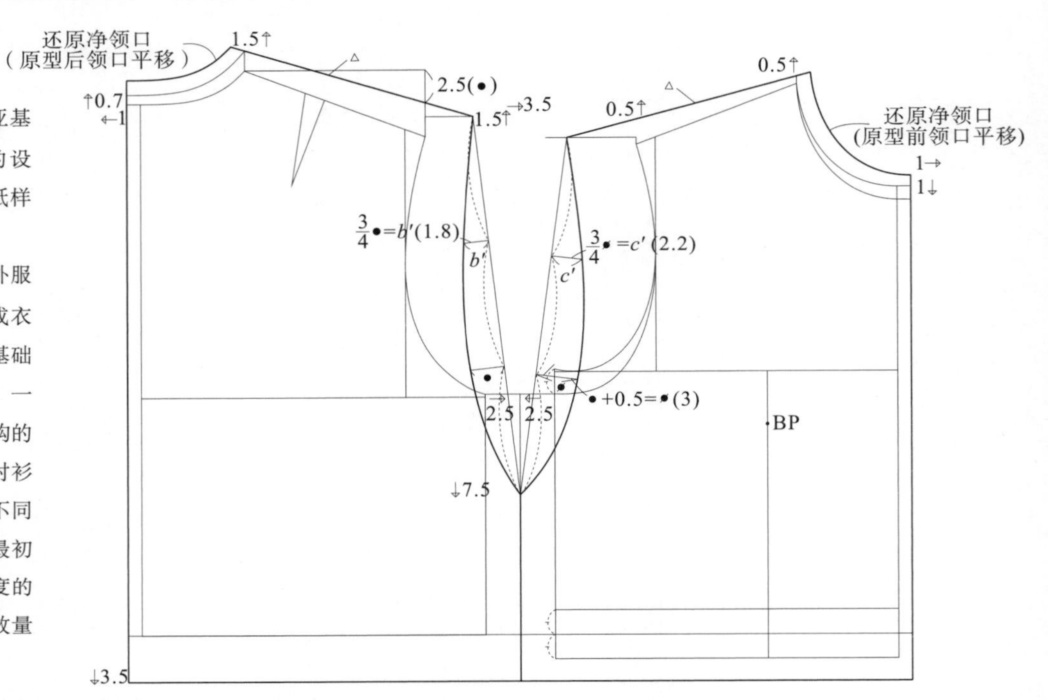

3.2 标准休闲衬衫纸样设计（休闲衬衫类基本纸样）

*在休闲衬衫亚基本纸样基础上完成

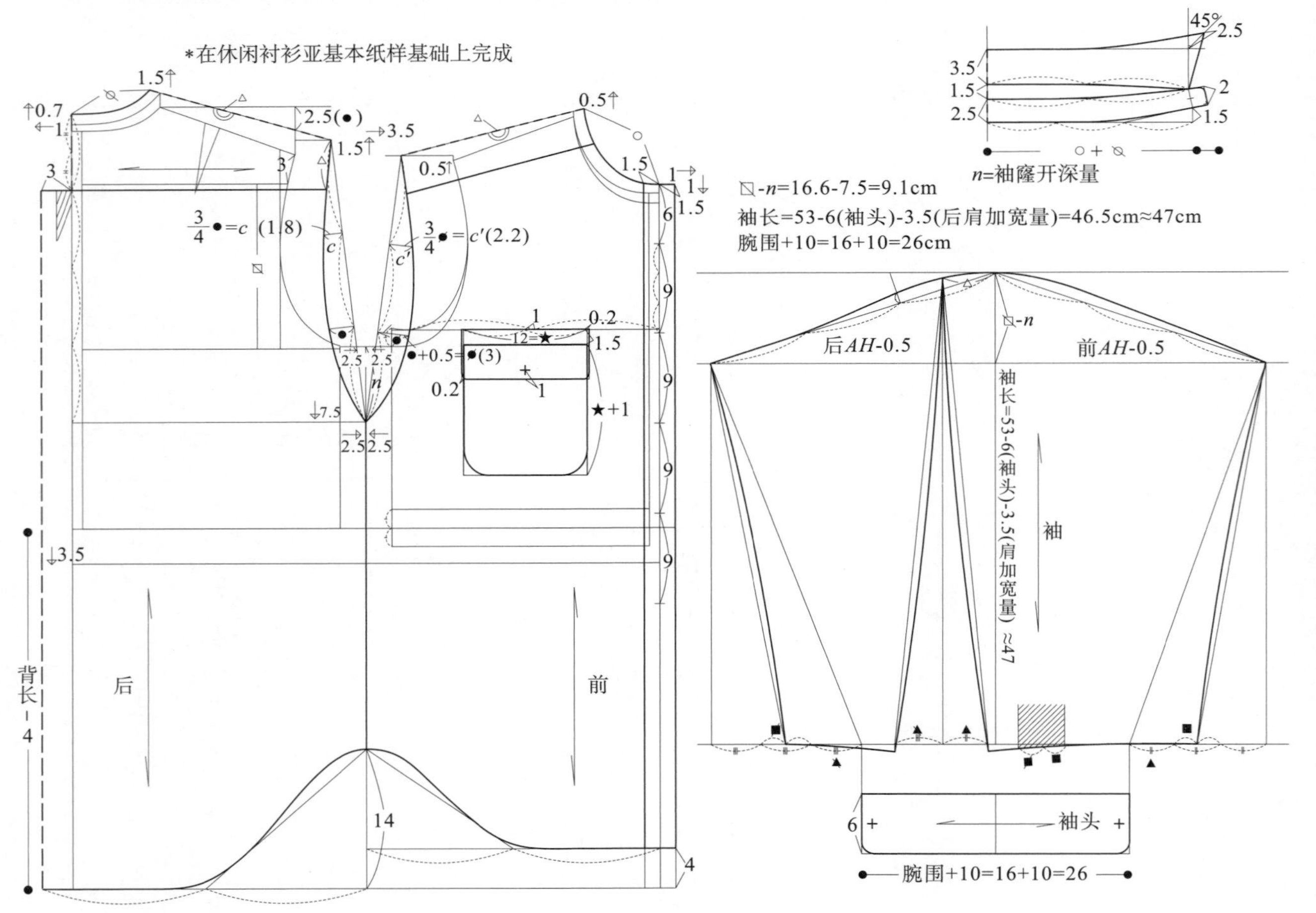

标准版休闲衬衫纸样分解图

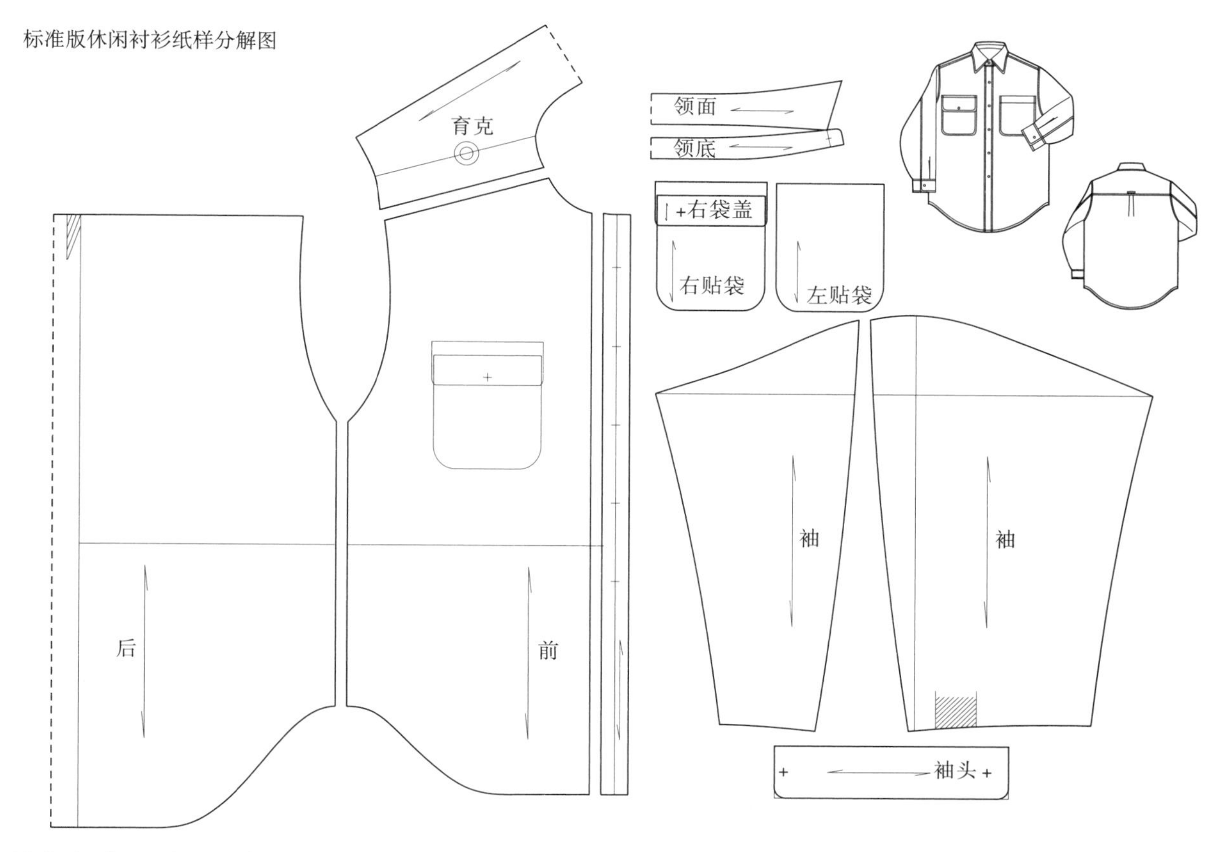

4. 休闲衬衫一板多款纸样系列设计（利用休闲衬衫基本纸样设计打结前摆衬衫系列纸样五款）

4.1　圆角袖头双挖袋打结前摆衬衫纸样

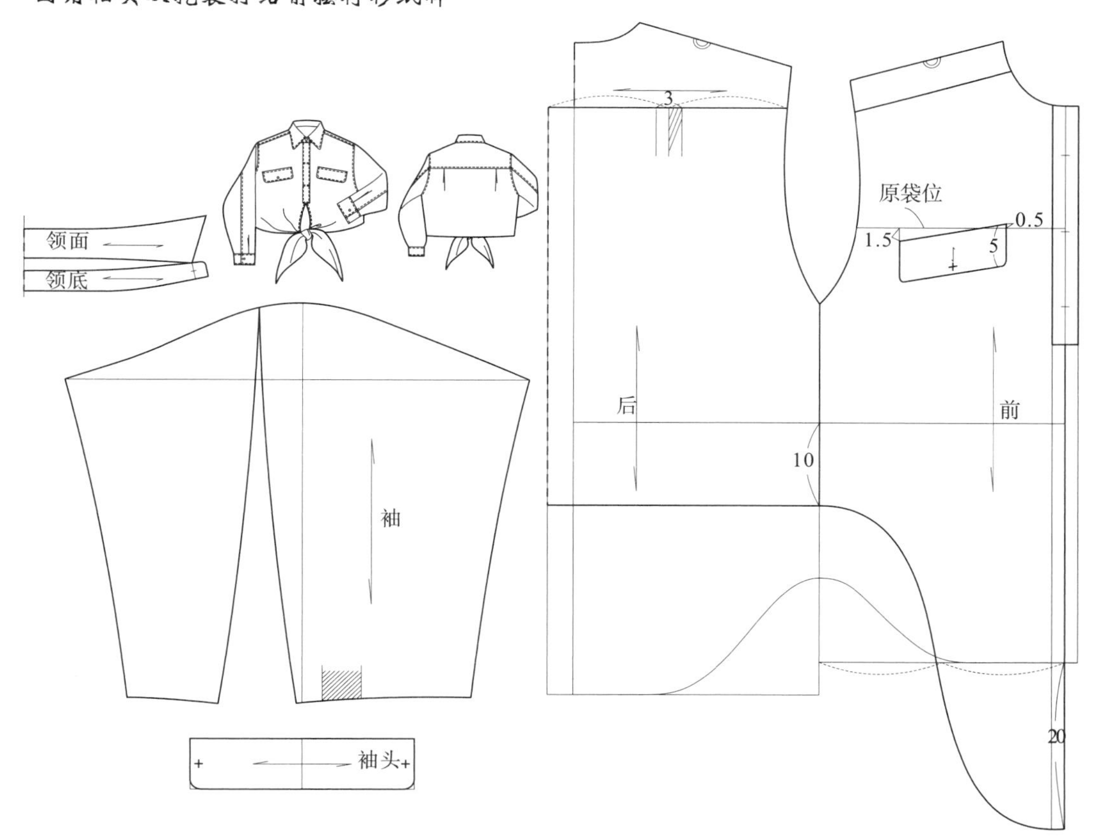

4.2 方角袖头复合双贴袋打结前摆衬衫纸样

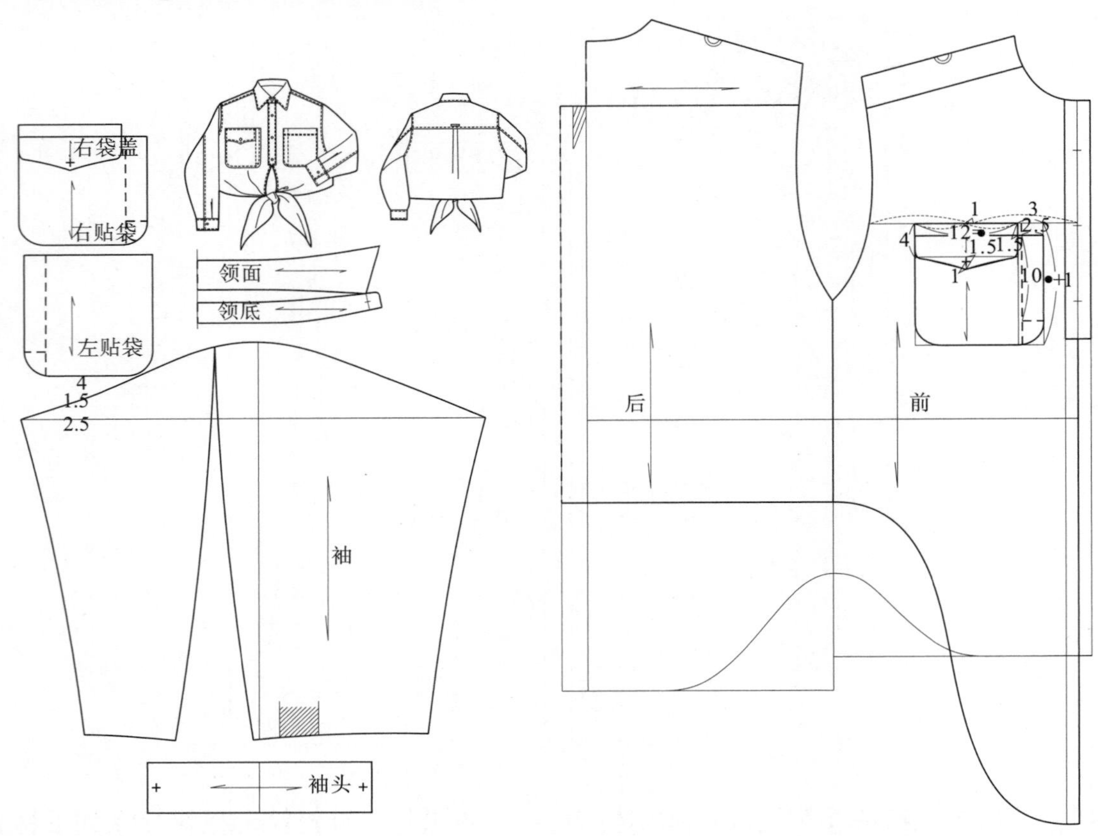

4.3 切角袖头明暗袋打结前摆衬衫纸样

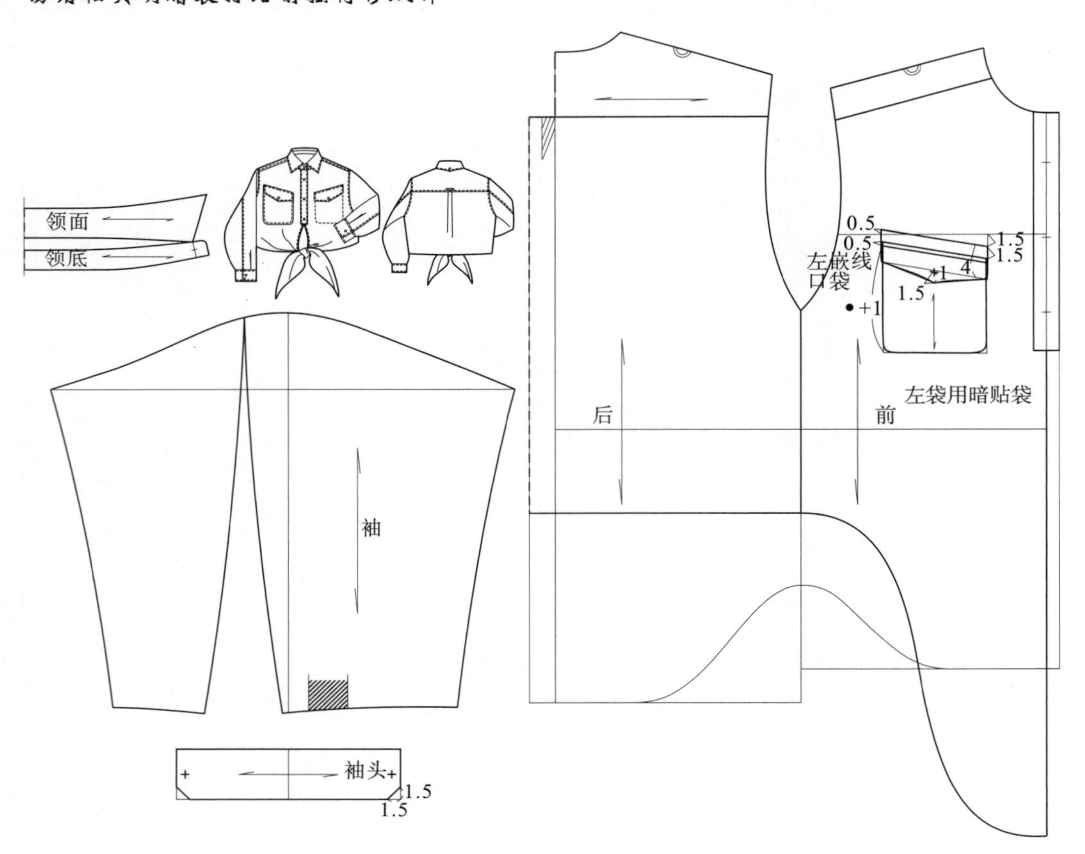

4.4　梯形袖头分割线双暗袋打结前摆衬衫纸样

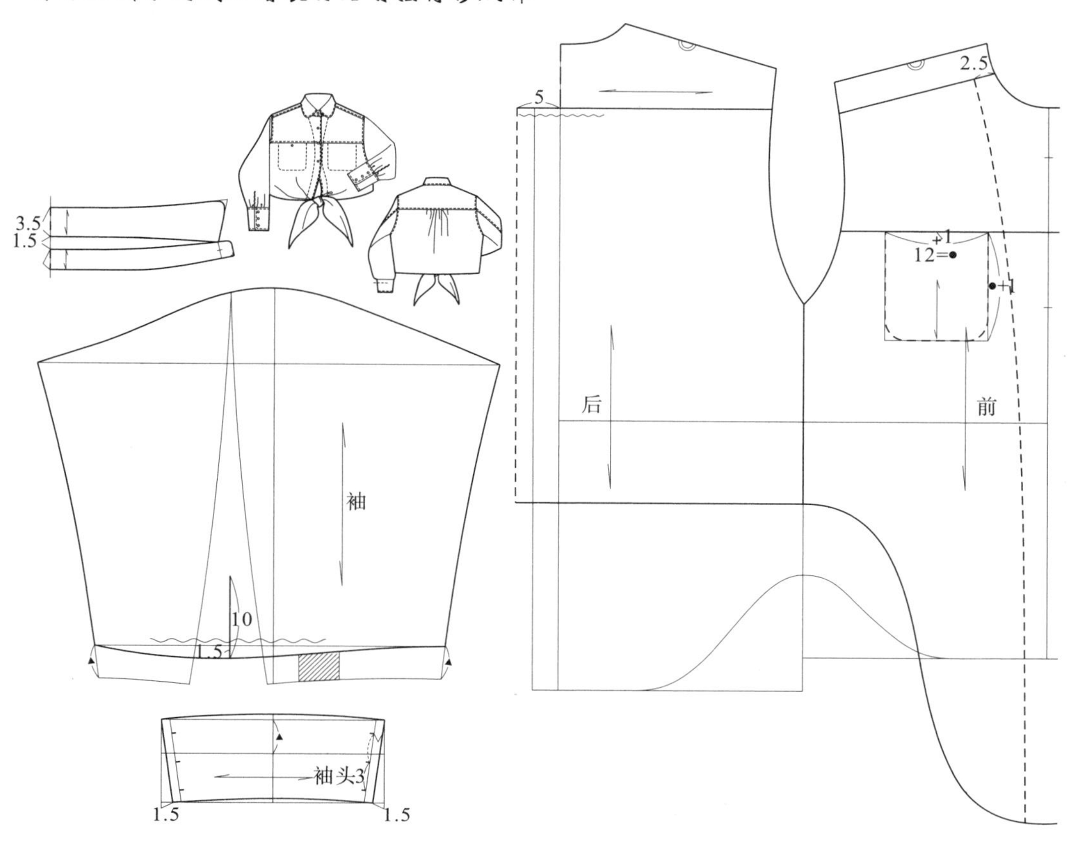

4.5　窄袖头分割线明暗袋打结前摆衬衫纸样

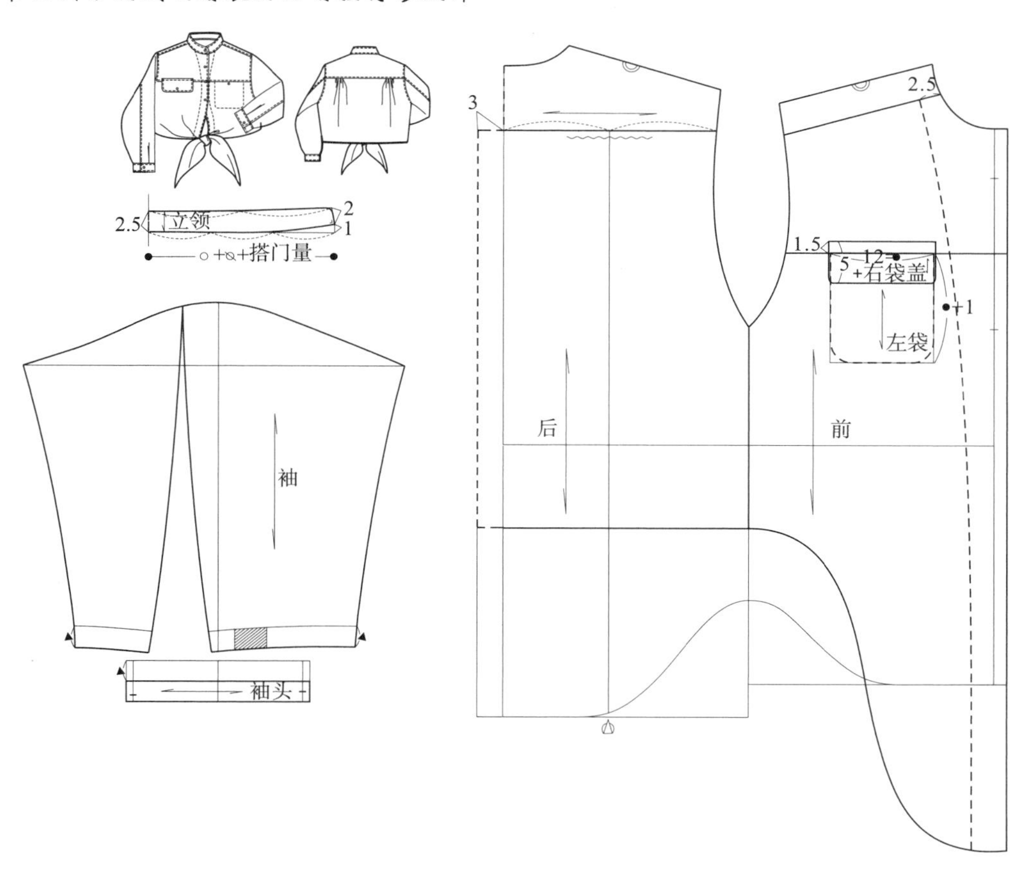

训练七　户外服款式与纸样系列设计训练

一、户外服款式系列设计

1. 牛仔夹克款式系列设计

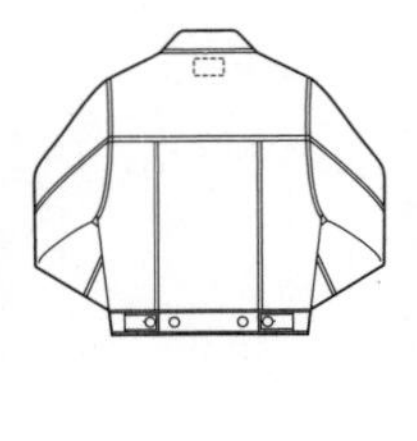

1.1　领型变化的款式系列

1.2　门襟（摆）变化的款式系列

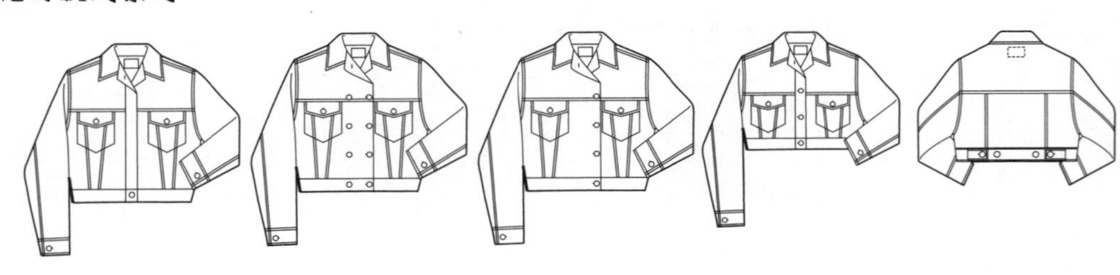

1.3　分割线与口袋变化的款式系列

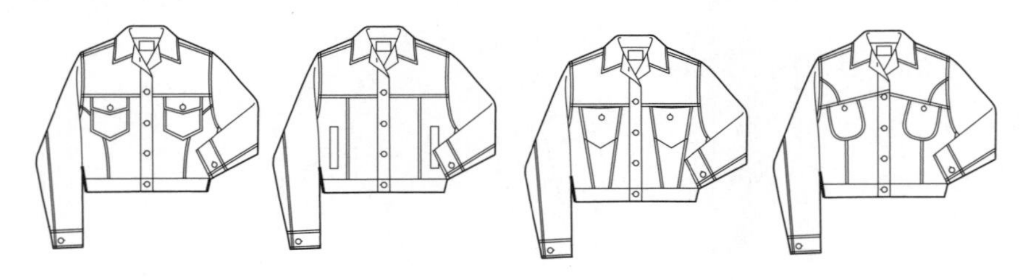

1.4　袖型变化的款式系列

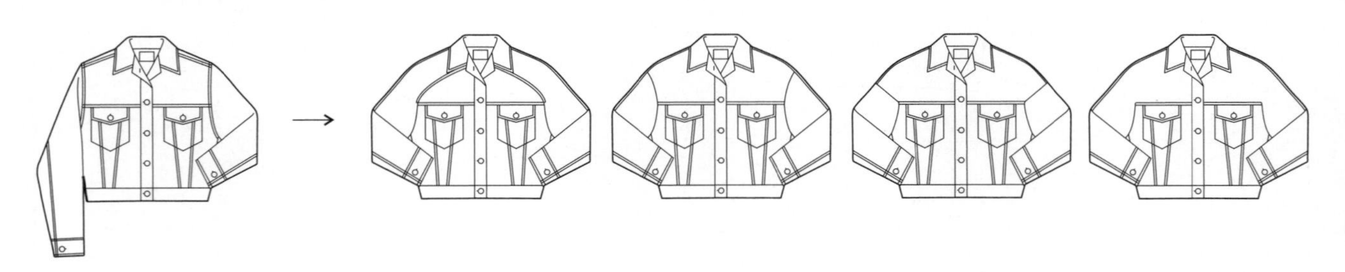

1.5　袖口变化的款式系列

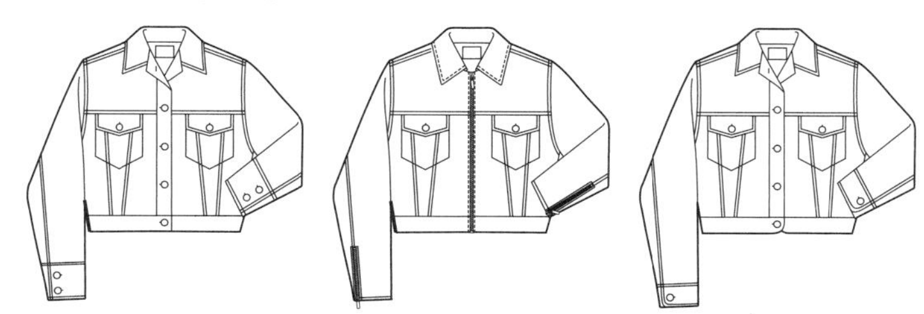

1.6　下摆变化的款式系列

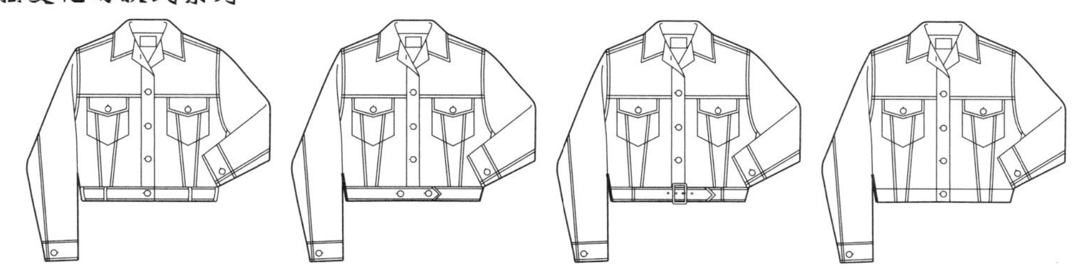

1.7　综合元素变化的款式系列

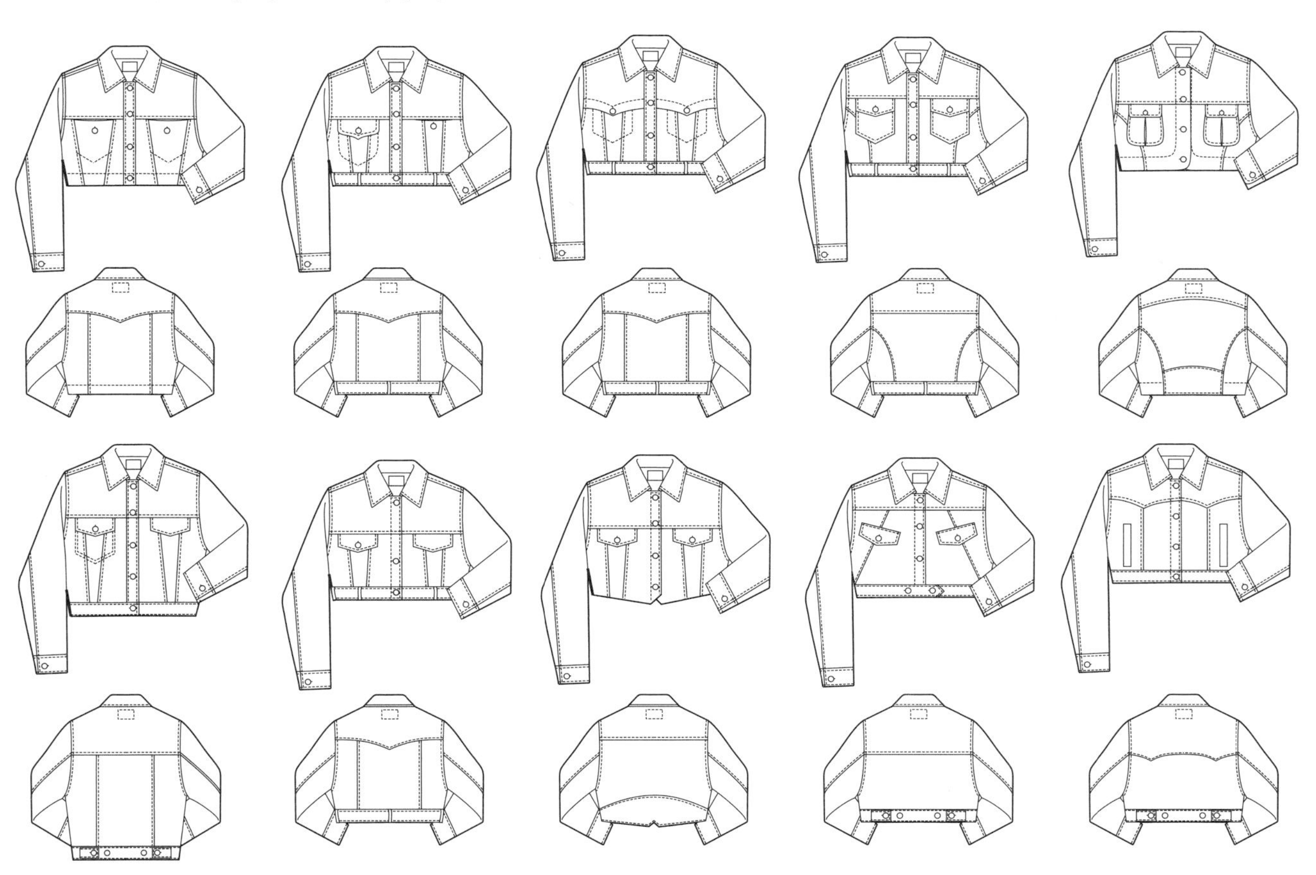

2. 摩托夹克款式系列设计

2.1　领型变化的款式系列

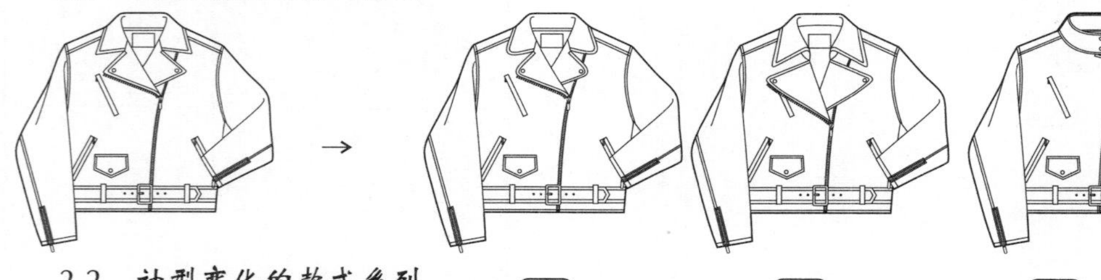

2.2　袖型变化的款式系列

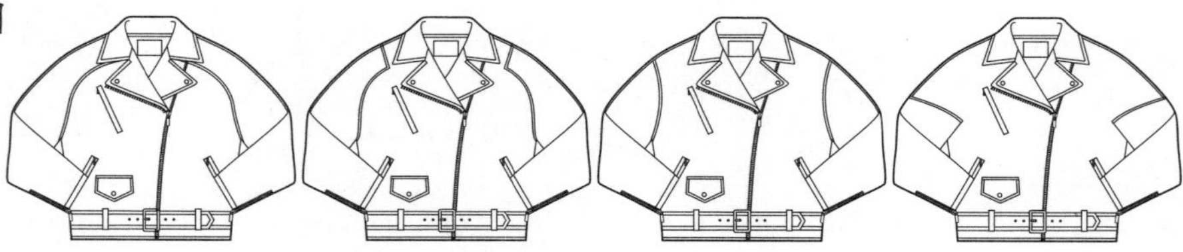

2.3　口袋变化的款式系列

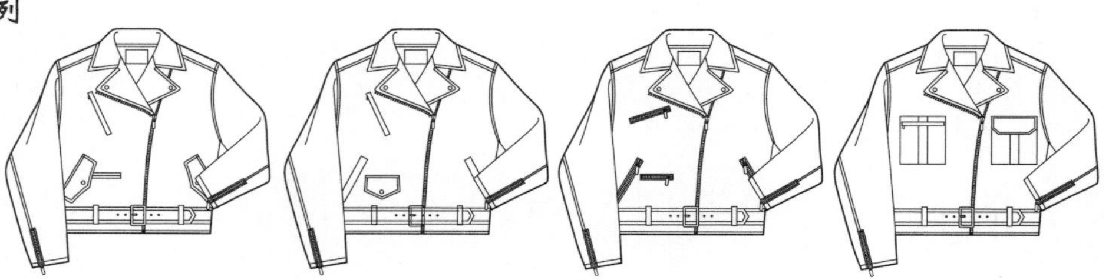

2.4　袖口变化的款式系列

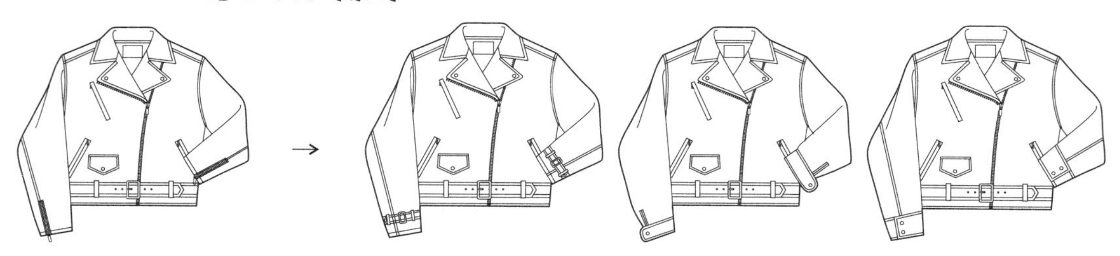

2.5　门襟变化的款式系列

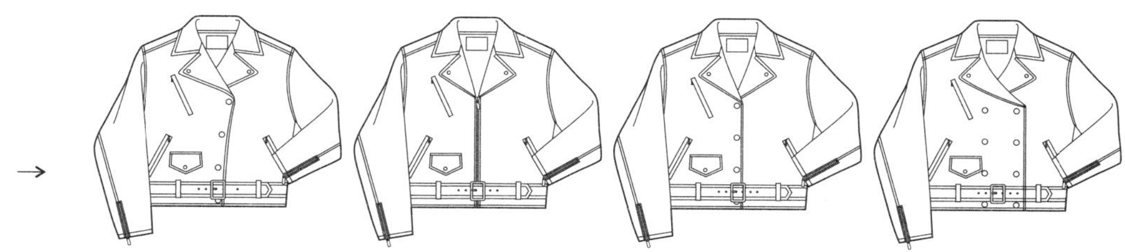

2.6　衣长与下摆变化的款式系列

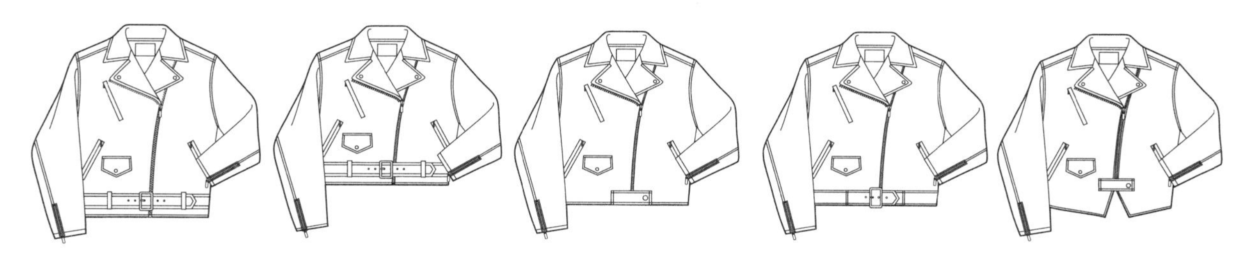

2.7　分割线和口袋变化的款式系列

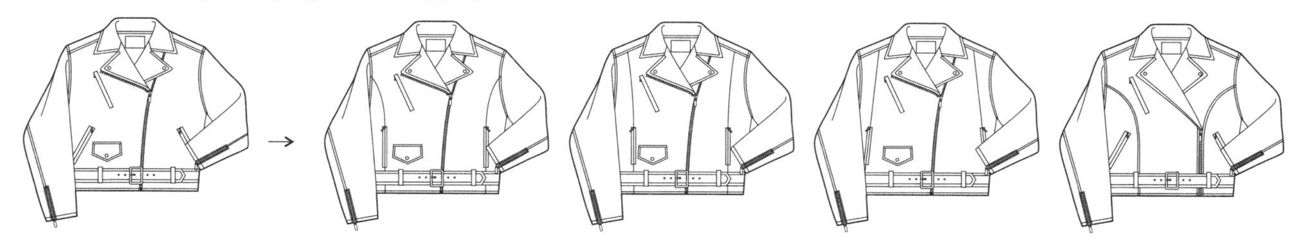

2.8　摩托夹克和堑壕外套元素组合

2.9 综合元素变化的款式系列

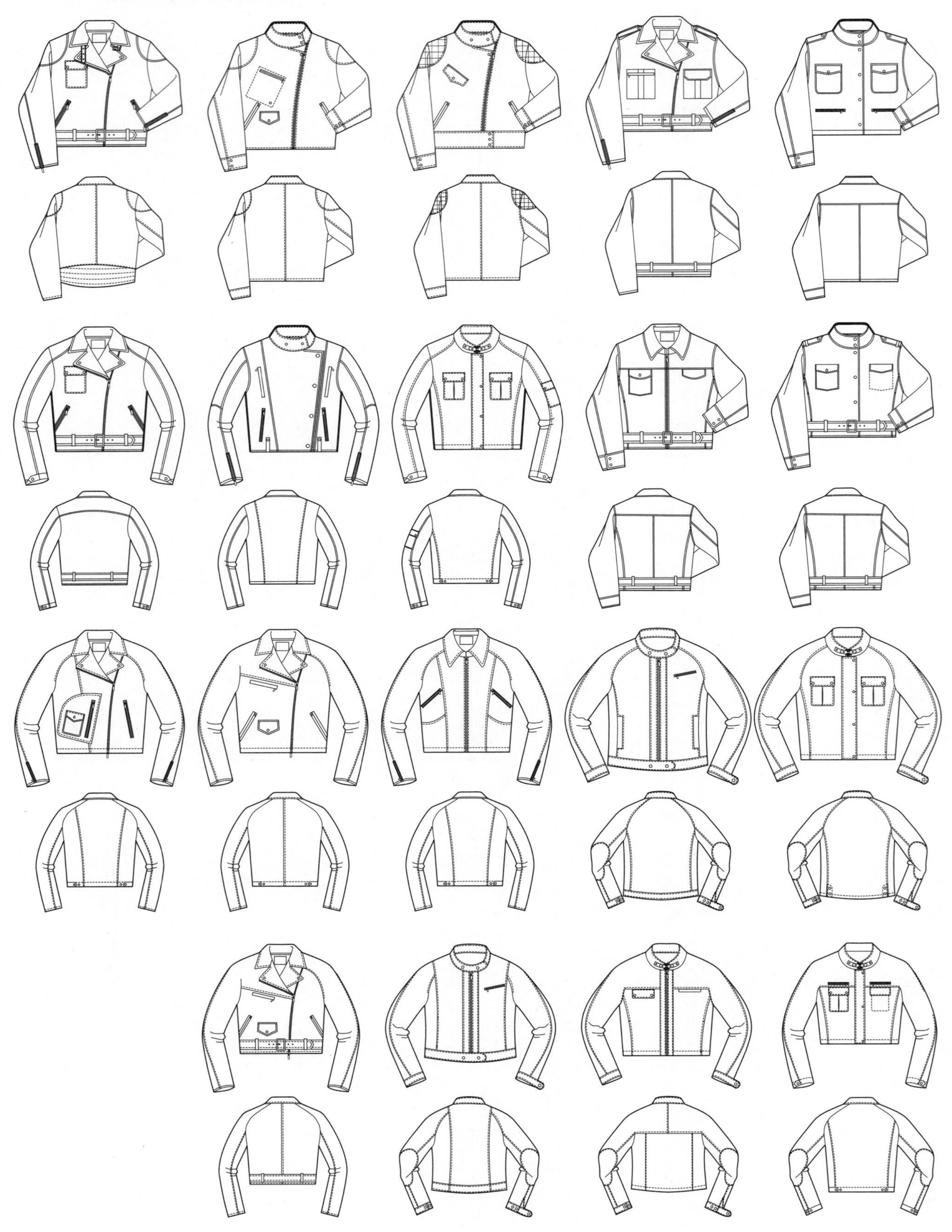

二、户外服纸样系列设计

* 更多的纸样设计训练利用之前提供的户外服款式平台完成纸样部分

1. 户外服变形基本纸样（亚基本纸样）

* 户外服纸样系列设计与休闲衬衫相同，即通过基本纸样、亚基本纸样和类基本纸样的设计流程，不同的是户外服亚基本纸样不需要做基本领口的回归处理

户外服的变形结构亚基本型与外套的相似形结构有着本质不同，它属于无省结构亚基本纸样，其袖窿形状为“剑形”，而相似形结构亚基本纸样是“手套形”。在此设计成衣松量为26cm，追加量应为14cm，一半制图为7cm，在设计中遵循整齐划一的分配原则和微调的方法对追加量进行合理的分配。在制图时，首先需要做的就是去掉侧省，这是从有省板型到无省板型的关键技术，方法是将乳凸量的1/2点对齐后，肩线、袖窿、腰线等处理方法与休闲衬衫亚基本纸样相同。只是领口是随放量设计的增加而增加，无需做领口回归处理

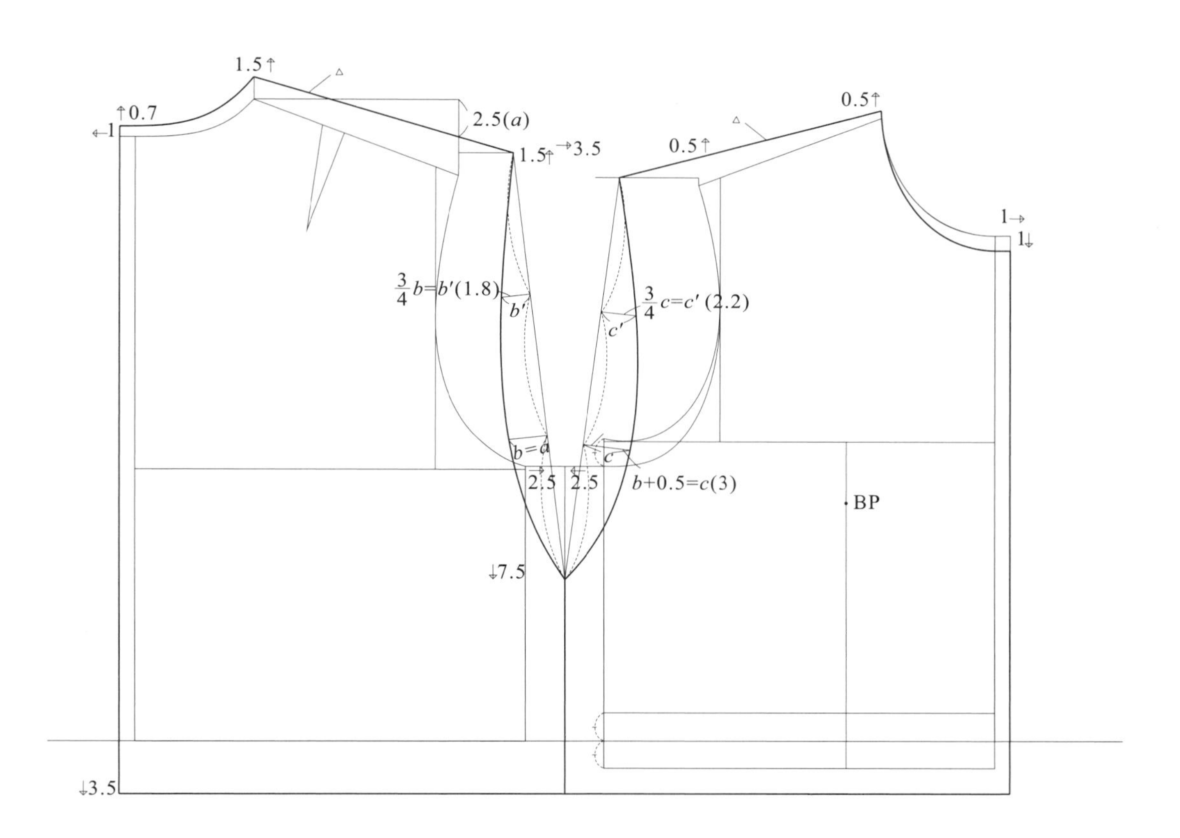

* 设追加量14cm，一半制图为7cm，成品松量约为26cm(12cm基本纸样松量＋14cm追加量)

变形设计，后侧缝：前侧缝：后中：前中为2.5：2.5：1：1

前后肩升高量，后肩：前肩为1.5：0.5(前后中放量之合)

后颈点升高量：0.7cm(后肩升高量/2)

后肩加宽量：3.5cm(侧缝放量/2+1cm)

袖窿开深量：7.5cm(侧缝放量−肩升高量/2+后肩加宽量)

腰线下调：3.5cm(约袖窿开深量/2)

2. 标准版牛仔夹克纸样设计（袖子与休闲衬衫通用）

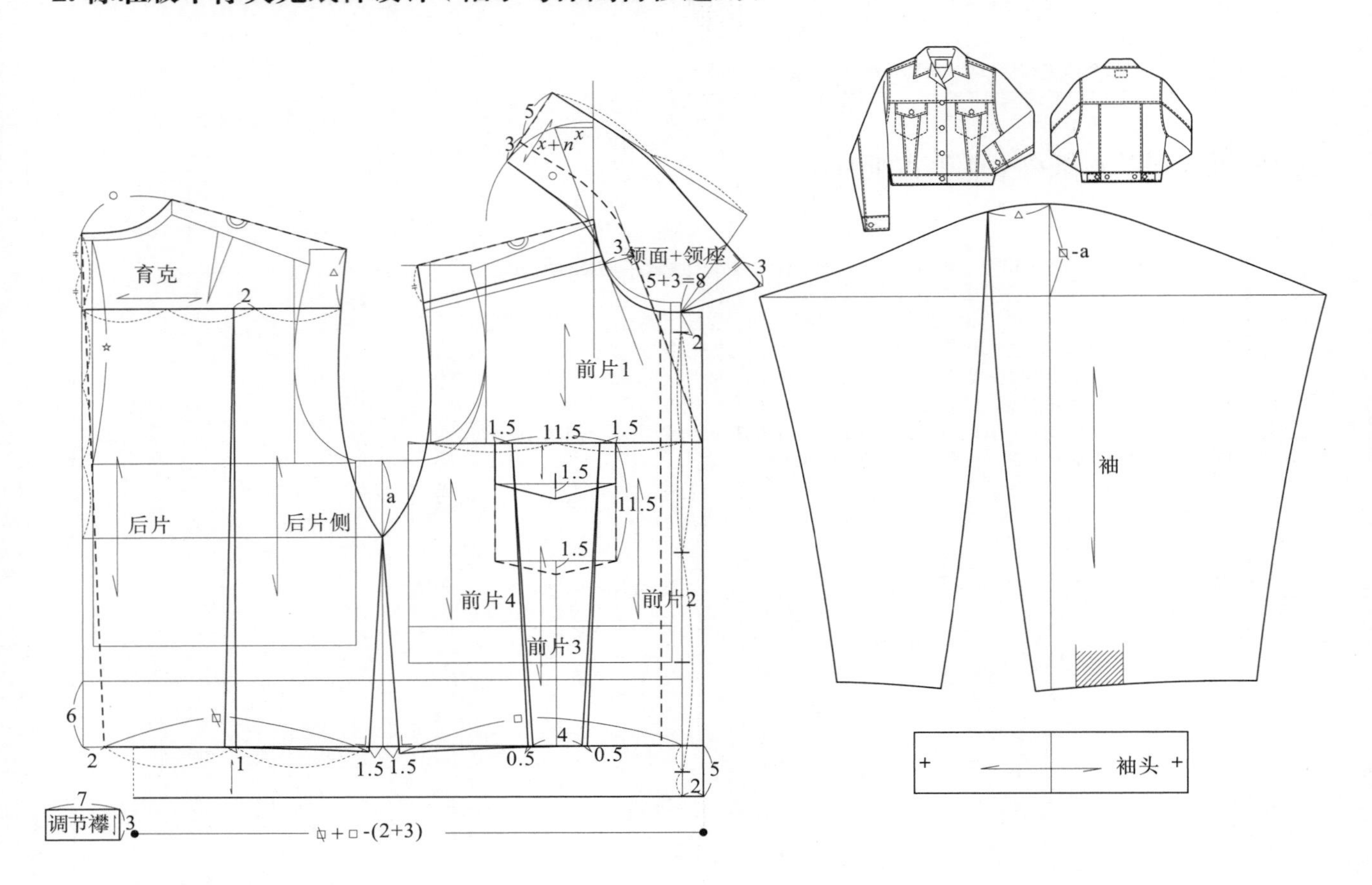

标准版牛仔夹克纸样分解图

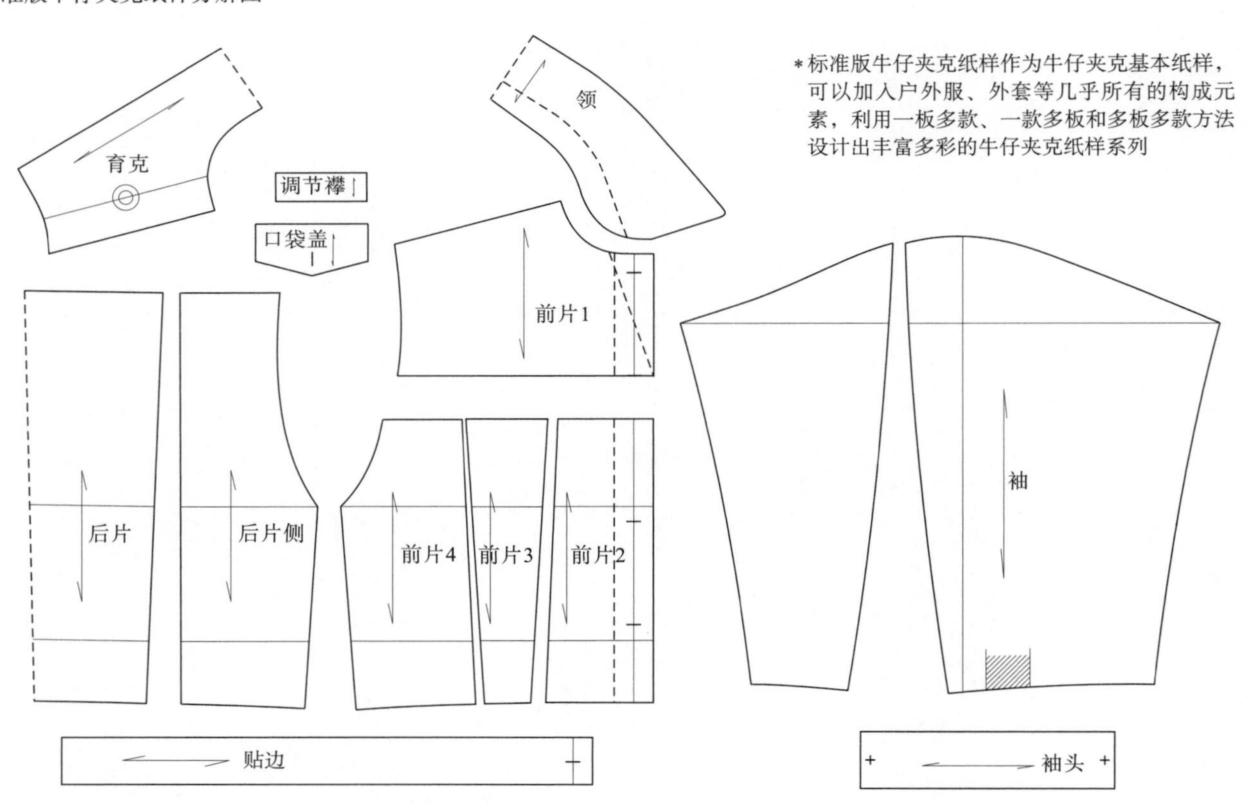

*标准版牛仔夹克纸样作为牛仔夹克基本纸样，可以加入户外服、外套等几乎所有的构成元素，利用一板多款、一款多板和多板多款方法设计出丰富多彩的牛仔夹克纸样系列

3. 标准版摩托夹克纸样设计

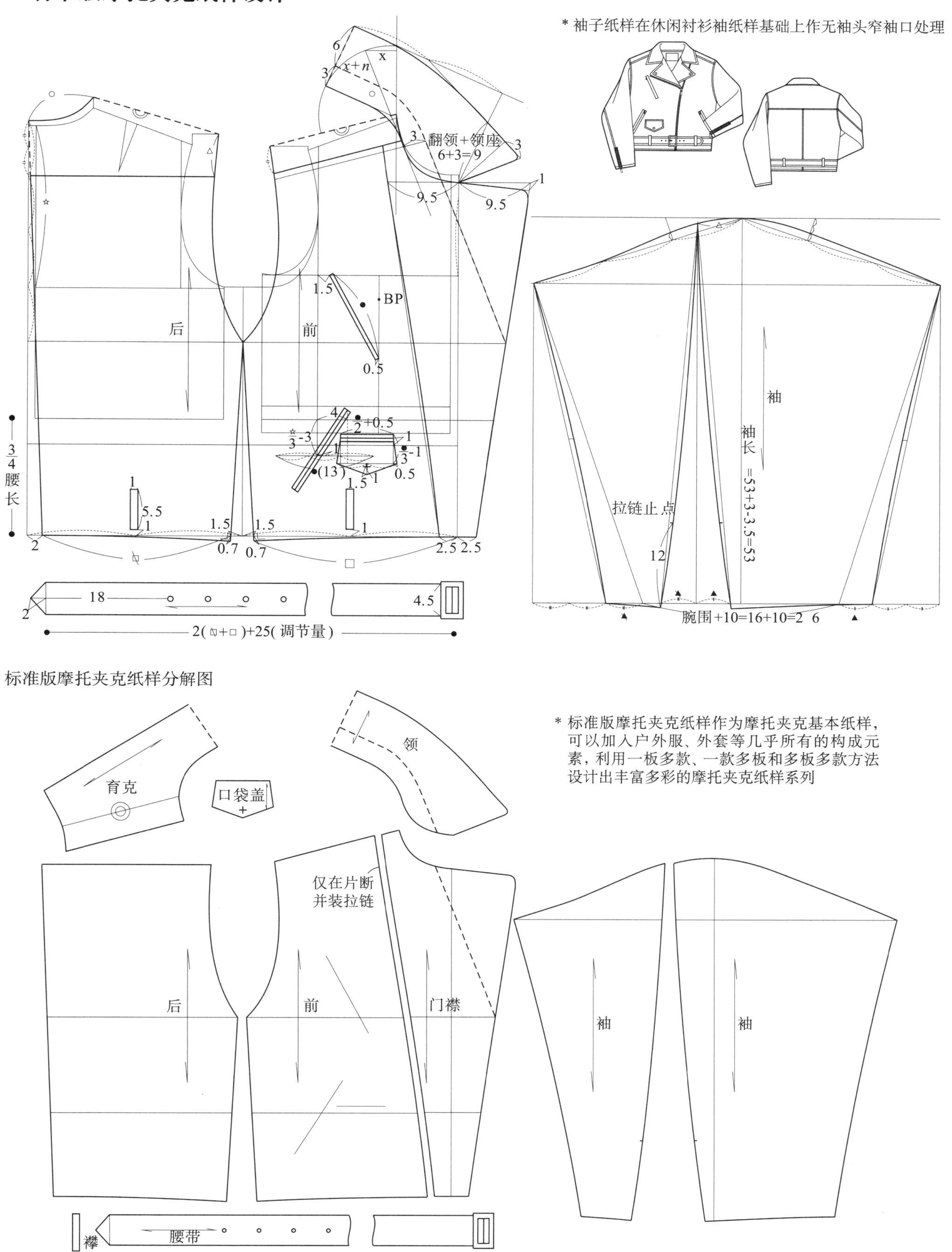

训练八　常服连衣裙款式与纸样系列设计训练

一、常服连衣裙款式系列设计

1. 廓型变化的款式系列（选择其中任何一个有袖或无袖廓型改变局部元素）

2. 廓型与局部元素结合的款式系列

2.1　S 型连衣裙腰位变化的款式系列

2.2　S 型连衣裙领口变化的款式系列

2.3　S 型连衣裙领型变化的款式系列

2.4　S 型连衣裙长度变化的款式系列

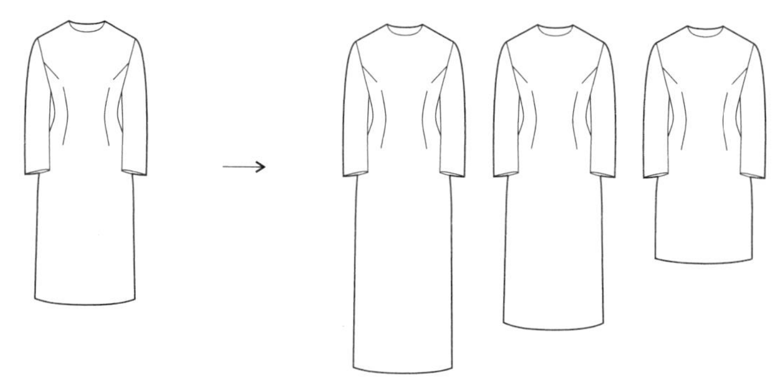

2.5　S 型连衣裙肩与袖变化的款式系列

2.6　X 型连衣裙公主线变化的款式系列

3. 连衣裙褶的款式系列

3.1　波形褶与分割线变化的款式系列

3.2 公主线变化的波形褶鱼尾裙款式系列

3.3 分割线与缩褶变化的款式系列

3.4 普力特褶与育克变化的款式系列

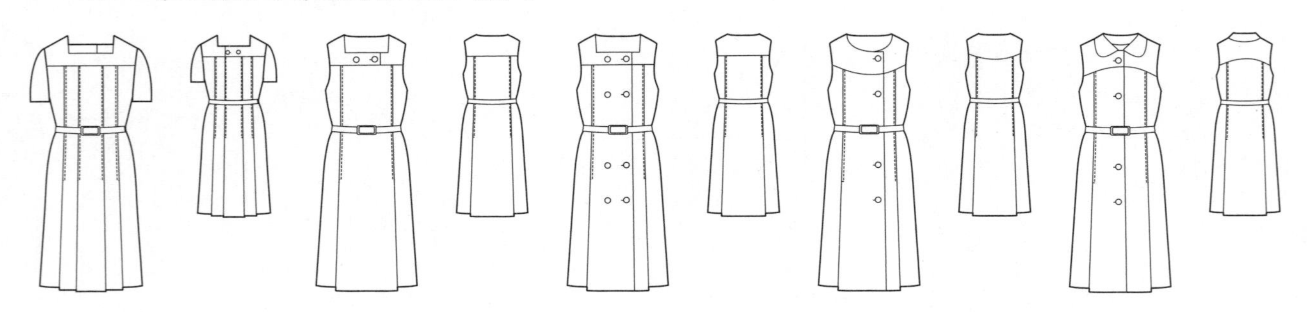

4. 综合元素的款式系列

4.1 S廓型与门襟、开领、袖子、口袋元素的组合

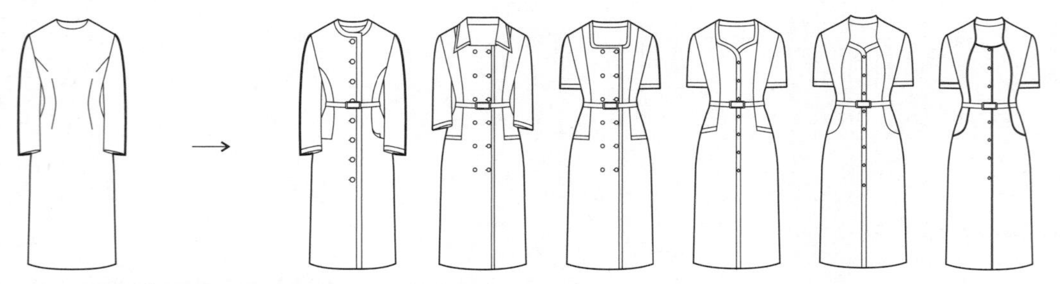

4.2 小X型与中腰线、褶、领型、袖型元素的组合

4.3　有袖、无袖大X型与公主线、领型、门襟、袖元素的组合

4.4　X型与袖型、前门襟、领型、口袋元素的组合

4.5　H型与门襟、袖型、口袋元素的组合

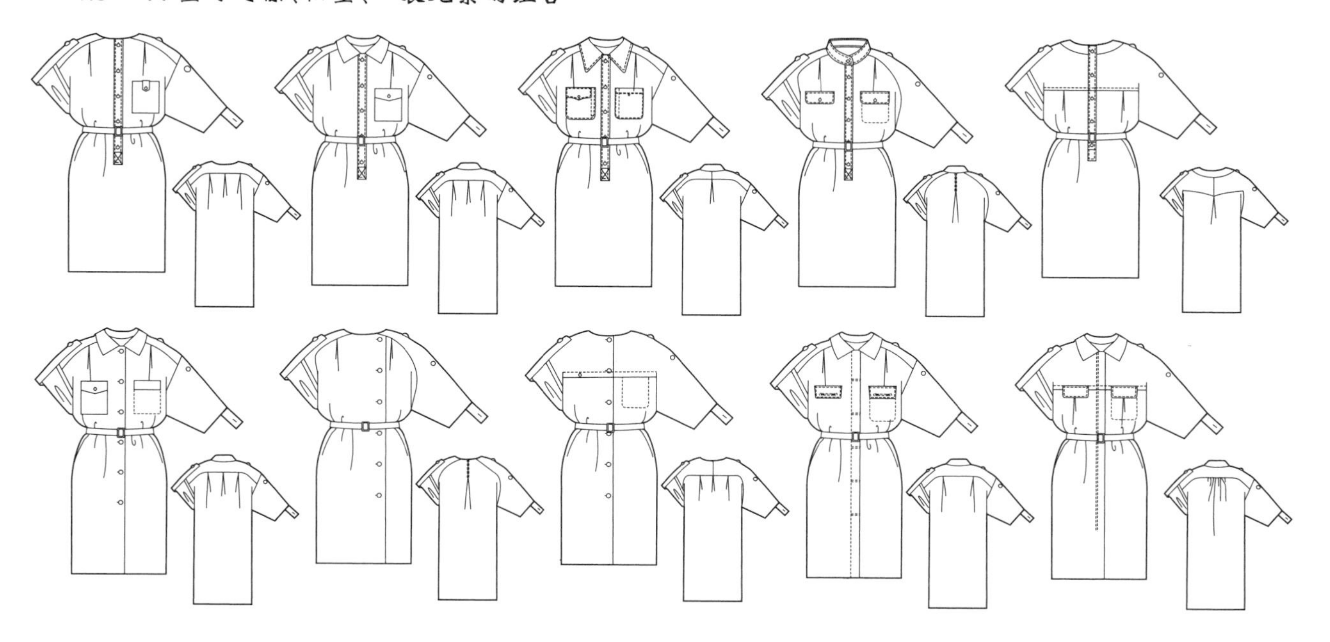

4.6 立体造型与门襟、袖型、口袋元素的组合

4.7 运动风格与低腰线、普力特褶元素的组合

二、常服连衣裙纸样系列设计

* 更多的纸样设计训练利用之前提供的常服连衣裙款式平台完成纸样部分

1. 常服连衣裙廓型一款多板纸样系列设计

1.1　S型连衣裙基本纸样

* 由女装基本纸样进入到S型连衣裙基本纸样，首先需要进行减量设计
常服连衣裙胸围松量设计总量为4cm，也就是说要在基本纸样6cm松量基础上减去4cm，根据前片减量大于后片减量的设计原则，分配比例为3∶1。S型廓型属于纤细型的紧身连衣裙，腰部、臀部也保留4cm左右的松量

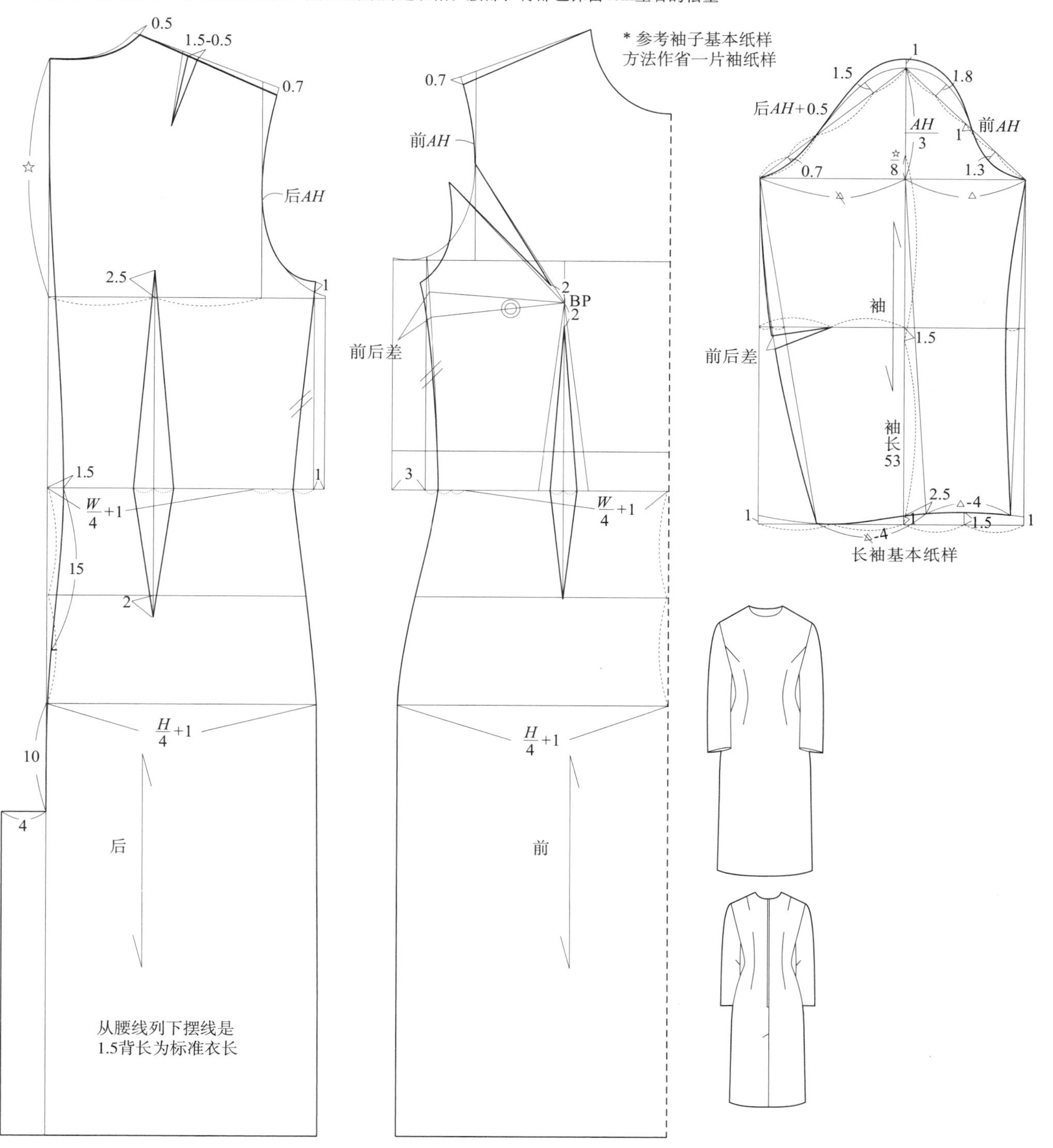

1.2 S型衣长变化纸样系列设计三款

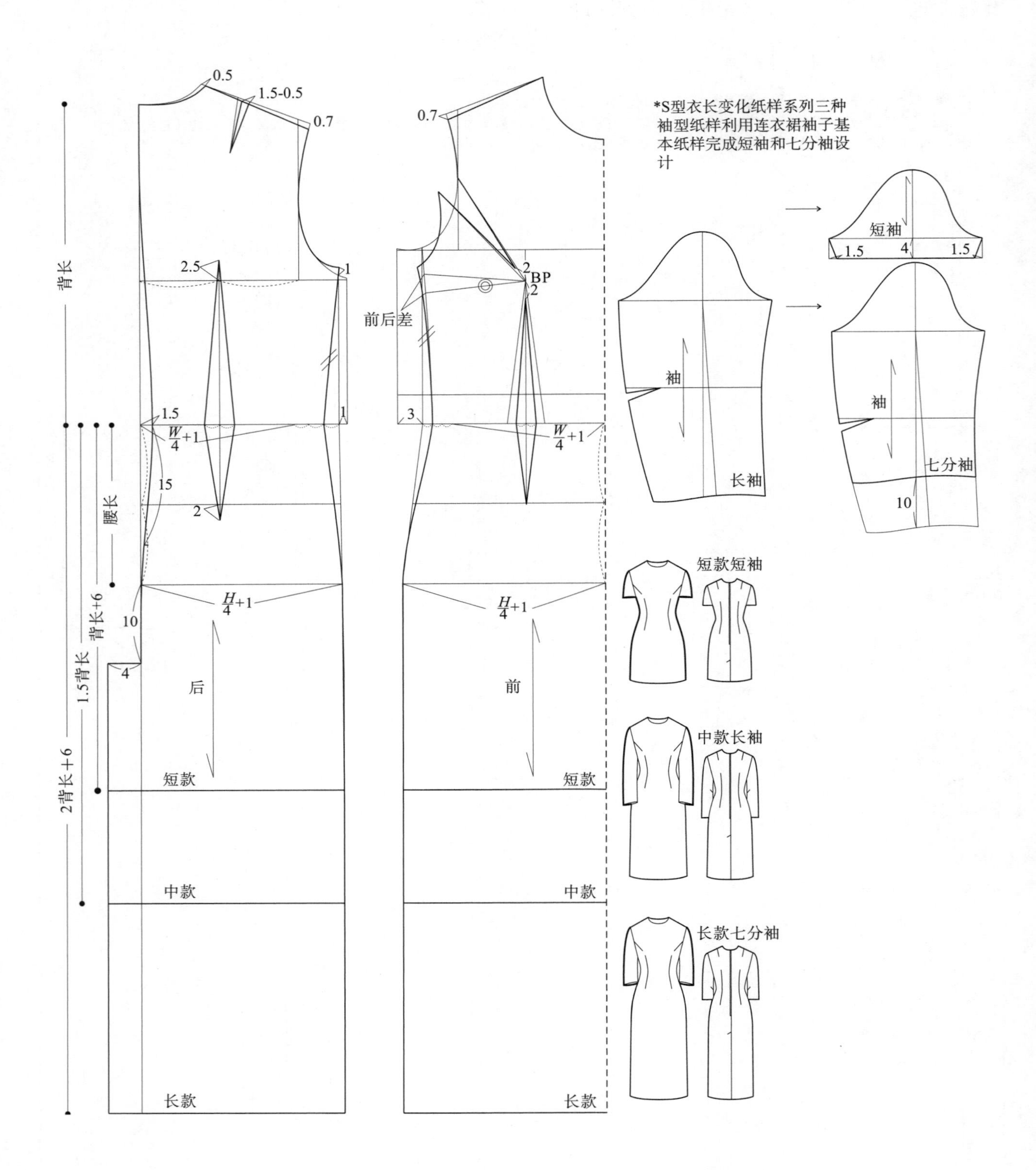

1.3　无袖S型衣长变化纸样系列（三款）

＊ 在S型连衣裙纸样基础上做无袖和裙长设计

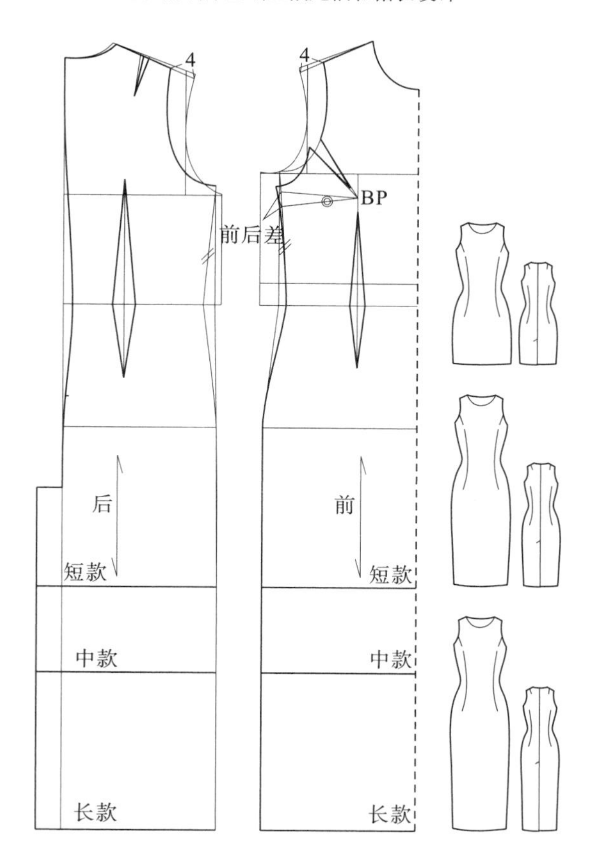

1.4　小X型衣长变化纸样系列（三款袖子通用）

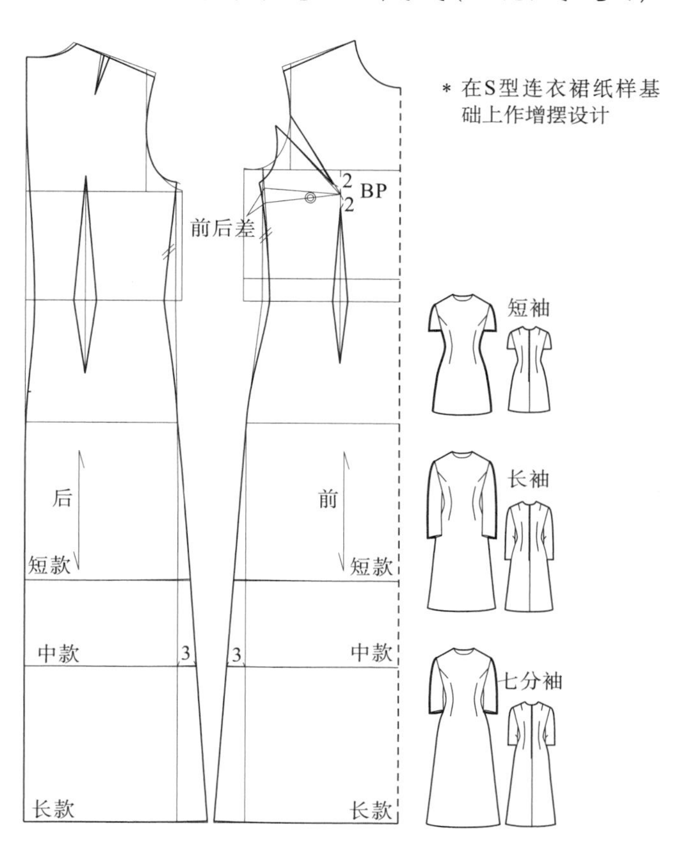

1.5 无袖小X型衣长变化纸样系列（三款）

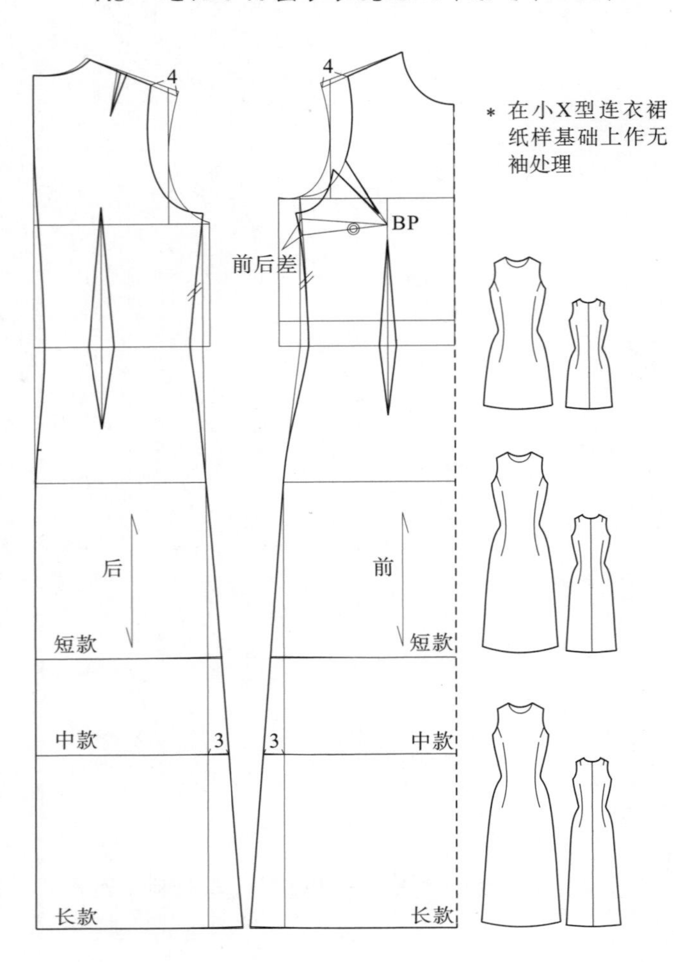

1.6 大X型衣长变化纸样系列（三款袖子通用）

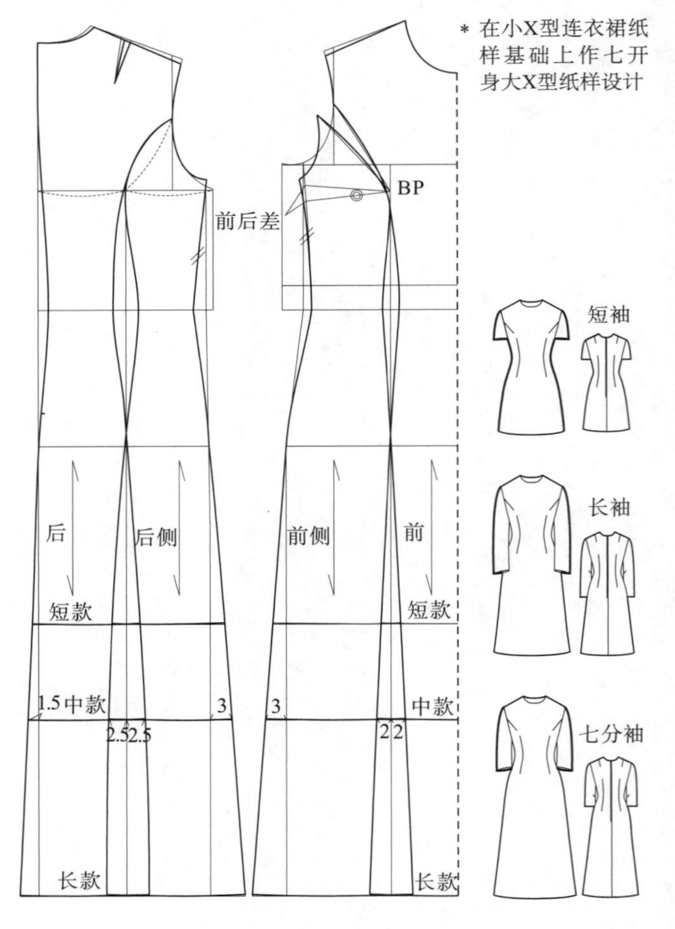

1.7　无袖大X型衣长变化纸样系列（三款）

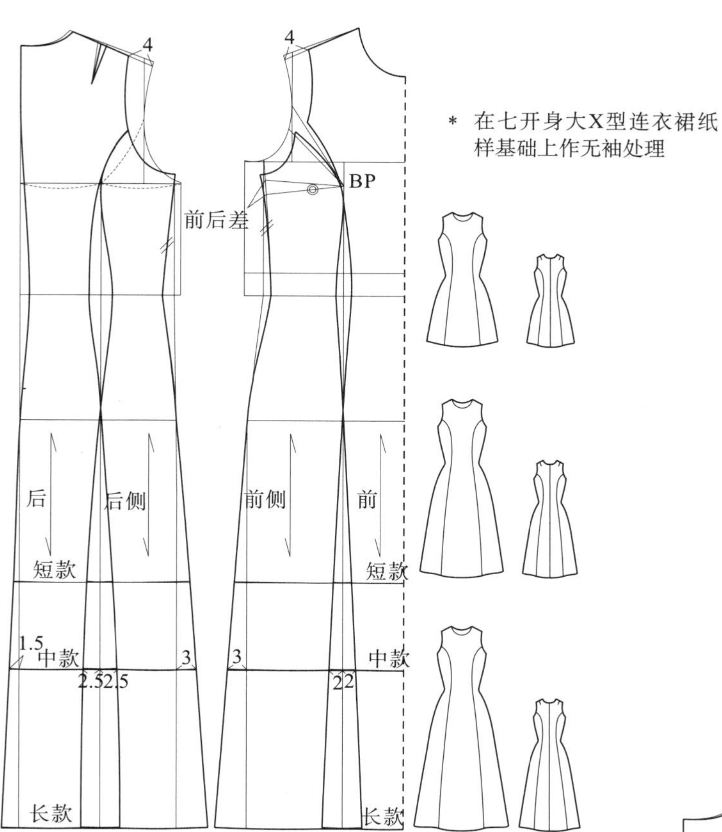

＊ 在七开身大X型连衣裙纸样基础上作无袖处理

1.8　H型衣长变化纸样系列（三款袖子通用）

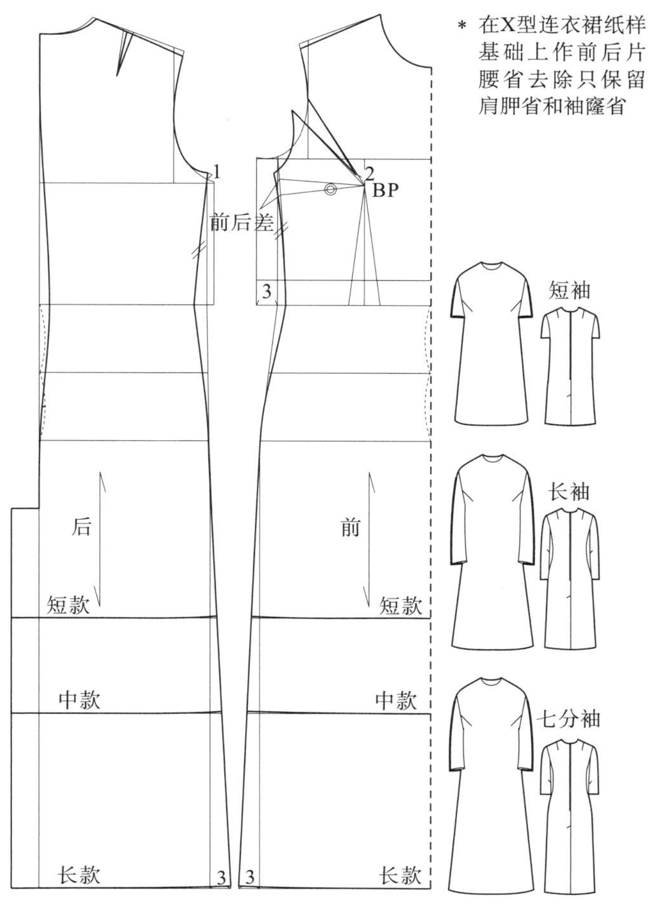

＊ 在X型连衣裙纸样基础上作前后片腰省去除只保留肩胛省和袖窿省

1.9　A型衣长变化纸样系列（三款袖子通用）

* A型连衣裙在H型连衣裙纸样基础上通过省转移成下摆补侧摆完成

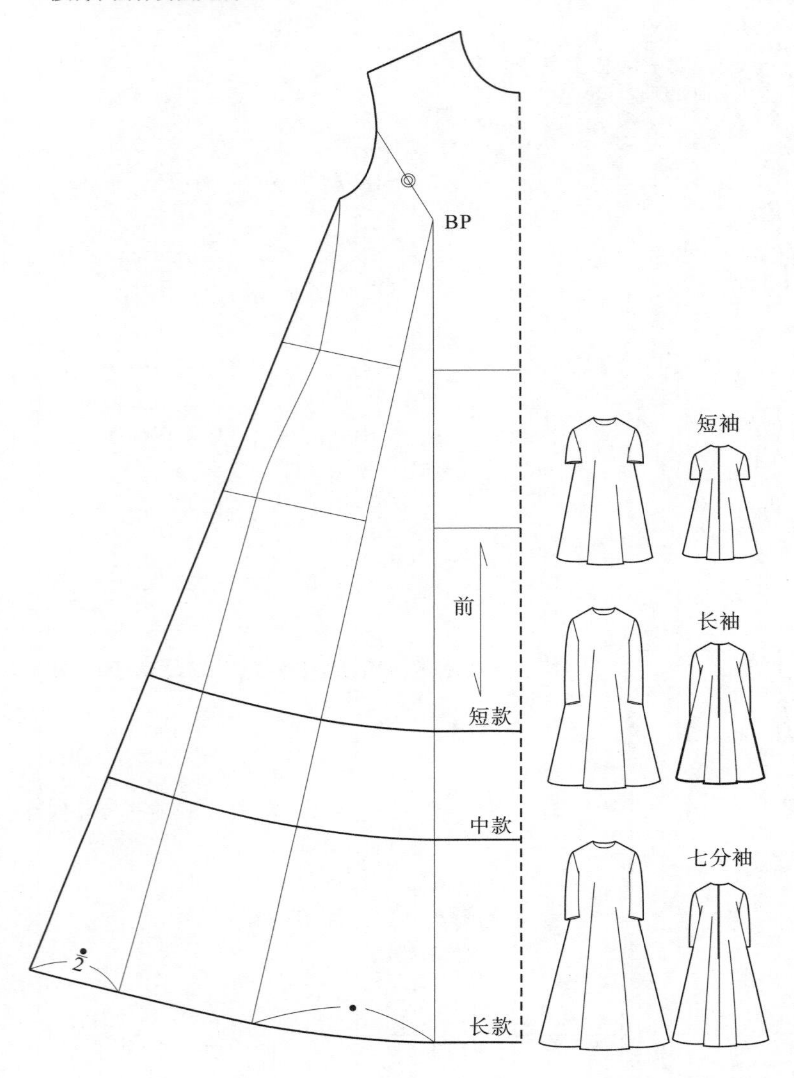

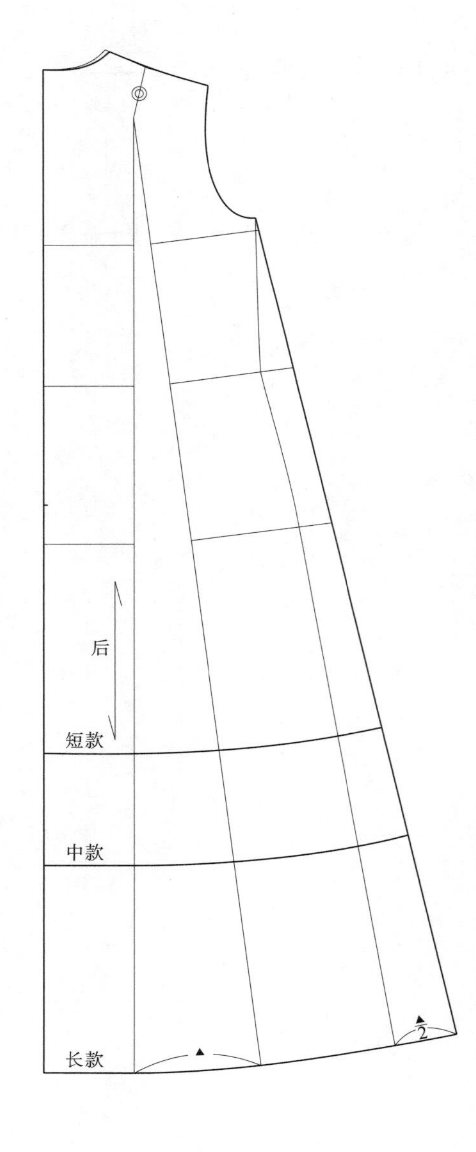

1.10　伞型衣长变化纸样系列（三款袖子通用）

* 伞型连衣裙在 A 型连衣裙纸样基础上通过切展平衡增摆完成

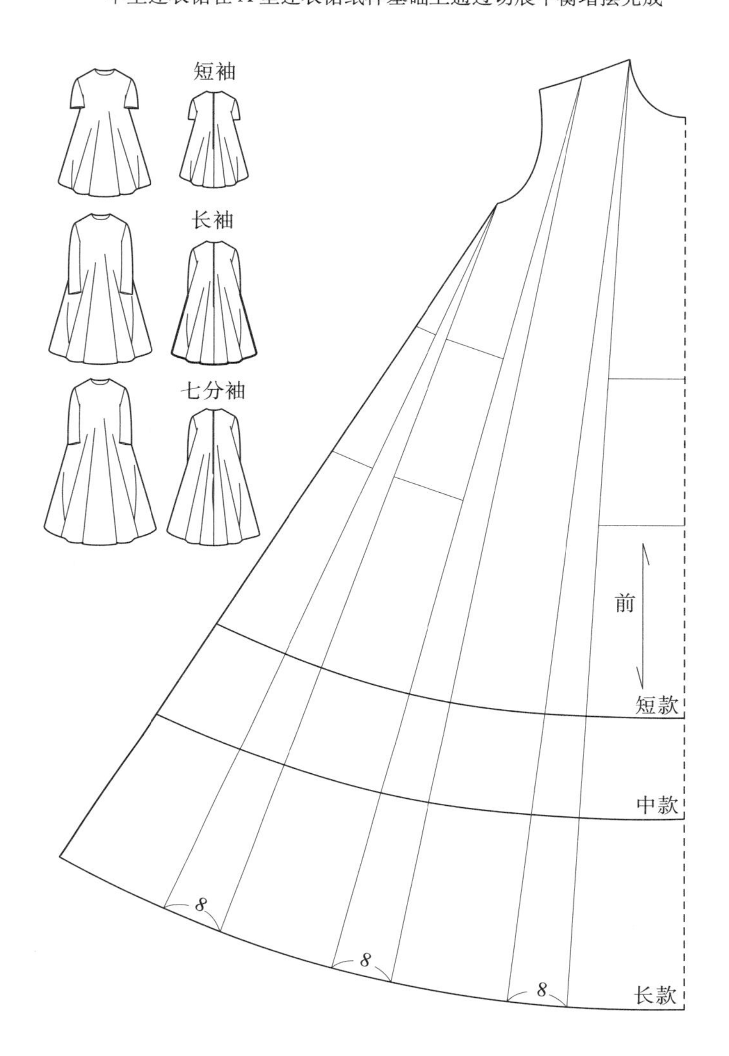

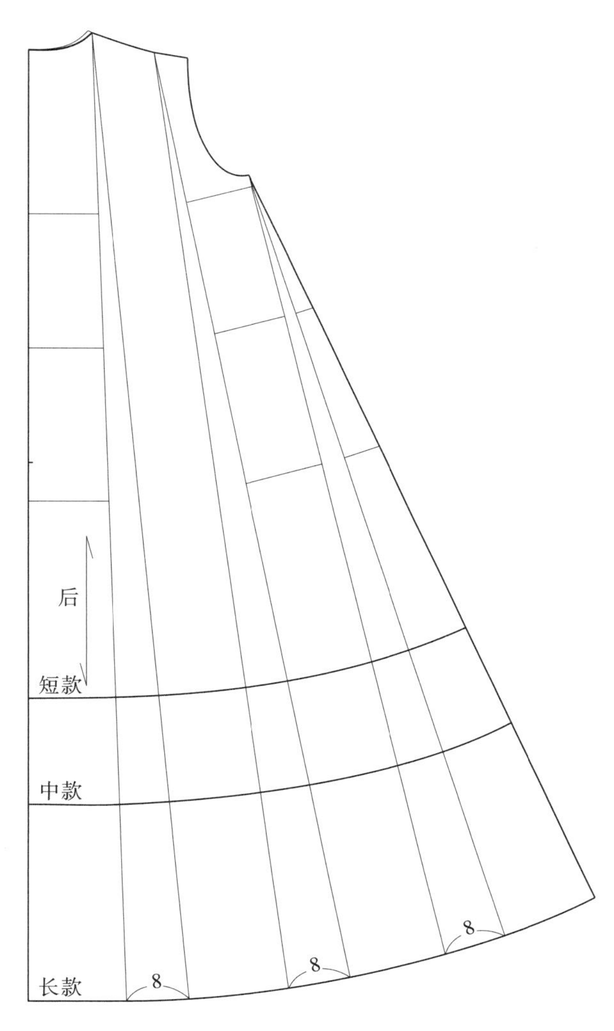

2. 八开身大 X 型连衣裙一板多款纸样系列设计

2.1 长泡袖八开身大 X 型无领标准公主线连衣裙纸样

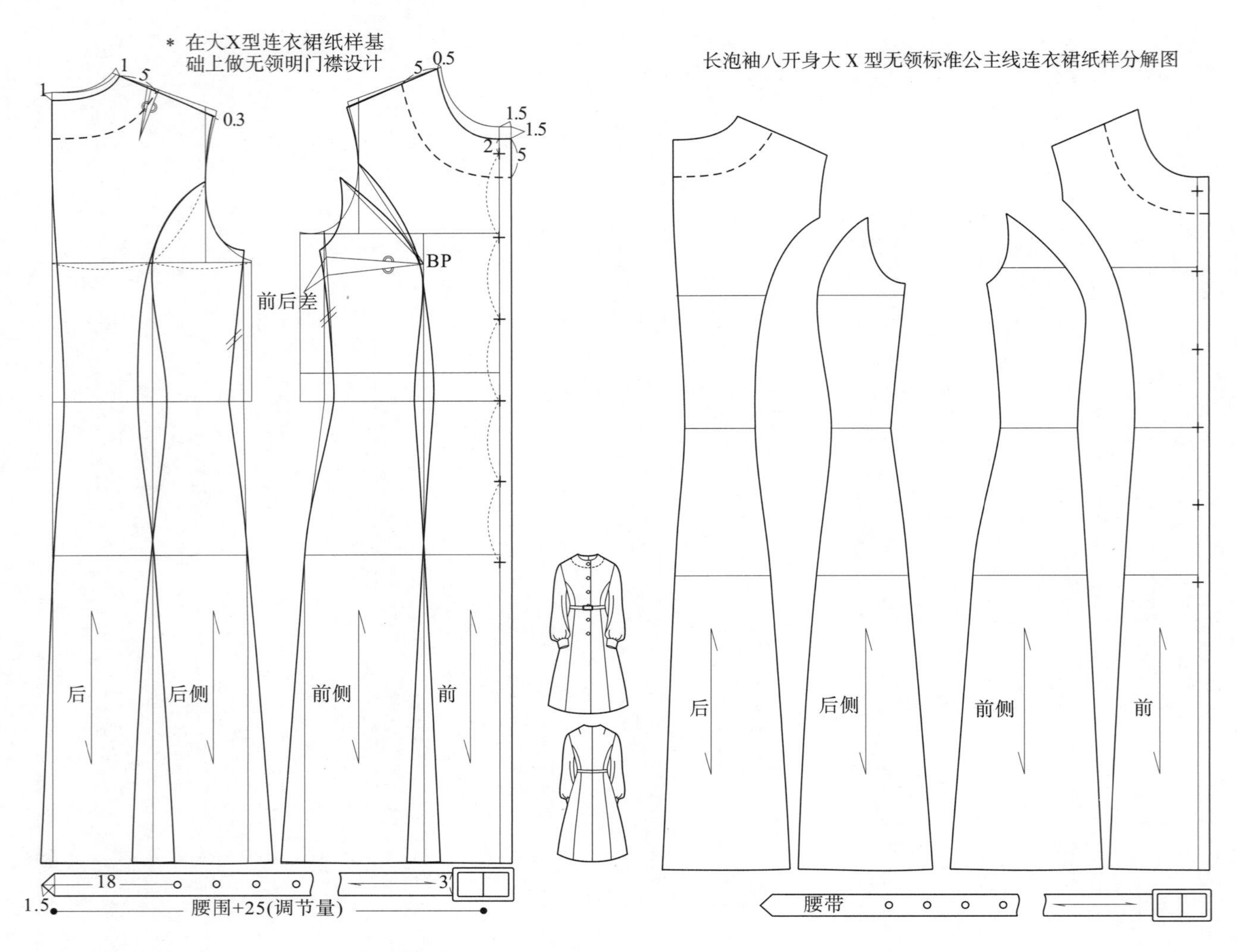

长泡袖八开身大 X 型无领标准公主线连衣裙袖子纸样设计

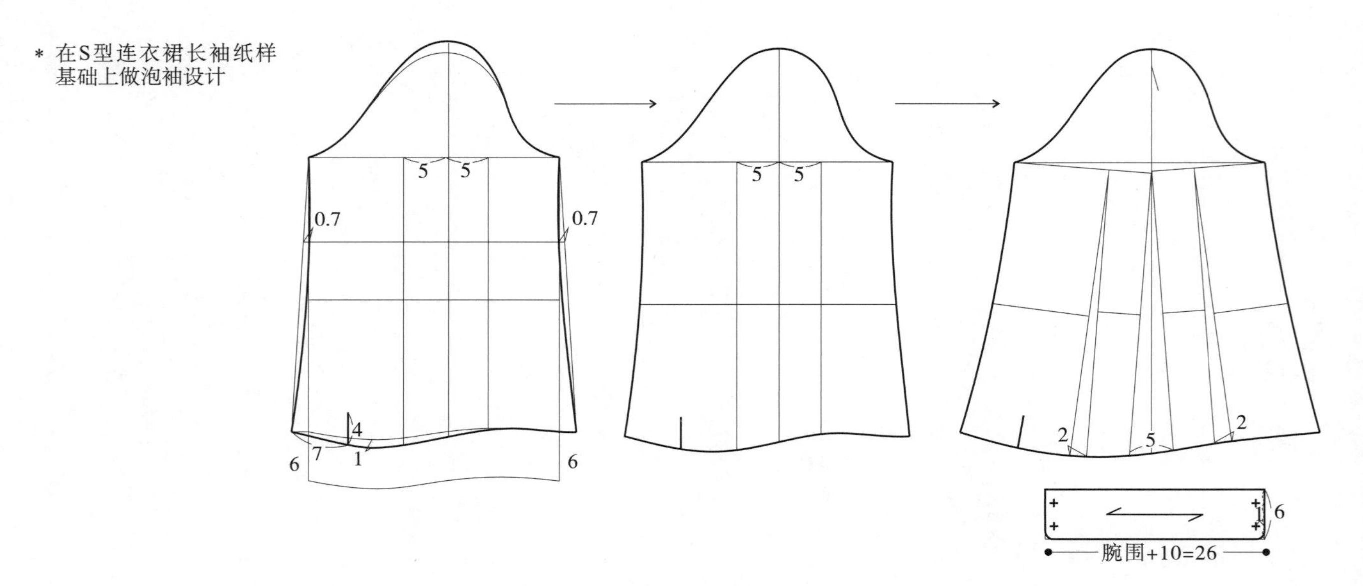

2.2　长泡袖八开身大X型花结领变化公主线连衣裙纸样（袖子、腰带与前款通用）

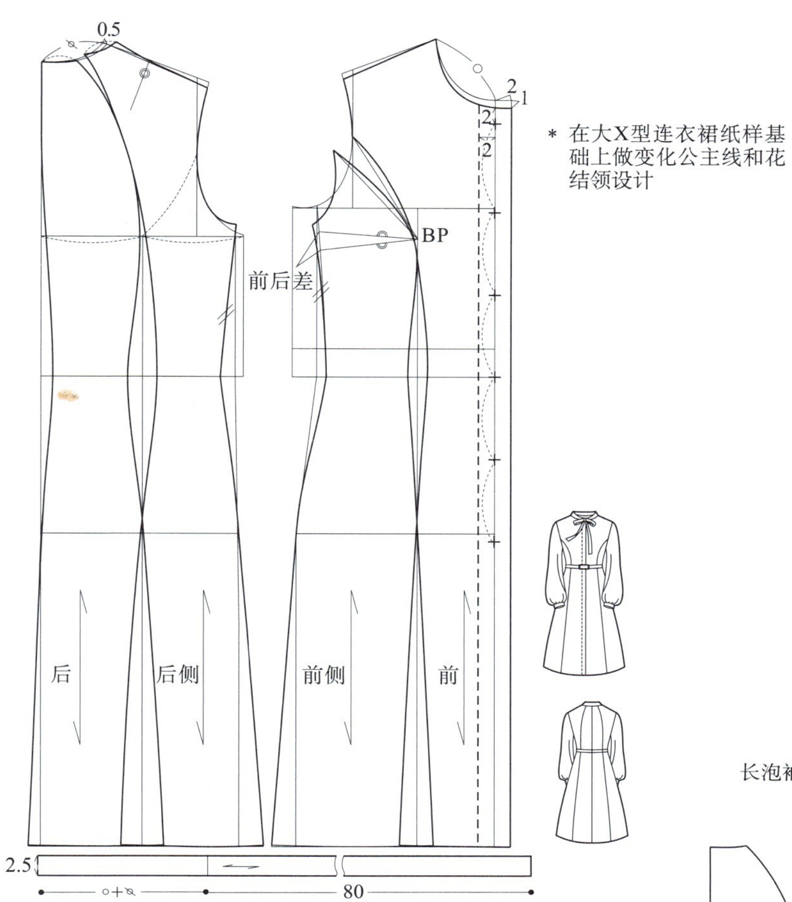

＊ 在大X型连衣裙纸样基础上做变化公主线和花结领设计

长泡袖八开身大X型花结领变化公主线连衣裙纸样分解图

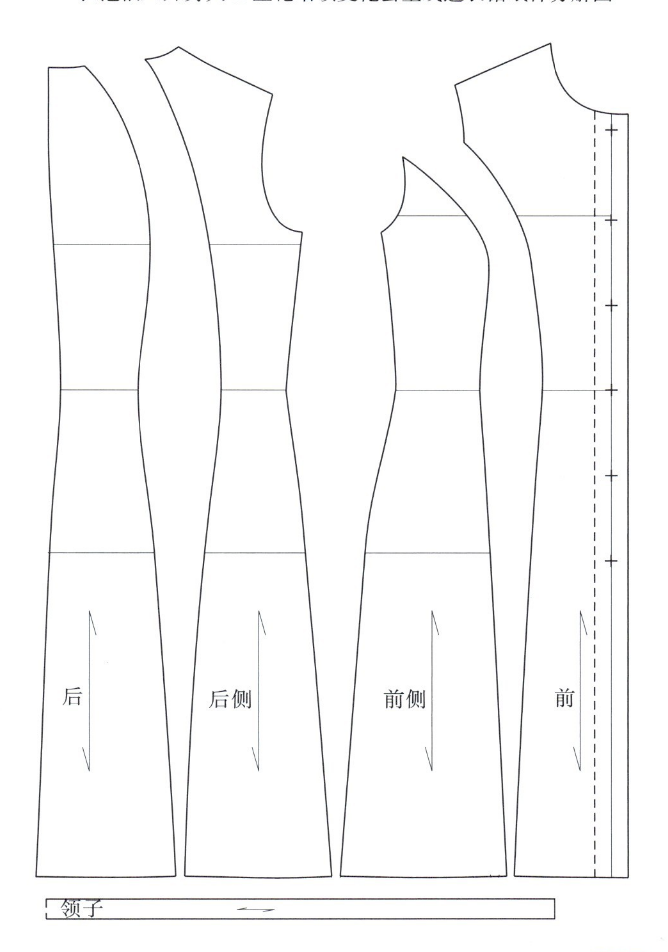

2.3 长泡袖八开身大X型花结领鱼形公主线连衣裙纸样（袖子和腰带与前款通用）

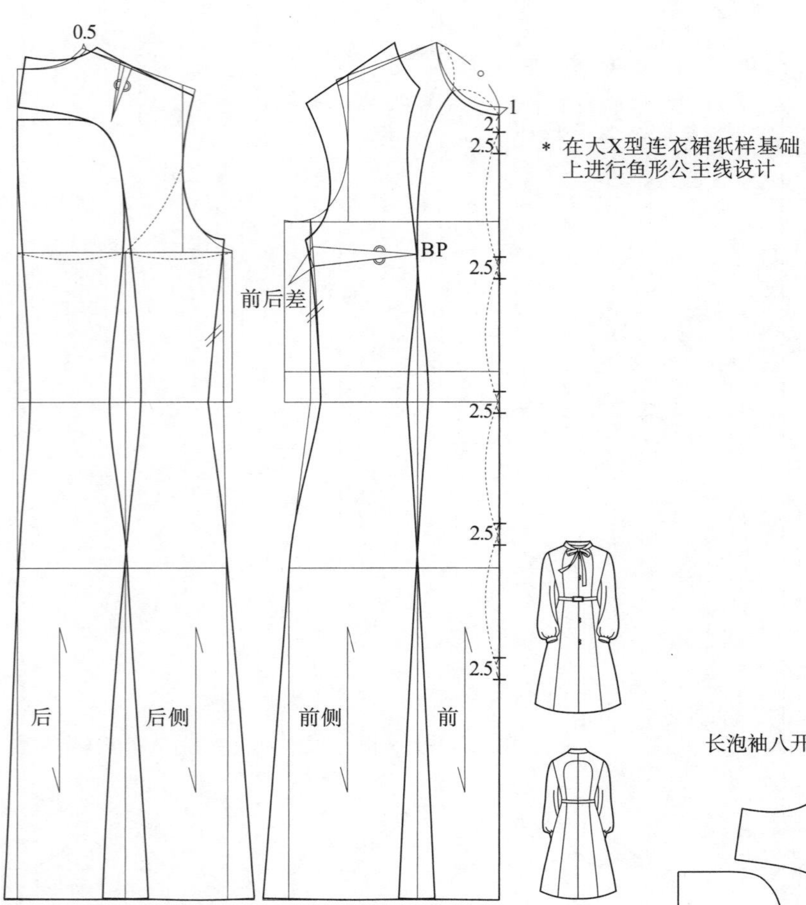

长泡袖八开身大X型花结领鱼形公主线连衣裙纸样分解图

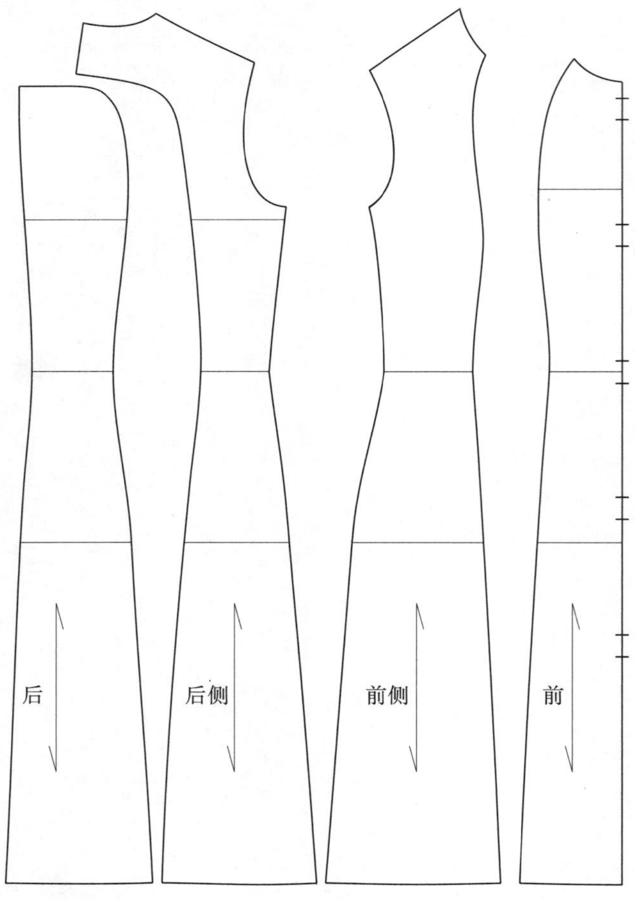

2.4　长泡袖八开身大X型连体企领直线公主线连衣裙纸样（袖子、腰带与前款通用）

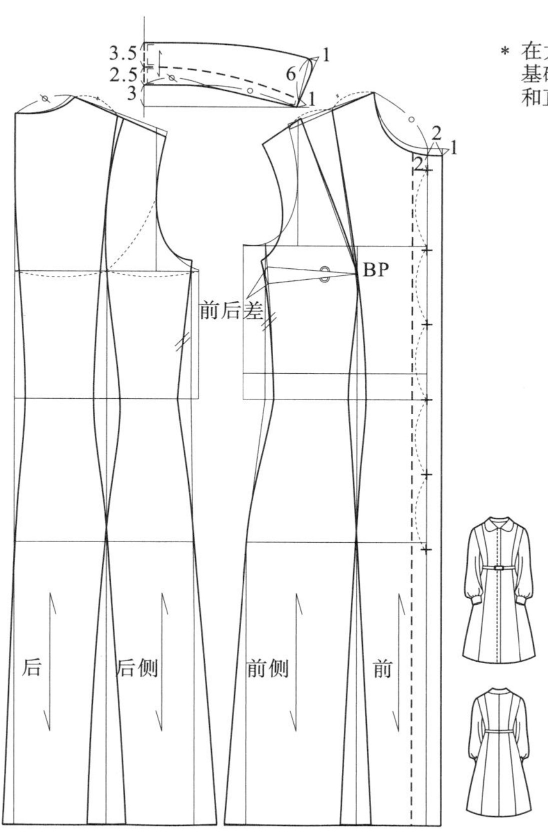

* 在大X型连衣裙纸样基础上进行连体企领和直线公主线设计

长泡袖八开身大X型连体企领直线公主线连衣裙纸样分解图

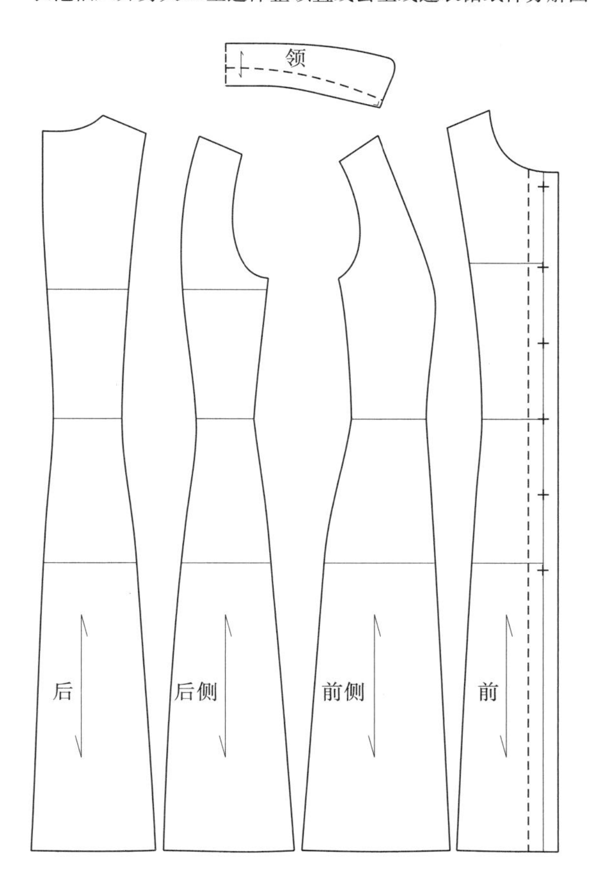

2.5 长泡袖八开身大X型方领口双排扣直线公主线连衣裙纸样（袖子、腰带与前款通用）

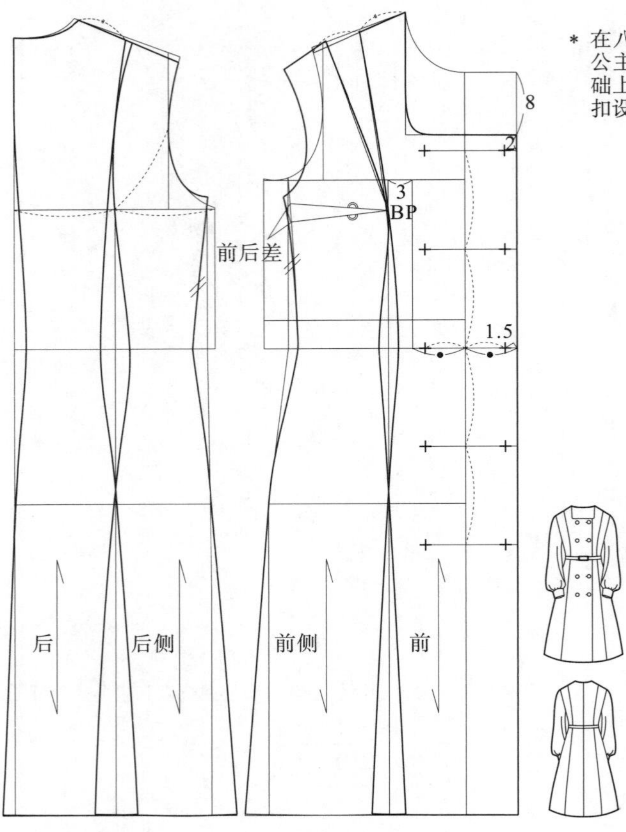

＊ 在八开身大X型直线公主线连衣裙纸样基础上进行方领口双排扣设计

长泡袖八开身大X型方领口双排扣直线公主线连衣裙纸样分解图

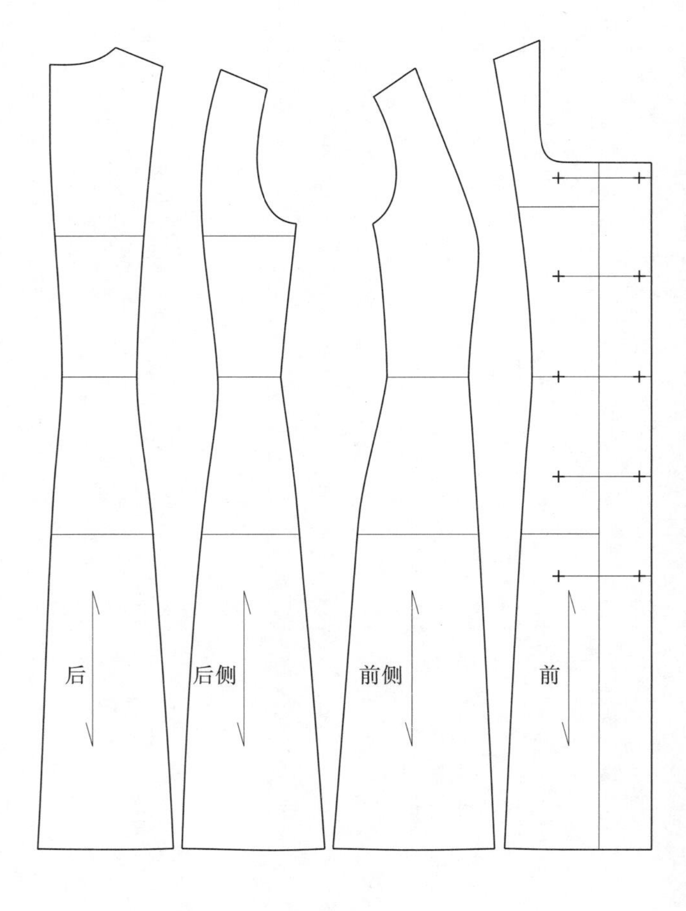

2.6　无袖八开身大X型无领标准公主线连衣裙纸样

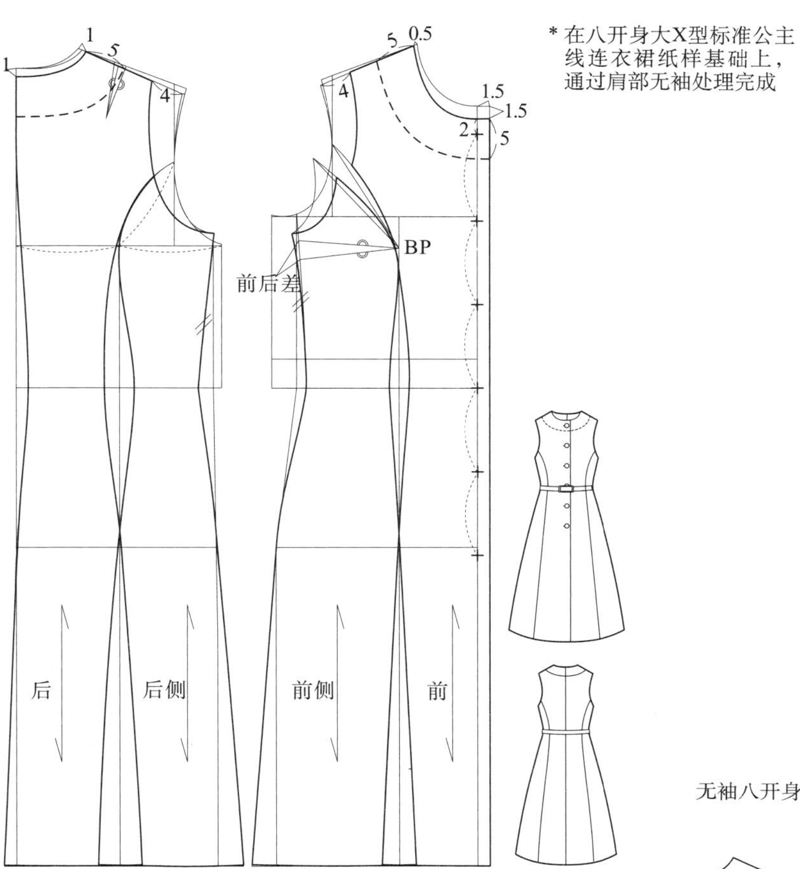

* 在八开身大X型标准公主线连衣裙纸样基础上，通过肩部无袖处理完成

无袖八开身大X型无领标准公主线连衣裙纸样分解图

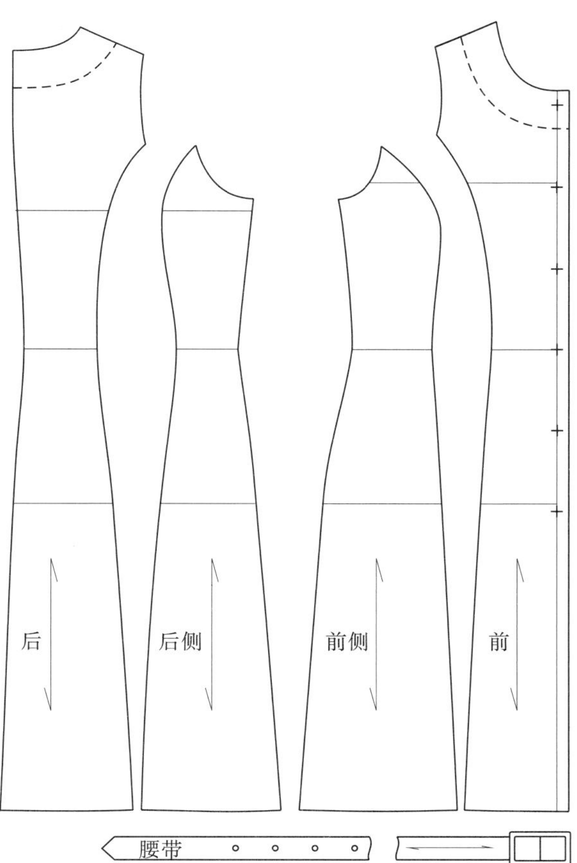

3. A 型连衣裙一板多款纸样系列设计

3.1 无袖 A 型无领连衣裙纸样

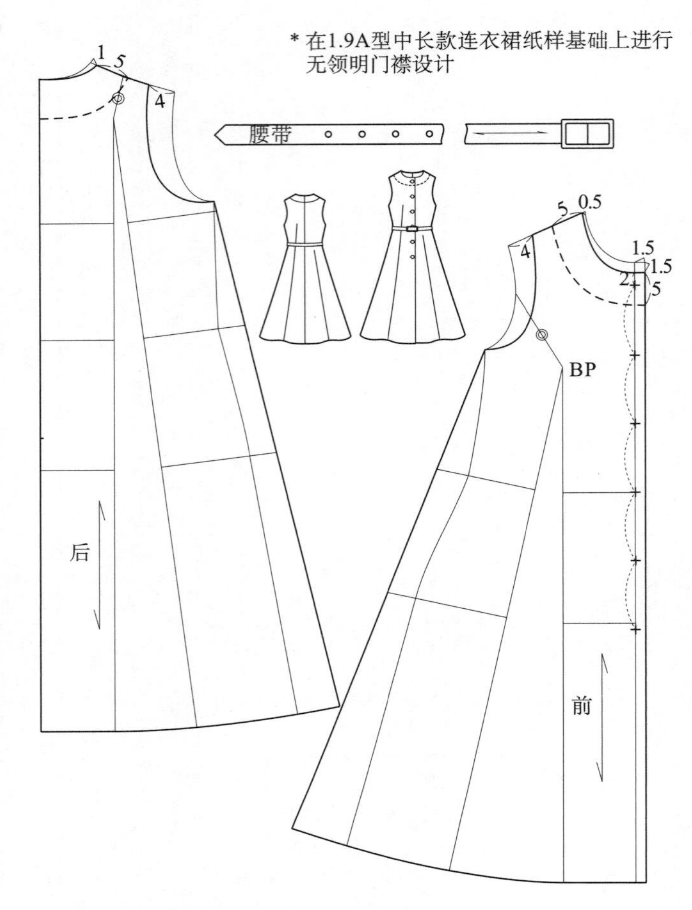

3.2 无袖 A 型花结领暗门襟连衣裙纸样（腰带与前款通用）

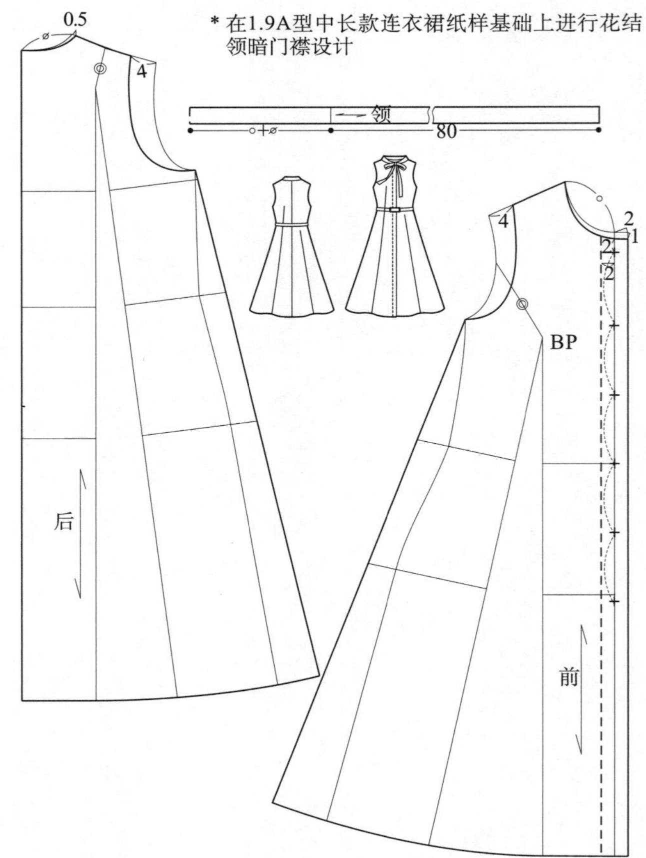

4. 伞型连衣裙一板多款纸样系列设计

4.1　无袖连体企领连衣裙纸样（腰带同前款）

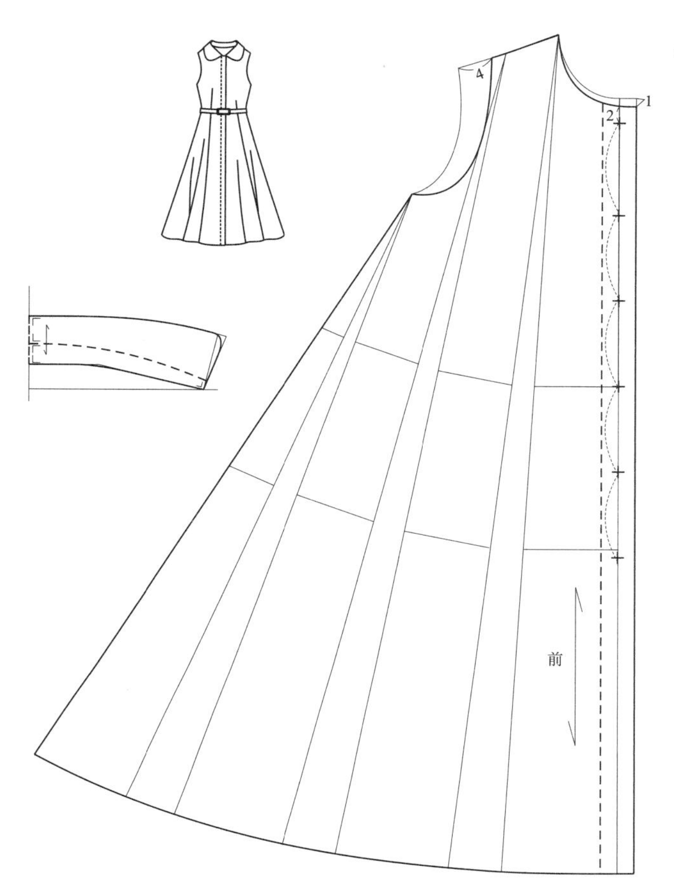

* 在无袖A型连衣裙纸样基础上进行伞型结构设计配连体企领纸样

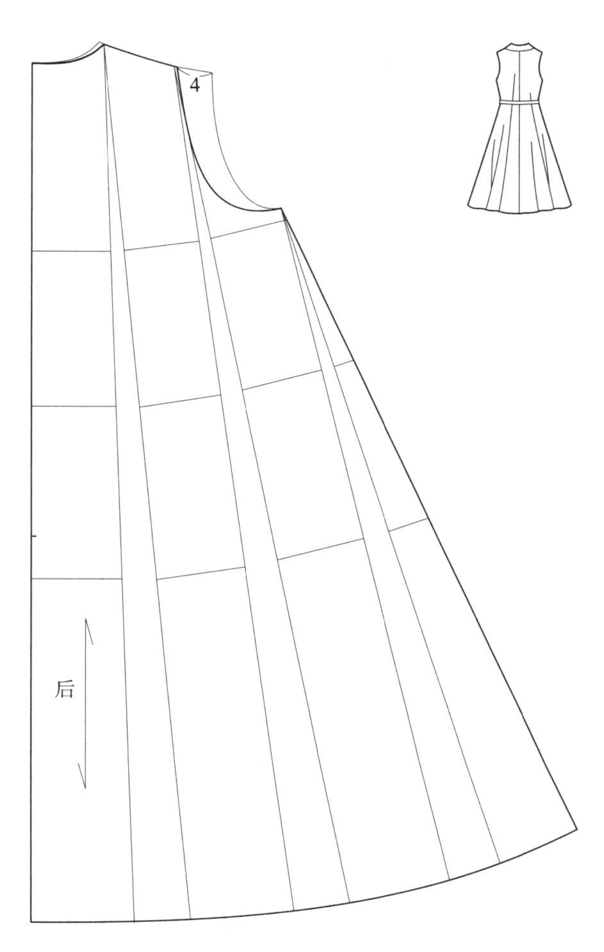

4.2　无袖伞形方领口双排扣连衣裙纸样（腰带与前款通用）

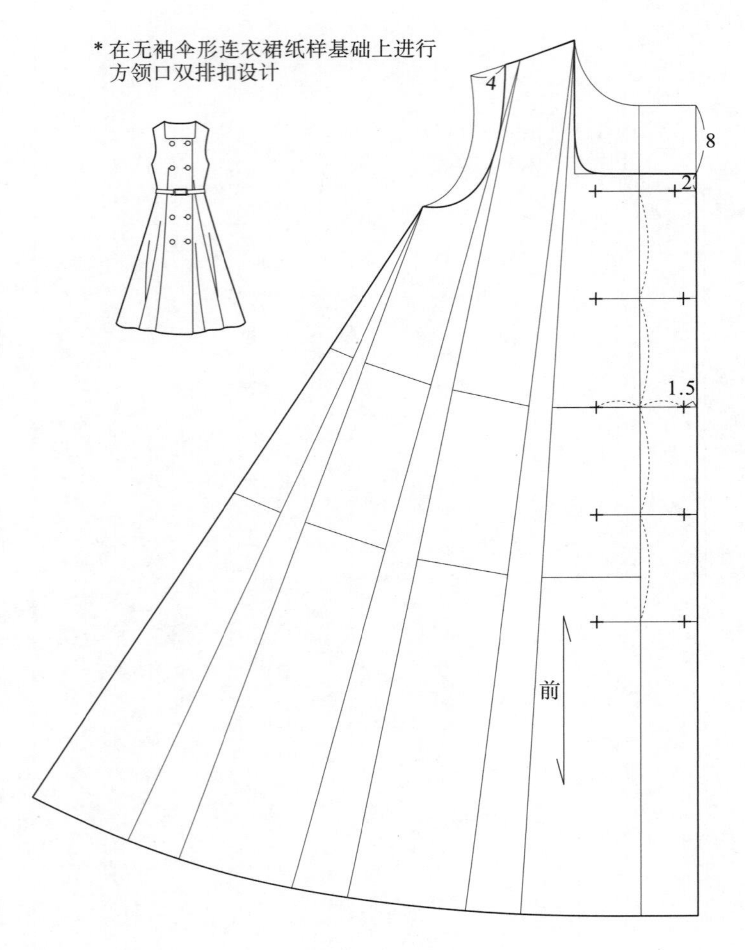

训练九　旗袍连衣裙款式与纸样系列设计训练

一、旗袍连衣裙款式系列设计

1. 基本款旗袍

（S 型立领右衽全省）

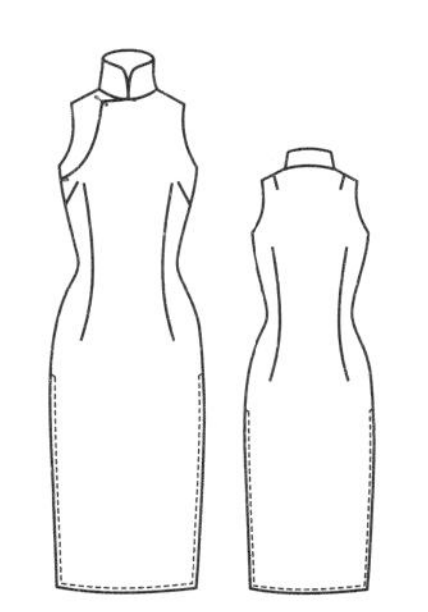

2. 领子、领口变化款式系列

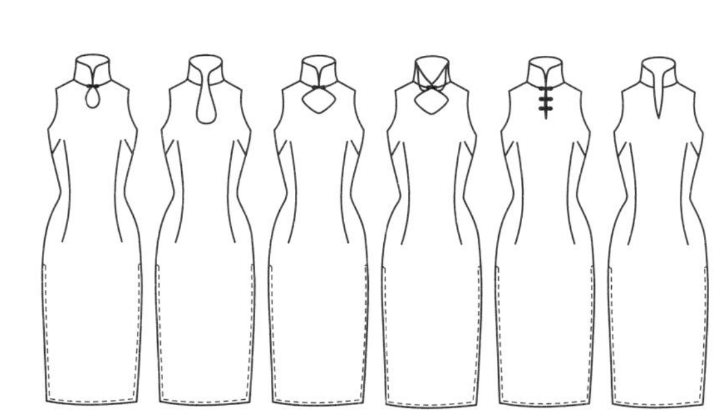

3. 衽式变化款式系列

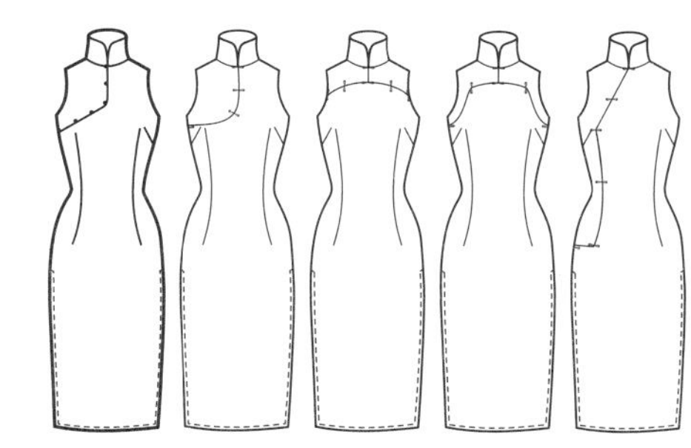

4. 袖型变化款式系列

5. 袖型、领子、领口结合款式系列

6. 下摆变化款式系列

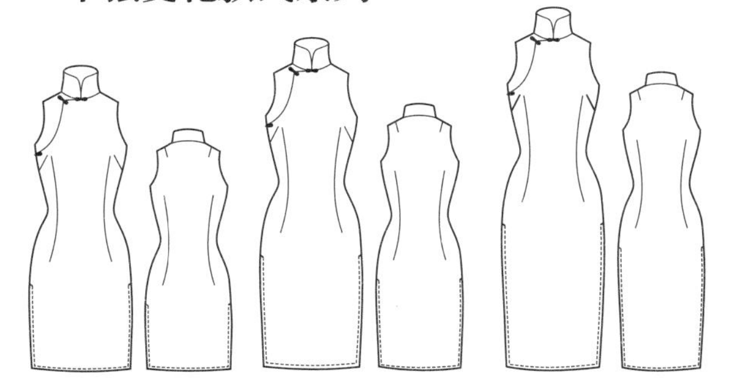

7. 饰边变化款式系列

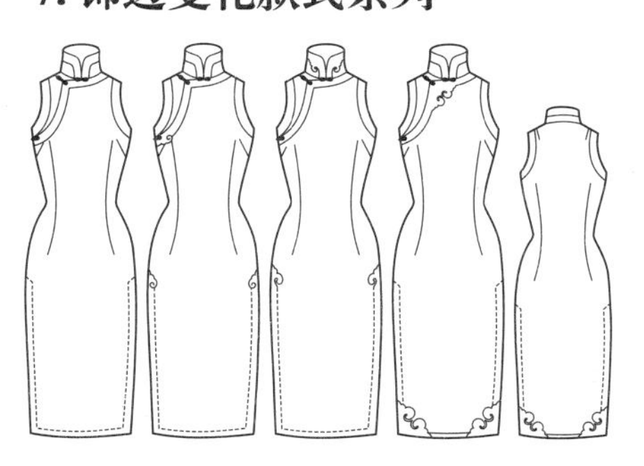

8. 综合元素的款式系列

镶边与局部元素变化相结合的款式系列

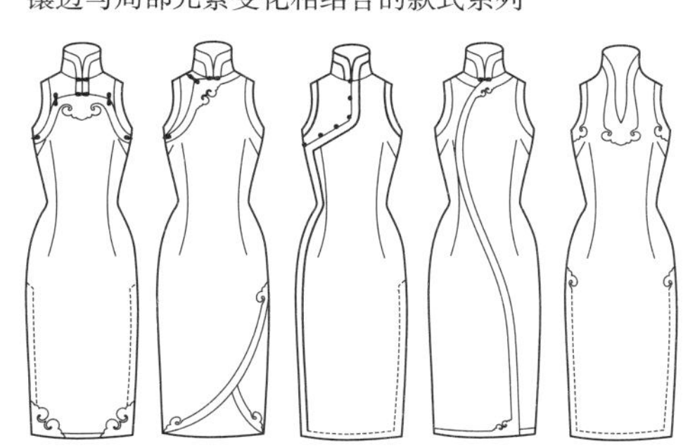

局部元素转化变异的旗袍系列

二、旗袍连衣裙纸样系列设计

* 更多的纸样设计训练利用之前提供的旗袍款式平台完成纸样部分

1. 无袖旗袍一板多款纸样系列设计

1.1 无袖旗袍基本纸样

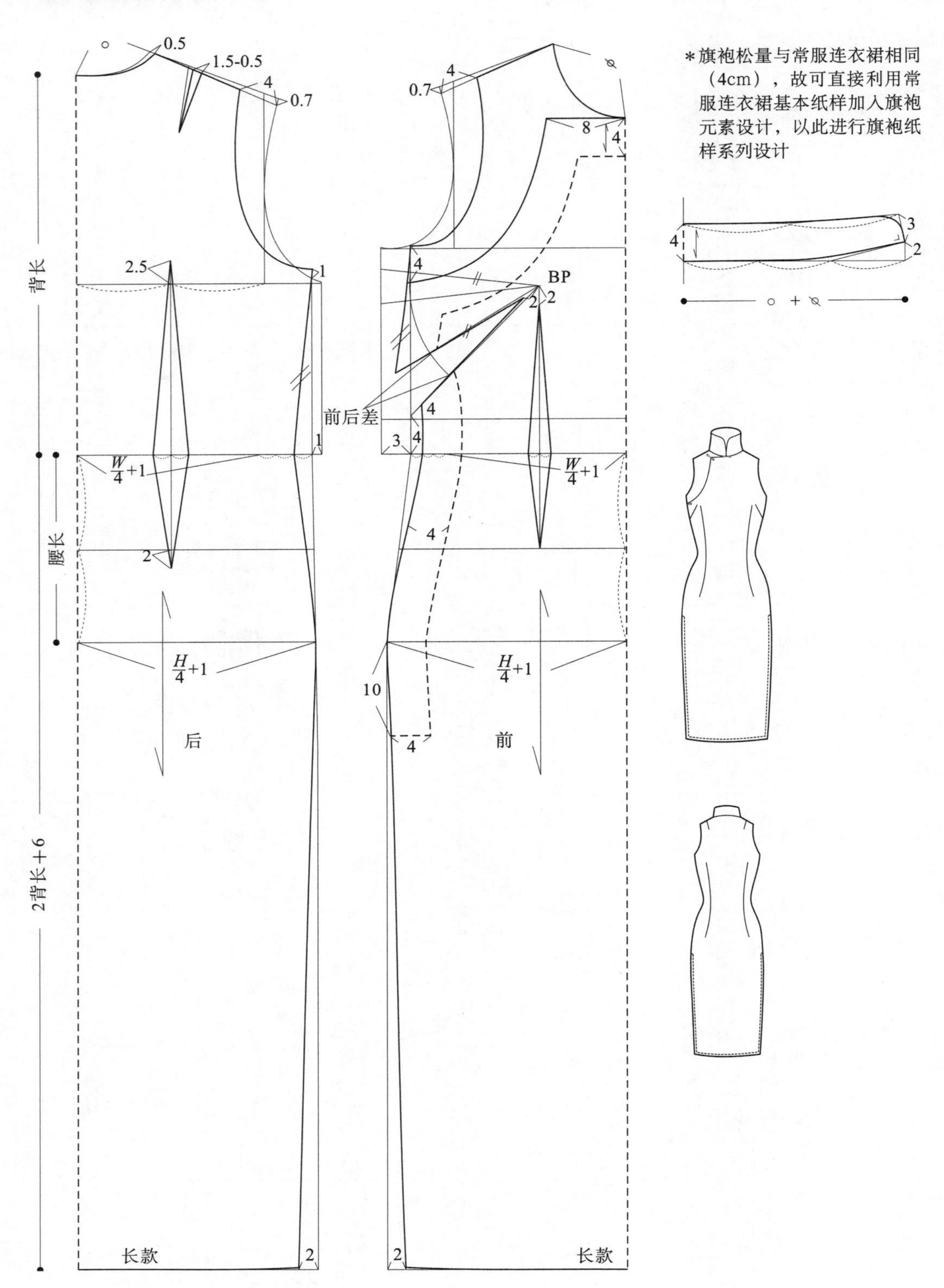

无袖旗袍基本纸样分解图

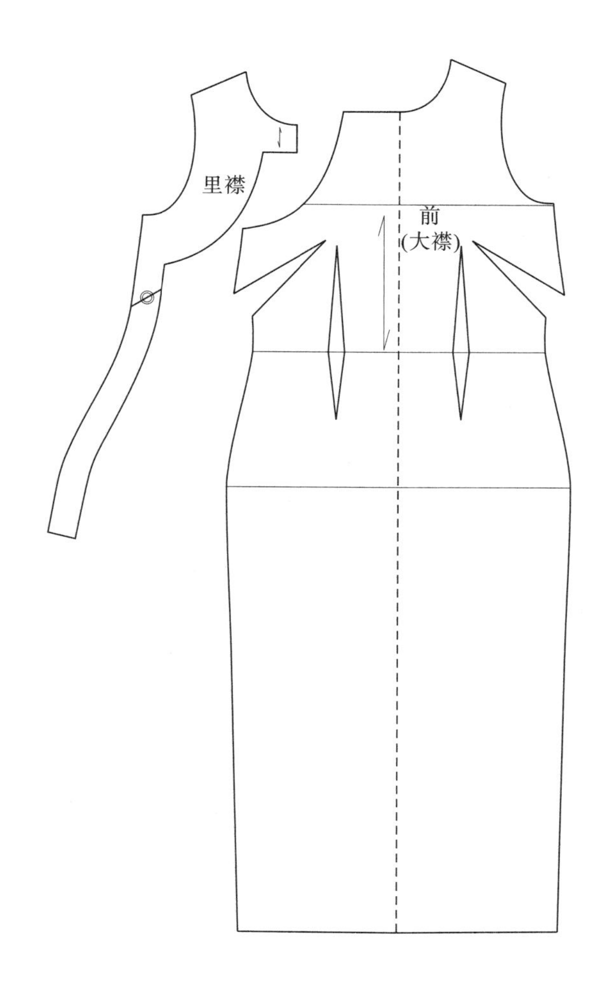

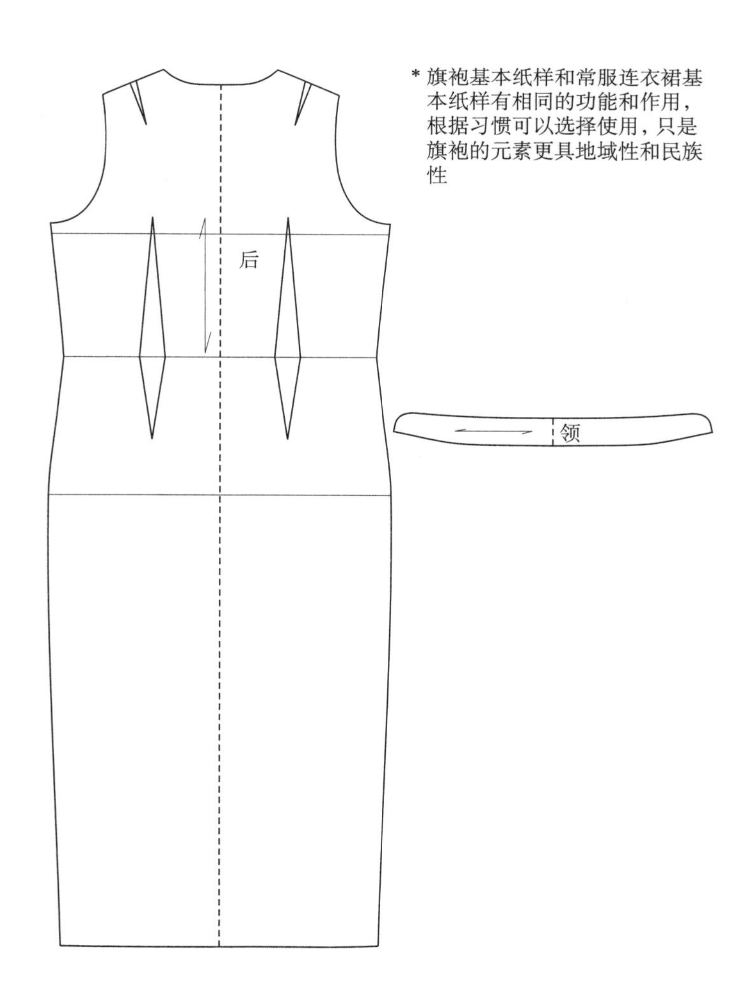

* 旗袍基本纸样和常服连衣裙基本纸样有相同的功能和作用，根据习惯可以选择使用，只是旗袍的元素更具地域性和民族性

1.2 无袖旗袍衣长变化款式纸样系列（三款）

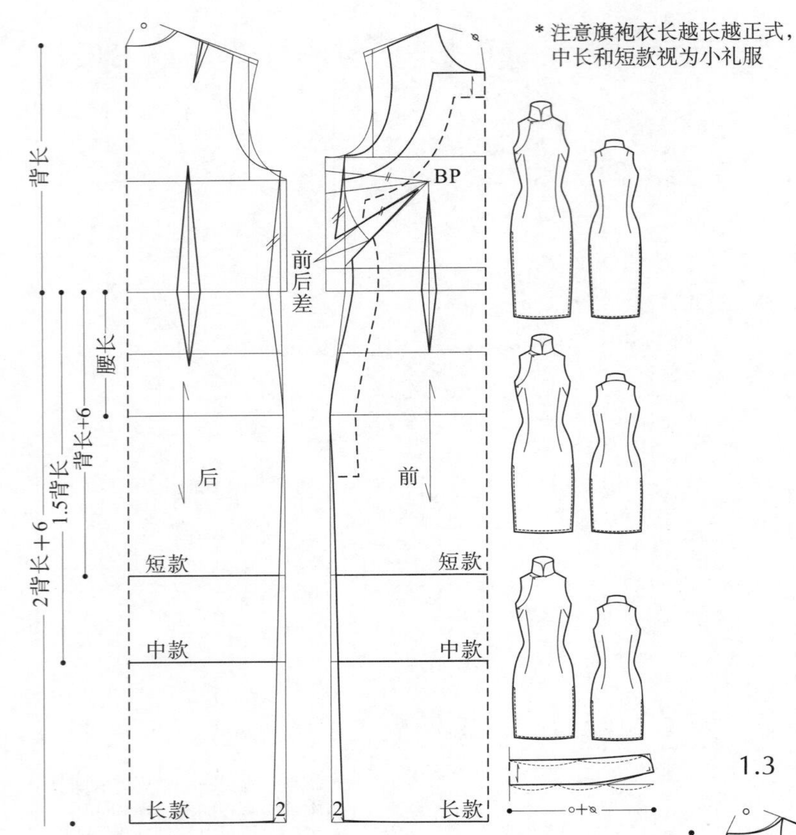

* 注意通常旗袍肩部暴露得越多与长款结合得越紧密，被视为正式礼服或晚礼服，相反的组合就越非正式

1.3 无袖旗袍肩部采形款式系列（四款）

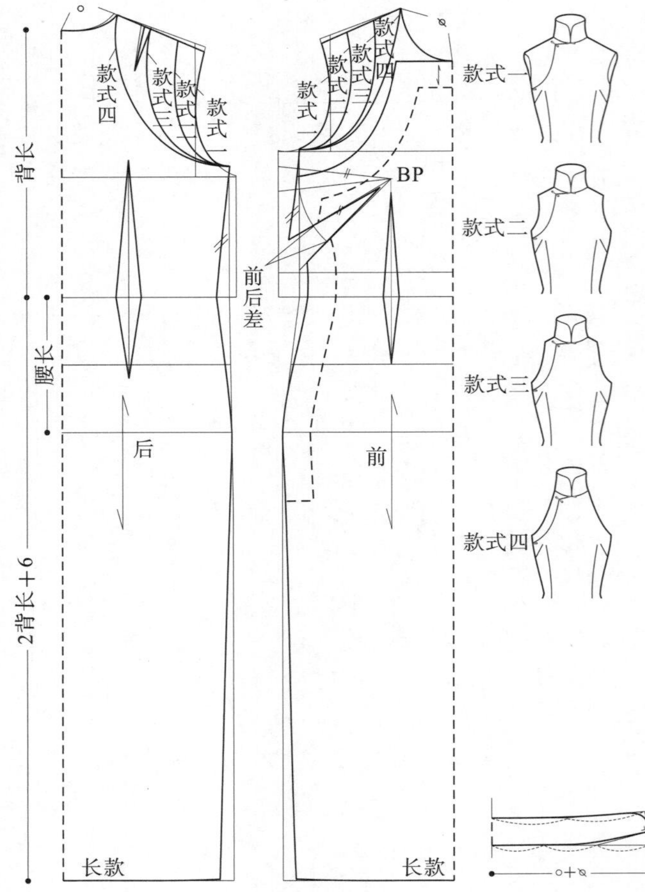

2. 有袖旗袍纸样系列设计

2.1　抹袖旗袍纸样

* 按照连身袖设计方法，只将可以覆盖肩的部分与衣身相连

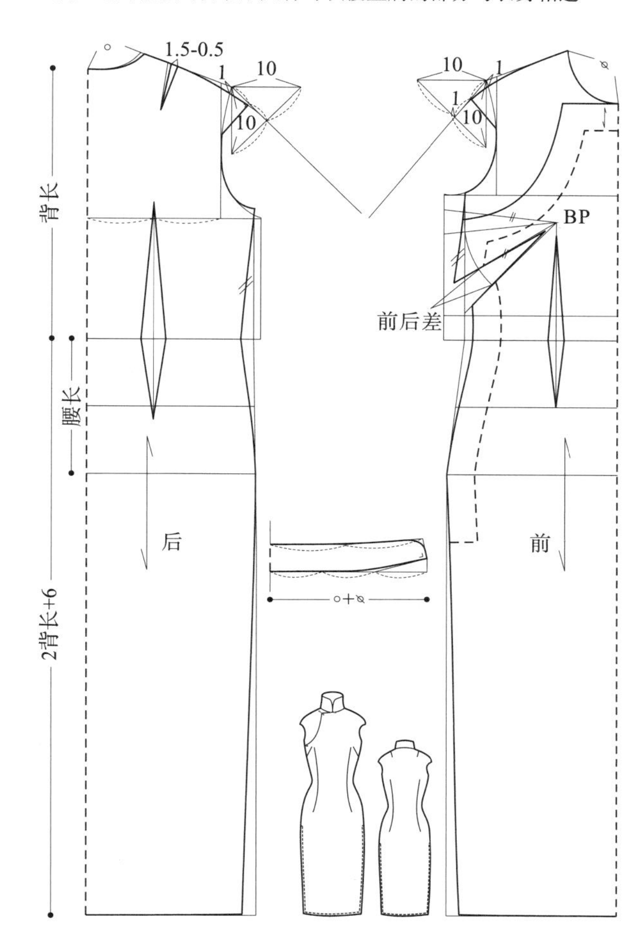

2.2　七分袖旗袍纸样

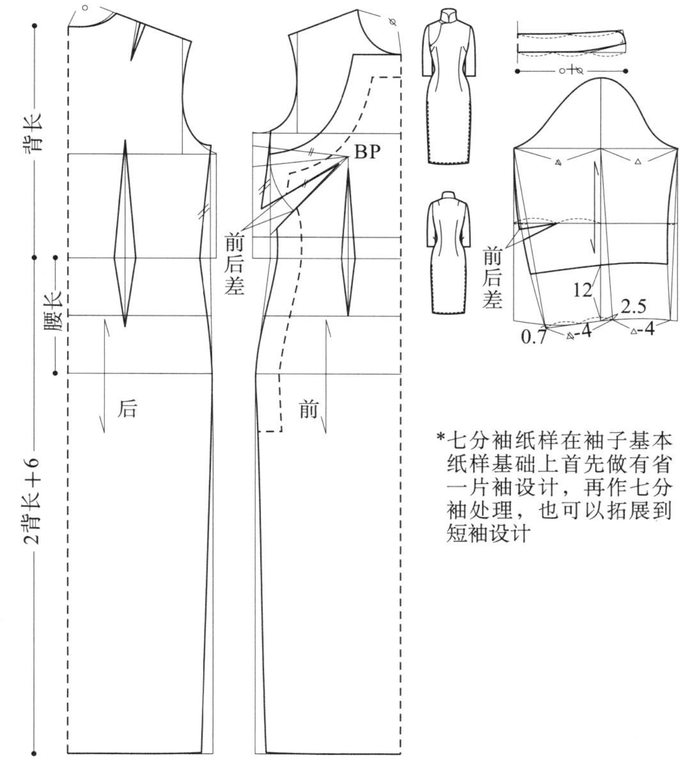

*七分袖纸样在袖子基本纸样基础上首先做有省一片袖设计，再作七分袖处理，也可以拓展到短袖设计

3. 无袖旗袍立领开襟采形纸样系列设计（六款）

* 旗袍的立领开襟与大襟结构不同，它只起通过套头的作用，因此必须配合右侧缝开襟才能实现穿脱功能

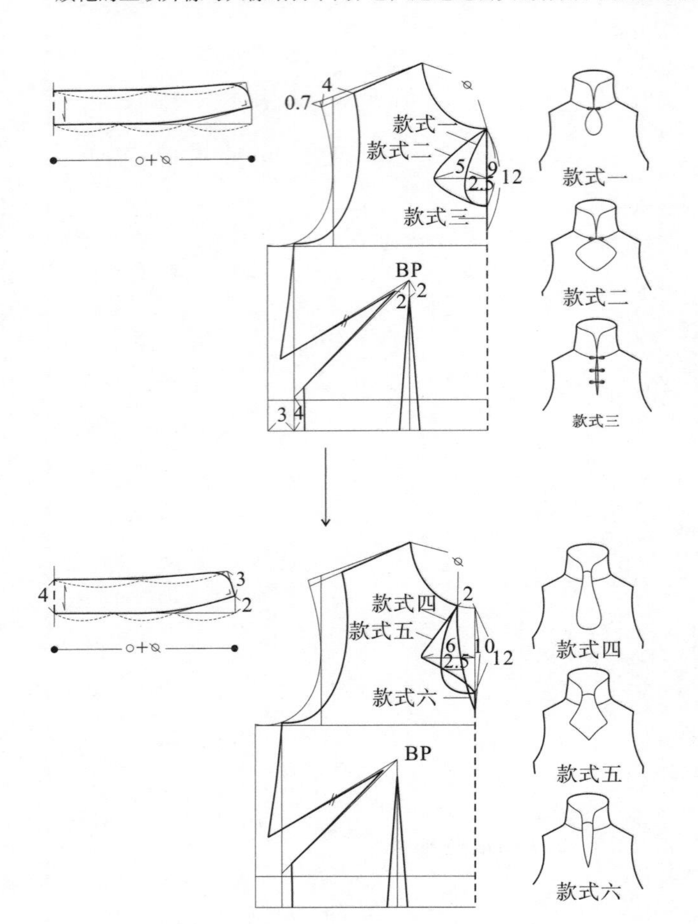

4. 旗袍饰边变化纸样系列设计
（利用前三款增加饰边设计强调工艺性）

4.1 无袖旗袍全饰边纸样（领子与下款通用）

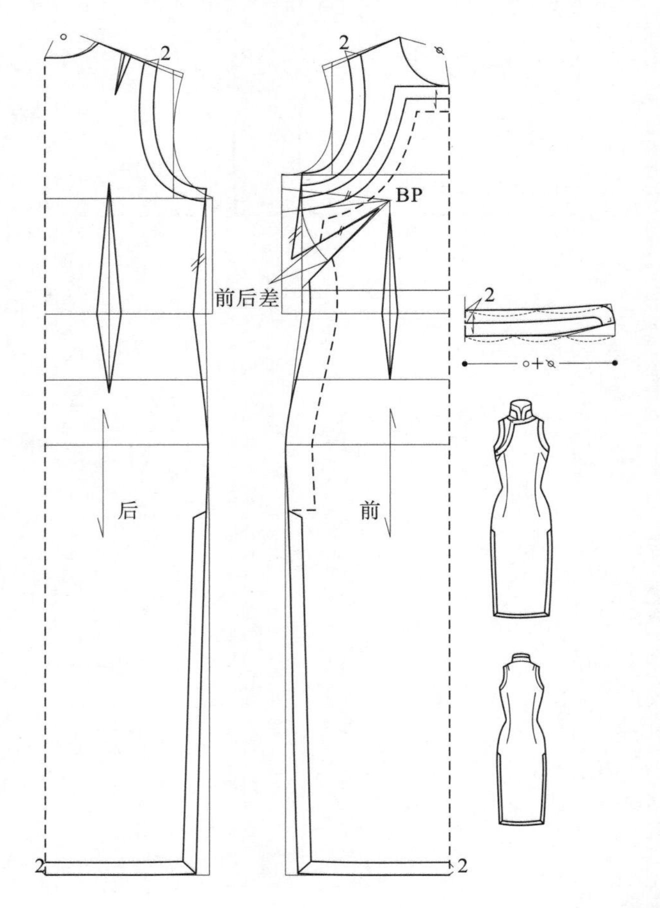

4.2　抹袖旗袍立领和开襟饰边纸样

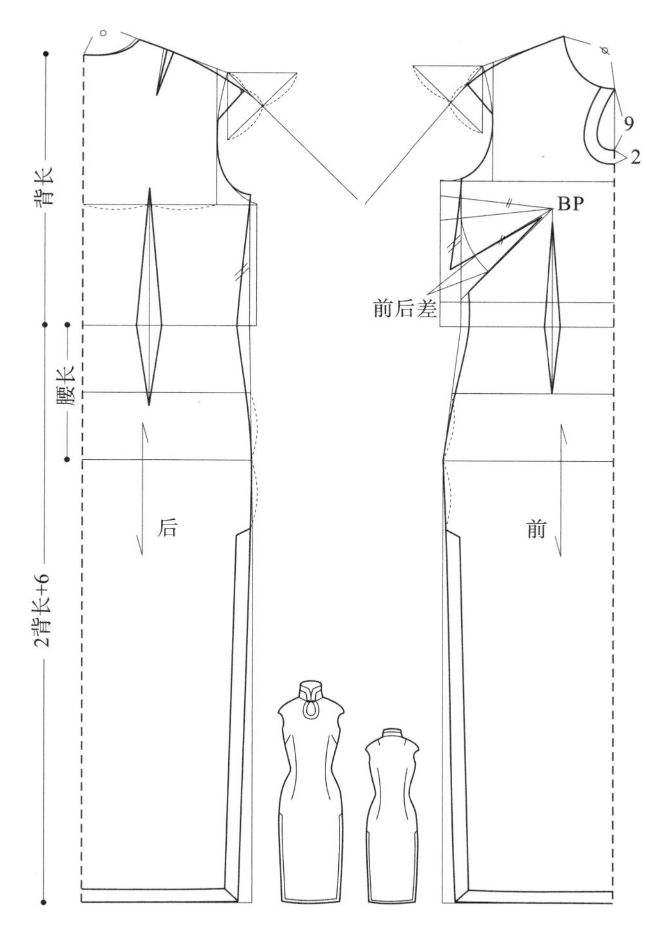

4.3　七分袖旗袍全饰边纸样

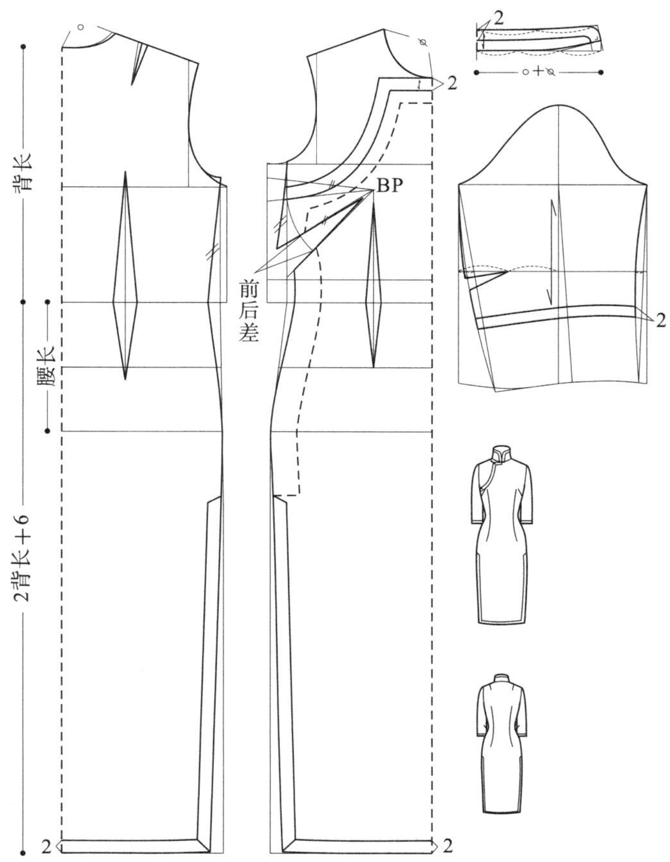

训练十　礼服连衣裙款式与纸样系列设计训练

一、礼服连衣裙款式系列设计

1. 礼服小外套款式系列

1.1　礼服连衣裙的小外套基本款式系列（用于正式礼服连衣裙）

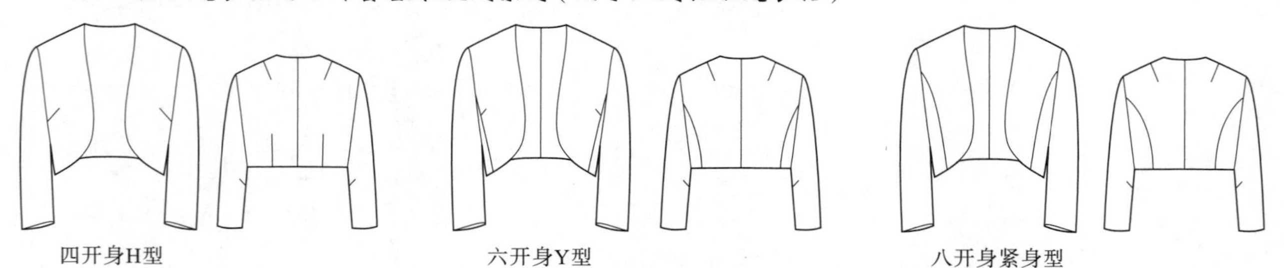

1.2　下摆变化的礼服外套款式系列（长外套与短裙、中庸外套与连衣裙组合均为小礼服，短外套与长裙组合为正式礼服）

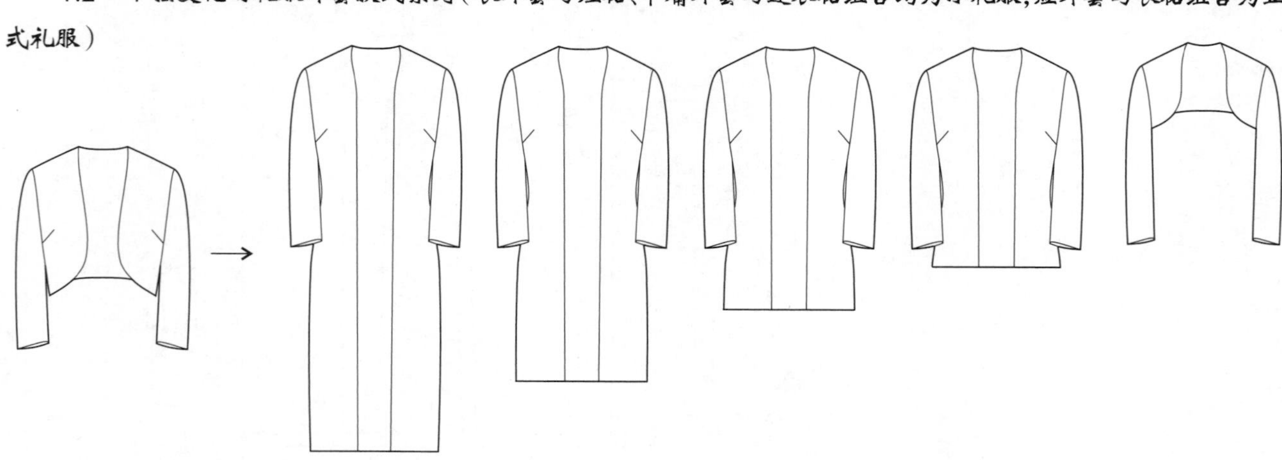

1.3 领型变化的小礼服外套款式系列

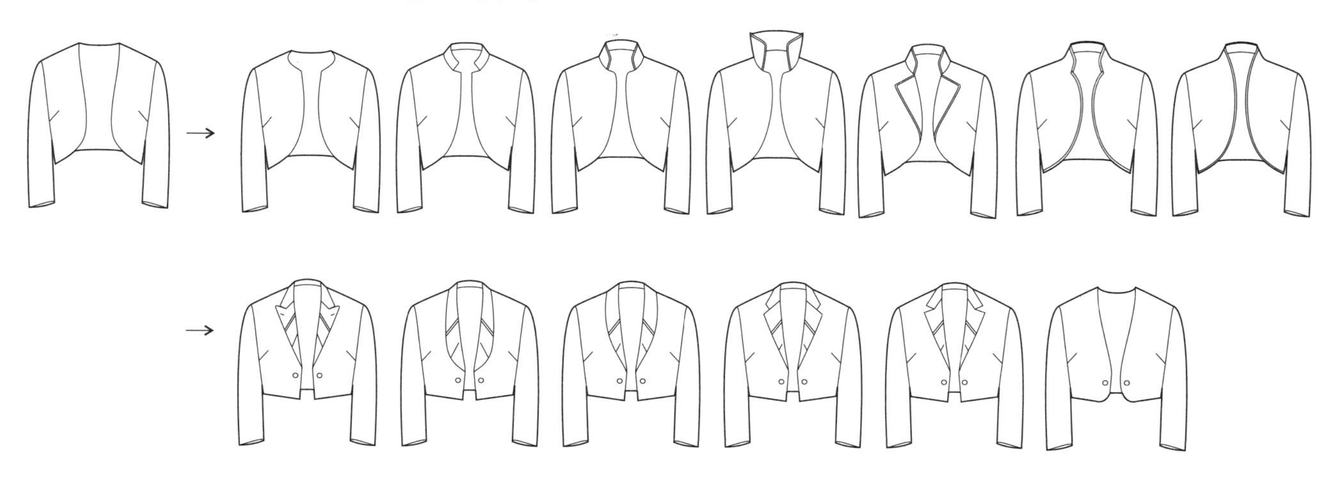

1.4 袖型变化的小礼服外套款式系列

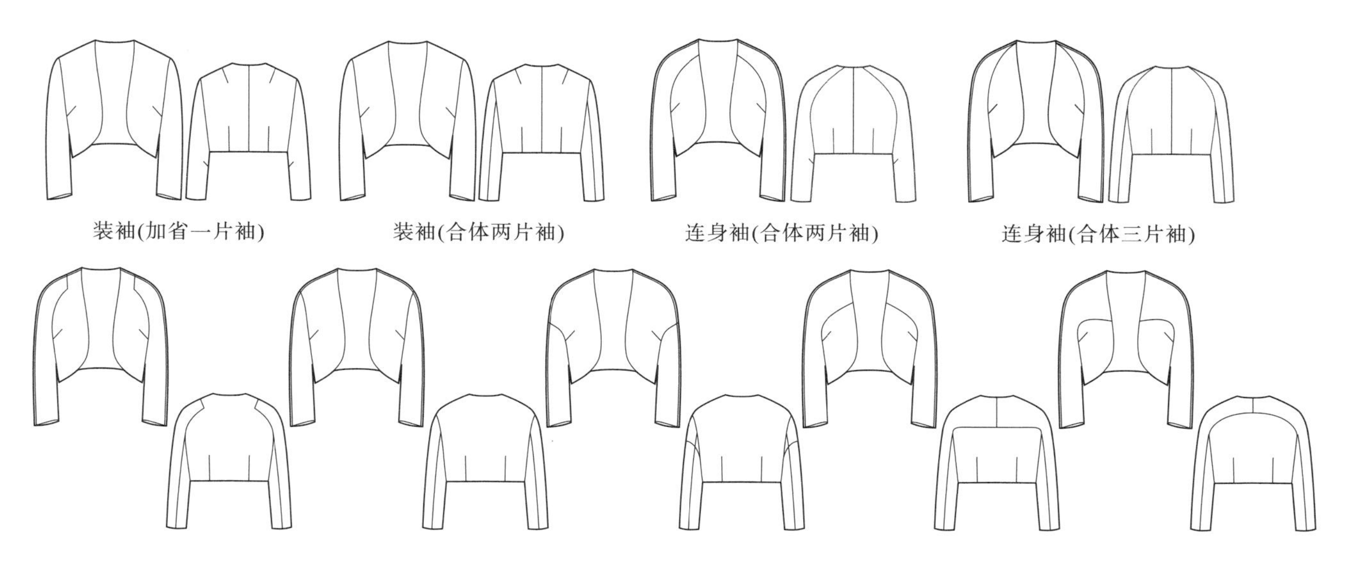

1.5 分割线变化的小礼服外套款式系列

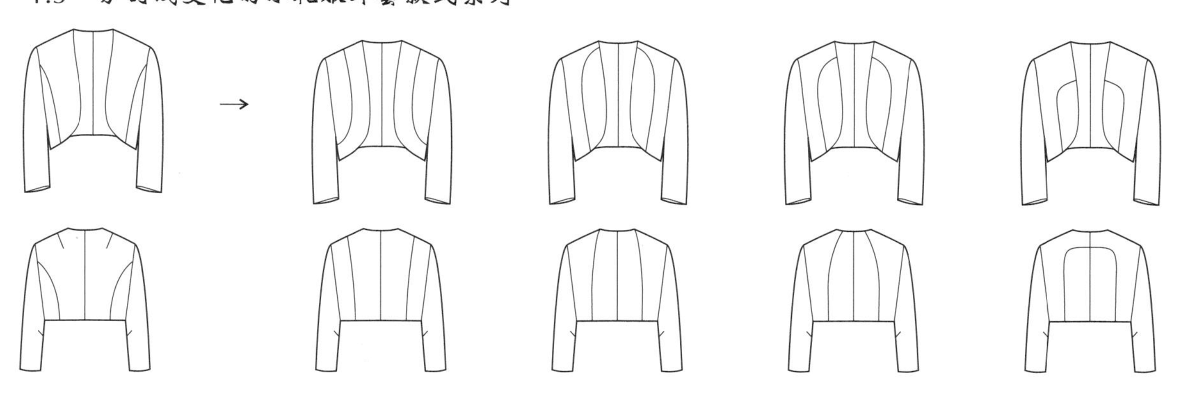

2. 礼服连衣裙基本元素变化的款式系列

2.1 下摆变化的款式系列

2.2 衣长变化的款式系列

2.3 袖型变化的款式系列

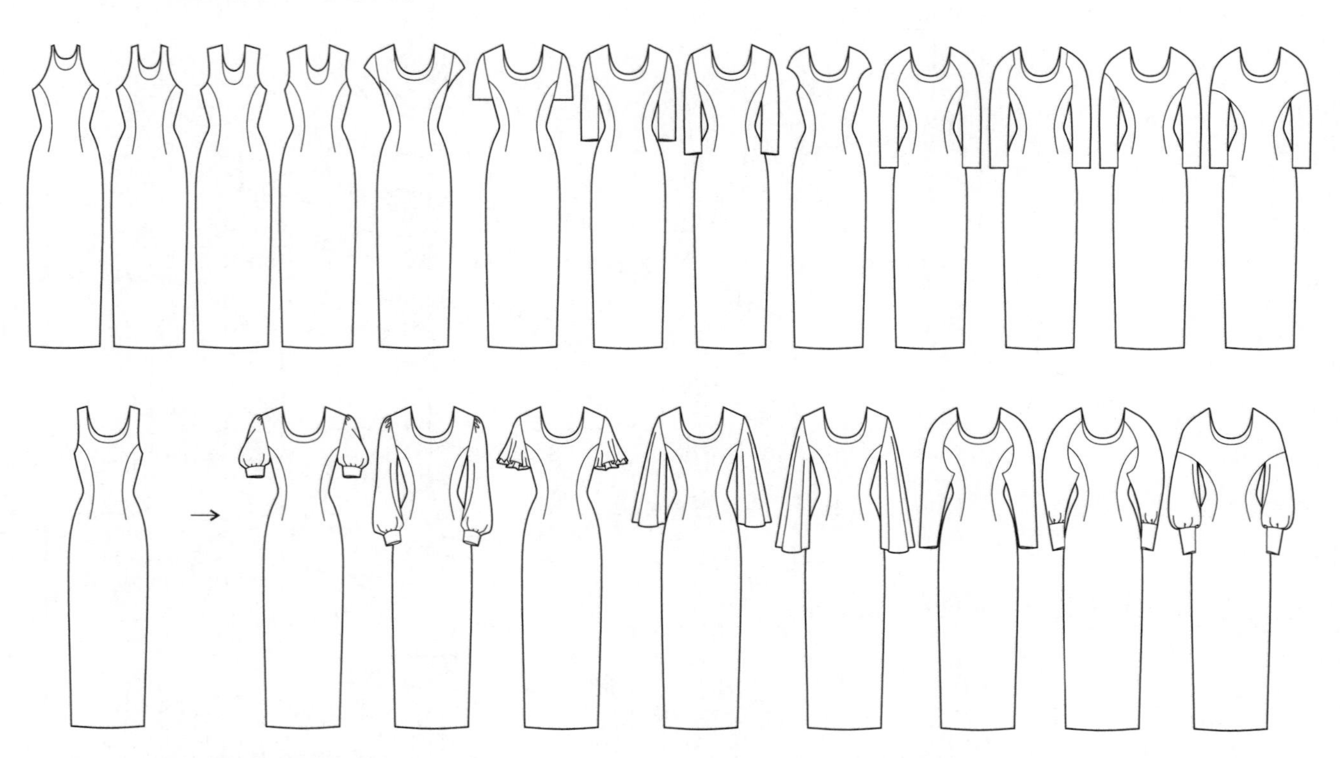

2.4 开领变化的款式系列

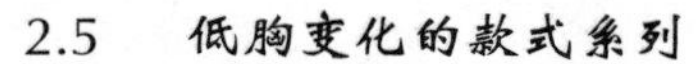

2.5 低胸变化的款式系列

2.6　分割线变化的款式系列

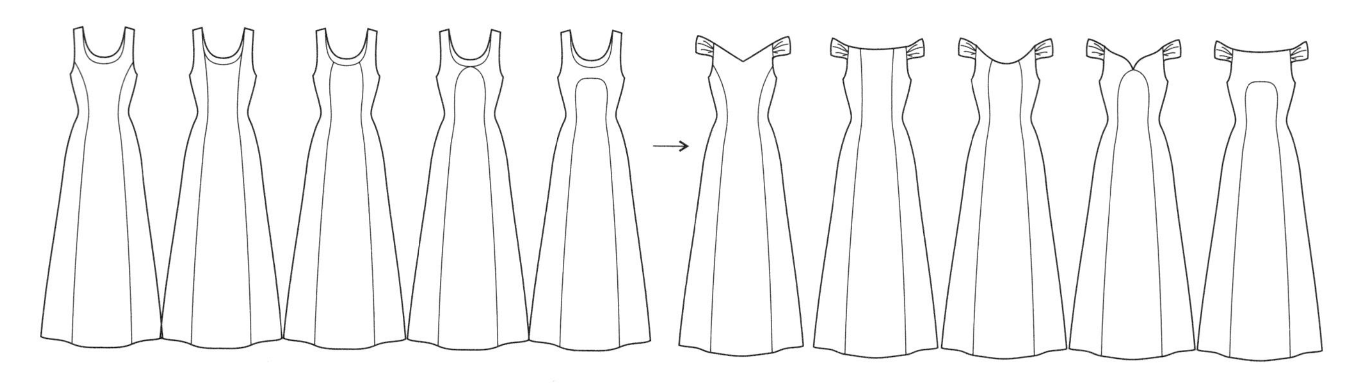

2.7　褶变化的款式系列

缩褶款式系列

波形褶款式系列

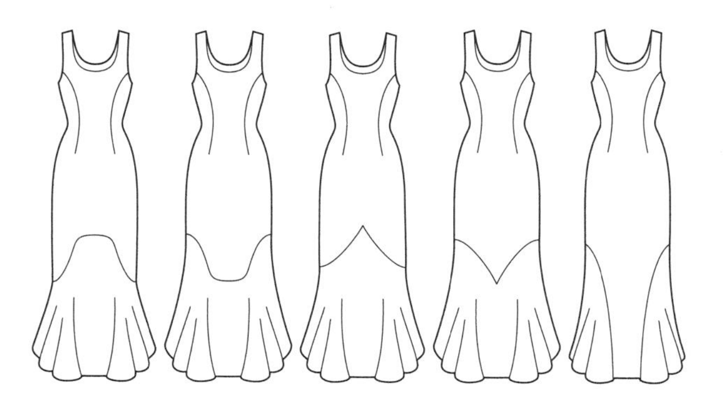

塔克褶款式系列

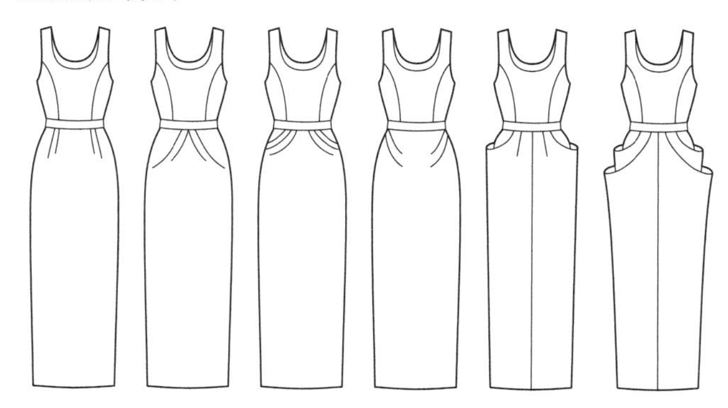

波形褶鱼尾裙款式系列

3. 晚礼服连衣裙款式系列

3.1 高腰线款式系列

3.2 吊带式款式系列

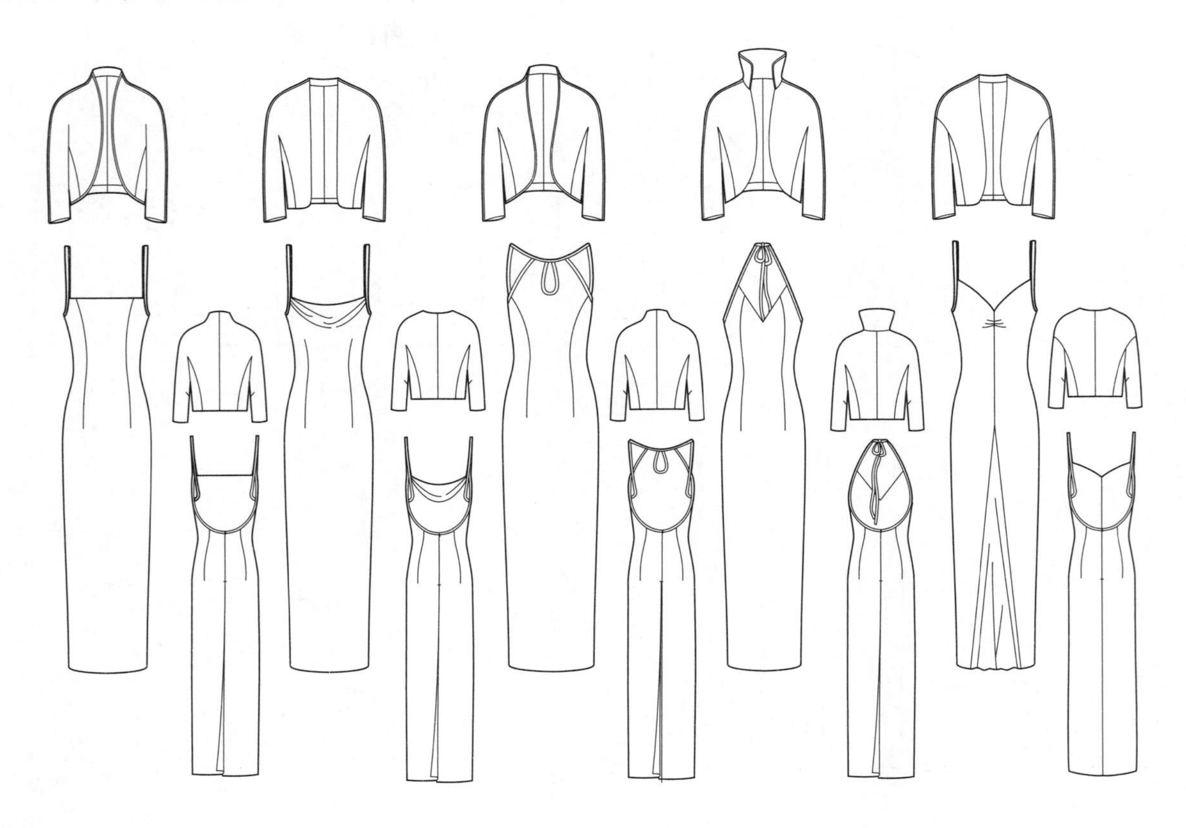

3.3　挂肩式公主线款式系列（领口采形、分割线元素结合）

3.4　腰线缩褶款式系列（领口、低胸采形、褶元素结合）

4. 婚礼服连衣裙款式系列

4.1　束腰结A型款式系列（袖型、领口采形、分割线元素结合）

4.2　腰线缩褶款式系列（袖型、领口采形、褶等元素结合）

5. 准礼服连衣裙（昼夜小礼服）款式系列

5.1　公主线表服连衣裙（日间小礼服）款式系列（袖型、领型、分割线等元素结合）

5.2　公主线晚宴服连衣裙款式系列（领型、袖型、分割线等元素结合）

5.3　变化腰位线鸡尾酒连衣裙款式系列（袖型、领口采形、分割线、褶等元素结合）

5.4　波形褶舞会服连衣裙款式系列（袖型、领口采形、分割线、波形褶、荷叶边等元素结合）

5.5 高腰A型晚间小礼服连衣裙款式系列（袖型、领口采形等元素结合）

6. 职业套裙日间礼服款式系列

6.1 职业套裙日间礼服款式系列（领型、袖型、门襟、褶等元素结合）

6.2　X 型外罩和连衣裙套装日间礼服款式系列（分割线、领型、门襟等元素结合）

6.3　A 型外罩和连衣裙套装日间礼服款式系列（领型、袖型、门襟等元素结合）

二、礼服连衣裙纸样系列设计

* 更多的纸样设计训练利用之前提供的礼服连衣裙款式平台完成纸样部分

1. 礼服连衣裙廓型一款多板纸样系列设计

1.1 S型三开身礼服连衣裙基本纸样

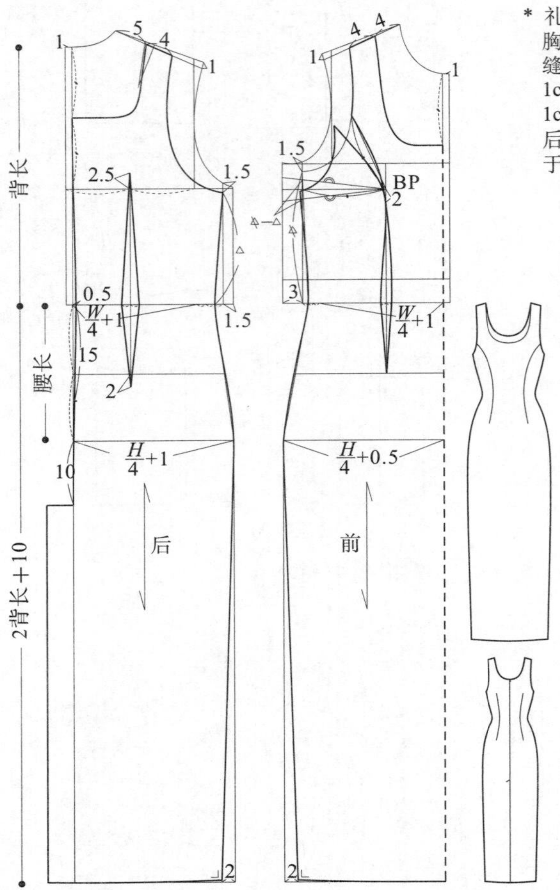

* 礼服连衣裙基本纸样的胸围松量采用负数设计
胸围减量设计为13cm，一半制图为6.5cm分配在前侧缝为3cm，后侧缝为1.5cm，前后中缝分别减去1cm，这样最终达到的总量比净胸围小1cm；为了使肩部更贴和人体，由连衣裙前后肩线下降0.7cm调整为1cm；腰围的松量设计为4cm，臀围松量为3cm，前后片省的设计根据后大于前的原则，进行平衡分配，为了使前领口平服，采用后领口宽大于前领口宽1cm，从而达到隐形撇胸结构使前领口服帖

1.2 小X型三开身礼服连衣裙纸样

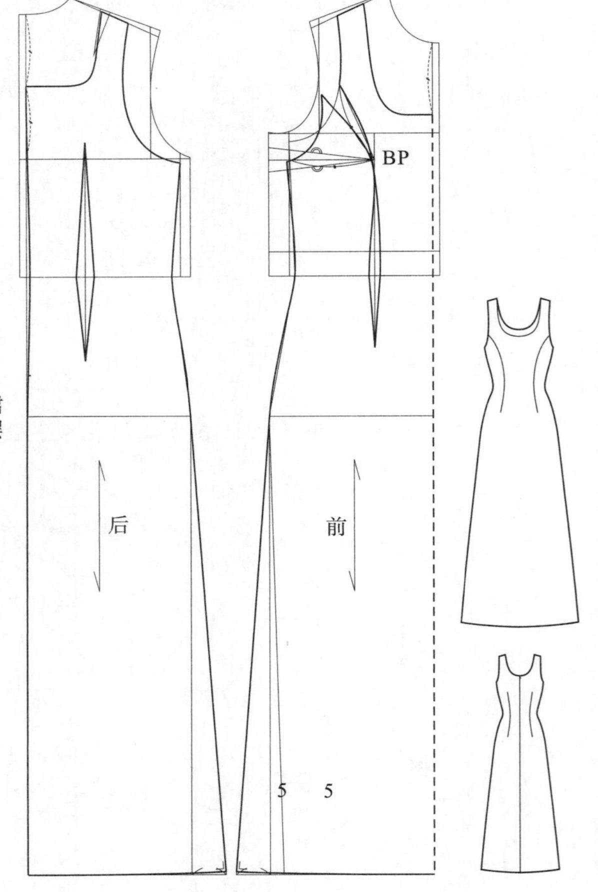

*在S型三开身连衣裙纸样基础上做增摆设计

1.3　大X型七开身礼服连衣裙纸样

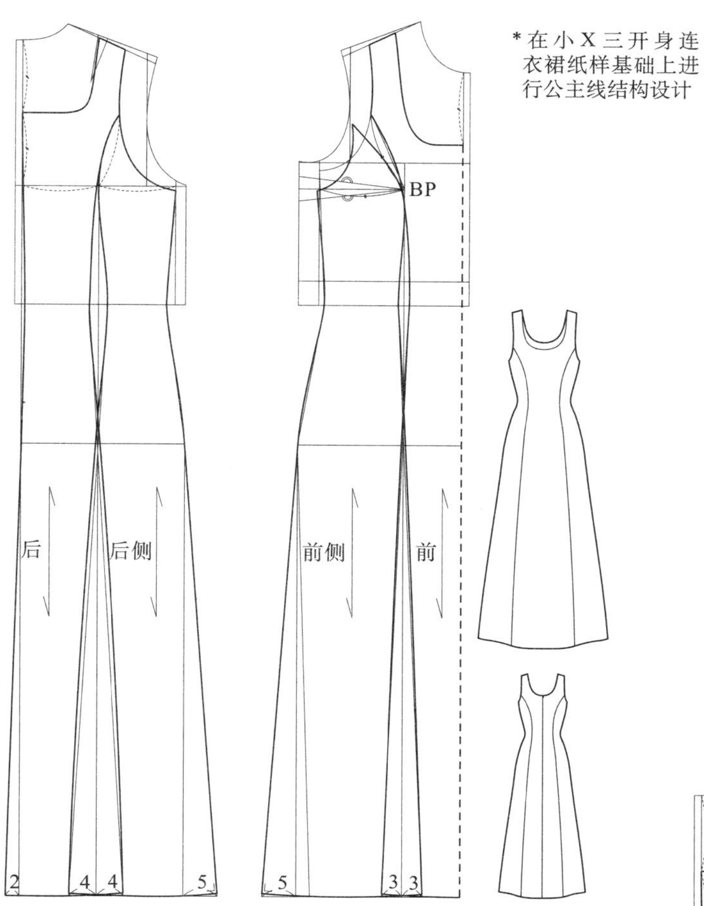

1.4　H型三开身礼服连衣裙纸样

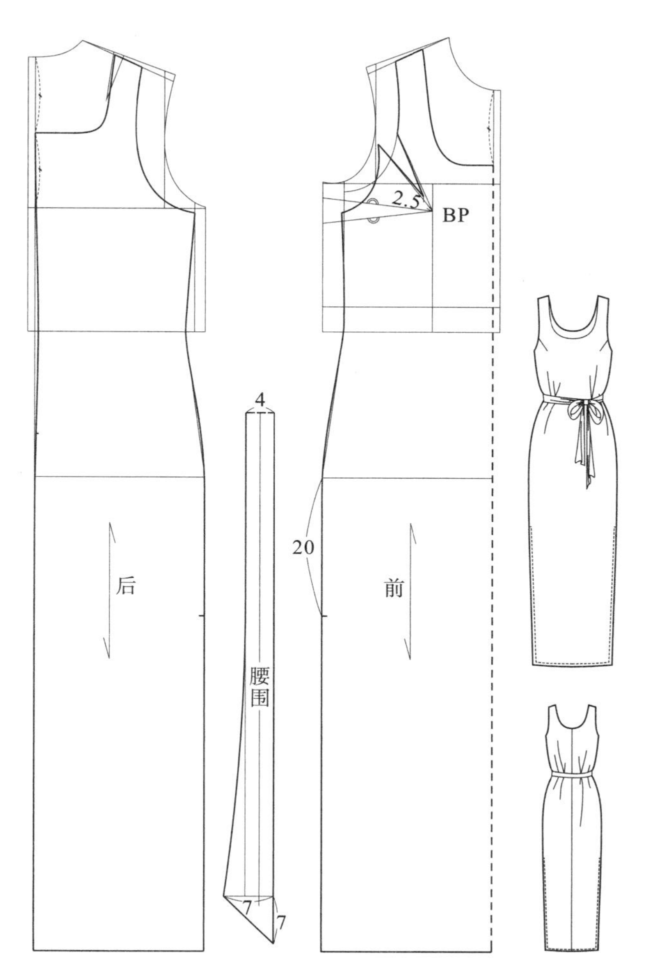

1.5　A 型三开身礼服连衣裙纸样

＊ A 型礼服连衣裙在 H 型纸样基础上前片通过袖窿省，后片通过肩胛省转移成摆量再追加侧摆完成

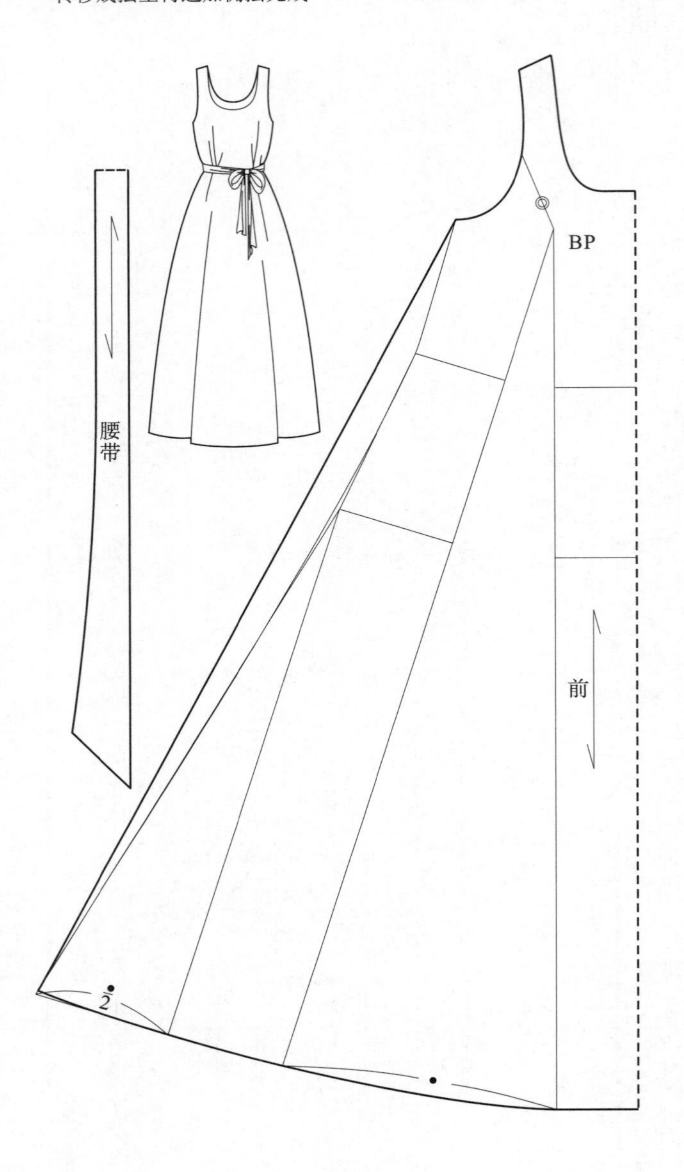

1.6 伞型三开身礼服连衣裙纸样

* 伞型礼服连衣裙在A型纸样基础上进行平衡切展增摆处理

2. 礼服小外套一款多板纸样系列设计

2.1 四开身礼服小外套纸样

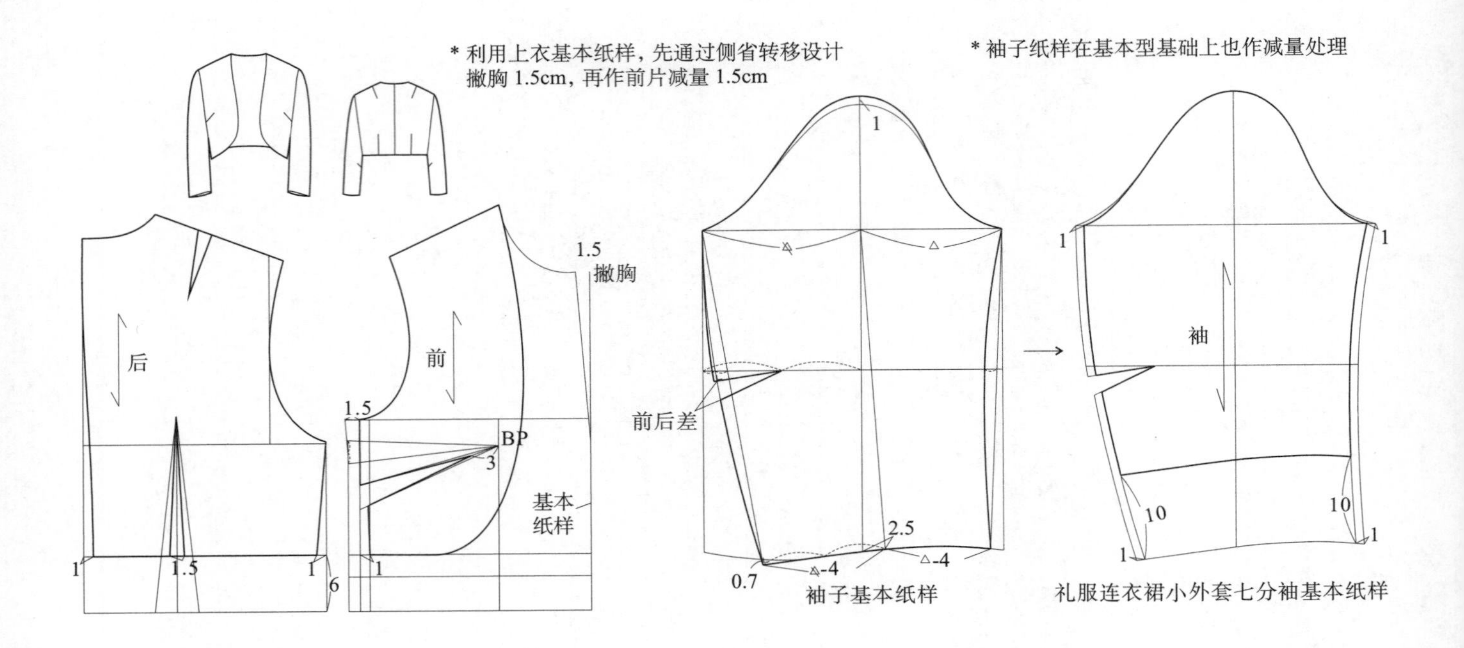

2.2 六开身礼服小外套纸样（袖子通用）

2.3 八开身紧身型礼服小外套纸样（袖子通用）

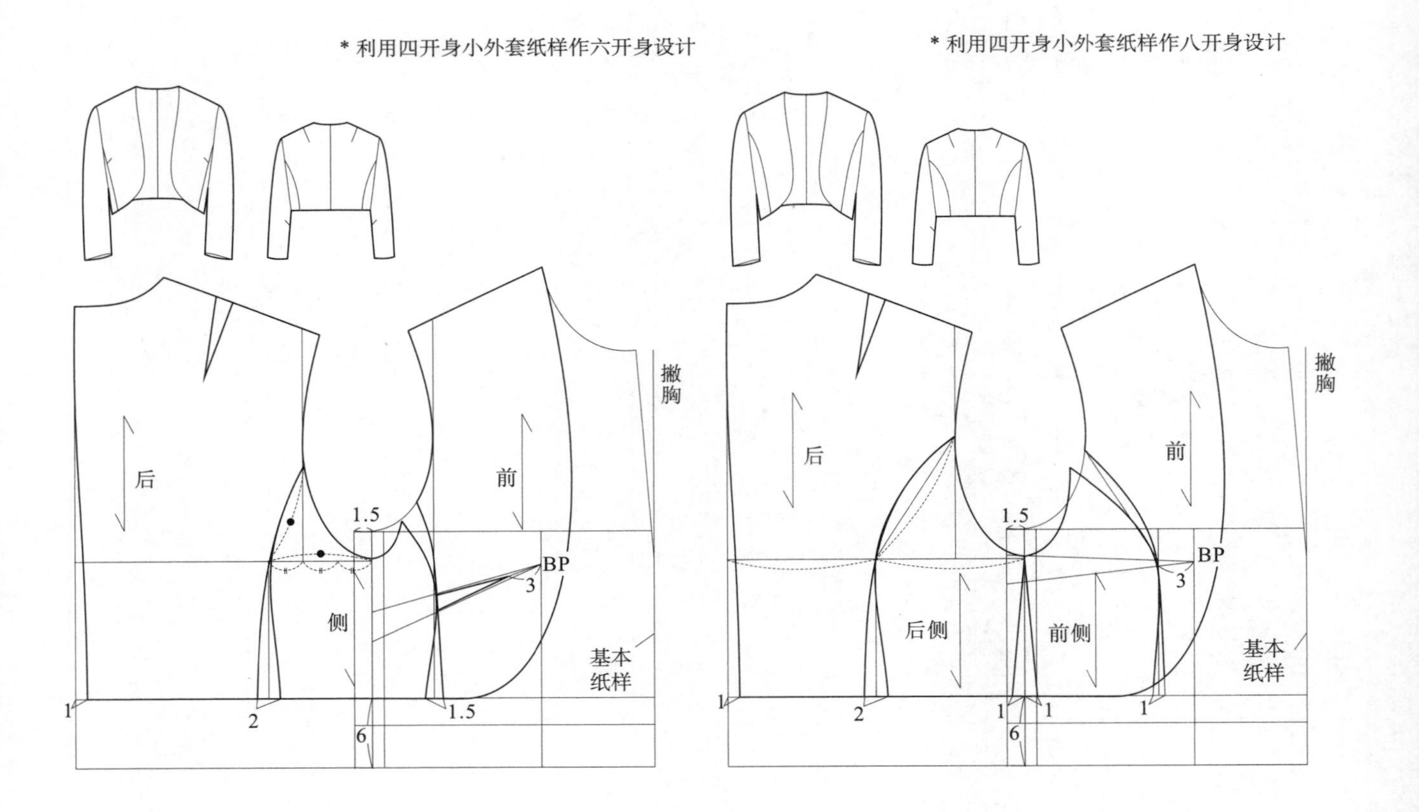

3. A 型高腰线礼服连衣裙一板多款纸样系列设计

3.1　高腰线前中褶礼服连衣裙纸样

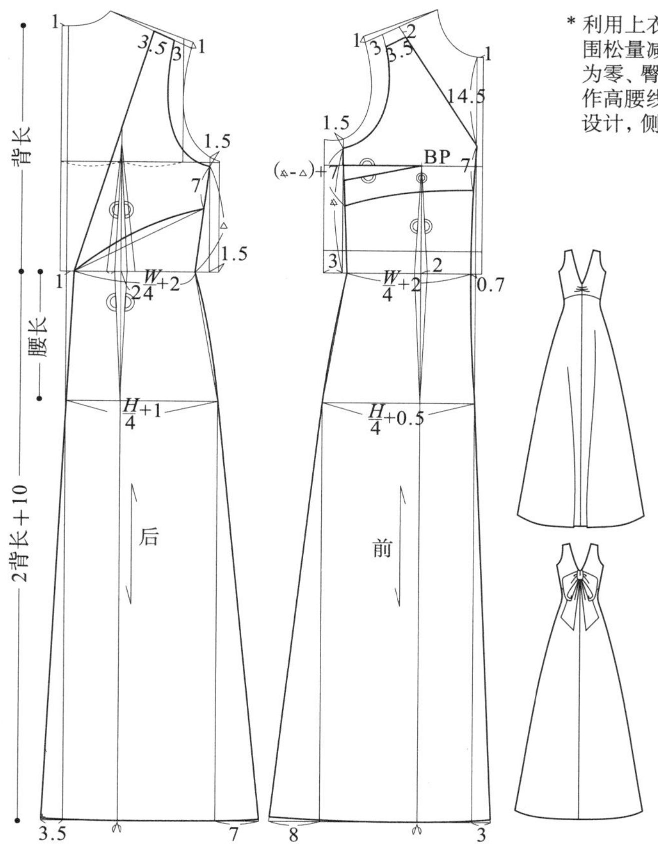

* 利用上衣基本纸样，让胸围松量减 1cm、腰围松量为零、臀围松量为 3cm，并作高腰线分割和常规腰省设计，侧省保留

高腰线前中褶礼服连衣裙纸样分解图

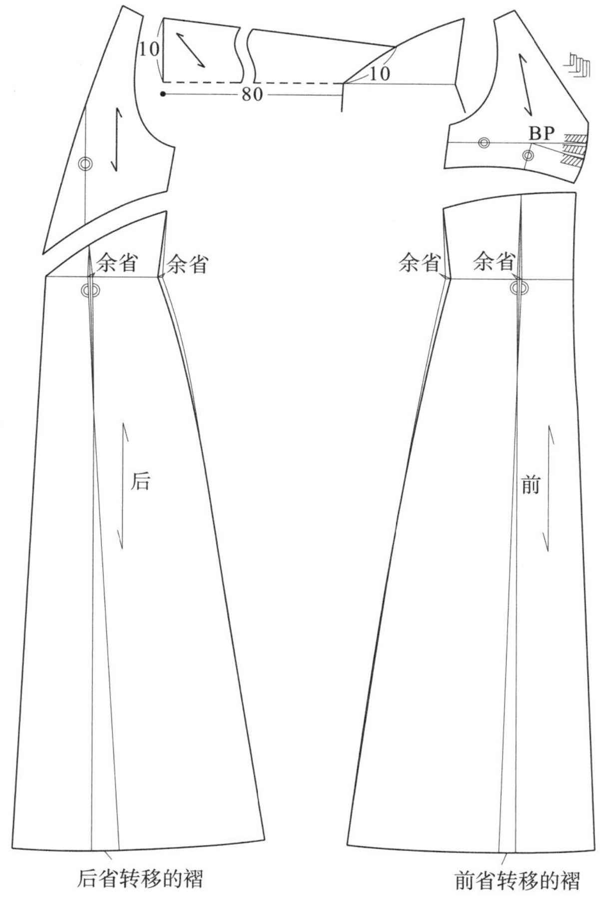

* 前胸片通过侧省和腰省移为胸褶，后背省拼成整片，前后裙片分别将省移成裙摆，腰部余省在侧缝去掉

3.2 高腰线前腰褶礼服连衣裙纸样

* 在前款（3.1）连衣裙纸样基础上，按胸乳分割线调整成凹型高腰线并将侧省移至此与余省合并做褶（见分解图）

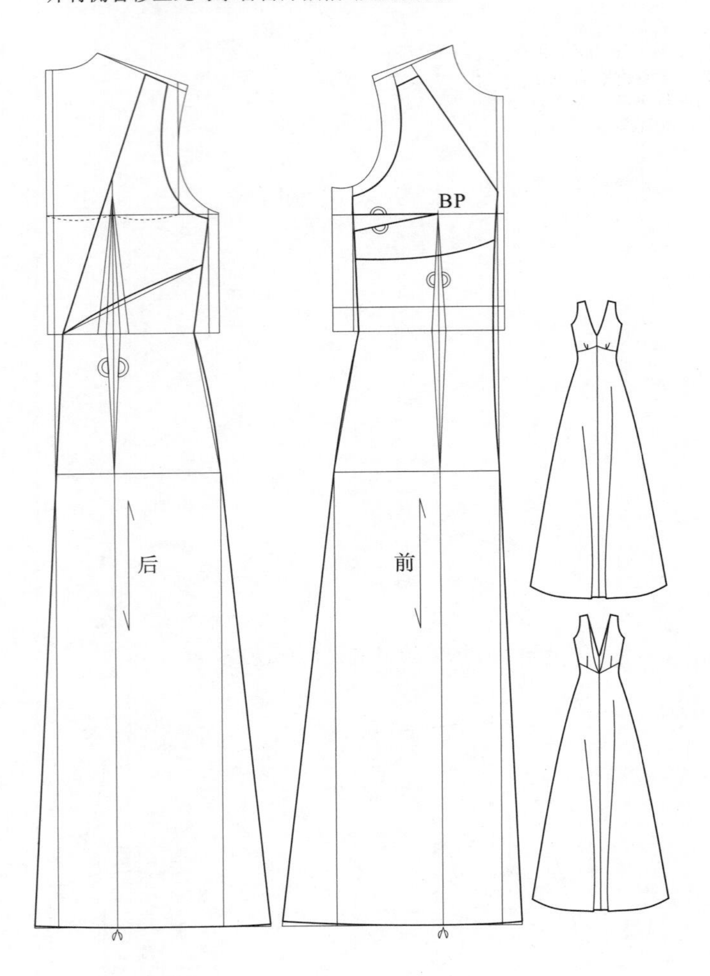

高腰线前腰褶礼服连衣裙纸样分解图

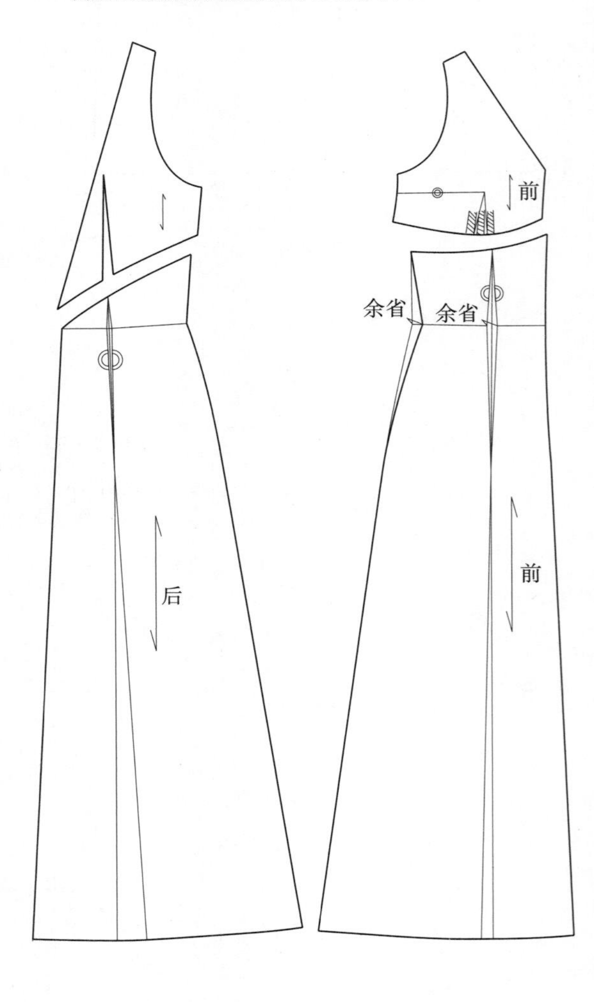

3.3　高腰线后颈花结式礼服连衣裙纸样

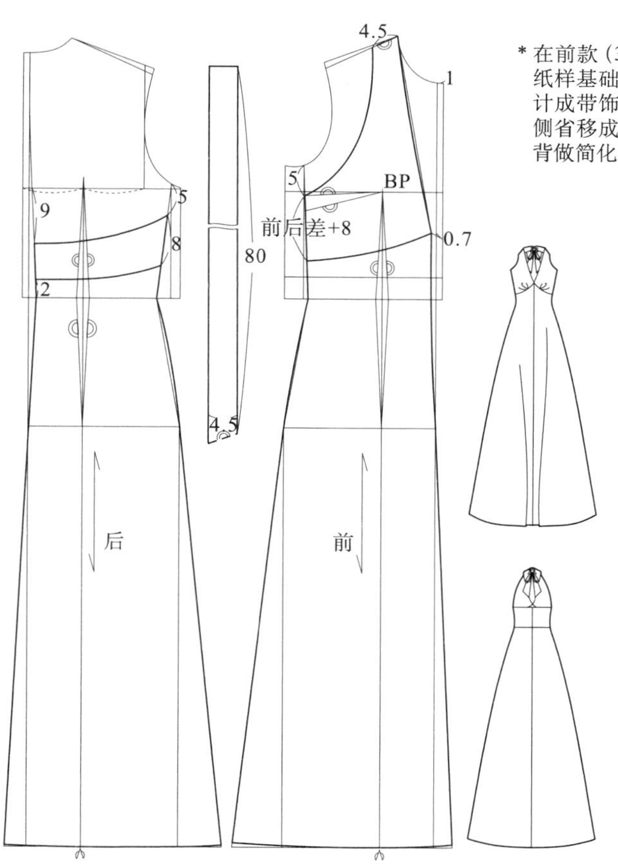

* 在前款（3.2）连衣裙纸样基础上，前肩设计成带饰结构，并将侧省移成胸褶量，后背做简化处理

高腰线后颈花结式礼服连衣裙纸样分解图

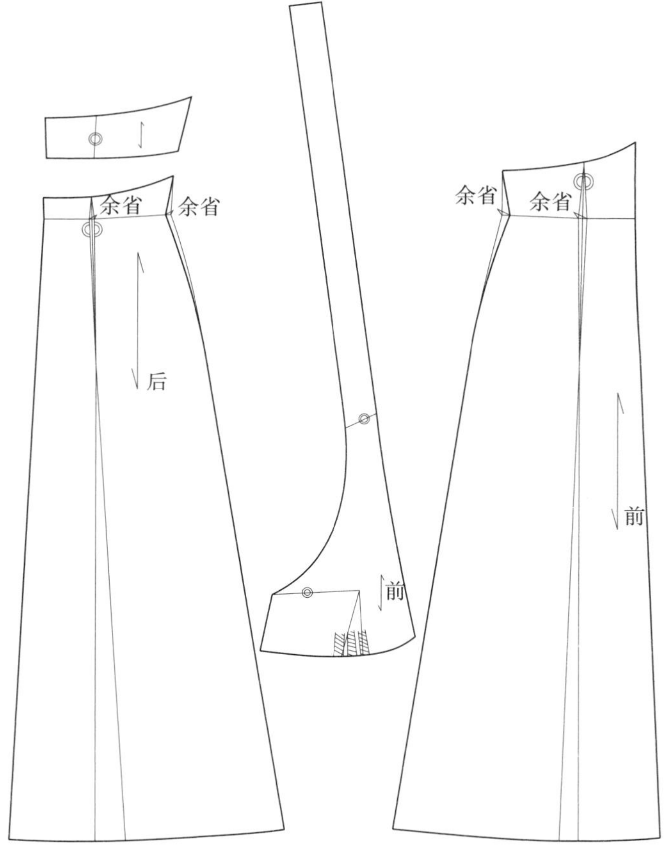

3.4 高腰线前吊带礼服连衣裙纸样

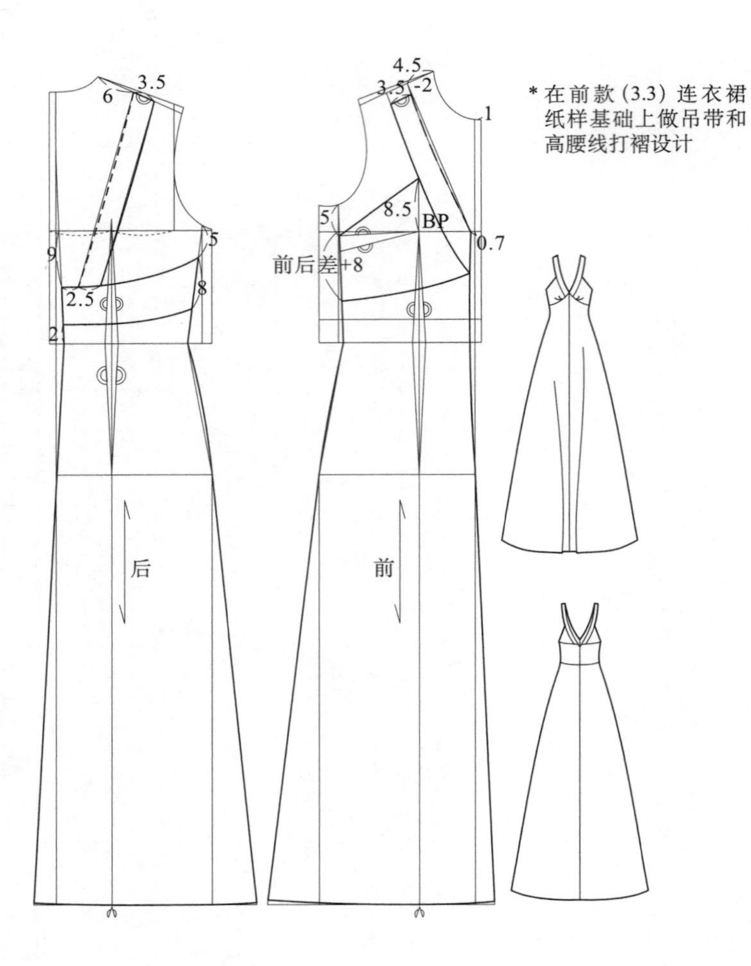

高腰线前吊带礼服连衣裙纸样分解图(后片与3.3款通用)

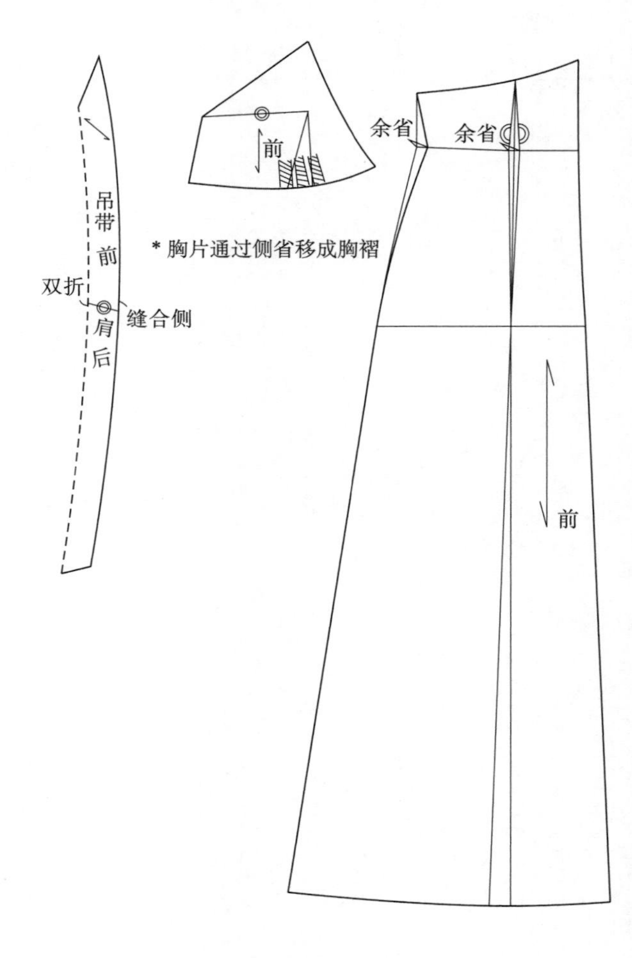

3.5 高腰线侧吊带礼服连衣裙纸样

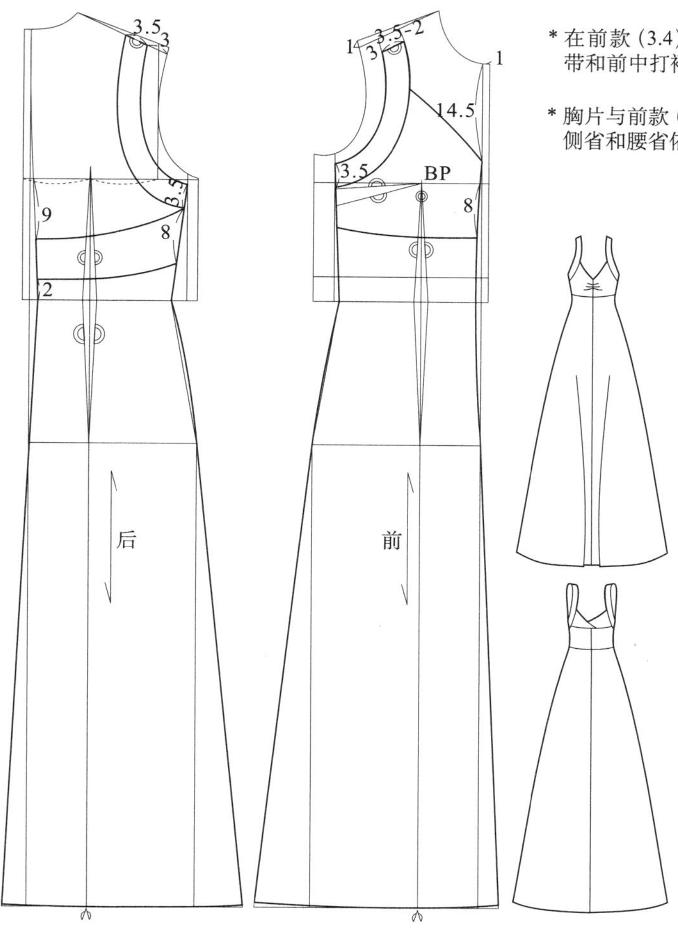

* 在前款 (3.4) 连衣裙纸样基础上做吊带和前中打褶设计

* 胸片与前款 (3.1) 处理方法相同，将侧省和腰省依次移到前中为胸褶

高腰线侧吊带礼服连衣裙纸样分解图（后片与3.3款通用）

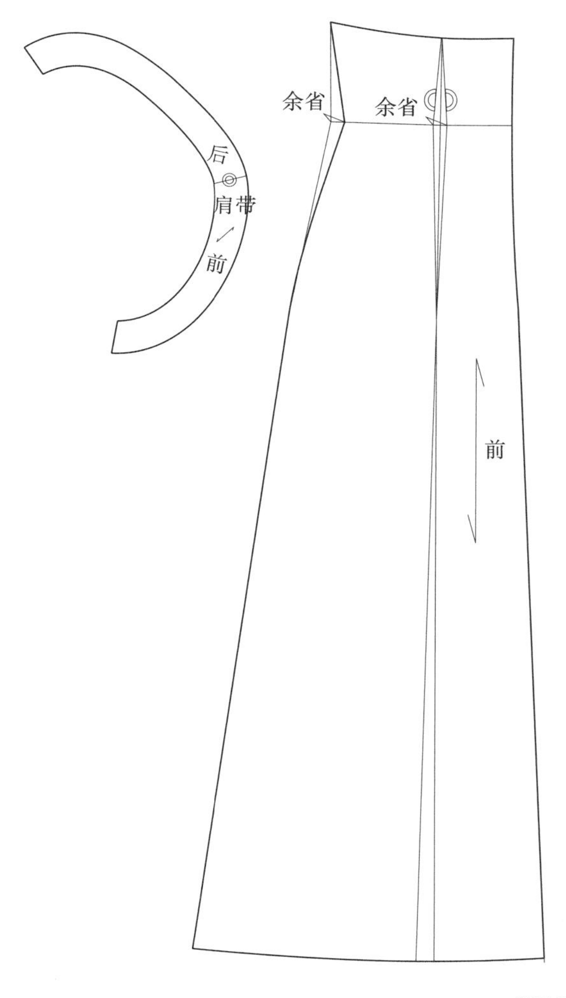

4. S 型吊带式礼服连衣裙一板多款纸样系列设计（在 S 型三开身连衣裙纸样基础上完成本系列设计四款）

4.1 直开领吊带礼服连衣裙纸样

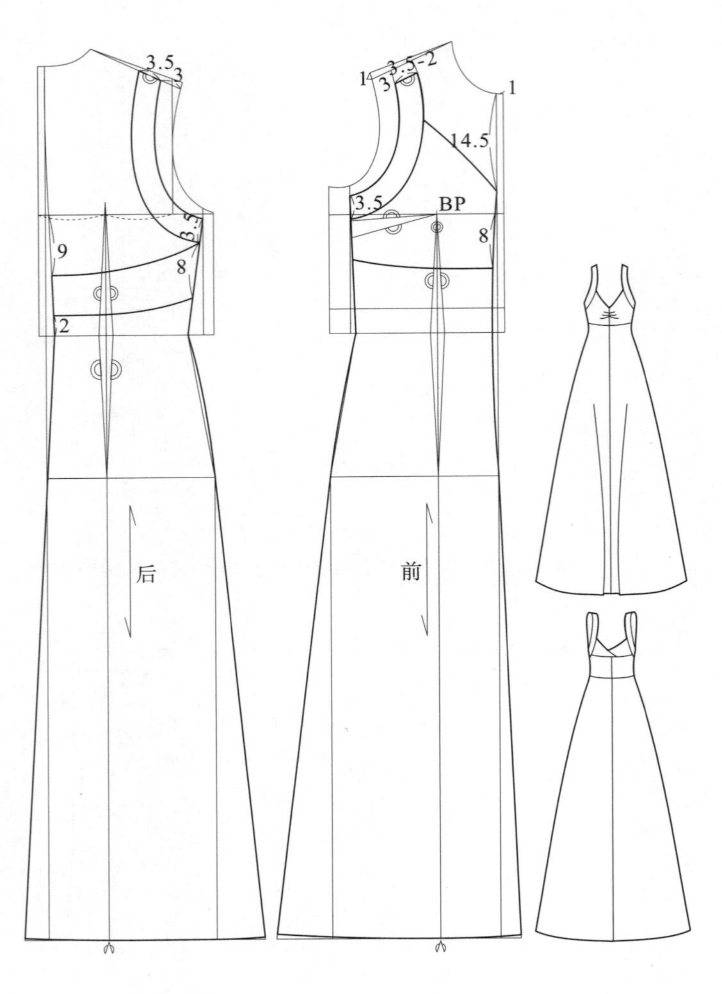

4.2 水滴式横开领吊带礼服连衣裙纸样

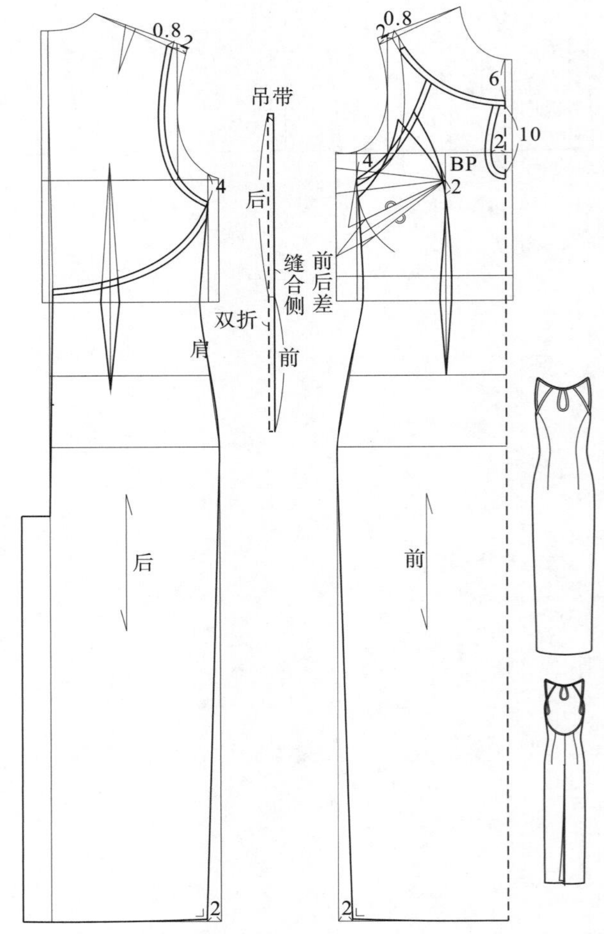

4.3　V字领开襟吊带礼服连衣裙纸样

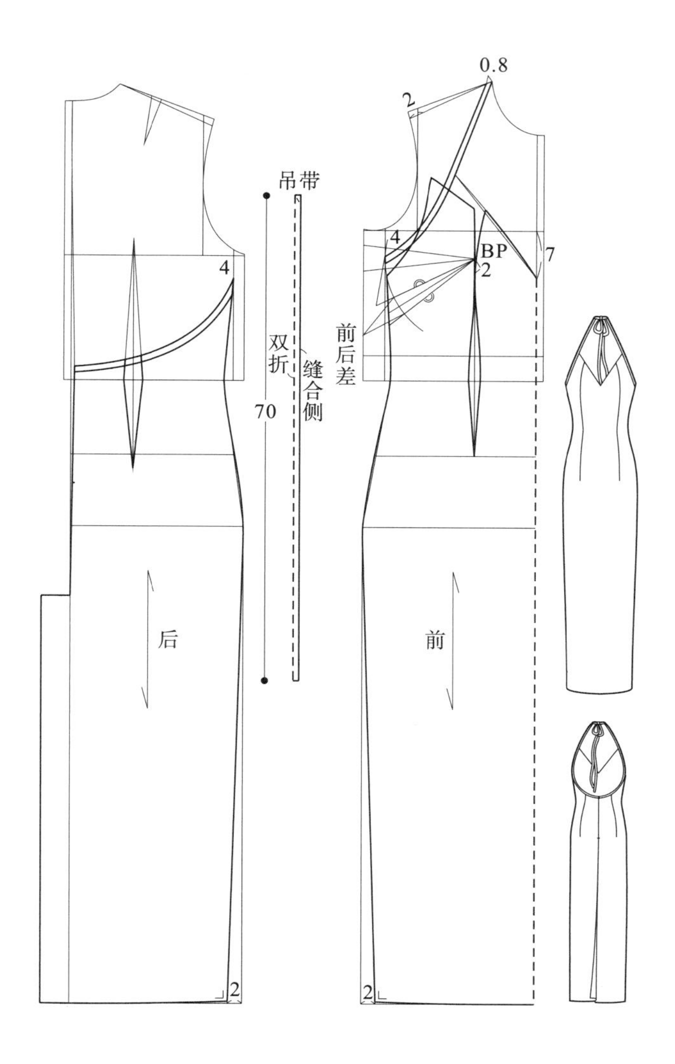

4.4　前中褶吊带礼服连衣裙纸样

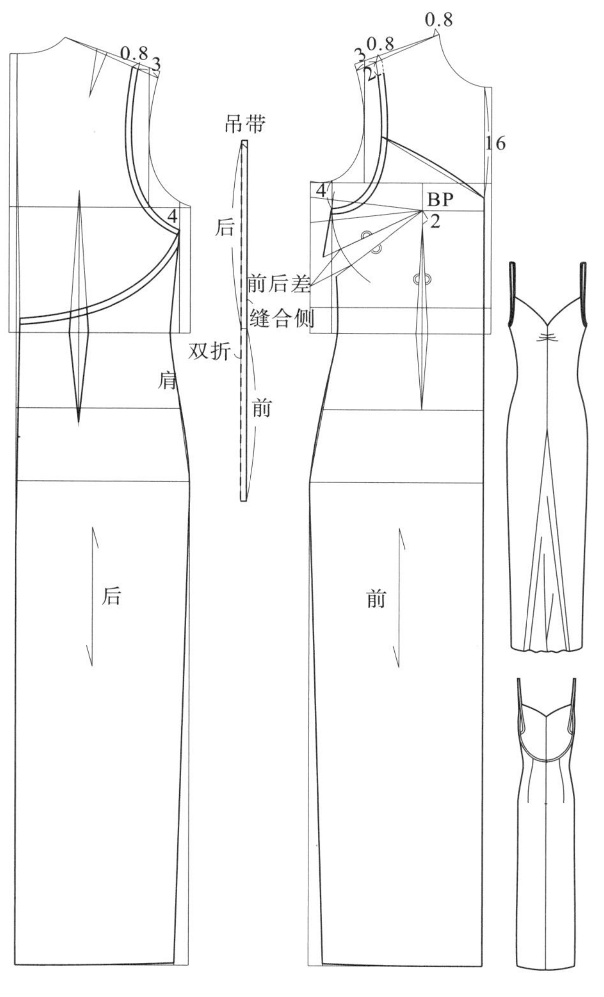

前中褶吊带礼服连衣裙纸样，前胸褶和下摆波褶纸样处理

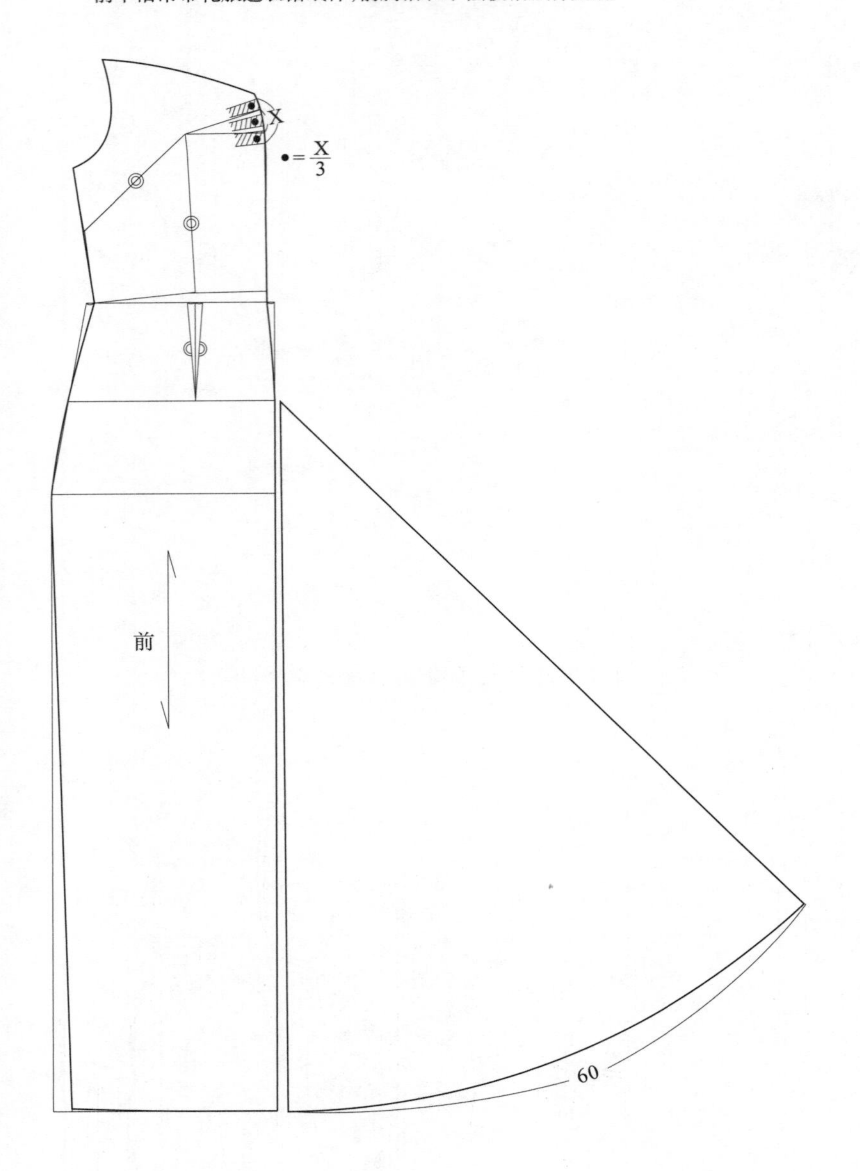

S型吊带式礼服连衣裙纸样系列，四款后身通用

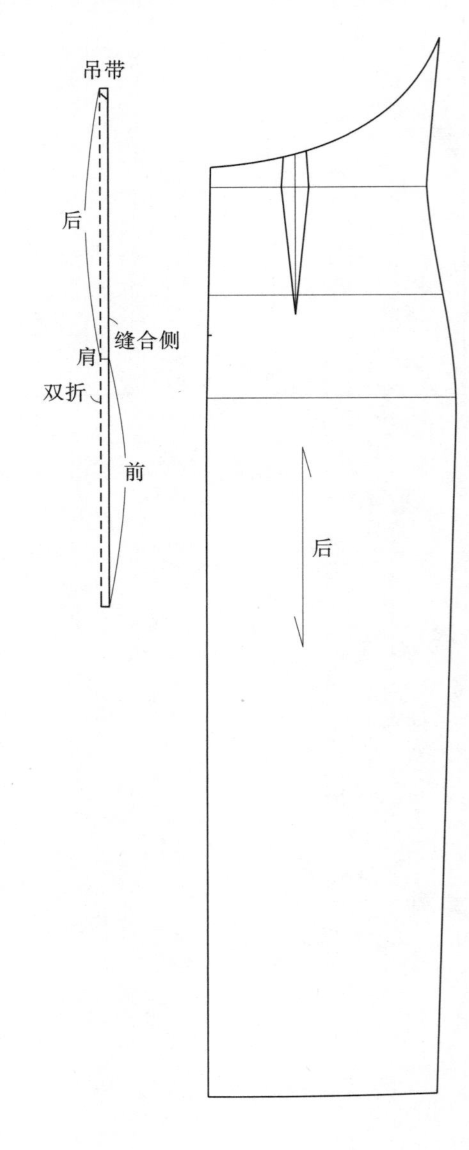

5. 配合 A 型和 S 型礼服连衣裙小外套纸样系列设计（五款小外套可自由组合）

5.1　曲线开门襟四开身短袖小外套纸样

5.2　直开门襟四开身短袖小外套纸样

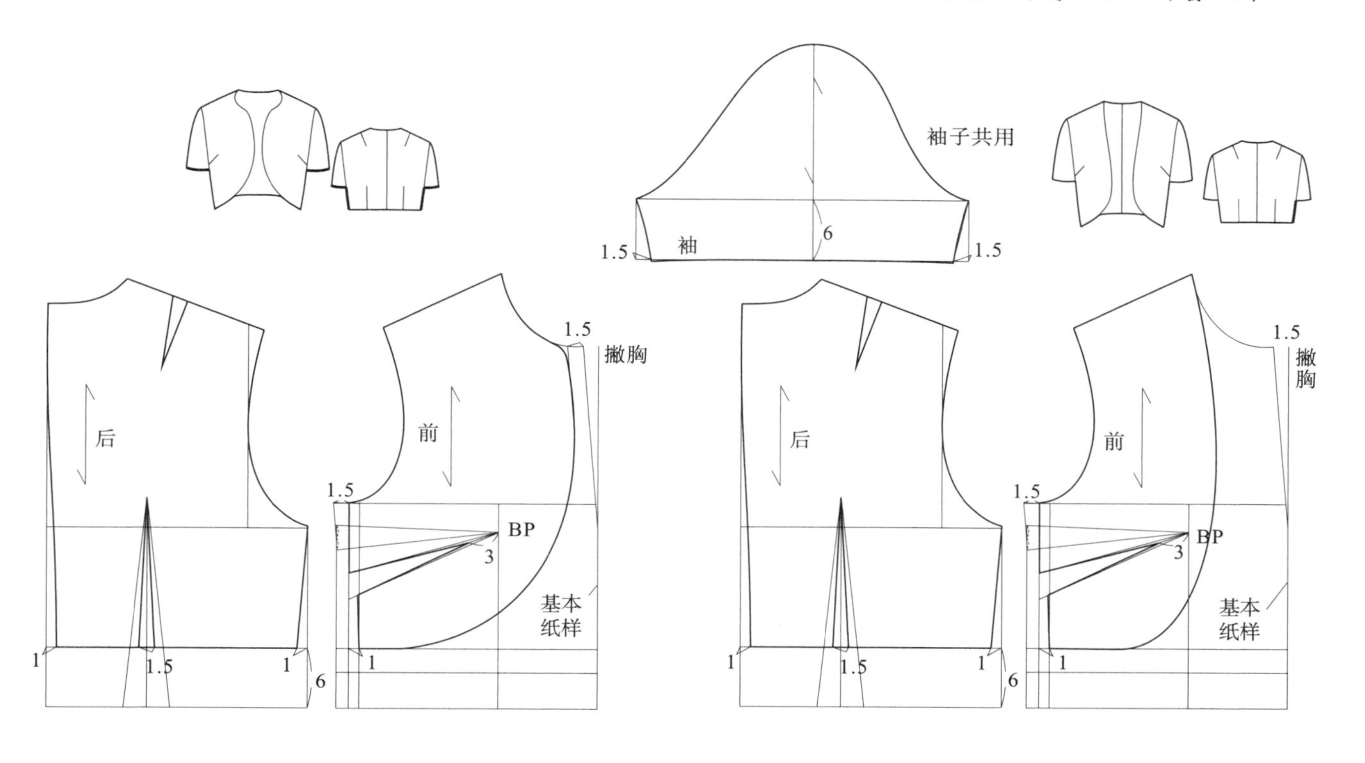

5.3　连身立领四开身七分袖小外套纸样
（七分袖三款通用）

5.4　立领四开身七分袖小外套纸样
（七分袖三款通用）

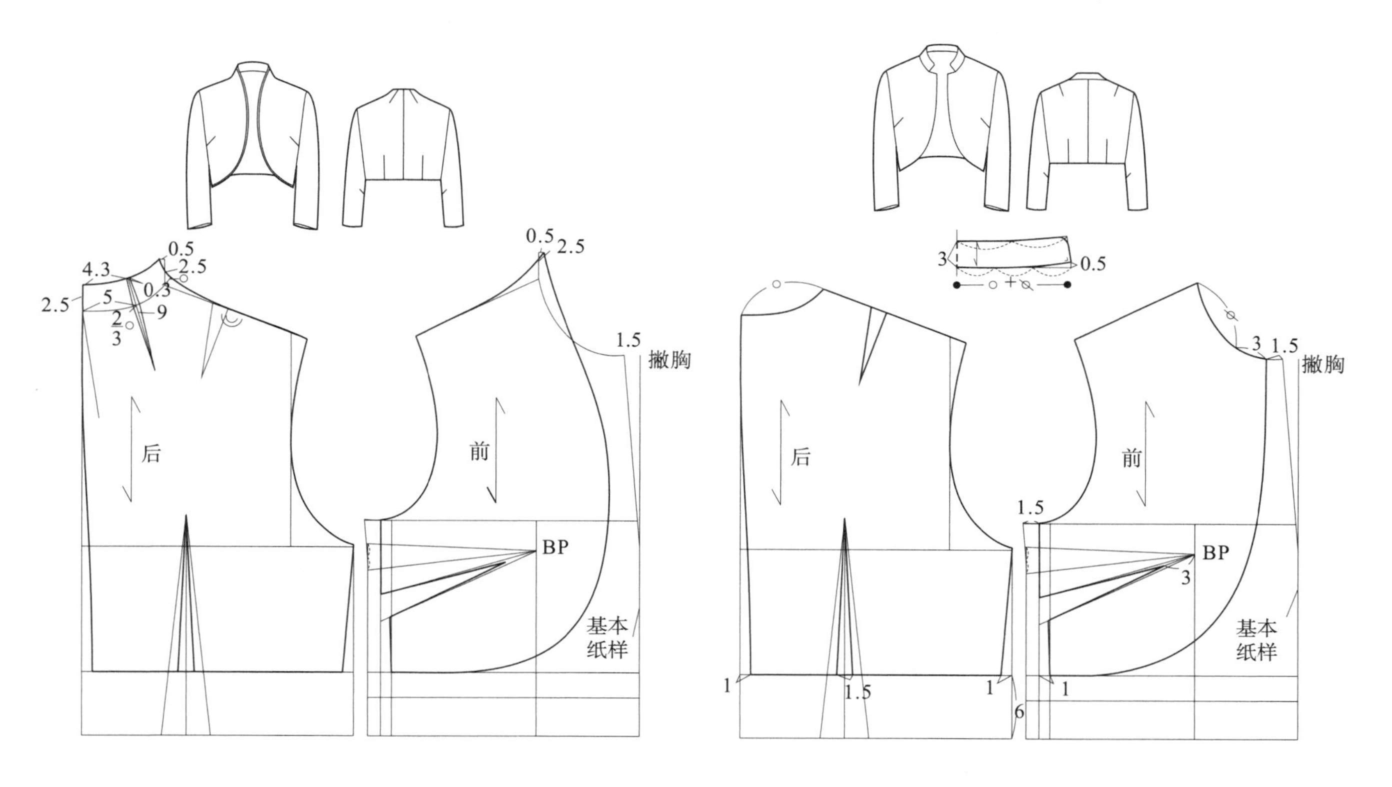

5.5 直开门襟六开身七分袖小外套纸样（七分袖三款通用）

*五款小外套可以与A型和S型礼服连衣裙系列自由组合，构成完整的两件式晚礼服连衣裙系列

*袖三款通用，纸样直接使用
2 .1款七分袖纸样

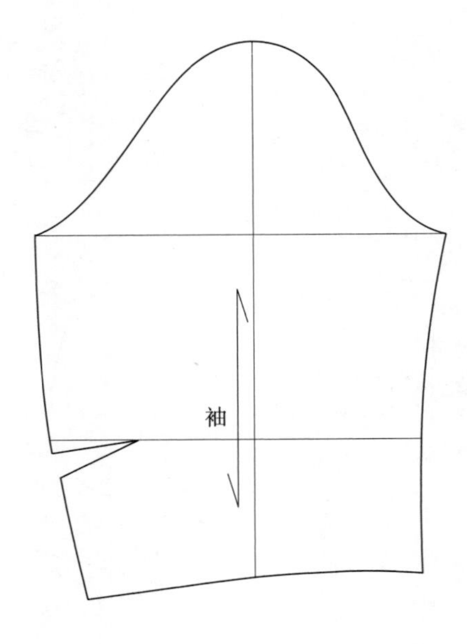

结束语

对女装款式和纸样系列设计理论和方法的分析，通过女装全数类型系列设计的实践训练，可以看出“围绕 TPO 原则，以板构款，款板结合”的女装系列设计流程，通过创造性地将 TPO 知识系统在女装系列设计中应用，从而构建了由以往偏重于感性的设计中总结出相对理性的设计理论和一整套的训练方法，使设计过程具有可操作性，设计路线具有规律性，设计结果具有预期性。从“自我增值”的款式系列设计到“逐级递增”的纸样系列设计具有循序渐进的规律性和可掌控性得到了普遍验证。

系列设计方法既变化无穷又有规律可循的设计流程及其在品牌开发中的应用性；既有设计的整体规模效应又有现代化成衣生产所要求的高效率。因此，掌握了这种方法，就可以在变幻莫测的时装流行中把握风向，游刃有余。不仅对于现代工业化成衣设计与生产具有指导意义和实效性，且为全新打造女装款式与纸样设计相结合的教科书提供了一种前所未有的教学方法和技术手段。

参考文献

[1] von Angelika Sproll.Fr ü hes Empire [J]. Germany:R undschau (国际女士服装评论), 2008, 1.

[2] von Angelika Sproll.Fr ü hes Empire [J]. Germany:R undschau (国际男士服装评论), 2007, 1–2.

[3] 刘瑞璞,刁杰,魏莉 . 男装 TPO 符号解析与应用 [J]. 北京:中国装饰杂志社, 2006, (153).

[4] Riccardo, V., & Giuliano, A. The Elegant Man——How to Construct the Indeal Wardrobe [M]. New York: Random House, 1990.

[5] Biegit Engel.The 24–Hour Dress Code for Men [M]. UK:Feierabend, 2004.

[6] Alfred.A.Knope. Women's Wardrobe [M].UK:Thames and Hudson Ltd , 1996.

[7] Desiging Apparel Through The Flat Pattern.Design [M]. New York:Fairchild Fashion&Merchandising Group, 1992.

[8] Helen Joeph Armstrong.Pattern Making for Fashion [M]. New York:Harper&Row Publishers, 1987 .

[9] Winifred Aldrich.Metric Pattern Cutting [M].Oxford:Blackwell Scientific Publications, 1992.

[10] 莎伦・李・斯塔 . 服装・产业・设计师 [M]. 苏洁,范艺,蔡建梅,陈敬玉,译 . 北京 : 中国纺织出版社, 2008.

[11] 文化服装学院编文化服饰大全服饰造型讲座⑤ 大衣・披风 [M]. 张祖芳,译 . 上海 : 东华大学出版社, 2005.

[12] 李好定 . FASHION DESIGN PRACTICING. 服装设计实务 [M]. 刘国联,赵莉,王亚,吴卓, 译 . 北京 : 中国纺织出版社, 2007.

[13] 王传铭 . 现代英汉服装词汇 [M]. 北京:中国纺织出版社, 2000.

[14] Bernhard Roetzel.Gentleman. Germany:Konemann, 1999.

[15] Alan Flusser. Clothes And The Man. United States: Villard Books, 1987.

[16] Alan Flusser. Style And The Man. United States: Hapercollins, Inc, 1996.

[17] James Bassil. The Style Bible. United States: Collins Living, 2007.

[18] Carson Kressley. Off The Cuff. USA :Penguin Group.Inc, 2005.

[19] Cally Blackman. One Hundred Years Of Menswear. UK:Laurence King Publishing Ltd, 2009.

[20] Kim Johnson Gross Jeff Stone. Clothes. New York: Alfred A. Knopf, Inc, 1993.

[21] Kim Johnson Gross Jeff Stone. Dress Smart Men. New York: Grand Central Pub, 2002.

[22] Tony Glenville. Top To Toe. UK: Apple Press, 2007.

[23] Man's Prevaiuing & Direction. Hanlin of China Publishing.Co, 2000.

[24] Field Crew 2005 Collection. Chikuma & Co, Ltd, 2005.

[25] Care And White Chapel , 2005.

[26] Bon 04–05 Office Wear Collection.

[27] Alpha Pier. 2004 Spring & Summer Collection. Chikuma & Co, Ltd, 2004.

[28] The Jacket. Chikuma Business Wear And Security Grand Uniform Collection 2004–05, 2004.

[29] Kim Johnson Gross Jeff Stone.Men's Wardrobe.UK: Thames and Hudson Ltd., 1998.

[30]DI 国际信息公司编著. Ultimo DI 国际超前服装设计(女装版)[M]. 中国纺织科技信息研究所迪昌信息公司译. 北京：中国纺织出版社，1994.
[31]DI国际信息公司编著. DI国际服装设计：牛仔装[M]. 中国纺织科学技术信息研究所译. 北京：中国纺织出版社，1999.
[32]刘瑞璞. 成衣系列产品设计及其纸样技术[M]. 北京：中国纺织出版社，1998.
[33]刘瑞璞. 服装纸样设计原理与应用　女装编[M]. 北京：中国纺织出版社，2008.
[34]刘瑞璞. 服装纸样设计原理与应用　男装编[M]. 北京：中国纺织出版社，2008.
[35]刘瑞璞. 男装语言与国际惯例　礼服[M]. 北京：中国纺织出版社，2002.
[36]刘瑞璞. 世界服装大师代表作及制作精华[M]. 南昌：江西科学技术出版社，1998.

后　记

与中国纺织出版社商定，本“十二五”规划教材，以服装本科专业体系化教材方式出版。这个决定很重要，因为在服装领域以主教材、电子教材和实训教材三位一体如此完备的体系化教材出版，在我国服装高等教育教材建设上具有里程碑的意义。教材体系包括：

《男装纸样设计原理与应用》（主教材）；

《男装 TPO 知识系统与应用》（电子教材，即网络教学资源）；

《男装纸样设计系统与应用》（电子教材，即网络教学资源）；

《男装纸样设计原理与应用训练教程》（实训教材）；

《女装纸样设计原理与应用》（主教材）；

《女装纸样设计原理与应用》（电子教材，即网络教学资源）；

《女装纸样设计原理与应用训练教程》（实训教材）。

它们既有完备的架构体系又相对独立，即每个单一独立的教材具有教学、培训和自学的功能。值得注意的是，本系列教材建设采用完善两头，深化中间的规划，即以 TPO 知识系统为指导，通过系列的学习，最后落实到男女装系列款式和纸样设计环节上。因此，本套教材提倡“理论与实践结合重实践”的教学原则，建议无论是男装还是女装，实训教材推荐学时比课堂教学多一倍并以自学为主。如果有条件，教师应该鼓励学生根据实训教材提供的方法和案例创造性地参与市场化产品开发，学生的成功案例教师要组织课堂交流、讨论并给予讲评，且纳入学生成绩评价机制，以提升学生自学、参与实践和产品开发的兴趣。谨此后记提示。

TPO 知识系统		
男装纸样设计原理与应用	主教材	课堂教学
	电子教材	自学或结合课堂教学使用
	实训教材	自学或结合课堂教学使用
女装纸样设计原理与应用	主教材	课堂教学
	电子教材	自学或结合课堂教学使用
	实训教材	自学或结合课堂教学使用

编著者

2015 年 12 月